U0920633

中 国 国 家 标 准 汇 编

2008 年修订-101

中国标准出版社　编

中 国 标 准 出 版 社

北　京

图书在版编目（CIP）数据

中国国家标准汇编：2008年修订．101/中国标准出版社编．—北京：中国标准出版社，2009

ISBN 978-7-5066-5589-7

Ⅰ.中…　Ⅱ.中…　Ⅲ.国家标准-汇编-中国-2008　Ⅳ.T-652.1

中国版本图书馆CIP数据核字（2009）第204239号

中国标准出版社出版发行
北京复兴门外三里河北街16号
邮政编码：100045

网址 www.spc.net.cn
电话：68523946　68517548
中国标准出版社秦皇岛印刷厂印刷
各地新华书店经销

*

开本 880×1230　1/16　印张 35.75　字数 1 065 千字
2009年12月第一版　2009年12月第一次印刷

*

定价 200.00 元

如有印装差错　由本社发行中心调换
版权专有　侵权必究
举报电话：(010)68533533

出 版 说 明

1.《中国国家标准汇编》是一部大型综合性国家标准全集。自1983年起，按国家标准顺序号以精装本、平装本两种装帧形式陆续分册汇编出版。它在一定程度上反映了我国建国以来标准化事业发展的基本情况和主要成就，是各级标准化管理机构，工矿企事业单位，农林牧副渔系统，科研、设计、教学等部门必不可少的工具书。

2.《中国国家标准汇编》收入我国每年正式发布的全部国家标准，分为"制定"卷和"修订"卷两种编辑版本。

"制定"卷收入上年度我国发布的、新制定的国家标准，顺延前年度标准编号分成若干分册，封面和书脊上注明"20××年制定"字样及分册号，分册号一直连续。各分册中的标准是按照标准编号顺序连续排列的，如有标准顺序号缺号的，除特殊情况注明外，暂为空号。

"修订"卷收入上年度我国发布的、被修订的国家标准，视篇幅分设若干分册，但与"制定"卷分册号无关联，仅在封面和书脊上注明"20××年修订-1，-2，-3，……"字样。"修订"卷各分册中的标准，仍按标准编号顺序排列(但不连续)；如有遗漏的，均在当年最后一分册中补齐。需提请读者注意的是，个别非顺延前年度标准编号的新制定的国家标准没有收入在"制定"卷中，而是收入在"修订"卷中。

读者配套购买《中国国家标准汇编》"制定"卷和"修订"卷则可收齐上一年度我国制定和修订的全部国家标准。

3. 由于读者需求的变化，自1996年起，《中国国家标准汇编》仅出版精装本。

4. 2008年制修订国家标准共5946项。本分册为"2008年修订-101"，收入新制修订的国家标准38项。

中国标准出版社

2009年10月

目　　录

ICS 11.180
Y 14

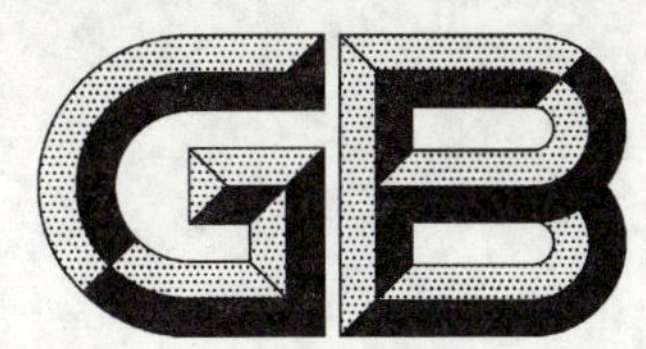

中华人民共和国国家标准

GB/T 18029.8—2008/ISO 7176-8:1998

轮椅车 第8部分：静态强度、冲击强度及疲劳强度的要求和测试方法

Wheelchairs—Part 8: Requirements and test methods for static, impact and fatigue strengths

(ISO 7176-8:1998,IDT)

STANDARDS PRESS OF CHINA

2008-12-31 发布

2009-09-01 实施

中华人民共和国国家质量监督检验检疫总局
中国国家标准化管理委员会 发布

前　言

GB/T 18029《轮椅车》由以下部分组成：

——第1部分：静态稳定性的测定

——第2部分：电动轮椅车动态稳定性的测定

——第3部分：制动器的测定

——第4部分：能耗的测定

——第5部分：外形尺寸、质量和转向空间的测定

——第6部分：电动轮椅车最大速度、加速度和减速度的测定

——第7部分：座位和车轮尺寸的测量方法

——第8部分：静态强度、冲击强度及疲劳强度的要求和测试方法

——第9部分：电动轮椅车的气候试验方法

——第10部分：电动轮椅车越障能力的测定

——第11部分：测试用假人

——第13部分：测试表面摩擦系数的测定

——第14部分：电动轮椅车动力和控制系统—要求和测试方法

——第15部分：信息发布、文件出具和标识的要求

——第16部分：座(靠)垫阻燃性的要求和测试方法

——第17部分：电动轮椅车控制器的界面

——第18部分：上下楼装置

——第19部分：用于机动车的轮式移动装置

——第20部分：站立式轮椅车性能的测定

——第21部分：电磁兼容性的要求和测试方法

——第22部分：调节程序

——第23部分：护理者操作的爬楼梯装置的要求和测试方法

——第24部分：乘坐者操纵的爬楼梯装置的要求和测试方法

——第25部分：电池和充电器的要求和测试方法

——第26部分：术语

本部分等同采用ISO 7176-8:1998《轮椅车　第8部分：静态强度、冲击强度及疲劳强度的要求和测试方法》(英文版)。

本部分的附录A、附录B、附录C、附录D和附录E为资料性附录。

本部分由中华人民共和国民政部提出。

本部分由全国残疾人康复和专用设备标准化技术委员会(SAC/TC 148)归口。

本部分起草单位：国家康复辅具研究中心、上海互邦医疗器械有限公司、佛山市东方医疗设备厂有限公司、上海轮椅车厂。

本部分主要起草人：闫和平、赵次舜、赵键荣、谷慧茹。

引　言

GB/T 18029 的本部分强调了若不采取预防措施，可能引起伤及人身事故的步骤。本部分仅提供技术适用性，并不豁免生产商或测试机构任何有关健康和安全的法律义务。

许多轮椅车有可调节或可更换部件。生产商有责任确保所有调节和更换件均能满足本部分的要求，并且确定何种配置进行委托检测。

为了在不同产品之间进行比较，有必要规定一种基本配置。

GB/T 18029 的各部分将会进一步完善，新的版本可能包括以下内容：

——电动轮椅车的疲劳强度测试，特别是双辊测试机的速度和撞击块尺寸；

——使用者质量超过 100 kg 的轮椅车的要求；

——逐步增加附录 B 所列出项目；

——更准确的定义“不符合”，特别是通过滑行偏移量来测定何种测试损坏是允许的(见附录 E)；

——是否对“运动型”和装有较小的小脚轮的手动轮椅车进行疲劳强度测试的要求；

——进一步完善测试用假人，以改善施加在测试用轮椅车靠背上的测试力，特别是其适应低靠背的轮椅车。

轮椅车 第8部分：静态强度、冲击强度及疲劳强度的要求和测试方法

1 范围

GB/T 18029 的本部分详细规定了使用者质量不超过 100 kg 的轮椅车(包括电动代步车)的静态强度,冲击强度和疲劳强度的要求,测试方法和发布测试结果的要求。

上述测试方法也可用于验证生产商自定的高于本部分的指标。

为了依据可调节轮椅车及电动代步车的测试结果对其性能进行比较,应规定参考配置。

本部分适用于使用者自己操纵和护理者操纵的手动轮椅车以及室内型和室外型电动轮椅车。电动轮椅车有三个或三个以上安装在两根平行传动的轴上的轮子,驱动轮不多于两个,速度不大于 15 km/h。

注 1:本部分不适用于轮子安装在多于两根轴上的轮椅车(如轮子菱形安装)。

注 2:本部分的条款也可作为本标准未涵盖的轮椅车的扩展要求和测试方法的基础。

由于 GB/T 18029.11 所规定的测试用假人最大质量为 100 kg,所以,本部分仅适用于最大使用者质量为 100 kg 的轮椅车。对质量大于 100 kg 的使用者生活方式对轮椅车的影响需要进一步调查研究。

注 3:本部分手动轮椅车和电动轮椅车(包括电动代步车)简称为轮椅车。

2 规范性引用文件

下列文件中的条款通过 GB/T 18029 的本部分的引用而成为本部分的条款。凡是注日期的引用文件,其随后所有的修改单(不包括勘误的内容)或修订版均不适用于本部分,然而,鼓励根据本部分达成协议的各方研究是否使用这些文件的最新版本。凡是不注日期的引用文件,其最新版本适用于本部分。

GB/T 6343 泡沫塑料和橡胶 表观(体积)密度的测定(GB/T 6343—1995,neq ISO 845:1988)

GB/T 12825 高聚物多孔弹性材料凹入度法硬度测定(GB/T 12825—2003,ISO 2439:1997,IDT)

GB/T 14729 轮椅车 术语(GB/T 14729—2000,eqv ISO 6440:1985)

GB/T 18029.11 轮椅车 第 11 部分:测试用假人(GB/T 18029.11—2008,ISO 7176-11:1992,IDT)

GB/T 18029.15 轮椅车 第 15 部分:信息发布、文件出具和标识的要求(GB/T 18029.15—2008,ISO 7176-15:1996,IDT)

ISO 7176-6 轮椅车 第 6 部分:电动轮椅车最大速度、加速度和减速度的测定

ISO 7176-7 轮椅车 第 7 部分:座位和车轮尺寸的测量方法

3 术语和定义

GB/T 14729、GB/T 18029.11 和 ISO 7176-7 确立的以及下列术语和定义适用于本部分:

3.1

最大使用者质量 maximum user mass

由生产商规定的乘坐者最大质量。

STANDARDS PRESS OF CHINA

3.2

指标说明 specification sheets

生产商明示的有关轮椅车性能的资料。

3.3

脚块 footpiece(s)

用于代替测试用假人小腿部分的配重块。

3.4

内倾 negative camber

轮椅车的轮子下端向外倾斜造成两轮的上端比下端距离小的状态。

3.5

测试用假人背板 test dummy back

测试用假人躯干部分的背面(见图 4 的背板)。

4 要求

4.1 强度要求

当按第 8 章、第 9 章和第 10 章测试时,每辆轮椅车在测试结束时必须满足下列所有要求:

a) 所有零部件应无断裂或可见裂纹。

注:不延伸到材料内部的表面裂纹(如油漆裂纹)不影响测试。

b) 所有螺母、螺栓和螺钉在拧紧后,锁紧销在装妥后,可调部件在调节后应无松动或脱落现象。脚托在冲击测试后可重新调节(见 9.6)。

c) 所有电器接插件间应无松脱。

d) 所有可拆卸、折叠或调节的部件应能正常操作。

e) 所有动力驱动系统应能正常操作。

f) 把手套应无位移。

g) 除了 4.1b)中允许者外,任何有多点位置的部件或可调部件不应从调定的位置处移动。

h) 无任何零部件变形、失效或不能调节以至影响该轮椅车的功能。

4.2 信息发布要求

生产商应按 GB/T 18029.15 所规定的方式和顺序发布有下列内容的指标说明:

a) 轮椅车的型号或其他任何能识别该轮椅车的资料;

b) 在测试中所使用的测试用假人的质量;

c) 该轮椅车是否满足本部分的强度要求。

5 测试设施

5.1 加载装置能向轮椅车施加 15 N~2 000 N 的力、误差范围为±3%的装置。

5.2 凹形加载垫由金属或硬木制成,如图 1 所示。

5.3 凸形加载垫由金属或硬木制成,如图 1 所示。

单位为毫米

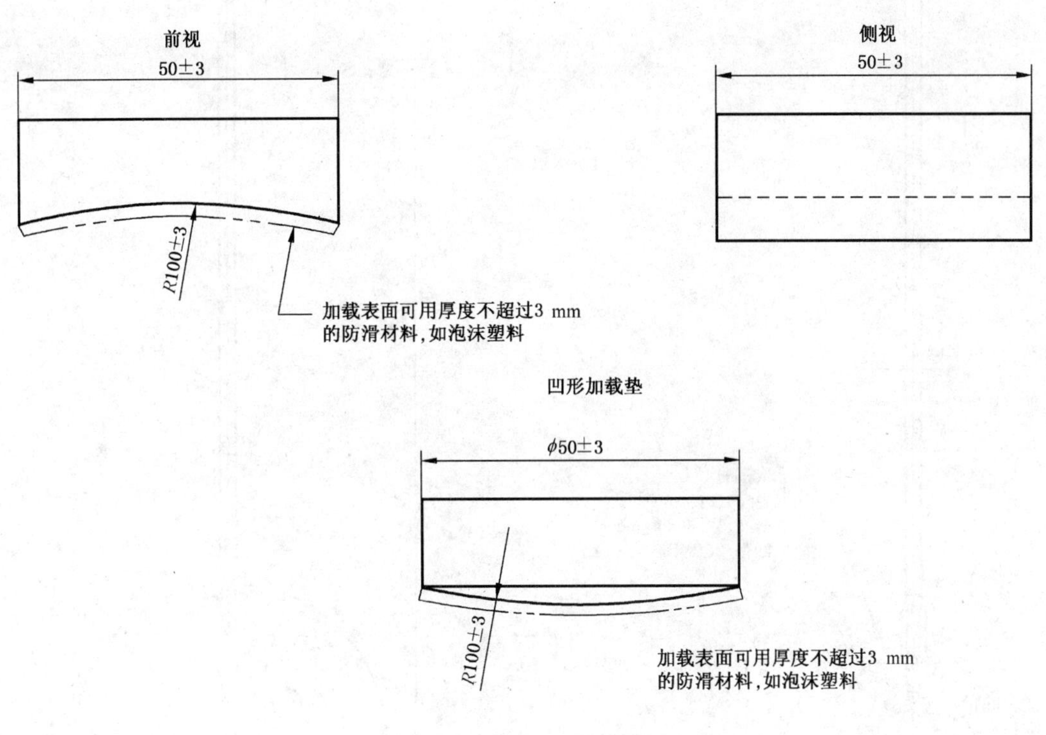

图 1 静态测试加载垫

5.4 水平测试台能放下一辆测试用轮椅车的刚性平台,平面度为 5 mm。

5.5 靠背冲击测试摆锤如图 2a)或图 2b)所示。

单位为毫米

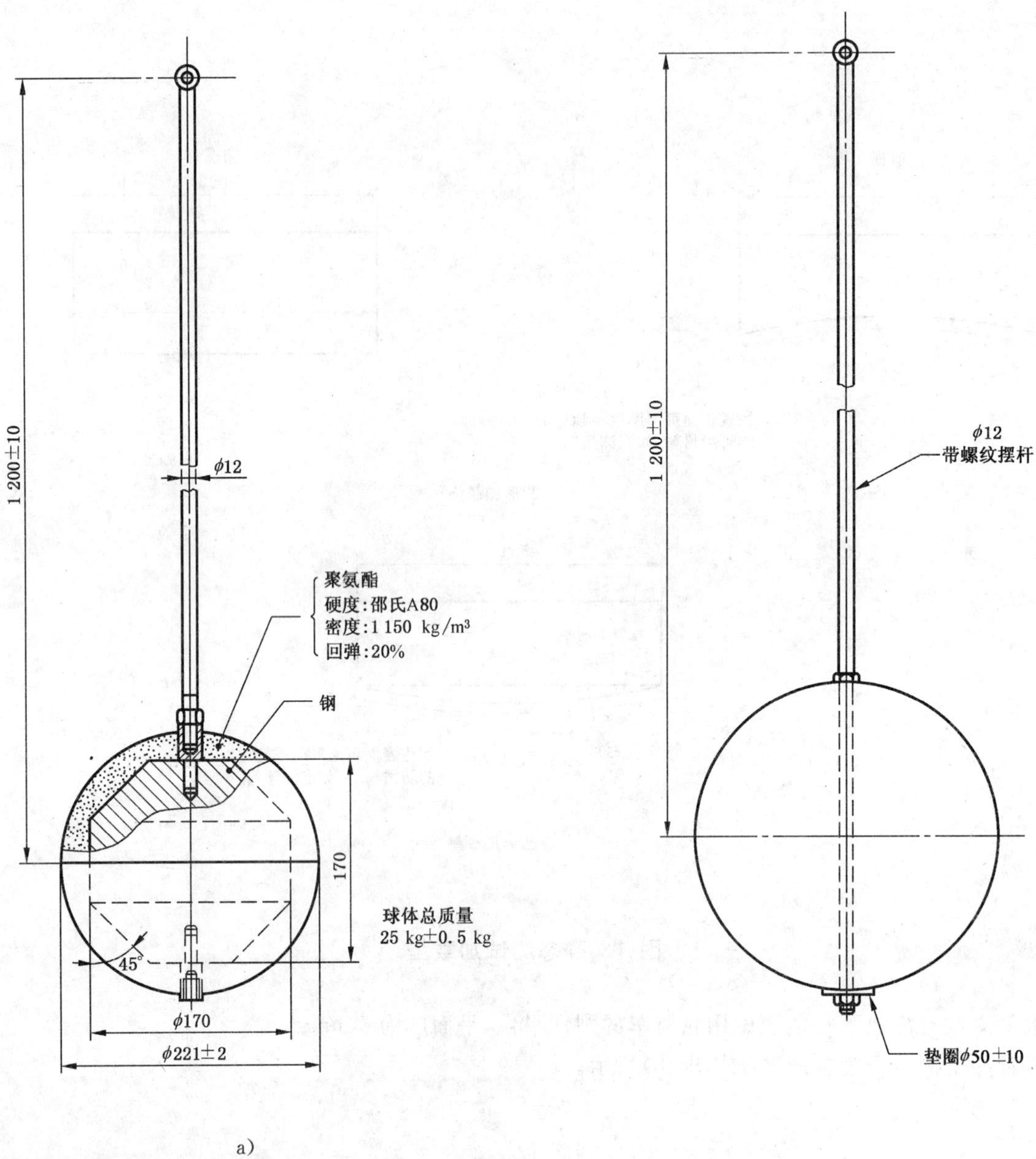

5# 足球(标准比赛用球),内填 ϕ(3.5±1) mm±铅弹和高密度闭孔发泡材料

密度:(75±15) kg/m³　GB/T 6343

硬度:325 N±60 N　GB/T 12825

总质量:25 kg±0.5 kg

圆度:±20 mm

图 2　靠背冲击测试摆锤

5.6　手轮圈冲击测试摆锤如图 3 所示。

注:此摆锤的转轴可转动 90°,因此,它也能用作 9.7 的测试。

单位为毫米

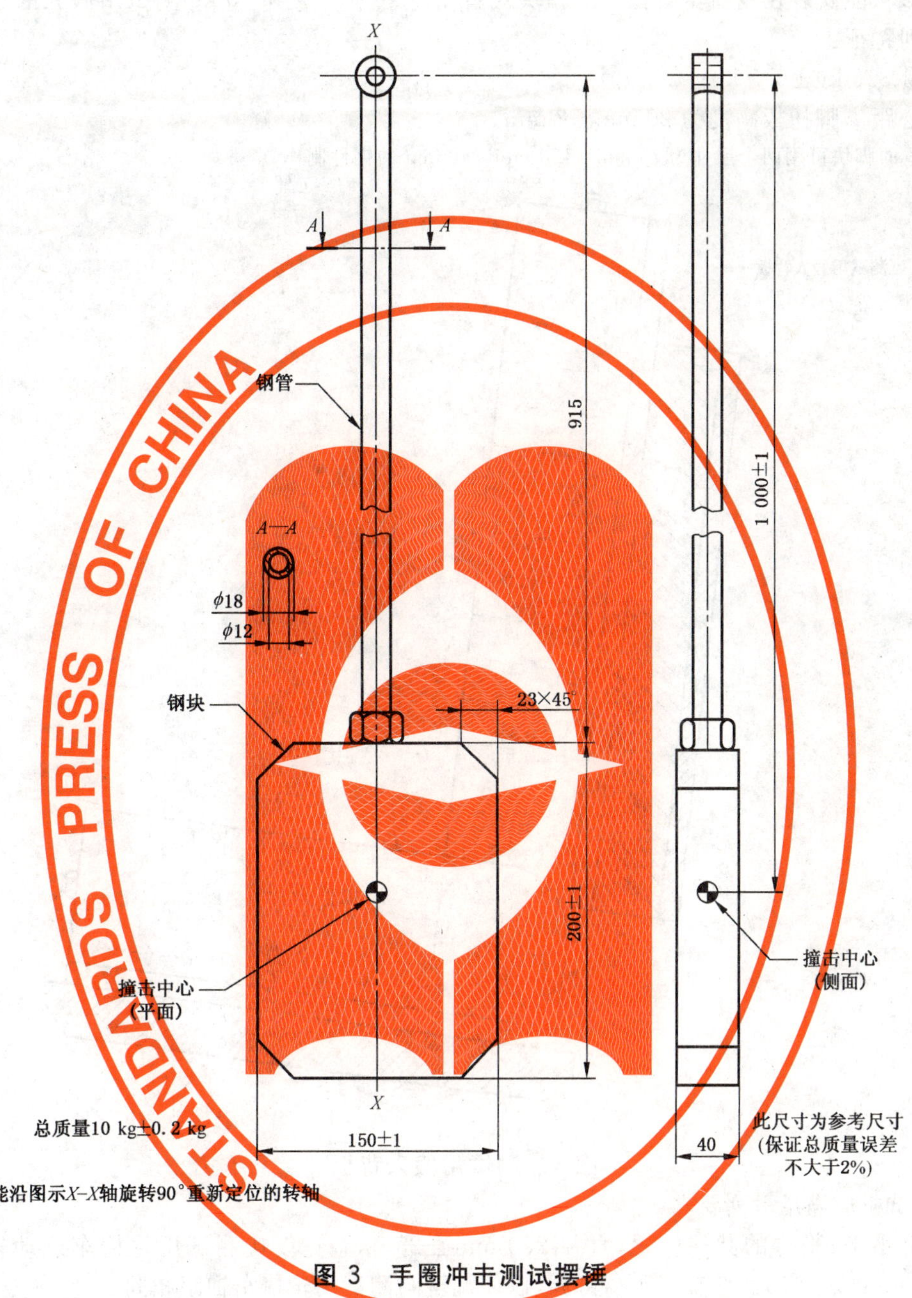

STANDARDS PRESS OF CHINA

图3 手圈冲击测试摆锤

5.7 小脚轮和脚托冲击测试摆锤具有下列特征：

a) 总质量 10 kg±0.25 kg；

b) 从转轴中心到撞击中心的距离为 1 000 mm±2 mm；

c) 形状和质量分配按下式计算：

$$d = I/mr_G + r_G$$

式中：

I——摆锤绕转轴的转动惯量，单位为千克平方米（kg·m²）；

r_G——转轴到摆锤重心的距离，单位为米(m)；

d——转轴到撞击中心的距离，单位为米(m)；

m——摆锤质量，单位为千克(kg)。

5.8 测试用假人(见图 4)按 GB/T 18029.11 的规定并作如下改动:

用两个形状能安装在轮椅车脚托上的脚块代替 100 kg、75 kg 和 50 kg 测试用假人的小腿部分,该脚块具有下列特征:

a) 质量 3.5 kg±0.5 kg;

b) 重心距离脚托板高度为 20 mm±2 mm。

注:较合适的脚块可用两个尺寸为 75 mm×150 mm×40 mm 的钢件制作。

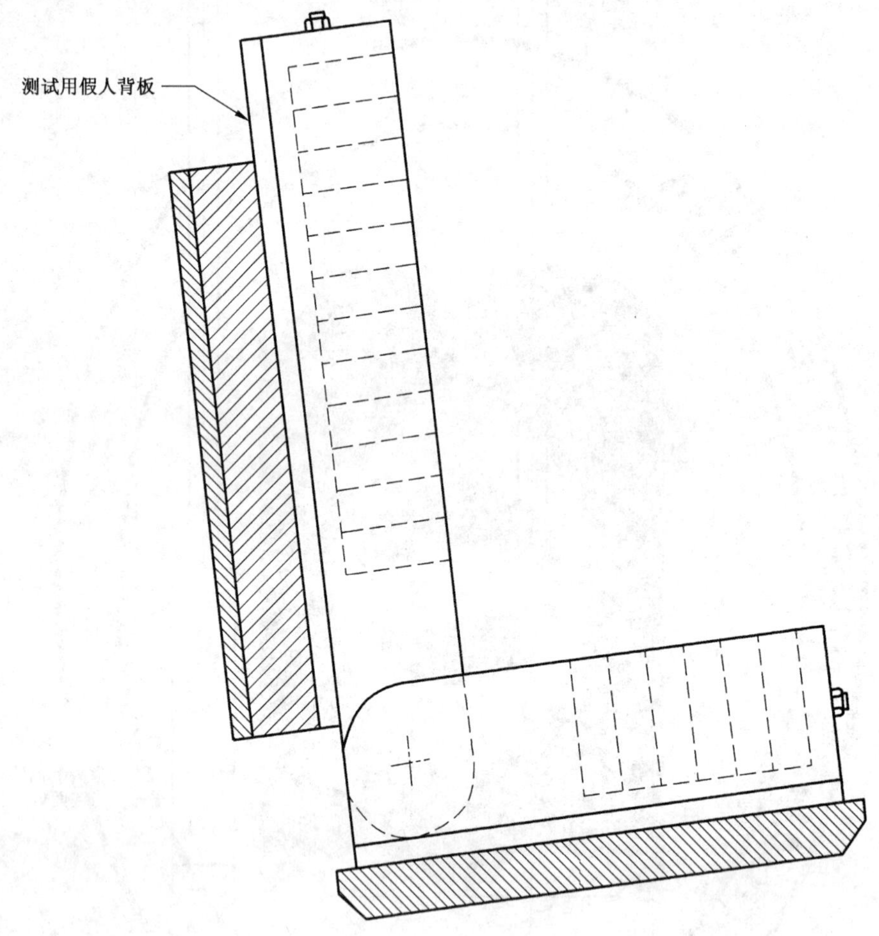

图 4 测试用假人背板

5.9 双辊测试机应满足下列要求:

a) 两个水平、平行的圆柱转辊,直径 250 mm±25 mm,宽度比测试用轮椅车运动轨迹至少宽 100 mm(见图 5)。两辊间距离可调,以便调至与测试用轮椅车轴距相同;

b) 每一个转辊有两个如图 5 所规定的撞击块;

c) 向两转辊提供转动动力后,基准辊的表面线速度为 1.0 m/s,另一辊的转速应比其快 2%~7%;

d) 能将测试用轮椅车的驱动轮放在基准辊上(护理者操纵的手动轮椅车应将后轮放在基准辊上),其他轮子放在另一个辊上;

e) 能使测试用轮椅车的纵向移动被限制,而垂直方向能自由移动。限制装置应安装在测试用轮椅车放在基准辊的轮子的轴上,或车架上尽可能靠近该轴的位置;

注 1:建议限制装置由两端带有球接头的金属棒制成。

f) 能将轮椅车的侧向运动限制在±50 mm 内,同时不使其垂直运动受到限制;

注 2:建议侧向运动用绷带限制。

g) 有基准辊速度测量装置(精确到±0.01 m/s);

h) 有基准辊运转计数装置；

i) 能使两驱动轮同轴的电动轮椅车用自身的驱动系统驱动一根辊，并提供另一个转辊上述规定的合适的速度；

j) 两转辊的旋转阻力应可调节，使转辊保持上述速度时轮椅车电机的输出电流保持在调定的值。

注 3：为了获得轮椅车电机电流的准确值，通常需要驱动双辊。

单位为毫米

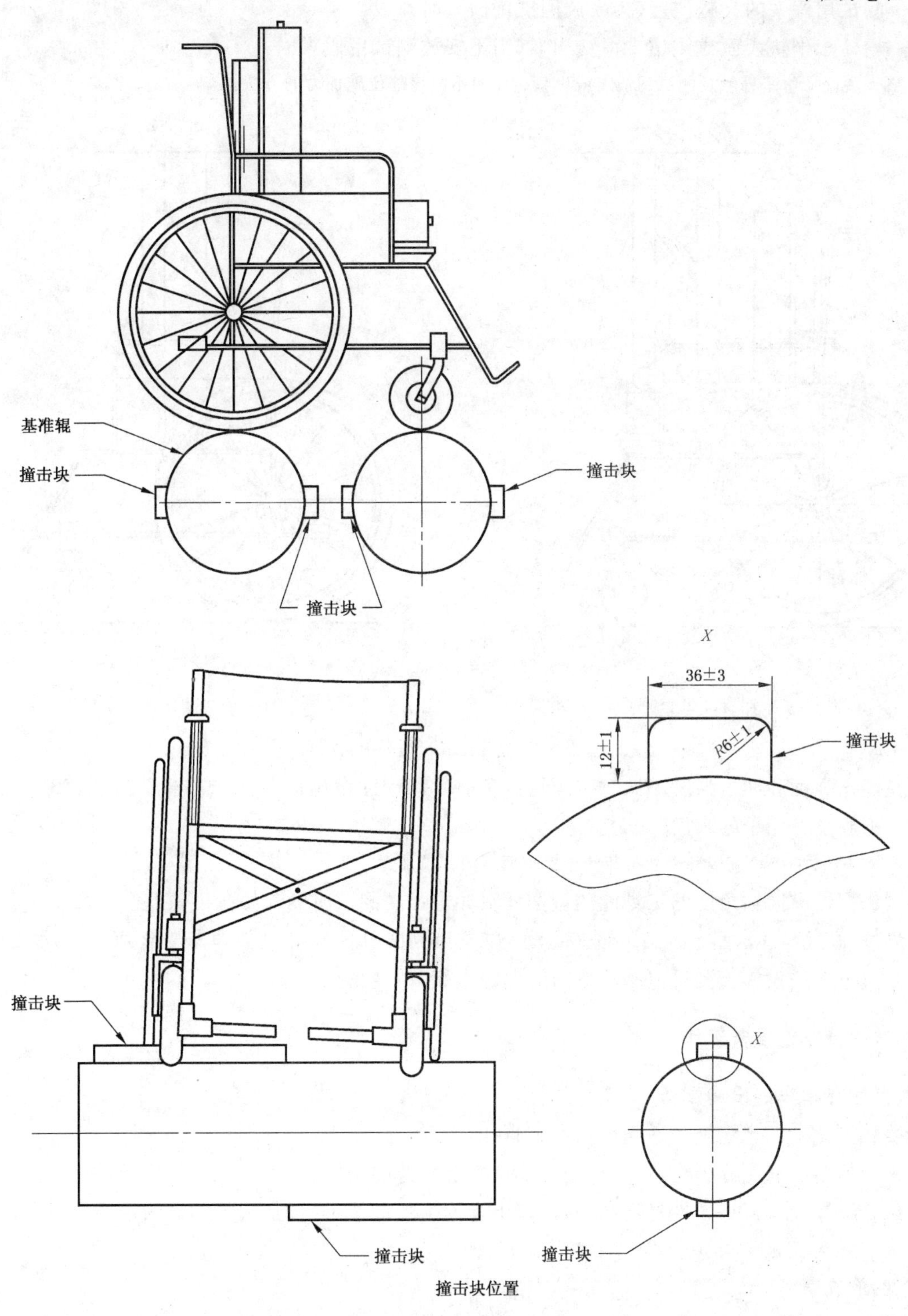

图 5 双辊测试机

5.10 跌落测试机能使轮椅车从 50 mm±5 mm 高处落到一刚性的水平测试平台上；能转动轮椅车的轮子，以避免每一次跌落轮子的冲击均作用在同一部位；确保轮椅车每一次跌落前保持静止状态；有跌落计数器。

注：可在水平测试板上安装若干装置，按一定的间隔将轮椅车提起并使轮子落在这些装置上。

5.11 在静态强度测试时防止轮椅车翻倒的设施应不对未加载荷的轮椅车施加力，而应将约束力施加在：

——测试用假人的大腿位置(当安放测试用假人时)；或

——轮椅车坐垫表面或座位支撑结构上(当不安放测试用假人时)。

注：图 6 说明了水平杆触及测试用假人或坐垫表面而不向该部位施加力的方法。

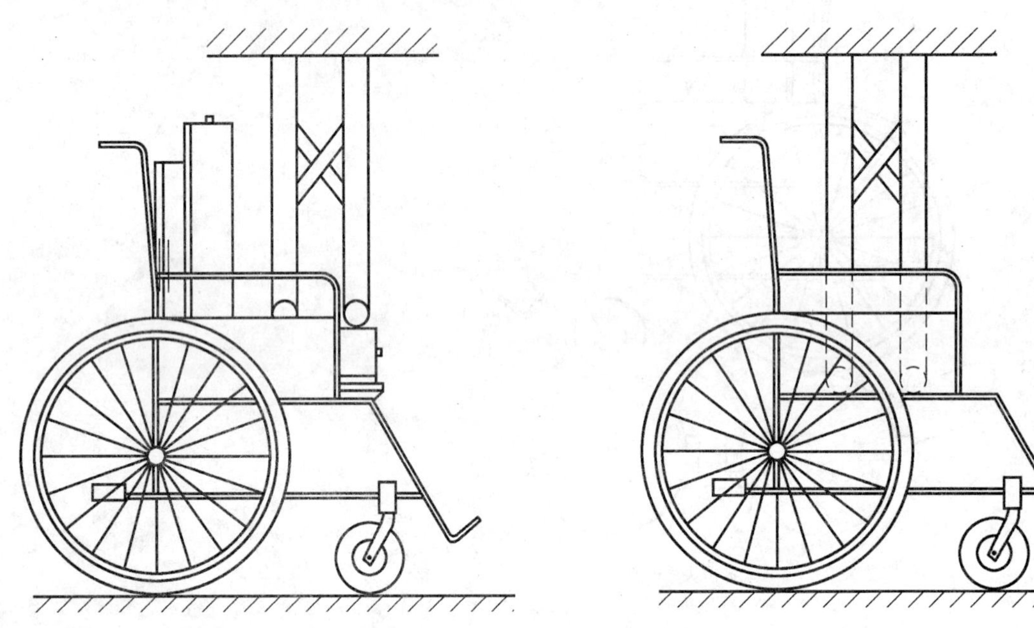

a) 装有测试用假人　　b) 不装测试用假人

图 6 防止轮椅车倾翻的设施

5.12 在静态强度和冲击强度测试时防止轮椅车前后移动的设施应不向未加载荷的轮椅车施加力，而应将约束力施加在轮子的圆周(如轮胎)上。

注：例如，安放的挡块应接触未加载荷的轮椅车而不向其施加力。

5.13 测量摆锤纵向轴角度的工具能测量摆锤在冲击强度测试时的起始角度，精度±0.2°。

5.14 当按顺序测试时，固定测试用假人的设施能约束测试用假人，不使轮椅车变形(见 10.3)。

5.15 测量电流的设施能测量电动轮椅车的电源电流，精度±10%。

6 被测试轮椅车的准备工作

6.1 测试用轮椅车的设施配备

按委托测试者的规定配备适当的扶手和脚托。

如果轮椅车装有刚性坐垫，按生产商的建议安装最薄的垫子。

如果轮椅车装有薄型柔性材料的坐垫，取下上面附加的垫子(包括用粘扣带固定的垫子)。

注：取下电池，用相同质量(±1 kg)的材料代替。

6.2 气胎的充气

如果测试用轮椅车装有气胎，根据轮椅车生产商建议的压力将其充气。如果已给出压力范围，充气至最高值。如果轮椅车生产商未给出建议的压力，则按轮胎生产商建议的压力最高值充气。

6.3 调节

按如下方法设定轮椅车的基准配置。

6.3.1 根据生产商建议设定部件。

6.3.2 若生产商未给出可调部件的设定，这些可调部件的调节方法为：按下列顺序优先调节前面的参数并满足尽可能多的调节参数。

注1：当调节轮椅车的部件时，往往会发生这样的情况：调整一个部件会影响另一个部件(如调节轮子的位置可能改变座位的角度)，这时，有必要对一些相关的部件作数次调整，也可能会出现为了达到某一个参数而不能达到另一个参数的情况。

注2：调整过程将使用ISO 7176-7规定的质量为51 kg的负载块(RLG)。少量负载为100 kg的自悬式轮椅车，当用RLG使轮椅车达到稳定性时悬挂系统会产生变形。在这样情况下，为了达到轮椅车的稳定性，可作最小的调节。

6.3.2.1 小脚轮的立轴调节至垂直(公差为$^{0°}_{-1°}$)，如果达不到这一要求，则调至尽量接近垂直角度(负方向)。

注：小脚轮立轴的负角度是指立轴的上端在后下端在前。

6.3.2.2 如果身体支撑部分与车架的相对位置可作水平或垂直调节，则应调至中间位置。若无精确的中间位置，则调至最靠中间的后方或下方位置，公差分别为±5 mm。

6.3.2.3 根据ISO 7176-7的规定，调节可调座位的角度，使其水平倾斜8°±1°且前高后低。若无法达到这一角度，调至最接近8°且大于8°的角度，如仍无法达到，则调至最接近8°的角度。

6.3.2.4 根据ISO 7176-7的规定，调节可调靠背角度，使其垂直倾斜10°±1°且上后下前。若无法达到这一角度，调至最接近10°且大于10°的角度，如仍无法达到，则调至最接近10°的角度。

6.3.2.5 安装可调脚支撑部件，使腿托架与座位表面的夹角尽可能达到ISO 7176-7的要求，但不能小于90°。

6.3.2.6 调节倾角可调轮椅车的轮子，将其调至最大内倾与垂直的中间位置。若无法达到这一要求，则调至最靠近中间且内倾较大的位置。

6.3.2.7 若无预定的倾角范围，将轮子调至2°±1°的外倾状态，如果无法达到，则调至最靠近这一角度的较大值。

注：内倾的定义见3.4。

6.3.2.8 如果驱动轮的水平位置可调，将其调至中间位置±3 mm。若无法达到这一位置，则调至中间偏后最近的位置。

注：切勿将驱动轮按生产商专为截肢者使用的方式调节(除非只有这一种调节)。

6.3.2.9 如果驱动轮的垂直位置可调，将其调至中间位置±3 mm。若无法达到这一位置，则调至中间偏下最近的位置。

6.3.2.10 如果小脚轮的水平位置可调，将其调至中间位置±3 mm。若无法达到这一位置，则调至中间偏前最近的位置。

6.3.2.11 如果小脚轮组件的垂直位置可调，将其调至中间位置±3 mm。若无法达到这一位置，则调至中间偏下最近的位置。

6.3.2.12 如果两小脚轮之间的距离可调，则将其调至最大值。

6.3.2.13 如果小脚轮轮子的高度在叉架内可调，将其调至中间位置±3 mm。若无法达到这一位置，则调至中间离叉架较远的位置。

6.3.2.14 将腿托或脚托板的最低部位调至尽可能接近测试平台，但与测试平台的距离不能小于50^{+3}_{0} mm。

6.3.2.15 将其余物理量的调节尽可能调至中间位置。如果不能作增量调节，则调至中间较大尺寸的位置,公差为±1°或±3 mm。

注:不包括电器(如速度控制器)的调节。

6.3.2.16 检查所有在调节过程中受到影响的紧固件是否如生产商所规定的那样工作可靠。

6.4 测试用假人

6.4.1 根据 ISO 7176-7 的规定测量靠背的角度。

6.4.2 根据生产商的推荐选择一个质量与轮椅车最大载荷相等的测试用假人(见 5.8),如果没有,则选一个比轮椅车载荷稍大的测试用假人(见表 1)。

注:5.8 规定了用脚块代替测试用假人的小腿。

表 1 质量

使用者最大质量/kg	测试用假人质量/kg
≤25	25
>25~50	50
>50~75	75
>75~100	100

6.4.3 在进行 8.6、8.9、第 9 章和第 10 章的测试时,所选的测试用假人应如下安放:

6.4.3.1 将测试用假人安放在轮椅车坐垫的中间。

6.4.3.2 确保测试用假人的躯干部分和大腿部分之间的铰链自由转动。

6.4.3.3 按 6.4.1 的方法调节测试用假人背板(见 3.5)的角度,使其与轮椅车靠背的角度相同,误差为±3°。

6.4.3.4 将测试用假人安放稳固并确保其有足够的移动空间,以便在作约束力预紧的检查时可将其移动(见 10.3 和图 20)。

6.4.4 如果是分离式脚托,将测试用假人的两个脚块分别放在两个脚托的中间。

6.4.5 如果是整体式脚托,将测试用假人的两个脚块并排放在脚托中线的两侧。

注:25 kg 的测试用假人无脚块。

6.4.6 将测试用假人脚块夹在轮椅车的脚托上或在轮椅车的脚托板上钻一个直径不大于 8 mm 的孔,用螺栓将其与脚块固定。

6.5 数据记录

记录:

——规定轮椅车被测的部件;

——所有可调部件的位置;

——测试用假人的质量,单位为千克(kg)。

7 测试顺序

轮椅车应按下列顺序进行测试:

7.1 静态强度测试(第 8 章)

静态强度测试可按任何顺序进行。

7.2 冲击强度测试(第 9 章)

冲击强度测试可按任何顺序进行。

7.3 双辊疲劳测试(第10章)

7.4 跌落疲劳测试(第10章)

8 静态强度测试方法

8.1 原理

将轮椅车放在水平的测试平台上。向其各部分施加相应最小的载荷。如果生产商标明可超过此最小载荷,应根据其所规定增加载荷加以验证。

注:使用者施加在轮椅车各部分的力经过计算并乘以安全系数得出最小的强度要求。详细资料见附录A。

8.2 测试用轮椅车的准备

每一项测试前,根据第6章的规定检查轮椅车的调节状态和测试用假人的位置,如有偏差,即作纠正。

注:作8.4和8.5的测试时不用测试用假人。

8.3 选择加载垫

下列测试方法规定了在测试力加载点应使用加载垫,根据5.2和5.3的规定选择(若有必要可修改)加载垫。

——如果受载表面是宽度大于20 mm的平面或凹面,使用凸形加载垫(见5.3);

——如果受载表面是宽度小于20 mm的平面或凸面,使用凹形加载垫(见5.2);

——如果轮椅车的受载点靠近轮椅车的其他部分,以至无足够的空间安放加载垫,切除加载垫的多余部分(尽可能少切),使其能放在受载点而不影响其他结构。

8.4 扶手:向下加载测试方法

注:此项测试不用测试用假人。

将测试用轮椅车站立放在水平测试平台上,用一装置向扶手施加表2规定或生产商提出的大于此值的力,为了使受力点作用在图7所示的扶手面上,可选择8.3规定的加载垫。

注:图7所示在测试开始时加载设施的状态。由于测试使轮椅车变形,此状态可能会改变。

表2 施加在扶手向下的力

最大使用者质量/kg	施加在每一个扶手的力 F_1/N
≤25	190±6
>25~50	380±11
>50~75	570±17
>75~100	760±23

如果生产商标明测试用轮椅车超过表2的要求,按其所规定施加测试力,误差±3%。

在开始测试前,安装防止轮椅车翻倒和前后移动的设施(见5.11和5.12)。

为了防止轮椅车前后移动,可在轮子和小脚轮的两端安放挡块。

可同时向两个扶手加载或一次向一个扶手加载。

测试时,慢慢增加载荷,直至 F_1 达到表2规定或生产商提出的大于此值的力,保持负载5 s~10 s,然后卸载。

STANDARDS PRESS OF CHINA

单位为毫米

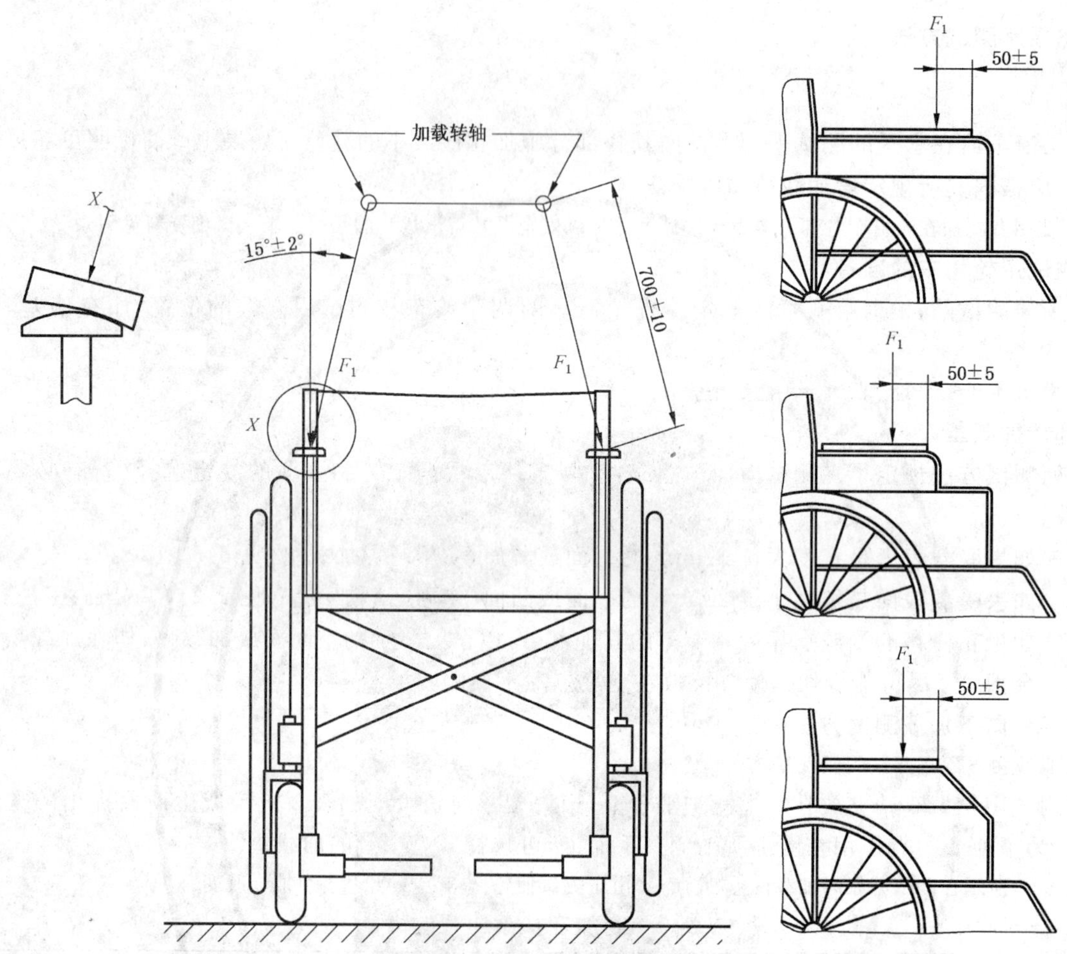

图 7　施加在扶手向下的力

8.5　脚托:向下加载测试方法

注:此项测试不用测试用假人。

将测试用轮椅车站立放在水平测试平台上,用一装置向脚托板施加表 3 规定或生产商提出任何大于此值的力,脚托板上受力点如图 8a)和图 8b)所示。平板式脚托和由两根或两根以上管子组成的脚托采用凸形加载垫(见 5.3),由一根管子制成的脚托采用凹形加载垫(见 5.2)。

如果脚托板刚度不足,在测试中将会变形而触及平板,此时应采取措施确保脚托板与测试平台有足够的空间(例如在轮椅车的四个轮子下垫上硬质的等高块),使其不因变形而触及平板。

如果脚托是管状或其他非平面的结构,施加力的方向如图 8a)G 型所示,与垂直线的夹角 15°±3°并向坐位倾斜。

如果脚托是开放式结构[见图 8a)的 E 型]而使标准加载垫无法将力传递到脚托上,应放一块合适的硬质平板,使力能施加在最接近加载点处。

如果脚托是其他任何形式,按 8.3 的规定选用加载垫。

如果脚托是分离式,分别在两个脚托上加载。

电动代步车应分别在图 8b)所示的位置加载。

如果生产商标明测试用轮椅车超过表 3 的要求,按其所称施加测试力,误差±3%。

在开始测试前,安装防止轮椅车翻倒和前后移动的设施(见 5.11 和 15.12)。

测试时，慢慢增加载荷，直至 F_2 达到表 3 规定或生产商提出的大于此值的力，保持负载 5 s～10 s，然后卸载。

单位为毫米

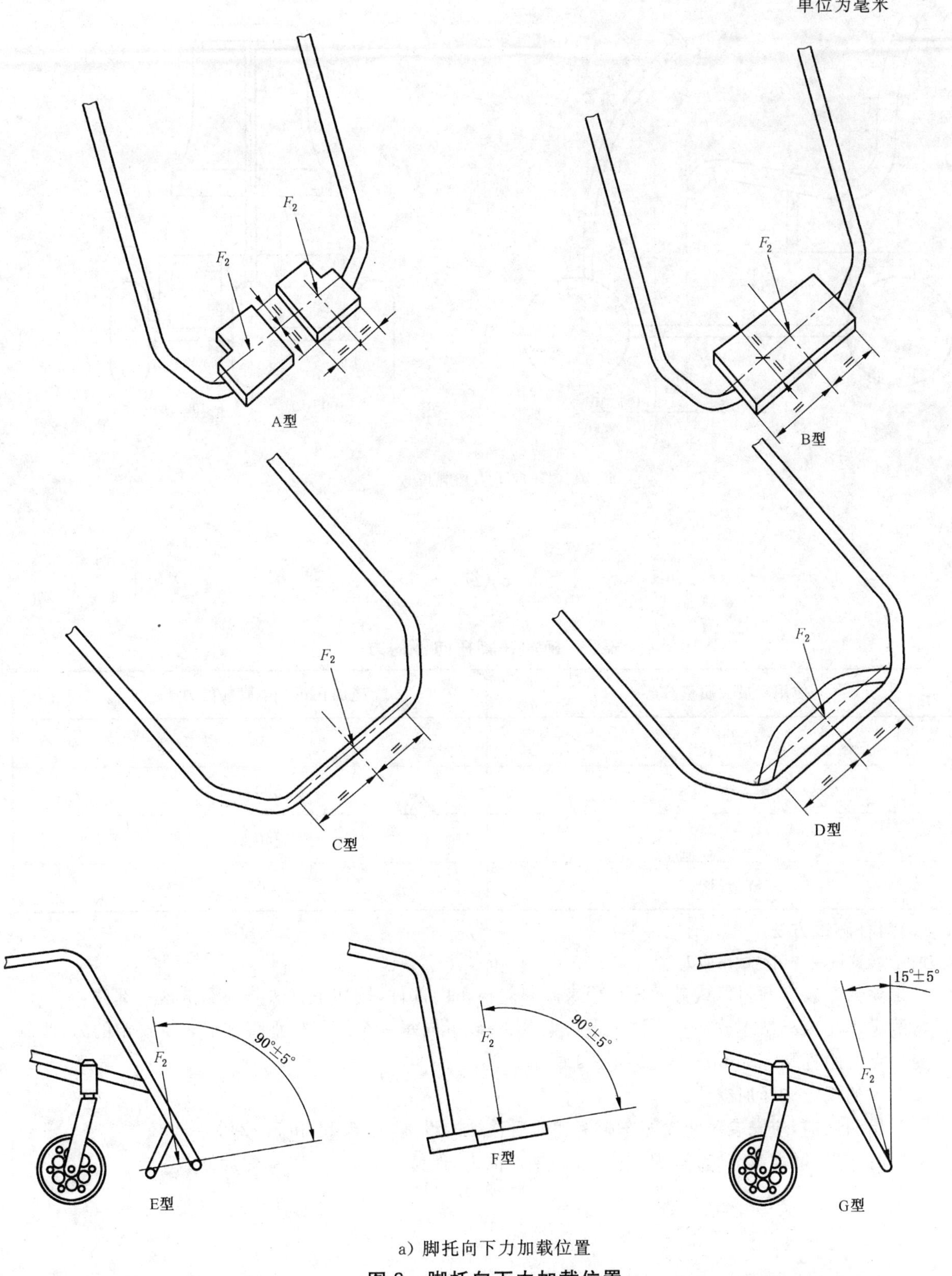

a）脚托向下力加载位置

图 8 脚托向下力加载位置

单位为毫米

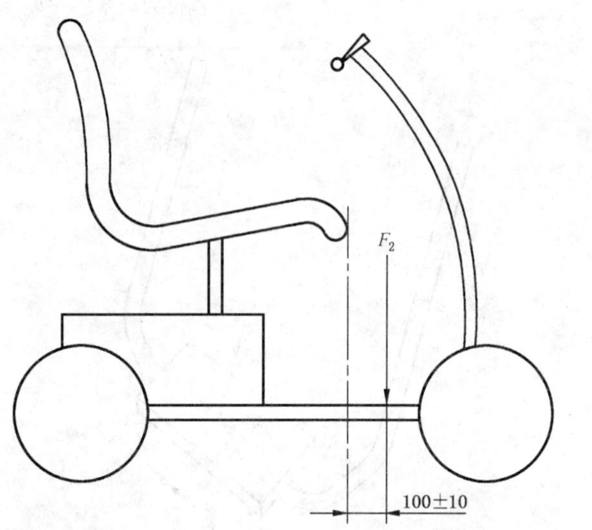

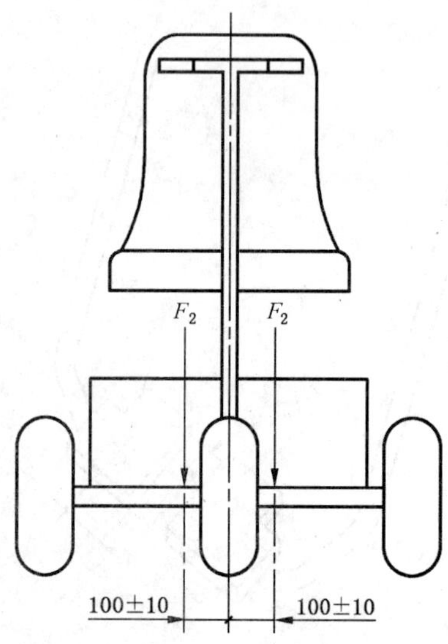

b) 脚托向下力加载位置

图 8（续）

表 3 施加在脚托向下的力

使用者最大质量/kg	施加在每一个脚托的力 F_2/N
≤25	250±6
>25～50	500±11
>50～75	750±17
>75～100	1 000±23

8.6 倾斜杆测试方法

注：此项测试应使用测试用假人(见 6.4)。

如果轮椅车装有倾斜杆或其他任何用来倾斜轮椅车的部件，按如下方法分别测试这些部件：

将测试用轮椅车站立放在水平测试平台上，用一装置向每一个倾斜杆垂直施加表 4 规定的力，倾斜杆上受力点应距杆端 25 mm±5 mm 如图 9 所示。

按 8.3 的规定选择加载垫。

在开始测试前，应安装防止轮椅车翻倒和前后移动的设施(见 5.11 和 5.12)。

测试时，慢慢增加载荷，直至 F_3 达到表 4 规定的力，保持负载 5 s～10 s，然后卸载。

单位为毫米

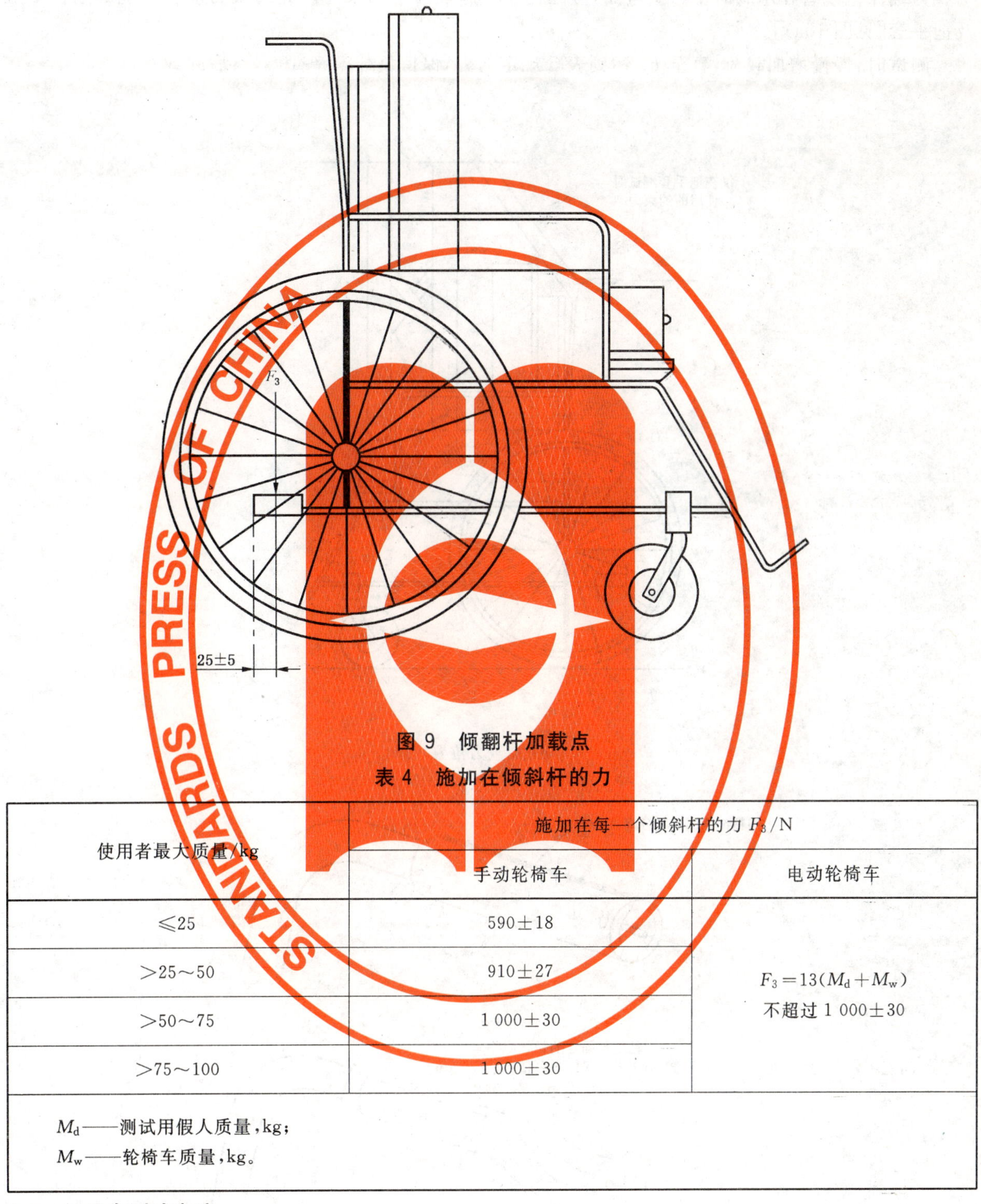

图 9　倾翻杆加载点

表 4　施加在倾斜杆的力

使用者最大质量/kg	施加在每一个倾斜杆的力 F_3/N	
	手动轮椅车	电动轮椅车
≤25	590±18	$F_3=13(M_d+M_w)$ 不超过 1 000±30
>25～50	910±27	
>50～75	1 000±30	
>75～100	1 000±30	

M_d——测试用假人质量，kg；
M_w——轮椅车质量，kg。

8.7　把手套测试方法

注：此项测试应使用测试用假人(见 6.4)。

此项测试仅适用于承受向上向后力的把手套，不适用装在横向杆上的把手套。

将测试用轮椅车站立放在水平测试平台上，用一装置沿着轴向向每一个把手套施加表 5 规定的力[见图 10a)]。推荐加力的方法如图 10b)所示。

确保应不向把手套施加径向力(如不应使用夹头，以免造成把手套向把手侧向的推力)。

在开始测试前,应安装防止轮椅车翻倒和前后移动的设施(见 5.11 和 15.12)。

为确保把手管在承载时不产生弯曲,应在把手上施加一个约束力。此约束力应尽可能靠近但不触及把手套[见图 10a)]。

测试时,慢慢增加载荷,直至 F_4 达到表 5 规定的力,保持负载 5 s～10 s,然后卸载。

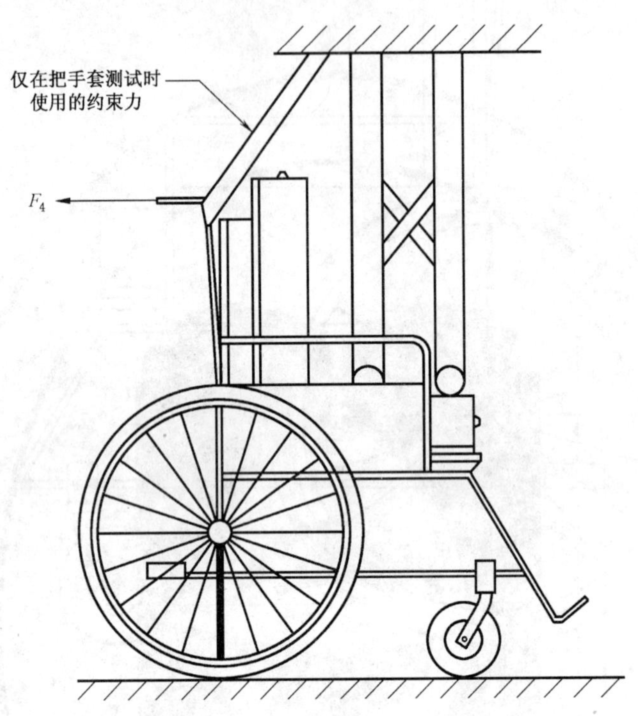

a) 加载力位置

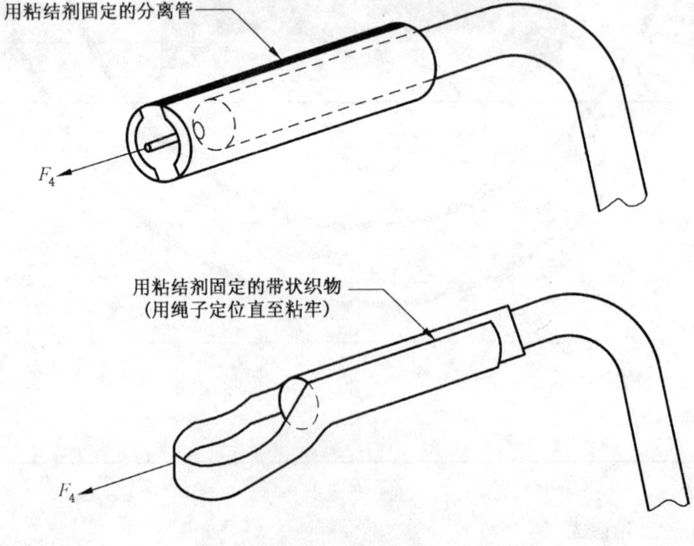

b) 把手套加载方法

图 10　把手套加载力

表 5 施加在把手套的拉力

使用者最大质量/kg	施加在每一个倾斜杆的力 F_4/N	
	手动轮椅车	电动轮椅车
≤25	345±10	750±23
>25～50	535±16	750±23
>50～75	730±22	750±23
>75～100	750±23	750±23

8.8 扶手:向上加载测试方法

此项测试适用于固定扶手的轮椅车和可拆卸或可侧翻扶手具有锁扣机构的轮椅车。测试负载可轮流加在两个扶手上,也可同时进行。

注 1:不带锁扣机构的可拆卸扶手的轮椅车见附录 B 中的 B.2。

注 2:此项测试应使用测试用假人(见 6.4)。

确定轮椅车和测试用假人重心的前后位置。

注 3:此位置可先确定各个轮子所承受的重量,再通过计算得出。

将测试用轮椅车站立放在水平测试平台上,用一装置向扶手施加表 6 规定的力 F_5 或生产商提出的大于此值的力,扶手上受力点的位置:通过轮椅车及测试用假人的重心且垂直于扶手的平面与扶手的交点(见图 11)。如果扶手的结构允许,可用宽 50 mm 的带子加载。

如果生产商标明测试用轮椅车超过表 6 的要求,按其所称施加测试力,误差±3%。

在开始测试前,应安装防止轮椅车翻倒和前后移动的设施(见 5.11 和 15.12)。

测试时,慢慢增加载荷,直至 F_5 达到表 6 规定或生产商提出的大于此值的力,保持负载 5 s～10 s,然后卸载。

STANDARDS PRESS OF CHINA

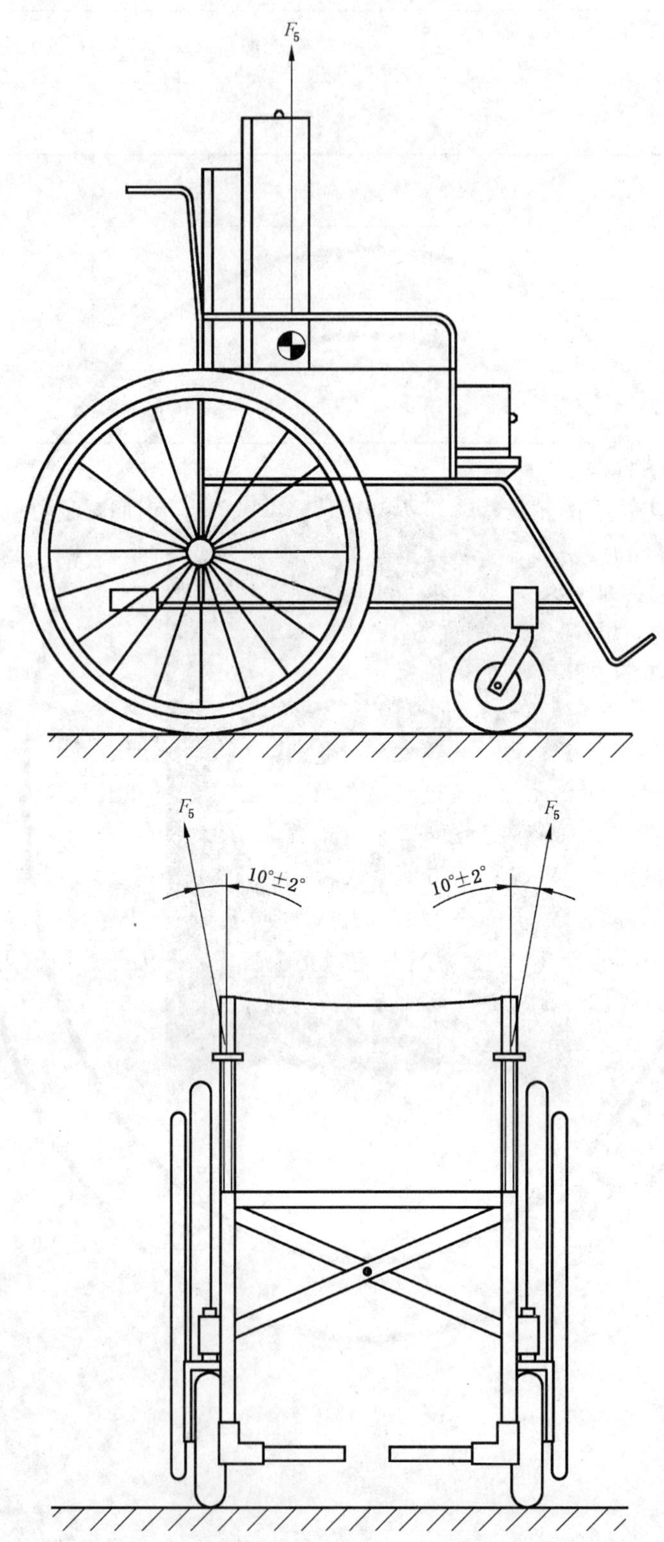

——轮椅车和测试用假人的重心

图 11 扶手向上力

表 6　施加在扶手向上的力

<table>
<tr><th rowspan="2">使用者最大质量/kg</th><th colspan="3">施加在每一个扶手的力 F_5/N</th></tr>
<tr><th>手动轮椅车</th><th colspan="2">电动轮椅车</th></tr>
<tr><td>≤25</td><td>335±10</td><td>335±10</td><td rowspan="4">$5(M_d+M_w)$
不超过 1 000±30</td></tr>
<tr><td>>25～50</td><td>520±16</td><td>520±16</td></tr>
<tr><td>>50～75</td><td>710±21</td><td>710±21</td></tr>
<tr><td>>75～100</td><td>895±27</td><td>895±27</td></tr>
<tr><td colspan="4">M_d——测试用假人质量,kg;
M_w——轮椅车质量,kg。</td></tr>
</table>

8.9　脚托:向上加载测试方法

本项测试适用于:

——固定脚托的轮椅车;

——可折叠并有锁扣机构的脚托部件;

——可拆卸并有锁扣机构的脚托部件。

本项测试不适用于电动代步车。

注 1:不带锁扣的可拆卸或可折叠脚托的轮椅车见附录 B 中的 B.2。

注 2:此项测试应使用测试用假人(见 6.4)。

从下列形式中选择一种合适的测试负载的加载方法:

a)　分离折叠式脚托板(如图 12 A 型)支撑结构最靠前的部分;

b)　整体式脚托板或管结构脚托的中心(如图 12 B 型和 C 型);

c)　双管结构脚托前管的中心(如图 12 D 型);

d)　任何其他形式脚托(如图 12 D 型)最靠前部分的中心;

e)　脚托中可能用以抬起轮椅车的任何部分(如图 12 E 型)。

将测试用轮椅车站立放在水平测试平台上,用一装置向脚托施加表 7 规定的力 F_6 或生产商提出的大于此值的垂直力。

注 3:选择 8.3 的加载垫或宽 50 mm 的带子加载。

如果生产商标明测试用轮椅车超过表 7 的要求,按其所称施加测试力,误差±3%。

在开始测试前,安装防止轮椅车翻倒和前后移动的设施(见 5.11 和 5.12)。

测试时,慢慢增加载荷,直至 F_6 达到表 7 规定或生产商提出的大于此值的力,保持负载 5 s～10 s,然后卸载。

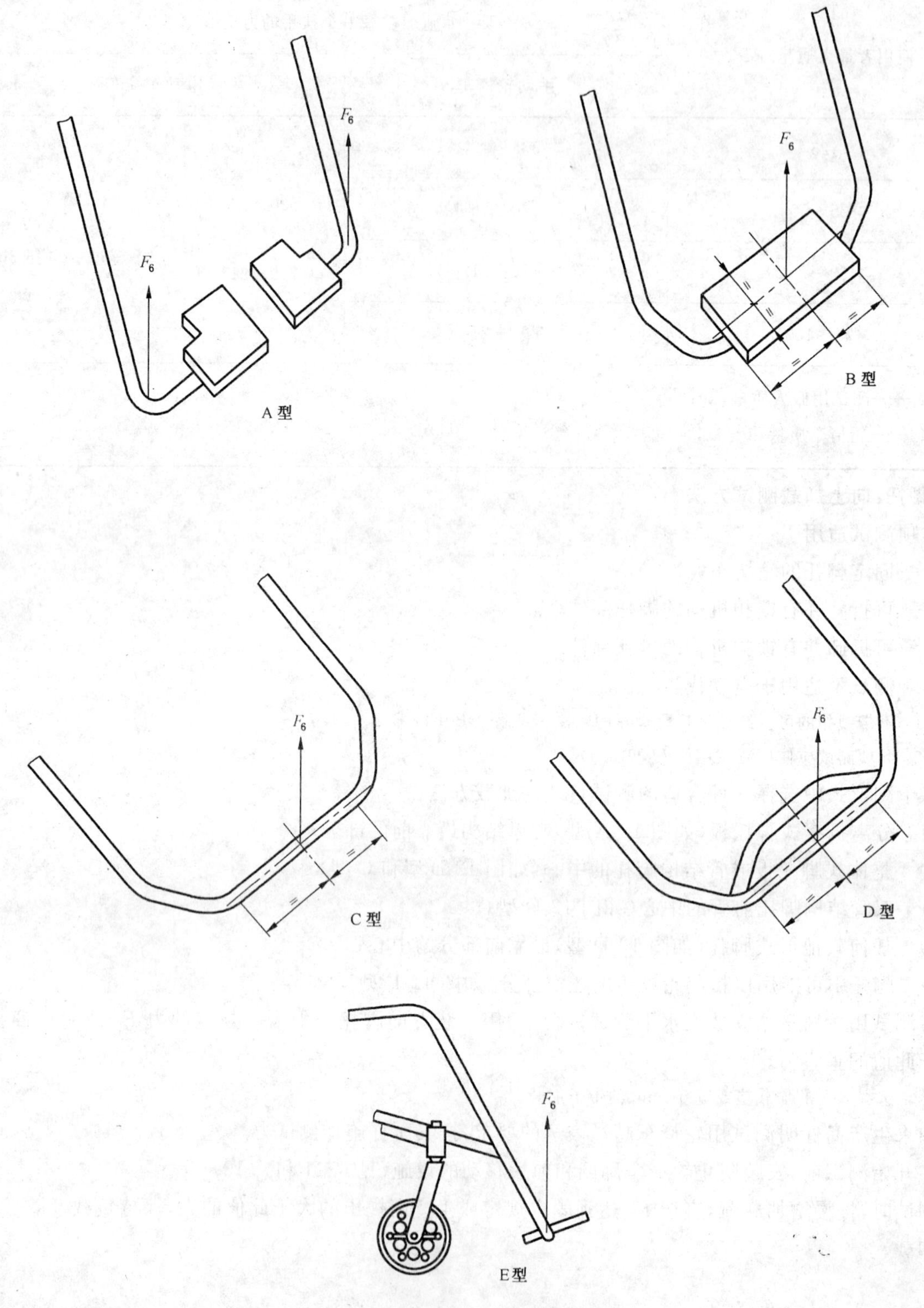

图 12 脚托向上力加载位置

表 7 施加在脚托的力

<table>
<tr><td rowspan="3">使用者最大质量
/kg</td><td colspan="6">施加在脚托的力 F_6/N</td></tr>
<tr><td colspan="2">手动轮椅车</td><td colspan="4">电动轮椅车</td></tr>
<tr><td>分离式脚托的每一边</td><td>整体式脚托的中心</td><td colspan="2">分离式脚托的每一边</td><td colspan="2">整体式脚托的中心</td></tr>
<tr><td>≤25</td><td>165±5</td><td>330±10</td><td>165±5</td><td rowspan="4">3.7(M_d+M_w)
不超过 1 000</td><td>330±10</td><td rowspan="4">7.4(M_d+M_w)
不超过 2 000</td></tr>
<tr><td>>25～50</td><td>260±8</td><td>520±16</td><td>260±8</td><td>520±16</td></tr>
<tr><td>>50～75</td><td>350±10</td><td>700±21</td><td>350±10</td><td>700±21</td></tr>
<tr><td>>75～100</td><td>440±13</td><td>880±26</td><td>440±13</td><td>880±26</td></tr>
<tr><td colspan="7">M_d—— 测试用假人质量,kg;
M_w——轮椅车质量,kg。</td></tr>
</table>

8.10 把手:向上加载测试方法

注 1:此项测试应使用测试用假人(见 6.4)。

将测试用轮椅车站立放在水平测试平台上。如果轮椅车的把手是装在两侧的(如不包括一根横连杆),用一装置向把手施加表 8 规定的力 F_7 或生产商提出的大于此值的力,位置如图 13 所示。

如果轮椅车的把手装有横连杆,用一装置向把手横连杆的中心施加表 8 规定的力 F_7,位置如图 13 所示。

注 2:施加在横连杆式把手中心的力是施加在两侧把手的力的两倍。

注 3:推荐用宽 50 mm 的带子向把手加力。

如果生产商标明测试用轮椅车超过表 7 的要求,按其所称施加测试力,误差±3%。

在开始测试前,安装防止轮椅车翻倒和前后移动的设施(见 5.11 和 5.12)。

测试时,慢慢增加载荷 F_7,直至 F_7 达到表 8 规定或生产商提出任何大于此值的力,保持负载 5 s～10 s,然后卸载。

STANDARDS PRESS OF CHINA

单位为毫米

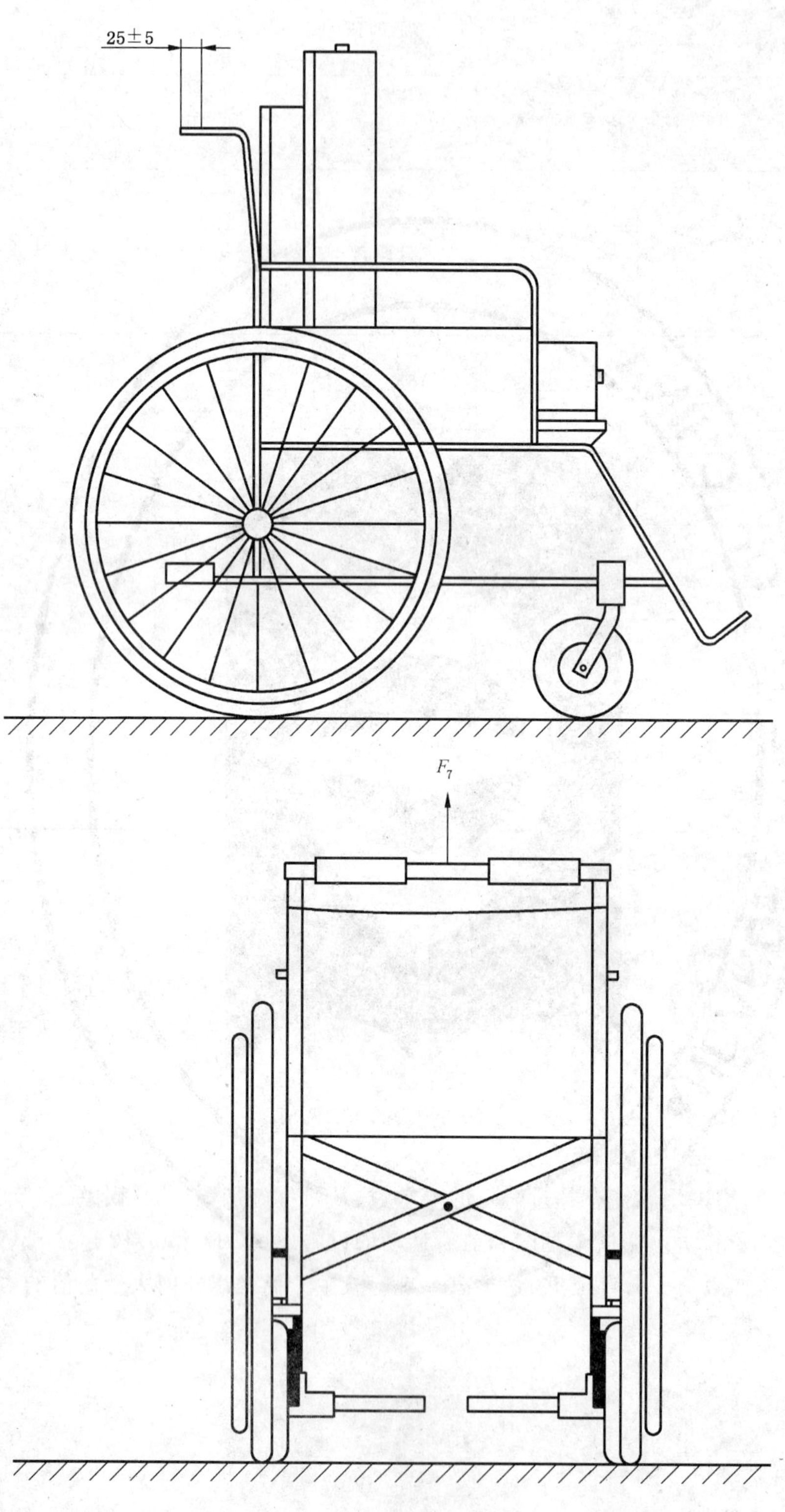

图 13　把手向上力

表 8　施加在把手向上的力

<table>
<tr><th rowspan="3">使用者最大质量/kg</th><th colspan="6">施加在把手上的力 F_7/N</th></tr>
<tr><th colspan="2">手动轮椅车</th><th colspan="4">电动轮椅车</th></tr>
<tr><th>两侧式把手的每一边</th><th>横连杆式把手的中心</th><th colspan="2">两侧式把手的每一边</th><th colspan="2">横连杆式把手的中心</th></tr>
<tr><td>≤25</td><td>330±10</td><td>660±20</td><td>330±10</td><td rowspan="4">5(M_d+M_w)不超过 1 000</td><td>660±20</td><td rowspan="4">10(M_d+M_w)不超过 2 000</td></tr>
<tr><td>>25～50</td><td>520±16</td><td>1 040±32</td><td>520±16</td><td>1 040±32</td></tr>
<tr><td>>50～75</td><td>700±21</td><td>1 400±42</td><td>700±21</td><td>1 400±42</td></tr>
<tr><td>>75～100</td><td>880±26</td><td>1 760±52</td><td>880±26</td><td>1 760±52</td></tr>
</table>

8.11　记录

上述测试后，记录需要紧固、调整和更换的零件。

9　冲击强度测试方法

9.1　原理

用规定质量的摆锤撞击轮椅车在使用中承受冲击的部分，正如使用者坐入轮椅车时对靠背的冲击和障碍物对手圈、小脚轮和脚托的撞击。

如果生产商标明其轮椅车可超过此最低要求，应根据其所述增加载荷加以验证。

9.2　测试用轮椅车的准备

每一项测试前，根据第 6 章的规定检查轮椅车的调节状态和测试用假人的位置，如有偏差，即作纠正。

9.3　靠背：抗冲击强度测试方法

本项测试适用于靠背高度 320 mm 或以上的轮椅车(靠背高度的测量方法按 ISO 7176-7 规定)。

为了进行本项测试，应拆去测试用假人的背部，并确保其大腿部分达到 6.4 的要求。

对于带有转轴可自由调节使之与使用者角度一致的靠背，冲击摆锤(见 5.5)应是如下位置：当摆锤撞击通过靠背转轴的水平线与靠背的交点时，摆杆垂直(见图 14)。

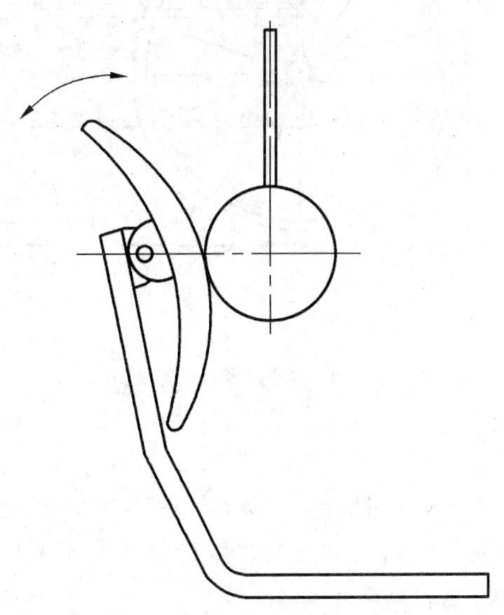

图 14　带转轴的靠背

对于其他形式靠背的轮椅车，冲击摆锤应处于如下位置：当摆锤撞击靠背顶部下 30 mm 处的中心时，摆杆垂直。

将轮椅车的制动器松开。

在轮椅车后轮的后面放一硬质挡块，并在车架的前端施加一较松的约束力（见图15），避免轮椅车因失去平衡而向后倾倒。

将摆锤转动上升至30°±2°的角度，然后让其自由地撞击轮椅车的靠背（见图15）。

如果生产商标明测试用轮椅车超过此最低要求，则按其所称增加测试角度，误差±2°。

如果轮椅车的靠背安装在两个支撑件上，重复测试两次，冲击摆锤的撞击点应在每一个支撑点中心线靠背顶部下30 mm处。

如果轮椅车的靠背两侧对称地安装在一个支撑件上，重复测试，冲击摆锤的撞击点应分别在靠背中心线两侧距靠背最大宽度0.4倍处。

单位为毫米

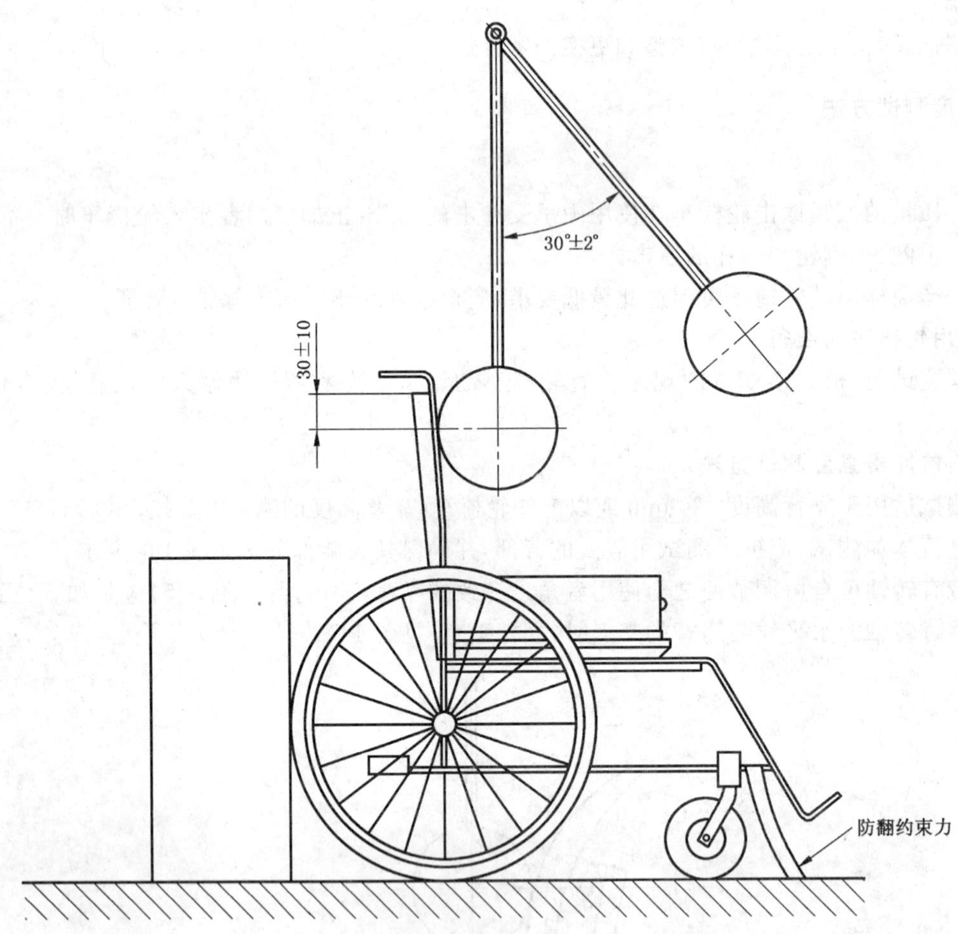

图15　靠背冲击测试

9.4　手圈：抗冲击强度测试方法

本项测试适用于使用者用安装在轮子上的环形手圈自己驱动的手动轮椅车。

注1：对轮椅车的单侧进行测试。为了便于对照测试结果，可统一测试右侧的手圈（面向轮椅车前方）。

确保放在轮椅车上的测试用假人背部与大腿能绕铰链自由运动且不使轮椅车变形。

注2：建议用图20所示的方法固定75 kg的测试用假人。

将测试用轮椅车站立放在水平测试平台上，调节手圈测试摆锤（见5.6），使其撞击中心与轮毂在同一水平线上，并以图16所示的方式与手圈撞击。如果手圈的焊接点与安装点重合，则选此点为测试点。

确保轮椅车的制动器是松开状态。

转动升起摆锤，使其角度如图16所示，然后松开摆锤，使其撞击手圈。

转动轮子和手圈，使摆锤的撞击中心撞击两个安装点的中点并重复测试。如果手圈的焊接点在两个安装点之间，则选此点进行测试。

如果手圈与轮子的轮辋整体连接，每隔90°±5°作一次测试。

如果生产商标明测试用轮椅车超过此最低要求，按其所述增加测试角度，误差±2°。

图16 手圈冲击测试

9.5 小脚轮：抗冲击强度测试方法

本项测试适用于前轮或后轮安装小脚轮的轮椅车。

将测试用轮椅车站立放在水平测试平台上，使被测的小脚轮与轮椅车的纵轴成45°夹角(见图17)。

确保轮椅车的制动器处于松开状态，驱动装置处于不啮合状态。

注1：电动轮椅车在静止时其制动系统是处于啮合状态，因此需作一些改动，使其松开啮合。

悬挂小脚轮测试摆锤(见5.7)并作调整，使其摆动平面与被测小脚轮的平面重合，误差为±2°；使其撞击中心与小脚轮轮毂在同一水平线±5 mm处。

摆锤的摆动角度应按下式计算：

$$\cos\theta = 1 - \frac{M_d + M_w}{377}$$

式中：

θ——摆锤的摆动角度，单位为度(°)；

M_d——测试用假人质量，单位为千克(kg)；

M_w——轮椅车质量，单位为千克(kg)。

注2：上述公式的推导过程可参看附录C，图C.1表示了摆锤角度与质量之间的关系。

转动升起摆锤，使摆杆与垂线的角度为$\theta^{+3°}_{0°}$，然后松开摆锤，使其撞击小脚轮。

如果生产商标明测试用轮椅车超过此最低要求，按其所述增加测试角度，误差为$^{+3°}_{0°}$。

对轮椅车的所有小脚轮重复测试。

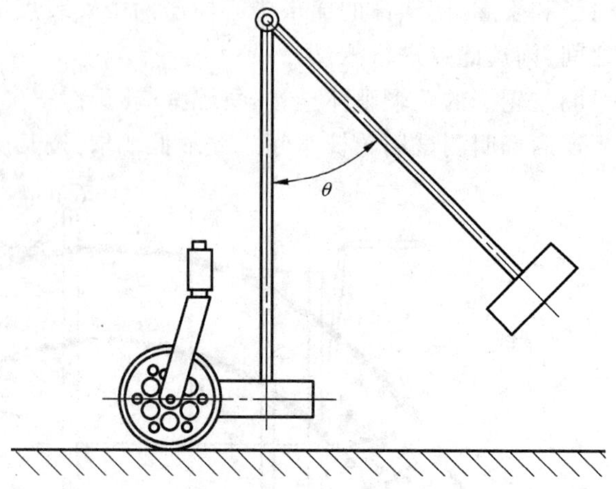

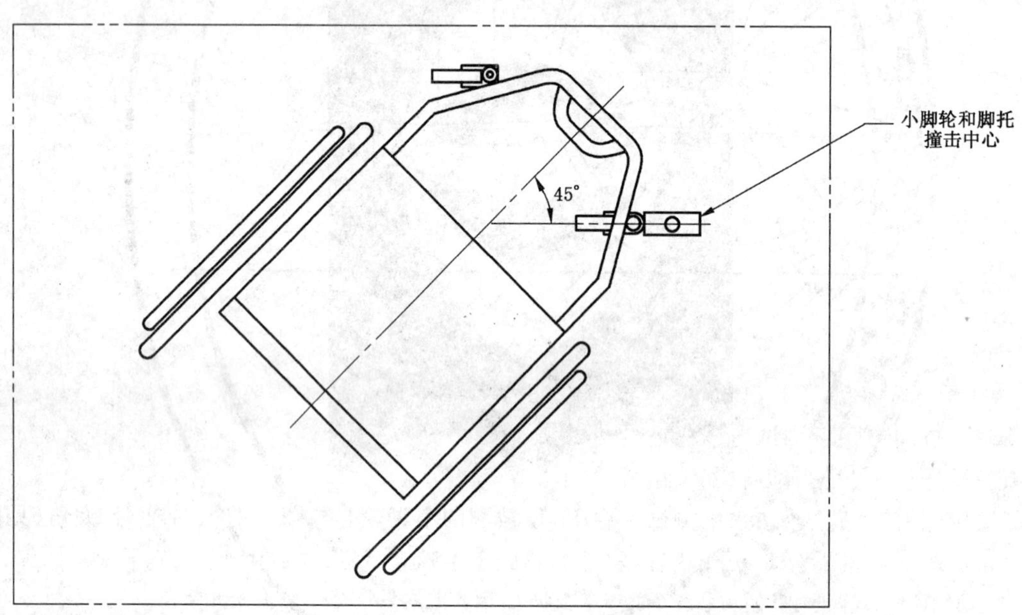

图 17 小脚轮冲击测试位置

9.6 脚托:抗冲击强度测试方法

9.6.1 要求

本项测试适用于脚托可能接触障碍物的轮椅车。

如果测试用轮椅车装有分离式脚托,在一个脚托上进行两项测试。

如果测试用轮椅车装有整体式脚托,在脚托的同一侧进行两项测试。

注:对轮椅车的单侧进行测试。为了便于对照测试结果,可统一测试右侧的脚托(面向轮椅车前方)。

9.6.2 准备

将测试用轮椅车站立放在水平测试平台上。

确保轮椅车的制动器处于松开状态。

注:电动轮椅车在静止时其制动系统是处于啮合状态,因此需作一些改动,使其松开啮合。

9.6.3 侧向冲击

悬挂小脚轮测试摆锤(见 5.7)并作调整,使摆杆在垂直时,摆锤的撞击中心尽可能地接近测试平台且在沿测试用轮椅车纵向轴方向最靠前;摆锤的摆动平面与测试用轮椅车的纵向轴垂直,误差为±2°。

图 18 显示了各种式样脚托冲击测试点的位置。

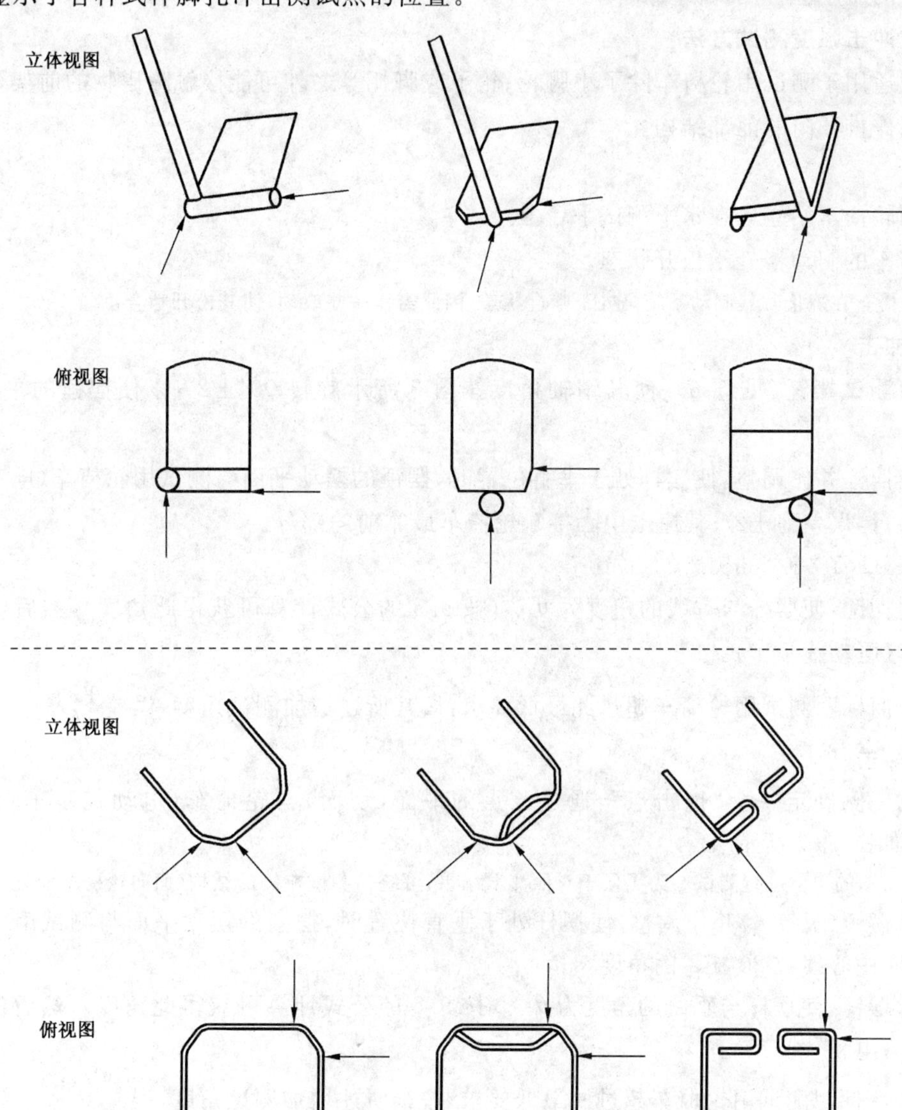

图 18 脚托冲击测试位置

按 9.5 的公式计算摆锤的摆动角。

转动升起摆锤,使摆杆与垂线的角度为 $\theta^{+3°}_{0°}$,然后松开摆锤,使其撞击脚托。

如果生产商标明测试用轮椅车超过此最低要求,按其所述增加测试角度,误差为 $^{+3°}_{0°}$。

如果脚托经过测试后有移位但未遭损坏,应重新调整,使其恢复初始位置。

9.6.4 纵向冲击

悬挂小脚轮测试摆锤(见 5.7)并作调整,使其满足下列要求:

a) 撞击中心撞击脚托沿测试用轮椅车纵向中心线方向最靠前且离纵向中心线最远的位置;

b) 摆动平面与测试用轮椅车的纵向轴平行；

c) 摆杆垂直。

注：图 18 显示了各种式样脚托冲击测试点的位置。

按 9.6.3 的规定进行测试。

9.7 前架：抗冲击强度测试方法

本项测试适用于测试用轮椅车除了小脚轮、轮子或脚托等之外可能接触障碍物的前架，特别是电动代步车常被用作推开门的前部结构。

9.7.1 准备

将测试用轮椅车站立放在水平测试平台上。

确保轮椅车的制动器处于松开状态。

注：电动轮椅车在静止时其制动系统是处于啮合状态，因此需作一些改动，使其松开啮合。

9.7.2 正面冲击

调节手圈测试摆锤（见 5.6），使其销轴角度按图 3 所示旋转 90°±2°，以便摆锤的平面撞击被测样件。

悬挂测试摆锤并作调整，使摆杆处于垂直位置时，摆锤的摆动平面与测试用轮椅车（电动代步车）的纵向中心线平行，误差为±2°；其撞击中心接触轮椅车最靠前的部分。

注：图 19a）显示了各种冲击测试点的位置。

转动升起摆锤，使摆杆与垂线的角度为 $\theta^{+3°}_{0°}$（按 9.5 的公式计算可获得此角度），然后松开摆锤，使其撞击轮椅车（电动代步车）。

如果生产商标明测试用轮椅车超过此最低要求，按其所述增加测试角度，误差 $^{+3°}_{0°}$。

9.7.3 斜向冲击

在前架的一侧确定一个“撞击点”，通过该点的平面（切面）与轮椅车（电动代步车）的中心线成 70°±5°夹角[如图 19b）所示]。

注 1：对轮椅车的单侧进行测试。为了便于对照测试结果，可统一测试左侧的结构（面向轮椅车前方）。

悬挂测试摆锤（见 5.6）并作调整，使摆杆处于垂直位置时，摆锤的摆动平面与测试用轮椅车（电动代步车）的纵向中心线成 20°±2°的角度。

转动升起摆锤，使摆杆与垂线的角度为 $\theta^{+3°}_{0°}$（按 9.5 的公式计算可获得此角度），然后松开摆锤，使其撞击轮椅车（电动代步车）。

如果生产商标明测试用轮椅车超过此最低要求，按其所述增加测试角度，误差 $^{+3°}_{0°}$。

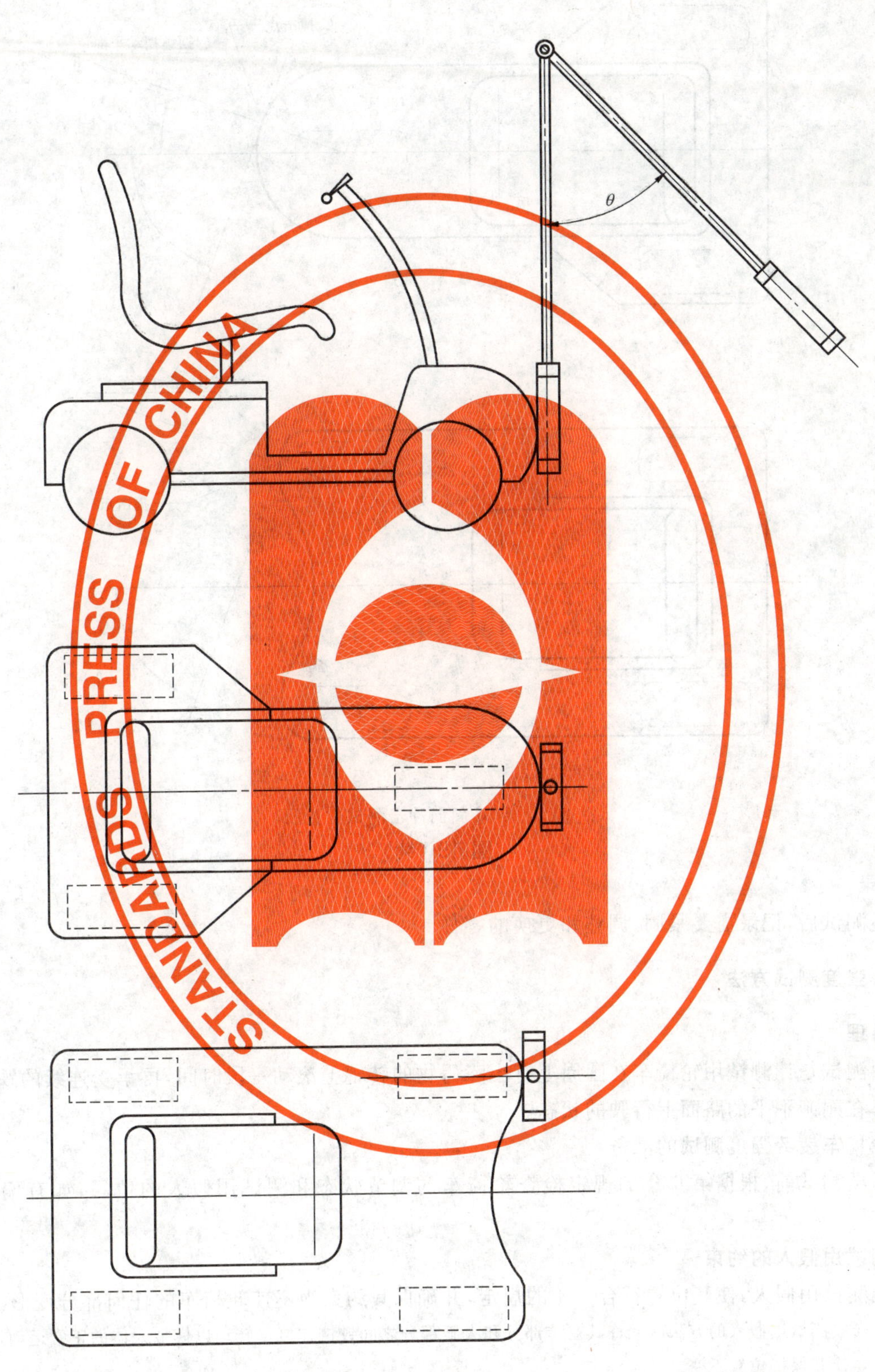

a）前架正面冲击测试位置

图 19　前架冲击测试位置

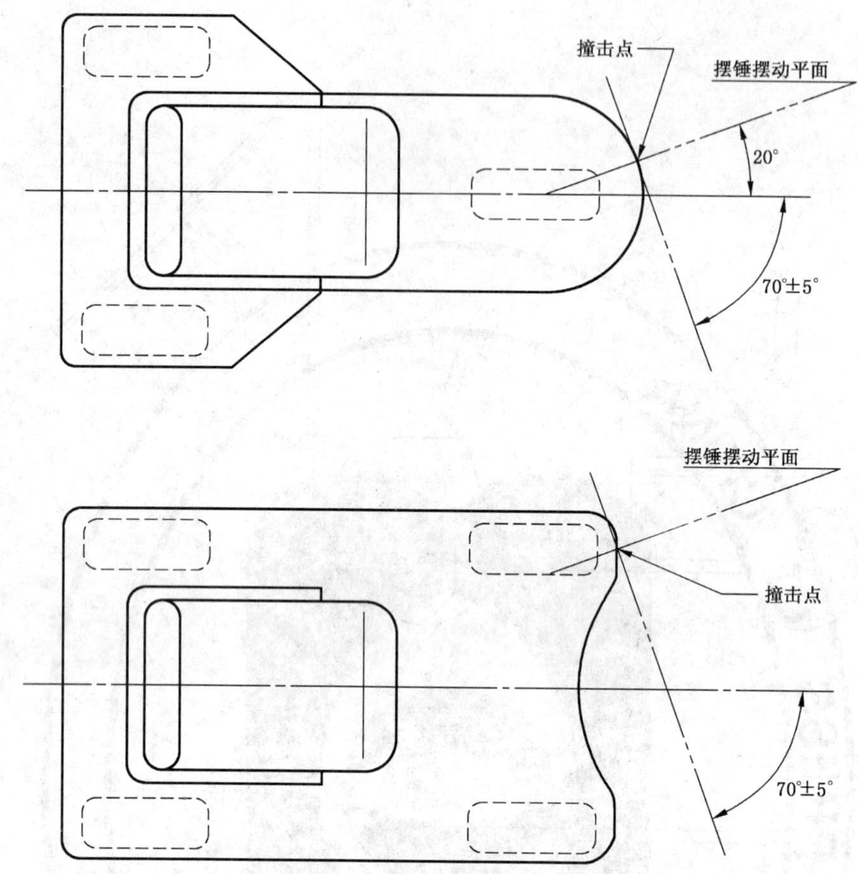

b) 前架 70°斜向冲击测试位置

图 19(续)

9.8 记录

上述测试后,记录需要紧固、调整和更换的零件。

10 疲劳强度测试方法

10.1 原理

本项测试是让测试用轮椅车在圆周上有小障碍物的转辊上滚动一段时间,再承受连续的跌落,以模拟轮椅车在颠簸不平的路面上行驶的状态。

10.2 轮椅车疲劳强度测试的准备

每一项测试前,根据第 6 章的规定检查轮椅车的调节状态和测试用假人的位置,如有偏差,即作纠正。

10.3 测试用假人的约束

安装测试用假人,使其位置符合 6.4 的规定,并确保其约束力不使轮椅车的任何部分变形。

注 1:安放测试用假人的方法应允许其躯干部分和大腿部分之间铰链连接点转动以模拟人体的正常运动,但同时又要让其保持位置不变。

注 2:推荐一个固定测试用假人的方法是使用弹性张力为 2 N/mm~5 N/mm 的带子(如自行车内胎)。但须注意勿使轮椅车的靠背管拉得变形或靠拢。

例如,下面推荐一种安放 75 kg 测试用假人的方法:

如图 20 所示,当测试用假人偏离座位和靠背时,即能获得预紧的约束力和空间。

相关的数值可用于其他质量的测试用假人,在本部分今后的版本中会给出其他质量的测试用假人捆绑带弹性张力的数值。

为了防止测试用假人的大腿部分在轮椅车的坐垫上向前移动,可按如图 20 所示施加约束力。

注 3:可用带子固定,达到此目的。

单位为毫米

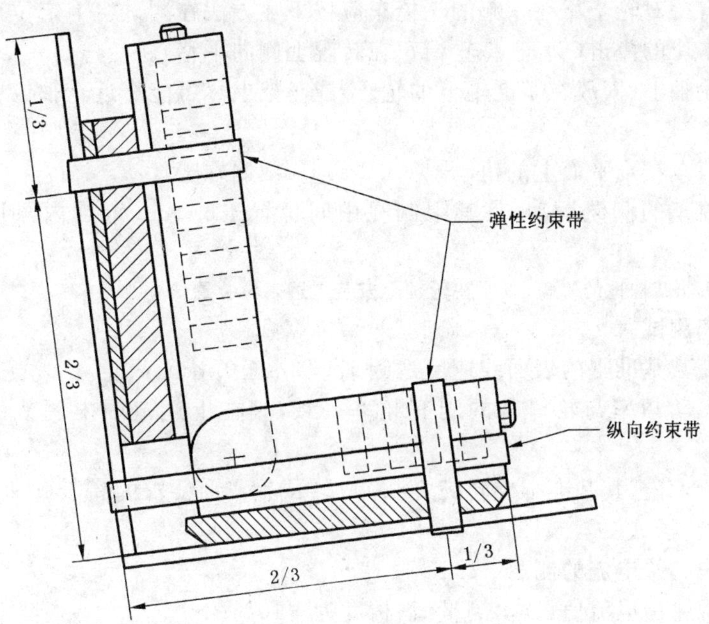

a) 疲劳测试约束位置

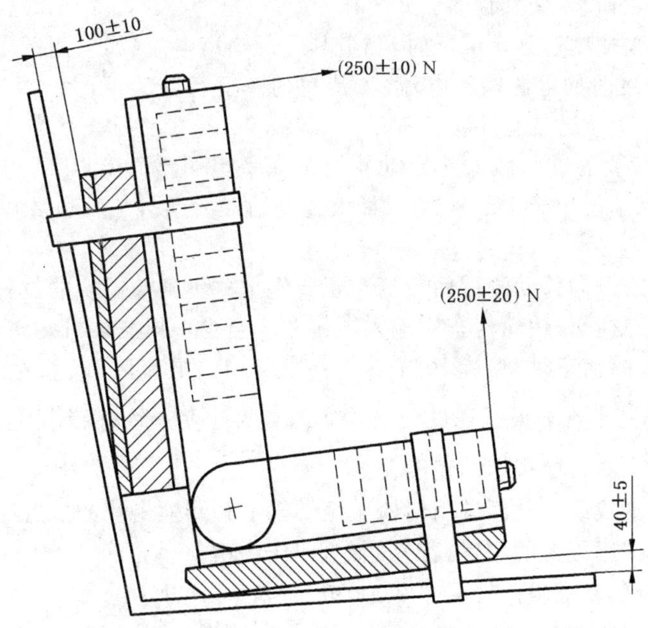

b) 安装 75 kg 假人疲劳测试约束力预紧

图 20 约束装置

10.4 双辊测试

注:由于测试时间大于大部分电动轮椅车电池容量,因此在进行此项测试时,应提供附加电源或充电设施。

10.4.1 **测试机调节**

调节测试机两辊之间的距离，应使测试用轮椅车放在此两辊上时所有轮轴位于辊的正上方，误差为±10 mm。

将测试用轮椅车放在测试机上，驱动轮(如果是护理者操作的手动轮椅车则为后轮)放在基准辊上，其他轮子放在另一个辊上。

三轮轮椅车或有一对轮子靠在一起的轮椅车应按下述方法在测试机上定位：转辊每转一圈，每一个轮子仅承受一个撞击块的撞击(例如，将轮椅车在转辊上侧向平移)。

用一个安装在轮轴上(安放在基准辊上的轮子)或车架上尽可能靠近轮轴位置的装置约束轮椅车的纵向移动。

此装置约束轮椅车在水平面上的扭动[见 5.9 e)]应限制在±10°。

此装置约束轮椅车的侧向运动，将其限制在中间位置±50 mm 范围内，但不限制轮椅车的垂直运动。

注：必要时，可取下非结构性的罩盖，以便在轮轴上安装上述限位装置。

10.4.2 **手动轮椅车测试**

开动测试机并使其基准辊的表面线速度达到 1.0 m/s±0.1 m/s。

如果测试机的振动频率与轮椅车的固有频率一致，则在上述范围内调节测试机的速度，以避免共振。

启动测试机运行，直至其基准辊旋转满 200 000 转或生产商要求的高于此值的任何转数，然后停止测试。

10.4.3 **电动轮椅车初始电流的测量**

测量轮椅车电源输出电流值，读出测量值，精度为±10%。

注：在此项测试中，使用安培计可获得平均电流。

按 ISO 7176-6 规定的方法测定轮椅车的最大速度。

按下述方法启动电动轮椅车，使其预热。

当测试用轮椅车的行驶速度达到 1 m/s 时，测量其电源输出电流(如果测试用轮椅车的最大速度小于 1 m/s，则测量其最大速度时的电源输出电流)。待轮椅车运行≥5 min 后，再测量其电源输出电流。重复此过程，直到测得的电流读数变化小于 5%。

按 10.2 所述的方法安装测试用假人并启动轮椅车在平坦的路面上以 1.0 m/s±0.1 m/s 的速度(如果测试用轮椅车的最大速度小于 1 m/s，则以最大速度)直线行驶，然后测量其电源输出电流。

10.4.4 **电动轮椅车测试**

拆去转辊上的撞击块或侧向移动测试用轮椅车至转辊上碰不到撞击块的位置。

调节测试机和测试用轮椅车，使轮椅车用输入电源驱动至少一根测试机的转辊，并在基准辊表面线速度为 1.0 m/s±0.1 m/s 的状态时，维持 10.4.3 所要求的初始电流值(误差为±5%)，如果轮椅车的最大速度小于 1.0 m/s，则基准辊表面线速度与轮椅车的最大速度一致(误差为 ${}^{0}_{-0.2}$ m/s)。

测试机的两转辊应有 5.9 c)所规定的速度差。

重新安装转辊上的撞击块或移动测试用轮椅车至转辊上触到撞击块的位置。

按 6.4 的要求检查测试用假人的位置，若有偏差，即作纠正。

驱动测试机运行，直至其基准辊旋转满 200 000 转。

如果生产商标明测试用轮椅车超过此最低要求，按其所述延长测试。

10.5 **跌落测试**

调节跌落测试机，使测试用轮椅车水平放置，并能从 50 mm±5 mm 高度自由落在一坚硬的地面上。

如图 21 所示在测试用假人的下面放上发泡垫。

泡沫垫应比测试用假人的大腿部分略大，具体尺寸无严格要求。

单位为毫米

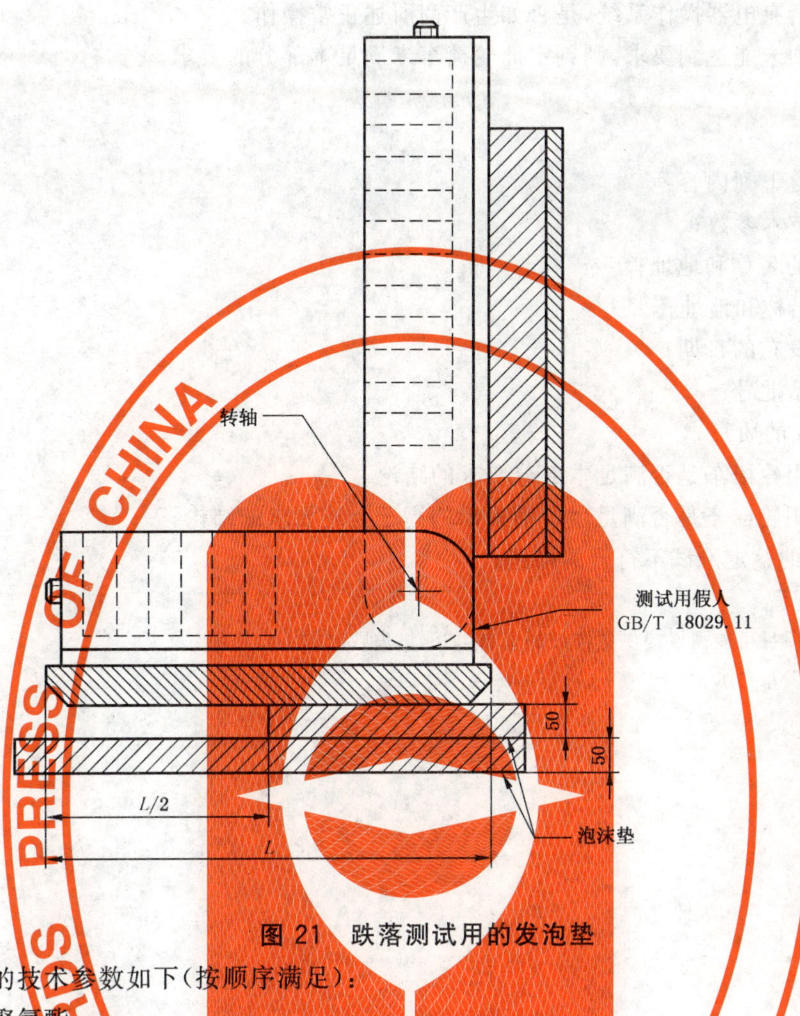

图 21 跌落测试用的发泡垫

泡沫材料的技术参数如下(按顺序满足):

——开孔聚氨酯;

——硬度 315 N±15 N 按 GB/T 12825 测得;

——密度 75.1 kg/m^3±5 kg/m^3 按 GB/T 6343 测得。

按 6.4 的要求放置测试用假人。

所有约束力应限制测试用轮椅车的水平运动,但不限制其自由落下(建议使用纺织带)。

如果小脚轮在向前的位置向两边偏摆转动大于 45°,可安装一弹性约束装置,使其在±45°范围内转动但不超出此范围。

确保每一个轮子能在每两次跌落间转动一角度,而不使轮子的同一部位承受每一次跌落冲击负载。

注:可将电动轮椅车的驱动系统脱开或处于自由轮模式,以便在测试中旋转轮子。

确保轮椅车在每一次跌落前站立稳固。

启动测试机,直到完成 6 666 次跌落测试。

如果生产商标明测试用轮椅车超过本部分的最低要求,测试次数按生产商标明的双辊测试机测试次数的 1/30 进行。

10.6 记录

上述测试后,记录需要紧固、调整和更换的零件。

11 测试结果评估

完成上述所有测试后,按 4.1 的要求检查测试用轮椅车。

按4.1的规定,检查零部件是否有超出一次的调整或复位,紧固件是否有超出一次的拧紧。

检查轮椅车的所有电器操作系统,是否如生产商所述正常操作。

如果有任何一项未能达到要求,则判定此轮椅车未满足本部分的要求。

12 检验报告

检验报告应包含下列内容:

a) 本部分的技术参数;

b) 检验机构的名称和地址;

c) 生产商的名称和地址;

d) 检验报告发布的日期;

e) 型号和产品批号;

f) 测试用假人的质量;

g) 关于测试用轮椅车是否满足本部分要求的结论;

h) 关于测试用轮椅车是否满足生产商提出的高于上述要求的结论;

i) 按第11章的鉴定测试不符合的描述;

j) 轮椅车的配置。

注1:委托测试的项目可能需要提供更详细的资料,如测试失败时的不合格项。

注2:见4.2信息发布要求。

附 录 A
(资料性附录)
静态强度测试负载应用原则

A.1 总则

下列用于测试的静态负载是为了确定轮椅车是否能承受在使用中所承受的载荷(见第8章)。

注1:测试用轮椅车的质量各不相同,为了简化起见,所有手动轮椅车的质量均假设为20 kg。由于电动轮椅车的质量因其型号不同而差别很大,因此在公式中引入实际质量。

注2:安全系数 S 为1.5。

注3:实际使用的负载值是计算后的取整值。

下列符号分别为:

g——重力加速度,9.807 m/s^2;

M_d——测试用假人质量,kg;

M_w——轮椅车质量,kg。

S——安全系数,1.5;

F——加载力,N。

A.2 扶手向下负载

A.2.1 原理

使用者施加在每一个扶手上的力为其质量的一半,方向垂直向下。然而,侧向传递到轮椅车的负载与垂直方向产生了一个角度,可能使此载荷超过使用者质量的一半。

A.2.2 计算

使用者在移动过程中扶手损坏是很危险的,因此要引入安全系数。

$$F=\frac{M_d gS}{2\cos 15^\circ}$$

如果使用100 kg测试用假人:

$$F=\frac{100\times 9.807\times 1.5}{2\cos 15^\circ}=761.5$$

取760 N;

如果使用75 kg测试用假人:

$$F=\frac{75\times 9.807\times 1.5}{2\cos 15^\circ}=571.1$$

取570 N;

如果使用50 kg测试用假人:

$$F=\frac{50\times 9.807\times 1.5}{2\cos 15^\circ}=380.7$$

取380 N;

如果使用25 kg测试用假人:

$$F=\frac{25\times 9.807\times 1.5}{2\cos 15^{\circ}}=190.4$$

取 190 N。

F——加载力，N。

A.3 脚托向下负载

A.3.1 原理

轮椅车的使用者通常不会站立在轮椅车的脚托上而不引起轮椅车的倾翻。但是当使用者痉挛时施加在脚托上的力近似于其本身的重量。这种力引起的损坏一般不会影响安全，因此不引入安全系数。因为使用者在上下电动代步车时将整个人的重量放在脚托的一侧，所以施加在整体式脚托上的力和施加在分离式脚托每一片上的力是相同的。

A.3.2 计算

$$F=M_{d}g$$

如果使用 100 kg 的测试用假人

$$F=100\times 9.807=980.7$$

取 1 000 N；

如果使用 75 kg 的测试用假人：

$$F=75\times 9.807=735.5$$

取 750 N；

如果使用 50 kg 的测试用假人：

$$F=50\times 9.807=490.4$$

取 500 N；

如果使用 25 kg 的测试用假人：

$$F=25\times 9.807=245.2$$

取 250 N。

A.4 倾斜杆向下负载

A.4.1 原理

虽然轮椅车的几何形状不同，但图 A.1 描述了大部分倾斜杆承受负载的状态。

由图 A.1 得出：

$$F=\frac{20}{15}(M_{d}+M_{w})g=13.08(M_{d}+M_{w})$$

取 $13(M_{d}+M_{w})$。

由于护理者最大质量不大于 100 kg，加载力的上限为 1 000 N。

单位为毫米

图 A.1 倾翻杆的负载

A.4.1.1 手动轮椅车

如果使用 100 kg 的测试用假人：

$$F=13(100+20)=1\ 560$$

取 1 000 N；

如果使用 75 kg 的测试用假人：

$$F=13(75+20)=1\ 235$$

取 1 000 N；

如果使用 50 kg 的测试用假人：

$$F=13(50+20)=910$$

取 910 N；

如果使用 25 kg 测试用假人：

$$F=13(25+20)=585$$

取 590 N。

A.4.1.2 电动轮椅车

$$F=13(M_d+M_w)$$

加载力上限为 1 000 N。

A.5 把手套负载

A.5.1 原理

当轮椅车和使用者一起被拉上楼梯时，把手套的粘着力就变成重要的安全问题。测试负载的来源依据是假设轮椅车和使用者被护理者拉着一只把手套停在楼梯上时把手套所受的力。假设轮椅车和使用者被拉着停在楼梯上的受力状态如图 A.2 所示。

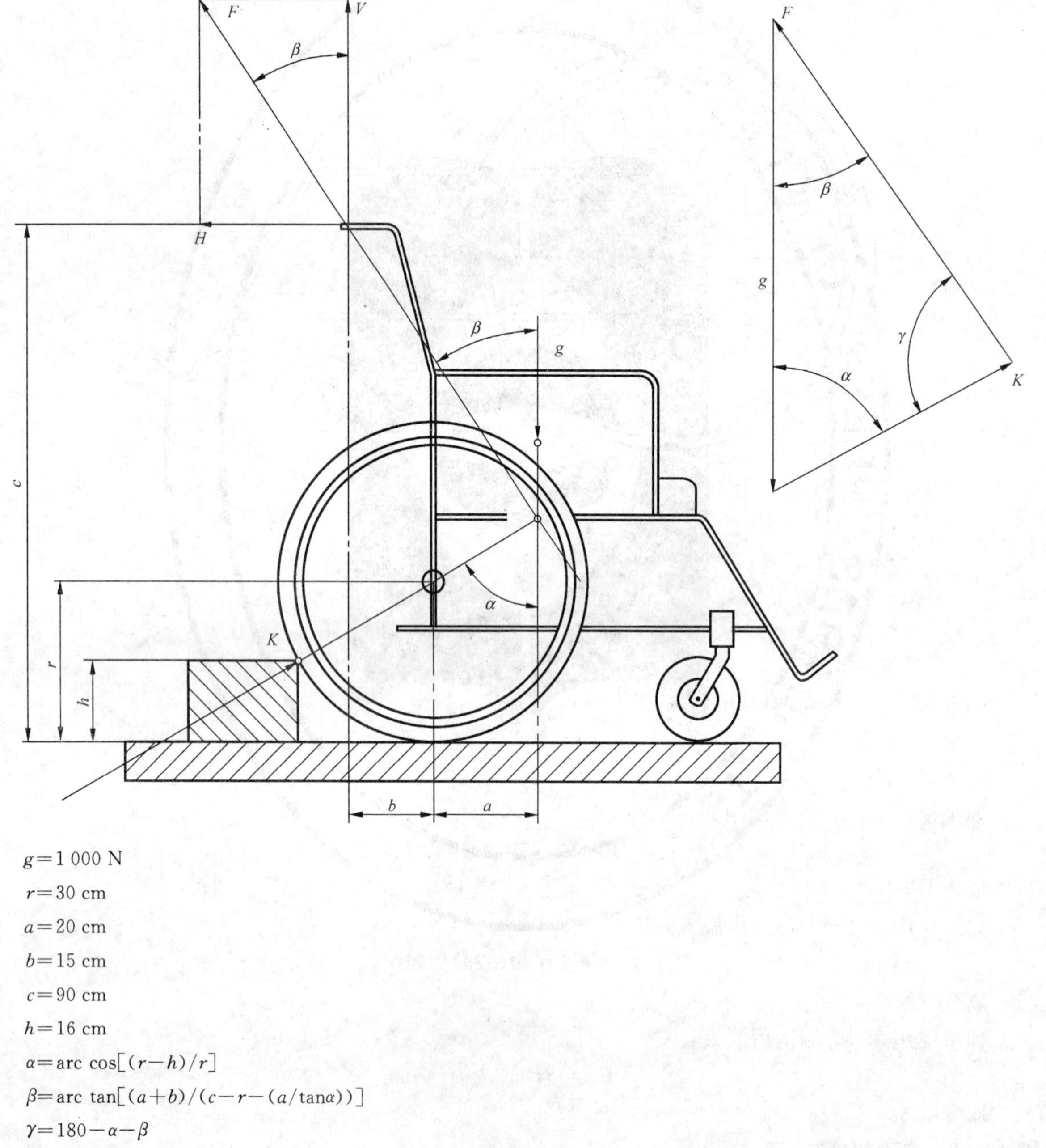

$g=1\,000$ N

$r=30$ cm

$a=20$ cm

$b=15$ cm

$c=90$ cm

$h=16$ cm

$\alpha=\text{arc cos}[(r-h)/r]$

$\beta=\text{arc tan}[(a+b)/(c-r-(a/\tan\alpha))]$

$\gamma=180-\alpha-\beta$

$F=g\sin\alpha/\sin\gamma$

$H=F\sin\beta$

$V=F\cos\beta$

图 A.2 轮椅车在楼梯上的负载

把手套的加载力(图 A.2 中的拉力 H)为轮椅车和使用者质量的合力的 52%。

基于安全因素和由于轮径变化而引起力的变化的原因,所以引入安全系数 $S=1.5$。

实验证明,一般来说人不可能握着把手套而施加大于 750 N 的拉力,所以将 750 N 作为加载力的上限。

A.5.2 计算

由图 A.2 可得出:

$$F=S\times 0.52(M_d+M_w)g$$

A.5.2.1 手动轮椅车

如果使用 100 kg 的测试用假人:

$$F=1.5\times 0.52\times (100+20)\times 9.807=918$$

取 750 N;

如果使用 75 kg 的测试用假人:

$$F=1.5\times 0.52\times (75+20)\times 9.807=726$$

取 730 N;

如果使用 50 kg 的测试用假人:

$$F=1.5\times 0.52\times (50+20)\times 9.807=535$$

取 535 N;

如果使用 25 kg 的测试用假人:

$$F=1.5\times 0.52\times (25+20)\times 9.807=344$$

取得 345 N。

A.5.2.2 电动轮椅车

$$F=1.5\times 0.52\times (M_d+M_w)\times 9.807$$

然而,大部分电动轮椅车的质量(即使是儿童轮椅车)均超过 75 kg,因此上式为

$$F=1.5\times 0.52\times (25+75)\times 9.807=765$$

取 750 N(所有电动轮椅车)。

A.6 扶手向上负载

A.6.1 原理

护理者在帮助使用者越过台阶等障碍时经常握着轮椅车的扶手提起轮椅车。实验证明,一般来说人不可能握着扶手而向上施加大于 1 000 N 的拉力,因此将此数值作为加载力的上限。

A.6.2 计算

基于安全考虑,引入安全系数 $S=1.5$。

A.6.2.1 手动轮椅车

假设两个人握着轮椅车的扶手提起轮椅车和使用者,提升力有一个向外的角度。

$$F=\frac{S(M_d+M_w)g}{2\cos 10^\circ}$$

如果使用 100 kg 的测试用假人:

$$F=\frac{1.5\times (100+20)\times 9.807}{2\cos 10^\circ}=896.2$$

取 895 N;

如果使用 75 kg 的测试用假人:

$$F=\frac{1.5\times(75+20)\times 9.807}{2\cos 10^{\circ}}=709.5$$

取 710 N；

如果使用 50 kg 的测试用假人：

$$F=\frac{1.5\times(50+20)\times 9.807}{2\cos 10^{\circ}}=522.8$$

取 520 N；

如果使用 25 kg 的测试用假人：

$$F=\frac{1.5\times(25+20)\times 9.807}{2\cos 10^{\circ}}=336.1$$

取 335 N。

A.6.2.2 电动轮椅车

由于大部分电动轮椅车较重，假设两个人握着轮椅车的扶手提起轮椅车和使用者的力分别不大于其总质量的 1/3，第三个人提起轮椅车的其他部位，如脚托。因此：

$$F=\frac{S(M_{d}+M_{w})g}{3\cos 10^{\circ}}=4.98(M_{d}+M_{w})$$

取 $5(M_{d}+M_{w})$。

然而，此假设导致了电动轮椅车这项测试加载力小于手动轮椅车相应的测试加载力。公式修改如下：

$$F=\frac{S(M_{d}+20)g}{2\cos 10^{\circ}}=7.47(M_{d}+M_{w})$$

取 $7.5(M_{d}+20)$。

A.7 脚托向上负载

A.7.1 原理

护理者在帮助使用者越过台阶等障碍时还经常握着轮椅车的脚托提起轮椅车。此时结构损坏将会不可避免地导致人身伤害。因此引入安全系数 $S=1.5$。

A.7.2 计算

假设每一个脚托承受轮椅车和使用者的总质量的 1/4，则：

$$F=\frac{S(M_{d}+20)g}{4}=3.68(M_{d}+M_{w})$$

取 $3.7(M_{d}+20)$。

手动轮椅车的负载如下：

如果使用 100 kg 的测试用假人：

$$F=3.7\times(100+20)=440.0$$

取 440 N；

如果使用 75 kg 的测试用假人：

$$F=3.7\times(75+20)=351.5$$

取 350 N；

如果使用 50 kg 的测试用假人：

$$F=3.7\times(50+20)=259.0$$

取 260 N；

如果使用 25 kg 的测试用假人：

$$F=3.7\times(25+20)=166.5$$

取 165 N。

至于整体式脚托的轮椅车，假设施加在两个脚托上的负载施加在整体式脚托的中心，则：

$$F=\frac{1.5}{2}(M_d+M_w)g$$

取 $7.4(M_d+M_w)$。

A.8 把手向上负载

A.8.1 原理

护理者在帮助使用者越过台阶等障碍时经常握着轮椅车的把手提起轮椅车。此时结构损坏将会不可避免地导致人身伤害。因此引入安全系数 $S=1.5$。

对于手动轮椅车，假设轮椅车和使用者能一起被作用在把手上的力提起，则每一个把手承受一半负载。至于由一根横连杆做成把手的轮椅车，则应在横杆的中心承受全部负载。

A.8.2 计算

注：实验证明，一般来说人不可能提着把手而向上施加大于 1 000 N 的拉力，因此将这一数值作为加载力的上限。

A.8.2.1

两侧装把手的手动轮椅车：

$$F=\frac{S(M_d+M_w)g}{2}$$

取 $7.35(M_d+M_w)$。

安装横连杆作为把手的手动轮椅车：

$$F=S(M_d+M_w)g$$

取 $14.7(M_d+M_w)$。

如果使用 100 kg 的测试用假人：

$$F=7.35\times(100+20)=882.0$$

取 880 N 为两侧装把手的轮椅车的加载力，1 760 N 为安装横连杆作把手的轮椅车的加载力；

如果使用 75 kg 的测试用假人：

$$F=7.35\times(75+20)=698.25$$

取 700 N 为两侧装把手的轮椅车的加载力，1 400 N 为安装横连杆作把手的轮椅车的加载力；

如果使用 50 kg 的测试用假人：

$$F=7.35\times(50+20)=514.5$$

取 520 N 为两侧装把手的轮椅车的加载力，1 040 N 为安装横连杆作把手的轮椅车的加载力；

如果使用 25 kg 的测试用假人：

$$F=7.35\times(25+20)=330.75$$

取 330 N 为两侧装把手的轮椅车的加载力，660 N 为安装横连杆作把手的轮椅车的加载力。

A.8.2.2

对于电动轮椅车，假设由三个人抬起轮椅车，则每一个把手承受轮椅车和使用者总质量的 1/3。因此：

$$F=\frac{1.5\times(M_d+M_w)g}{3}$$

STANDARDS PRESS OF CHINA

取 $5(M_d+M_w)$，当 F 大于 1 000 N 时取 1 000 N。

安装横连杆作为把手的电动轮椅车：

$$F=\frac{1.5\times(M_d+M_w)g\times 2}{3}$$

取 $10(M_d+M_w)$，当 F 大于 2 000 N 时取 2 000 N。

但测试加载力不应小于相应的手动轮椅车的加载力。

附 录 B
（资料性附录）
设 计 建 议

B.1 原则

本附录中提到的有关轮椅车的设计内容至关重要。然而，直到本部分出版为止，还未找到适合所有设计的令人满意的、可验证的测试方法。

设计者应努力遵照下面所给出的内容执行。

B.2 可拆卸扶手和脚托

帮助乘坐者上下楼梯的人往往喜欢提着扶手或脚托将轮椅车抬起。因此，在设计可拆卸扶手时应考虑其锁紧装置必须有足够的强度以承受提起的轮椅车（见8.8），或很容易被拔出，以免使用者用这一部分提起轮椅车。

有些设计将此部件做成“夹”式，在提起时将轮椅车夹住，放下时松开。这样的结构在受到振动或颠簸时特别危险，应予以避免。

B.3 抗跌落冲击

轮椅车往往会被提起装入汽车等交通工具或其他类似的情况，这样就有受到跌落冲击的可能性。

设计者应确保轮椅车具有在至少1 m高处跌落时的抗冲击强度，特别要充分考虑小脚轮和轮子这些极易损坏的零部件的抗冲击强度。

B.4 座位组件抗冲击

很多使用者在坐入轮椅车时往往会很重地坐下，这样引起的冲击可能不在座位的中心。

设计者应确保座位能承受这样的冲击。

附 录 C
（资料性附录）
小脚轮和脚托冲击强度测试摆锤摆角依据

C.1 基本原理

运动的轮椅车在撞击障碍物前有一定的动量。此动量为一矢量且能分解成一个正交于障碍物的分量 V_1 和一个平行于障碍物的分量 V_p。从理论上说，正交于障碍物的分量会由于冲击而损失，但平行于障碍物的分量由于在那个方向没有力的作用而保留。因此，轮椅车的速度会因冲击引起的动量损失而减小。忽略极小的热能和声能因素，这一部分因撞击障碍物而损失的动量全被轮椅车吸收。

C.2 计算

冲击前后的动量变化可由下列等式来表示：

$$E_{imp} = E_1 - E_2 \quad \cdots\cdots(C.1)$$

$$E_1 = \frac{(M_d + M_w)V_1^2}{2} \quad \cdots\cdots(C.2)$$

$$E_2 = \frac{(M_d + M_w)V_p^2}{2} \quad \cdots\cdots(C.3)$$

式中：

E_{imp}——在撞击中失去的动量，单位为焦耳(J)；

E_1——撞击前的动量，单位为焦耳(J)；

E_2——撞击后的动量，单位为焦耳(J)；

M_d——测试用假人的质量，单位为千克(kg)；

M_w——轮椅车的质量，单位为千克(kg)；

V_1——轮椅车在撞击前的速度，单位为米每秒(m/s)；

V_2——轮椅车在撞击后的速度，单位为米每秒(m/s)。

假设在冲撞前轮椅车的初速度为 1 m/s，则：

$$E_2 = \frac{(M_d + M_w)}{2}(1 - \cos^2 45°) = \frac{(M_d + M_w)}{4} \quad \cdots\cdots(C.4)$$

摆锤的动量 E_p 为：

$$E_p = m_p g h \quad \cdots\cdots(C.5)$$

$$H = d(1 - \cos\theta) \quad \cdots\cdots(C.6)$$

式中：

m_p——摆锤的质量，为 5 kg；

g——重力加速度常数，为 9.81 m/s^2；

h——摆锤重心的高度变化，单位为米(m)；

d——摆锤转轴到撞击中心的距离，单位为米(m)。

因此：

$$E_p = 94.18(1 - \cos\theta) \quad \cdots\cdots (C.7)$$

如果测试摆锤传递与轮椅车在速度为 1 m/s 时撞击产生相同的动量，则式(C.4)与式(C.7)相等。因此：

$$9.184(1 - \cos\theta) = \frac{(M_d + M_w)}{4}$$

即：

$$\cos\theta = 1 - \frac{(M_d + M_w)}{376.72}$$

图 C.1 的图表说明了它们之间的关系。

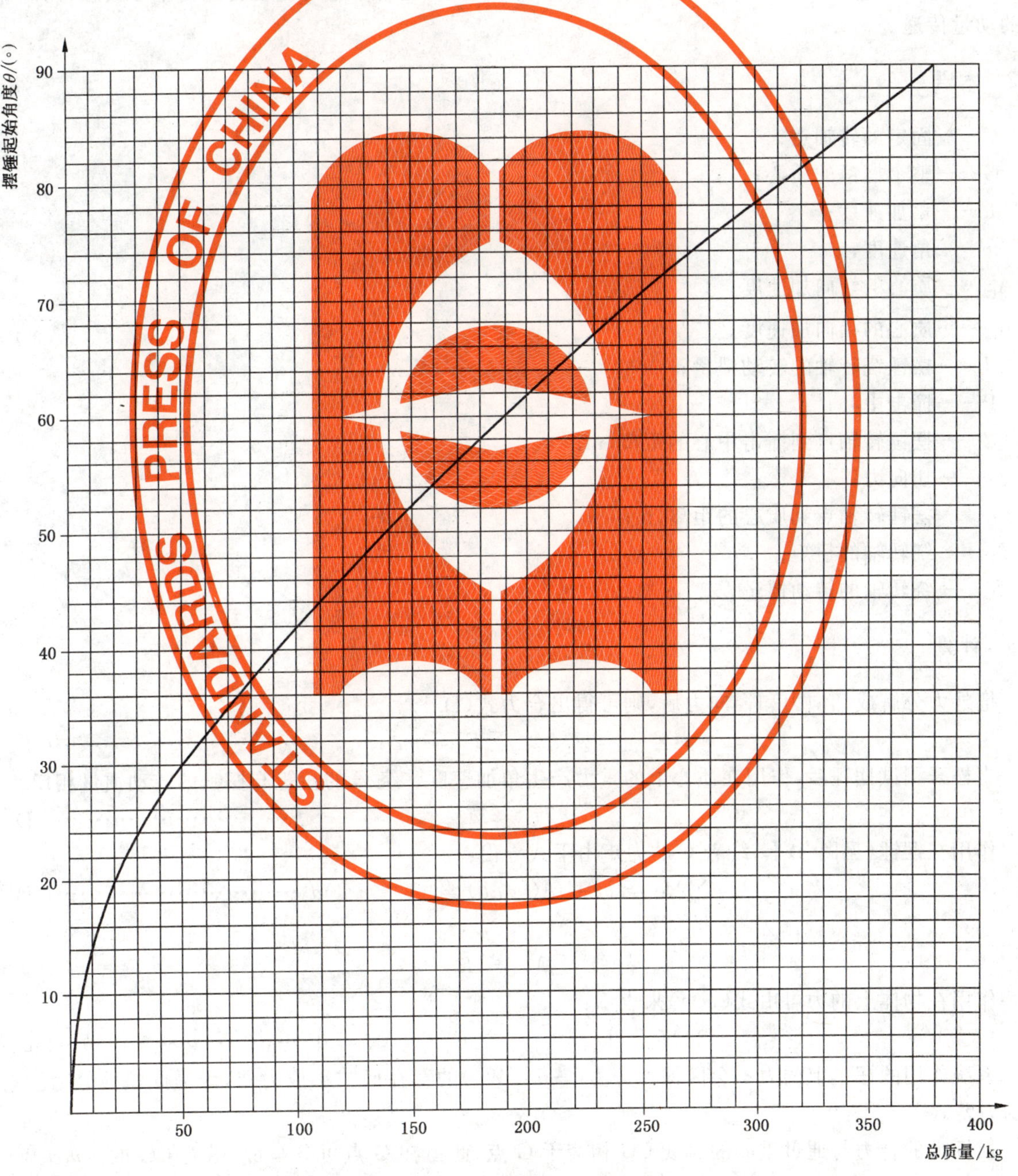

图 C.1 小脚轮/脚托测试

附 录 D
（资料性附录）
测试摆锤撞击中心的确定依据

D.1 原理

各检验机构在使用摆锤测试手圈时应有一致的结果。摆锤的质量、几何形状和撞击点会影响摆锤向轮椅车传递动量的结果。因此，这些参数应有统一规定。轮椅车应与摆锤的撞击中心接触，以确保恒定的动量传递。

D.2 术语

C——固定的转轴点；
G——整个摆锤的质心；
a——角加速度；
w——角速度；
A_G^t——质心的切向加速度；
A_G^r——质心的径向加速度；
I——摆锤绕转轴的转动惯量；
P——撞击中心；
d——摆锤转轴点到撞击中心的距离，m；
F_t——切向力；
r_G——摆锤转轴点到质心的距离，m；
T_C——绕转轴的扭矩；
M_C——绕转轴的转动惯量。

D.3 计算

把外力分解成切向力和径向力后，则可得出合力式(D.1)。

$$\sum F_t = mr_G a \quad \sum F_t = mr_G w^2 \qquad \text{(D.1)}$$

当松开测试摆锤后，作用在质心上的重力产生角加速度。绕 C 的扭矩与摆锤的转动惯量相反。

$$T_C = Ia \qquad \text{(D.2)}$$

作用在摆锤(见图 3)上、绕着 C 的力矩由下式导出：

$$\sum M_C = Ia + r_G(mr_G a) = (1 + mr_G^2)a \qquad \text{(D.3)}$$

$$\sum M_C = Ia$$

作用在物体上的力可由式(D.4)来表示：

$$\sum M_C - Ia = 0 \qquad \sum F = mA_G = 0 \qquad \text{(D.4)}$$

系统作用的摆锤上的力不会因惯性分力($-mr_G W^2$)的存在而减小成力偶，因为此惯性分力没有绕 C 的力臂。

惯性力的合力与通过重心的直线 CG 相交于 G 点，此力在 G 点可分解成：沿着 CG 的$-mr_G W^2$ 和垂直于 CG 的$-mr_G a$。由此分力$-mr_G a$ 所产生的力矩与作用在 G 点上的惯性力矩相等可推导出 P 点到转轴点 C 的距离 d：

$$-mr_G ad = -Ia(-mr_G a)r_G \qquad \text{(D.5)}$$

即：

$$d = \frac{I}{mr_G} + r_G$$

而另一分力 $-mr_G W^2$ 绕 C 点的力矩为零。

附 录 E
（资料性附录）
滑行偏移量

E.1 原理

如果在测试前后分别测量轮椅车的滑行偏移量，就可根据其滑行偏移量的变化衡量测试用轮椅车轻微的测试损坏是否可接受。

我们强烈建议各检验机构用下列方法之一测定轮椅车的功能是否受到影响，从而寻求改进判定测试用轮椅车是否通过测试的可能性。

E.2 方法1

制作一测试轨道，此轨道包括一段表面光滑的硬质斜面和一块水平测试平台（见图E.1）。

按图E.1所示标出一条直的"零线"。

按第6章的规定准备好轮椅车。

按图E.1所示，将轮椅车放在斜面上，一只轮子放在"零线"上。

确保所有小脚轮与"零线"方向一致。

松开轮椅车，让其从斜面上滚下，滚到水平测试平面上。

当轮椅车到达5 m线（见图E.1）时，测量并记录轮椅车轮子偏离"零线"的方向和数值。

重复此项测试两次。

计算三次测试偏离量的平均值。

单位为毫米

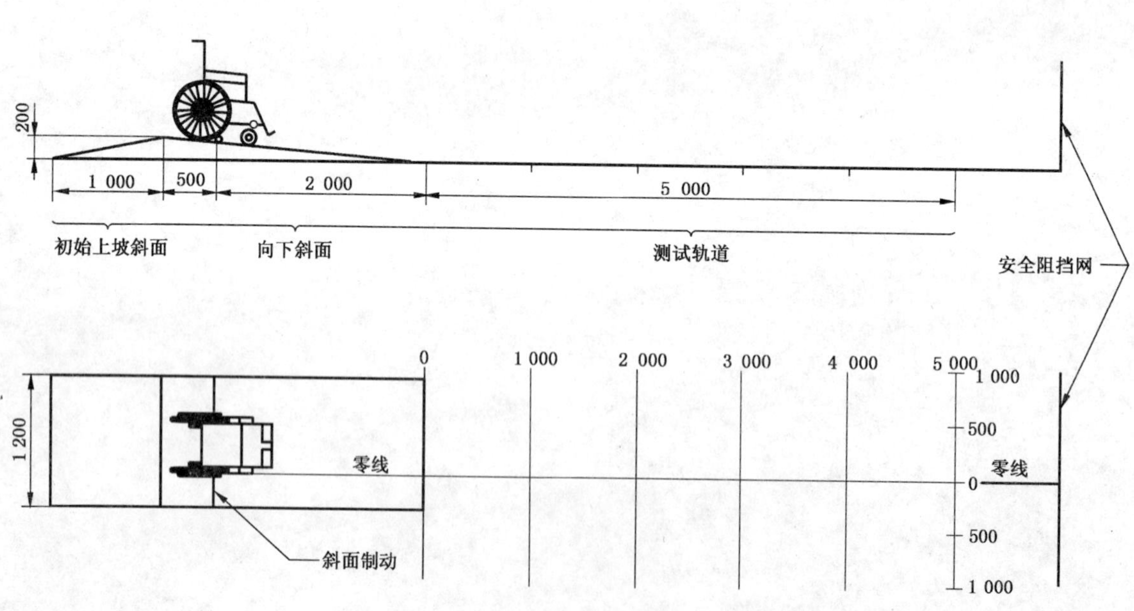

图 E.1

E.3 方法 2

按图 E.2 所示在一硬质水平测试平台上标出一条测试轨迹线。

按第 6 章的规定准备好轮椅车。

推动轮椅车，使其一只轮子沿着并平行于“零线”滚动，且应达到如下速度：在起始线松手后轮椅车应在最大和最小线之间停止。

注 1：为了达到这一恒定的速度，需要练习操作过程。

当轮椅车停止滚动后，在停止处测量并记录轮椅车轮子偏离“零线”的方向和数值。

重复此项测试两次。

计算三次测试偏离量的平均值。

注 2：忽略任何不满足这些标准的测试。

单位为毫米

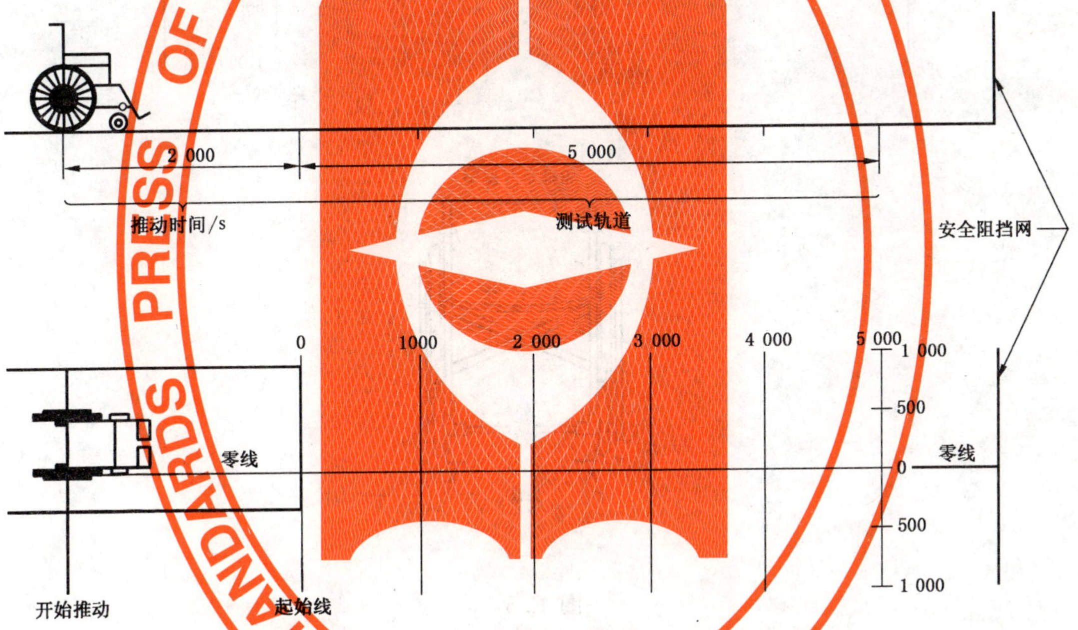

图 E.2

STANDARDS PRESS OF CHINA

E.4 方法 3

按图 E.3 所示在一硬质水平测试平台上标出一条测试轨迹线。

在轮椅车滚动轨迹中心线两侧等距安放两根高度约 30 mm 的导轨，导轨的间距比轮椅车最小轮间距小 3 mm～6 mm(见图 E.3)。

按第 6 章的规定准备好轮椅车。

将轮椅车放置在测试轨迹线的开始推动的线前。

用绳子绑住轮椅车的把手并施加拉力，使轮椅车向前滚动，且应达到如下速度：在起始线松手后轮椅车应在终点线前 0.5 m 处停止。

注 1：为了达到这一恒定的速度，需要实际练习过程。

当轮椅车停止滚动后，在停止处测量并记录轮椅车轮子偏离轨迹线的方向和数值。

重复此项测试两次。

计算三次偏离量的平均值。

单位为毫米

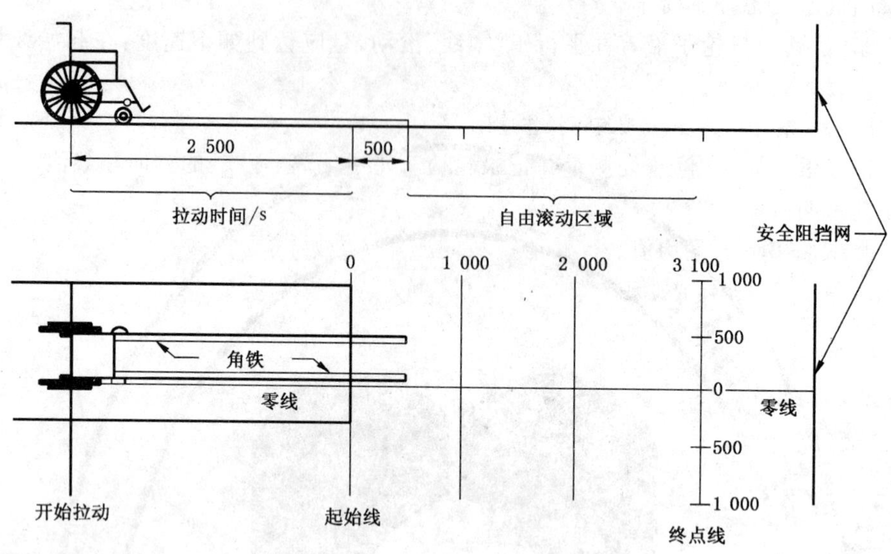

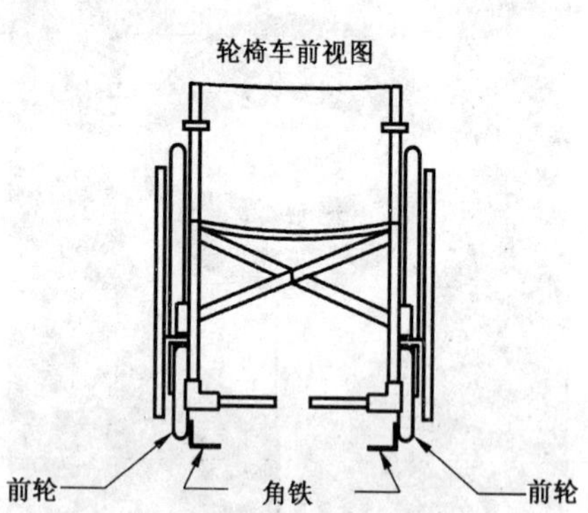

图 E.3

ICS 11.180
Y 14

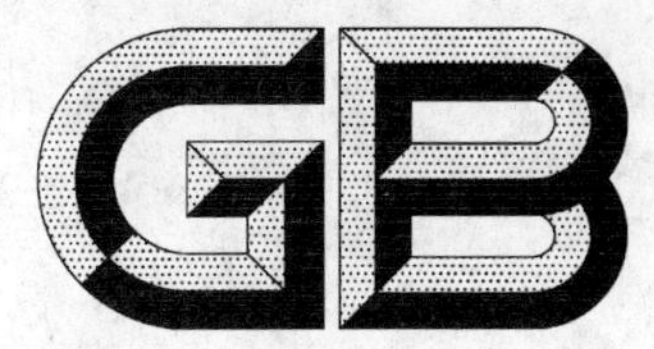

中华人民共和国国家标准

GB/T 18029.9—2008/ISO 7176-9:2001
代替 GB/T 15495—1995

轮椅车
第9部分:电动轮椅车气候试验方法

Wheelchairs—Part 9:Climatic tests for electric wheelchairs

(ISO 7176-9:2001,IDT)

2008-09-19 发布　　2009-03-01 实施

中华人民共和国国家质量监督检验检疫总局
中国国家标准化管理委员会　发布

前 言

GB/T 18029《轮椅车》由以下部分组成:

第1部分:静态稳定性的测定

第2部分:电动轮椅车动态稳定性的测定

第3部分:制动器的测定

第4部分:能耗的测定

第5部分:外形尺寸、质量和转向空间的测定

第6部分:电动轮椅车最大速度、加速度和减速度的测定

第7部分:座位和车轮尺寸的测量方法

第8部分:静态强度、冲击强度及疲劳强度的要求和测试方法

第9部分:电动轮椅车的气候试验方法

第10部分:电动轮椅车越障能力的测定

第11部分:测试用假人

第13部分:测试表面磨擦系数的测定

第14部分:电动轮椅车动力和控制系统—要求和测试方法

第15部分:信息发布、文件出具和标识的要求

第16部分:座(靠)垫阻燃性的要求和测试方法

第17部分:电动轮椅车控制器的界面

第18部分:上下楼装置

第19部分:用于机动车的轮式移动装置

第20部分:站立式轮椅车性能的测定

第21部分:电磁兼容性的要求和测试方法

第22部分:调节程序

第23部分:护理者操作的爬楼梯装置的要求和测试方法

第24部分:乘坐者操纵的爬楼梯装置的要求和测试方法

第25部分:电池和充电器的要求和测试方法

第26部分:术语

本部分为第9部分。

本部分等同采用ISO 7176-9:2001《轮椅车　第9部分:电动轮椅车气候试验方法》(英文版)。

本部分代替GB/T 15495—1995《电动轮椅车气候试验方法》。

本部分与原GB/T 15495—1995相比,主要差异有:

本部分中所有技术指标、参数、公式、性能要求、试验方法、检验规则根据ISO 7176规定的原则制定。与原国家标准相比,本部分有很大变化。

a) 增加了对控制装置和标准环境条件的定义。

b) 本部分对“标准环境条件”进行了修订,原标准中标准环境为23 ℃,相对湿度为50%,而在本部分中标准的环境条件为(20±5)℃,相对湿度为(60±20)%。

c) 增加了设施一章。

d) 测试方法中,对雨淋条件、低温工作环境、高温工作环境、低温贮存环境、高温贮存环境五种试验环境进行了修订,将工作环境和贮存环境的高温和低温分别进行测试进行了具体的限定。

e) 增加了功能检测的描述,并细化了具体的操作方法。

f) 为了直观和方便,本部分将 IEC 60529:2001 中的淋水试验设备和方法作为附录 NA。

本部分附录 NA 为资料性附录。

本部分由中华人民共和国民政部提出。

本部分由全国残疾人康复和专用设备标准化技术委员会(SAC/TC 148)归口。

本部分主要起草单位:国家康复辅具研究中心、上海互邦医疗器械有限公司。

本部分主要起草人:闫和平、谷慧茹、杨成瑞、赵次舜。

本部分 1995 年首次发布。

本部分为第一次修订。

引　　言

轮椅车可能在恶劣的环境下使用或存放,这会严重的影响到他们的功能,有时可能产生危险。

使用这些试验方法以确定轮椅车是否以及在何种程度上容易受环境条件影响。

在雨淋、炎热和寒冷的条件下进行操作测试,以模拟在地球上广泛的气候变化条件下使用情况。

轮椅车
第9部分:电动轮椅车气候试验方法

1 范围

GB/T 18029的本部分规定了确定雨淋、冷凝及温度变化对限乘1人,最高时速不超过15 km/h的轮椅车(包括电动代步车)基本功能影响的要求和测试方法。

GB/T 18029的本部分不包括耐腐蚀性要求。

2 规范性引用文件

下列文件中的条款通过GB/T 18029的本部分的引用而成为本部分的条款。凡是注日期的引用文件,其随后所有的修改单(不包括勘误内容)或修订版均不适用于本部分,然而,鼓励根据本部分达成协议的各方研究是否可使用这些文件的最新版本。凡是不注日期的引用文件,其最新版本适用于本部分。

ISO 7176-11:1992 轮椅车 第11部分:测试用假人(Wheelchairs Part 11: Test dummies)

ISO 7176-15:1996 轮椅车 第15部分:信息发布、文件出具和标识的要求(Wheelchairs Part 15: Requirements for information disclosure, documentation and labelling)

ISO 7176-22:2000 轮椅车 第22部分:调节程序(Wheelchairs Part 22: Set-up procedures)

ISO 7176-26:2007 轮椅车 第26部分:术语(Wheelchairs Part 26: Vocabulary)

IEC 60529:2001 外壳防护等级(IP代码)(Degrees of protection provided by enclosures (IP Code))

3 术语和定义

ISO 7176-26:2007确定的定义以及下列定义适用于GB/T 18029的本部分:

3.1

控制装置 control device

使用者用以控制轮椅车,以期望的速度和(或)方向运动的装置。

3.2

标准的环境条件 standard ambient conditions

环境条件为(20±5)℃,相对湿度为(60±20)%。

4 原理

测试经过正常使用、贮存和运输环境条件后轮椅车的功能。

5 设施

5.1 测试跑道:如图1标志所示,在标准的环境条件下形成一个平坦而又水平的平面。

注:用作生产或室内休闲的典型建筑的地面。例如,混凝土或沥青地面是可以使用的。

单位为米

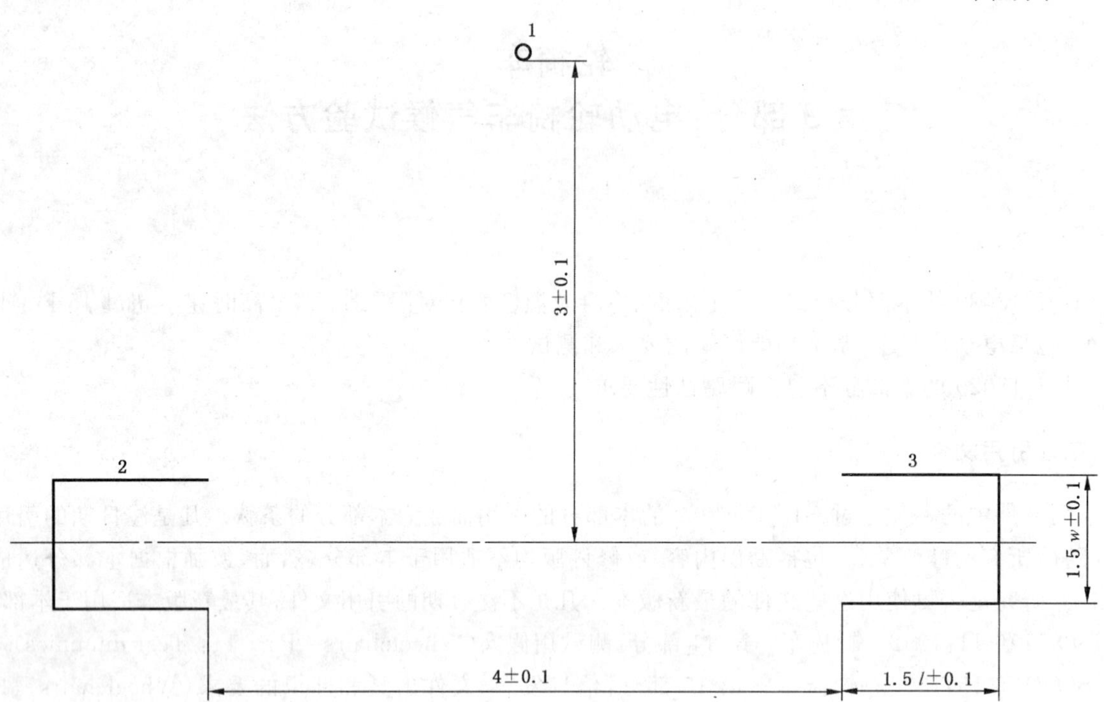

1——标记点(M);

2——矩形 A;

3——矩形 B。

标记点由以下部分组成:

——水平尺寸不大于 200 mm 的一个标记点。

——两个开口矩形 A 和 B 尺寸为:

长,$L=1.5\ l\pm100$ mm;

宽,$W=1.5\ w\pm100$ mm。

式中:

l——轮椅车长度;

w——轮椅车宽度。

图 1 测试跑道

5.2 测试用假人:按照 ISO 7176-11 的要求,或一个增加配重到与假人相同质量分布的测试人员。

5.3 测试轮椅车驱动方式:遥控装置或测试人员。

注:加在轮椅车上用作控制目的的装置质量或仪器不应对轮椅车的整体质量分布产生明显影响。加上这些设施后,轮椅车的总质量可能需要调整以补偿增加的质量。

5.4 温度测量装置:用来测量周围的空气温度,精确度为±1 ℃。

5.5 时间测量装置:用来测量时间,精确度为±1 s。

5.6 湿度测量装置:用来测量相对湿度,精确度为±2%。

5.7 低温测试环境:可使轮椅车处在(−40±5)℃和(-25^{+2}_{-5})℃环境条件下。

5.8 高温测试环境:可使轮椅车处在(50^{+5}_{-2})℃和(65±5)℃环境条件下。

5.9 周围测试环境:使轮椅车处在标准的环境条件(3.2)。

5.10 喷水装置:按照 IEC 60529:2001 规定进行喷水。

6 测试用轮椅车的准备

a) 按照 ISO 7176-22:2000 的规定设置轮椅车。除移走和替换测试用假人或负载人或电池之外,在进行下列测试过程中不应改变轮椅车的设置；

注1：测试用假人或测试人员仅用在第8章规定的功能测试中。

b) 采取措施，检测在测试过程中轮椅车被驱动部件是否有任何移动。

注2：可以采取的措施，例如通过在驱动轮上、座位提升机构、靠背倾斜系统等处作标记。

7 测试方法

7.1 总则

按照本部分7.3～7.7规定进行测试。可按任何顺序进行。

7.2 要求

在进行了7.3～7.7规定的气候试验后，根据生产商的说明轮椅车功能应仍能起作用。

轮椅车如果出现以下情况则未通过测试：

a) 在进行7.3～7.7规定的测试期间，不能满足第8章规定的功能检查的任何要求；或

b) 在进行7.3～7.7规定的测试期间，任何被驱动部件出现意外的运动。

7.3 雨淋条件

注意：在本项测试期间，可能出现不稳定现象，应采取适当措施以保护检测人员的安全。

a) 关闭轮椅车电源，将轮椅车放置在标准的环境条件下至少20 h；

b) 打开轮椅车电源；

c) 按照第8章规定进行功能检查；

d) 用5.10中规定的喷水装置，并按照IEC 60529:2001规定的方法进行喷水；

注：不必进行IEC 60529规定的检查程序。

e) 检查轮椅车的被驱动部件是否发生移动；

f) 在完成d)要求后，5 min内开始执行第8章规定的功能检测；

g) 关闭轮椅车电源；

h) 将轮椅车放置在标准的环境条件下1 h±5 min；

i) 在完成h)要求后，5 min内开始执行第8章规定的功能检测。

7.4 低温工作环境

注意：在本项测试期间，轮椅车温度非常低，应采取适当措施以保护检测人员的安全。

a) 关闭轮椅车电源，将轮椅车放置在标准的环境条件下至少20 h；

b) 按照第8章规定进行功能检查；

c) 打开轮椅车电源；

d) 将轮椅车放置在温度为(-25^{+2}_{-5})℃下至少3 h；

e) 检查轮椅车的被驱动部件是否发生移动；

f) 在完成d)要求后，5 min内开始执行第8章规定的功能检测。

7.5 高温工作环境

注意：在本项测试期间，轮椅车温度非常高，应采取适当措施以保护检测人员的安全。

a) 关闭轮椅车电源，将轮椅车放置在标准的环境条件下至少20 h；

b) 按照第8章规定进行功能检查；

c) 打开轮椅车电源；

d) 将轮椅车放置在温度为(50^{+5}_{-2})℃下至少3 h；

e) 检查轮椅车的被驱动部件是否发生移动；

f) 在完成d)要求后，5 min内开始执行第8章规定的功能检测。

7.6 低温贮存环境

注意：在本项测试期间，轮椅车温度非常低，应采取适当措施以保护检测人员的安全。

a) 关闭轮椅车电源，将轮椅车放置在标准的环境条件下至少20 h；

b) 按照第8章规定进行功能检查；

STANDARDS PRESS OF CHINA

c) 将电池从轮椅车上取下；

d) 将轮椅车放置在温度为(−40±5)℃下至少 5 h；

e) 把在 c)中取下的电池放回原处；

f) 关闭轮椅车电源，将轮椅车放置在标准的环境条件下 1 h±5 min；

g) 检查轮椅车的被驱动部件是否发生移动；

h) 在完成 f)要求后，5 min 内开始执行第 8 章规定的功能检测。

7.7 高温贮存条件

注意：在本项测试期间，轮椅车温度非常高，应采取适当措施以保护检测人员的安全。

a) 关闭轮椅车电源，将轮椅车放置在标准的环境条件下至少 20 h；

b) 按照第 8 章规定进行功能检查；

c) 关闭轮椅车电源；

d) 将轮椅车放置在温度为(65±5)℃下至少 5 h；

e) 检查轮椅车的被驱动部件是否发生移动；

f) 将轮椅车放置在温度为(20±5)℃下 1 h±5 min；

g) 在完成 f)要求后，5 min 内开始执行第 8 章规定的功能检测。

8 功能检查

下列检查用来确定轮椅车经过 7.3～7.7 环境测试前后功能是否还满足标准性能。

8.1 要求

当按照 8.2 规定进行测试时：

a) 轮椅车或轮椅车的任何部件，不应有任何意外的或不正常运动；

b) 轮椅车按照图 2 所示的 2 个矩形之间规定的测试路径行进，所需时间不应超过 60 s；

c) 当用控制器命令轮椅车停止时应能停车；

d) 当松开控制器时轮椅车应能保持静止。

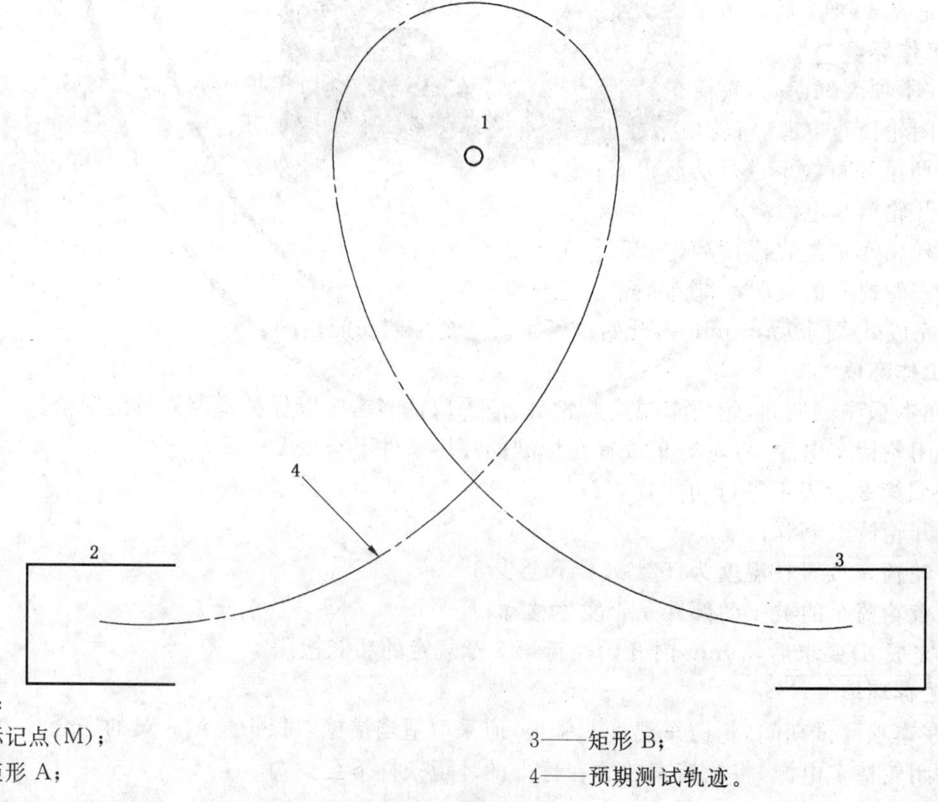

关键点：

1——标记点(M)；

2——矩形 A；

3——矩形 B；

4——预期测试轨迹。

图 2 测试轨迹

8.2 方法

注意：在本项测试期间，轮椅车温度非常高，应采取适当措施以保护检测人员的安全。

在 10 min 内完成下列程序：

a) 将轮椅车放置在测试跑道上的矩形 A 中，并面向矩形 B(如图 1)；

b) 将假人放置在轮椅车上或让操作者坐在轮椅车上，并按照 5.3 规定确定轮椅车驱动方式；

c) 打开轮椅车电源；

d) 按照图 2 所示驱动轮椅车向前围绕标记点转到对面的矩形中；

e) 用轮椅车的控制装置使其停止，并松开控制装置；

f) 观察并记录轮椅车是否不能停止或出现其他不正常的反应；

g) 记录轮椅车运动的时间；

h) 观察轮椅车至少 15 s，并记录轮椅车是否能保持静止；

i) 重复 c)到 h)的步骤，驱动轮椅车倒车从矩形 B 绕过标记点到矩形 A；

j) 将轮椅车转到测试跑道上，使其在矩形 A 中并背向矩形 B；

k) 重复 c)到 h)的步骤，倒车驱动轮椅车；

l) 重复 i)的步骤，向前驱动轮椅车；

m) 操作除了控制装置以外其他的任何控制功能，并记录任何意外或不正常的运动；

n) 如果在第 6 章中确定的轮椅车任何设置调整受到干扰，则将设置位置调整到原来的状态；

o) 取下放在轮椅车上的假人或让操作者下车。

注：对于此次测试假人的位置不是最关键的。

如果轮椅车不能满足 8.1 的要求则不能通过测试。

9 检验报告

检验报告至少应包括下列资料：

a) GB/T 18029 本部分的参考值；

b) 检验机构的名称和地址；

c) 轮椅车生产商的名称和地址；

d) 检验报告发布的日期；

e) 轮椅车的型号和生产批号；

f) 所用测试用假人的质量；如果用测试操作者代替假人，记录测试操作者和配重的质量；

g) 按 ISO 7176-22 的规定设置的详细情况，包括配置类型和可调节的参数；

h) 安装在轮椅车上电池的额定容量、生产商的名称和产品名称、代码或型号；

i) 测试过程中所配置的轮椅车的照片；

j) 关于轮椅车经过每项测试后是否仍满足功能测试的结论；

k) 任何测试失败的原因记录。

10 公布结果

应按照 ISO 7176-15:1996 所规定的方式公布下列结果：

轮椅车符合/不符合 GB/T 18029.9 所有的要求。

附 录 NA
（资料性附录）
淋水试验的设备和方法

NA.1 概述

根据 IEC 60529:2001，淋水试验设备如图 NA.1 和图 NA.2 所示。

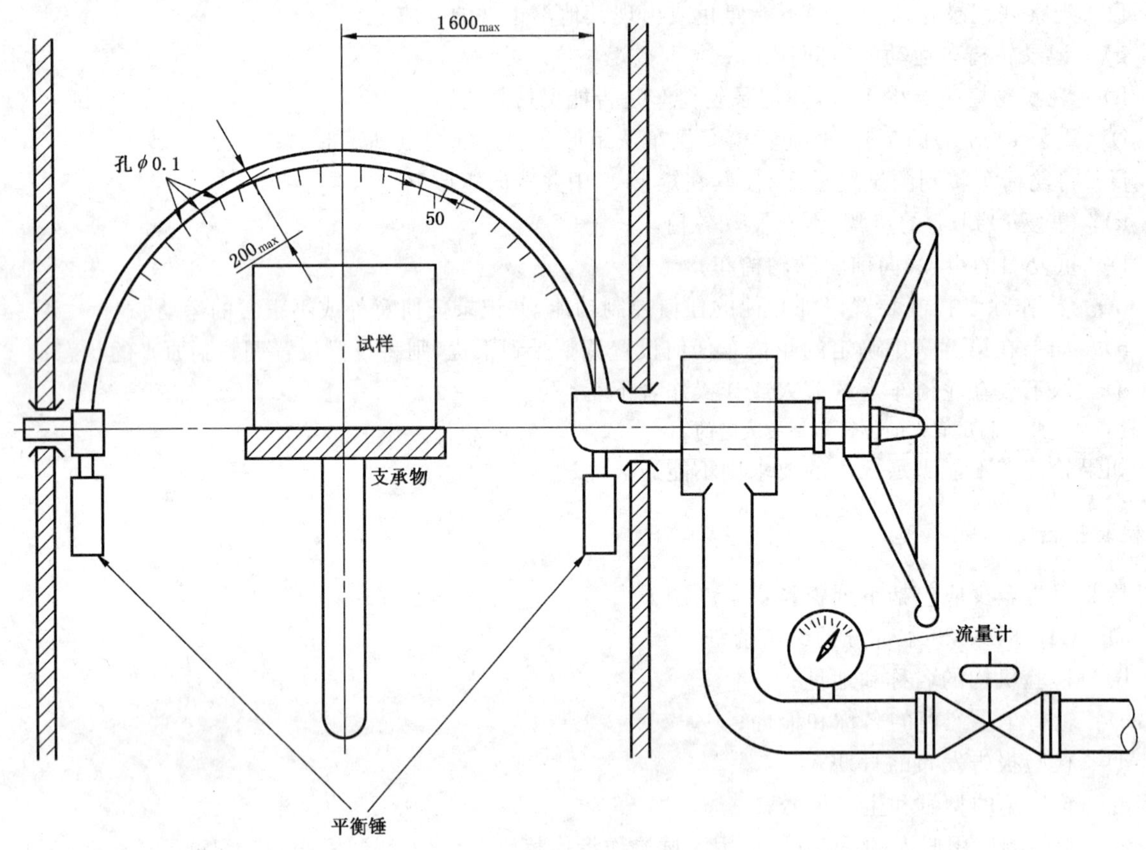

图 NA.1 防淋水试验装置（摆管）

NA.2 淋水试验方法

淋水试验可用摆管或淋水喷头试验。

试验用图 NA.1 和图 NA.2 示意的两种试验设备之一进行。

a） 使用图 NA.1 试验设备（摆管）的条件

按表 NA.1 规定调节总的水流量，并用水流计测量。

摆管中心两边各 60°弧段内布有喷水孔。支撑物不必打孔。

被试外壳放在摆管半圆中心。摆管沿垂线两边各摆动 60°，共 120°，每次摆动（2×120°）约需 4 s，试验持续时间 5 min。然后把外壳沿水平方向旋转 90°，再试验 5 min。

摆管最大允许半径为 1 600 mm。

如果某些型式的设备试验时外壳所有部分不能全部淋湿，可上下调整外壳支撑物。这种情况应优先使用图 NA.2 所示手持试验设备（淋水喷头）。

表 NA.1 防水试验方法

试验方法	流量	试验持续时间
使用图 NA.1 摆管，与垂直方向±60°范围淋水，最大距离 200 mm	每孔 0.07 L/min±5%乘以孔数	10 min
使用图 NA.2 淋水喷头，与垂直方向±60°范围内淋水	10 L/min±5%	1 min/m² 至少 5 min

b) 使用图 NA.2 试验设备(淋水喷头)的条件

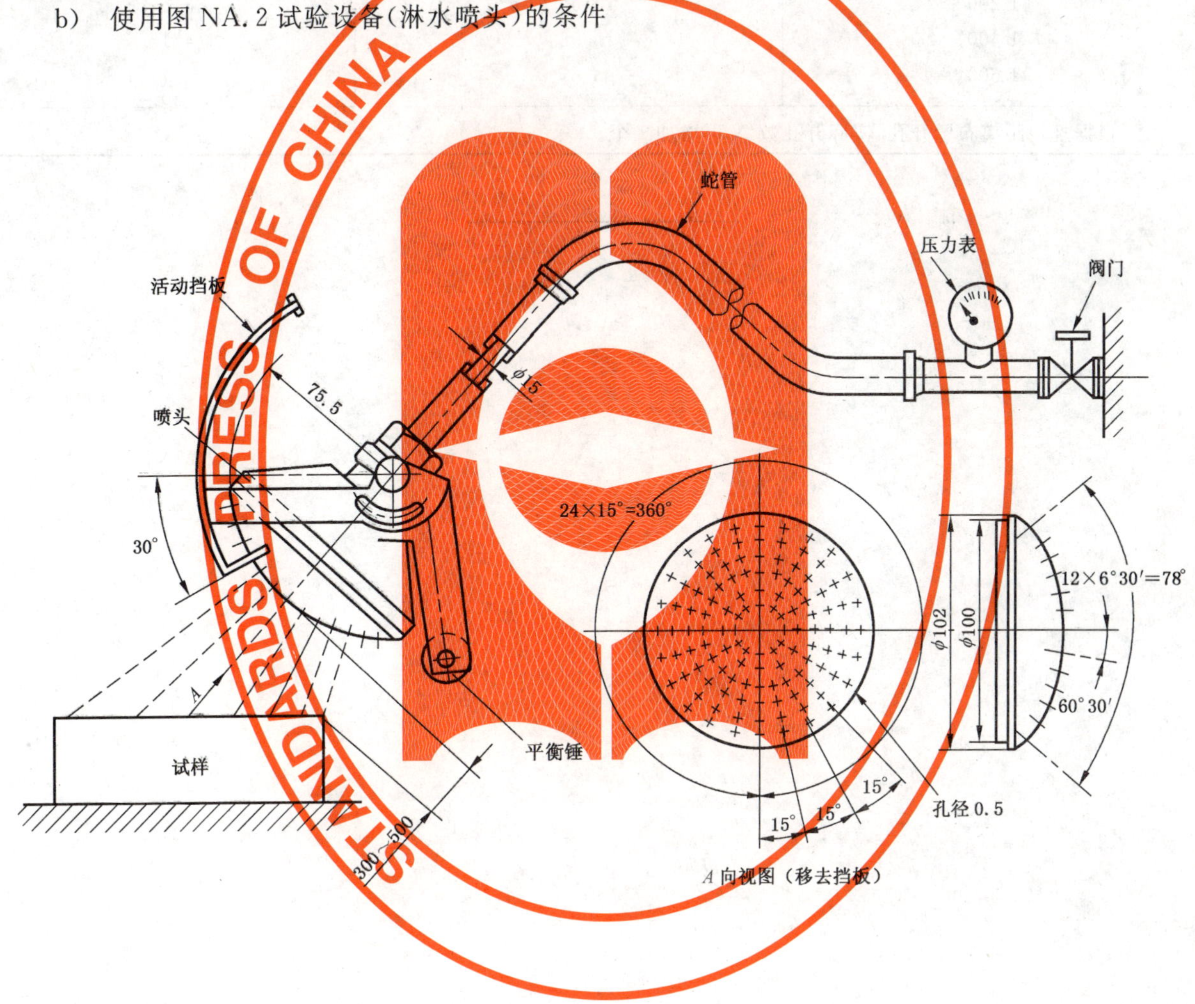

ϕ0.5 的孔 121 个，其中一个在中央；

里面 2 圈共 12 个孔，间距 30°；

外面 4 圈共 24 个孔，间距 15°；

活动挡板：铝，喷头：黄铜。

图 NA.2 防淋水手持式试验装置(喷头)

本试验应安装带平衡重物的挡板。

调节水压，使达到规定出水量。所需压力在 50 kPa～150 kPa 的范围。试验期间压力应维持恒定(见表 NA.2)。

试验时间按外壳表面积每平方米 1 min 计算(不包括安装面积)，但总的试验时间不得少于 5 min。

表 NA.2 试验条件的总水流量 q_v

（每孔平均水流速度 q_{v1}=0.07 L/min）

管半径 R/mm	开孔数 N[a]	总水流量 q_v/(L/min)
200	8	0.56
400	16	1.1
600	25	1.8
800	33	2.3
1 000	41	2.9
1 200	50	3.5
1 400	58	4.1
1 600	67	4.7

[a] 根据规定距离布置开孔，实际开孔数 N 可增加 1 个。

ICS 11.180
Y 14

中华人民共和国国家标准

GB/T 18029.11—2008/ISO 7176-11:1992

轮椅车　第11部分:测试用假人

Wheelchairs—Part 11: Test dummies

(ISO 7176-11:1992,IDT)

2008-12-31 发布　　2009-09-01 实施

中华人民共和国国家质量监督检验检疫总局
中国国家标准化管理委员会　发布

前 言

GB/T 18029《轮椅车》由以下部分组成：

——第1部分：静态稳定性的测定
——第2部分：电动轮椅车动态稳定性的测定
——第3部分：制动器的测定
——第4部分：能耗的测定
——第5部分：外形尺寸、质量和转向空间的测定
——第6部分：电动轮椅车最大速度、加速度和减速度的测定
——第7部分：座位和车轮尺寸的测量方法
——第8部分：静态强度、冲击强度及疲劳强度的要求和测试方法
——第9部分：电动轮椅车的气候试验方法
——第10部分：电动轮椅车越障能力的测定
——第11部分：测试用假人
——第13部分：测试表面摩擦系数的测定
——第14部分：电动轮椅车动力和控制系统—要求和测试方法
——第15部分：信息发布、文件出具和标识的要求
——第16部分：座(靠)垫阻燃性的要求和测试方法
——第17部分：电动轮椅车控制器的界面
——第18部分：上下楼装置
——第19部分：用于机动车的轮式移动装置
——第20部分：站立式轮椅车性能的测定
——第21部分：电磁兼容性的要求和测试方法
——第22部分：调节程序
——第23部分：护理者操作的爬楼梯装置的要求和测试方法
——第24部分：乘坐者操纵的爬楼梯装置的要求和测试方法
——第25部分：电池和充电器的要求和测试方法
——第26部分：术语

本部分等同采用ISO 7176-11:1992《轮椅车　第11部分：测试用假人》(英文版)。

本部分的附录A为规范性附录。

本部分由中华人民共和国民政部提出。

本部分由全国残疾人康复和专用设备标准化技术委员会(SAC/TC 148)归口。

本部分起草单位：国家康复辅具研究中心、上海互邦医疗器械有限公司、佛山市东方医疗设备厂有限公司、上海轮椅车厂。

本部分主要起草人：闫和平、赵次舜、赵键荣、谷慧茹。

轮椅车　第11部分:测试用假人

1　范围

GB/T 18029的本部分规定了在GB/T 18029其他部分规定使用的公称质量为25 kg、50 kg、75 kg和100 kg的测试用假人的结构。

测试用假人的设计原则为将其放置在相应的被测轮椅车上,在测试状态下其重心位置与相同质量的人坐在轮椅上大致相同。

2　规范性引用文件

下列文件中的条款通过GB/T 18029的本部分的引用而成为本部分的条款。凡是注日期的引用文件,其随后所有的修改单(不包括勘误内容)或修订版均不适用于本部分,然而,鼓励根据本部分达成协议的各方研究是否可使用这些文件的最新版本。凡是不注日期的引用文件,其最新版本适用于本部分。

GB/T 6342　泡沫塑料与橡胶　线性尺寸的测定(GB/T 6342—1996,idt ISO 1923:1981)

GB/T 6669　软质泡沫聚合材料　压缩永久变形的测定(GB/T 6669—2008,ISO 1856:2000,IDT)

GB/T 12825　高聚物多孔弹性材料凹入度法硬度测定(GB/T 12825—2003,ISO 2439:1980,IDT)

ISO 845:1988　泡沫塑料和橡胶　表观(体积)密度的测定

3　规格

假人的四个质量等级是100 kg、75 kg、50 kg和25 kg。假人的主要结构如图1~图10所示。

假人应由下列材料和部件构成:

——(15±1)mm的胶合板;

——(30^{+10}_{-5})mm×(30^{+10}_{-5})mm×$(2^{+1.2}_{-0.5})$mm的角铝型材;

——(30^{+10}_{-5})mm×$(2^{+1.2}_{-0.5})$mm的铝条;

——(30±10)mm×(20±1)mm的塑料或尼龙件;

——(30±10)mm×(12±1)mm的塑料或尼龙件;

——(240±5)mm×(80±3)mm×(40^{0}_{-4})mm的钢块(质量大约为6 kg);

——(240±5)mm×(80±3)mm×(20^{0}_{-2})mm的钢块(质量大约为3 kg);

——(15±3)mm高密度闭孔泡沫材料:

- 密度(75±15)kg/m^3(按ISO 845的要求);
- 硬度(325±60)N(按GB/T 12825的要求);
- 永久变形小于5%(按GB/T 6669和GB/T 6342的要求);

——(50±3)mm硬质开孔泡沫材料。

主要结构的尺寸公差如图所示。

如果能保持总体尺寸、质量分配和特征,也可考虑用其他材料和结构来制作假人。

4　假人在轮椅车上的定位

在测试时,与轮椅车尺寸相配的假人应被牢固的安放在轮椅车上。假人应离座位的后边尽可能远且与座位的两侧等距。在使用中,假人"腿"的放置位置应使其后边缘与脚托的后边缘重合。

STANDARDS PRESS OF CHINA

当使用假人做动态测试时，钢块应牢固的固定在假人上。

如果假人应用在 GB/T 18029 的其他部分时，若有需要，可按照图 A.1 所示安装加速表。

5 测试用假人

5.1 假人各部分的质量应按表 1 制作。

5.2 为了确保背部和大腿部分配合(见图 2 和图 3)，应先制作背部，因为它能给出质量分配优先考虑的尺寸。在图 5 和图 6 中与文字“见 5.2”相邻的尺寸应足够大，以便与背部结构相配。

表 1 假人质量分配

部件	假人的质量等级			
	100 kg	75 kg	50 kg	25 kg
“躯干” 配重质量 结构 合计/kg	 9×6=54 1×3=3 4 61±3	 7×6=42 4 46±3	 4×6=24 4 28±3	 2×6=12 1.5 13.5±2
“大腿” 配重质量 结构 合计/kg	 4×6=24 1×3=3 4 31±3	 3×6=18 4 22±3	 2×6=12 4 16±3	 1×6=6 1×3=3 1.5 10.5±2
“小腿” 配重质量 结构 合计/kg	 1×6=6 1 7±1	 1×6=6 1 7±1	 1×6=6 1 7±1	
总计/kg	100^{+5}_{-2}	75^{+5}_{-2}	50^{+5}_{-2}	25^{+4}_{-2}

单位为毫米

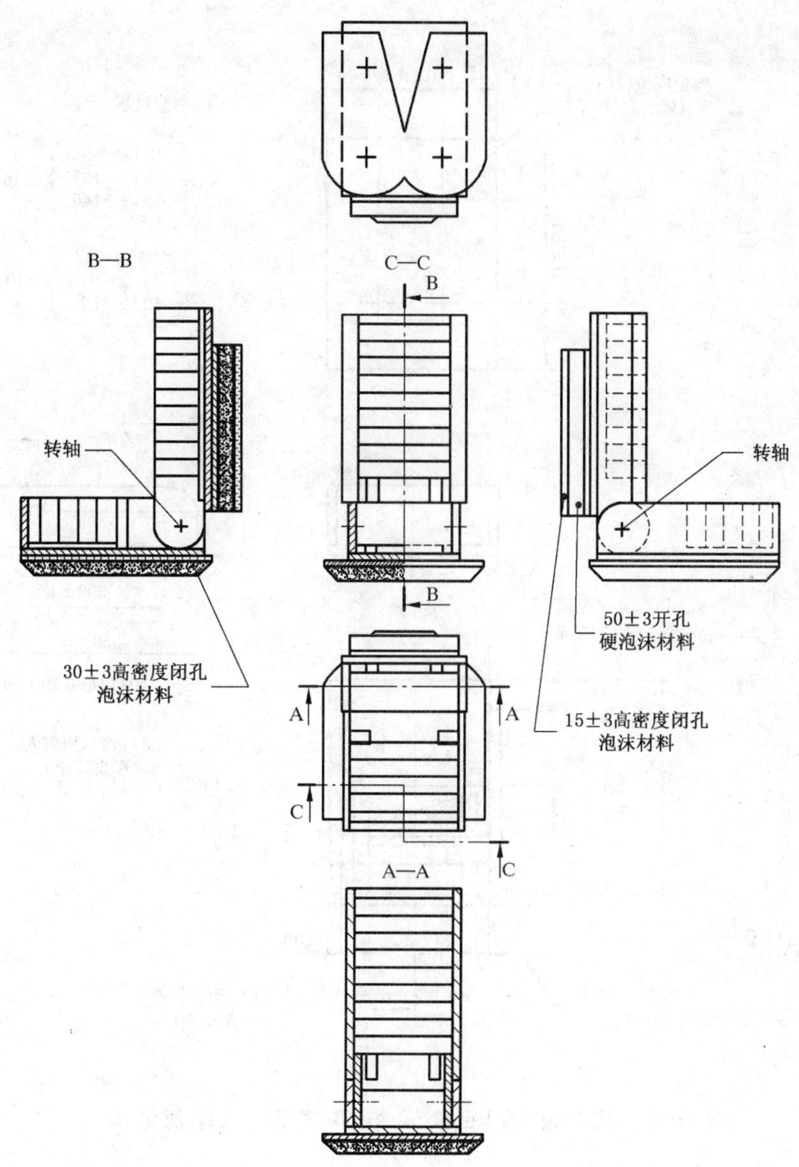

图 1　100 kg、75 kg 和 50 kg 测试用假人主结构

单位为毫米

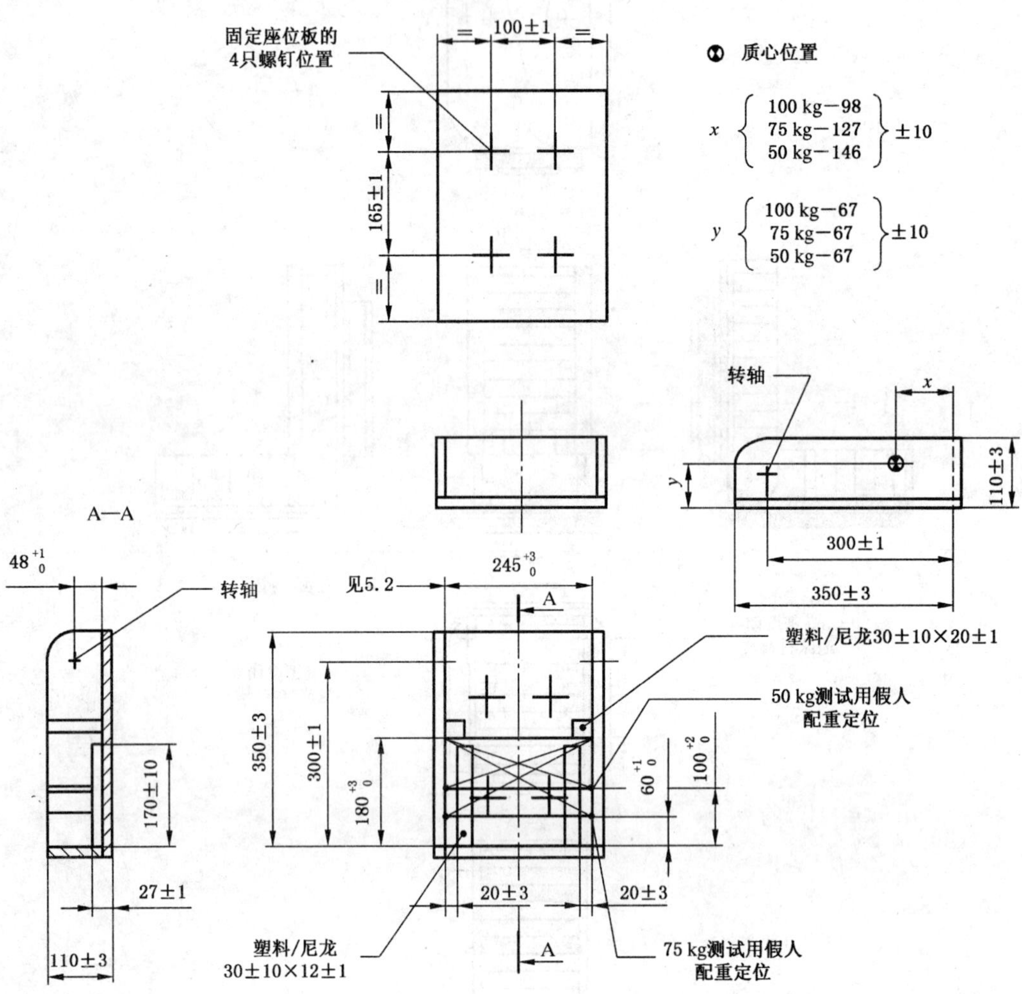

图 2 100 kg、75 kg 和 50 kg 测试用假人座部结构

单位为毫米

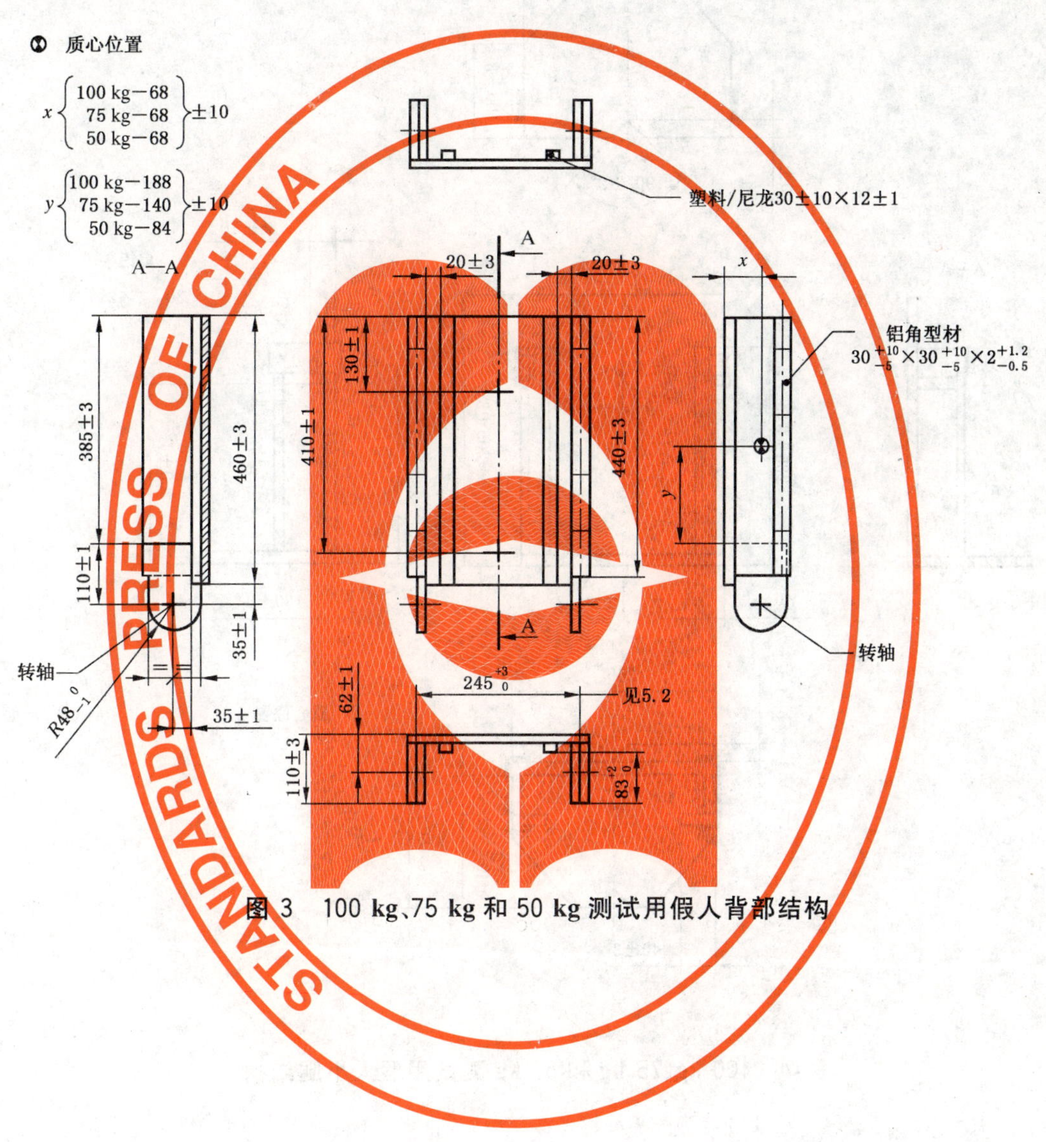

图 3　100 kg、75 kg 和 50 kg 测试用假人背部结构

单位为毫米

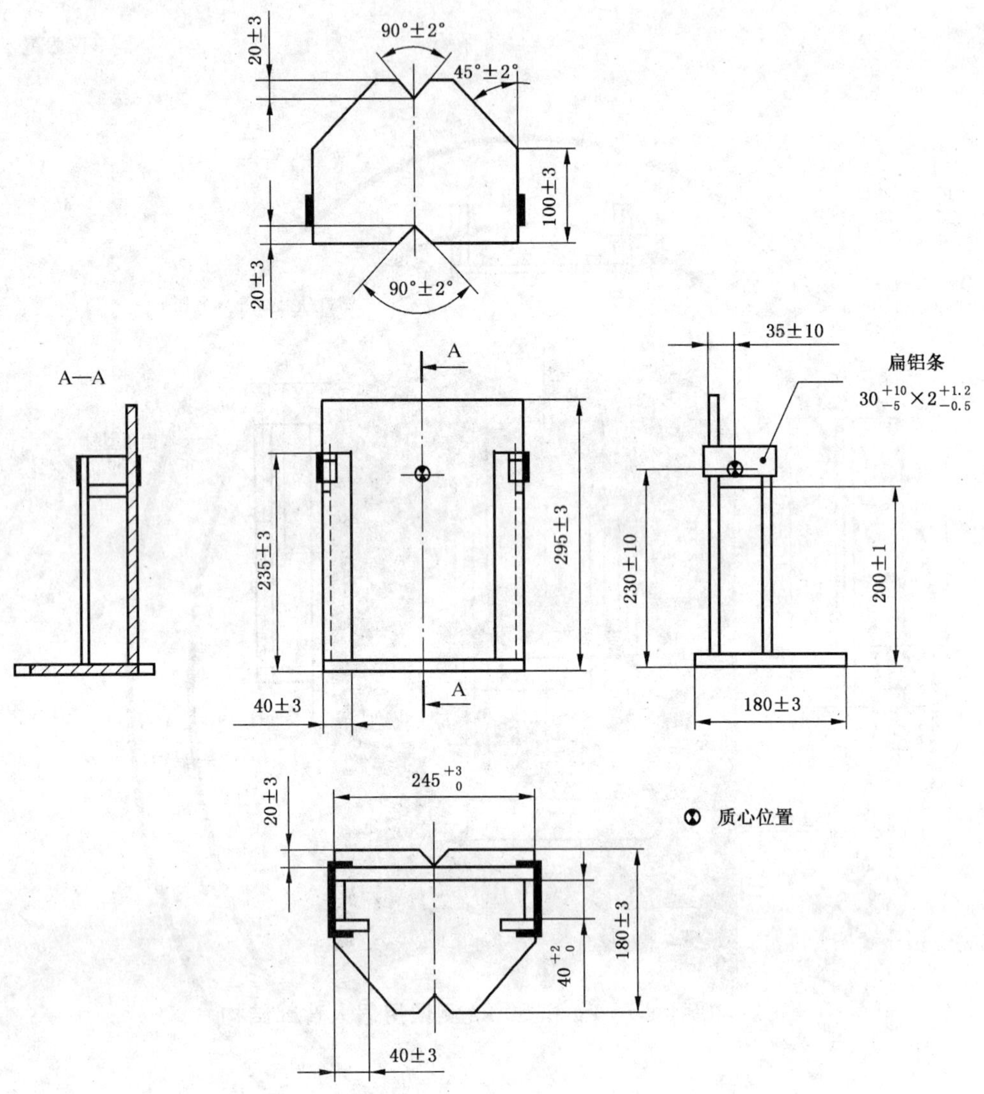

图 4　100 kg、75 kg 和 50 kg 测试用假人小腿结构

单位为毫米

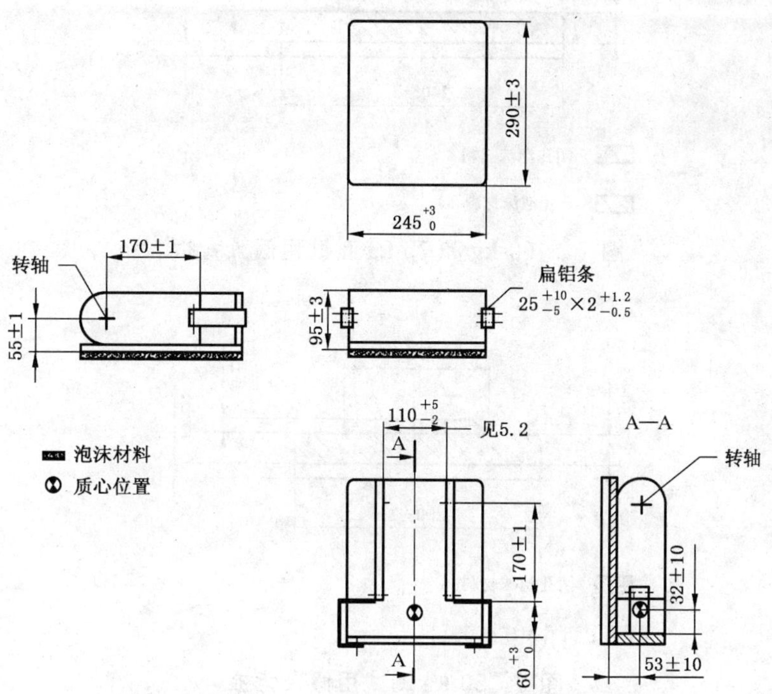

图 5　25 kg 测试用假人：座部结构

单位为毫米

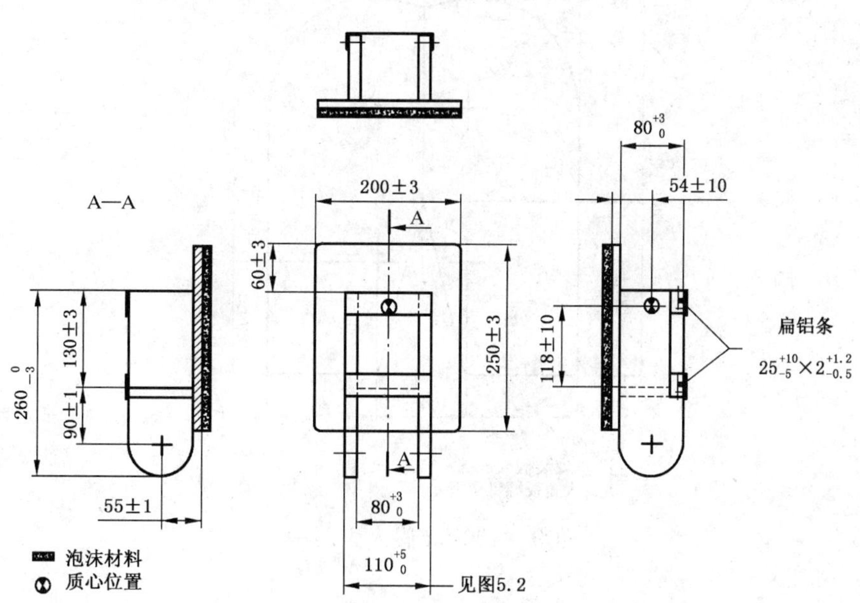

图 6　25 kg 测试用假人配件：靠背结构

图 7 和图 8 规定了 100 kg、75 kg 和 50 kg 假人的背板尺寸。在任何情况下，背板的长度均应是(380±3)mm。

单位为毫米

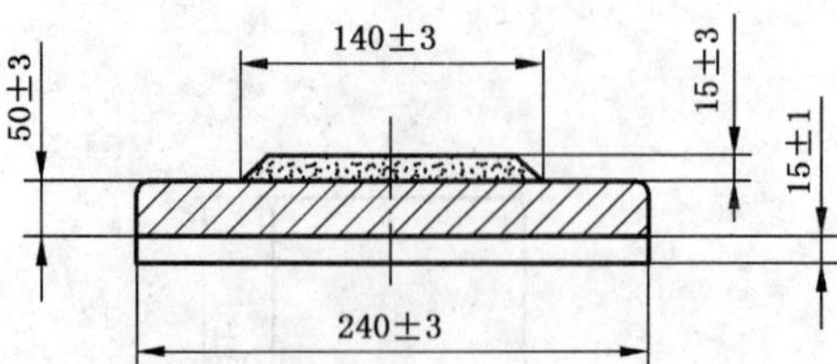

图 7　100 kg 和 75 kg 测试用假人背板

单位为毫米

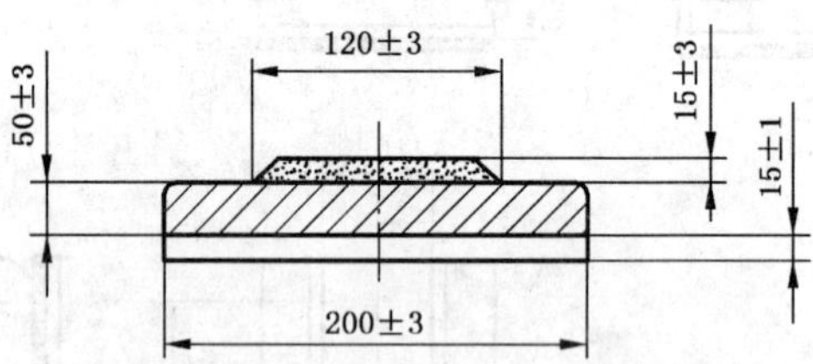

图 8　50 kg 测试用假人背板

图 9～图 11 分别规定了 100 kg、75 kg 和 50 kg 假人大腿板的尺寸。

单位为毫米

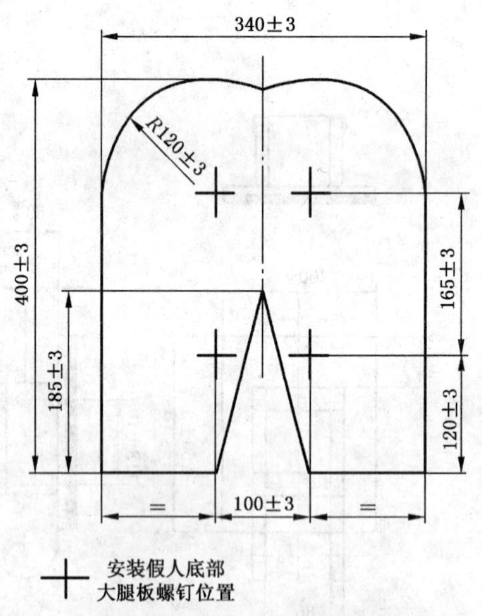

图 9　100 kg 假人大腿板

单位为毫米

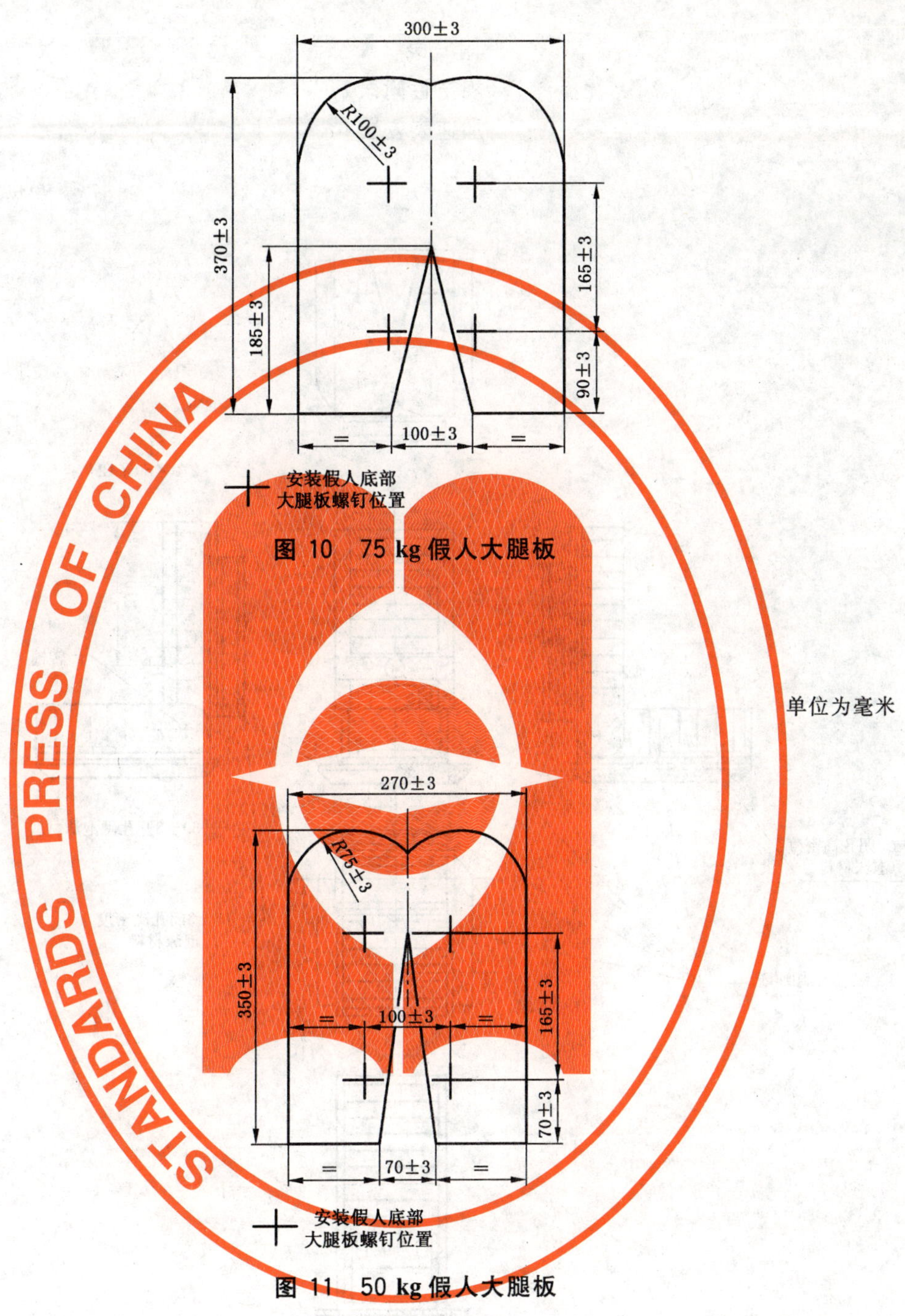

图 10 75 kg 假人大腿板

单位为毫米

图 11 50 kg 假人大腿板

STANDARDS PRESS OF CHINA

附 录 A
（规范性附录）
加速表安装

单位为毫米

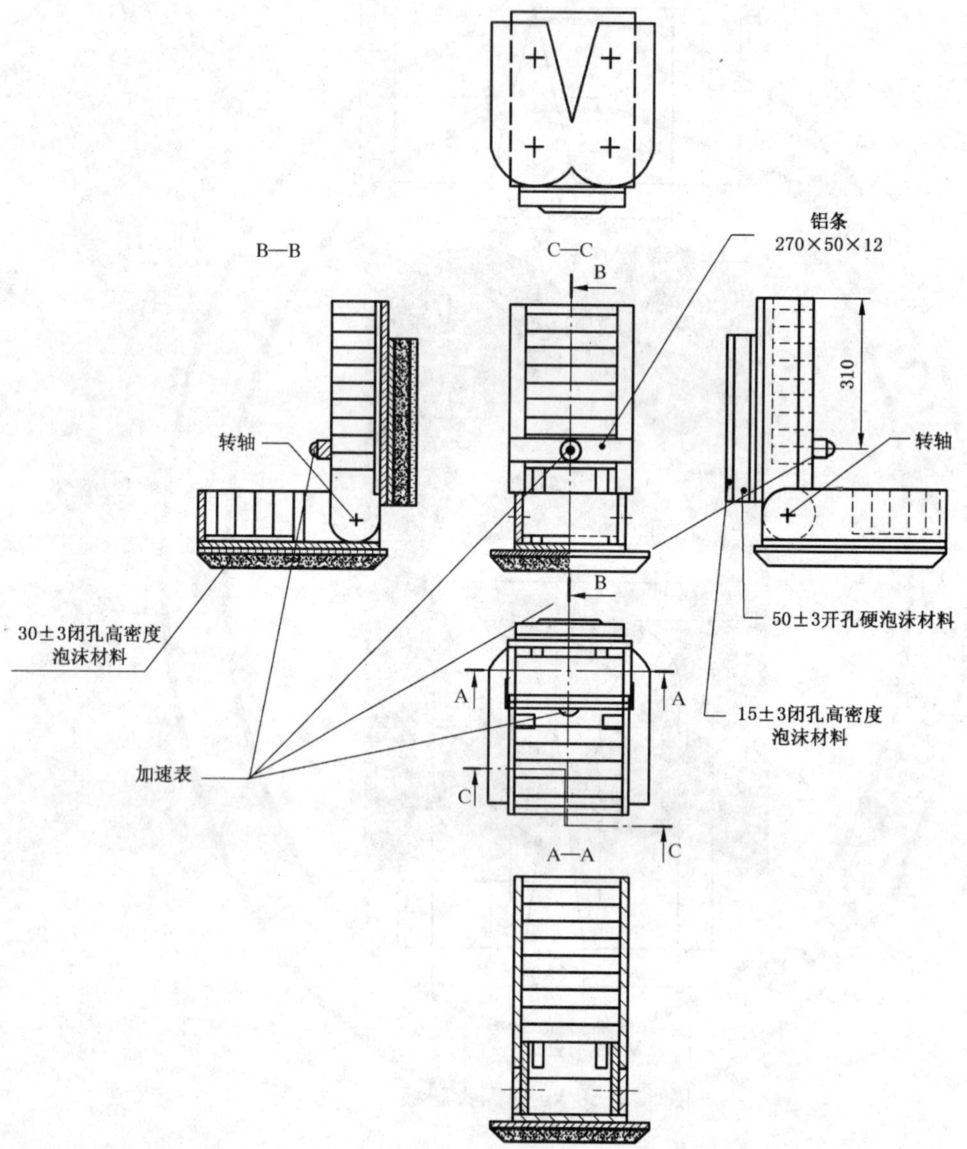

图 A.1 100 kg、75 kg 和 50 kg 测试用假人：主结构和加速表安装

ICS 11.180
Y 14

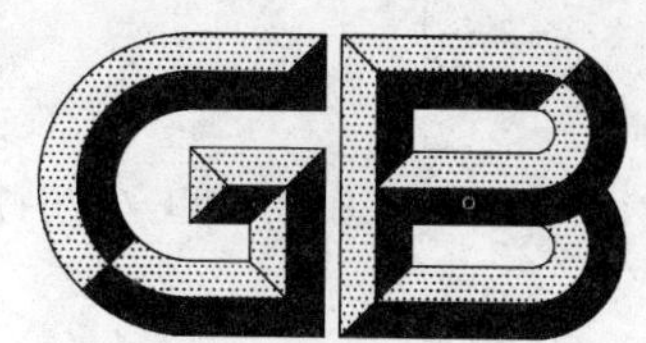

中华人民共和国国家标准

GB/T 18029.13—2008/ISO 7176-13:1989

轮椅车　第13部分：测试表面摩擦系数的测定

Wheelchair—Part 13:Determination of friction of test surface

(ISO 7176-13:1989,IDT)

2008-12-31 发布　　2009-09-01 实施

中华人民共和国国家质量监督检验检疫总局
中国国家标准化管理委员会　发布

前言

GB/T 18029《轮椅车》由以下部分组成：

——第 1 部分:静态稳定性的测定

——第 2 部分:电动轮椅车动态稳定性的测定

——第 3 部分:制动器的测定

——第 4 部分:能耗的测定

——第 5 部分:外形尺寸、质量和转向空间的测定

——第 6 部分:电动轮椅车最大速度、加速度和减速度的测定

——第 7 部分:座位和车轮尺寸的测量方法

——第 8 部分:静态强度、冲击强度及疲劳强度的要求和测试方法

——第 9 部分:电动轮椅车的气候试验方法

——第 10 部分:电动轮椅车越障能力的测定

——第 11 部分:测试用假人

——第 13 部分:测试表面磨擦系数的测定

——第 14 部分:电动轮椅车动力和控制系统—要求和测试方法

——第 15 部分:信息发布、文件出具和标识的要求

——第 16 部分:座(靠)垫阻燃性的要求和测试方法

——第 17 部分:电动轮椅车控制器的界面

——第 18 部分:上下楼装置

——第 19 部分:用于机动车的轮式移动装置

——第 20 部分:站立式轮椅车性能的测定

——第 21 部分:电磁兼容性的要求和测试方法

——第 22 部分:调节程序

——第 23 部分:护理者操作的爬楼梯装置的要求和测试方法

——第 24 部分:乘坐者操纵的爬楼梯装置的要求和测试方法

——第 25 部分:电池和充电器的要求和测试方法

——第 26 部分:术语

本部分等同采用 ISO 7176-13:1989《轮椅车　第 13 部分:测试表面摩擦系数的测定》(英文版)。

本部分由中华人民共和国民政部提出。

本部分由全国残疾人康复和专用设备标准化技术委员会(SAC/TC 148)归口。

本部分起草单位:国家康复辅具研究中心、上海互邦医疗器械有限公司、佛山市东方医疗设备厂有限公司、上海轮椅车厂。

本部分主要起草人:闫和平、赵次舜、赵键荣、谷慧茹。

轮椅车 第13部分:测试表面摩擦系数的测定

1 范围

GB/T 18029的本部分规定了粗糙的测试平面(如未磨光的混凝土表面)的摩擦系数测定方法。如果本部分所规定的方法用于测试光滑或已抛光的表面,所测的摩擦系数在整个测试平面上应是恒定值。

轮椅车的若干项测试项目(如GB/T 18029.1、GB/T 18029.3、ISO 7176-2、ISO 7176-6和ISO 7176-10)要求表面的摩擦系数在本部分所规定的范围。

2 规范性引用文件

下列文件中的条款通过GB/T 18029的本部分的引用而成为本部分的条款。凡是注日期的引用文件,其随后所有的修改单(不包括勘误内容)或修订版均不适用于本部分,然而,鼓励根据本部分达成协议的各方研究是否可使用这些文件的最新版本。凡是不注日期的引用文件,其最新版本适用于本部分。

GB/T 1681 硫化橡胶回弹性的测定(GB/T 1681—1991,eqv ISO 4662:1986)

GB/T 6031 硫化橡胶或热塑性橡胶硬度的测定(10~100IRHD)(GB/T 6031—1998,idt ISO 48:1994)

GB/T 14729 轮椅车 术语(GB/T 14729—2000,eqv ISO 6440:1985)

GB/T 20739 橡胶制品 贮存指南(GB/T 20739—2006,ISO 2230:2002,IDT)

3 术语和定义

GB/T 14729给出的术语和定义以及下列术语和定义适用于本部分:

3.1

测试表面 test surface

路面,地板,支撑表面或轮椅车测试用平台。

4 原理

轮椅车与测试平面之间的摩擦系数取决于轮椅车的轮胎和测试平面。为了在具有可比性的测试平台上比较不同轮椅车的测试结果,本部分用标准的摩擦系数测定方法定义了测试表面,此过程与被测轮椅车无关。

本方法是在测试表面上以规定的速度拉动一个带有标准橡胶接触面的测试块。

5 测试设备

5.1 测试块

测试块应由实心的钢块制成,尺寸如图1所示,其底面应是平面。

测试块的圆弧端应装环形或类似的紧固件,以便在测试块上表面向下50 mm的位置以平行于测试表面的力拉动此测试块。

测试块、环以及粘在底部的橡胶的质量应为5 kg±0.05 kg。

STANDARDS PRESS OF CHINA

单位为毫米

尺寸公差：±2 mm

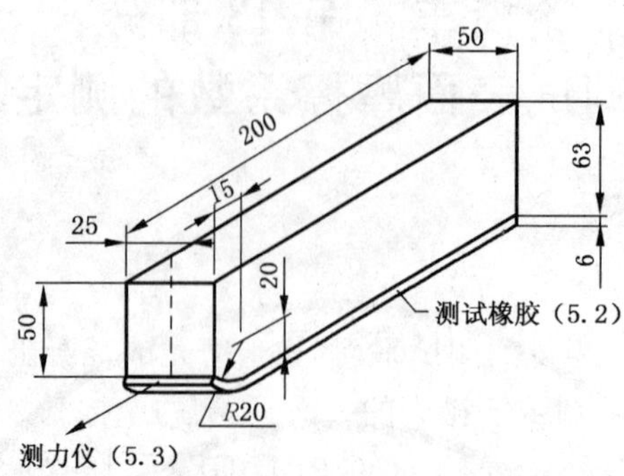

图 1 测试块

5.2 测试橡胶

应将一块 50 mm×200 mm，厚约 6 mm 的橡胶板粘在测试块的底部平面和圆弧面上。

此测试橡胶应有表 1 所规定的回弹性和硬度特性，并且分别按 GB/T 6031 和 GB/T 1681 的规定测定。橡胶板应有光滑的表面。

表 1 回弹性和硬度

测试橡胶特性	温度/℃				
	0	10	20	30	40
回弹性/%	43～49	58～65	66～73	71～77	74～79
硬度/IRHD	55±5				

注 1：此橡胶应妥善保管，按 GB/T 20739 的要求，存放在凉爽避光的地方。不应与油，酒精和去污剂等接触。尤其高温和阳光会损坏此橡胶。

注 2：数年以后，橡胶会不可避免的降解，因此应每年用本部分介绍的方法测量橡胶板与光滑玻璃之间的摩擦系数。在测试前，玻璃应用丙酮清洗并晾干。如果所测得的摩擦系数小于 1.3，则应更换。

5.3 测力仪

该测力仪应可测量 25 N～100 N 的拉力，刻度精度为±2%。

注：较合适的测力仪包括弹簧、刻度盘式应变仪和液压计。

6 测试步骤

测试前，用 P120 号防水碳化硅纸轻擦测试橡胶的表面，然后用干布或刷子擦干净。切勿使用溶剂或清洁剂。在整个测试表面上选择三个有代表性的部位进行测试，每一个部位摩擦系数的测定方法是：以平行于测试表面的力，在 10 s 内用手或机器拉动底部粘有橡胶板的测试块移动 200 mm。如果测试表面是斜面，应沿着斜度最大的直线进行测试。如果测试表面的斜面是可调节的，应尽可能将其调至水平再进行测试。

记录拉动测试块移动 200 mm 的平均拉力 F_1，单位为牛(N)。

在同一部位用反方向的拉力重复测试并记录平均拉力 F_2，单位为牛(N)。

按下列等式计算摩擦系数 μ：

$$\mu = \frac{F_1 + F_2}{2\,mg}$$

式中：

m——测试块和测试橡胶的质量，单位为千克(kg)；

g——重力加速度，9.81 m/s^2。

本测试仅适用于角度小于$10^{\circ}{}_{-1^{\circ}}^{\ 0}$的斜面，较小的斜面可忽略不计。如果测试表面是水平的，则应符合下式计算结果：

$$|F_1 - F_2| < 0.1(F_1 + F_2)$$

7 判定方法

按本部分进行测试，如果所有代表性部位的摩擦系数在0.75～1之间，则表示此测试平面为合格。

8 检验报告

检验报告应包含下列资料：

a） 本部分的参考数值；

b） 检验机构的名称和地址；

c） 关于测试平面的描述；

d） 相关的测试方法的细节（如测试设备，测试环境，温度和相对湿度）；

e） 测得的摩擦系数；

f） 如果测试表面是斜面，报告斜面与水平面之间的最大角度。

检验报告应保存在检验机构备查。

ICS 11.180
Y 14

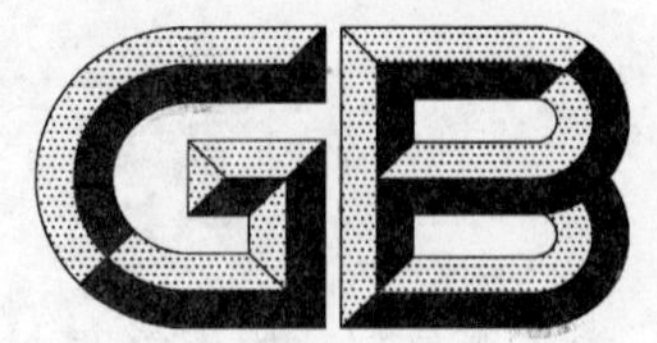

中华人民共和国国家标准

GB/T 18029.15—2008/ISO 7176-15:1996

轮椅车 第15部分:信息发布、文件出具和标识的要求

Wheelchairs—Part 15: Requirement for information disclosure, documentation and labelling

(ISO 7176-15:1996,IDT)

2008-12-31 发布 2009-09-01 实施

中华人民共和国国家质量监督检验检疫总局
中国国家标准化管理委员会 发布

前　言

GB/T 18029《轮椅车》由以下部分组成：

——第1部分：静态稳定性的测定

——第2部分：电动轮椅车动态稳定性的测定

——第3部分：制动器的测定

——第4部分：能耗的测定

——第5部分：外形尺寸、质量和转向空间的测定

——第6部分：电动轮椅车最大速度、加速度和减速度的测定

——第7部分：座位和车轮尺寸的测量方法

——第8部分：静态强度、冲击强度及疲劳强度的要求和测试方法

——第9部分：电动轮椅车的气候试验方法

——第10部分：电动轮椅车越障能力的测定

——第11部分：测试用假人

——第13部分：测试表面摩擦系数的测定

——第14部分：电动轮椅车动力和控制系统—要求和测试方法

——第15部分：信息发布、文件出具和标识的要求

——第16部分：座(靠)垫阻燃性的要求和测试方法

——第17部分：电动轮椅车控制器的界面

——第18部分：上下楼装置

——第19部分：用于机动车的轮式移动装置

——第20部分：站立式轮椅车性能的测定

——第21部分：电磁兼容性的要求和测试方法

——第22部分：调节程序

——第23部分：护理者操作的爬楼梯装置的要求和测试方法

——第24部分：乘坐者操纵的爬楼梯装置的要求和测试方法

——第25部分：电池和充电器的要求和测试方法

——第26部分：术语

本部分等同采用ISO 7176-15:1996《轮椅车　第15部分：信息发布、文件出具和标识的要求》(英文版)。

本部分的附录A为规范性附录，附录B为资料性附录。

本部分由中华人民共和国民政部提出。

本部分由全国残疾人康复和专用设备标准化技术委员会(SAC/TC 148)归口。

本部分起草单位：国家康复辅具研究中心、上海互邦医疗器械有限公司、佛山市东方医疗设备厂有限公司、上海轮椅车厂。

本部分主要起草人：闫和平、赵次舜、赵键荣、谷慧茹。

引　言

主要有两类人群使用轮椅车测试结果：

a)　轮椅车的处方者(专业配置人员)和使用者；

b)　国家范围内相关的轮椅车认证机构、检测机构和政府采购机构。

通常处方者和使用者从生产商直接或间接提供的指标说明中得到售前信息。国家机构通过测试结果得到的信息也常常由轮椅车生产商直接提供。GB/T 18029 本部分的目的是以标准化的方式满足两类人群的信息要求。为了便于对不同产品进行比较，标准化是至关重要的。制定轮椅车部件变更，产品装配，产品分销和维修保养等文件目的在于建立良好的生产规则，使其与大多数消费品工业所遵循的生产规则相一致。

GB/T 18029 的一整套测试产生大量的测试数据，仅有一部分被认为对处方者和使用者是有用的，生产商只要在指标说明中发布这部分测试结果。这样在指标说明中所发布的信息量可大大的减少。

轮椅车 第15部分:信息发布、文件出具和标识的要求

1 范围

GB/T 18029 的本部分对随轮椅车一起提供的信息、文件、标识及生产商的售前指标说明书进行了规定。

2 规范性引用文件

下列文件中的条款通过 GB/T 18029 的本部分的引用而成为本部分的条款。凡是注日期的引用文件,其随后所有的修改单(不包括勘误内容)或修订版均不适用于本部分,然而,鼓励根据本部分达成协议的各方研究是否可使用这些文件的最新版本。凡是不注日期的引用文件,其最新版本适用于本部分。

GB/T 14729 轮椅车 术语(GB/T 14729—2000,eqv ISO 6440:1985)

GB/T 18029.1 轮椅车 第1部分:静态稳定性的测定(GB/T 18029.1—2008,ISO 7176-1:1999,IDT)

GB/T 18029.3 轮椅车 第3部分:制动器的测定(GB/T 18029.3—2008,ISO 7176-3:2003,IDT)

GB/T 18029.5 轮椅车 第5部分:外形尺寸、质量和转向空间的测定(GB/T 18029.5—2008,ISO 7176-5:1986,IDT)

GB/T 18029.8 轮椅车 第8部分:静态强度、冲击强度及疲劳强度的要求和测试方法(GB/T 18029.8—2008,ISO 7176-8:1998,IDT)

GB/T 18029.9 轮椅车 第9部分:电动轮椅车的气候试验方法(GB/T 18029.9—2008,ISO 7176-9:2001,IDT)

GB/T 18029.11 轮椅车 第11部分:测试用假人(GB/T 18029.11—2008,ISO 7176-11:1992,IDT)

GB/T 18029.13 轮椅车 第13部分:测试表面摩擦系数的测定(GB/T 18029.13—2008,ISO 7176-13:1989,IDT)

ISO 7176-2 轮椅车 第2部分:电动轮椅车动态稳定性的测定

ISO 7176-4 轮椅车 第4部分:能耗的测定

ISO 7176-6 轮椅车 第6部分:电动轮椅车最大速度、加速度和减速度的测定

ISO 7176-7 轮椅车 第7部分:座位和车轮尺寸的测量方法

ISO 7176-10 轮椅车 第10部分:电动轮椅车越障能力的测定

ISO 7176-14:1997 轮椅车 第14部分:电动轮椅车动力和控制系统—要求和测试方法

ISO 7176-16:1997 轮椅车 第16部分:座(靠)垫阻燃性的要求和测试方法

3 术语和定义

GB/T 14729 给出的以及下列术语和定义适用于本部分。

3.1

测试信息发布 test information disclosure

按 GB/T 18029 的第1部分~第10部分、ISO 10542-1 和 ISO 10542-2 的要求和方法所得到测试结

果的公布。

注:试验按照 GB/T 18029 的第 14 部分、第 16 部分~第 22 部分也将包括在内,当这些标准被批准为国家标准。

3.2

文件 documentation

组装指导、用户手册、保养和维修资料,质保书和其他所有有关轮椅车使用的注意事项。

3.3

标识 labelling

在轮椅车上显示的永久性标记。

3.4

检验报告 test report

汇总测试和测量信息的标准性报告文件。

3.5

轮椅车测试 wheelchair testing

按 GB/T 18029 的第 1 部分~第 10 部分、ISO 10542-1 和 ISO 10542-2 的要求和方法所做的测试。

注:试验按照 GB/T 18029 的第 14 部分、第 16 部分~第 22 部分也将包括在内,当这些标准被批准为国家标准。

3.6

轮椅车部件变更 wheelchair variations

由于部件的互换(如轮子、座靠垫、扶手、脚托等),使某一型号或某一系列的轮椅车发生改变。

3.7

指标说明 specification sheets

生产商给出的有关轮椅车性能的资料。

3.8

服务手册 service manual

关于保养和维修的详细资料的文件,通常提供给专业的售后服务机构。

3.9

用户手册 user manual

通常与轮椅车一起提供的资料,用来告知用户有关轮椅车装配、操作、保养、维修和注意事项。

3.10

按要求提供的资料 information upon request

由 GB/T 18029 的测试中得到的有用信息,但不是按本部分的规定要求发布的资料。

3.11

指定轮椅车 specific wheelchair

能唯一识别的轮椅车,例如通过型号或数字识别。

3.12

轮椅车附件 wheelchair accessory

可以附加在轮椅车上但不改变轮椅车原来型号的零件或部件。

4 指南

GB/T 18029 的测试结果可得出若干种形式的信息,因此需要多种发布信息的方法。有些测试得出特定的测量值,另外一些测试是与推荐性能值相比较,若轮椅车超过所推荐的性能值,生产商可以选择发布该轮椅车的性能值。其他测试则可用"符合/不符合"的形式发布。这些测试的发布要求见第 5 章的内容。

附录 A 提供了发布所需要的格式表。为了获得参照数据,可查找 GB/T 18029 相关的测试方法。

检测报告附属于 GB/T 18029 的各相关部分。生产商可能以这些报告为结果与检验机构交流沟通，他们要求关于指定轮椅的某些测试性能能在报告中发布，但这些性能在本部分并没有要求发布。

5 在生产商的指标说明中要求发布的测试信息

指标说明中应包括下列内容：

a) 型号或其他任何唯一能识别该轮椅车的信息；

b) 在测试中所使用测试用假人的质量；

c) 下列之一：

i) 按附录 A 表的顺序列出的性能值，或

ii) 如果 GB/T 18029 的某一部分规定了发布信息的方法，则应优先于 i)的内容；

注 1：有时附录 A 中的项目仅有一部分适用于某一款轮椅车，例如，表中的部分项目仅适用于电动轮椅车，因此，在手动轮椅车的信息发布中就不应有这些内容。

注 2：轮椅车附件生产商应在他们的指标说明中指明他们的产品会如何影响轮椅车生产商所发布的信息。

d) 最大使用者质量。

6 检验报告

如果生产商持有某一特定型号的轮椅车关于 GB/T 18029 某几个部分测试的性能值，则应按 GB/T 18029 的相关部分发布这些参数。

7 文件

7.1 总要求

在市场上销售的轮椅车应具备下列资料：

a) 指标说明(见第 5 章)；

b) 关于某一特定型号轮椅车的特征描述；

c) 关于用途的描述(例如最大使用者质量，用于室内或室外)；

d) 下列之一：

i) 质保的详细条款；或

ii) 若不提供担保，则写明有关描述；

e) 如何得到维修和服务的信息；

f) 关于从哪里可以得到维修守则的信息；

g) 用户手册。

7.2 用户手册

7.2.1 每一辆轮椅车至少应提供一本用户手册。

7.2.2 如果用户手册的文字说明中涉及部件用插图表示，这些部件应有便于识别的编号或命名，且与插图的编号或命名一一对应。

7.3 用户手册的内容

用户手册应包含下列内容：

a) 按 7.1 规定的担保的详细条款；

b) 如下特性：

i) 关于轮椅车类型的描述，并应附有轮椅车的图片或图样以及如何使用轮椅车的非技术性描述，

ii) 对使用者的描述，包括最大使用者质量，

iii) 轮椅车使用的环境和可能造成轮椅车损害的环境(如温度和湿度),

iv) 如果轮椅车是充气胎,标明充气压力或压力范围(单位:kPa);

c) 如果所销售的轮椅车是由用户组装的,应包含下列信息:

i) 部件列表,

ii) 组装轮椅车所需要的工具和设备,

iii) 指导如何检查零件是否有缺损,

iv) 指导如何组装和拆卸生产商提供的零部件,

v) 指导如何贮存、运输或(在旅行中)搬运轮椅车(如取下电池);

d) 按下列要求指导如何操纵轮椅车:

i) 指导安全操作的内容,包含:

——指导使用者如何在各种路面上操作轮椅车,

——指导使用者如何上、下轮椅车,

——用插图详细说明这些指导内容,

注:插图应说明下列情况:斜坡、陡峭的地面和台阶等。

ii) 生产商已知的可能伤及人体或损坏轮椅车的错误使用方法;

e) 轮椅车保养指导,并附有带注解的插图及下列内容:

i) 所有保养的详细资料,包括:

——生产商认为由用户解决的故障的查找、排除和维修内容,

——关于保养和维修轮椅车所需的工具和设备的资料,

——保养周期,

——必要的材料表,包括零件的数量和如何购买的信息,

——由生产商、分销商或售后服务中心承担的保养和维修内容,

ii) 清洁轮椅车的方法,

iii) 生产商提供可更换的零部件的有关资料:

——订货资料,

——被换件拆卸的指导,

——更换和测试,

——零部件(包括轮胎和电池)带注解的插图和它们的位置,

iv) 如何进行有潜在危险的保养操作(如电池充电和轮胎充气)的信息;

f) 性能检查的指导;

g) 按下列要求描述轮椅车维修步骤:

i) 认定由用户维修的零部件,

ii) 认定为执行质保条款而必须由生产商或授权的维修机构维修的零部件,

iii) 认定所有可取下送至生产商、分销商或其他部门修理的零部件,

iv) 认定在何种情况下,应由生产商、分销商或售后服务中心承担的修理责任,

v) 授权的售后服务中心网点,

vi) 所有可更换的零部件是否有现货供应,

vii) 在必要时提供包装和运输指导。

8 永久性标识

8.1 下列内容应以永久性的方式标在每一辆轮椅车上:

a) 轮椅车生产商的名称和地址;

b) 轮椅车的型号和生产批号;

c) 制造日期(年);

d) 行驶限制;

e) 推荐的最大使用者质量。

8.2 轮胎应标明尺寸。

附 录 A
（规范性附录）
生产商指标说明所发布的信息

生产商：______

地　址：______

型　号：______

最大使用者质量：______

发布信息内容							
标准参数		最小	最大	标准参数		最小	最大
	总长度（带腿托）	____ mm	____ mm		座位平面角度	____°	____°
	总宽度	____ mm	____ mm		有效座位深度	____ mm	____ mm
	折叠长度	____ mm	____ mm		有效座位宽度	____ mm	____ mm
	折叠宽度	____ mm	____ mm		前端座位表面高度	____ mm	____ mm
	折叠高度	____ mm	____ mm		靠背角度	____°	____°
	总质量	____ kg	____ kg		靠背高度	____ mm	____ mm
	最重部件质量	____ kg	____ kg		脚托到座位距离	____ mm	____ mm
	下坡静态稳定性	____°	____°		腿与座位表面的角度	____°	____°
	上坡静态稳定性	____°	____°		扶手到座位距离	____ mm	____ mm
	侧向静态稳定性	____°	____°		扶手结构前部位置	____ mm	____ mm
	能量消耗	____ km	____ km		手圈直径	____ mm	____ mm
	上坡动态稳定性	____°	____°		轴水平位置	____ mm	____ mm
	越障能力	____ mm	____ mm		最小转向半径	____ mm	
	最大向前速度	____ km/h	____ km/h				
	最大速度时最小制动距离	____ mm	____ mm				

轮椅车符合下列标准：

a) 静态强度，冲击强度及疲劳强度的要求和测试方法(GB/T 18029.8) 符合□

b) 电动轮椅车动力和控制系统—要求和测试方法(ISO 7176-14) 符合□

c) 电动轮椅车的气候试验方法(GB/T 18029.9) 符合□

d) 座(靠)垫阻燃性的要求和测试方法(ISO 7176-16) 符合□

有时本附录中的项目仅一部分适用于某一款轮椅车，例如，表中的部分项目仅适用于电动轮椅车，因此在手动轮椅车的信息发布中就不应有这些内容。

附 录 B
（资料性附录）
参 考 文 献

［1］ ISO 7176-17[1)] 轮椅车 第 17 部分:电动轮椅车控制器的界面。

［2］ ISO 7176-18[1)] 轮椅车 第 18 部分:上下楼装置。

［3］ ISO 7176-19:2008 轮椅车 第 19 部分:用于机动车的轮式移动装置。

［4］ ISO 7176-20[1)] 轮椅车 第 20 部分:站立式轮椅车性能的测定。

［5］ ISO 7176-21:2003 轮椅车 第 21 部分:电磁兼容性的要求和测试方法。

［6］ ISO 7176-22:2000 轮椅车 第 22 部分:调节程序。

［7］ ISO 10542-1:2001 残疾或残障人员辅助器具 轮椅车束缚定位和乘坐者约束系统 第 1 部分:系统的要求和测试方法

［8］ ISO 10542-2:2001 残疾或残障人员辅助器具 轮椅车束缚定位和乘坐者约束系统 第 2 部分:4 点带式定位系统。

1） 标准未发布。

ICS 11.180.10
C 45

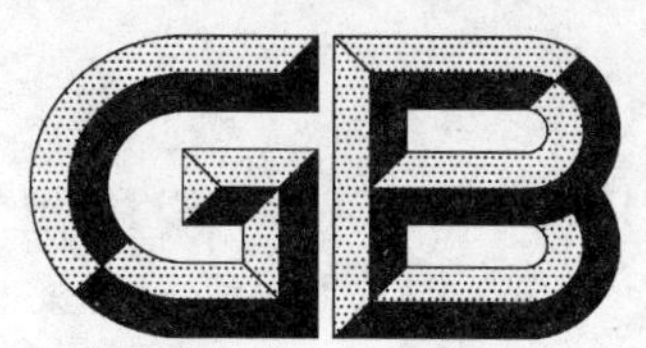

中华人民共和国国家标准

GB/T 18029.23—2008/ISO 7176-23:2002

轮椅车 第23部分:护理者操作的爬楼梯装置的要求和测试方法

Wheelchairs—Part 23: Requirements and test methods for attendant-operated stair-climbing devices

(ISO 7176-23:2002,IDT)

2008-12-31 发布 2009-09-01 实施

中华人民共和国国家质量监督检验检疫总局
中国国家标准化管理委员会 发布

前 言

GB/T 18029《轮椅车》由以下部分组成：

——第1部分：静态稳定性的测定

——第2部分：电动轮椅车动态稳定性的测定

——第3部分：制动器的测定

——第4部分：能耗的测定

——第5部分：外形尺寸、质量和转向空间的测定

——第6部分：电动轮椅车最大速度、加速度和减速度的测定

——第7部分：座位和车轮尺寸的测量方法

——第8部分：静态强度、冲击强度及疲劳强度的要求和测试方法

——第9部分：电动轮椅车的气候试验方法

——第10部分：电动轮椅车越障能力的测定

——第11部分：测试用假人

——第13部分：测试表面摩擦系数的测定

——第14部分：电动轮椅车动力和控制系统—要求和测试方法

——第15部分：信息发布、文件出具和标识的要求

——第16部分：座(靠)垫阻燃性的要求和测试方法

——第17部分：电动轮椅车控制器的界面

——第18部分：上下楼装置

——第19部分：用于机动车的轮式移动装置

——第20部分：站立式轮椅车性能的测定

——第21部分：电磁兼容性的要求和测试方法

——第22部分：调节程序

——第23部分：护理者操纵的爬楼梯装置的要求和测试方法

——第24部分：乘坐者操纵的爬楼梯装置的要求和测试方法

——第25部分：电池和充电器的要求和测试方法

——第26部分：术语

本部分等同采用ISO 7176-23:2002《轮椅车　第23部分：护理者操作的爬楼装置的要求和试验方法》(英文版)。

本部分的附录A、附录B、附录C和附录D为资料性附录。

本部分由中华人民共和国民政部提出。

本部分由全国残疾人康复和专用设备标准化技术委员会(SAC/TC 148)归口。

本部分起草单位：国家康复器械质量监督检验中心、国家康复辅具研发中心。

本部分主要起草人：王保华、马凤领、张红涛。

轮椅车　第23部分:护理者操作的爬楼梯装置的要求和测试方法

1　范围

GB/T 18029的本部分规定了护理者操作的爬楼梯装置(电动爬楼轮椅和轮椅搬运器)的技术要求和试验方法,其中包括环境改造、安全标识和发布的要求。

本部分适用于在爬楼过程中护理者背向上楼方向操作的爬楼梯装置。

注:在爬楼过程中护理者倒行上楼,乘坐者面向楼下。

2　规范性引用文件

下列文件中的条款通过GB/T 18029的本部分的引用而成为本部分的条款。凡是注日期的引用文件,其随后所有的修改单(不包括勘误内容)或修订版均不适用于本部分,然而,鼓励根据本部分达成协议的各方研究是否可使用这些文件的最新版本。凡是不注日期的引用文件,其最新版本适用于本部分。

GB/T 14729　轮椅车　术语(GB/T 14729—2000,eqv ISO 6440:1985)

GB/T 18029.1　轮椅车　第1部分:静态稳定性的测定(GB/T 18029.1—2008,ISO 7176-1:1999,IDT)

GB/T 18029.3　轮椅车　第3部分:制动器的测定(GB/T 18029.3—2008,ISO 7176-3:2003,IDT)

GB/T 18029.8　轮椅车　第8部分:静态强度、冲击强度及疲劳强度的要求和测试方法(GB/T 18029.8—2008,ISO 7176-8:1998,IDT)

GB/T 18029.9　轮椅车　第9部分:电动轮椅车的气候试验方法(GB/T 18029.9—2008,ISO 7176-9:2001,IDT)

GB/T 18029.11　轮椅车　第11部分:测试用假人(GB/T 18029.11—2008,ISO 7176-11:1992,IDT)

GB/T 18029.13　轮椅车　第13部分:测试表面摩擦系数的测定(GB/T 18029.13—2008,ISO 7176-13:1989,IDT)

GB/T 18029.15　轮椅车　第15部分:发布信息、出具文件和标识的要求(GB/T 18029.15—2008,ISO 7176-15:1996,IDT)

ISO 3880-1　房屋建筑　楼梯　词汇

ISO 7176-4　轮椅车　第4部分:能耗的测定

ISO 7176-6　轮椅车　第6部分:电动轮椅车最大速度、加速度和减速度的测定

ISO 7176-14　轮椅车　第14部分:电动轮椅车动力和控制系统—要求和测试方法

ISO 7176-16　轮椅车　第16部分:座(靠)垫阻燃性的要求和测试方法

ISO 7176-19　轮椅车　第19部分:用于机动车的轮式移动装置

ISO 7176-21　轮椅车　第21部分:电磁兼容性的要求和测试方法

ISO 7176-22　轮椅车　第22部分:调节程序

ISO 7193　轮椅车　最大外形尺寸(轮椅　最大轮廓尺寸)

STANDARDS PRESS OF CHINA

3 术语和定义

本部分所涉及的其他术语和定义见 ISO 3880-1、GB/T 14729、GB/T 18029.15。

3.1

爬楼梯装置 stair-climbing device

电动的爬楼轮椅或轮椅搬运器。

3.2

护理者操作的爬楼轮椅 attendant-operated stair-climbing wheelchair

由护理者操作的载人上下楼梯的轮椅。

3.3

护理者操作的爬楼轮椅搬运器 attendant-operated stair-climbing wheelchair carriers

由护理者操作的、能连同轮椅上下楼梯的轻便装置。

3.4

爬楼 climbing

上下楼梯。

3.5

螺旋楼梯 winding stairs

以螺旋形状建造的楼梯。

注：通常螺旋楼梯的梯级一边宽一边窄(见图 2)。

3.6

护理者 attendant

乘坐者以外的操作爬楼梯装置的人员。

3.7

乘坐者 occupant

依靠爬楼梯装置运送的人。

3.8

U 型楼梯 U-shaped stair

两段楼梯由中间的平台联结,并互相成 180°角。

3.9

斜交角 skew angle

爬楼梯装置运动轴线与楼梯坡度线之间的夹角。

3.10

边缘暂停 edge stop

平衡式爬楼梯装置在临近下一梯级突边时的暂停。

注：见附录 C。

4 测试仪器和测试条件

4.1 测试仪器

除了下面指定的测试仪器,标准参考中提到的更多测试仪器也是必需的。

4.1.1 标准测试楼梯:有八个梯级,每阶高度为 180 mm±5 mm,最小楼梯坡度为 35°,容许误差为 $^{+1°}_{0}$ (见图 1)。所有楼梯的梯级突边都在由两个相距 10 mm、倾斜角度与楼梯坡度相同的平行平面所形成的区域内。

梯级突边应质地坚硬、平滑且导角为 8 mm±1 mm。阶面应水平且摩擦系数符合 GB/T 18029.13 的要求。测试楼梯宽度至少比护理者和爬楼梯装置所占宽度为 500 mm。在楼梯一侧设置固定栏杆，另一侧设置可调栏杆以调节宽度。栏杆距楼梯面高度为 1 800 mm±100 mm。测试楼梯应能与楼梯平台连接(见 4.1.3)。如安装扶手，应安装在楼梯两侧并形成一体。

单位为毫米

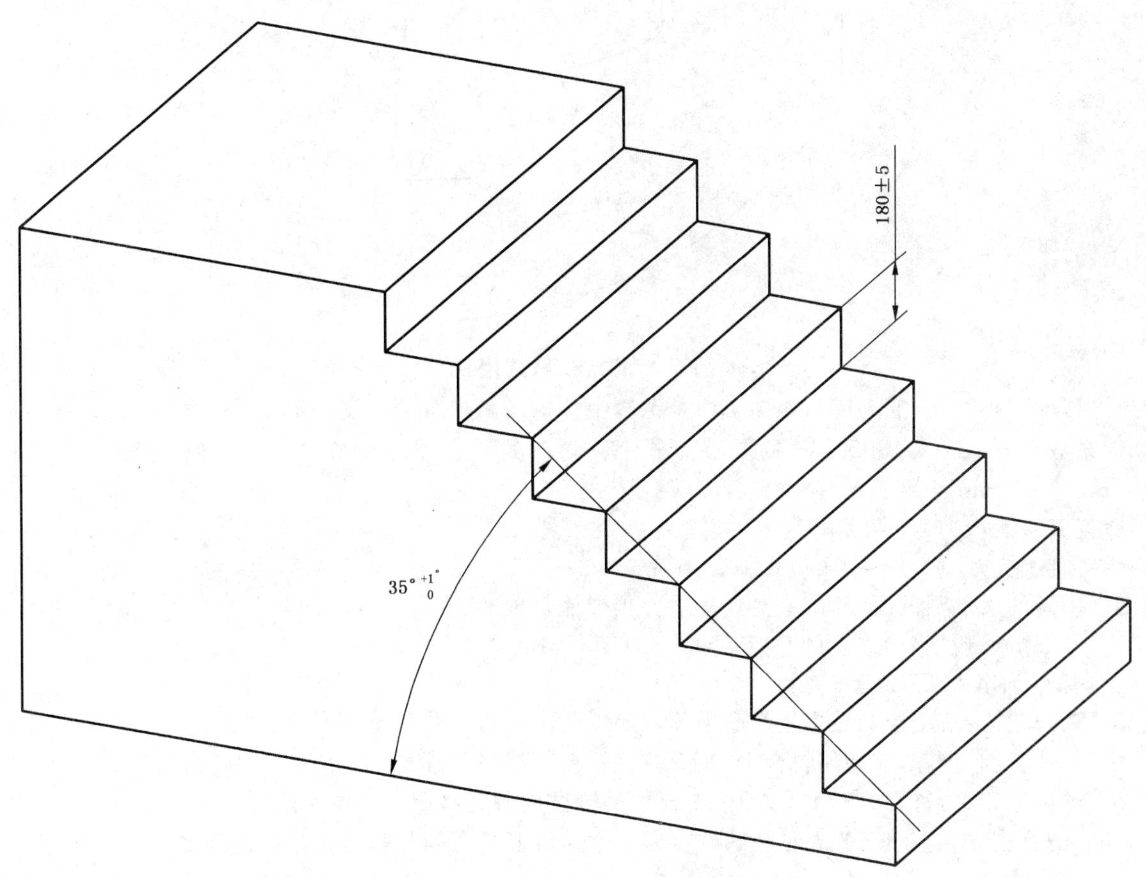

图 1 带平台的测试楼梯

4.1.2 螺旋形测试楼梯：有八个梯级，每阶高度为 180 mm±5 mm。每个梯级的旋转角度为 19°±0.5°。梯级突边延长线距楼梯中轴线应为 75 mm±20 mm。在梯级凹边上确定一点距离楼梯中轴线为 760 mm±10 mm，该点到梯级突边的距离应为 257 mm±10 mm，楼梯内径应为 310 mm±10 mm。每个梯级的垂直面和水平面应紧密联结(见图 2)。

梯级突边应质地坚硬、平滑且导角为 8 mm±1 mm。阶面应水平且摩擦系数符合 GB/T 18029.13 的要求。楼梯至少比护理者和爬楼梯装置宽 500 mm。在每级梯级的外侧设置可调栏杆，内侧设置固定栏杆以调节宽度。栏杆距楼梯面高度为 1 800 mm±100 mm。测试楼梯应能与楼梯平台连接(见 4.1.3)。如安装扶手，应安装在楼梯两侧并形成一体。

单位为毫米

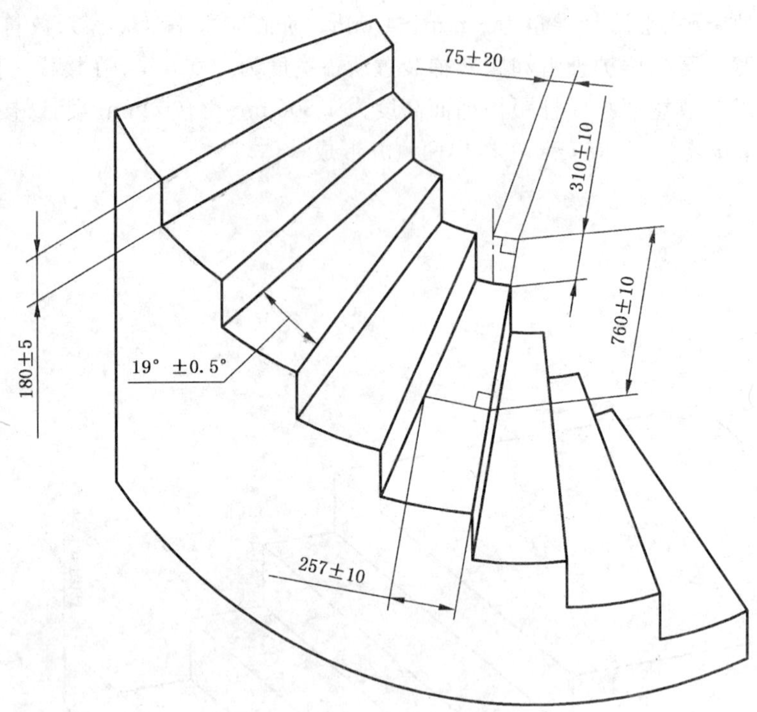

图 2 螺旋形测试楼梯

4.1.3 楼梯平台：平台的高度与 4.1.1 和 4.1.2 中楼梯最高梯级的高度相等，公差为±5 mm。平台表面摩擦系数符合 GB/T 18029.13 的要求。平台一侧与测试楼梯连接牢固。平台另一侧安装高度为 1 800 mm±100 mm可卸下的栏杆。

建议平台面积为 2 m×4 m。

注：如条件允许，4.1.1～4.1.3 中的测试装置可安装在一起。

4.1.4 坚硬的水平测试面：测试中要具备适合爬楼梯装置的、有足够大小的坚硬水平测试面，平面度误差不大于 5 mm，测试平面表面的摩擦系数符合 GB/T 18029.13 的要求。

注：要求平面度是为了测量准确。

4.1.5 测试轮椅：由爬楼梯装置生产商推荐。如生产商推荐了几种轮椅，优先考虑符合 ISO 7193 的轮椅。如生产商没有推荐，应使用符合 ISO 7193 的轮椅，或是符合附录 A 中规定的轮椅标样。

4.1.6 测试用假人：符合 GB/T 18029.11 要求的测试用假人，修订如下：

100 kg、75 kg 和 50 kg 假人小腿部分应为两个踏板形状并能与脚托板连接并满足：

a) 质量 3.5 kg±0.5 kg；

b) 重心距踏板表面 20 mm±2 mm。

注 1：两块尺寸为 75 mm×150 mm×40 mm 的钢块适合做踏板。

注 2：可用相当于测试质量的真人代替测试用假人。

4.1.7 能量消耗仪器：是一种可测量爬楼梯装置耗电量（单位为 Ah）的装置，其自身能量消耗不超过爬楼梯装置消耗能量的 0.5%。

4.1.8 计时设备：精确度为 0.1 s。

4.1.9 升降装置：是调节楼梯坡度到符合 9.3.2 要求的设备。

4.1.10 长度测量装置：量程 2 m，精确度为 1 mm。

4.1.11 护理者空间矩形仿形器：模拟护理者操作过程中所占空间（见图 3）。其水平长度为 640 mm±10 mm，水平宽度为 560 mm±10 mm 或是爬楼梯装置把手中点之间的距离再加上 200 mm±10 mm。两个后矩形角应做成半径为 200 mm±10 mm 的弧形，该设备应能与爬楼梯装置把手中点连接。

注：木制或钢丝制的框架比较适用。

单位为毫米

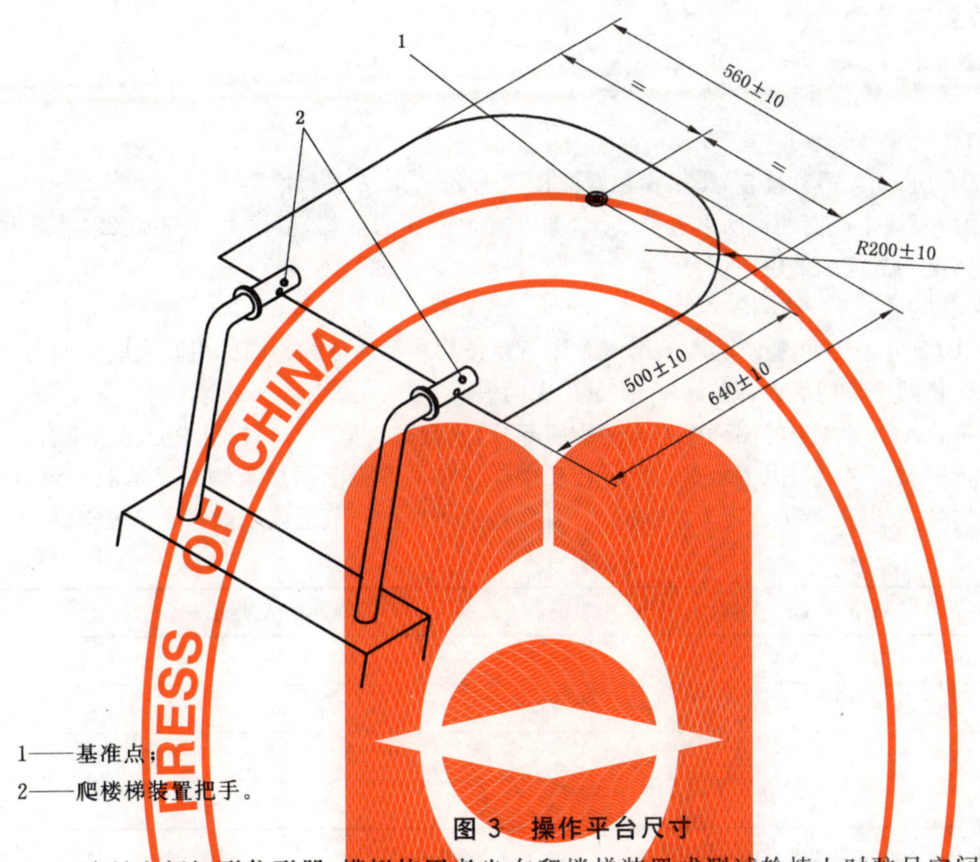

1——基准点；

2——爬楼梯装置把手。

图 3 操作平台尺寸

4.1.12 驻足空间矩形仿形器：模拟使用者坐在爬楼梯装置或测试轮椅上时驻足空间（见图 4）。其水平长度为 300 mm±10 mm，水平宽度为 300 mm±10 mm，两个前矩形角应做成半径为 100 mm±10 mm 的弧形。应能与爬楼梯装置的脚托板连接并在一条直线上。

注：木制或钢丝制的框架比较适用。

单位为毫米

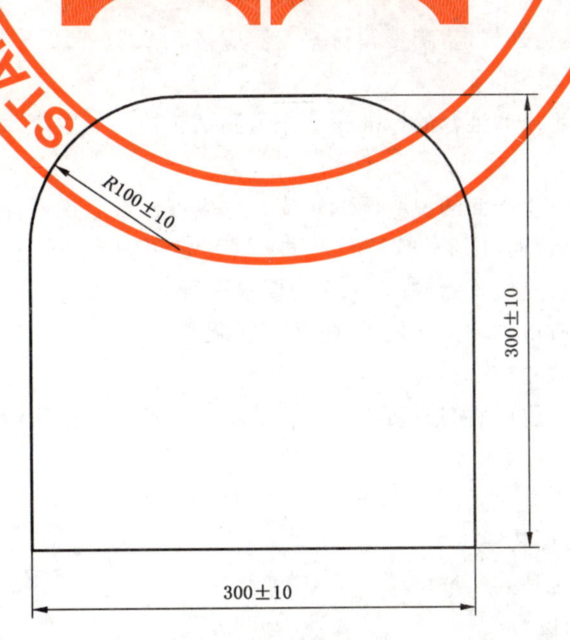

图 4 驻足空间

4.2 测试条件

4.2.1 4.1.1～4.1.4 所包括的测试仪器在检测过程中不得移动。

4.2.2 环境温度为(20±5)℃。

5 爬楼梯装置测试前的准备

5.1 爬楼梯轮椅

5.1.1 每次测试之前，如无另外规定，爬楼梯装置应按 5.1.2～5.1.6 进行准备。

5.1.2 爬楼梯轮椅要按生产商的说明书进行装配，如没有生产商的推荐，依据 ISO 7176-22，将爬楼梯装置的可调部件调至调节范围的中间位置。

5.1.3 电池保持总电量的 75%以上。

5.1.4 用符合 GB/T 18029.11 要求的测试用假人作为爬楼梯装置的负载。测试用假人质量应与要求加载力一致。如无相同质量的假人，则选一个质量稍大的假人，如表 1 所示。

用脚块代替符合 4.1.6 规定的测试用假人的小腿部分，放置脚块重心与脚托板中心尽量重合。

可用真人进行测试。这种情况下承重不足可在爬楼梯轮椅的座位上添加重物补充承载质量(沙袋或建议使用类似物品)。鞋的最小长度为 300 mm。且要做适当的的防范措施以确保人员安全。

表 1

最大承载质量/kg	测试用假人质量/kg
0～25	25
25～50	50
50～75	75
75～100	100

注：超出承载限度的测试用假人目前正在开发。

5.1.5 如测试用轮椅车装有气胎，根据轮椅车生产商建议的压力将其充气。如已给出压力范围，充气至最高值。如轮椅车生产商未给出建议的压力，则按轮胎生产商建议的压力最高值充气。

5.1.6 如爬楼梯轮椅有可调节推动把手，将其高度调节到 1 500 mm±20 mm。

5.2 爬楼轮椅搬运器

5.2.1 每次测试之前，如无另外规定，爬楼轮椅搬运器应按 5.2.2～5.2.8 规定准备。

5.2.2 电池保持总电量的 75%以上。

5.2.3 选爬楼轮椅搬运器生产商推荐的标准轮椅作为测试轮椅。如生产商没有说明，所选轮椅应符合 ISO 7193 的要求。

5.2.4 根据爬楼轮椅搬运器生产商的说明调试轮椅。如生产商没有说明，则根据轮椅生产商的说明进行调试。如二者都没有特别说明，按 ISO 7176-22 的要求设定可调节部分。

5.2.5 如爬楼轮椅搬运器有充气轮胎，按 5.1.5 的要求进行充气。

5.2.6 如爬楼轮椅搬运器有可调节推动把手，将其高度调节至 1 500 mm±20 mm。

5.2.7 按 5.1.4 的要求装载轮椅。

5.2.8 按爬楼梯轮椅搬运器生产商的说明将测试轮椅安全固定在爬楼轮椅搬运器上进行爬楼梯操作。

5.3 记录信息

记录以下信息：

a) 测试中使用的爬楼梯装置；

b) 测试指定的轮椅，包括其质量；

c) 任何可调节部件的位置；

d) 测试用假人的质量。

6 测试区域的要求

6.1 总则

6.1.1 本部分确定在楼梯和平台上操作已负载的爬楼梯装置的最小工作面积，包括爬楼梯装置护理者的必要空间。

6.1.2 第6章的所有测试应使用护理者空间矩形仿形器（见4.1.11）和驻足空间矩形仿形器（见4.1.12）。测试过程中爬楼梯装置、护理者空间矩形仿形器及驻足空间矩形仿形器不得接触栏杆（见4.1.1和4.1.2）。

6.1.3 在每次测试之前，检查爬楼梯装置的调节部件，按第5章要求放置测试用假人必要时进行调整。

注：上楼梯时，爬楼梯装置向后驱动意味着护理者背向上楼方向。

6.2 直楼梯最小楼梯宽度的确定

6.2.1 将标准测试楼梯连接到楼梯平台。

6.2.2 按生产商的说明将爬楼梯装置水平放置在测试楼梯前面，操作装置上楼至楼梯平台。

6.2.3 按生产商的说明将爬楼梯装置放置在下楼梯的位置。操作装置下楼直至整个爬楼梯装置都处于水平面上。

6.2.4 测量能完成测试的栏杆间最小宽度精确到±20 mm。在测试过程中栏杆不应妨碍爬楼梯装置、护理者空间矩形仿形器、驻足空间矩形仿形器或测试轮椅（如使用）。

例如：

以如下一个实际测试方法为例：

——测量爬楼梯装置的最大宽度；

——调节栏杆以便栏杆之间的距离比爬楼梯装置略宽；

——执行测试；

——调节楼梯宽度直到楼梯最小宽度确定。

6.3 U型楼梯最小平台面积的确定

6.3.1 使用与6.2相同的测试仪器。

6.3.2 操作爬楼梯装置上楼至楼梯平台。

6.3.3 180°旋转爬楼梯装置。

6.3.4 测量能完成测试的栏杆间的最小长度和宽度精确到±20 mm，在测试过程中栏杆不应妨碍爬楼梯装置、护理者空间矩形仿形器、驻足空间矩形仿形器或测试轮椅（如使用）。

6.4 螺旋楼梯最小半径的确定

6.4.1 最小楼梯半径是指测试过程中爬楼梯装置最大偏远点到测试楼梯中轴的距离。

6.4.2 将螺旋测试楼梯连接到楼梯平台，将可调节栏杆设定在距楼梯中轴线最远处。

6.4.3 按生产商的说明，将爬楼梯装置水平放在测试楼梯前面，操作装置上楼至楼梯平台。如生产商没有说明，在上楼过程中爬楼梯装置尽量靠近调节栏杆但不能撞上栏杆。

6.4.4 按生产商的说明将爬楼梯装置放置在下楼梯的位置。操作装置下楼梯直至整个装置都处于水平面上。测试过程要保证安全性并且不受栏杆妨碍。如生产商没有说明，在下楼过程中爬楼梯装置尽量靠近调节栏杆但不能撞上栏杆。

6.4.5 向梯级中点移动栏杆，减小楼梯半径，直到爬楼梯装置不能成功完成测试为止。测量楼梯中轴至栏杆之间的距离，精确到±20 mm。测试最小半径过程中，尽可能使栏杆不妨碍爬楼梯装置、护理者空间矩形仿形器、驻足空间矩形仿形器、测试用轮椅并避免发生不安全事件。

注：护理者操作爬楼梯装置必需的空间也在测量范围之内。

6.5 记录信息

记录6.2～6.4的测量结果。

7 斜交角

7.1 总则

爬楼梯装置通常需要在斜交角下进行操作。测试将按下列条件进行。

除生产商特殊说明外，测试将在最大速度下进行。

在每次测试之前，检查爬楼梯装置的调节部件，按第5章要求放置测试用假人必要时进行调整。

7.2 要求

7.2.1 在与楼梯坡度形成9°斜交角时，无论是上楼还是下楼，爬楼梯装置应能以最大速度爬楼梯。

7.2.2 如生产商标明爬楼梯装置超过最低要求，此爬楼梯装置应能以较高的斜交角度上楼和下楼。

7.3 测试程序

7.3.1 爬楼梯装置在斜交角度为9°时上下楼梯。如生产商规定更大的角度，按生产商规定进行测试。

7.3.2 使标准测试楼梯与楼梯平台连接。

7.3.3 爬楼梯装置处在测试楼梯前的水平面上且斜交角度为9°，操作爬楼梯装置爬上第一阶楼梯，再操作爬楼梯装置爬过其余楼梯到楼梯平台，并重复测试程序下楼。

按表2评估爬楼梯装置的性能。

表2

定　义	注　释
完　成	在3 min以内按测试程序和要求完成测试
没有完成	没有完成测试，记录原因
注：在测试过程中会出现一些诸如不稳定性、护理者施加除操作爬楼梯装置以外的力之类的困难。	

7.3.4 按7.3.3完成测试，并且生产商承诺爬楼梯装置能在更大的斜交角度下上下楼梯，按生产商承诺的斜交角度重复测试程序。

7.4 记录信息

记录爬楼梯装置是否满足了7.2.1的要求、测试是否通过和爬楼梯装置是否安全。鉴于信息要求，记录是否使用了更高的斜交角度。

8 操作爬楼梯装置过程中理论能量消耗

8.1 总则

8.1.1 这项测试是对ISO 7176-4的补充，但测试路径是标准测试楼梯并利用8.3.4中给出的公式。

8.1.2 在每次测试之前，检查爬楼梯装置的调节部件，按第5章要求放置测试用假人必要时进行调整。

8.2 要求

该测试只针对理论能量消耗，并不包括通过或失败的评判标准。

8.3 测试程序

8.3.1 测试在标准测试楼梯上进行。爬楼梯装置需按操作要求进行配置并负载测试轮椅（如使用）及测试用假人（见第5章）。

8.3.2 爬楼梯装置应以最大的速度从楼梯底部的起点运行到楼梯顶部的楼梯平台，然后再返回楼梯底部的起点。以上相同的测试程序操作10次。

8.3.3 测量在测试过程中爬楼梯装置使用的耗电量（单位为A·h），精确到±5%。

注：正常情况下测试不应耗尽电池电量，并注意不可把电池电量消耗到生产商建议的标准之下。

8.3.4 使用下面的公式计算爬楼梯装置上下楼梯的理论梯级数：

$$N=\frac{80C}{E}$$

式中：

N——电池电量耗尽之前爬楼梯装置上下楼梯的理论梯级数；

C——电池的容量，单位为 A·h，以 5 h 放电率计算，由电池生产商给出；

E——测试过程中以 A·h 为单位的耗电量。

8.4 记录信息

记录根据 8.3.4 的公式计算出的理论上下梯级数及电池容量，单位为 A·h，以 5 h 放电率计算，由电池生产商给出。

9 静态稳定性

9.1 总则

此项测试是对 GB/T 18029.1 的补充。在每次测试之前，检查爬楼梯装置的调节部件，按第 5 章要求放置测试用假人必要时进行调整。

9.2 要求

9.2.1 在生产商规定的楼梯紧急制动状态下，爬楼梯装置应保持安全稳定，不倾斜、不滚动、不下滑。

9.2.2 如爬楼梯装置的生产商标明此装置可在坡度大于 35°的楼梯上使用，那么将爬楼梯装置置于楼梯最高角度时应保持不倾斜、不滚动、不下滑的安全、稳定状态。

注 1：如护理者放开爬楼梯装置，该装置可自由滚动到一个安全位置。

注 2：更多要求正在考虑中。

9.3 测试程序

9.3.1 平面上的静态稳定性

爬楼梯装置在向前/向后和侧向静态稳定性应符合 GB/T 18029.1 的要求。

9.3.2 在直楼梯上的静态稳定性

9.3.2.1 将爬楼梯装置置于标准测试楼梯并处于上升或下降位置。整个装置包括护理者应全部在测试楼梯上。使装置处于最差稳定位置（见附录 D）并根据生产商的说明，护理者将装置置于紧急制动位并放开装置。此时记录爬楼梯装置是否保持不倾斜、不滚动、不下滑的安全、稳定状态。

9.3.2.2 如爬楼梯装置通过了 9.3.2.1 的测试并且生产商标明此装置可在坡度大于 35°的测试楼梯上使用，就应以更高的角度重复测试程序（9.3.2.1）。

注 1：下面是实际测试中在更高角度时的安全位置。按上面的测试程序，当爬楼梯装置置于紧急制动位时，抬起标准测试楼梯的后端直到置于楼梯安全位置的爬楼梯装置呈 42°。此时装置应不滚动、下滑或不稳定。也就是说试验要求测试楼梯倾斜 7°。

注 2：会有一些情况，例如，履带式爬楼梯装置，最差稳定的位置与最大悬垂于最低的和车身接触的梯级有关，并无妨碍的向下倾斜 3°±0.5°。

注 3：摆位应是最差稳定位置，最差稳定位置与最低的和车身接触的梯级有关，对不同类型的爬楼梯装置，一些试验必须确定最差稳定位置，确定方法包括开关机、紧急制动或一般制动（见附录 D）。

9.4 记录信息

记录爬楼梯装置的结构、在测试楼梯上的位置、装置是否满足 9.2 的要求、按 9.3 要求测得的角度及 GB/T 18029.1 要求的信息。

10 最大加速效果

10.1 总则

爬楼梯装置以最大的速度上下标准测试楼梯并且在往返时不停顿。在每次测试之前，检查爬楼梯装置的调节部件，按第 5 章要求放置测试用假人必要时进行调整。

10.2 要求

在测试过程中不降低稳定性。

10.3 测试程序

10.3.1 将爬楼梯装置置于标准测试楼梯上的最底端，但不能与楼梯底部平台接触。

10.3.2 操作爬楼梯装置以最快的速度上楼。不停顿反向操作以最快的速度下楼。不停顿反向操作以最快的速度上楼。测试过程装置不接触楼梯顶部平台或楼梯底部水平地面。

连续上下楼梯三次。

10.3.3 记录测试过程中发生起落、下滑或倾斜的点。

注：例如，可使用录像带和比例尺分析结果。

10.3.4 如生产商标明爬楼梯装置可在旋转楼梯上使用，就要在旋转楼梯上重复10.3.1和10.3.2的测试。

10.4 记录信息

记录爬楼梯装置是否满足10.2的要求及测试过程中是否出现起落、下滑或倾斜。

11 在楼梯上运行时的最大速度

11.1 总则

这项测试是对ISO 7176-6的补充。分别测量爬楼梯装置在上下楼梯时的最大速度。根据操作情况对携带测试轮椅和测试用假人的爬楼梯装置进行设定。

11.2 要求

测试决定了在标准楼梯上的最大速度并不包括通过或失败的评判标准。

11.3 测试程序

11.3.1 测试之前，检查爬楼梯装置的调节部件，按第5章要求放置测试用假人必要时进行调整，如速度可调节，就将其设定为最大速度。

11.3.2 爬楼梯装置以最大速度上行标准测试楼梯。

当上行至最后四级梯级时，在爬楼梯装置运行至楼梯顶部前记录。

11.3.3 爬楼梯装置以最大速度下行标准测试楼梯。

当下行至最后四级梯级时，在爬楼梯装置运行至楼梯顶部前记录。

11.3.4 将11.3测试进行四次。11.3.2和11.3.3的测量数值之间的差异应不超出10%。计算上下4个梯级的平均时间。

11.3.5 以分钟为单位保留到十位数字表示从11.3.4获得的上下一阶楼梯的速度。

11.4 记录信息

记录生产商标称的电池类型和容量，以分钟为单位记录按11.3.5计算出的上下一阶楼梯的速度。

12 制动效果

12.1 总则

这项测试是GB/T 18029.3的补充，测试装置在楼梯上的制动效果。每次测试之前，检查爬楼梯装置的调节部件，按第5章要求放置测试用假人必要时进行调整。

12.2 要求

测试过程中不应发生制动故障、摩擦力降低或不稳。如生产商标明爬楼梯装置可在水平地面上使用(见12.3.1注)，爬楼梯装置应满足GB/T 18029.3的要求。

12.3 测试程序

12.3.1 在水平面上进行测试

测试按GB/T 18029.3进行。

如生产商标明爬楼梯装置仅用于爬楼梯，则不需进行GB/T 18029.3的平地制动测试程序。

12.3.2 上楼制动测试

当爬楼梯装置以最快的速度上行楼梯时进行制动测试。在测试楼梯中部操作制动装置至最大制动状态并持续至爬楼梯装置处于完全停止状态。测量制动距离。将测试程序进行四次。

计算平均制动距离并记录与测试相关的信息，例如稳定性降低、下滑及制动失败。

注：制动距离和测量精确度见 GB/T 18029.3。

12.3.3 下楼制动测试

当爬楼梯装置下行标准测试楼梯时，重复 12.3.2 的测试程序。

12.3.4 测试制动装置的全使用效果

按下述方法使爬楼梯装置尽可能快的上下楼梯。以最快的加速度使爬楼梯装置的运行速度达到最大，然后尽可能快的使其完全停止。将此测试程序不间断的操作 10 次。

12.4 记录信息

按 ISO 7176-6 的要求记录测试结果及爬楼梯装置是否满足 12.2 的要求；12.3.2、12.3.3 中测得的平均制动距离；出现的制动失效（下滑）、不稳（倾斜）；任何 12.3.3 和 12.3.4 测试结果的不同；及其他与测试有关的信息。

13 静态、冲击、疲劳强度和耐久性

13.1 总则

这些测试是对 GB/T 18029.8 的补充。

13.2 要求

测试结束，爬楼梯装置应满足以下要求：

a) 按生产商的说明对爬楼梯装置可进行操作；

b) 测试过程中不应有破裂或明显的裂缝；

注：设备表面的裂缝，例如油漆，不是机构破裂，不属测试失败。

c) 在扭紧、调节、整修后无螺丝，螺母，螺孔，连接栓，调节部件或微小组件分离，脚托板除外，它可按 GB/T 18029.8 进行冲击试验后再进行调整；

d) 电气连接部件不应移位或断开；

e) 所有可移动、可折叠或可调节的部分都可按生产商的说明进行操作；

f) 所有动力操作系统都可按生产商的说明进行操作；

g) 把手不应更换；

h) 多位置或调节部件应处于初始位置，除 13.2c)规定外；

i) 爬楼梯装置不应有部件出现变形、分离和松动影响其功能和轮椅的连接。

上述要求只适用于爬楼梯装置，如有轮椅置于爬楼梯装置上，这些要求对爬楼梯装置和轮椅之间的连接部件是有效的[见条款 i)]。

13.3 测试程序

13.3.1 测试顺序按下列进行：

a) 静载试验(13.3.3)，按要求执行；

b) 冲击试验(13.3.4)，按要求执行；

c) 疲劳试验(13.3.5)(可选)；

d) 耐久性试验(13.3.6)。

13.3.2 爬楼梯装置试验前的准备

每次测试之前，检查爬楼梯装置的调节部件，按第 5 章要求放置测试用假人必要时进行调整。确保测试用假人按 GB/T 18029.8 的要求放置。

13.3.3 静载试验

13.3.3.1 测试程序

爬楼梯装置按 GB/T 18029.8,第 8 章规定进行试验。

根据爬楼梯装置的结构,是无法完成所有测试的。如不进行哪项测试,应在测试报告中注明并给出不测试的原因。

13.3.3.2 把手测试

13.3.3.2.1 这项测试只适用于向后和(或)向上的把手,不适用于横向的把手。

13.3.3.2.2 将爬楼梯装置置于测试水平面上,采用 GB/T 18029.8 的把手测试方法。

13.3.3.2.3 确保把手不受到环形压力作用(不应用夹具,以免手闸受到挤压)。

13.3.3.2.4 根据 GB/T 18029.8 的要求使用 750 N 的力进行测试。

13.3.3.3 记录信息

记录需要进行紧固、调试或更换的部件。

13.3.4 冲击试验

13.3.4.1 测试程序

按 GB/T 18029.8,第 9 章的要求测试爬楼梯装置。

根据爬楼梯装置的结构,是无法完成所有测试的。如不进行哪项测试,应在测试报告中注明并给出不测试的原因。

13.3.4.2 记录信息

记录需要进行紧固、调试或移动的部件。

13.3.5 疲劳试验

疲劳测试的备选测试方法在附件 B 中给出。

注 1:见最后一段的说明。

注 2:预计将来会产生规范的测试方法。

13.3.6 耐久性试验

13.3.6.1 如爬楼梯装置的速度可调节,将其调节为中间速度。

13.3.6.2 按爬楼梯装置生产商的说明,将此装置置于标准测试楼梯前方的水平面上,运行装置上楼梯至楼梯平台。

13.3.6.3 按爬楼梯装置生产商的说明,立即将此装置向下运行至楼梯底部水平面使整个装置置于水平面上。

13.3.6.4 将此程序不间断的重复操作 10 min^{+2}_{0}min,测试结束时装置处于出发点。

13.3.6.5 关闭电源让爬楼梯装静置 10 min±0.5 min。

13.3.6.6 演示 13.3.6.2 和 13.3.6.3 给出的程序 9 次(总的时间消耗大约为 3 h)。

如有必要,可为电池充电或更换电池(见 13.3.6.5)。

13.3.7 记录信息

记录需要进行紧固、调试或更换的部件及电池是否充电或更换。

13.4 测试结果评估

13.4.1 所有测试完成之后,检查爬楼梯装置是否符合 13.2 的要求。

13.4.2 检查测试记录,确定是否有部件经过 13.2 描述的调试、紧固或更换了一次以上。

13.4.3 测试爬楼梯装置的动力操作系统,确定是否能按生产商的说明进行操作。

13.4.4 如果有任何一项未能达到要求,则判定此轮椅车未满足本部分的要求

13.5 记录信息

记录爬楼梯装置是否满足 13.2 的要求和 13.3 程序中对测试失败的描述及测试中爬楼梯装置的结构形态。

记录爬楼梯装置是否满足生产商标明的最低要求。

14 环境试验

14.1 总则

这项试验是 GB/T 18029.9 的应用。在爬楼梯装置经符合正常使用、存储及运输条件下的环境试验后，对其功能进行测试。

14.2 要求

经过 GB/T 18029.9 要求的所有环境测试之后，爬楼梯装置还可按生产商所述正常操作。

14.3 测试程序

按 GB/T 18029.9 的要求对爬楼梯装置进行测试。

每次环境试验前后应检查各项功能，但不是必须在标准测试楼梯上进行。

注：耐腐蚀测试正在考虑中。

14.4 记录信息

记录爬楼梯装置是否满足 14.2 的要求，爬楼梯装置功能的改变及任何装置的损坏情况。

15 电源和控制系统

15.1 总则

爬楼梯装置电源和控制系统的测试方法和要求按 ISO 7176-14，包括电池充电器。

15.2 要求

爬楼梯装置，包括电池充电器应符合 ISO 7176-14 的要求。

如电池充电器没安装在爬楼梯装置上，生产商应推荐一种符合下面要求的电池充电器：

a) 符合 ISO 7176-14 的要求；

b) 适用于爬楼梯装置。

15.3 测试程序

按 ISO 7176-14 的要求对爬楼梯装置进行测试：

a) 如爬楼梯装置生产商标明，此爬楼梯装置仅适用于爬楼，则用标准测试楼梯代替斜坡进行测试；

b) 如爬楼梯装置生产商标明，此爬楼梯装置既可爬楼，也可作为轮椅使用，则分别在斜坡和标准测试楼梯上进行测试。

按 ISO 7176-14 的要求测试电池充电器。

15.4 记录信息

记录爬楼梯装置和/或充电器是否符合 15.2 的要求。

16 可燃性

16.1 总则

爬楼梯装置的装饰部分可燃性按 ISO 7176-16 要求测试。

16.2 要求

为爬楼梯装置安装装饰部件的引燃要求按 ISO 7176-16。

16.3 测试程序

测试程序按 ISO 7176-16。

16.4 记录信息

记录爬楼梯装置是否符合 ISO 7176-16 第 4 章的要求。

17 电磁兼容性

17.1 总则

爬楼梯装置电磁辐射和电磁抗干扰按 ISO 7176-21 测试。

17.2 要求

爬楼梯装置要求按 ISO 7176-21。

17.3 测试程序

测试程序按 ISO 7176-21。

17.4 记录信息

记录爬楼梯装置是否符合 ISO 7176-21 的要求。

18 安全装置

18.1 要求

爬楼梯装置安装主开关按 18.2,电池电量指示器按 18.3,限位装置按 18.4。

18.2 主开关

爬楼梯装置应设有一个与操作开关分离开的总电源开关,当爬楼梯装置正在运行状态时关闭电源开关,此装置应完全停止并处于安全位置。当爬楼梯装置在静止状态时关闭电源,此装置处于安全位置。

18.3 电池电量指示器

爬楼梯装置应配置一个可显示在爬楼梯装置最大负载下还可爬 20 阶楼梯的最小电池电量的指示器。

如爬楼梯装置在下楼梯时耗能更多,就要在测试报告中注明。

18.4 限位装置

爬楼梯装置的限位装置要求按 ISO 7176-19。

18.5 记录

记录爬楼梯装置是否配备主开关、电池电量显示器及限位装置和是否满足 18.2～18.4 的要求。

19 人体工程学

19.1 要求

目前还没有人体工程学的要求和测试方法;然而并没免除生产商在设计爬楼梯装置时为使用者和护理者认真考虑和实现良好的人体工程学特性。

19.2 部件质量

如爬楼梯装置有便于运输的可拆卸功能:

a) 任何重于 10 kg 的部件都需提供合适的手提装置(例如把手);或

b) 用户手册应标明组装时那些部件可安全提升和/或手提方法。

20 测试报告

测试报告应包括以下内容:

a) 按 GB/T 18029.23 要求执行测试的综述;

b) 测试机构的名称和地址;

c) 爬楼梯装置生产商的名称和地址;

d) 出具测试报告的日期;

e) 爬楼梯装置的型号及批号;

f) 爬楼梯装置的配置；

g) 测试轮椅的名称、型号和质量，如使用；

h) 测试用假人的尺寸；

i) 爬楼梯装置是否符合 GB/T 18029 所有要求的综述；

j) 按第 6 章～第 9 章和第 11 章～第 16 章的要求进行测量和测试的结果和详细情况；

k) 第 9 章、第 10 章、第 12 章～第 15 章、第 17 章和第 18 章中测试未通过的说明；

l) 按参考标准测试的测试报告及 i)、j)和 k)中没有给出的信息。

注：有些测试要求更多信息，例如表明在测试程序中发生故障的点。

21 商标和说明书

生产商的说明书和商标应符合 GB/T 18029.15 的要求。另外，应使用销售市场所属国家的官方语言，以下将给出规定：

a) 在每台爬楼梯装置上应一致和容易看到：

——爬楼梯装置在使用过程中护理者不得离开，除非有紧急情况；

——在使用前应进行适当的培训。

b) 使用手册：

——产品应符合 GB/T 18029.23 的要求，应在使用手册上或其他文件中标明；

——注明参考标准；

——没有按生产商要求使用会出现危险的警告。

c) 说明书

——注明操作者(护理者)在操作爬楼梯装置时应站在装置的正上方，不能在两侧，除非爬楼梯装置设计许可这样操作；

——最小直楼梯宽度(见 6.2)；

——最小 U 型楼梯平台面积(见 6.3)；

——螺旋型楼梯最小半径，如生产商标明爬楼梯装置可在螺旋型楼梯上使用(见 6.4)；

——爬楼梯装置一次充电可行驶的理论梯级数；

——1 min 最多可爬梯级数；

——注明除非爬楼梯处于紧急制动状态，否则护理者不能将爬楼梯装置置于楼梯上并离开，并注明如何使紧急制动下的爬楼梯装置处于安全位置(见 9.4)；

——如爬楼梯装置有便于运输的拆卸功能，按 19.1 的要求注明。

附　录　A
（资料性附录）
轮椅标样

轮椅标样的所有尺寸应满足 GB/T 18029.5[1)] 的要求；座位和轮子的尺寸应满足 ISO 7176-7[2)] 的要求。

轮椅标样的规格如下：

a） 四轮坚固耐用，可手推，后驱动；
b） 最大质量 15 kg±3 kg；
c） 重心应距离地面 450 mm±50 mm 并在后轮轴线前 150 mm±50 mm；
d） 应有一个可提供拴住爬楼梯装置的点的框架；
e） 最大宽度 540 mm±40 mm；
f） 最大长度 1 120 mm±60 mm；
g） 座椅的宽度 420 mm±40 mm，厚度 430±40 mm，角度 4°±2°；
h） 座椅表面前沿高度 550 mm±40 mm；
i） 靠背宽度 400 mm±40 mm，高度 420 mm±40 mm，角度 10°±2°；
j） 脚托板距离座椅尺寸 480 mm±40 mm；
k） 脚托板长度 180 mm±40 mm；
l） 脚托板与连接腿角度 90°±5°；
m） 连接腿与座椅表面角度 110°±5°；
n） 应有传统设计的扶手；
o） 手圈直径 530 mm±40 mm；
p） 驱动轮直径 600 mm±20 mm；
q） 水平面上轮轴 30 mm±20 mm；
r） 垂直面上轮轴 150 mm±20 mm；
s） 前轮直径 150 mm±80 mm。

1） GB/T 18029.5　轮椅车　第 5 部分：外形尺寸、质量和转向空间的测定（GB/T 18029.5—2008，ISO 7176-5：1986，IDT）。

2） ISO 7176-7　轮椅车　第 7 部分：座位和车轮尺寸的测量方法。

附 录 B
(资料性附录)
爬楼梯装置疲劳试验

B.1 总则

该附录给出一些爬楼梯装置疲劳试验目前的尝试测试程序,包括通过或失败的评判标准测试程序按 GB/T 18029.8 的要求。主要不同是双辊测试机被电动扶梯测试设备代替。

B.2 增加的测试设备

B.2.1 电动扶梯测试设备

电动扶梯测试仪器组成:

a) 至少 4 个梯级,沿与 30°坡度运动,并能承受爬楼梯装置的重力;
——楼梯宽度至少要比爬楼梯装置宽 100 mm;
——每一个梯级的进深和高度应为 146 mm±20 mm;
——梯级突边边缘半径应为 4 mm±2 mm;

b) 可用爬楼梯装置的操作系统对电动扶梯驱动操作;

c) 能调节电动扶梯测试设备的转速,以便爬楼梯装置在向上爬向下滚动的电动扶梯时不会向上或向下运动;

d) 能使爬楼梯装置在楼梯上保持直线运动;

e) 爬楼梯装置在电动楼梯测试过程中,按生产商说明将扶手固定在爬楼梯装置上;

f) 如爬楼梯装置需要在护理者(平衡式爬楼梯装置)控制下保持一个平衡位置,应提供两个可固定并有一定垂直自由伸缩量的把手作为平衡限制器;

g) 纵向限制力为 10 N～400 N,精度 5%;

h) 侧面限制爬楼梯装置移动距离为±50 mm,这个距离不会限制爬楼梯装置爬楼;

i) 能记录爬楼梯装置爬的楼梯总数。

B.2.2 跌落设备

跌落设备按 GB/T 18029.8 的要求,能升起和释放爬楼梯装置,跌落高度调节范围为 10 mm～100 mm。

B.3 要求

测试完毕,结论中应符合 13.2 中所有要求。

B.4 电动扶梯测试

B.4.1 爬楼梯装置的准备

在每个测试之前,应按 13.4 要求检查爬楼梯装置。

B.4.2 爬楼梯装置的摆位

B.4.2.1 摆位

将爬楼梯装置放在电动扶梯测试设备上并使其处于爬楼模式,调节所有攀爬装置以保持直线爬楼梯(见图 B.1 和图 B.2)

注:如需要,无结构功能的覆盖物可去除。

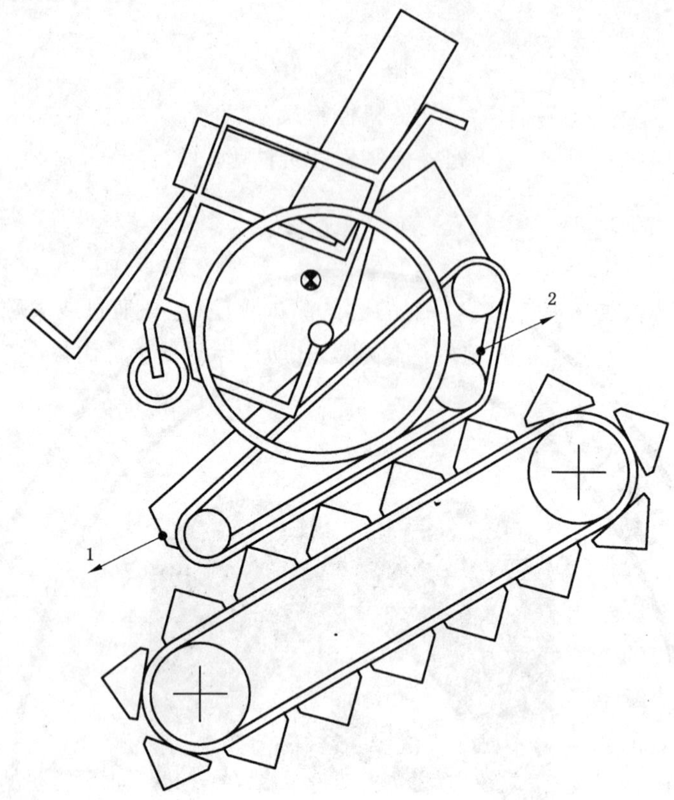

1——下端纵向限制器；
2——上端纵向限制器。

图 B.1 在电动扶梯测试设备上的自立式爬楼梯装置

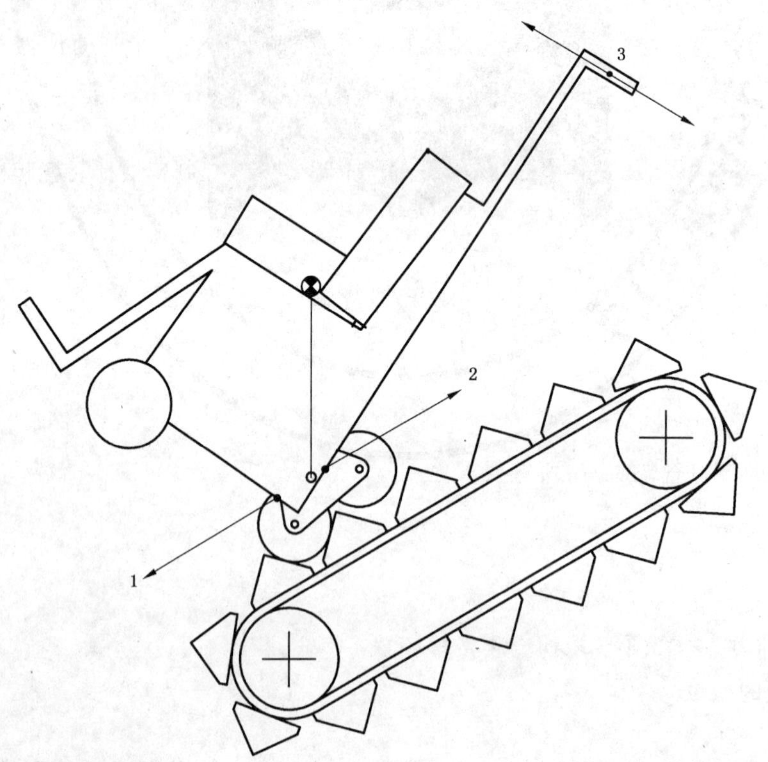

1——下端纵向限制器；
2——上端纵向限制器；
3——平衡限制器。

图 B.2 电动扶梯上的平衡式爬楼梯装置

B.4.2.2 自立式爬楼梯装置

爬楼梯装置通过与框架连接纵向限制爬楼梯装置，使其尽可能与楼梯坡度一致。

将爬楼梯装置倾斜度限制为楼梯坡度±10°，并确保其能在此楼梯坡度下自由运动 30 mm±5 mm。

应注意避免限制器使爬楼梯装置发生偏移和转动，且不限制攀爬装置垂直于电动扶梯坡度线的运动。爬楼梯装置可从中间位置横向运动±50 mm。

B.4.2.3 平衡式爬楼梯装置

多轮轮椅的爬楼梯装置，应放置成使爬楼梯装置和测试轮椅(如使用)的复合重心垂直于多轮轮椅的主车轴。

如主车轴位置不清，复合重心应垂直于多轮轮椅两轮中心连线的中点。

放置履带式爬楼梯装置使其复合重心垂直于在爬楼梯过程中静止期间承重的攀爬装置的轮轴(从提升齿离开梯级到达下一个梯级之前的准备阶段)。

按 B.4.2.2 固定纵向限制器。

通过把平衡限制器固定在把手上来限制爬楼梯装置。

限制器应安置在一个与垂直于多轮轮椅主轮轴连线成 10°的平面上。

爬楼梯装置不限制垂直于电动扶梯梯级突边和坡度线确定的平面方向的运动，爬楼梯装置可从中间位置横向运动±50 mm。

B.4.3 电动扶梯测试设备设置

注：该测试爬楼梯装置可能会用到一个辅助能源，或在测试过程中提供更换或替代电池。

B.4.3.1 电动扶梯测试装置的减速设置

设置减速装置使爬楼梯装置重力平衡[见 B.2.1e)]。纵向限制力不应大于爬楼梯装置除限制器外总重力的 5%，任何由传动齿轮引起的动力学上的微小速度变化可忽略。

将爬楼梯装置设置成最大爬楼速度。设置电动扶梯测试设备的减速器以平衡爬楼梯装置，并使爬楼梯装置在电动扶梯测试设备上尽可能相对稳定。

B.4.3.2 测试操作

根据生产商的说明进行测试。

检查测试用假人的位置，必要时进行纠正。

运行测试直到爬楼梯装置攀爬了 150 000 次梯级。

注：该测试的梯级数还在讨论中。

B.5 跌落测试

B.5.1 总则

该测试按 GB/T 18029.8 中 10.5 的要求，按爬楼梯装置生产商的说明，将爬楼梯装置放在符合要求的楼梯平台上，跌落测试使用的泡沫垫符合 GB/T 18029.8 的要求。

测试前，检查爬楼梯装置的调节部件，按第 5 章要求放置测试用假人必要时进行调整。确保测试用假人在测试中保持在原位。

稳定测试用假人的方法按 GB/T 18029.8 中 10.3 的要求。

B.5.2 设置自立式爬楼梯装置

将爬楼梯装置放在测试平面上。将爬楼梯装置攀爬装置的后端结构部分抬起，并保持前端攀爬装置仍停留在测试平面上，设定抬起高度以便整个爬楼梯装置加上轮椅及假人组合的垂直部分的复合重心升高 25 mm±3 mm。

自主爬楼梯装置跌落测试的推荐方法演示见图 B.3。

单位为毫米

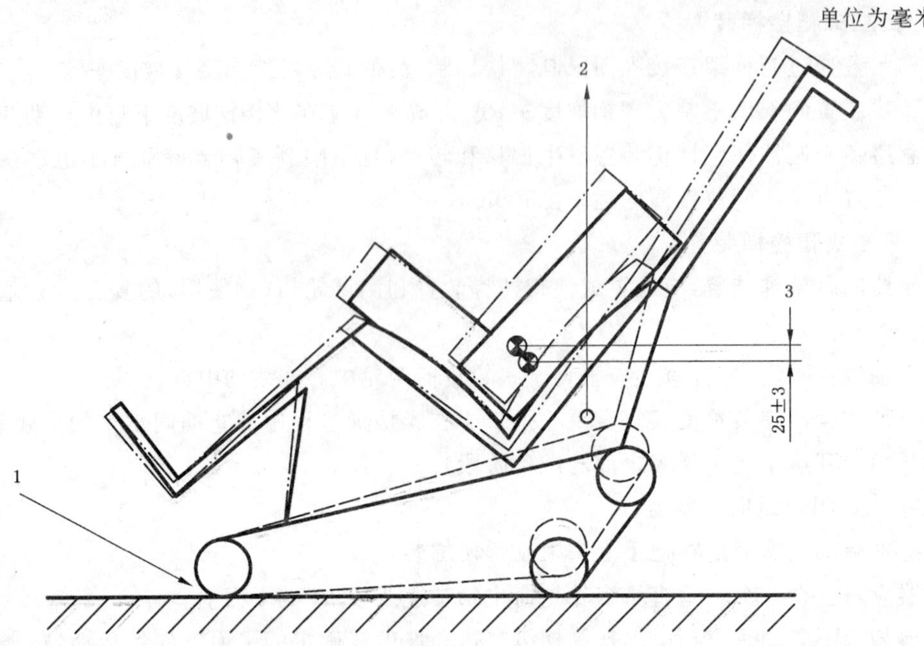

1——支点；

2——提升装置；

3——垂直提升量。

图 B.3 自立式爬楼梯装置跌落试验的摆位

B.5.3 平衡式爬楼梯装置设定

将爬楼梯装置置于测试平面上。放置爬楼梯装置以便其复合重心在上垂直(±5°)于攀爬装置的主轴。旋转车轮使单轮在下垂直±5°攀爬装置的主轴。将把手附着于固定的支撑装置上使在上升和跌落范围内支点自由但不改变位置。当把手仍然附着在固定支撑装置上，爬楼梯装置的后底端应被抬起。设定上升高度使爬楼梯装置和轮椅标样及假人的复合重心升高 25 mm±3 mm。

图 B.4 演示了自主爬楼梯装置的跌落测试的推荐方法。

单位为毫米

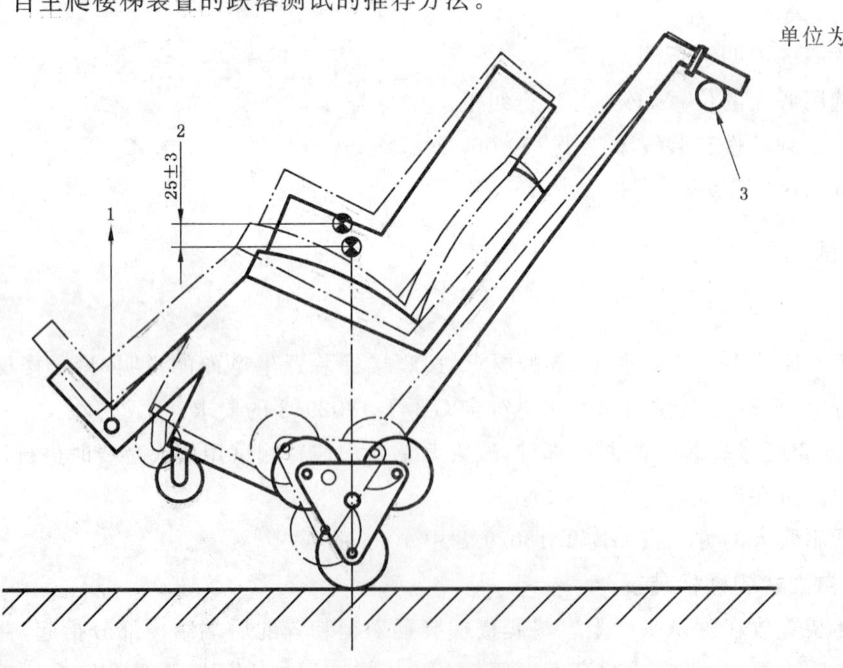

1——提升装置；

2——垂直提升部分；

3——枢轴。

图 B.4 平衡式爬楼梯装置的跌落试验摆位

B.5.4 测试程序

在测试过程中：

——确定(50±10)为一个循环并在每一次循环后转动轮子和履带，以保证并非总是一个轮子或履带的相同部分着地。

——当爬楼梯装置有两个、三个、四个或六个单独的轮子，每个循环(25±5)跌落测试后都要旋转车轮并且核实跌落高度。

——当攀爬装置有5个独立的轮子，每个循环(50±10)跌落测试后旋转他们并核实跌落高度。

——确保攀爬装置的所有部分都经过相同次数的测试。

——确保爬楼梯装置每一次跌落测试之前都是固定的。

运行机器完成1 000次的跌落。

注：该测试的梯级数还在讨论中。

B.6 记录信息

记录部件是否有破裂、磨损或需要紧固、调节及替换。

附 录 C
（资料性附录）
爬楼梯平衡装置的边缘停顿测试

C.1 总则

本附件提供的资料介绍了当前边缘停顿测试程序开发的状态，包括爬楼梯平衡装置测试通过或失败的标准。预计，今后的工作将建立一个规范的测试方法。

平衡式爬楼梯装置必须依靠护理者推动或拉动向下一个梯级会受到标准模拟接近向下梯级突边过程的影响。边缘停顿的效果测试针对梯级突边。

注：“边缘停顿”定义见3.10。

C.2 额外的测试仪器

C.2.1 楼梯顶平台应是长方形的区域并有一个垂直于测试水平面、高度为18 mm±5 mm的梯级。平台尺寸应满足边缘停顿测试需求。水平面摩擦系数应符合GB/T 18029.13的要求。楼梯平台应固定在测试水平面上。

注：标准测试楼梯（见4.1.1）和楼梯平台（见4.1.3）可能会使用。

C.2.2 支撑装置，不需要护理者就可保持平衡式爬楼梯装置在工作位置。允许爬楼梯装置在不失稳情况下以最低的额外摩擦力在水平面行进。支撑装置的总质量不能超过5 kg。支撑装置的例子见图C.1。

C.2.3 加速索具装置在水平的地面上以恒力拉动平衡式爬楼梯装置。加速索具装置的例子见图C.1。

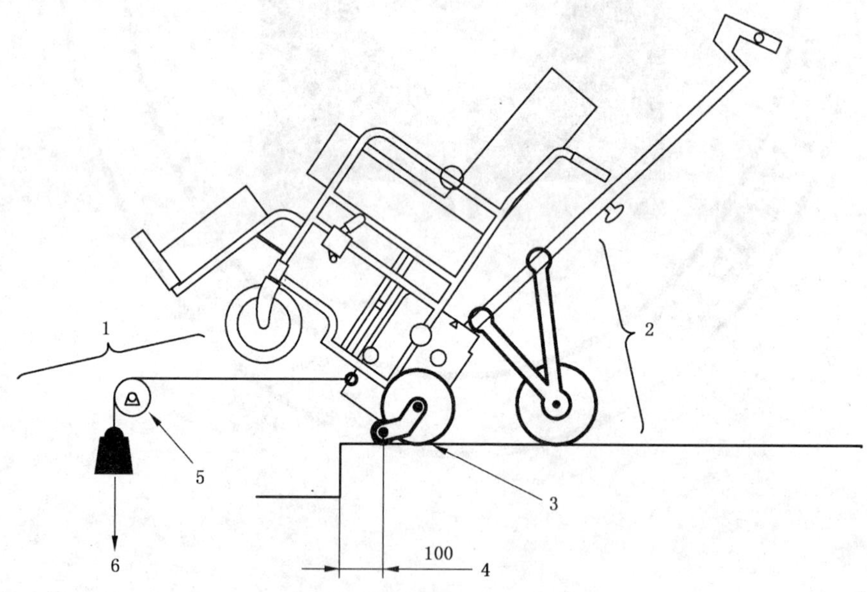

1——加速索具装置；
2——支撑装置；
3——轮子和梯级突边探测装置；
4——测试加速距离；
5——滑轮；
6——测试重量10 kg。

图C.1 边缘停顿测试布局

C.3 要求

当依照C.5测试程序检测时,单个的爬楼梯装置应安全地停在测试平面上。

C.4 爬楼梯装置的准备

每次测试前,应根据13.3.2对爬楼梯装置进行检查。

C.5 测试边缘停顿的有效性

将爬楼梯装置放在楼梯顶平台上(C.2.1),爬楼梯装置面向方向应与行进方向垂直,探测梯级突边的灵敏触点装置距离梯级突边至少100 mm±10 mm。

按生产商要求连接支撑设备以使爬楼梯装置保持竖直工作位置,并使爬楼梯装置复合重心距攀爬装置主轴后端100 mm±10 mm。

转动多轮轮椅的轮子以使其在攀爬装置主轴线前面满足测试需要。

确保多轮轮椅搬运器只有一对轮子承受力。

转动履带装置使其提升齿尽可能高于地面。

确保边缘停顿无外力协助或爬楼梯装置制动或其他部件的影响,爬楼梯装置在无限制的情况下向前运行。如需要,调节俯仰角并高于规定角度。在测试报告中记录此项调节。

爬楼梯装置移动的预防。

将加速索具(C.2.3)与爬楼梯装置框架连接并尽量接近地面。

另加速索具以(100±10)N的力牵引爬楼梯装置,沿±5°水平直线向前运动并在测试过程中不超过5%的角度变化。注意在测试过程中不要产生额外的冲击。

在初始位置释放爬楼梯装置以使其平缓加速。

C.6 记录信息

记录是否:

a) 边缘停顿工作正常,爬楼梯装置安全着陆在楼梯平台上;

b) 边缘停顿工作正常,但是由于缺少轮胎摩擦。爬楼梯装置滑出楼梯平台;

c) 边缘停顿未能停住爬楼梯装置;

d) 爬楼梯装置倾斜(任何方向)。

记录任何观察到的与测试有关的资料。

附　录　D
（资料性附录）
爬楼梯装置稳定性测试的配置和位置

D.1　爬楼梯装置的配置程序

移除任何松动的衬垫。

如在测试中有危险液体从电池中泄漏的风险，用相同质量和重心的物质替代。

如座位能绕着垂直轴线旋转一周以上，调节座位使其面向前方。

根据表 D.1 的要求，调节爬楼梯装置可调部件，使爬楼梯装置向前/下处于最差稳定配位状态。

表 D.1　典型的调节向前/下的最差稳定性

可调元件	最差稳定
后轮或攀爬装置的位置，前-后	向前
附在架子上的小脚轮，前-后	向后
座椅位置，前-后	向前
座椅位置，垂直	高位
座椅靠背位置，前-后	向前
座椅位置，倾翻	垂直
座椅位置，放置	垂直
腿托位置	上面

D.2　爬楼梯装置在楼梯上的位置

爬楼梯装置应处在最差稳定位置，最差稳定位置与最低的和车身接触的梯级有关。

履带式爬楼梯装置（与出现的其他类型的攀爬装置相比——从侧面看——有几乎直的基线，就像爬楼梯轨迹）最差稳定的位置是爬楼梯装置在下楼方向尽可能的悬垂于最低的和车身接触的梯级，在接触下一级梯级前，无妨碍、自由的向下倾斜 3°±0.5°，此时攀爬装置末端在最短的配位（见图 D.1）。

对于其他类型的爬楼梯装置（例如：在两个轮轴上有多车轮的爬楼梯装置），要进行一些必要的试验来确定最稳定的位置。

1——重心；

2——3°倾斜；

3——最低的和车身接触的梯级；

4——下楼倾斜的旋转轴；

5——接触下一梯级。

图 D.1 爬楼梯装置下楼静态稳定测试的位置

STANDARDS PRESS OF CHINA

ICS 77.120.99
H 68

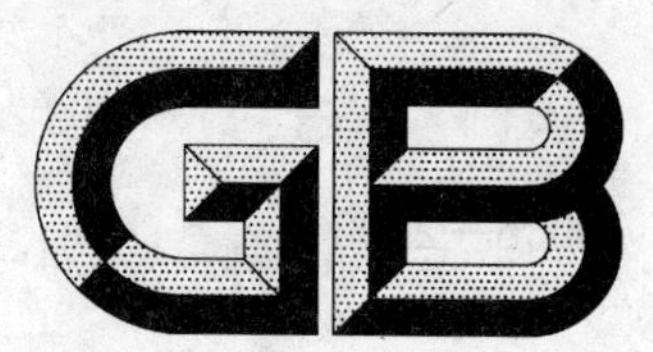

中华人民共和国国家标准

GB/T 18036—2008
代替 GB/T 18036—2000

铂铑热电偶细丝的热电动势测量方法

The test method of thermo-emf for platinum

2008-03-31 发布　　　　2008-09-01 实施

中华人民共和国国家质量监督检验检疫总局
中国国家标准化管理委员会　发布

前　言

本标准代替 GB/T 18036—2000《铂铑热电偶细丝的热电动势测量方法》。

本标准与 GB/T 18036—2000 相比，主要有如下变动：

——增加了尺寸为 ϕ0.06 mm、ϕ0.05 mm 的 Pt 丝、PtRh6 丝、PtRh10 丝、PtRh13 丝、PtRh30 丝的通电退火电流的大小及退火时间；

——用熔丝法测量时，偶丝尺寸规定为 ϕ0.5 mm、ϕ0.05 mm～ϕ0.1 mm；

——增加了熔丝法测量系统示意图及比较法测量系统示意图；

——根据 JJG 1059—1999 标准规范对铂铑热电偶细丝的热电动势测量方法进行评定与表示。

本标准的附录 A 是规范性附录，附录 B 是资料性附录。

本标准由全国有色金属工业协会提出。

本标准由全国有色金属标准化技术委员会归口。

本标准由贵研铂业股份有限公司负责起草。

本标准主要起草人：黄韶华、吴霏、吴庆伟、付刚。

本标准所代替标准的历次版本发布情况为：

——GB/T 18036—2000。

铂铑热电偶细丝的热电动势测量方法

1 范围

本标准规定了用熔丝法和比较法测量铂铑热电偶丝热电动势的方法。

本标准适用于测量直径为 0.05 mm～0.1 mm 范围内的铂铑热电偶细丝。其他贵金属和贱金属热电偶细丝的热电动势测量也可参照进行。

本标准用熔丝法测量时,可测量直径为 0.5 mm 的铂铑热电偶丝的热电动势值。其他尺寸的贵金属热电偶丝热电动势测量也可参照进行。

2 规范性引用文件

下列文件中的条款通过本标准的引用而成为本标准的条款。凡是注日期的引用文件,其随后所有的修改单(不包括勘误的内容)或修订版均不适用于本标准,然而,鼓励根据本标准达成协议的各方研究是否可使用这些文件的最新版本。凡是不注日期的引用文件,其最新版本适用于本标准。

GB/T 8170 数值修约规则

JC/T 509 热电偶用陶瓷保护管

JJF 1059 测量不确定度评定与表示

3 方法原理

3.1 熔丝法

根据纯金属熔化时温度不变和热电偶的中间金属法则,用少量的纯金丝或钯丝缠绕在被测热电偶的测量端上,升温到丝熔化出现平台,测量被测热电偶的热电动势值,取平台读数的平均值作为测量结果。

3.2 比较法

将标准热电偶和被测热电偶捆扎在一起,在金点(1 064.18℃)或钯点(1 554.8℃)温度附近进行比较,测量其热电动势值,计算出结果。

4 测量仪器、设备及材料

4.1 仪器及设备

4.1.1 低电势直流电位计:准确度不低于 0.01 级及其相应的配套装置,或相当于同级准确度的其他电测设备。

4.1.2 高温炉:高温炉及温度自动调控系统,炉体长度约 500 mm 左右,最高使用温度需达 1 600℃;炉的最高温区偏离中心位置不应超过 20 mm,其均温区长度应不小于 10 mm,温差应在±1℃之内。

4.1.3 偶丝通电退火装置:装置应备有稳压电源、准确度不低于 0.5 级的交流电表、电流调控器等。

4.1.4 热电偶测量端焊接装置(比较法用):焊接时对热电偶无污染。

4.1.5 PtRh30-PtRh6 标准热电偶(比较法用):其偶用熔丝法在金点(1 064.18℃)和钯点(1 554.8℃)温度进行分度,分度值误差应小于 0.5℃。

4.2 材料

4.2.1 熔丝:金、钯熔丝,纯度不小于 99.99%,直径为 0.3 mm,清洗干净,退火处理为软态。

4.2.2 支撑线:铂丝,纯度不小于 99.95%,直径为 0.4 mm～0.5 mm,清洗干净。

4.2.3 捆扎丝:铂丝,直径 0.15 mm、0.25 mm。

STANDARDS PRESS OF CHINA

4.2.4 热电偶屏蔽保护管:高纯氧化铝管,绕有屏蔽导线。

4.2.5 热电偶绝缘管:符合 JC/T 509 标准的刚玉管,需进行充分清洗。

4.3 试剂

4.3.1 盐酸(3+7)。

4.3.2 氢氧化钠溶液(50 g/L～80 g/L)。

5 试样

5.1 取样

在每根被测偶丝的两端各截取 1 000 mm～1 200 mm 作为测试样品。

5.2 试样处理

5.2.1 试样清洗:将试样先用氢氧化钠溶液煮沸 5 min～1 0 min,用清水冲洗干净,再用盐酸溶液在常温下浸渍 1 h 或煮沸 10 min～15 min,然后再用蒸馏水煮沸充分清洗。

5.2.2 试样退火:将清洗干净的试样悬挂在通电退火装置中进行通电退火,偶丝在通电退火时应防止空气对流,偶丝各种直径的退火时间及通电电流如表 1 所示。

表 1

偶丝直径/mm	退火电流及退火时间/(A/min)				
	Pt	PtRh10	PtRh13	PtRh6	PtRh30
0.5	10.5/180	11.5/120	11.5/120	11.0/120	12.0/90
0.10	1.40/90	1.50/60	1.50/60	1.45/90	1.60/60
0.08	1.05/50	1.15/30	1.15/30	1.10/40	1.20/30
0.07	0.90/40	1.00/30	1.00/30	0.95/40	1.05/30
0.06	0.75/30	0.85/20	0.85/20	0.80/30	0.90/20
0.05	0.60/20	0.70/10	0.70/10	0.65/20	0.80/10

5.2.3 套绝缘管:将退过火的试样和支撑线套上刚玉管,并配对构成热电偶试样(以下简称热电偶)。

5.2.4 熔丝法试样制备:用直径 0.25 mm 铂丝将热电偶和支撑线捆扎在一起,并使热电偶的测量端靠近支撑线的热端,如果热电偶的直径为 0.5 mm,制样时可不用支撑线。将金或钯熔丝缠绕在测量端上(4 圈～6 圈);套入屏蔽保护管,将热电偶的参考端与测量导线进行可靠连接,并插入冰点恒温器内,插入深度约 100 mm～120 mm;测量导线的另一端与电位计联接。

5.2.5 比较法试样制备:用直径 0.25 mm 的铂丝将标准热电偶、被测热电偶和支撑线三者捆扎在一起;用直径 0.15 mm 的铂丝将热电偶的测量端捆扎在支撑线上,被测热电偶的电极丝整齐地排列在支撑线的周围,并用热电偶焊接装置把捆扎丝、被测热电偶和支撑线三者焊接在一起构成测量端,焊点应圆而光滑(焊点直径约为 0.8 mm～1.2 mm);用直径 0.15 mm 的清洁铂丝将标准热电偶和被测热电偶的测量端捆扎在一起;将参考端与测量导线进行可靠连接后,插入冰点恒温器内,插入深度约 100 mm～120 mm;测量导线的另一端与电位计联接。

6 测量步骤

6.1 测量准备

接通高温炉的电源加热升温,待炉温升到低于测量点温度 50℃时,将制备好的热电偶测量端平缓地置于炉内最高温区。

6.2 熔丝法测量热电动势

测试系统示意图见图 1。

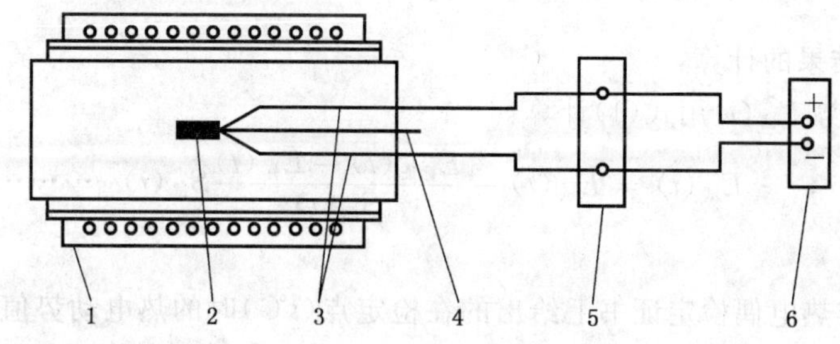

1——高温炉；　　4——支撑线；

2——熔丝；　　5——冰点恒温器；

3——被检热电偶；　6——测量仪器。

图 1　熔丝法测量系统示意图

6.2.1　接通电位计测量系统，测量第一次缠绕在试样测量端上的金或钯丝熔化时的热电动势值。待炉温升至金或钯丝熔化温度前 5℃～10℃时，升温速度应控制在 2℃/min 左右，当温度升到熔丝熔化前 2℃～3℃时，每隔 15 s 测一次，直到熔丝充分熔完为止。在熔丝整个熔化过程中至少测得 5～9 个数据，并记录其读数值。

6.2.2　测完第一次绕丝熔化时的热电动势后，降低炉温，取出试样，剪去一段测量端，重新缠绕上熔丝构成新的测量端，重复上述方法测量其热电动势值并记录。

6.3　比较法测量热电动势

测试系统示意图见图 2。

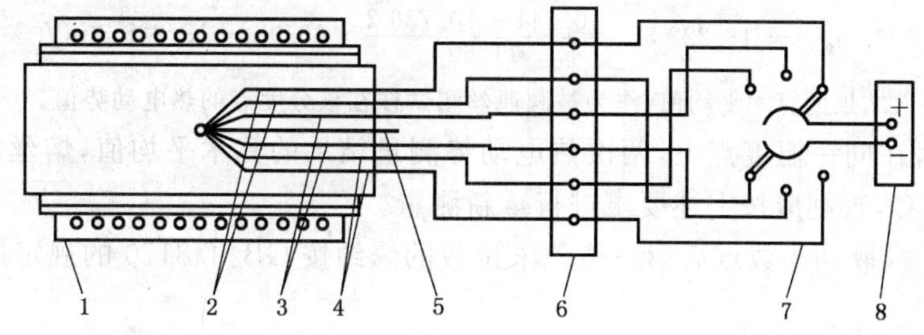

1——高温炉；　　5——支撑线；

2——标准热电偶；　6——冰点恒温器；

3——被检 1；　　7——转换开关；

4——被检 2；　　8——测量仪器。

图 2　比较法测量系统示意图

6.3.1　试样的热电动势在金点(1 064.18℃)、钯点(1 554.8℃)温度附近测定，测量时炉温偏离测量点温度不得超过±10℃，试样在炉内的停留时间不得超过 30 min。

6.3.2　接通电位计测量系统，用电位计分别测量标准热电偶和被测热电偶(以下简称标、被 1、被 2 等)的热电动势值并记录，测量时炉内温度的变化，每分钟不得超过±0.1℃，连续测 3～5 组数据。测量顺序为标→被 1→被 2→被 3→被 4→被 4→被 3→被 2→被 1→标。

6.3.3　测完第一批数据处理后，取出试样，重新焊接测量端，重复上述测量方法，测取第二批数据并记录。

7　测量结果表述

7.1　熔丝法测量热电动势读数值

分别在每次熔丝充分熔化时所测得的数据中，取其相邻变差为 0 μV～1 μV～2 μV(视被测偶丝构成的热电偶微分热电动势的大小而定)的 4～5 个数据的算术平均值，作为每次的测量结果。

取其两次熔丝测量结果的算术平均值，作为被测偶丝构成的热电偶在该分度点的热电动势值的测量结果。

7.2 双级比较法测量结果的计算

被测试样的热电动势 $E_{试}(t)$ 用式(1)计算：

$$E_{试}(t)=\bar{E}_{试}(t)+\frac{E_{标证}(t)-\bar{E}_{标}(t)}{S_{标}(t)}S_{试}(t) \quad \cdots\cdots(1)$$

式中：

$E_{标证}(t)$——标准热电偶检定证书上给出的在检定点(t℃)时的热电动势值，单位为毫伏(mV)；

$\bar{E}_{标}(t)$、$\bar{E}_{试}(t)$——分别为标准和被测试样在金或钯点温度(t℃)附近测得的热电动势的算术平均值，单位为毫伏(mV)；

$S_{标}(t)$、$S_{试}(t)$——分别为标准和被测试样在金或钯点温度(t℃)时的微分热电动势值，单位为微伏每摄氏度(μV/℃)。

注：金点和钯点热电偶的热电动势值及热电势率见附录 A。

示例：如用标准 PtRh30-PtRh6 热电偶，测定由 R 型偶丝构成的 PtRh13-Pt 被测试样，在钯点(1 554.8℃)附近测得标准热电偶和被测试样热电动势的平均分别为：

$$\bar{E}_{标}(t_{pd})=10.736\,2\ \mathrm{mV}\quad \bar{E}_{试}(t_{pd})=18.222\,5\ \mathrm{mV}$$

由标准热电偶证书上查得：

$$E_{标证}(t_{pd})=10.741\ \mathrm{mV}$$

从附录中查得 $S_{标}(t_{pd})$、$S_{试}(t_{pd})$ 分别为：

$$S_{标}(t_{pd})=11.65\ \mu\mathrm{V/℃}\quad S_{试}(t_{pd})=13.98\ \mu\mathrm{V/℃}$$

代入公式计算得：

$$E_{试}(t_{pd})=18.222\,5+\frac{10.741-10.736\,2}{11.65}\times 13.98=18.228\,3\ \mathrm{mV}$$

取其同一温度点两次结果的算术平均值，作为被测偶丝测试样在该分度点的热电动势值。

7.3 同一被测试样，在同一温度点上，两次热电动势测量结果的算术平均值，熔丝法不得超过 0.2℃，比较法不得超过 0.3℃，否则应按上述要求进行重新测量。

7.4 数据的有效位数，取到小数点后第三位。末位数的修约按 GB/T 8170 的规定进行。

8 不确定度

不确定度的评定与表示参照 JJF 1059 或附录 B 的规定进行。

9 试验报告

偶丝测试报告应包括下列内容：

a) 样品名称；

b) 规格；

c) 炉号、牌号；

d) 偶丝型号；

e) 测试结果；

f) 测量日期、测量人员和审核人。

附 录 A
（规范性附录）
金点和钯点热电偶的热电动势值(E)及热电势率

A.1 金点和钯点热电偶的热电动势值(E)及热电势率(塞贝克系数 S)如表 A.1 所示。

表 A.1

温 度	铂铑 10-铂		铂铑 13-铂		铂铑 30-铂铑 6	
	E/μV	S/(μV/℃)	E/μV	S/(μV/℃)	E/μV	S/(μV/℃)
金点(1 064.18℃)	10 334	11.74	11 364	13.5	5 434	9.55
钯点(1 554.8℃)	16 239	11.95	18 219	13.98	10 735	11.65

STANDARDS PRESS OF CHINA

附 录 B
(资料性附录)
《铂铑热电偶细丝的热电动势测量方法》测量不确定度

B.1 测量方法

铂铑热电偶细丝的热电动势测量是根据纯金属熔化时温度不变和热电偶的中间金属法则,用少量的纯金丝或钯丝缠绕在被测细丝组成的热电偶测量端上,升温到丝熔化出现平台,测量出热电偶的热电动势值,取平台读数的平均值作为测量结果。

B.2 不确定度来源

B.2.1 被测热电偶测量重复性引起的标准不确定度 $u_1(e_{t1})$(标准不确定度A类评定);
B.2.2 由于固定点金属材料纯度的影响使得测量值变化引入的不确定度 $u_2(e_{t2})$;
B.2.3 铂铑热电偶细丝材料的不均匀性引入的不确定度 $u_3(e_{t3})$;
B.2.4 电势测量设备示值误差引起的不确定度 $u_4(e_{t4})$;
B.2.5 测量回路寄生电势引起的不确定度 $u_5(e_{t5})$;
B.2.6 热电偶参考端温度均匀性引起的不确定度 $u_6(e_{t6})$;

B.3 标准不确定度评定

B.3.1 A类标准不确定度评定

u_1:由于铂铑热电偶细丝的比表面积大,电极中的铑及易挥发,同一样品测量次数过多后,会导致被测热电偶的热电动势下降,所以对单一样品的重复10次或者重复20次测量,不能作为测量过程中的A类标准不确定度评定。为了给出A类标准不确定度评定,我们在同一段偶丝上分别取三个样品,每个样品测量两次,共有六个测量结果列于表B.1。

表 B.1

序号	1	2	3	4	5	6
|e(mV)|	16.188	16.187	16.188	16.186	16.187	16.185

则:$\bar{e}=\frac{1}{n}\sum_{i=1}^{n}e_i=16.186\ 8\text{mV}$

用贝塞尔公式计算实验标准差 S 为:

$$S=\sqrt{\frac{\sum_{i=1}^{n}(e_i-\bar{e})^2}{n-1}}$$

$$u_1=\frac{S}{\sqrt{6}}=0.48\ \mu\text{V}$$

B.3.2 B类标准不确定度评定

u_2:用纯度大于99.99%的纯金丝或纯钯丝作为熔丝,测量由细丝构成的热电偶,根据我们的经验值,其最大误差不超过3 μV,设其为均匀分布。

$$u_2=\frac{3.0}{\sqrt{3}}=1.73\ \mu\text{V}$$

u_3:因构成热电偶的细丝样品最长为1.2 mm,铂铑热电偶细丝材料的不均匀性引入的不确定度最大不会超过 1 μV，设其为均匀分布。

$$u_3 = \frac{1.0}{\sqrt{3}} = 0.58\ \mu\text{V}$$

u_4：电测设备所带来的误差，0.01 级电测设备的误差，以我们所测过最大值 18.2 mV 计算，电测系统的误差为 1.82 μV，其估算值为均匀分布，故标准不确定度 u_4 为：

$$u_4 = \frac{1.82}{\sqrt{3}} = 1.05\ \mu\text{V}$$

u_5：由经验可得：测量回路寄生电动势不超过±0.4 μV。在区间内可认为均匀分布，故标准不确定度 u_5 为：

$$u_5 = \frac{0.40}{\sqrt{3}} = 0.23\ \mu\text{V}$$

u_6：测量装置使用冰点瓶，冰水混合物中杂质的影响，测量导线与热电偶参考端联接时附加电势的影响，综合考虑最大为 0.05℃，对于 0℃附近附加热电势为 0.27 μV，按均匀分布得到此项的标准不确定度：

$$u_6 = \frac{0.27}{\sqrt{3}} = 0.16\ \mu\text{V}$$

B.4 合成标准不确定度

以上各分量相互独立，相关系数为 0，故：

$$\begin{aligned} u_c &= \sqrt{u_1^2 + u_2^2 + u_3^2 + u_4^2 + u_5^2 + u_6^2} \\ &= 2.18\ \mu\text{V} \end{aligned}$$

B.5 扩展不确定度

取 k 值=2，则

$$U = ku_c = 2u_c = 4.36\ \mu\text{V}$$

铂铑热电偶细丝的热电动势测量其扩展不确定度为：

4.36 μV

ICS 29.240.20
K 47

中华人民共和国国家标准

GB/T 18037—2008
代替 GB/T 18037—2000

带电作业工具基本技术要求与设计导则

Technical requirements and design guide for live working tools

STANDARDS PRESS OF CHINA

2008-09-24 发布　　　　2009-08-01 实施

中华人民共和国国家质量监督检验检疫总局
中国国家标准化管理委员会　发布

前 言

本标准代替 GB/T 18037—2000《带电作业工具基本技术要求与设计导则》。

本标准与 GB/T 18037—2000 相比主要差异如下：

——增加了防潮绝缘绳索和高强度绝缘绳索的指标要求；

——增加了有关 750 kV 交流线路的带电作业工具电气设计原则及要求；

——增加了制作绝缘防护用具材料的选材原则、设计原则和要求；

——对工具库房设计部分进行了修改。

本标准附录 A、附录 B 为规范性附录，附录 C 为资料性附录。

本标准由中国电力企业联合会提出。

本标准由全国带电作业标准化技术委员会归口并负责解释。

本标准主要起草单位：国网武汉高压研究院、锦州供电公司、葫芦岛供电公司。

本标准主要起草人：方年安、胡毅、薛岩、肖坤、王力农、徐莹。

本标准所代替标准的历次版本发布情况为：

——GB/T 18037—2000。

带电作业工具基本技术要求与设计导则

1 范围

本标准规定了交流 10 kV～750 kV、直流±500 kV 带电作业工具应具备的基本技术要求，提出了工具的设计、验算、保管、检验等方面的技术规范及指导原则。

2 规范性引用文件

下列文件中的条款通过本标准的引用而成为本标准的条款。凡是注日期的引用文件，其随后所有的修改单(不包括勘误的内容)或修订版均不适用于本标准，然而，鼓励根据本标准达成协议的各方研究是否可使用这些文件的最新版本。凡是不注日期的引用文件，其最新版本适用于本标准。

GB 311.1 高压输变电设备的绝缘配合(GB 311.1—1997,neq IEC 60071-1:1993)

GB/T 14286 带电作业工具设备术语 (GB/T 14286—2008,IEC 60743:2001,MOD)

DL 409 电业安全工作规程

DL/T 974 带电作业用工具库房

3 术语和定义

GB/T 14286 确定的以及下列术语和定义适用于本标准。

3.1 工具名称

3.1.1

硬质绝缘工具 insulating rigid tool

以硬质绝缘板、管、棒及各种异型材为主构件制成的工具，包括通用操作杆、承力杆、硬梯、托瓶架、作业平台、滑车、斗臂车、抱杆等。

3.1.2

软质绝缘工具 insulating flexible tool

以柔性绝缘材料为主构件制成的工具，包括各种绳索及其制成品和各种软管、软板、软棒的制成品。

3.1.3

防护用具 protecting tool

带电作业人员使用的安全防护用具的总称，包括绝缘遮蔽用具、绝缘防护用具和电场屏蔽用具。

3.1.4

绝缘防护用具 insulating protecting tool

用绝缘材料制成的供带电作业人员专用的安全防护用品，包括绝缘手套、绝缘袖套、绝缘鞋、绝缘毯等。

3.1.5

电场屏蔽用具 electric field shielding tool

用导电材料制成的屏蔽强电场的用品，包括屏蔽服装、防静电服装、导电鞋、导电手套等。

3.1.6

绝缘遮蔽用具 insulating cover

用于隔离操作者与带电体，并满足一定绝缘水平的遮蔽用具，包括各种软、硬质的遮蔽罩、挡板、绝缘覆盖物等。

3.1.7

绝缘杆　insulating pole

杆状结构的绝缘件，分为承力杆及操作杆两类。

承力杆是承受轴向导、地线水平张力或垂直荷重的工具，例如紧线拉杆、吊线杆等。

3.1.8

载人器具　worker-bearing tool

承受作业人员体重及随身携带工具重量的承载器具，例如软梯、硬梯、吊篮、斗臂车等。

3.1.9

牵引机具　towing tool

手动或机动产生机械牵引力、起吊力的施力机具，例如紧线丝杠、液压收紧器、卷扬机等。

3.1.10

固定器具(卡具)　holding tool

在承力系统中起锚固作用的非运动器具，例如翼型卡、夹线器、角钢固定器等。

3.1.11

载流器具　current-passing tool

导通交、直流电流的接触线夹及导线的组合体，例如接引线夹、直联线等。

3.1.12

消弧工具　arc suppression tool

具有一定载流量和灭弧能力的携带型开合器具，例如消弧绳、气吹消弧棒等。

3.1.13

雨天作业工具　raining working tool

能在一定淋雨条件下带电作业时使用的专用工具，例如雨天操作杆、防雨吊线杆、水冲洗杆等。

3.2　各类系数

3.2.1

安全系数(n)　safety coefficient

材料的极限应力与许用应力之比，即为安全系数。

3.2.2

分配系数(K_f)　distribution coefficient

两个或两个以上并列受力部件，理论上分配总荷载的系数。

3.2.3

不均衡系数(K_b)　unbalance coefficient

修正均匀分配荷载中可能出现不均衡受力的系数。

3.2.4

冲击系数(K_c)　shock coefficient

在静荷载基础上考虑因运动、操作而产生横向或纵向冲击作用力叠加效果的系数。

4　带电作业工具选材原则

4.1　绝缘材料电气性能指标要求

本导则推荐环氧树脂玻璃纤维增强型复合材料和蚕丝绳、锦纶(尼龙)绳等作为制作带电作业工具的主绝缘材料；推荐橡胶、硅橡胶、塑料及其制成品等作为带电作业工具的辅助绝缘材料，表1～表9列出了部分绝缘材料的主要电气性能指标。

4.1.1　绝缘板材

绝缘板材的主要电气性能指标见表1。

表 1　绝缘板材电气性能指标要求

项目		指标
表面电阻系数/Ω		常态≥1.0×10^{13}
		浸水≥1.0×10^{11}
体积电阻系数/(Ω·cm)		常态≥1.0×10^{13}
		浸水≥1.0×10^{11}
平行层向绝缘电阻/Ω		常态≥1.0×10^{10}
		浸水≥1.0×10^{8}
50 Hz 介质损失角正切		<0.01
垂直层向击穿强度[a]/(kV/mm)	厚度 0.5 mm～1 mm	≥22
	厚度 1 mm～2 mm	≥20
	厚度 2.1 mm～3 mm	≥18
	厚度>3 mm	≥17
平行层击穿强度[a]/kV		≥30

a　置于 90 ℃±2 ℃的变压器油中。

4.1.2　绝缘管材

绝缘管材的主要电气性能指标见表 2。

表 2　绝缘管材电气性能指标要求

项目		指标
体积电阻系数/(Ω·cm)		常态≥1.0×10^{12}
		浸水≥1.0×10^{10}
平行层向绝缘电阻/Ω		常态≥1.0×10^{10}
		浸水≥1.0×10^{7}
50 Hz 介质损失角正切		<0.01
垂直层向 5min 耐受电压[a]/kV/mm	壁厚 1.5 mm	>7[b] >12[c]
	壁厚 2.0 mm	>10[b] >14[c]
	壁厚 2.5 mm	>13[b] >16[c]
	壁厚 3.0 mm	>15[b] >18[c]

a　置于 90 ℃±2 ℃的变压器油中；

b　绝缘管材内径为 6 mm～25 mm；

c　绝缘管材内径不小于 26 mm。

4.1.3　泡沫填充绝缘管

泡沫填充绝缘管的主要电气性能指标见表 3。

STANDARDS PRESS OF CHINA

表 3 泡沫填充绝缘管电气性能指标要求

项目	指标
干燥状态泄漏电流[a]/μA	<10
168 h 受潮后泄漏电流[b]/μA	<21
1 h 淋雨试验[c]	无滑闪、击穿、烧伤及明显温升

a 100 kV，管径 32 mm，管长 300 mm；

b 100 kV，管径 32 mm，管长 300 mm；

c 100 kV，管长 1 m，雨量 1 mm/min～1.5 mm/min，水电阻率 100 Ω·m。

4.1.4 绝缘棒材

绝缘棒材的主要电气性能指标见表 4。

表 4 绝缘棒材电气性能指标要求

项目	指标
平行层向绝缘电阻/Ω	常态≥1.0×10^{10}
	浸水≥1.0×10^{7}
平行层击穿强度[a]/kV	>15

a 置于 90 ℃±2 ℃的变压器油中。

4.1.5 绝缘绳索

绝缘绳索的主要电气性能指标见表 5。

表 5 绝缘绳索电气性能指标要求

项目	指标
常规型绝缘绳索高湿度下泄漏电流[a]/μA	≤300
防潮型绝缘绳索持续高湿度下工频泄漏电流[b]/μA	≤100
防潮型绝缘绳索浸水后工频泄漏电流[c]/μA	≤500
防潮型绝缘绳索淋雨工频闪络电压[d]/kV	≥60
防潮型绝缘绳索 50%断裂负荷拉伸后，高湿度下工频泄漏电流[b]/μA	≤100
防潮型绝缘绳索经漂洗后，高湿度下工频泄漏电流[b]/μA	≤100
防潮型绝缘绳索经磨损后，高湿度下工频泄漏电流[b]/μA	≤100
工频干闪电压[e]/kV	≥170

a 相对湿度 90%，温度 20 ℃，24 h，施加工频电压 100 kV，试品长度 0.5 m；

b 相对湿度 90%，温度 20 ℃，168 h，施加工频电压 100 kV，试品长度 0.5 m；

c 水电阻率 100 Ω·m，浸泡 15 min，抖落表面附着水珠，施加工频电压 100 kV，试品长度 0.5 m；

d 雨量 1 mm/min～1.5 mm/min，水电阻率 100 Ω·m；

e 试品长度 0.5 m。

4.1.6 绝缘橡胶

绝缘橡胶的主要电气性能指标见表6。

表6 绝缘橡胶电气性能指标要求

交流耐受电压/kV	厚度1.4 mm±0.3 mm	>10
	厚度2.2 mm±0.3 mm	>20
	厚度2.8 mm±0.3 mm	>30
直流耐受电压/kV	厚度1.4 mm±0.3 mm	>40
	厚度2.2 mm±0.3 mm	>40
	厚度2.8 mm±0.3 mm	>70

4.1.7 热塑性塑料

热塑性塑料的主要电气性能指标见表7。

表7 热塑性塑料电气性能指标要求

表面电阻系数/Ω	$\geqslant 1.0\times10^{12}$
体积电阻系数/(Ω·cm)	$\geqslant 1.0\times10^{11}$
50 Hz介质损失角正切	<0.01
击穿强度/(kV/mm)	>15

4.1.8 高分子聚合物塑料薄膜

高分子聚合物塑料薄膜的主要电气性能指标见表8。

表8 高分子聚合物塑料薄膜电气性能指标要求

体积电阻系数/(Ω·cm)	$\geqslant 1.0\times10^{15}$

4.1.9 绝缘漆

绝缘漆的主要电气性能指标见表9。

表9 绝缘漆电气性能指标要求

表面电阻系数/Ω	$\geqslant 1.0\times10^{12}$
体积电阻系数/(Ω·cm)	常态$\geqslant 1.0\times10^{14}$
	浸水$\geqslant 1.0\times10^{13}$

4.2 绝缘材料理化指标要求

4.2.1 密度

带电作业常用的环氧树脂玻璃纤维增强复合型绝缘材料的密度，是间接反映同类型材料机电性能的综合性指标。制作带电作业工具的这类材料的密度，一般不得低于表10的要求。

表10 绝缘材料密度要求

承力、载人器具的主绝缘部件/(g/cm^3)	板材	≥1.8
	管材	≥1.6
	棒材	≥1.7

4.2.2 吸水性

绝缘材料的吸水性要求见表11。

表11 绝缘材料吸水性要求

绝缘板、棒材	≤0.1%
绝缘管材	≤0.2%
雨天作业工具的外表材料	≤0.02%

4.2.3 马丁耐热性

绝缘材料的马丁耐热性要求见表12。

表12 绝缘材料马丁耐热性要求

承力、载人器具的绝缘材料/℃	≥200
非承力工具的主绝缘材料/℃	≥100

4.2.4 绝缘绳索的初始延伸率

软梯、滑车组、保护绳用绝缘绳索的初始延伸率要求见表13。

表13 绝缘绳索初始延伸率要求

天然纤维绳索	≤20%～44%
合成纤维绳索	≤40%～58%
高机械强度绝缘绳索	≤20%

满足上述初始延伸率的绳索，应施加2.5倍以上使用荷载拉出初伸长，卸载后的残留延伸率不得超过下列数值：

表14 绝缘绳索残留延伸率要求

软梯、滑车组用绝缘绳索	≤10%
保护绳、传递绳	≤15%
拉、吊绳	≤20%

4.3 绝缘材料机械性能指标要求

4.3.1 制作承力及载人工具的绝缘板材

制作承力及载人工具的绝缘板材的机械性能指标要求见表15。

表15 绝缘板材机械性能指标要求

抗张强度/(N/cm^2)	纵向≥35 000
	横向≥2 500
抗弯强度/(N/cm^2)	纵向≥40 000
	横向≥3 000
抗冲击强度/($N \cdot cm/cm^2$)	纵向≥1 500
	横向≥1 000

4.3.2 制作承力及载人工具的绝缘管材

制作承力及载人工具的绝缘管材的机械性能指标要求见表16。

表 16　绝缘管材机械性能指标要求

抗张强度/(N/cm^2)	≥18 000
抗弯强度/(N/cm^2)	≥1 500
抗压强度/(N/cm^2)	≥7 000

4.3.3　制作承力及载人工具的绝缘棒材

制作承力及载人工具的绝缘棒材的机械性能指标要求见表 17。

表 17　绝缘棒材机械性能指标要求

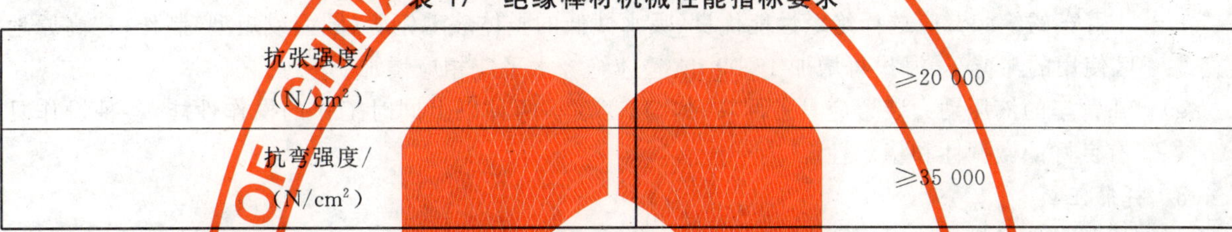

抗张强度/(N/cm^2)	≥20 000
抗弯强度/(N/cm^2)	≥35 000

4.3.4　绝缘绳索的抗张强度

绝缘绳索的抗张强度要求见表 18。

表 18　各类绝缘绳索抗张强度要求

天然纤维绳索/(N/cm^2)	≥8 300
合成纤维绳索/(N/cm^2)	≥11 000
高机械强度绝缘绳索/(N/cm^2)	≥22 100

STANDARDS PRESS OF CHINA

4.3.5　制作绝缘防护用具的高分子聚合物塑料薄膜

高分子聚合物塑料薄膜的机械性能指标要求见表 19。

表 19　高分子聚合物塑料薄膜机械性能指标要求

抗张强度/(N/cm^2)	≥1 000

4.4　选材原则

4.4.1　承力工具

a)　用于承力工具的层压绝缘材料，其纵向和横向都应具有较高的抗张强度，但横向强度可略低于纵向，两者之比可控制在 1.5∶1 以内；

b)　用于承力工具的绝缘材料，应具有较好的纵向机械加工和接续性能，在连接方式确定后，材料应具有相应的抗剪、抗挤压及抗冲击强度；

c)　绝缘承力部件只能选用纵向有纤维骨架（玻璃纤维或其他高强度不导电纤维）的层压及模压、卷制及引拔工艺生产的环氧树脂复合材料。严禁使用无纤维骨架的纯合成树脂材料（例如塑料硬板）制作承力部件；

d)　用于承力工具的金属材料，除高强度铝合金外，不允许使用其他脆性金属材料（例如一般铸铁）。

4.4.2 载人器具

a) 承受垂直荷重的部件(例如挂梯、软梯、蜈蚣梯)应选用有较高抗张强度(抗压强度)的绝缘材料制作,承受水平荷重的横置梁型部件(例如水平硬梯、转臂梯)则应选用具有较高抗弯强度的绝缘材料制作;
b) 硬质载人工具,推荐采用环氧树脂玻璃布层压板、矩形管及其他模压异形材制作,严禁使用无纤维骨架的绝缘材料制作载人工具;
c) 软质载人工具及其配套索具,推荐采用具有一定阻燃性、防水性的桑蚕丝绳索、锦纶绳索及锦纶帆布制作;
d) 载人工具的承力金属部件也应按4.4.1d)的要求选材;
e) 斗臂车的动力底盘应有良好的稳定性、越野性,在海拔1 000 m以上地区使用的斗臂车还应具备在高原行驶和作业中不会熄火的性能;
f) 斗臂车的绝缘臂应选择绝缘性能优良、吸水性低的整体玻璃钢管(圆型或矩型)制作;在高原地区使用的斗臂车,海拔每增加1 000 m,整体绝缘水平应相应增加10%;
g) 斗臂车的液压动力装置应具备回转、伸缩、变幅等两种以上同时工作的操作性能,各种操作具有良好的微调性和稳定性。

4.4.3 托瓶工具

制作托瓶工具材料的选用原则,可参照4.4.2 a)的有关要求。

4.4.4 牵引机具

a) 金属机具的承力部件(例如丝杠的螺旋体和螺线;液压工具的活塞杆)应选用抗张强度高、有一定冲击韧性及耐磨性的优质结构钢制作,其他非承力部件(例如外壳、手柄),可选用较轻便的铝合金制作;
b) 绝缘机具应按其发力方式(例如杠杆装置、扁带收紧装置、滑车组),选用有相应机械强度的绝缘材料制作主要发力部件(例如滑车的承力板及带环板应用3240绝缘板制作)。

4.4.5 固定器具(卡具)

a) 凡具有双翼力臂的卡具,除个别荷载较小的允许使用绝缘材料制作外,一般都应选用高强度铝合金或结构钢制作;
b) 由塔上电工和等电位电工安装使用的卡具,应优先选用轻合金材料(例如高强铝合金)制作;
c) 无强力臂作用或塔下电工安装使用的各类固定器,可选用一般金属材料制作,但不允许使用铸铁等脆性材料(可锻铸铁除外)。

4.4.6 绝缘操作杆(含绝缘夹钳)

a) 较长的操作杆可选用不等径塔型连接方式的环氧树脂玻璃布空心管及泡沫填充管制作,短的操作杆则可用等径圆管制作;
b) 绝缘操作杆的接头及堵头应尽可能使用绝缘材料(例如环氧树脂玻璃布棒)制作。一般也允许使用金属制作活动接头,其选材应注重耐磨性及防锈蚀性;
c) 10 kV及以下电压等级的手持操作杆应考虑全部使用绝缘材料制作(销钉等较小部件除外)。

4.4.7 通用小工具

一般小工具应根据工具的功能选用金属或绝缘材料制作。有冲击性操作的小工具(例如开口销拔出器)应选用优质结构钢制作。1 kV及以下电压等级通用小工具应尽可能使用绝缘材料制作,或者采用金属骨架外包覆绝缘护套的方法制作。

4.4.8 载流工具

a) 接触线夹应按其接触导线的材质分别选用铸造铝合金或铸造铜基合金制作,接触线夹的螺栓部件可选用防蚀性较好的结构钢制作;
b) 载流导体通常选用编织型软铜线或多股挠性裸铜线制作。10 kV及以下电压等级的载流引线应使用有绝缘外皮的多股软铜线制作。

4.4.9 消弧工具

a) 消弧绳一般选用具有阻燃性、防潮性的桑蚕丝绳索或锦纶绳索制作，其引流段应选用编织软铜线制作，导电滑车应全部选用导电性能良好的金属材料制作；

b) 自产气消弧棒的产气管体一般选用有机玻璃管或其他产气管（例如刚纸管）制作。依靠外施压缩空气消弧者，应采用耐内压强度高的绝缘管材制作绝缘储气缸。

4.4.10 索具

作主绝缘的索具应选用桑蚕丝绳索或锦纶复丝绳索制作；专用绝缘滑车套推荐选用编织定型圆绳制作；地面使用的围栏绳可采用塑料绳或其他绳索。

4.4.11 水冲洗工具及雨天作业工具

可使用玻璃纤维引拔棒-硅橡胶复合型绝缘管制作工具主体，主体工具上的防雨罩可选用硅橡胶等材料制作。

4.4.12 绝缘遮蔽用具

a) 硬质绝缘隔板推荐采用环氧树脂玻璃布层压板及玻璃纤维模压定型板制作；

b) 软质绝缘隔板、罩及覆盖物，推荐采用绝缘性能良好、非脆性、耐老化的橡胶制作。低压（220 V 及以下）隔离套可用一般绝缘橡胶制作。

4.4.13 电场屏蔽用具

a) 屏蔽服装及防静电服装应选用不锈钢纤维（或其他导电纤维、导电细金属丝）与阻燃性良好的天然纤维或合成纤维的衣料制作；

b) 屏蔽服装的上衣、裤子、帽子、手套、袜子及导电鞋垫，均应选用屏蔽效率高、电阻小、有足够载流量的屏蔽衣料制作。导电鞋的鞋底应采用导电橡胶制作；

c) 屏蔽服装各部的导电连接线应采用有足够机械强度、足够载流量及防锈蚀性好的多股软铜线制作。

4.4.14 绝缘防护用具

a) 绝缘服、绝缘披肩、绝缘毯外表层应选用憎水性好、防潮性能好、沿面闪络电压高并具有足够机械强度的材料；内衬材料应选用高绝缘性能（特别是层向击穿电压高）、憎水性好、柔软并具有一定机械强度的塑料薄膜材料；

b) 绝缘袖套、绝缘手套、绝缘靴、橡胶绝缘毯（垫）一般应选用绝缘性能良好、耐老化、具有足够机械强度的橡胶类材料制成。

5 机械设计原则及要求

5.1 带电作业气象条件组合

组合气象条件是带电作业工具机械设计的主要依据，合理选择气象条件组合，可提高工具的通用性，降低工具的重量。

带电作业工具一般按下列三类组合气象区进行机械设计，特殊地区可按具体情况另行组合。全国通用的带电作业工具，则应按三个气象区中最苛刻的气象条件作设计。

表 20 各气象区气象条件

气象区域	Ⅰ	Ⅱ	Ⅲ
最低气温/℃	−25	−15	−5
最大风速/(m/s)	10	10	10

使用在覆冰地区的带电作业工具,机械设计中还应适当考虑一定厚度的覆冰后的综合风压。

5.2 工具额定设计荷重

工具的机械强度按额定设计荷重设计、验算。额定荷重按工具预期适用范围确定,并尽可能形成系列。不能形成系列的额定设计荷重按 5.2.1～5.2.4 推荐的方法确定。

5.2.1 紧线工具的额定设计荷重(P_s)

本标准推荐按导线机械特性曲线确定常规紧线工具额定荷重的计算方法(一般情况下,可不再考核过牵引引起的附加荷重)。

a) 代表档距(L_D)。按工具的预期通用范围(以导线总张力为基础)选择有代表性的典型线路或线段,根据其线路档距明细表选取满足 95%通用范围(除个别孤立档外)并最接近临界档距的代表档距 L_D,作为确定带电作业中最大导线应力(σ_d)的依据。

b) 导线应力及其修正。若导线特性曲线中"安装条件"下的气象条件与带电作业组合气象条件相差无几时,可直接使用安装曲线按 L_D确定最大导线张力 σ_d(N/mm^2),若两种条件相差较大,则将两种气象条件的参数代入导线状态方程修正应力,如式(1):

$$\sigma_d \frac{L_D{}^2 g_d}{24\beta\sigma_d^2} = \sigma \frac{L_D^2 g}{24\beta\sigma^2} - \frac{\alpha}{\beta}(t_d - t) \qquad \cdots\cdots(1)$$

式中:σ_d、g_d、t_d和 σ、g、t 分别为"带电作业"和"安装条件"两种组合气象条件下的应力、导线比载、气温;α 和 β 为导线温度线膨胀系数和弹性伸长系数。

c) 悬挂点应力修正:导线弛度点的应力一般较导线悬挂点低 6%～8%,可乘以 1.1 系数予以修正。

d) 工具额定设计荷重 P_s按式(2)计算并取为整数:

$$P_s = 1.1nS\sigma_d \quad (N) \qquad \cdots\cdots(2)$$

式中:

S——一条导线的全截面积(钢芯铝绞线则为铝部与钢芯两部分截面之和,即综合截面积);

n——作用于工具上的导线根数。

e) 孤立档或大跨越档紧线工具特殊荷重的确定原则:一般孤立档的张力不会超过紧线工具的额定设计荷重(但应经过验算),该工具可在孤立档上通用。特殊大跨越耐张段的工具,应根据大跨越段的实际张力确定设计荷重,设计专用的紧线工具。

5.2.2 吊线工具的额定设计荷重(Q_s)

本导则推荐按线路最大垂直档距中的垂直及水平荷重确定吊线工具额定设计荷重的方法(即水平荷重不按水平档距确定)。

a) 垂直档距(L_C)按吊线工具预期通用范围选择典型线路或线段(大跨越除外)的最大垂直档距,作为确定导线最大垂直荷重及水平荷重的依据;

b) 垂直荷重按导线自重比载 g_1(或覆冰时的综合比载 g_1+g_2)依式(3)计算:

$$G = g_1 L_C \text{ 或 } G = (g_1 + g_2)L_C \quad (N) \qquad \cdots\cdots(3)$$

c) 风压荷重按 10 m/s 风速计算导线的风压比载 g_3(含覆冰层增加的风压比载)依式(4)计算:

$$T = g_3 L_C \quad (N) \qquad \cdots\cdots(4)$$

d) 工具额定设计荷重按式(5)计算取整数:

$$Q_s = \sqrt{G^2 + T^2} \quad (N) \qquad \cdots\cdots(5)$$

e) 大跨越档内使用的吊线工具,按实际荷重参照以上步骤确定额定设计荷重,设计专用吊线工具。

5.2.3 载人工具的额定设计荷重(Q_{rs})

a) 人体重量:按每人 G_1=700 N 标准体重计算;

b) 携带工具用品的重量:按每人 G_2=150 N 计算;

c) 载人工具的冲击系数 K_c 一般按表 21 取值；

表 21 载人工具冲击系数

垂直攀登	1.6～2.0
水平迁移	1.5
骑飞车	1.8
机动提升	2.5

d) 载人工具的荷重按 $Q_r=(70+15)n=85n$ 计算。其中，n 为工具允许载人的个数；

e) 载人工具的额定设计荷重按式(6)计算取整数：

$$Q_{rs} = K_c Q_r \quad (N) \tag{6}$$

f) 斗臂车的额定设计荷重在考虑以上人体和随身携带工具的荷重外，还应考虑作业斗的自重。斗臂车若兼作起重吊车(包括允许带电起吊导线工作)，应按照额定起吊重量和冲击系数的乘积作为额定设计荷重。

5.2.4 托瓶架的额定设计荷重(Q_{ts})

a) 绝缘子串自重按预期通用范围内的最高吨位绝缘子的自重 G_j 及最大串长片数 n，按式(7)计算取整数；

b) 冲击系数 K_c 按表 22 取值；

表 22 托瓶架荷重冲击系数

在托瓶架上单个更换绝缘子	1.1
在托瓶架上整串拖动绝缘子(滚动)	1.2
在托瓶架上整串拖动绝缘子(滑动)	1.6
随托瓶架整体起落绝缘子	1.8～2.0

c) 托瓶架的额定设计荷重按式(7)计算取整数：

$$Q_{ts} = K_c n G_j \quad (N) \tag{7}$$

5.2.5 其他工具的额定设计荷重

a) 与承力工具配套的牵引机具，按 5.2.1 及 5.2.2 确定的额定设计荷重加大 1.2 倍确定额定设计荷重，其他牵引机具可向有关工具的系列额定荷重标准靠拢确定；

b) 与承力工具配套的卡具、夹具，按 5.2.1 及 5.2.2 确定的额定设计荷重确定，其他卡具、夹具向有关工具的系列额定荷重标准靠拢确定；

c) 手持操作工具的额定冲击荷重根据经验按表 23 取值；

表 23 手持操作工具额定冲击荷重

拔开口销	1 000 N·cm
敲击性工作	500 N·cm

d) 手持操作工具额定扭转荷重根据经验按表 24 取值；

表 24 手持操作工具额定扭转荷重

拆装螺母	1 000 N·cm
拧绑线结	300 N·cm
取弹簧销(旋转型)	300 N·cm
扳动紧线丝杠	2 500 N·cm

e) 手持操作工具(夹钳)的额定握力为1 000 N。

5.3 各种材料的许用应力

5.3.1 塑性材料与脆性材料

按材料延伸率 δ 的数值划分,$\delta \leqslant 5\%$ 的为脆性材料,$\delta > 5\%$ 的为塑性材料。带电作业经常使用的玻璃纤维-环氧树脂复合材料一般作为脆性材料对待,绝缘绳索和塑料薄膜为塑性材料,LC_4C_5 铝合金的 $\delta = 5\%$,视为脆性材料。

5.3.2 各种安全系数 n 取值

a) 塑性材料取屈服极限 σ_s,(或条件屈服极限 $\sigma_{0.2}$)为极限应力计算许用应力,即 $[\sigma] = \sigma_s / n_s$($n_s$ 为塑性材料安全系数),可按表25取值;

表25 塑性材料安全系数

轧、锻件	1.5～2.2
铸钢件	1.8～2.5

当构件承受动荷重或冲击荷重时,n_s 取值还应再增加1.5～2倍;

b) 脆性材料取拉伸破坏强度 σ_b 为极限应力计算许用应力,即 $[\sigma] = \sigma_b / n_c$ 为脆性材料安全系数,一般取 $n_c = 2.0 \sim 3.5$;

当构件承受动荷重或冲击荷重时,n_c 取值还应再增大1.5倍～2.0倍;

c) 绝缘绳索因延伸率较大,一般安全系数取 $n = 4 \sim 5$,取绳索的额定拉断应力为极限应力计算许用应力。

5.3.3 分配系数取值

在 n 个并列件均匀分配总荷重时的取值为 $K_f = 1/n$;2个并列件不均匀分配总荷重时,K_f 按并列件的计算力臂比取值。

5.3.4 不均衡系数取值

一般取 $K_b = 1.1$,受力部件按总荷重作 n 次分配时,取 $K_b = 1.1^n$。

5.3.5 冲击效应一般可在确定材料安全系数时考虑(详见5.3.2)。个别情况下也可在确定构件荷重时考虑。冲击受力特别严重的部件必要时可作双重考虑。冲击系数一般取值为 $K_c = 1.2 \sim 1.8$。

5.3.6 金属材料的剪切、挤压、弯曲、扭转等许用应力一般应按照生产厂家或有关技术手册提供的具体数据计算确定。特殊情况可按拉伸许用应力与这些应力间的近似关系参照表26:

表26 许用应力近似关系

材料性质	弯曲 $[\sigma_W]$	剪切 $[\tau_q]$	挤压 $[\tau_{jy}]$	扭转 $[\tau_l]$
塑料材料	$1.0 \sim 1.2[\sigma]$	$0.6 \sim 0.8[\sigma]$	$1.5 \sim 2.5[\sigma]$	$0.5 \sim 0.6[\sigma]$
脆性材料	$1.0[\sigma]$	$0.6 \sim 0.8[\sigma]$	$0.9 \sim 1.5[\sigma]$	$0.8 \sim 1.0[\sigma]$

5.3.7 绝缘层压板、卷制管、引拔棒及其他异型材,如果制造厂已给出拉伸、挤压、弯曲、剪切强度指标,其相应的许用应力可按极限应力值除以安全系数的方法推算;制造厂没有给出这些指标时,不可草率参照5.3.6的有关近似关系推算,必须按绝缘材料的实际受力情况作强度试验,按试验数据确定这些材料的许用应力。

5.4 机械强度验算

本标准的附录A提供了部分带电作业常用工具构件的机械强度验算项目及公式(详见附录A)。特殊构件的机械强度验算项目(例如斗臂车的稳定性计算)可参照有关机械设计手册进行。

6 电气设计原则及要求

6.1 电气强度设计中的有关参数

6.1.1 气象参数

a) 标准气象条件:带电作业绝缘工具的绝缘强度及有关作业距离的电气试验,均在标准气象条件下进行,标准气象条件如表27所示;

表 27 标准气象条件

气温	20 ℃
气压	0.101 3 MPa
湿度	11 g/m^3

在非标准条件下使用的带电作业绝缘工具的绝缘强度，应按 GB 311.1 修正试验数据；

b) 雨天带电作业工具电气试验的淋雨条件如表 28 所示。

表 28 带电作业工具电气试验淋雨条件

雨水电阻率	20 ℃时，100 Ω·m±15 Ω·m
淋雨强度	垂直与水平分量平均值各为 1.0 mm/min～2.0 mm/min
淋雨角度	淋雨方向与水平面近似成 45°角

6.1.2 人体感知电流水平

人体感知电流水平如表 29 所示。

表 29 人体感知电流水平值

稳态交流电	1 mA
稳态直流电	5 mA

6.1.3 人体感知工频电场水平

人体感知工频电场水平 2.4 kV/cm。

6.2 带电作业工具的电气强度设计依据

注：6.2 中的数值适用于海拔 1 000 m 及以下地区，海拔 1 000 m 以上地区应作相应的海拔校正。

6.2.1 设计中起控制作用的内部过电压水平

设计中起控制作用的内部过电压水平如表 30 所示。

表 30 各电压等级内部过电压水平

电压等级/kV	内部电压水平
10 及以下	44 kV
35～66(非直接接地系统)	4 U_{xg}
110(非直接接地系统)	3.5 U_{xg}
110～220(直接接地系统)	3 U_{xg}
330	2.38 U_{xg}
500	2.18 U_{xg}
±500(DC)	1.7 U_g
750	1.8 U_{xg}
注：U_{xg} 为系统最高运行相电压；U_g 为最高运行极电压。	

6.2.2 空气间隙的安全值

a) 单间隙如表 31 所示；

表 31 各电压等级安全距离值

电压等级/ kV	相对地安全距离/ cm	相间安全距离/ cm
6～10	40	60
35	60	80
63(66)	70	90
110	100	140
220	180	250
330	260	350
500	340	500
±500(DC)	340	—
750	430	650

b) 组合间隙如表 32 所示；

表 32 各电压等级组合间隙值

电压等级/ kV	组合间隙/ cm
110	120
220	210
330	310
500	400
±500(DC)	380
750	440

c) 电位转移间隙如表 33 所示；

表 33 各电压等级人体面部对带电体最小距离

电压等级/ kV	人体面部对带电体最小距离/ cm
35～63(66)	20
110～220	30
330～500	40
±500(DC)	40
750	50

d) 保护间隙整定值如表 34 所示；

表 34 各电压等级保护间隙整定值

电压等级/ kV	间隙尺寸/ cm
220	70～80
330	100～110
500	160～250

e) 自恢复绝缘(空气间隙)放电危险率(R)的安全指标。

带电作业工具若涉及空气间隙的安全考核,一般以 $R=10^{-5}$ 为判据。间隙在过电压下经过海拔修正后的放电危险率 $R\leqslant10^{-5}$ 时被认为是安全的。

6.2.3 有效绝缘长度

a) 绝缘工具

绝缘工具的有效绝缘长度见表 35。

表 35 绝缘工具有效绝缘长度

电压等级/kV	操作杆/cm	支、拉、吊、紧线杆及绳索/cm
10	70	40
35	90	60
63(66)	100	70
110	130	100
220	210	180
330	310	280
500	400	370
±500(DC)	370	340
750	500	500

b) 良好绝缘子最少片数

各电压等级良好绝缘子最少片数见表 36。

表 36 良好绝缘子最少片数要求

电压等级/kV	绝缘子型号	良好个数要求/片
35	XP-70	2
63(66)	XP-70	3
110	XP-70	5
220	XP-70	9
330	XP-100、XP-160	16
500	XP-160、XP-210	23
±500(DC)	XZP1-160	22
750	XWP-210(170 mm)	26
注:其他型号绝缘子片数可根据良好绝缘子总长进行换算。		

6.3 绝缘工具的电气强度设计计算

6.3.1 绝缘工具的操作冲击耐受水平

330 kV 及以上交流系统绝缘工具的操作冲击耐压强度,按耐受 15 次操作冲击电压设计(220 kV 及以下绝缘工具不考核操作冲击强度)。操作冲击的峰值电压,按式(8)计算,计算结果向标准系列电压值靠拢取整。

$$U_{cz}=\frac{\sqrt{2}}{\sqrt{3}K_2}U_HK_1K_3\quad(\text{kV,幅值})\qquad\cdots\cdots(8)$$

式中：

U_H——系统额定电压；

K_1——过电压倍数，按 6.2.1 节规定取值；

K_2——海拔修正系数，例如 1 000 m 时取 $K_2=0.91$；

K_3——安全裕度系数，一般取 $K_3=1.1$。

6.3.2 绝缘工具的工频耐受水平

a) 220 kV 及以下绝缘工具的工频耐压强度按 1 min 工频耐受电压设计。1 min 工频耐受电压为 250 kV/m 平均电位梯度和有效绝缘长度的乘积。

b) 330 kV 及以上绝缘工具的工频耐压强度按 5 min 工频耐受电压设计。5 min 工频耐受电压按式(9)计算，向系列电压值靠拢取整。

$$U_{GP}=\frac{U_H}{\sqrt{3}K_2}K_3K_GK_X \quad \cdots\cdots(9)$$

式中：

K_G——工频动态过电压倍数，均取 $K_G=1.5$；

K_X——型式试验系数，取 $K_X=1.1$。

6.3.3 绝缘工具长度的设计

绝缘工具的总长度按式(10)设计：

$$L_Z=L_1+L_2+L_3+\Delta L \quad \cdots\cdots(10)$$

式中：

L_1——有效绝缘长度，按 6.2.3 规定取值；

L_2——握手长度，操作杆的握手长度一般取 60 cm 为基本长度，随电压等级上升按绝缘工具的总长度适当加长(参照附录 B)。绝缘紧线杆、绝缘吊线杆等承力工具，不考虑握手长度；

L_3——金属接头长度(包括端部金具长度)。纯绝缘接头不计接头长度，可作为有效绝缘对待；

ΔL——调整长度，在杆塔净空距离较大的地方，为方便工具安装、操作而增加的工具长度。虽然这部分长度并不作为有效绝缘长度，但仍需使用绝缘材料制作。

6.3.4 绝缘工具表面泄漏距离的设计

一般按 6.3.3 设计的绝缘工具，其表面泄漏距离都能满足正常气候条件(无雨、雾)的安全要求(泄漏电流远远小于 1 mA)。为了提高绝缘工具作业中遇到意外降雨时的湿闪电压，通常采用绝缘工具加装防雨罩，来增大绝缘杆泄漏距离，提高绝缘工具的湿闪电压。

a) 防雨绝缘承力工具及操作杆可在一般绝缘杆件(管或板)外表包裹硅橡胶外套并加装硅橡胶防雨罩，按 1.6 cm/kV 泄漏比距设计防雨罩个数；

b) 塑料绝缘件加装防雨罩(一般在“短水枪”水冲洗工具中采用)，即在用聚碳酸酯工程塑料制作的水枪上加装若干个聚乙烯防雨罩，可降低水冲洗组合绝缘的泄漏电流。

6.3.5 载流工具的设计

a) 以载流工具预期适用的最大截面导线的允许工作电流(工作温升不超过 85 ℃)为载流工具的额定流量，按额定载流量选择过引线截面积；

b) 接触线夹按被接最大导线的外径设计活动接触面，该接触面的宽度应大于该导线直径的 1.5 倍。线夹与过引线的固定接触面按照载流工具采用的导线截面设计，一般采用 1～3 枚螺栓(视导线载流量大小而定)压紧；

c) 载流工具的规格应形成系列，按适用导线截面积分段确定型号，前一规格与后一规格的适应范围应适当重叠。

6.3.6 绝缘遮蔽用具的绝缘设计

a) 以绝缘板、管作为主绝缘的绝缘遮蔽用具，其直接接触带电体的绝缘部件的层间绝缘水平应满

足 6.2.1 的要求。橡胶、塑料等材料的击穿强度随其厚度的增加而提高,但应注意击穿强度的提高小于材料厚度的变化比例;

b) 绝缘遮蔽用具的外表面,应标明允许作业人员接触的区域,该区域至带电体的沿面闪络电压也应满足 6.2.1 的要求;

c) 与带电体保待一定距离的绝缘隔离用具,该距离(空气间隙)的绝缘与绝缘板、管的层间绝缘组成了组合绝缘,其绝缘强度应满足 6.2.1 要求;

d) 使用塑料薄膜叠层作绝缘覆盖物,应尽量采用同一种材料制作,需要使用不同材质叠层(即串联组合)时,应注意这些材料的介电常数不要相差太大。

6.3.7 保护间隙的绝缘设计

a) 固定型保护间隙的对地绝缘水平应满足 6.2.1 要求,其保护间隙的尺寸可按 6.2.2d)整定试验;

b) 携带型保护间隙投入前后,操作人员握手点至保护间隙与带电体接触点间的绝缘水平,应满足 6.2.1 的要求;

c) 根据保护间隙放电试验数据,计算带电作业加装保护间隙前、后的危险率(R_0 与 R_1),R_1 应满足带电作业的安全水平要求[参照 6.2.2 e)的要求];保护间隙本身的放电危险率 R_2 的数值也不可太低,避免增加电力系统的跳闸率;

d) 在逐步积累经验的基础上,完善保护间隙动热稳定设计及指标。

6.3.8 绝缘梯的绝缘设计

绝缘梯的绝缘水平除满足一般绝缘工具的要求外,还应考虑作业人员在等电位过程中,人体短接并不断移动的尺寸和电位转移时的火花放电距离,即绝缘梯的最小长度 L_{min} 应满足式(11)的要求:

$$L_{min} \geqslant L_1 + L_r + S_f \qquad (11)$$

式中:

L_1——有效绝缘长度,参照 6.2.3 a)的数值;

L_r——人体在绝缘体短接的尺寸,在水平梯上 $L_r=60$ cm;在软梯等垂直状态绝缘梯上 $L_r=180$ cm;

S_f——电位转移距离,参照 6.2.2 c)的数值。

6.3.9 绝缘工具接头的电性能设计

a) 绝缘接头在电气上不直接降低绝缘工具的绝缘水平。空心绝缘管的绝缘接头应尽量采用封闭式接头,封闭式接头应能防止潮气及灰尘侵入;如采用开敞式接头,其接头结构应方便于管内的定期清扫及管内壁的干燥工作,必要时应设计配套的专用检测装置;

b) 金属接头的纵向尺寸应尽可能地短,接头的结构应尽可能防止发生尖端放电和电晕;接头的体积也应尽可能地小,减轻杂散电容造成的分布电压不均匀程度;

c) 绝缘板的螺栓式接头上的金属螺栓,其两端的棱角应尽可能光滑,螺栓在绝缘板两侧不要过于突出,处于带电体一端的螺栓部件,必要时可加装屏蔽环,防止绝缘端部电场过强而出现局部放电。

6.3.10 屏蔽工具的设计

a) 屏蔽服的屏蔽效率按 40 dB、屏蔽面罩屏蔽效率按 20 dB 设计制作;

b) 屏蔽服的载流量按 5 A 进行设计制作;

c) 屏蔽服加筋线在满足载流量要求的基础上,还应考虑足够的机械强度。

6.3.11 绝缘防护用具的绝缘设计

对于成品绝缘服,为了防止因连接而造成局部的绝缘性能下降,应采取必要的措施加强电气绝缘性能,可以采用特殊的压接工艺或采用复叠方式。

7 工艺结构设计要求

7.1 器具的工艺设计要求

7.1.1 搬运长度

根据作业人员携带工具在高杆农作物田地、树林等地区行走方便的需要,对工具正常分解后的纵向长度如表37的要求：

表37 可搬运工具长度要求

单人携带(包括乘公用交通车辆)	≤1.8 m
两人搬运(普通货车运输)	≤2.5 m

7.1.2 单元工具质量

为了减轻作业人员负重行走、登坡和高空作业的体能消耗，工具正常分解后的单元工具质量如表38的要求：

表38 单元工具质量要求

单人使用及安装	≤100 N
两人使用及安装	≤150 N
高空等电位人员使用及安装	≤50 N

7.1.3 高空作业状态下单人使用、组装的工具，其部件的连接结构应设计成易于装拆并在连接过程中不出现分离件(例如螺栓、螺母、开口销等)，地面使用或两人以上共同安装使用的工具可不受此限。

7.1.4 铝合金工具的结构尺寸变化宜圆弧过渡，避免尺寸直角过渡造成应力集中。

7.1.5 设计、使用绝缘子卡具应避免采用瓷件直接受压、受挤的工况。绝缘子钢帽受集中压力的区域，应验算钢帽的挤压应力，防止因钢帽局部变形损伤内部瓷件或浇铸物。

7.1.6 以导线或绝缘子连接金具的销杆为支持点的卡具，必须验算卡具工作中给该销杆增加剪切荷重是否超载(与销杆承受的起始荷重叠加后判断)。

7.1.7 直接卡在导线上的握着型夹具，必须验算夹具产生的挤压力是否会导致导线线股的永久变形，同时判断夹具是否会发生沿面滑动而刮伤导线。

7.1.8 各种杆塔上使用的工具，设计中应有意识地预留供传递绳索捆绑的孔或钩。

7.1.9 设计高强度铝合金Ω型翼形卡具，应提出锻造工件毛坯的技术要求，保证金属纤维不会因机械切割而发生断裂，其他铝合金翼形卡具，应根据卡具造型确定是否需要锻造毛坯。

7.2 通用性与轻便化原则

通用性体现“一具多用、一具广用”的原则，轻便化体现“单元工具或组合工具重量轻、安装使用方便”的原则，工具的通用性与轻便化应按以上原则综合考虑。

7.2.1 功能相近的工具(例如紧线拉杆与吊线杆；同一吨位的瓷质绝缘子卡具与玻璃绝缘子卡具；双串直线绝缘子的前、后卡具与耐张二联串绝缘子的前、后卡具等)，应尽量设计成通用型工具。

7.2.2 功能相同，纵向尺寸不同的工具(例如不同长度绝缘子串上使用的紧线拉杆)，应尽量设计成积木式组合工具，用调整组合件数的方法做到一具广用。

7.2.3 纵向尺寸长、横向尺寸宽的工具，应尽量采用折叠式结构，在不增加装拆工作量前提下方便工具组装、运输和保管。

7.2.4 绝缘结构件以减轻重量为目的的“漏空”设计应慎重采用。只有在不降低受力件截面机械强度，不过多增加受力件横切割面的条件下才能考虑使用这种减轻办法。

7.2.5 带电作业工具的金属部件，在满足机械强度的前提下，应尽量采用轻合金材料(例如超硬铝合金)制作。

7.2.6 各种通用工具的接口(例如操作杆前端工具座和接头)，应尽量采用耐磨性好、结合缝隙小、接拆快捷、互换性强的标准接口件(例如锁销型、花键型接头)。

7.2.7 在机械强度允许的情况下，应尽量采用适用范围广、便于携带的绳索—滑车组作为牵引装置。

7.3 工具的表面处理

7.3.1 黑色金属部件的表面处理按不同部位可采用表39的处理工艺：

表 39 金属部件的表面处理工艺

公差配合精的部件(例如丝杆有丝母)	发兰或发黑
经常触摸的部件(例如操作把、柄)	镀铬抛光
卡具及绝缘构件的配件等	热镀锌
经常接触地面的部件(例如地锚杆)	热镀锌

7.3.2 铝合金工具的表面处理,按不同部位可采用表 40 的处理工艺:

表 40 铝合金工具的表面处理工艺

耐磨工作面	硬质阳极化
一般卡具、器具	彩色阳极化
腐蚀环境用的器具	涂防腐漆

7.3.3 绝缘工具的表面处理

a) 绝缘板经机械切割的断面,应涂刷、浸渍 1 次～2 次绝缘漆,绝缘材料未受破损的原有光滑表面,不作浸漆处理;

b) 绝缘管、棒的车削加工面,不论内壁、外壁需作 1 次～2 次浸漆处理(视原表面状况而定);

c) 玻璃纤维引拔棒的表面一般应采用硅橡胶密封处理,也可采用浸渍绝缘漆处理工艺;

d) 工程塑料模压件的表面去除毛刺后,不需再作表面处理;

e) 操作杆上的安全警戒标志线,应采用绝缘性能好的红色绝缘漆喷刷(在绝缘杆表面处理后喷刷)。

7.4 工具系列化要求

7.4.1 型号的标志法

定型工具的型号用三位及三位以下汉语拼音字母和二位及二位以下数字表达工具名称和规范,组成型号的首部;

在"—"号后由不超过三位的数字和字母表达工具的特征,组成型号的尾部,其结构如下:

名称 规范 特征

名称举例 :操作杆—CZG;
　　　　　测试杆—CSG;
　　　　　绝缘滑车—JH;
　　　　　绝缘子自封门卡具—JZK;
　　　　　三角紧线器—SJQ。

型号举例:"CSG22-3.4Z" 表示 220 kV 测试杆,长度 3.4 m,锥型管;
　　　　　"JH5-1B" 表示 5 t 绝缘滑车,单滑轮,闭合金属钩;
　　　　　"SJQ25-70" 表示三角紧线器,适用于 25 mm^2～70 mm^2 导线。

7.4.2 通用性强的绝缘操作杆、测试杆、按电压等级、标称长度、管型形成系列(详见附录 B)。

7.4.3 通用性强的绝缘滑车,按额定荷重、滑轮个数、挂钩型式形成系列(详见附录 B)。

7.4.4 通用性强的绝缘子卡具,按额定荷重、封门方式形成系列;用于首、末端绝缘子的配套卡具,按额定荷重、适用金具型号、封门方式归入绝缘子卡具系列内(详见附录 B)。

7.4.5 通用性强的三角紧线器,按适用导线截面区域形成系列(详见附录 B)。

7.4.6 其他通用型工具可参照 7.5.1～7.5.5 原则形成系列。类别繁多、通用性差的工具暂不形成系列。

8 包装设计要求

绝缘工具、轻合金工具及具有活动部件的机具,在设计工具时应同时设计其包装物。

8.1 防潮包装

8.1.1 绝缘工具、铝合金工具及具有活动部件的机具在出厂时应用聚乙烯或其他吹塑薄膜的热合封口包装。

8.1.2 每件绝缘工具均应设计与工具外形相适应的、便于装取的帆布工具袋。工具袋应备有封口盖及供使用者背、扛、提、拿的背带或提梁。

8.1.3 两件及以上部件组成的细长工具，在7.1.2的质量范围内按整套组合工具设计工具袋，每件工具间应设隔离垫，工具袋展开后可兼作现场铺地的苫布使用。

8.1.4 绝缘绳索应具有背包型软包装袋，其容积应按7.1.2的质量要求设计。

8.1.5 绝缘绳索还应配备供现场使用的防潮、防污塑料硬桶，作业人员可将地面上多余的绳索盛入桶内。塑料桶应设提梁，用完后能叠套在一起运输、保管。

8.2 运输包装

8.2.1 绝缘工具长途运输（包括汽车、火车托运）应使用专用的木箱包装，按长度及有关运输规章所限定的质量设计木箱的容量。每件工具在箱内应加以固定，包装箱上应有明显的“防潮”、“轻放”标志。出厂运输的包装箱上还应标明工具名称、规范、数量、出厂日期、质量等。

8.2.2 铝合金工具、表面硬度较低的卡具、夹具及不宜磕碰的金属机具（例如丝杠）、运输时应有专用的木质或皮革工具箱，每箱容量以一套工具数量为限，零散部件在箱内应予固定。

8.2.3 一般金属器具，可使用草绳作运输包装，有条件时也可设计通用的木质包装箱。

8.2.4 通用小工具的包装物应设计成便于操作者在杆塔上使用的背带包，包内能定位摆放整套的小工具。工具袋使用后可兼作运输包装物。

9 工具库房的设计

设计成套带电作业工具时要配套设计工具库房，工具库房的设计应满足DL/T 974的规定。

10 工具试验

10.1 带电作业工具产品试验分为型式试验、出厂试验及抽查试验。

10.1.1 有下列情况之一的工具应进行型式试验：

a) 新产品定型；

b) 定型产品转厂生产；

c) 结构设计有重大变动的产品。

10.1.2 出厂试验应逐件进行，试验合格后出具产品合格证书。

10.1.3 用户购买产品发现有质量问题，有权要求生产厂家进行抽查试验，在用户的参与下由有关技术监督部门仲裁结论。

10.2 带电作业工具试验项目及方法按有关试验标准进行，试验结果应符合工具设计要求。

附 录 A
（规范性附录）
机 械 验 算

本标准仅提供常用工具构建机械验算项目及公式，其他项目的验算可参照有关机械设计手册进行。

A.1 螺栓联接承拉板件的强度验算

a) 单孔联接

项目	危险断面积 S	强度条件	示 意 图
拉伸	$S_L=(b-d)a$	$P_s/S_L\leqslant[\sigma]$	
挤压	$S_r=ad$	$P_s/S_r\leqslant[\sigma_{jr}]$	
剪切	$S_q=2at$	$P_s/S_q\leqslant[\tau_q]$	

b) 单排双孔及多孔联接（孔数＝n）

项目	危险断面积 S	强度条件	示 意 图
拉伸	$S_{11}=(b-d)a$	$\sigma_{11}=P_s/S_{11}\leqslant[\sigma]$	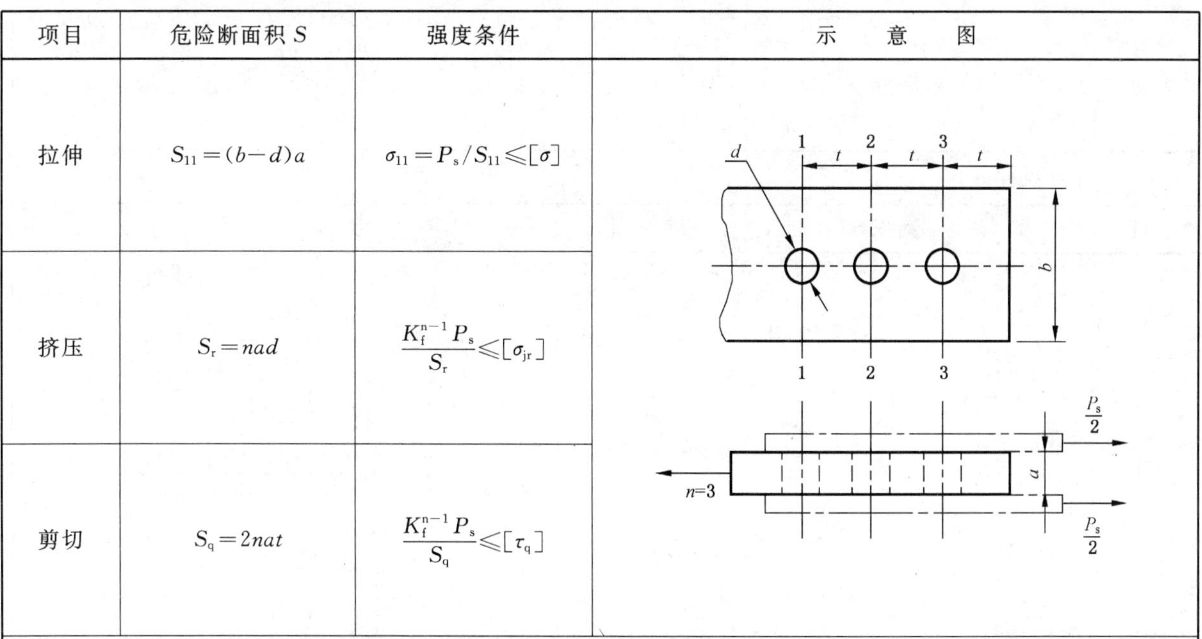
挤压	$S_r=nad$	$\frac{K_f^{n-1}P_s}{S_r}\leqslant[\sigma_{jr}]$	
剪切	$S_q=2nat$	$\frac{K_f^{n-1}P_s}{S_q}\leqslant[\tau_q]$	

注：单排多孔联接只能加大挤压和剪切面积，降低材料挤压、剪切应力。不能改善承拉板的拉伸强度。由于金属螺栓增加会降低电性能故应慎用。

c) 双排四孔联接

项目	危险断面积 S	强度条件	示　意　图
拉伸	$S_{11}=(b-d)a$	$\sigma_{11}=P_s/S_{11}\leqslant[\sigma]$	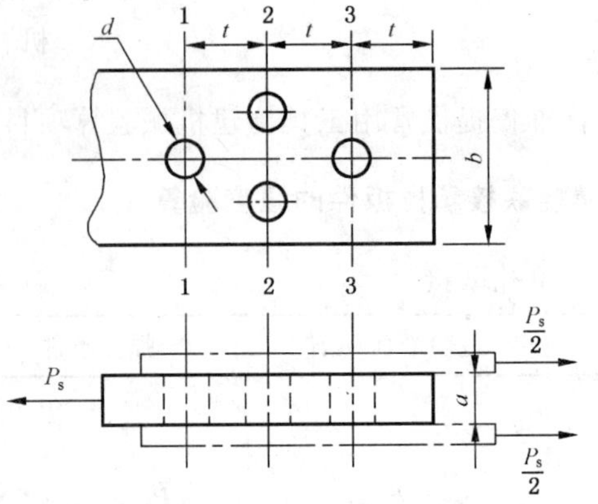
	$S_{22}=(b-2d)a$	$\sigma_{22}=3P_s/4S_{22}\leqslant[\sigma]$	
挤压	$S_r=4ac$	$\frac{K_f^3P_s}{S_r}\leqslant[\tau_{jr}]$	
剪切	$S_q=14at$	$\frac{K_f^3P_s}{S_q}\leqslant[\tau_q]$	
注：双排四孔联接对降低材料的剪切应力效果明显，但会降低电性能，故应慎用。			

A.2　螺栓联接承拉管材的强度验算

a) 圆管双孔联接

项目	危险断面积 S	强度条件	示　意　图
拉伸	$S_L=\frac{\pi}{4}(D_2-d_2)-d_1(D-d)$	$\sigma_{11}=\frac{P_s}{S_L}\leqslant[\sigma]$	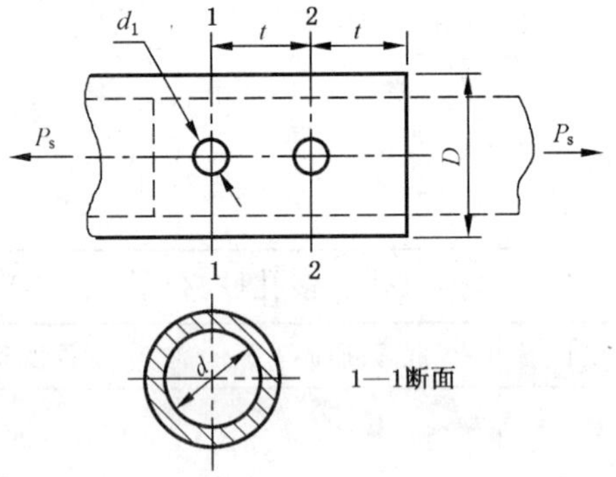
挤压	$S_r=(D-d)d_1$	$\frac{K_fP_s}{S_r}\leqslant[\sigma_{jr}]$	
剪切	$S_q=4(D-d)t$	$\frac{K_fP_s}{S_q}\leqslant[\sigma_q]$	

b) 扁管双孔联接

项目	危险断面积 S	强度条件	示　意　图
拉伸	$S_L=\frac{\pi}{4}(D^2-d^2)(b-d_1)(D-d)$	$\frac{P_s}{S_L}\leqslant[\sigma]$	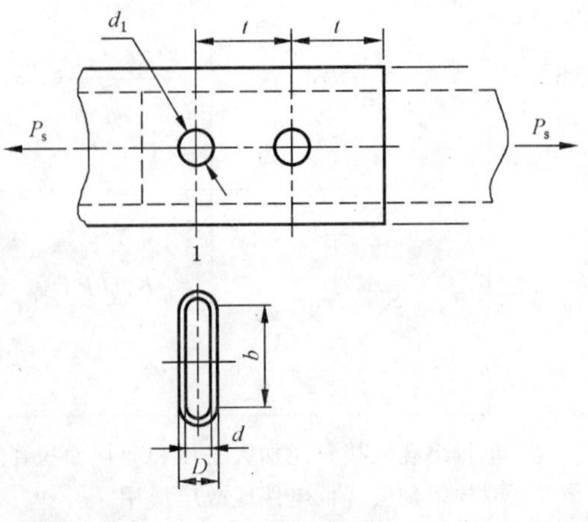
挤压	$S_r=(D-d)d_1$	$\frac{K_fP_s}{S_r}\leqslant[\sigma_{jr}]$	
剪切	$S_q=4(D-d)t$	$\frac{K_fP_s}{S_q}\leqslant[\sigma_q]$	

A.3 螺扣联接承拉棒材强度验算

项目	危险断面积 S	强度条件	示意图
拉伸	$S_L=\frac{\pi}{4}d^2$	$\frac{P_s}{S_L}\leqslant[\sigma]$	$n=\frac{H}{t}$ n——螺纹圈数； h——螺扣牙根宽($d\leqslant d_1$)。
牙部挤压	$S_r=\frac{\pi H}{4t}(d_2^2-d_1^2)$	$\frac{P_s}{S_r}\leqslant[\sigma_{jr}]$	
牙部剪切	$S_q=\pi d_1 H$	$\frac{P_s}{S_q}\leqslant[\tau_q]$	
牙部弯曲	$W=\frac{n\pi d_1 h^2}{6}$	$\frac{P_s(d_2-d_1)}{4W}\leqslant[\sigma_W]$	

注：螺扣联接承拉圆管件的强度验算，可参照本节及 A.2a)有关项目进行。

A.4 楔型联接承拉引拔棒的强度验算

项目	危险断面积 S	强度条件	示意图
拉伸	$S_L=\frac{\pi}{4}d^2$	$\frac{P_s}{S_L}\leqslant[\sigma]$	$d=\mathrm{tg}^{-1}\left(\frac{D-d}{2H}\right)$
挤压	$S_r=\frac{\pi H}{2\cos\alpha}(D+d)$	$\frac{P_s}{S_r}\leqslant[\sigma_{jr}]$	
剪切	$S_q=\pi dH$	$\frac{P_s}{S_q}\leqslant[\tau_q]$	

STANDARDS PRESS OF CHINA

A.5 弯曲杆件的强度验算

a）弯曲梁集中受力

<table>
<tr><th>项目</th><th colspan="3">公式</th><th>强度条件</th><th>示　意　图</th></tr>
<tr><td>弯矩</td><td colspan="3">$M_x=\frac{Q_s x(L-x)}{L}$　　$M_{max}=\frac{Q_s L}{4}$</td><td rowspan="6">$\frac{M_{max}}{W}\leqslant[\sigma_W]$</td><td rowspan="6"> 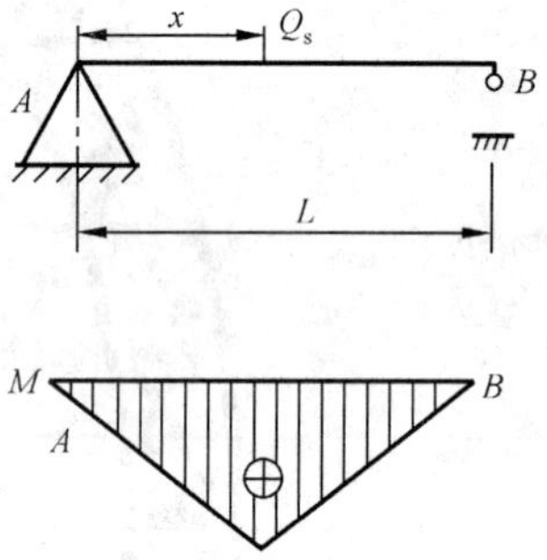E——材料弹性模量；
J_s——断面的惯性矩。</td></tr>
<tr><td rowspan="5">截面积及截面系数</td><td>断面</td><td>F</td><td>W</td></tr>
<tr><td></td><td>bh</td><td>$\frac{bh^2}{6}$</td></tr>
<tr><td rowspan="2"></td><td>$\frac{\pi}{4}d^2$</td><td>$\frac{\pi}{32}d^3$</td></tr>
<tr><td>$\frac{\pi}{4}(D^2-d^2)$</td><td>$\frac{\pi}{32D}(D^4-d^4)$</td></tr>
<tr><td></td><td>$BH-bh$</td><td>$\frac{BH^3-bh^3}{bH}$</td></tr>
<tr><td>剪力</td><td colspan="3">$Q=\frac{Q_s}{2}$</td><td>$\frac{Q}{F}\leqslant[\tau_q]$</td><td> 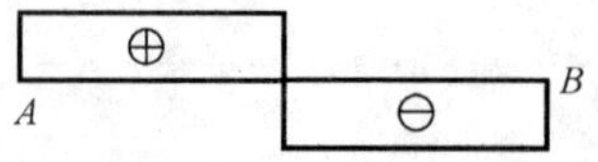</td></tr>
<tr><td>挠度</td><td colspan="3">$f_{max}=\frac{Q_s L^3}{48EJ_z}$</td><td>$f_{max}\leqslant[f]$</td><td> 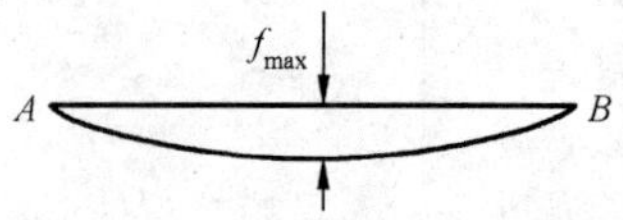</td></tr>
</table>

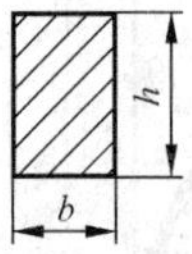

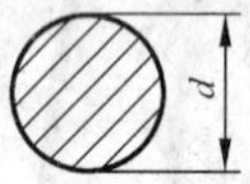

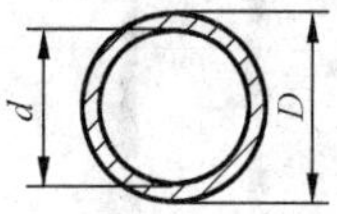

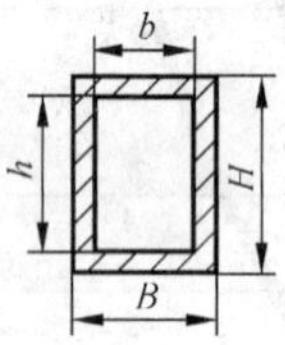

该方法适用于两端有支持物的水平梯及水平轨道等工具的验算。

b） 简支梁均压受力

项目	公　式	强度条件	示　　意　　图
弯矩	$M_x=\frac{qL}{2}x-\frac{q}{2}x^2$ $M_{max}=\frac{qL^2}{8}$	$\frac{M_{max}}{W}\leqslant[\sigma_W]$ $Q=\frac{qL}{2}$ $\frac{Q}{F}\leqslant[\tau_q]$	
截面积及截面系数	参照 A.5a）		
挠度	$f_{max}=\frac{5qL^4}{384EJ_z}$	$f_{max}\leqslant[f]$	
注：该方法适用于桥式托瓶架等工具。			

c） 悬臂梁集中受力

项目	公　式	强度条件	示　　意　　图
弯矩	$M_x=-Q_s x$ $M_{max}=-Q_s L$	$\frac{M_{max}}{W}\leqslant[\sigma_W]$ $\frac{Q_s}{F}\leqslant[\tau_q]$	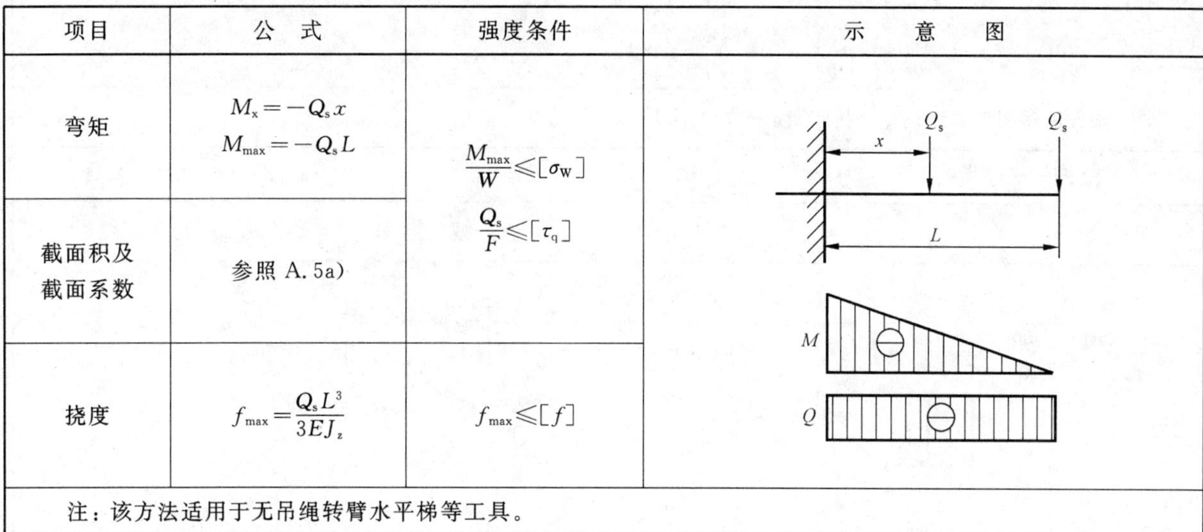
截面积及截面系数	参照 A.5a）		
挠度	$f_{max}=\frac{Q_s L^3}{3EJ_z}$	$f_{max}\leqslant[f]$	
注：该方法适用于无吊绳转臂水平梯等工具。			

d） 悬臂梁均匀受力

项目	公　式	强度条件	示　　意　　图
弯矩	$M_{max}=-\frac{qL^2}{2}$	$\frac{M_{max}}{W}\leqslant[\sigma_W]$ $-\frac{qL}{F}\leqslant[\tau_q]$	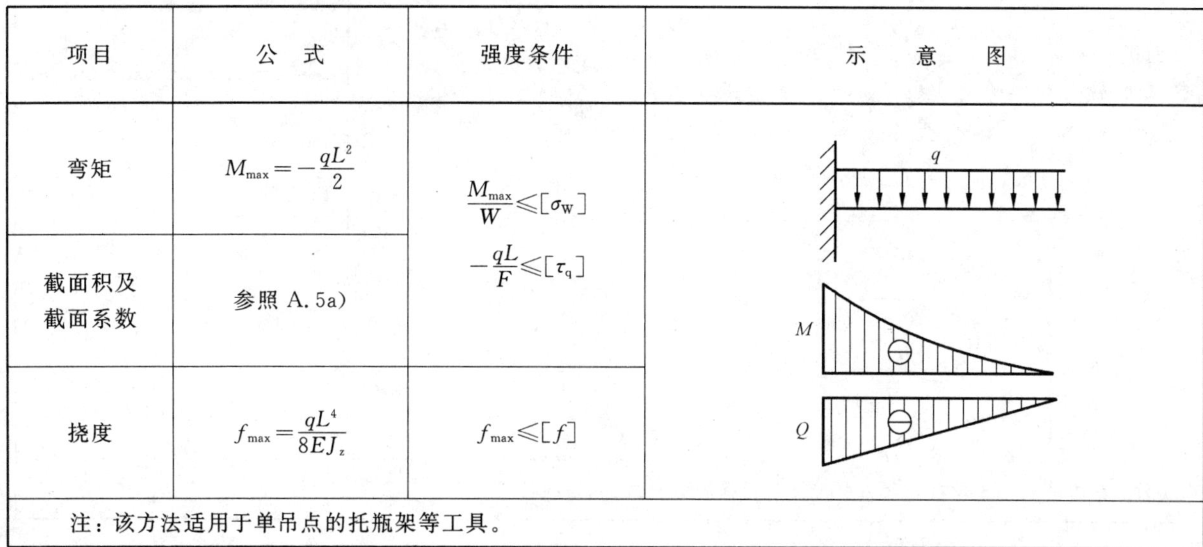
截面积及截面系数	参照 A.5a）		
挠度	$f_{max}=\frac{qL^4}{8EJ_z}$	$f_{max}\leqslant[f]$	
注：该方法适用于单吊点的托瓶架等工具。			

A.6 兼受两种负荷杆件的强度验算

a) 拉伸——弯曲组合受力

项目	公 式	强度条件	示 意 图
力矩	$M_{max}=\frac{qL^2}{8}$	$\frac{M_{max}}{W}+\frac{P_s}{F}\leqslant[\sigma]$ $\frac{qL}{F}\leqslant[\tau_q]$	q P_s P_s L
截面积及截面系数	参照 A.5a)		
挠度	参照 A.5b)	$f_{max}\leqslant[f]$	
注：该方法适用于紧线拉杆兼托瓶架形式的工具。			

b) 拉伸——扭转组合受力

项目	公 式			强度条件	示 意 图
截面积及抗扭截面模数	断面	F	W_n	$\frac{M_n}{W_n}<[\tau]$ $\frac{P_s}{F}<[\sigma]$	P_s M_n P_s
	h b	bh	—		
	d	$\frac{\pi}{4}d^2$	$\frac{\pi}{16}d^3$		
	d D	$\frac{\pi}{4}(D^2-d^2)$	$\frac{\pi}{16D}(D^4-d^4)$		
注：该方法适用于丝杠与丝杠联接无防扭措施的紧线杆、吊线杆等工具。					

A.7 双翼卡具强度验算

a) 绝缘子前(后)卡具(以前卡为例)

项目	公 式	强度条件	示 意 图
弯曲	$M_m=\frac{P_s L}{4}$ $M_n=\frac{P_s(L-D)}{4}$	$\frac{M_m}{W_m}<[\sigma_W]$ $\frac{M_n}{W_n}<[\sigma_W]$	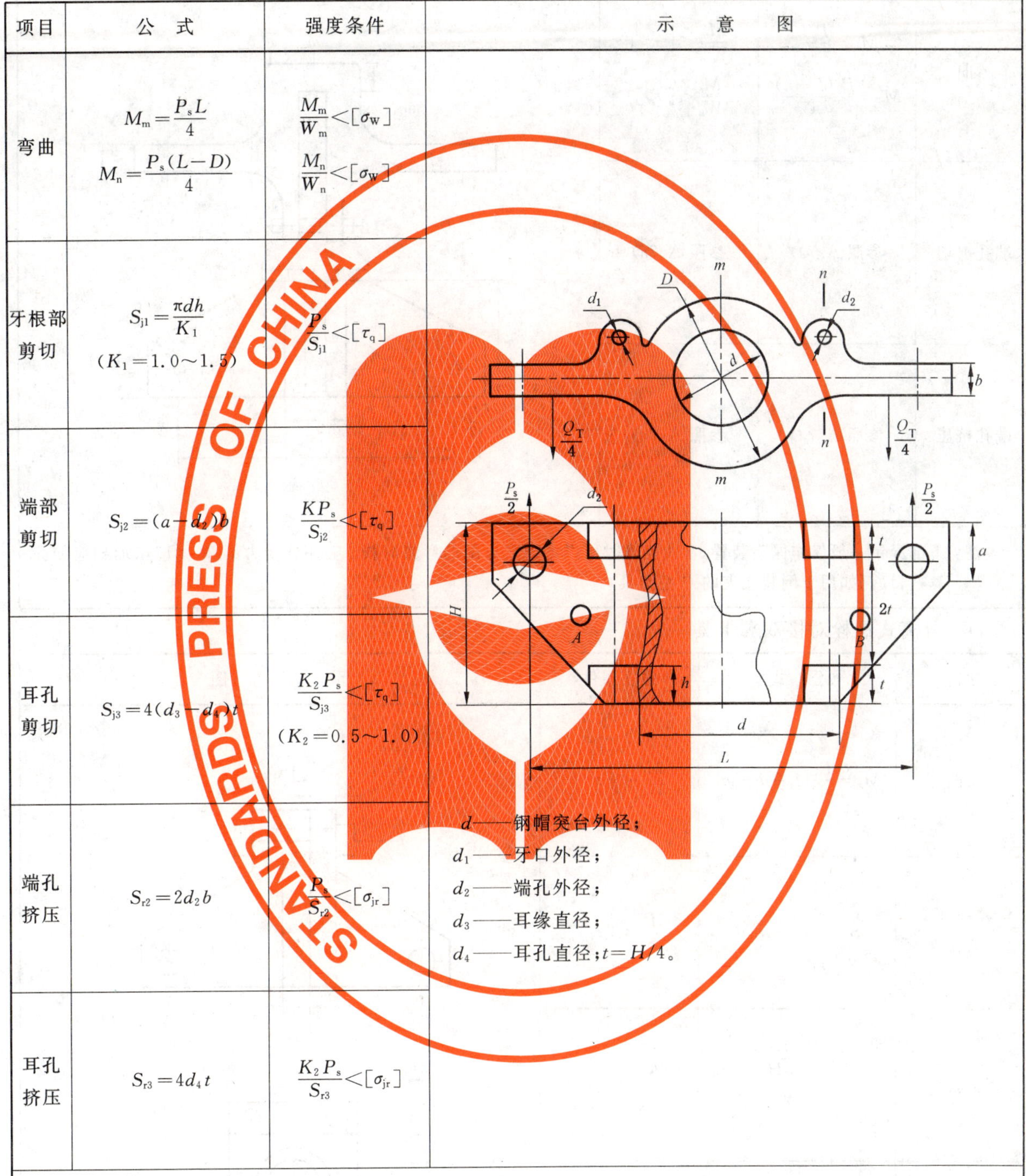 d——钢帽突台外径； d_1——牙口外径； d_2——端孔外径； d_3——耳缘直径； d_4——耳孔直径；$t=H/4$。
牙根部剪切	$S_{j1}=\frac{\pi dh}{K_1}$ $(K_1=1.0\sim1.5)$	$\frac{P_s}{S_{j1}}<[\tau_q]$	
端部剪切	$S_{j2}=(a-d_2)b$	$\frac{KP_s}{S_{j2}}<[\tau_q]$	
耳孔剪切	$S_{j3}=4(d_3-d_4)t$	$\frac{K_2 P_s}{S_{j3}}<[\tau_q]$ $(K_2=0.5\sim1.0)$	
端孔挤压	$S_{r2}=2d_2 b$	$\frac{P_s}{S_{r2}}<[\sigma_{jr}]$	
耳孔挤压	$S_{r3}=4d_4 t$	$\frac{K_2 P_s}{S_{r3}}<[\sigma_{jr}]$	

注1：双翼A、B若采用异形断面，应抽查验算某断面的弯曲程度(取危险断面，例如托瓶架安装孔的断面)。

注2：根据具体结构，酌情增减验算项目。

注3：端孔、耳孔的穿销强度，参照5.4.9验算。

注4：K_1及K_2系牙根及钢帽外张力负载分担系数，具体取值时应说明依据。

注5：双翼上的托瓶孔的垂直荷重Q_T和P_s相差90°，若该荷重过大，应增加该方向的弯曲验算项目。

STANDARDS PRESS OF CHINA

b) Ω型双翼卡具

项目	公 式	强度条件	示 意 图
弯曲	$M_m=\frac{P_sL}{4}$ $M_n=\frac{P_s(L-a)}{4}$	$\frac{M_m}{W_m}<[\sigma_W]$ $\frac{M_n}{W_n}<[\sigma_W]$	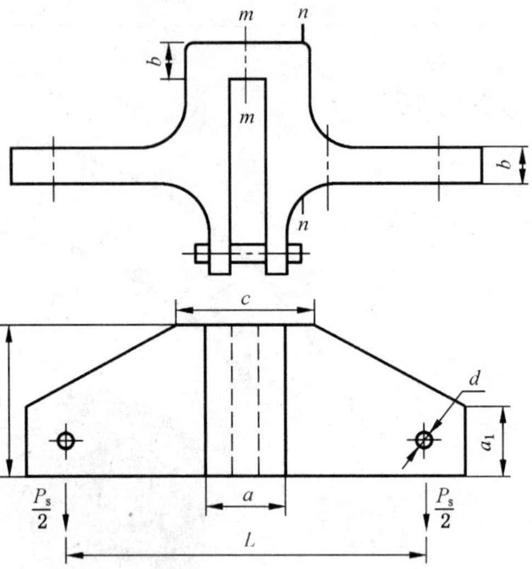
端孔剪切	参照 A.7a)	参照 A.7a)	
端孔挤压	参照 A.7a)	参照 A.7a)	
注：下部穿销一般仅作保险装置，弯曲验算时可以考虑它分配的弯曲荷载。若用作受力部件，则应增加相应的验算项目(例如用于倒装线夹的Ω型卡具)。			

c) 分离式螺栓对接双翼卡具

项目	公 式	强度条件	示 意 图
弯曲	$M_m=\frac{P_s}{4}(L-\delta-2b)$	$\frac{M_m}{W_m}<[\sigma_W]$	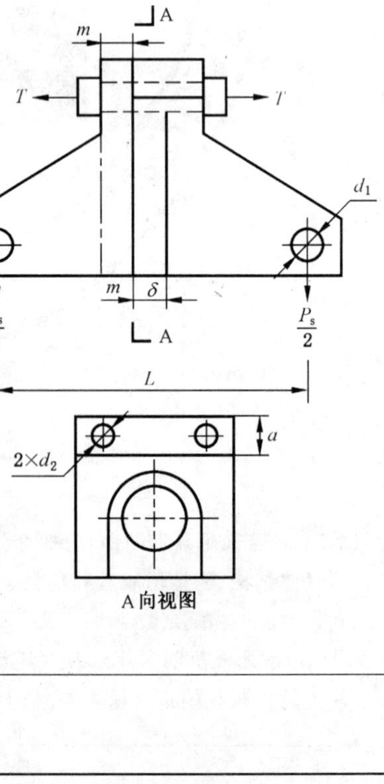
螺栓孔剪切	$S_{j1}=2(a-d_2)b$	$\frac{P_s}{S_{j1}}<[\tau_q]$	
螺栓拉伸	$T=\frac{P_s(L-\delta)}{8H}$ $S_L=\frac{\pi}{4}d^2$	$\frac{K_jT}{S_L}<[\sigma]$	A向视图
端孔剪切与挤压	参照 A.7a)	参照 A.7a)	
注1：W_m截面系数计算按有关手册进行。 注2：螺栓压紧力用 K 加以修正，K 取 1.1～1.2。			

A.8 紧线丝杠强度验算

a) 实心丝杠(T 型扣)

项目	公 式	强度条件	示 意 图
拉伸	$S_L=\frac{\pi}{4}d_1^2$	$\frac{P_s}{S_L}<[\sigma]$	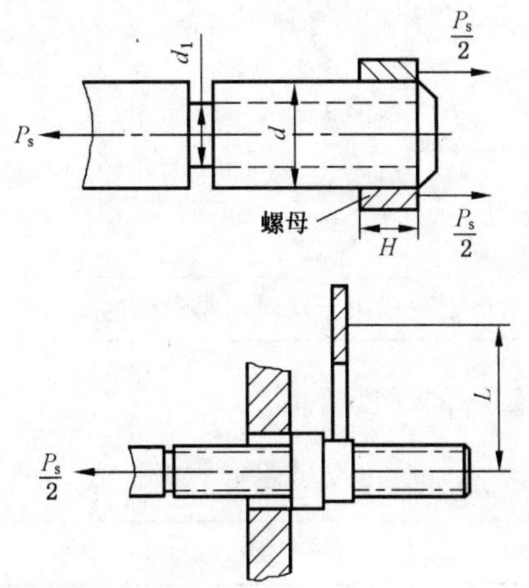 P_s, d_1, d, $\frac{P_s}{2}$, 螺母, H, L $n=H/t$——工作圈数； $b=0.6t$——牙根宽； t——螺距； $\alpha=\mathrm{tg}^{-1}\frac{t}{\pi d}$螺纹升角； f_1——螺扣间摩擦系数； f_2——丝杠 g 座间摩擦系数； $d_t=d-\frac{t}{2}$——螺纹均径； L——扳把有效长度。
螺扣剪切	$S_j=n\pi d_1 b$	$\frac{P_s}{S_j}<[\tau_q]$	
螺扣弯曲	$M_k=\frac{P_s(d-d_1)}{4}$ $W_k=\frac{n\pi d_1 b^2}{6}$	$\frac{M_k}{W_k}<[\sigma_W]$	
螺面挤压	$S_r=\frac{n\pi}{4}(d^2-d_1^2)$	$\frac{P_s}{S_r}<[\sigma_{jr}]$	
螺杆扭转(扳把)收紧力矩	摩擦力 $F_1=(f_1\cos\alpha+f_2)P_s$ 提升力 $F_2=P_s\sin\alpha$ 扳把操作力 $P=\frac{(F_1+F_2)d_1}{2L}$ 扭力 $M_n=PL$	$\frac{M_n}{W_n}<[\tau]$ $(W_n=\frac{\pi}{16}d_1^3)$	

b) 空心丝杠(T 型扣)

项目	公 式	强度条件	示 意 图
拉伸	$S_L=\frac{\pi}{4}(d_1^2-d_2^2)$	$\frac{P_s}{S_L}<[\sigma]$	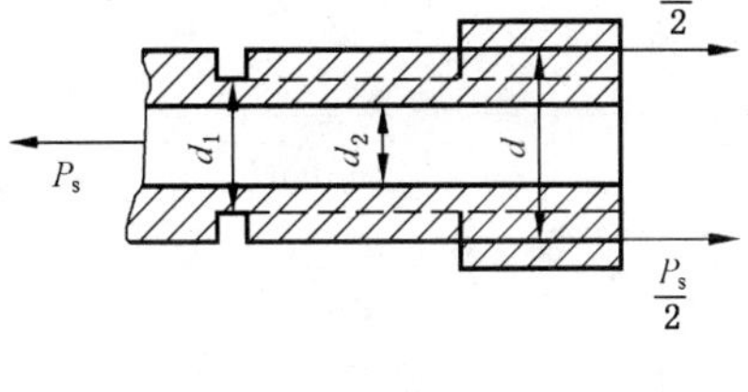 P_s, d_1, d_2, d, $\frac{P_s}{2}$
其余项目同 A.8a)	参照 A.8a)	参照 A.8a)	
注：筒丝杠与实心丝杠配套时，只验算 S_L 较小者。			

c) 筒丝母

项目	公 式	强度条件	示 意 图
拉伸	$S_L=\frac{\pi}{4}(D_1^2-d_1^2)$	$\frac{P_s}{S_L}\leqslant[\sigma]$	
螺扣剪切及挤压	参照 A.8a)（计算摩擦力 F 时没有 f_2 的影响）	参照 A.8a)及 b)，其中：$W_n=\frac{\pi}{16D}(D^4-d_1{}^4)$	
螺扣弯曲			
扭转			
注：该方法适用于双向收紧丝杠的筒丝母。			

A.9 销杆的强度验算

a) Ⅰ型插销(普通型)

项目	公 式	强度条件	示 意 图
剪切	$S_{jA}=S_{jB}=\frac{\pi}{4}d^2$ $S_j=2S_{jA}=\frac{\pi}{2}d^2$	$\frac{P_s}{S_j}\leqslant[\tau_q]$	
挤压	$\left.\begin{matrix}S_{r1}=2da\\S_{r2}=2db\end{matrix}\right\}$ 取较小者验算	$\frac{P_s}{S_r}\leqslant[\sigma_{jr}]$	

b) Ⅱ型插销(特殊型)

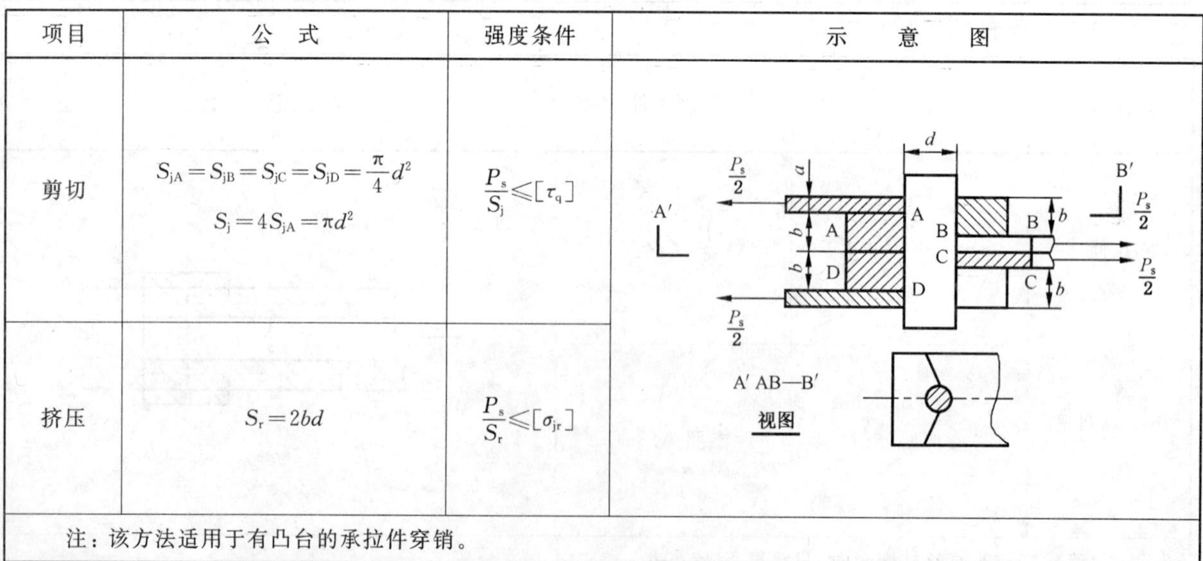

项目	公 式	强度条件	示 意 图
剪切	$S_{jA}=S_{jB}=S_{jC}=S_{jD}=\frac{\pi}{4}d^2$ $S_j=4S_{jA}=\pi d^2$	$\frac{P_s}{S_j}\leqslant[\tau_q]$	
挤压	$S_r=2bd$	$\frac{P_s}{S_r}\leqslant[\sigma_{jr}]$	
注：该方法适用于有凸台的承拉件穿销。			

A.10 其他受力强度验算

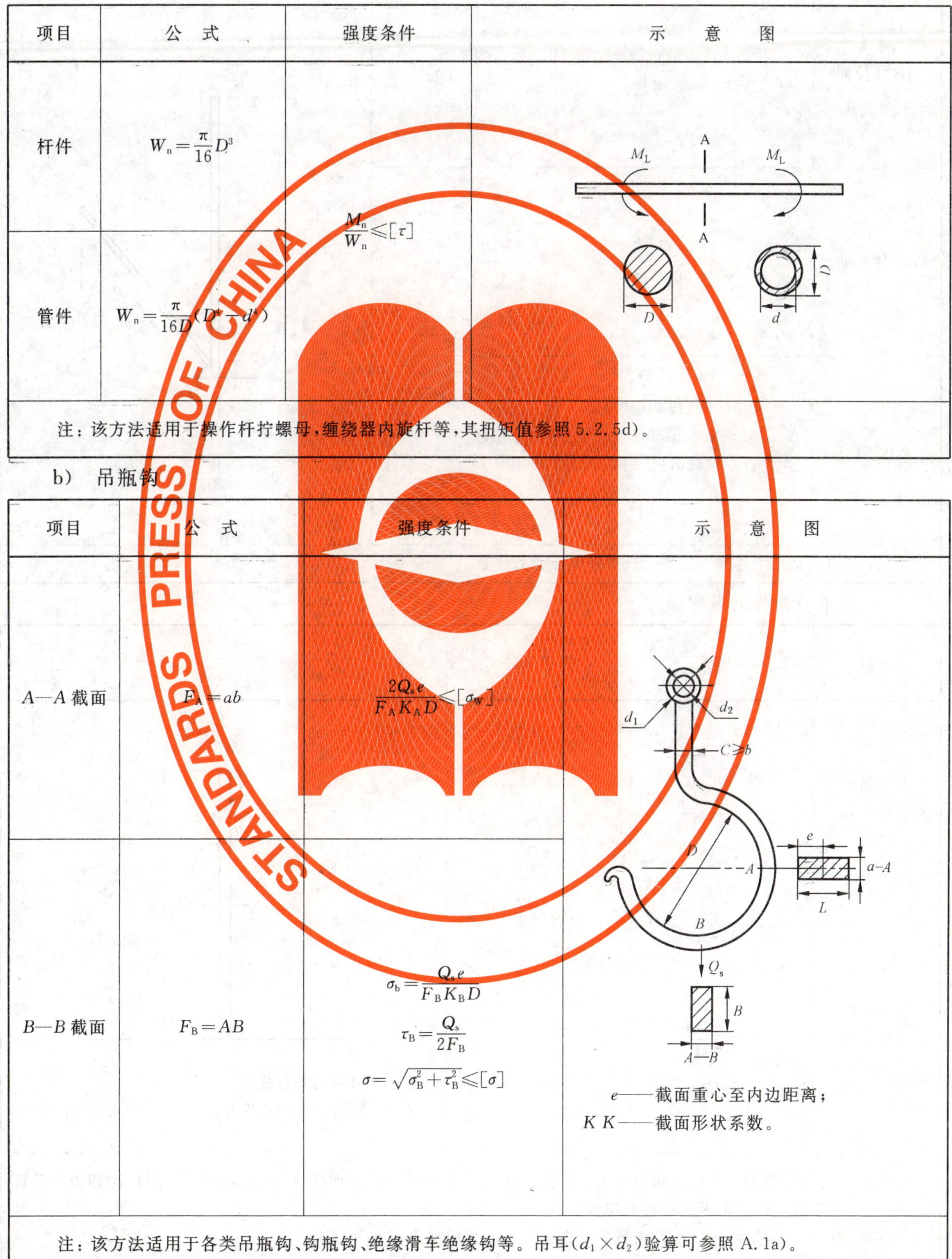
STANDARDS PRESS OF CHINA

a） 受扭杆件

项目	公 式	强度条件	示 意 图
杆件	$W_n=\frac{\pi}{16}D^3$	$\frac{M_n}{W_n}\leqslant[\tau]$	
管件	$W_n=\frac{\pi}{16D}(D^4-d^4)$		
注：该方法适用于操作杆拧螺母，缠绕器内旋杆等，其扭矩值参照5.2.5d)。			

b） 吊瓶钩

项目	公 式	强度条件	示 意 图
A—A截面	$F_A=ab$	$\frac{2Q_s e}{F_A K_A D}\leqslant[\sigma_W]$	
B—B截面	$F_B=AB$	$\sigma_b=\frac{Q_s e}{F_B K_B D}$ $\tau_B=\frac{Q_s}{2F_B}$ $\sigma=\sqrt{\sigma_B^2+\tau_B^2}\leqslant[\sigma]$	e——截面重心至内边距离； K K——截面形状系数。
注：该方法适用于各类吊瓶钩、钩瓶钩、绝缘滑车绝缘钩等。吊耳($d_1\times d_2$)验算可参照A.1a)。			

c) 三角吊架

项目	公 式	强度条件	示 意 图
AB 件拉伸	$F_{AB}=Q_s$ (按 $\theta=60°$ 考虑)	$\frac{F_{AB}}{S_{AB}}\leqslant[\sigma]$	
BC 件压缩	$F_{BC}=Q_s$ (按 $\theta=60°$ 考虑)	$\frac{F_{BC}}{S_{BC}}\leqslant[\sigma]$	
AC 件	无拉线时(按 $\theta=60°$) $M_c=F_{AB}\cos30°L_{AB}$ 有双拉线时(压缩) $F_{AC}=Q_s$	$\frac{M_C}{W_{AC}}\leqslant[\sigma_W]$ $\frac{F_{AC}}{S_{AC}}\leqslant[\sigma]$	
注：该方法适用于转臂吊瓶架，吊、支杆组合受力件等。			

d) 直立支持件的纵弯曲

项目	公 式	强度条件	示 意 图
下端固定 上端铰链 (A)	$P_c=\frac{2\pi^2 EJ}{H^2}$	$Q_r\leqslant\frac{P_c}{n}$ ($n=1.8\sim3.0$)	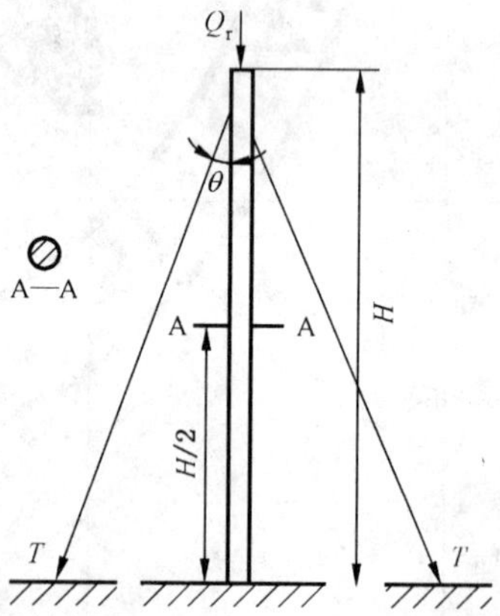 E——材料的弹性模量； J——断面 AA 的惯性矩。
下端固定 上端自由 (B)	$P_c=\frac{\pi^2 EJ}{4H^2}$		
注1：项目(A)相当于下端有固定座或插入泥土地，上端打拉线的直立硬梯、扒杆及蜈蚣梯。项目(B)相当于垂直升降台（无挂绳)及人字梯的梯身等。 注2：有拉绳者，拉绳的拉力 T 折算成垂直压力 $T\cos\theta$，应视作 Q_s 的一部分。			

附 录 B
（规范性附录）
主要工具的系列

B.1 通用性的绝缘操作杆，按电压等级及标称杆长形成系列。

a) 圆管（包括泡沫填充管）操作杆

型号	电压等级/kV	标称杆长/m	握手部分/m	管内径/mm			
				第一节	第二节	第三节	第四节
CZG1-1.3	10	1.3	0.6	ϕ20/ϕ26	—	—	—
CZG3-1.6	35	1.6	0.6	ϕ20/ϕ26	—	—	—
CZG6-2.0	60	2.0	0.6	ϕ23/ϕ29	—	—	—
CZG11-2.6	110	2.6	0.7	ϕ20/ϕ26	ϕ23/ϕ29	—	—
CZG22-3.6	220	3.6	0.9	ϕ20/ϕ26	ϕ23/ϕ29	ϕ27/ϕ29	—
CZG33-3.6	330	4.8	1.0	ϕ20/ϕ26	ϕ23/ϕ29	ϕ27/ϕ29	—
CZG50-6.5	500	6.5	1.5	ϕ20/ϕ26	ϕ23/ϕ29	ϕ27/ϕ29	ϕ30/ϕ36
CZG75-	750	7.5	1.5	ϕ20/ϕ26	ϕ23/ϕ29	ϕ27/ϕ29	ϕ30/ϕ36
CZG100-	1 000	9	1.5	ϕ20/ϕ26	ϕ23/ϕ29	ϕ27/ϕ29	ϕ30/ϕ36

b) 锥形管测试杆

型号	电压等级/kV	标称杆长/m	握手部分/m	管首端直径/mm			
				第一节	第二节	第三节	第四节
CSG22-3.4	220	3.4	0.9	ϕ18	ϕ30	—	—
CSG33-4.5	330	4.5	1.0	ϕ18	ϕ30	ϕ40	—
CSG50-6.5	500	6.5	1.5	ϕ18	ϕ30	ϕ40	ϕ50

B.2 通用性强的绝缘滑车可按额定荷载、滑轮个数及钩形形状形成系列。

型号	额定荷载/kN	滑轮个数	挂钩结构
JH5-1B	5	1	闭合钩（金属）
JH5-1K	5	1	开口钩（金属）
JH5-2D	5	2	短钩（金属）
JH5-2X	5	2	钩导线（金属）
JH5-2J	5	2	绝缘钩
JH5-3D	5	3	短钩（金属）
JH5-3X	5	3	钩导线（金属）
JH10-2D	10	2	短钩（金属）
JH10-2C	10	2	长钩（金属）
JH10-3D	10	3	短钩（金属）
JH10-3C	10	3	长钩（金属）
JH15-5D	15	4	短钩（金属）
JH15-4C	15	4	长钩（金属）
JH20-4D	20	4	短钩（金属）
JH20-4C	15	4	长钩（金属）

B.3 通用性强的绝缘子卡具,可按额定荷载及封门方式形成系列,用于首末端与绝缘子卡具配套的卡具,按适用金具型号及封门方式和额定荷载,划入绝缘卡具类形成系列。

型号	额定荷载/kN	适用绝缘子卡具及金具型号	封门方式
JZK-20	20	XP-6,XP-7,LXP-7	自封门
JJK-20	20	XP-6,XP-7,LXP-7	间接自封门
ZHK-20	20	Z-69 直角挂板,WS 双联碗头	活页封门
LXK-20	20	L-118 二联板	斜插入
JZK-45	45	XP-16,XP-21,LXP-30	自封门
JJK-45	45	XP-16,XP-21,LXP-30	间接自封门

B.4 通用性强的三角紧线器,按适用导线截面积形成系列。

型号	适用导线牌号或截面积	导线外径/mm
SJQ-70	LGJ-25,LGJ-70	12～14
SJQ95-120	LGJ-95,LGJ-120	16～20
SJQ150-240	LGJ-150,JGJ-185, LGJ-240	22～24
SJQ300	LGQ-300,LGJJ-300	26～28
SJQ400	LGJQ-400,LGJJ-400	30～32

附　录　C
（资料性附录）
带电作业间隙的海拔校正

海拔校正因数可由式 C.1 确定：

$$K_a = \frac{1}{1.0 - mH \times 10^{-4}} \quad \cdots\cdots\cdots\cdots\cdots\cdots\cdots\cdots\cdots\cdots (C.1)$$

式中：

H——海拔高度，单位为米(m)；

m——操作冲击的海拔校正因数的修正因子。

不同海拔高度的带电作业间距校正步骤如下：

根据间隙在标准气象条件下的操作冲击放电电压值，计算得出不同海拔高度下的校正因数 K_a。将各带电作业间隙的放电电压值乘以海拔校正因数 K_a，再求得相应海拔高度下的带电作业间隙距离。

ICS 29.120.50
K 45

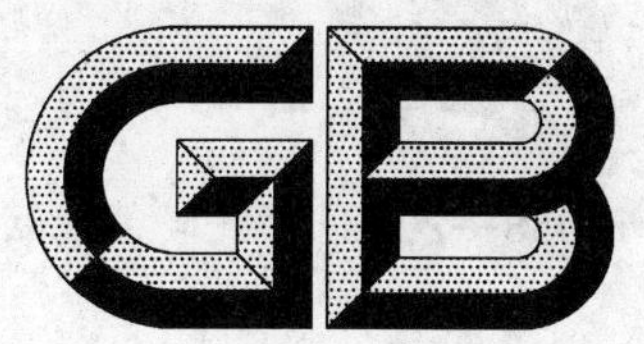

中华人民共和国国家标准

GB/T 18038—2008
代替 GB/T 18038—2000

电气化铁道牵引供电系统微机保护装置通用技术条件

General specification of microprocessor-based protection equipment for electrified railway traction power supply system

2008-09-24 发布　　　　2009-08-01 实施

中华人民共和国国家质量监督检验检疫总局
中国国家标准化管理委员会　发布

前　言

本标准代替 GB/T 18038—2000《电气化铁道牵引供电系统微机保护装置通用技术条件》。

本次修订主要修改内容如下：

——增加了短时过载能力的要求；

——增加保护装置功率消耗的要求；

——提高了装置的过载能力要求；

——提高了装置的绝缘电阻要求；

——功能要求中按 GB/T 14285 进行了修改、补充，并增加了关于“高速”铁路的要求；

——增加了精确测量范围的要求；

——馈线保护技术性能中增加了高阻接地保护等保护元件的要求；

——电磁兼容要求：按 GB/T 14598.20—2007 和 GB/T 14285—2006 的要求进行了修改，增加了必要的电磁干扰项目；

——其他文字和编辑性的修改。

本标准的附录 A 为规范性附录。

本标准由中国电力企业联合会提出。

木标准由全国量度继电器和保护设备标准化技术委员会(SAC/TC 154)归口和解释。

本标准主要起草单位：国电南京自动化股份有限公司、西南交通大学、中国铁道科学研究院、中铁天津电气化勘测设计研究院、南京南瑞继保电气有限公司、许继电气公司、中铁第四勘测设计研究院、北京四方继保自动化股份有限公司。

本标准主要起草人：钟泽章、叶柏洪、陈小川、王术合、张春合、郭勤俭、刘伟、温建民、刘志超。

本标准所代替标准的历次版本发布情况为：

——GB/T 18038—2000。

电气化铁道牵引供电系统微机保护装置通用技术条件

1 范围

本标准规定了电气化铁道牵引供电系统微机保护装置的基本技术要求、试验方法及检验规则。

本标准适用于电气化铁道牵引供电系统微机型继电保护装置(以下简称装置),并作为装置设计、制造、运行和试验的依据。

2 规范性引用文件

下列文件中的条款通过本标准的引用而成为本标准的条款。凡是注日期的引用文件,其随后所有的修改单(不包括勘误的内容)或修订版均不适用于本标准,然而,鼓励根据本标准达成协议的各方研究是否可使用这些文件的最新版本。凡是不注日期的引用文件,其最新版本适用于本标准。

GB/T 191 包装储运图示标志(GB/T 191—2008,ISO 780:1997,MOD)

GB/T 2423.1—2001 电工电子产品环境试验 第2部分 试验方法 试验A:低温(idt IEC 60068-2-1:1990)

GB/T 2423.2—2001 电工电子产品环境试验 第2部分 试验方法 试验B:高温(idt IEC 60068-2-2:1974)

GB/T 2423.3—2006 电工电子产品环境试验 第2部分 试验方法 试验Cab:恒定湿热试验(IEC 60068-2-78:2001,IDT)

GB/T 2887—2000 电子计算机场地通用规范

GB/T 2900.17—1994 电工术语 电气继电器(eqv IEC 60050-446:1983)

GB 4208 外壳防护等级(IP代码)(GB 4208—2008,IEC 60529:2001,IDT)

GB/T 7261—2000 继电器及装置基本试验方法

GB/T 8367—1987 量度继电器直流辅助激励量的中断与交流分量(纹波)(eqv IEC 60255-11:1980)

GB/T 9361—1988 计算站场地安全要求

GB/T 11287—2000 电气继电器 第21部分:量度继电器和保护装置的振动、冲击、碰撞和地震试验 第1篇:振动试验(正弦)(idt IEC 60255-21-1:1988)

GB/T 14285—2006 继电保护和安全自动装置技术规程

GB/T 14537—1993 量度继电器和保护装置的冲击与碰撞试验(idt IEC 60255-21-2:1988)

GB/T 14598.9—2002 电气继电器 第22-3部分:量度继电器和保护装置的电气骚扰试验 辐射电磁场骚扰试验(IEC 60255-22-3:2000,IDT)

GB/T 14598.10—2007 电气继电器 第22-4部分:量度继电器和保护装置的电气骚扰试验 电快速瞬变/脉冲群抗扰度试验(IEC 60255-22-4:2002,IDT)

GB/T 14598.13—1998 量度继电器和保护装置的电气干扰试验 第1部分:1 MHz脉冲群干扰试验(eqv IEC 60255-22-1:1988)

GB/T 14598.14—1998 量度继电器和保护装置的电气干扰试验 第2部分:静电放电试验(idt IEC 60255-22-2:1996)

GB/T 14598.16 电气继电器 第25部分:量度继电器和保护装置的电磁发射试验

(GB/T 14598.16—2002,idt IEC 60255-25:2000)

GB/T 14598.17　电气继电器　第22-6部分:量度继电器和保护装置的电气骚扰试验——射频场感应的传导骚扰抗扰度(GB/T 14598.17—2005,IEC 60255-22-6:2001,IDT)

GB/T 14598.18　电气继电器　第22-5部分:量度继电器和保护装置的电气骚扰试验——浪涌抗扰度试验(GB/T 14598.18—2007,IEC 60255-22-5:2002,IDT)

GB/T 14598.19　电气继电器　第22-7部分:量度继电器和保护装置的电气骚扰试验——工频抗扰度试验(GB/T 14598.19—2007,IEC 60255-22-7:2003,IDT)

GB 16836—2003　量度继电器和保护装置安全设计的一般要求

GB/T 17742—1999　中国地震烈度表

GB/T 19520.3—2004　电子设备机械结构　482.6 mm(19 in)系列机械结构尺寸　第3部分:插箱及插件(GB/T 19520.3—2004,IEC 60297-3:1984,IDT)

DL/T 667—1999　远动设备及系统　第5部分　传输规约　第103篇　继电保护信息接口配套标准(idt IEC 60870-5-103:1997)

DL 860　变电站通信网络和系统(所有部分)

IEC 60255-27:2005　Measuring relays and protection equipment—Part 27:Product safety requirements

3　术语及定义

GB/T 2900.17—1994确立的以及下列术语和定义适用于本标准。

3.1

牵引供电系统　traction power supply system

牵引供电系统是由牵引变电所、牵引网(接触网与轨道-地回路)和分区所(分区亭)、开闭所等构成的向电力机车供电的供电系统的总称。

注1:牵引网为工频单相网络。

注2:按牵引变电所对牵引网供电方式的不同,区分为并联自耦变压器(AT)供电方式、串联吸流变压器(BT)与回流线的供电方式,以及直接供电(带回流线与不带回流线)方式等几种类型。

4　技术要求

4.1　环境条件

4.1.1　正常工作大气条件

a)　环境温度:−5 ℃～+40 ℃;
　　　　　−25 ℃～+55 ℃;

b)　相对湿度:5%～95%(产品内部,既不应凝露,也不应结冰);

c)　大气压力:80 kPa～106 kPa。

4.1.2　正常试验大气条件

a)　环境温度:15 ℃～35 ℃;

b)　相对湿度:45%～75%;

c)　大气压力:86 kPa～106 kPa。

4.1.3　试验基准大气条件

a)　环境温度:+20 ℃±2 ℃;

b)　相对湿度:45%～75%;

c)　大气压力:86 kPa～106 kPa。

4.1.4　贮存、运输极限环境温度

装置的贮存允许的环境温度为−25 ℃～+55 ℃,相对湿度不大于85%。

装置的运输过程中允许的环境温度为－40 ℃～＋70 ℃，相对湿度不大于85％。

4.1.5 周围环境

装置使用地点周围环境应符合下列要求：

a) 电磁环境应符合4.10的规定；

b) 场地应符合GB/T 9361—1988中B类安全要求；

c) 使用地点不出现超过GB/T 11287—2000规定的严酷等级为1级的振动；不发生超过GB/T 17742—1999规定的烈度为Ⅶ度的地震；

d) 使用地点应无爆炸危险的物质，周围介质中不应含有能腐蚀金属、破坏绝缘和表面敷层的介质及导电介质，不应有严重的霉菌存在；

e) 应有防御雨、雪、风、沙、尘埃的措施；

f) 接地电阻应符合GB/T 2887—2000中4.4的要求。

4.1.6 特殊环境条件

当超出4.1.1～4.1.5规定的环境条件时，由用户与制造厂商定。

4.2 额定电气参数

4.2.1 电源

4.2.1.1 交流电源

a) 额定电压：单相220 V，允许偏差－15％～＋10％；

b) 频率：50 Hz，允许偏差±0.5 Hz；

c) 波形：正弦 波形畸变因数应符合有关技术规定，一般不大于5％。

4.2.1.2 直流电源

a) 额定电压：220 V 、110 V；

b) 允许偏差：－20％～＋15％；

c) 纹波系数：不大于5％。

4.2.2 额定参数

a) 交流电流：5 A、1 A；

b) 交流电压：100 V；220V；

c) 频率：50 Hz。

4.3 功率消耗

装置的交流回路 、直流回路功率消耗应符合下列要求。

a) 交流电流回路：当I_N＝5 A时，每相不大于0.5 VA；
当I_N＝ 1 A时，每相不大于0.3 VA；

b) 交流电压回路：当额定电压U_N时，每相不大于0.5 VA；

c) 直流电源回路：当正常工作时，不大于50 W；
当装置动作时，不大于80 W；

d) 当采用电子式变换器时，按相关标准规定。

注：I_N、U_N为电流、电压额定值，下同。

4.4 装置的主要功能

4.4.1 装置应能适应牵引供电系统单相、移动性、冲击性负载的特点，并能满足新型的电力机车、电动车组的运行要求。

4.4.2 装置应具独立性、完整性、成套性，在一套装置内应含有能反应被保护线路或设备各种故障的保护功能，并具有电气量监测功能。

4.4.3 装置应满足可靠性、选择性、灵敏性和速动性的要求，针对牵引供电系统的特点，尤其应防止供电系统发生故障时拒动和保证高阻接地情况下正确动作。

4.4.4 装置应具有故障记录功能，以记录保护的动作信息。

4.4.5 装置应具有在线自检功能，装置的自检功能应满足 GB/T 14285—2006 中 4.1.12.5 的要求。

4.4.6 装置应设有通信接口，以满足自动化系统的通信要求，向远动设备或上位机传递保护动作信息和定值信息。通信接口数不宜少于三个，通信传输协议应符合 DL/T 667—1999 或 DL 860 系列标准的有关规定，推荐采用 DL 860 系列标准。

4.4.7 装置应设有当地信息显示功能，用汉字和符号显示装置的动作信息和定值信息。

4.4.8 装置的所有引出端子同装置的 CPU 及 A/D 工作电源系统的联系，针对不同回路，可以分别采用光电耦合、继电器转接、带屏蔽层的变换器磁耦合等隔离措施。

4.4.9 装置应具有自动复位功能，在正常情况下，装置不应出现程序走死的情况，在因干扰而造成程序走死时，应能通过自复位电路自动恢复正常工作。

4.4.10 装置的实时时钟信号、主要动作信息及定值信息在失去直流电源的情况下不能丢失，在电源恢复正常后应能重新正确显示并输出。

4.4.11 装置应装设硬件时钟电路，装置失去直流电源时，硬件时钟应能正常工作。装置自身时钟精度：24 h 误差在 5 s 范围内。

4.4.12 装置应具有与外部标准授时源的对时接口。

4.4.13 馈线保护装置应设一次自动重合闸，并宜设故障测距功能。

4.5 主要技术性能

4.5.1 测量元件特性

4.5.1.1 测量元件的准确度

a) 整定值误差：不超过±2.5% 或 5% 的范围；

b) 变差：在正常工作环境温度范围内，相对于+20 ℃± 2 ℃ 时，不超过±2.5%。

4.5.1.2 精确测量范围

a) 电压回路：(0.01～1.2)U_N；

b) 电流回路：(0.1～20)I_N。

4.5.2 时间元件误差

不超过 2.5%+10 ms。

4.5.3 馈线保护装置

4.5.3.1 阻抗元件

a) 阻抗整定范围：应能满足牵引供电线路的要求，其典型的整定范围如下：

——额定电流 5 A 时，为 0.1 Ω～50 Ω；

——额定电流 1 A 时，为 0.5 Ω～250 Ω；

b) 精确测量电流范围：(0.2～6)倍额定电流；

c) 精确测量电压范围：0.2 V ～120 V；

d) 阻抗元件固有动作时间：不大于 40 ms (0.7 倍整定值阻抗时)；

e) 时间元件整定范围(不含阻抗元件固有动作时间)：0.01 s～0.99 s 或 0.1 s～9.9 s。

4.5.3.2 电流速断元件

a) 电流整定范围：(0.2～6)倍额定电流；

b) 返回系数，不小于 0.9；

c) 固有动作时间：不大于 40 ms (1.5 倍整定值时)；

d) 时间元件整定范围：0.01 s～0.99 s。

4.5.3.3 二次谐波闭锁元件

a) 可靠闭锁谐波分量：整定值和整定范围由产品标准规定；

b) 解除闭锁时间：不大于 20 ms。

4.5.3.4 重合闸元件

a) 重复动作间隔时间:15 s~25 s;

b) 时间元件整定范围:0.5 s~3 s;

c) 后加速保持时间的范围:0.6 s ~1 s;

d) 重合闸脉冲宽度:80 ms~120 ms;

e) 重合闸后开放手动合闸闭锁时间:30 s~180 s。

4.5.3.5 故障测距元件

a) 精确工作电流范围:(0.1~6)倍额定电流;

b) 测距误差:由下级标准规定。

4.5.3.6 高阻接地保护(Ⅰ段)/自适应电流增量保护

a) 电流整定范围:(0.1~1)倍额定电流;

b) 时间整定范围:0.01 s~9.99 s。

4.5.3.7 过负荷保护(定时限或反时限)

a) 电流整定范围:(0.1~10)倍额定电流;

b) 返回系数:不小于 0.95;

c) 时间整定范围:0.1 s~300 s;

d) 反时限特性:一般反时限、非常反时限、极端反时限。

4.5.3.8 过热保护

过热保护的技术要求由下一级标准规定。

4.5.3.9 失压保护

a) 电压整定范围:10 V~90 V;

b) 返回系数:不大于 1.05;

c) 时间整定范围:0.01 s~9.99 s。

4.5.3.10 接触网发热保护

接触网发热保护的技术要求由下一级标准规定。

4.5.4 主变压器保护装置

4.5.4.1 差动速断元件

a) 动作电流整定范围:(4~10)倍额定电流;

b) 动作时间:在 1.2 倍整定值时,动作时间不大于 40 ms。

4.5.4.2 比率差动元件

a) 动作电流整定范围:(0.8~1)倍额定电流;

b) 比率制动系数:0.25~0.75;

c) 动作时间:在 1.2 倍整定值时,动作时间不大于 40 ms。

4.5.4.3 涌流制动元件

该元件应保证在变压器涌流情况下,比率差动元件不误动作。

4.5.4.4 高压侧三相(或单相)过电流元件

a) 整定范围:(0.2~6)倍额定电流;

b) 时间元件整定范围:0.5 s~5 s。

4.5.4.5 高压侧两相(或单相)过负荷元件

可按定时限或反时限特性构成,其性能指标由下级标准规定。

4.5.4.6 低压侧单相过电流元件

a) 整定范围:(0.2~6)倍额定电流;

b) 时间元件整定范围:0.5 s~5 s。

4.5.4.7 低电压元件

整定范围:(0.3～0.8)倍额定电压。

4.5.4.8 零序过电流元件

a) 整定范围:(0.2～6)倍额定电流;

b) 时间元件整定范围:0.5 s～5 s。

4.5.4.9 非电量保护

装置应具有非电量保护接入并起动跳闸功能;非电量保护的开入量直跳回路的起动功率不小于5 W,动作电压在(55%～70%)额定值范围内。

4.5.4.10 交流电流平衡系数

整定范围:0.5～2,级差0.01。

4.5.5 并联补偿电容器保护装置

4.5.5.1 电流速断元件

a) 整定范围:(0.2～10)倍额定电流;

b) 返回系数:不小于0.9;

c) 动作时间:不大于40 ms(在1.5倍整定值时)。

4.5.5.2 过电流元件

a) 整定范围:(0.2～4)倍额定电流;

b) 返回系数:不小于0.9;

c) 时间元件整定范围:0.1 s～2.5 s。

4.5.5.3 综合高次谐波过电流元件

a) 整定范围:(0.2～4)倍额定电流;

b) 返回系数:不小于0.95;

c) 时间元件整定范围:6 s～600 s。

4.5.5.4 过电压元件

a) 整定范围:(0.5～1.5)倍额定电压;

b) 返回系数:不小于0.95;

c) 时间元件整定范围:0.1 s～2.5 s。

4.5.5.5 低电压元件

a) 整定范围:(0.3～0.8)倍额定电压;

b) 返回系数:不小于1.05;

c) 时间元件整定范围:0.1 s～2.5 s。

4.5.5.6 差电压元件

a) 整定范围:0.5 V～15 V;

b) 返回系数:不小于0.9;

c) 时间元件整定范围:0.1 s～2.5 s。

4.5.5.7 差电流元件

a) 整定范围:(0.5～4)倍额定电流;

b) 返回系数:不小于0.9;

c) 时间元件整定范围:0.1 s～2.5 s。

4.6 整组模拟

装置应进行整组模拟试验。在各种故障类型下,装置动作行为应正确,信号指示应正常,应符合4.4、4.5的规定。

4.7 过载能力

a) 交流电流回路:2 倍额定电流,连续工作;
50 倍额定电流,允许 1 s;

b) 交流电压回路:1.5 倍额定电压,连续工作;
2 倍额定电压,允许 10 s。

装置经受电流或电压过载后,应无绝缘损坏,并符合 4.11 的规定。

4.8 绝缘性能

4.8.1 绝缘电阻

4.8.1.1 装置的各独立电路与地之间,以及各独立电路之间,根据被试回路额定绝缘电压,分别用直流开路电压 250 V 或 500 V 的兆欧表测量其绝缘电阻值。

4.8.1.2 在试验 4.1.2 规定的正常试验大气条件下,不同额定绝缘电压的各独立电路之间绝缘电阻应符合表 1 中的规定值。

表 1 回路绝缘电阻规定值

额定绝缘电压或额定工作电压 U_i/V	绝缘电阻要求 MΩ
$U_i < 63$	≥100(用 250 V 兆欧表)
$250 \geqslant U_i \geqslant 63$	≥100(用 500 V 兆欧表)

4.8.2 介质强度

a) 在 4.1.2 规定的正常试验大气条件下,装置应能承受频率为 50 Hz,历时 1 min 的工频耐压试验而无击穿闪络及元件损坏现象;

b) 工频交流试验电压值按表 2 规定进行选择,也可以采用直流试验电压,其值应为规定的工频交流试验电压值的$\sqrt{2}$倍;

c) 试验过程中,任一被试回路施加电压时,其余电路等电位互联接地。

表 2 介质强度试验电压值

序号	被试回路	额定绝缘电压或额定工作电压 U_i/V	试验电压 V	泄漏电流[a] mA
1	整机引出端子和背板线——地(外壳)	$U_i > \sim 250$	2 000	5
2	直流输入回路[b]——地(外壳)	$U_i > \sim 250$	2 000	10
3	交流输入回路[b]——地(外壳)	$U_i > \sim 250$	2 000	5
4	信号输出触点[b]——地(外壳)	$U_i > \sim 250$	2 000	5
5	无电气联系的各回路[b] 之间	$U_i > \sim 250$	2 000	5~10
6	整机外引带电部分[b]——地(外壳)	$U_i \leqslant 63$	2 000	
7	通信接口回路[b]——地(外壳)	$U_i \leqslant 63$	500	5

[a] 泄漏电流为参考值,整机外引带电部分[b]——地(外壳)的泄漏电流由产品标准规定。

[b] 指引至装置端子的回路和接线。

4.8.3 冲击电压

在 4.3 规定的正常试验大气条件下,装置的直流输入回路、交流输入回路、输出触点等各回路对地,以及电气上无联系的各电路之间,应能承受 1.2/50 μs 的标准雷电波的短时冲击电压试验。当额定绝缘电压大于60 V时，开路试验电压为5 kV；当额定绝缘电压不大于60 V时，开路试验电压为1 kV。试验后，装置应无绝缘损坏，性能应符合4.4、4.5的规定。

4.9 耐湿热性能要求

根据试验条件和使用环境，在以下两种方法中选择其中一种。

a) 恒定湿热

装置应能承受GB/T 2423.3—2006规定的恒定湿热试验。试验温度为+40 ℃±2 ℃，相对湿度为(93±3)%，试验持续时间48 h。在试验结束前2 h内，用500 V直流兆欧表，测量各外引带电回路部分对外露非带电金属部分及外壳之间、以及电气上无联系的各回路之间的绝缘电阻值应不小于1.5 MΩ；介质强度不低于4.8.2规定的介质强度试验电压值的75%。

b) 交变湿热

装置应能承受GB/T 7261—2000第20章规定的交变湿热试验。试验温度为+40 ℃±2 ℃，相对湿度为(93±3)%，试验时间为48 h，每一周期历时24 h。在试验结束前2 h内，用500 V直流兆欧表，测量各外引带电回路部分对外露非带电金属部分及外壳之间、以及电气上无联系的各回路之间的绝缘电阻应不小于1.5 MΩ；介质强度不低于4.8.2规定的介质强度试验电压值的75%。

注：根据试验条件和使用环境，在以上两种方法中选择其中一种。

4.10 电磁兼容性能

4.10.1 抗扰度项目及要求

4.10.1.1 装置与外部电磁环境的特定界面接口称为端口，含辅助电源端口、输入端口、输出端口、通信端口、外壳端口和功能地端口，见图1。

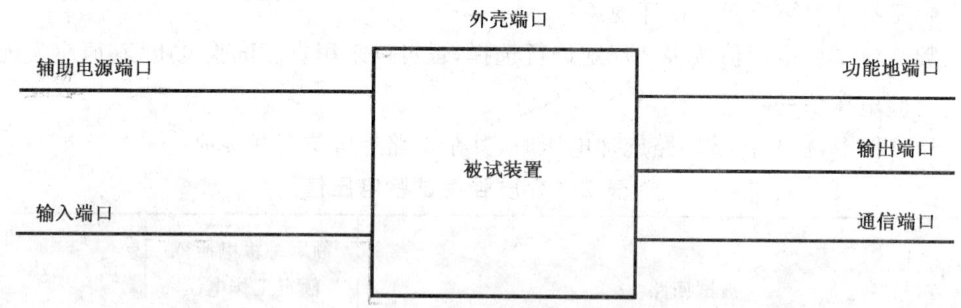

图1 保护装置的端口示意图

装置不同端口应进行附录A规定的抗扰度试验。施加干扰期间，装置应无误动或拒动现象。

4.10.1.2 合格判据

进行4.10.1.1规定的各项试验时，按下列要求加入激励量：

a) 过量继电器：激励量为0.9倍整定值时，应不误动，1.1倍整定值时，应不返回；

b) 欠量继电器：激励量为1.1倍整定值时，应不误动，0.9倍整定值时，应不返回；

c) 整定值由产品标准规定。

4.10.2 电磁发射试验

装置应符合GB/T 14598.16中4.1规定的传导发射限值和4.2规定的辐射发射限值。

4.11 电源影响

4.11.1 交流电源影响

在正常试验的大气条件下，分别改变4.2.1.1中规定的各项参数中的任意一项选定的极限条件(其余为额定值)，装置应可靠工作，性能符合4.4、4.5的规定。

4.11.2 直流电源影响

a) 在正常试验的大气条件下，分别改变4.2.1.2中规定的各项参数中的任意一项选定的极限条

件(其余为额定值),装置应可靠工作,性能及参数符合4.4、4.5的规定;

b) 在装置电源电压突然合上或突然断开、电源电压缓慢上升或缓慢下降时,装置均不应误动作或误发信号;

c) 按GB/T 7261—2000中15.3的规定进行辅助激励量直流电源中断试验,直流电源中断时间为20 ms,装置不应误动。

4.12 连续通电

装置完成调试后,出厂前应进行连续通电试验。试验期间,装置工作应正常,信号指示应正确,不应有元器件损坏,或其他异常情况出现。试验结束后,性能指标应符合4.4、4.5的规定。

4.13 结构、外观及其他

4.13.1 机箱尺寸应符合GB/T 19520.3—2004的规定。

4.13.2 装置应采取必要的抗电气干扰措施,装置的不带电金属部分应在电气上连成一体,并具备可靠接地点。

4.13.3 装置应有安全标志,安全标志应符合GB 16836—2003中5.7的规定。

4.13.4 金属结构件应有防锈蚀措施。

4.14 安全设计要求

4.14.1 外壳防护

户内使用的装置的外壳防护应符合GB 4208中规定的外壳防护等级IP20的要求;户外使用的装置应符合GB 4208中规定的外壳防护等级IP54的要求。机械安全应符合IEC 60255-27:2005中第6章的要求。

4.14.2 电气间隙和爬电距离

装置的电击防护应符合IEC 60255-27:2005中5.1的要求。

装置内两带电导体之间以及带电导体与裸露不带电导体之间的电气间隙和爬电距离应符合IEC 60255-27:2005中5.2的要求。

4.14.3 可燃性及防火

可燃性及防火设计应符合IEC 60255-27:2005中第7章的要求。

4.14.4 装置应采取必要的防静电及防辐射电磁场干扰的防护措施,装置的不带电金属部分应在电气上连为一体,并具有可靠的接地点。

4.14.5 装置应有安全标志,安全标志应符合IEC 60255-27:2005中9.1的规定。

4.15 机械性能

4.15.1 振动(正弦)

4.15.1.1 振动响应

装置应能承受GB/T 11287—2000中3.2.1规定的严酷等级为1级的振动响应试验,试验期间及试验后的装置的性能应符合该标准中5.2规定的要求。

4.15.1.2 振动耐久

装置应能承受GB/T 11287—2000中3.2.2规定的严酷等级为1级的振动耐久试验,试验期间及试验后的装置的性能应符合该标准中5.2规定的要求。

4.15.2 冲击

4.15.2.1 冲击响应

装置应能承受GB/T 14537—1993中4.2.1规定的严酷等级为1级的冲击响应试验,试验期间及试验后的装置的性能应符合该标准中5.1规定的要求。

4.15.2.2 冲击耐久

装置应能承受GB/T 14537—1993中4.2.2规定的严酷等级为1级的冲击耐久试验,试验期间及试验后的装置的性能应符合该标准中5.1规定的要求。

STANDARDS PRESS OF CHINA

4.15.3 碰撞

装置应能承受 GB/T 14537—1993 中 4.3 规定的严酷等级为 1 级的碰撞试验，试验期间及试验后的装置的性能应符合该标准中 5.2 规定的要求。

5 试验方法

5.1 试验条件

5.1.1 除另有规定外，各项试验均应在 4.1.2 中所规定的正常试验大气条件下进行。

5.1.2 被试装置和测试仪表应良好接地，并考虑周围环境电磁干扰对测试结果的影响。

5.1.3 测试用仪器仪表应符合 GB/T 7261—2000 中 4.4 的规定。

5.2 结构和外观检查

按 4.13 及 GB/T 7261—2000 第 5 章的要求进行检查。

5.3 技术性能试验

5.3.1 基本性能试验

用继电保护测试设备测试装置的以下基本性能：

a) 交流输入回路的特性；

b) 各种元件的整定值；

c) 各种元件动作时间特性；

d) 各种元件动作特性；

e) 逻辑回路及其联合动作正确性；

f) 功率消耗。

5.3.2 微机保护的其他性能试验

a) 硬件系统自检；

b) 系统时钟；

c) 通信及信息输出功能；

d) 开关量输入输出回路。

5.4 装置的整组模拟试验

装置通过 5.3.1、5.3.2 的各项试验后，使用继电保护试验设备或仿真系统进行整组模拟试验。试验结果应满足 4.4、4.5 的规定。各种装置的试验项目如下：

a) 馈线保护装置

- 区内各种短路时的动作行为；
- 区外各种短路时的动作行为；
- 手合在故障线路时的动作行为；
- 电压回路断线或短路对保护装置的影响；

b) 变压器保护装置

- 区内各种短路时的动作行为；
- 区外各种短路时的动作行为；
- 变压器投入(空载)时的动作行为；
- 变压器负荷切除时电压恢复的影响；
- 电压回路断线或短路对保护装置的影响；

c) 并联补偿电容器保护装置

- 区内各种短路时的动作行为；
- 区外各种短路时的动作行为；
- 并联补偿电容器投入、退出时的动作行为；
- 电压回路断线或短路对保护装置的影响。

5.5 绝缘性能试验

根据4.8要求,按GB/T 7261—2000中第19章的规定和方法对装置进行绝缘电阻测量及介质强度、冲击电压试验。

5.6 低温、高温试验

5.6.1 低温试验

根据4.1.1 a)的要求,按GB/T 7261—2000第11章的规定和方法对装置进行低温试验。在低温环境下,装置性能应符合4.5.1规定。

5.6.2 高温试验

根据4.1.1 a)的要求,按GB/T 7261— 2000第12章的规定和方法对装置进行高温试验。在高温环境下,装置性能应符合4.5.1规定。

5.7 耐湿热试验

根据4.9的要求,按GB/T 2423.3—2006的规定和方法对装置进行湿热试验。

5.8 机械性能试验

5.8.1 振动试验(正弦)

根据4.15.1的要求,按GB/T 11287—2000的规定和方法对装置进行振动响应和振动耐久试验。

5.8.2 冲击试验

根据4.15.2的要求,按GB/T 14537—1993的规定和方法对装置进行冲击响应和冲击耐久试验。

5.8.3 碰撞试验

根据4.15.3的要求,按GB/T 14537—1993的规定和方法对装置进行碰撞试验。

5.9 电气干扰试验

按表3的规定和方法,进行电磁兼容性能试验。

表3 电磁兼容性能试验方法

1	辐射电磁场骚扰试验	根据4.10.1的要求,按GB/T 14598.9—2002的规定和方法,对装置进行辐射电磁场干扰试验。
2	电快速瞬变/脉冲群抗扰度试验	根据4.10.1的要求,按GB/T 14598.10—2007的规定和方法,对装置进行电快速瞬变/脉冲群抗扰度试验。
3	1 MHz脉冲群干扰试验	根据4.10.1的要求,按GB/T 14598.13—1998的规定和方法,对装置进行1 MHz脉冲群干扰试验。
4	静电放电试验	根据4.10.1的要求,按GB/T 14598.14—1998的规定和方法,对装置进行静电放电试验。
5	射频场感应的传导骚扰抗扰度试验	根据4.10.1的要求,按GB/T 14598.17的规定和方法,对装置进行射频场感应的传导骚扰抗扰度试验。
6	浪涌抗扰度试验	根据4.10.1的要求,按GB/T 14598.18的规定和方法,对装置进行浪涌抗扰度试验。
7	工频抗扰度试验	根据4.10.1的要求,按GB/T 14598.19的规定和方法,对装置进行工频抗扰度试验。
8	电磁发射试验	根据4.10.2的要求,按GB/T 14598.16的规定和方法,对装置进行传导发射限值试验和辐射发射限值试验。

5.10 温度贮存试验

装置不包装,不施加激励量,先按GB/T 2423.1—2001中第2篇的规定进行低温贮存试验,在

—25 ℃时贮存 16 h,在室温下恢复 2 h 后,再按 GB/T 2423.2—2001 中第 2 篇的规定进行高温贮存试验,在+55 ℃时贮存 16 h,在室温下恢复 2 h 后,施加激励量进行电气性能检测,装置的性能不应出现不可逆变化。

5.11 功率消耗试验

按 GB/T 7261—2000 中第 9 章的规定和方法,对装置进行功率消耗试验。

5.12 电源影响试验

根据 4.11 的要求,按 GB/T 7261—2000 第 14 章、第 15 章的规定和方法进行。

5.13 过载能力试验

根据 4.7 的要求,按 GB/T 7261—2000 第 22 章的规定和方法进行。

5.14 连续通电试验

a) 根据 4.12 的要求,装置出厂前应进行连续通电试验;

b) 被试装置只施加直流电源,必要时可施加其他激励量进行功能检测;

c) 试验时间为室温 100 h(或 40 ℃,72 h)。

6 检验规则

6.1 产品检验分出厂检验和型式检验两种。

6.2 出厂检验

每台装置出厂前应由制造厂的检验部门进行出厂检验,出厂检验在试验的标准大气条件下进行。检验项目见表 5。

6.3 型式检验

6.3.1 型式检验在试验的标准大气条件下进行。

6.3.2 凡遇下列情况之一,应进行型式检验:

a) 新产品定型鉴定前;

b) 产品转厂生产定型鉴定前;

c) 正式投产后,如设计、工艺材料、元件有较大改变,可能影响产品性能时;

d) 正常生产时,定期或累计一定产量后,应周期性进行型式检验;

e) 产品停产二年以上又重新恢复生产时;

f) 国家质量监督机构提出进行型式检验要求时;

g) 出厂检验结果与上批产品检验结果有较大差异时;

h) 合同规定时。

6.3.3 型式检验项目

型式检验项目见表 4。

表 4 检验项目表

检验项目名称	"出厂检验"项目	"型式检验"项目	"技术要求"章条	"试验方法"章条
a) 结构与外观	√	√	4.13	5.2
b) 技术性能	√	√	4.4,4.5	5.3
c) 整组模拟	√	√	4.6	5.4
d) 绝缘性能	√[a]	√	4.8	5.5
e) 功率消耗	—	√	4.3	5.11
f) 高温、低温	—	√	4.1,4.5	5.6
g) 电源影响	—	√	4.11	5.12

表 4（续）

检验项目名称	“出厂检验”项目	“型式检验”项目	“技术要求”章条	“试验方法”章条
h) 电磁兼容	—	√	4.10	5.9
i) 温度贮存	—	√	4.1.4	5.10
j) 耐湿热性能	—	√	4.9	5.7
k) 过载能力	—	√	4.7	5.13
l) 机械性能	—	√	4.15	5.8
m) 连续通电	√	√	4.12	5.14
n) 结构与外观	√	√	3.13	5.2
p) 安全	√[b]	√	4.14	5.15
[a] 只进行测绝缘电阻测量及介质强度试验，不进行冲击电压试验。 [b] 只进行保护接地连续性测量和安全标志检查。				

6.3.4 型式检验的抽样与判定

6.3.4.1 型式检验从出厂检验合格的产品中任意抽取 2 台作为检验样品。然后分两组分别进行。

A 组样品按 6.3.3 规定 a)、b)、c)、d)、i)、j)、k)、l)、n)、o)、p)各项进行检验；

B 组样品按 6.3.3 规定的其他各项项目。

6.3.4.2 样品经过型式检验，未发现主要缺陷，则判定产品合格；检验中如发现有一个主要缺陷，则进行第二次抽样，重复进行型式检验，如未发现主要缺陷，仍判该装置型式检验合格；如第二次抽样样品仍存在主要缺陷，则判定型式检验不合格。

6.3.4.3 装置样品型式检验结果达不到 4.4～4.14 要求中的任一条时，均按存在主要缺陷判定。

6.3.4.4 检验中装置出现故障允许进行修复，如修复内容对已做过检验的项目的检验结果没有影响，可继续往下进行检验；反之，受影响的检验项目应重做。

7 标志

7.1 每台装置应在机箱的显著部位设置持久明晰的标志或铭牌，标志下列内容：

a) 产品型号、名称；

b) 制造厂全称及商标；

c) 主要参数；

d) 对外端子及接口标识；

e) 出厂日期及编号。

7.2 包装箱上应以不易洗刷或脱落的涂料作如下标记：

a) 发货厂名、产品型号、名称；

b) 收货单位名称、地址、到站；

c) 包装箱外形尺寸(长×宽×高)及毛重；

d) 包装箱外面书写“防潮”、“向上”、“小心轻放”等字样；

e) 包装箱外面应规定叠放层数。

7.3 标志标识，应符合 GB/T 191 的规定。

7.4 产品执行的标准应予以明示。

7.5 安全设计标志应按 GB 16836—2003 的规定明示。

STANDARDS PRESS OF CHINA

8 包装、运输、贮存

8.1 包装

8.1.1 产品包装前的检查

a) 产品合格证书和装箱清单中各项内容应齐全;

b) 产品外观无损伤;

c) 产品表面无灰尘。

8.1.2 产品包装的一般要求

产品应有内包装和外包装,插件插箱的可动部分应锁紧扎牢,包装应有防尘、防雨、防水、防潮、防震等措施。包装完好的装置应满足4.1.4规定的贮存运输要求。

8.2 运输

产品应适于陆运、空运、水运(海运),运输装卸按包装箱的标志进行操作。

8.3 贮存

长期不用的装置应保留原包装,在4.1.4规定的条件下贮存。贮存场所应无酸、碱、盐及腐蚀性、爆炸性气体和灰尘以及雨、雪的侵害。

9 产品随行文件

产品出厂应提供下列随行文件:

——产品合格证;

——产品说明书;

——装箱清单;

——随机备品备件清单;

——产品图样及设计文件;

——其他有关技术资料。

10 其他

用户在遵守本标准及产品说明书所规定的运输、贮存条件下,装置自出厂之日起,至安装不超过两年,如发现装置和配套件非人为损坏,制造厂应负责免费维修或更换。

附 录 A
（规范性附录）
保护装置抗扰度试验要求

A.1 外壳端口抗扰度试验

表 A.1 外壳端口抗扰度试验

序号	电磁干扰类型	试验规范	单　位	参照标准
1.1	辐射射频电磁场	80～1 000	MHz	GB/T 14598.9—2002
		10	V/m 非调制，有效值	
	调幅	80	%AM (1 kHz)	
1.2	静电放电			GB/T 14598.14—1998
	接触	6	kV (充电电压)	
	空气	8	kV (充电电压)	

A.2 电源端口抗扰度试验

表 A.2 电源端口抗扰度试验

序号	电磁干扰类型	试验规范		单　位	参照标准
2.1	射频场感应的传导骚扰	0.15～80		MHz	GB/T 14598.17
		10		V 非调制，有效值	
		150		Ω 电源阻抗	
	调幅	80		% AM(1 kHz)	
2.2	快速瞬变	5 / 50		ns T_R/T_H	GB/T 14598.10—2007
	A 级	4		kV 峰值	
		2.5		kHz 重复频率	
	B 级	2		kV 峰值	
		5		kHz 重复频率	
2.3	1 MHz 脉冲群	0.1	1	MHz 频率	GB/T 14598.13—1998
		75	75	ns T_R	
		≥40	400	Hz 重复频率	
		200	200	Ω 电源阻抗	
	差模	1	1	kV 峰值	
	共模	2.5	2.5	kV 峰值	
2.4	浪涌	1.2/50(8/20)		μs T_R/T_H 电压(电流)	GB/T 14598.18
		2		Ω 电源阻抗	
	线对线	0.5、1		kV 充电电压	
		0		Ω 耦合电阻	
	线对地	18		μF 耦合电容	
		0.5、1、2		kV 充电电压	
		10		Ω 耦合电阻	
		9		μF 耦合电容	
2.5	直流电压中断	100		% 衰减	GB/T 8367
		5、10、20、50、100、200		ms 中断时间	

A.3 通信端口抗扰度试验

表 A.3 通信端口抗扰度试验

序号	电磁干扰类型	试验规范		单位	参照标准
3.1	射频场感应的传导骚扰	0.15～80		MHz	GB/T 14598.17
		10		V 非调制,有效值	
		150		Ω 电源阻抗	
	调幅	80		% AM(1 kHz)	
3.2	快速瞬变	5/50		ns T_R/T_H	GB/T 14598.10—2007
	A级	2		kV 峰值	
		5		kHz重复频率	
	B级	1		kV 峰值	
		5		kHz重复频率	
3.3	1 MHz 脉冲群	0.1	1	MHz	GB/T 14598.13—1998
		75	75	ns T_R	
		≥40	400	Hz 重复频率	
		200	200	Ω 电源阻抗	
	差模	0	0	kV 峰值	
	共模	1	1	kV 峰值	
3.4	浪涌	1.2/50		μs T_R/T_H电压	GB/T 14598.18
		8/20		μs T_R/T_H 电流	
		2		Ω 电源阻抗	
	线对地	0.5、1		kV 充电电压	
		0		Ω 耦合电阻	
		0		μF 耦合电容	

A.4 输入和输出端口抗扰度试验

表 A.4 输入和输出端口抗扰度试验

序号	电磁干扰类型	试验规范		单位	参照标准
4.1	射频场感应的传导骚扰	0.15～80		MHz	GB/T 14598.17
		10		V 非调制,有效值	
		150		Ω 电源阻抗	
	调幅	80		% AM(1 kHz)	
4.2	快速瞬变	5/50		ns T_R/T_H	GB/T 14598.10—2007
	A级	4		kV 峰值	
		2.5		kHz重复频率	
	B级	2		kV 峰值	
		5		kHz重复频率	
4.3	1 MHz 脉冲群	0.1	1	MHz 频率	GB/T 14598.13—1998
		75	75	ns T_R	
		≥40	400	Hz 重复频率	
		200	200	Ω 电源阻抗	
	差模	1	1	kV 峰值	
	共模	2.5	2.5	kV 峰值	

表 A.4（续）

序号	电磁干扰类型	试验规范	单　　位	参照标准
4.4	浪涌	1.2/50 (8/20)	μs　T_R/T_H电压(电流)	GB/T 14598.18
		2	Ω　电源阻抗	
	线对线	0.5、1	kV　充电电压	
		40	Ω　耦合电阻	
		0.5	μF　耦合电容	
	线对地	0.5、1、2	kV　充电电压	
		40	Ω　耦合电阻	
		0.5	μF　耦合电容	
4.5	工频干扰			GB/T 14598.19
	A级　差模	150	V　有效值	
		100	Ω　耦合电阻	
		0.1	μF　耦合电容	
	A级　共模	300	V　有效值	
		220	Ω　耦合电阻	
		0.47	μF　耦合电容	
	B级　差模	100	V　有效值	
		100	Ω　耦合电阻	
		0.047	μF　耦合电容	
	B级　共模	300	V　有效值	
		220	Ω　耦合电阻	
		0.47	μF　耦合电容	

A.5　功能接地端口抗扰度试验

表 A.5　功能接地端口抗扰度试验

序号	电磁干扰类型	试验规范	单　　位	参照标准
5.1	射频场感应的传导骚扰	0.15～80	MHz	GB/T 14598.17
		10	V　非调制，有效值	
		150	Ω　电源阻抗	
	调幅	80	%　AM(1 kHz)	
5.2	快速瞬变	5/50	ns　T_R/T_H	GB/T 14598.10—2007
	A级	4	kV　峰值	
		2.5	kHz 重复频率	
	B级	2	kV　峰值	
		5	kHz 重复频率	

A.6　外壳端口发射试验

表 A.6　外壳端口发射试验

序号	电磁干扰类型	试验规范	单　　位	参照标准
6.1	辐射发射	30 MHz～230 MHz	40 dB(μV/m) 准峰值	GB/T 14598.16
		230 MHz～1 000 MHz	47 dB(μV/m) 准峰值	
注：表中所列限值的测量距离为 10 m。				

STANDARDS PRESS OF CHINA

A.7 辅助电源端口发射试验

表 A.7 辅助电源端口发射试验

序号	电磁干扰类型	试验规范	单　　位	参照标准
7.1	传导发射	0.15 MHz～0.50 MHz	79 dB(μV) 准峰值 66 dB(μV) 平均值	GB/T 14598.16
		0.5 MHz～5 MHz	73 dB(μV) 准峰值 60 dB(μV) 平均值	
		5 MHz～30 MHz	73 dB(μV) 准峰值 60 dB(μV) 平均值	

ICS 11.160
C 46

中华人民共和国国家标准

GB 18040—2008
代替 GB 18040—2000

民用运输机场应急救护设施配备

Requirement of airports facilities for emergency medical services

2008-04-07 发布　　2008-06-01 实施

中华人民共和国国家质量监督检验检疫总局
中国国家标准化管理委员会　发布

前 言

本标准第 1 章、第 2 章、第 4 章为推荐性的，其余为强制性的。

本标准参考国际民用航空组织发布的国际民用航空公约附件 14《机场》(第四版)和《机场勤务手册》(第二版)第一部分《救援和消防》、第七部分《机场应急计划》(第二版)修订。

本标准代替 GB 18040—2000《民用航空运输机场应急救护设备配备》。

本标准与 GB 18040—2000 比较，主要变化如下：

——标准名称修改为《民用运输机场应急救护设施配备》。

——增加了机场应急救护设备和机场应急救护设施的定义；增加了附录 A(机场应急救护机构和人员)、附录 C(医疗急救引导标识)、附录 D(机场应急救护标志性服装)。

——以院前急救、突发公共卫生事件应急处置为重点，调整了药品、器材、设备、物资、救护车辆的种类和数量，增加了卫生防疫药品、器材和防护用品。

本标准的附录 A、附录 B、附录 C、附录 D 均为规范性附录。

本标准由中国民用航空局提出。

本标准由中国民用航空局航空安全技术中心归口。

本标准起草单位：中国民用航空局飞行标准司。

本标准主要起草人：吴坚、李哲、秦建军、王开宝、李思娟、张凤岭、白洪忠、张玉华、王斌。

本标准所代替标准的历次版本发布情况为：

——GB 18040—2000。

民用运输机场应急救护设施配备

1 范围

本标准规定了民用运输机场(含军民合用机场的民用部分,以下简称机场)应急救护设施配备及其设施的基本要求。

本标准适用于机场(含新建、改建、扩建机场)应急救护的设施配备。

2 术语和定义

下列术语和定义适用于本标准。

2.1

机场应急救护　airport emergency medical services

机场及其紧邻地区发生紧急事件所采取的紧急医疗救护措施,是机场应急救援的重要组成部分。

2.2

机场应急救护设备　airport emergency medical equipment

用于机场应急救护的仪器、器材、药品、物资、车辆等的统称。

2.3

机场应急救护设施　airport emergency medical facilities

为机场应急救护需要而建立的机构、系统、组织、建筑和设备等。

3 机场应急救护保障等级划分

3.1 机场应急救护保障等级按表1分为10级。

表1 机场应急救护保障等级

机场应急救护保障等级	最大机型飞机机身全长/m	最大机型机身宽度/m
1	<9	2
2	9～12(不含)	2
3	12～18(不含)	3
4	18～24(不含)	4
5	24～28(不含)	4
6	28～39(不含)	5
7	39～49(不含)	5
8	49～61(不含)	7
9	61～76(不含)	7
10	≥76	8

3.2 按使用该机场最大机型飞机的全长选定等级后,若该机身宽度大于表1中该等级的最大机型机身宽度,则机场应急救护保障等级应提高一级。

3.3 当使用该机场的最大机型飞机在一年中最繁忙的连续3个月内运行次数少于700次,则该机场应急救护保障等级可相对于所确定的等级降低一级。

注:一次起飞或一次着陆构成一次运行。

4 机场应急救护机构和人员

机场应急救护机构和人员的设置应符合附录 A 规定。

5 机场应急救护仪器、器材、药品、物资

5.1 仪器、器材应包括:医学检查基本的设备器械、心电图机、体外心脏除颤器、呼吸机、气管插管配套用具、供氧设备、洗胃机、吸引器、检验器材、基本手术器械、烧伤和包扎止血用品、夹板、担架、注射输液用品及防疫消毒器械。

5.2 药品应包括:用于休克、心博骤停、出血、窒息、骨折、急性中毒和其他医学紧急情况的院前急救处置用药和防疫消毒药品。

5.3 物资应包括:照明设备、毛毯、棉被、床单、尸体袋、传染病个人防护装备、伤员救治帐篷。

5.4 急救箱应急救护药品、器材配备应符合表 2 要求。

5.5 航站楼急救室(以下简称急救室)应急救护仪器、器材、药品、物资配备应符合表 3 要求。表 3 不包括旅客急症和医疗服务时使用的设备和药品,应根据不同需求自行配备。

5.6 航站楼急救站(以下简称急救站)应急救护仪器、器材、药品、物资配备应符合表 4 要求。表 4 不包括旅客急症和医疗服务时使用的设备和药品,应根据不同需求自行配备。

5.7 救护车应急救护仪器、器材、药品、物资配备应符合表 5 要求。

5.8 机场应急救护机构应急救护仪器、器材、药品、物资储备应符合表 6 要求,其储备不包括急救站、急救室配备的种类和数量,也不包括院内急救所需部分。

5.9 应保持应急救护药品、器材、设备、物资处于可使用、完整和有效状态。

5.10 应急救护药品、器材、设备、物资配备应考虑儿童特殊需求。

5.11 一般高原、高高原机场应急救护药品、器材、设备、物资配备应考虑高原急救需要。

注:一般高原机场是指海拔高度大于 1 500 m,小于 2 438 m 的机场;高高原机场是指海拔高度大于等于 2 438 m 的机场。

表 2 急救箱应急救护药品、器材配备

序号	药品、器材种类	品 名	单位	单箱配备数量
1	血管活性药	肾上腺素注射液	支	2
		多巴胺注射液	支	2
		间羟胺注射液	支	2
		异丙肾上腺素注射液	支	2
		阿托品注射液	支	2
2	正性肌力药	毛花苷 C 注射液	支	1
3	抗心律失常药	胺碘酮注射液	支	1
		利多卡因注射液	支	1
4	扩张血管抗心肌缺血药	硝酸甘油	片	10
5	呼吸兴奋药	尼可刹米注射液	支	2
		洛贝林注射液	支	2
6	利尿药	呋塞米(速尿)注射液	支	2
7	肾上腺皮质激素类药	地塞米松注射液	支	2
		倍他米松或其他激素类气喘喷雾剂	支	2

表 2（续）

序号	药品、器材种类	品 名	单位	单箱配备数量
8	水电酸碱平衡和血容量扩张药	羟乙基淀粉注射液	袋	1
		生理盐水注射液	袋	2
		50%葡萄糖注射液	支	2
9	消毒剂	酒精和碘酊或者碘伏	mL	各 50
10	检查器械	听诊器	具	1
		血压计	台	1
		体温计	支	1
		压舌板	个	5
		手电筒	个	1
11	救护器材	供氧设备	套	1
		口咽通气道	套	1
		挂件式现场人工呼吸屏障面具	副	2
		舌钳	个	1
		开口器	个	1
		止血钳	把	2
		止血带	条	1
		小夹板	块	各 1
		三角巾	条	10
		绷带	列	按型号各 2
		纱布块	块	按大、中型号各 20
		胶布	卷	3
		注射器(1 mL、2 mL、5 mL)	支	各 2
		注射器(20 mL)	支	2
		输液器	个	2
		输液止血带	条	1
		消毒棉签	包	2
		输液贴	个	2
		小砂轮刀	个	1
		乳胶手套(大、小)	副	各 10
		敷料剪	把	1
		圆珠笔	支	2
		伤亡识别标签(式样见附录 B)	张	10
注：高原、高高原机场急救箱内应适当增加高原反应急救药物。				

表 3　急救室应急救护仪器、器材、药品、物资配备

序号	设备名称	配备数量
1	急救箱(按表 2 配备药品)	2 个
2	供氧设备	1 套
3	心电图机	1 台
4	体外除颤器	1 台
5	简易呼吸器	1 台
6	吸引设备	1 套
7	诊断床	1 张
8	输液架	1 个
9	器械药品柜	1 个
10	救护记录单	10 页
11	伤病情登记册	1 册

表 4　急救站应急救护仪器、器材、药品、物资配备

序号	设备名称	配备数量
1	急救箱(按表 2 配备)	2 个
2	诊断床	1 张
3	担架车	1 辆
4	器械药品柜	1 个
5	供氧设备	1 套
6	心电图机	1 台
7	体外除颤器	1 台
8	呼吸机设备	1 套
9	简易呼吸器	1 个
10	快速血糖检测仪	1 台
11	吸引设备	1 套
12	气管插管设备(喉镜、气管导管、吸痰管、牙垫)	1 套
13	气管切开包	1 个
14	胸腔穿刺包	1 个
15	静脉切开包	1 个
16	缝合包	2 个
17	一次性使用产包	1 个
18	输液器材	10 套

表 4（续）

序号	设备名称	配备数量
19	输液泵（7 级及以上配备）	1 台
20	毛毯	1 条
21	床单	1 条
22	棉被	1 条
23	各型号固定夹板（脊柱夹板、四肢夹板）	1 套
24	各型号颈托	1 套
25	立式照明灯	1 个
26	圆珠笔	10 支
27	救护记录单	100 页
28	伤病情登记册	1 册

表 5 救护车应急救护仪器、器材、药品、物资配备

序号	名 称	单 位	普通型救护车	复苏型救护车	救护指挥车	救护物资运输车
1	急救箱	个	1	2	—	—
2	监护除颤仪	台	1	1	—	—
3	便携式呼吸机	台	—	1	—	—
4	简易呼吸器（复苏器及各型面罩）	台	1	1	—	—
5	气管插管设备	套	—	1	—	—
6	吸引设备	套	1	1	—	—
7	颈托	套	1	1	—	—
8	输液导轨	副	1	1	—	—
9	抽气式固定垫	套	—	1	—	—
10	担架车	台	—	1	—	—
11	脊椎固定板（含头部固定器）	副	1	—	—	—
12	铲式担架	副	—	1	—	—
13	供氧设备	套	1	1	—	—
14	应急照明灯	个	1	1	1	1
15	药品柜	个	1	1	—	—
16	通讯设备	套	1	1	1	1
17	警报器	部	1	1	1	1
18	急救网络图	套	1	1	1	1

STANDARDS PRESS OF CHINA

表6 机场应急救护机构应急救护仪器、器材、药品、物资储备

序号	品 类	单位	不同应急救护保障等级储备的最少数量								
			1～2级	3级	4级	5级	6级	7级	8级	9级	10级
1	急救箱(按表2配备)	个	1	2	5	10	20	25	40	55	65
2	水、电解质、酸碱平衡药	袋/类	1	2	2	5	10	10	15	20	40
3	固定夹板(脊柱夹板、四肢夹板)	套	5	10	10	10	20	25	40	55	65
4	颈托	个	2	5	10	20	20	25	40	55	65
5	三角巾	条	10	20	20	40	60	100	150	200	200
6	绷带(三列/卷)	卷	10	20	20	40	60	100	150	200	200
7	毛毯	条	1	2	5	10	25	30	60	60	75
8	一次性烧伤单	条	1	2	5	5	15	20	30	40	50
9	尸体袋	条	5	10	20	30	40	80	150	200	250
10	一次性床单	条	5	10	20	30	40	80	150	200	250
11	伤员救治帐篷(最少可同时救治5人)	个	0	0	0	0	0	1	2	4	4
12	应急照明灯	套	1	2	2	5	5	10	15	30	35
13	防疫消毒药械(环境消毒)	套	1	1	1	2	2	3	3	5	5
14	个人防护装备(传染病)	套	2	2	2	2	5	10	10	20	30
15	担架(其中含脊椎固定板、头部固定器不少于20%)	个	2	5	10	15	40	60	80	100	150
16	铲式担架	个	0	0	0	0	1	2	5	8	12
17	急救担架车	辆	0	0	0	0	0	1	1	2	2
18	便携式呼吸机	台	0	0	0	0	0	1	2	3	4
19	体外心脏除颤器	台	0	0	0	0	0	1	2	3	4
20	急救指挥区域标志	套	0	1	1	1	1	1	1	1	1
21	检伤分类区域标志	套	0	1	1	1	1	1	1	1	1
22	各类伤救治区域标志	套	0	1	1	1	1	1	1	1	1
23	伤亡识别标签	张	10	20	60	100	300	500	800	1 000	2 000

6 通信设备

6.1 机场应急救护机构应配备与机场应急救援指挥部门、所在地卫生行政部门、社会急救系统联系的通信设备。

6.2 机场应急救护机构的值班医生、护士、司机应配备无线通讯设备，保证急救信息畅通。

6.3 应急救护保障等级在7级及以上的机场应建立独立的通信频率。

6.4 通信设备配备数量应符合表7规定。

表 7 应急救护机构通信设备配备数量

序号	通讯设备		配备数量					
	名称	单位	急救室	急救站	急救中心	每台救护车辆	每名值班司机	备份
1	集群手持无线对讲机	个	2	2	≥5	0	1	适量
2	车载式无线电对讲机	台	0	0	0	1	0	0
3	手提扩音喇叭	套	0	0	1	0	0	1
4	录音电话	台	1	1	1	0	0	0
5	传真机	台	0	1	1	0	0	0

7 救护车辆

7.1 救护车辆数量配备应符合表 8 的规定。

7.2 救护车停车库(位)应设在便于急救站(室)急救人员搭乘并满足应急反应时间要求的位置。

7.3 寒冷、高原地区机场配备的车型应适合该地区使用。

表 8 急救护机构救护车辆配备

序号	救护车辆	各等级机场配备数量/辆					
		1 级～2 级	3 级～6 级	7 级	8 级	9 级	10 级
1	普通型救护车	0	1	2	2	3	4
2	复苏型救护车	0	0	1	2	3	4
3	救护指挥车	0	0	1	1	1	1
4	救护人员运输车	0	0	0	0	1	1
5	救护物资供应车(4 t～5 t)	0	0	1	1	1	1～2

8 机场应急救护房屋设施

8.1 急救室应包含诊断、治疗和抢救功能分区，必要时设立值班休息室。

8.2 急救站应设立诊断室、治疗室、抢救室、值班休息室。

8.3 急救中心应设立分诊处、诊断室、治疗室、抢救室、隔离观察室、药房、检验室、B 型超声波诊断室、X 光诊断室、心电图室、值班休息室。

8.4 应在便于车载驰救的适当位置设置救护物资储备用房。

8.5 急救室应设在旅客流量集中区域。

8.6 急救室、急救站的位置设置应满足应急救护驰救时间要求。

8.7 诊断、治疗和抢救区域应具备良好的通风、照明条件，并具备给、排水设施。

8.8 应在旅客活动区域设置急救站和急救室的医疗急救引导标识。

8.9 急救室、急救站和急救中心用房面积应符合表 9 规定。

8.10 机场应急救护机构物资储备用房面积应符合表 10 规定。

8.11 所有的房屋设施应保证稳定的电源供应，必要时可配备发电设备或不间断电源。

表 9 机场应急救护机构用房面积表

序号	项　目	机场应急救护机构用房面积/m²		
		急救室	急救站	急救中心
1	诊断室	共 40	15～20	结合机场应急救护特点，参照国家有关急救机构的有关规定执行
2	治疗室		20	
3	抢救室		40	
4	隔离观察室	0	30	
5	药房	0	0	
6	检验室	0	0	
7	B 型超声波诊断室	0	0	
8	X 光诊断室	0	0	
9	心电图室	0	0	
10	值班休息室	15	15/间(1 间～3 间)	
11	卫生间	0	5/间(1 间～2 间)	
合计		55	140～165	
注：用房面积指每一个急救室、站的用房面积。				

表 10 机场应急救护物资储备用房面积表

机场救护保障等级	1 级～2 级	3 级～4 级	5 级～6 级	7 级～8 级	9 级～10 级
急救物资储备用房面积/m²	10	10	20	50	100

9 标志与标识

9.1 现场急救区域标志

现场急救区域标志由规定的文字和颜色组成，用于区分事故现场的救治区域，分为急救指挥区域标志、检伤分类区域标志、各类伤救治区域标志。现场急救标志类别及含义见表 11。

表 11 现场急救区域标志分类

序号	标志		识别字样	颜色	释义
1	急救指挥区域标志		急救指挥	白底红字	急救指挥
2	检伤分类区域标志		检伤分类	白底红字	现场检伤分类
3	各类伤救治区域标志	0 级死亡标志	—	黑	死亡
		Ⅰ级救治标志	—	红	立即救治
		Ⅱ级救治标志	—	黄	稍缓救治
		Ⅲ级救治标志	—	绿	一般看护

9.2 伤亡识别标签

伤亡识别标签用颜色编码和符号表示伤情救治的急缓程度，见附录 B。

9.3 医疗急救引导标识

旅客活动区域设置应设置统一的医疗急救标识，并有中文、英文说明，见附录 C。

10 应急救护服装

机场应急救护人员在现场应穿着统一的机场应急救护服装。配备数量应符合表 12 规定。规格、式样符合附录 D 规定。

表 12　机场应急救护服装配备表

序号	名称	单位	每人配备数量				更换年限
			医疗指挥官	医生	护士	司机、后勤人员	
1	医疗指挥官头盔	件	1	0	0	0	6
2	医疗指挥官背心	件	1	0	0	0	6
3	医疗急救服(冬)	套	2	2	2	2	2
4	医疗急救服(春秋)	套	2	2	2	2	2
5	医疗急救服(夏)	套	2	2	2	2	2
6	帽子	顶	2	2	2	0	2
7	急救背心	件	1	1	1	1	6
8	防寒服装	件	1	1	1	1	6
9	应急救护工作鞋	双	1	1	1	1	2
10	雨衣、雨靴	套	1	1	1	1	4

STANDARDS PRESS OF CHINA

附 录 A
（规范性附录）
机场应急救护机构和人员

A.1 机场应急救护机构

机场应急救护机构是设立在机场区域适当位置，具有相应应急救护设备和设施，承担发生在机场及其紧邻地区的航空器、非航空器紧急事故或突发事件应急救护服务的机构。分为机场医疗急救中心、航站楼急救站、航站楼急救室。

A.2 机场应急救护机构的设置

机场应按照表 A.1 的规定，设置相应的机场应急救护机构。

表 A.1 机场应急救护机构设置数量

<table>
<tr><th rowspan="2">类 别</th><th colspan="8">应急救护保障等级</th></tr>
<tr><th>1～3 级</th><th>4 级</th><th>5 级</th><th>6 级</th><th>7 级</th><th>8 级</th><th>9 级</th><th>10 级</th></tr>
<tr><td>机场医疗急救中心</td><td>0</td><td>0</td><td>0</td><td>0</td><td>1</td><td>1</td><td>1</td><td>1</td></tr>
<tr><td>航站楼急救站</td><td>0</td><td>0</td><td>0</td><td>0</td><td>1</td><td>1</td><td>1</td><td>2</td></tr>
<tr><td>航站楼急救室</td><td>1</td><td>1</td><td>1</td><td>1</td><td colspan="2">1 个/(2～5)万 m^2 航站楼建筑面积或旅客集中区域急救室最大间隔距离 600 m</td><td colspan="2">1 个/(6～10)万 m^2 航站楼建筑面积或旅客集中区域急救室最大间隔距离 600 m</td></tr>
</table>

A.3 机场应急救护机构的功能

机场医疗急救中心负责本机场区域内应急救护管理工作，统一协调和指挥各急救站、急救室的应急救护工作。航站楼急救站负责机场内所属航站楼与指定区域内的应急救护工作，协调指挥辖区各急救室应急救护工作。航站楼急救室负责实施指定区域内应急救护工作。

A.4 机场应急救护人员

机场应急救护人员是具备救护知识和技能，掌握机场应急救护预案和程序，并取得有关部门医疗或卫生救护资格认可，在机场及其紧邻地区航空器、非航空器发生紧急事故或突发事件时，进行现场紧急救护的人员。包括：医护人员、救护车司机、行政管理和后勤保障人员。

A.5 机场应急救护人员配备

A.5.1 机场应急救护人员

医护人员应达到总数的 75% 以上，医生、护士比例为 1∶1。

医护人员包括执业（助理）医师、执业护士、药剂师（士）与其他医疗技术人员。

A.5.2 人员配备

A.5.2.1 机场应急救护保障等级(3～4)级者，应配备的通过应急救护培训医护人员 1 人。

A.5.2.2 机场应急救护保障等级(5～6)级者，应配备的医生、护士不少于 4 人。

A.5.2.3 机场应急救护保障等级(7～8)级者，应配备的医护人员不少于 30 人。旅客运输量在 800 万人次/年（含）以上的机场，医护人员可按照每 30 万人次增加 1 名计算。

A.5.2.4 机场应急救护保障等级(9～10)级者,应配备的医护人员不少于50人。旅客运输量在1 500万人次/年以上的机场,医护人员可按照每100万人次增加1名计算。

A.5.2.5 救护车司机按每个工作班次每辆救护车1人配备。

附 录 B
(规范性附录)
伤亡识别标签

伤亡识别标签样签,如图 B.1 和图 B.2 所示(尺寸为 9 cm×18 cm)。

在医学符号的上方是一个小孔,可穿入吊线

左角是黄色的,并沿着虚线打孔,在三角形区域内表示出了标签顺序号码(如 No. 028712),并由救护车司机保存,作为对送往医院的伤员记录,如果送往了多家医院,标签则应按不同医院分别保留。

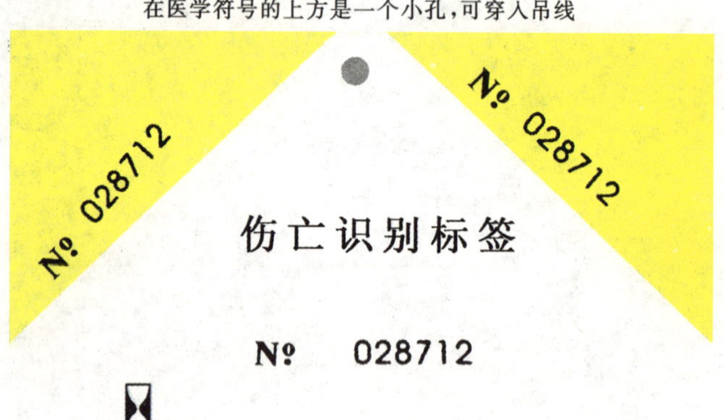

右角是黄色的,并沿着虚线打孔,三角形号码,并有一个小孔可吊线,它可用来系在定位桩上或由急救人员保存作为处理伤员的记录。

№ 028712 —— 标签号

伤员第一次稳定的时间 —— 空格填写伤员第一次稳定的时间

伤员姓名、性别 —— 空格填写伤员姓名、性别(如果知道)

标签的主体部分挂在伤员身上

伤员的地址 —— 空格填写伤员的地址(如果知道)

伤员的国家和城市 —— 空格填写伤员的国家和城市(如果知道)

急救人员的姓名 —— 空格填写处理伤员的急救人员的姓名(或姓名开头字母)

黑色条纹线 已死亡 —— 如果伤员已死亡是 0 级,撕下下面三条打孔部分

红色条纹线——Ⅰ级 兔——立即救治 —— 如果伤员是Ⅰ级,撕下下面两条打孔部分

黄色条纹线——Ⅱ级 乌龟——稍缓救治 —— 如果伤员是Ⅱ级,撕下下面一条打孔部分

绿色条纹线——Ⅲ级 一般看护 —— 如果伤员是Ⅲ级,保留所有打孔部分

备注:如果伤员伤情恶化,则优先类别相应改变

图 B.1 伤亡识别标签(正面)

见图 B.1 关于标签
撕掉部分的注释

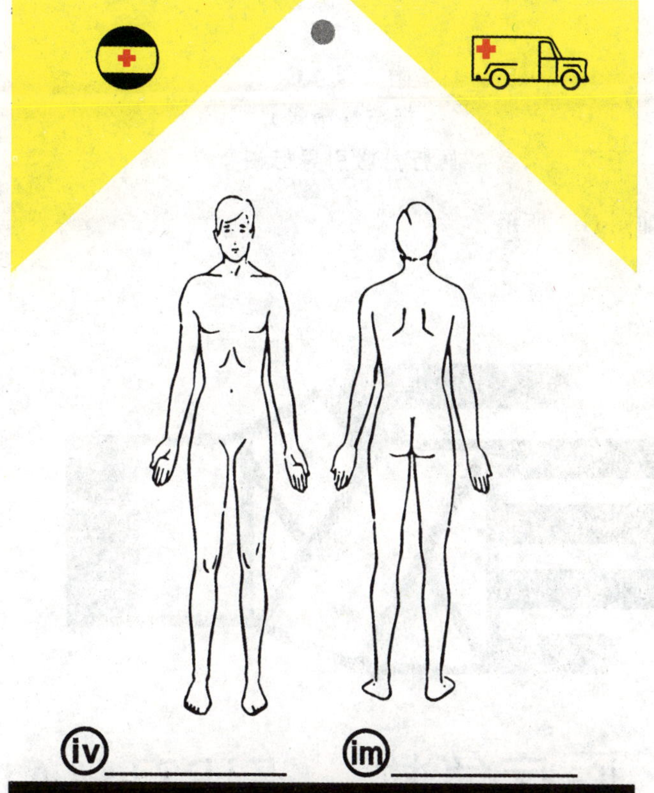

表示出首次确认的受伤位置

在ⓘⓥ后记录向伤员
进行静脉注射的药名

在ⓘⓜ后记录向伤员
进行肌肉注射的药名

印刷颜色标号 K100

印刷颜色标号 M100Y100

印刷颜色标号 Y100

印刷颜色标号 C100Y100

图 B.2 伤亡识别标签(背面)

附　录　C
（规范性附录）
医疗急救引导标识

C.1　医疗急救引导标识如图 C.1 所示。

图 C.1　医疗急救引导标识

C.2　医疗急救引导标识中文说明为“医疗急救”。

C.3　医疗急救引导标识英文说明为“FIRST AID”。

C.4　中(英)文说明字体为黑体,颜色为白色或黑色。

附 录 D
（规范性附录）
机场应急救护标志性服装

民用运输机场应急救护标志性服装由标有应急救护标志性文字的急救背心、医疗急救服及医疗指挥官头盔、应急救护工作鞋组成。

D.1 应急救护标志性文字

应急救护标志性文字是印制在民用运输机场应急救护标志性服装上的专用文字，以区别各类救援专业人员。

D.1.1 标志性文字内容

应急救护标志性文字分别为机场应急救护指挥和机场应急救护人员使用。

D.1.1.1 机场应急救护指挥人员

使用的标志性中文字样为“医疗指挥官”；

英文对照字样为“MEDICAL DIRECTOR”。

D.1.1.2 机场应急救护人员

使用的标志性文字为“急救”和“航空急救”；

英文对照字样为“FIRST AID”和“FIRST AID FOR AVIATION”。

D.1.2 标志性文字字体、规格

中文字体为隶书粗体，文字高 7 cm、总弦长 32 cm；

英文字体为黑体，文字高 5.5 cm、总弦长 39 cm。

D.1.3 标志性文字印制位置

各类应急救护人员使用的标志性文字要求印制在机场应急救护指挥官头盔和急救背心的 PVC 反光带居中位置。

D.1.3.1 指挥官头盔

以头盔中矢面为中心，正前方印有“医疗指挥官”中文字样，文字下缘距头盔下沿 5.0 cm。字体为黑体，中文字高 4.0 cm。

D.1.3.2 应急救护背心

在机场应急救护指挥官应急救护背心前胸和后背的上 PVC 反光带，按 D.1.2 规格印制“医疗指挥官”标志性中文字样；在背心前、后下 PVC 反光带，按 D.1.2 规格印制相应英文字样。

在应急救护背心前胸的上 PVC 反光带，按 D.1.2 规格印制“急救”标志性中文字样，“急”和“救”两字样间距为 12 cm；在应急救护背心后背的上 PVC 反光带，按 D.1.2 规格印制“航空急救”标志性中文字样，在急救背心前、后下 PVC 反光带，按 D.1.2 规格印制相应英文字样。

D.2 应急救护背心

应急救护背心是民用运输机场应急救护人员穿着的标志性服装，其上印有标志性文字。

D.2.1 应急救护背心式样（图 D.1）

网眼式背心，其前、后身上、下各有一条 PVC 反光带，背心两侧带有尼龙材质搭扣。

D.2.2 应急救护背心颜色

白色为各类应急救护人员所使用应急救护背心的标准颜色。

D.2.3 应急救护背心规格

大号：66 cm×50 cm；

小号：60 cm×40 cm。

D.2.4 PVC 反光带规格及位置

D.2.4.1 上 PVC 反光带

背心前身上 PVC 反光带位于背心上方，其上沿距领口正中下沿 6 cm，宽 9 cm，左右延伸至前后身接缝处 。

背心后身上 PVC 反光带位于背心上方，其上沿距领口下沿 20 cm，宽 9 cm，左右延伸至前后身接缝处。

D.2.4.2 下 PVC 反光带

背心前身和后身下 PVC 反光带位于背心下方，其下沿均距底边 6 cm，宽 9 cm，左右延伸至前后身接缝处。

D.2.5 面料质地

急救背心面料为阻燃防火网布。

PVC 反光带质地编号 RFC400CD/(lx/m^2)，达海事反光标准。

D.3 机场医疗急救服装

民用运输机场医疗急救服装(以下简称医疗急救服)为日常医疗急救服装。

为提高救援速度，应急救护服装由急救背心和医疗急救服组成。

D.3.1 医疗急救服装式样(见图 D.2)

医疗急救服为分身式单层西装领上衣与西裤。

D.3.1.1 上装

医生、护士、后勤人员上装为单层西装领上衣，分夏季、春秋及冬季服装。

护士夏季上装分为有领和无领两种。

D.3.1.2 下装

医生、护士、后勤人员下装统一采用西裤。

D.3.2 医疗急救服颜色

各季节服装颜色统一为白色。

D.3.3 医疗急救服规格

医疗急救服规格为国家标准配备型号。

D.4 应急救护工作鞋

须适合复杂地理环境和恶劣气候条件下开展应急救护工作使用。颜色为白色，款式原则上确定为旅游鞋或运动鞋。

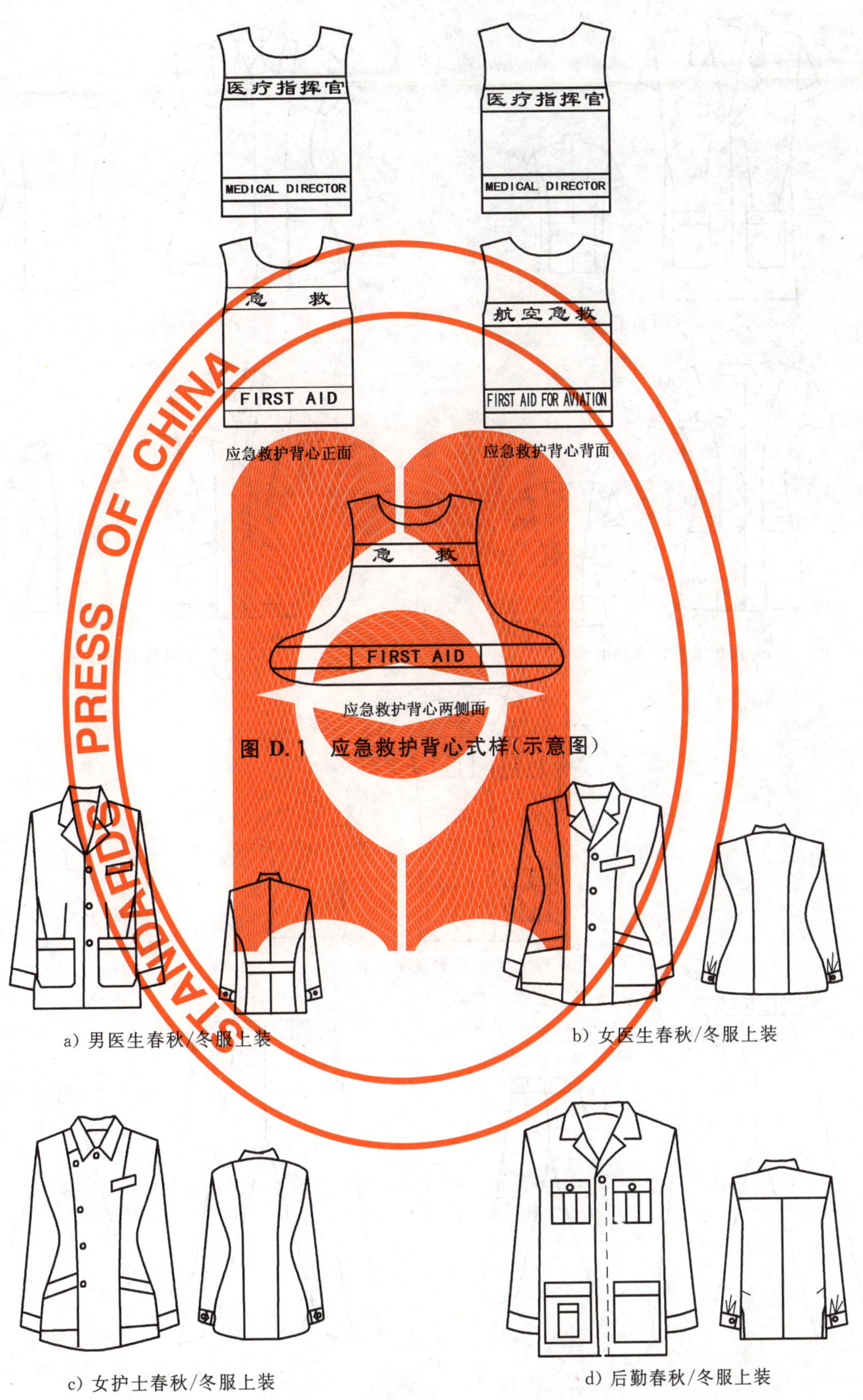

图 D.1 应急救护背心式样(示意图)

a) 男医生春秋/冬服上装

b) 女医生春秋/冬服上装

c) 女护士春秋/冬服上装

d) 后勤春秋/冬服上装

图 D.2 医疗急救服装式样(示意图)

STANDARDS PRESS OF CHINA

e）男医生夏服上装

f）女医生夏服上装

g）女护士夏装无领上装

h）女护士夏装有领上装

i）后勤夏服上装

j）男裤

k）女裤

图 D.2（续）

ICS 39.060
Y 88

中华人民共和国国家标准

GB/T 18043—2008
代替 GB/T 18043—2000

首饰　贵金属含量的测定 X射线荧光光谱法

Jewellery—Determination of precious metal content—Method using X－Ray fluorescence spectrometry

2008-12-31 发布　　2009-07-01 实施

中华人民共和国国家质量监督检验检疫总局
中国国家标准化管理委员会　发布

前　言

本标准代替 GB/T 18043—2000《贵金属首饰含量的无损检验方法　X射线荧光光谱法》。

本标准与 GB/T 18043—2000 的主要区别如下：

——标准名称中去掉“无损”二字；

——根据国家标准制修订情况，替换了相关引用标准；

——对仪器设备提出具体的技术要求；

——计算结果采用千分数表示，与 GB 11887 的表示方法一致。

本标准由中国轻工业联合会提出。

本标准由全国首饰标准化技术委员会(SAC/TC 256)归口。

本标准起草单位：国家首饰质量监督检验中心。

本标准主要起草人：段体玉、李素青、李玉鹍、李武军。

本标准所代替标准的历次版本发布情况为：

——GB/T 18043—2000。

首饰　贵金属含量的测定
X 射线荧光光谱法

1　范围

本标准规定了应用 X 射线荧光光谱测定首饰中贵金属含量的方法及要求。

本标准仅适用于首饰及其他工艺品中贵金属(金、银、铂、钯)等含量的测定。本标准适用于委托检验时需征得委托方及被委托方同意,适用于不包括生产质量控制的生产企业内部管理。监督检验慎重使用。

2　规范性引用文件

下列文件中的条款通过本标准的引用而成为本标准的条款。凡是注日期的引用文件,其随后所有的修改单(不包括勘误的内容)或修订版均不适用于本标准,然而,鼓励根据本标准达成协议的各方研究是否可使用这些文件的最新版本。凡是不注日期的引用文件,其最新版本适用于本标准。

GB/T 9288　金合金首饰　金含量的测定　灰吹法(火试金法)(GB/T 9288—2006,ISO 11426:1997,MOD)

GB/T 17832　银合金首饰　银含量的测定　溴化钾容量法(电位滴定法)(GB/T 17832—2008,ISO 11427:1993,MOD)

GB/T 19720　铂合金首饰　铂、钯含量的测定　氯铂酸铵重量法和丁二酮肟重量法(GB/T 19720—2005,ISO 11210:1995,MOD)

GB/T 21198.6　贵金属合金首饰中贵金属含量的测定　ICP 光谱法　第 6 部分:差减法

3　方法原理

本方法的原理是贵金属首饰表层经 X 射线激发,发射出特征 X 射线荧光光谱,测量特征谱线的能量或波长,可进行定性分析,测量谱线强度,与标准物质的工作曲线比较计算,即可进行定量分析。

4　仪器和设备

4.1　X 射线荧光光谱分析仪:锰元素在 5.89 keV 能量位置的峰,分辨率至少为 200 eV。

4.2　金、银、铂、钯等标准物质:须经适当方法准确定值,并可溯源。

5　测试方法及要求

5.1　仪器的校核

根据仪器的具体要求定期进行校核。

5.2　测试条件

5.2.1　实验室的环境条件应满足相应的仪器要求。

5.2.2　仪器达到稳定状况后方可进行测量。

5.2.3　测定标准物质,根据其各元素含量值及强度值建立标准曲线。

5.3　测试方法

5.3.1　每件样品选取测试点不得少于三个。

5.3.2　测量样品，通过对比标准曲线确定贵金属含量值。计算平均值，以千分数表示，测定结果表示到个位。

6　影响测量结果的因素

由于首饰产品的特殊情况，受方法原理的限制，在使用本方法时检测人员应了解和熟悉以下影响测试结果的因素（这些影响因素在不同情况下将对特征谱线强度的采集产生很大的影响，甚至造成误判）：

——被测样品与标准物质所含元素组成和含量有较大的差异；

——被测样品的表面有镀层或经化学处理；

——测量时间；

——样品的形状；

——样品测量的面积；

——贵金属的含量多少；

——被测样品的均匀程度（包括偏析和焊药等）。

7　测量结果的处理

7.1　由于被测的首饰产品不同，使用的仪器不同，检测人员的素质水平不同，对检测结果的接收范围建议在以下范围内选取。随贵金属含量的减少，可接收的范围将增大。

7.2　检测结果的建议接收范围为1‰～30‰。

7.3　对结果如有争议，应以GB/T 9288、GB/T 17832、GB/T 19720、GB/T 21198.6的分析结果为准。

ICS 59.080.60
W 56

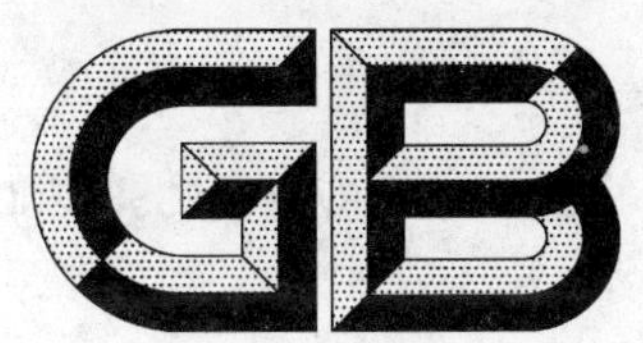

中华人民共和国国家标准

GB/T 18044—2008/ISO 6356:2000
代替 GB/T 18044—2000

地毯　静电习性评价法　行走试验

Carpets—Assessment of static electrical propensity—Walking test

(ISO 6356:2000,Textile floor coverings—
Assessment of static electrical propensity—Walking test,IDT)

2008-12-30 发布　　2009-09-01 实施

中华人民共和国国家质量监督检验检疫总局
中国国家标准化管理委员会　发布

前　言

本标准等同采用国际标准 ISO 6356:2000《纺织铺地物　静电习性评价法　行走试验》。

本标准在技术内容上与 ISO 6356:2000 完全相同，仅做了如下少量编辑性修改：

——按我国的地毯系列标准命名惯例，改变标准名称，用“地毯”代替“纺织铺地物”；

——“本国际标准”一词改为“本标准”；

——用小数点“.”代替作为小数点的逗号“,”；

——删除了国际标准的前言，增加了本标准的前言。

本标准代替 GB/T 18044—2000《地毯静电性能评定模拟人体　步行试验方法》。

本标准与 GB/T 18044—2000 相比主要差异如下：

——由模拟法改为直接采用人体行走法；

——原方法所费时间较少，而人体行走费时且对试验条件的控制极严格。

本标准的附录 A、附录 B、附录 C、附录 D 和附录 E 均为规范性附录。

本标准由中国轻工业联合会提出。

本标准由全国地毯标准化技术委员会归口。

本标准负责起草单位：中国工艺美术协会地毯专业委员会。

参加的起草单位：天津市东方蓝宝地毯研究中心。

本标准主要起草人：张玉芬、刘德超、陈贵生。

地毯　静电习性评价法　行走试验

1　范围

本标准规定了在监控条件下对各种类型地毯的静电习性进行评价的方法。由于所产生的电势随湿度、鞋底材料、行走毯面及行走人行走方式的不同而有所改变，本试验所得出的结果不一定能反映出地毯铺设现场的情况，但确实能对不同种类的毯面的性能提供对照和比较。

在需要进行分级或在有争议的情况下，在本标准中所规定的测量程序可以按相关的分级标准所规定的控制条件或有争议双方一致同意的控制条件下进行测量。有可能出现需要在无控制条件下进行测量的情况，例如在铺设铺地物的现场进行测量。采用本标准中所规定使用的设备进行测量的原理，可以穿用所规定的标准鞋进行测量，或穿用使用现场所规定的相关用鞋进行测量。

2　规范性引用文件

下列文件中的条款通过本标准的引用而成为本标准的条款。凡是注日期的引用文件，其随后所有的修改单(不包括勘误的内容)或修订版均不适用于本标准，然而，鼓励根据本标准达成协议的各方研究是否可使用这些文件的最新版本。凡是不注日期的引用文件，其最新版本适用于本标准。

GB/T 6031—1998　硫化橡胶或热塑橡胶硬度的测定(idt ISO 48:1994)

ISO 1957　机制纺织铺地物　用于物理试验的取样和试样的截取

ISO 2424　纺织铺地物专业词汇

ISO 9407:1991　鞋的尺寸　确定尺寸和标志的 Mondopoint 系统

GB/T 1410　固体绝缘材料的体积电阻率和表面电阻率的测定方法(GB/T 1410—2006，IEC 60093:1980，IDT)

ASTM D 394:1959　橡胶化合物的耐磨损的标准测试方法

3　术语和定义

ISO 2424 确定的术语和定义适用于本标准。

4　原理

当一个人在：

a)　受检的地毯上；

b)　穿着标准所规定的鞋；

c)　按照规定的行走方式；

d)　处于受监控的大气条件下；

行走时，对这时所产生的相对于大地的电位(0 电位)的电位差进行测量，并以此来评价人们在使用这种地毯的过程中会产生的由于静电荷电击造成的不舒适感的危险性。

5　设备

5.1　接地的金属底板

尺寸至少为 2 000 mm×1 000 mm。

警告：在实验室中使用一块金属板在地板上接地或整个地面都是金属板的情况下，一旦接触到电源供电线路就会构成灾害。因此建议对所有的电源装置都配备适用的接地故障断路器加以保护。

STANDARDS PRESS OF CHINA

5.2　橡胶垫

尺寸为 2 200 mm×1 200 mm,厚度为(4.5±0.5)mm,垂直电阻按 GB/T 1410 进行测量,应大于等于 10^{13} Ω/cm^2。

5.3　试验用鞋

按附录 A 的要求制作并按专门保存用来进行这种试验。鞋底材料应按附录 B 的要求,采用 XS-664PNeolite[1)]。金属底板和穿着这种鞋站在金属底板上的操作人员之间的电阻,应按附录 C 的方法测量,在 10^{10}～10^{11} Ω 之间。

注:对于需要使用导电体的鞋类的试验,试验用鞋的鞋底可以采用 BAM 橡胶[2)]。

5.4　清洁试验用鞋的用品。

5.4.1　P280 砂纸。

5.4.2　洗净的棉布,不沾有整理剂或清洗剂。

5.4.3　乙醇,浓度≥95%。

5.5　电离发生器

能够清除试样表面上的静电荷。

5.6　两块地毯标准参照样[3)]

要专门保存为本试验方法使用并满足以下要求:

a) 一块不防静电的地毯试样,未经后整理,能在 25%的湿度条件下进行试验时产生−9.0 kV±5.0 kV 的人体电压,在 20%的湿度条件下进行试验时产生−9.5 kV～−13.7 kV 的人体电压。

b) 一块防静电的地毯试样,未经后整理,能在 25%的湿度条件下进行试验时产生−1.5 kV±0.4 kV 的人体电压,能在 20%的湿度条件下进行试验时产生−2.7 kV±0.3 kV 的人体电压。

5.7　人体电压测量系统

由一个直流静电电压表,一个自动图标记录仪和一个手电极组成并能满足如下要求:

a) 电压表和手电极系统的输入阻抗≥10^{14} Ω;

b) 手电极的输入电容量≤20 pF;

c) 电极、电压表和记录仪的响应时间应使记录仪的满刻度行程保持在 0.25 s 之内。

通用的手电极及其应用,见附录 D。

5.8　相对湿度的测量仪器

应能测定精度在±1%的相对湿度。

6　用于调节和试验的大气条件

试样应在规定的标准大气中进行调节和测试。采用的试验条件应当在试验报告中说明。通常采用的试验条件包括:

a) 温度(23±1)℃ 和相对湿度(25±3)%;

b) 温度(23±1)℃ 和相对湿度(20±3)%。

---

1) 可以从 AATCC 的 Technical Center 买到。地址是:P. O. Box 12215;Research Triangle Park;NC 27709. USA。提供这一信息的目的是为使用本标准的用户的方便,并不构成对该产品的认可。如果证明能够达到同样的试验结果,其同类产品也可以使用。

2) 可以从德国柏林 BAM 公司买到。提供这一信息的目的是为使用本标准的用户提供方便,并不构成对该产品的认可。如果证明能够达到同样的试验结果,其同类产品也可以使用。

3) 可以从 AATCC 的 Technical Center 买到。地址是:P. O. Box 12215;Research Triangle Park;NC 27709. USA。提供这一信息的目的是为适用本标准的用户的方便,并不构成对该产品的认可。如果证明能够达到同样的试验结果,其同类产品也可以使用。

注：不同地区的权威部门往往根据地毯在使用中经受的气候条件的严酷程度规定出不同的标准大气。在一种试验条件下所得出的数值是不能同在另一种试验条件下得出的数值相比的。

7 取样和试样的选择

按照 ISO 1957 的规定进行取样和截取试样。从每块样品中，选择一块 2 000 mm×1 000 mm 的试样。

注：一般说来，试验应在处在接受状态下的地毯上，即经适当的后整理和一些特殊处理的状态下进行。如果要审查这种后整理和特殊处理的持久性，则应在此次试验前将试样进行清洗加工或使其处于实际磨损状态。如果是这样的话，应将这些预处理记录在试验报告中。

8 试样、地毯参照样、橡胶垫和试验用鞋的调节

在第 6 章中所规定的大气条件下，把试样放在取样架上，确保空气自由流通，从湿的状态（比测试室湿度更高的状态）开始进行至少 7 d 的调节。

橡胶垫（5.2）、试验用鞋（5.3）和地毯参照样（5.6）不能用于其他目的，而应将其永久保存于试验用标准大气中。如果做不到这一点，橡胶垫和试验用鞋应在试验前进行 2 d 的调节，地毯参照样应进行 7 d 的调节。

注：确保试样和设备得到充分的调节，尤其是某些后整理会导致调节速度减缓。

9 试验程序

9.1 准备

9.1.1 试验用鞋的清洁

在开始一组试验前，先用一块洗净的棉布（5.4.2）蘸以乙醇（5.4.3）擦拭鞋底材料，清除鞋底上的化学物质。当鞋底干燥后，用细砂纸（5.4.1）摩擦鞋底，再用一块干的洗净棉布将砂纸打磨的尘屑擦去。在测试每一块试样前，用乙醇反复擦鞋底。在试验前，要确认鞋底巳干燥。

注：如果鞋底材料被严重污染，则有必要在开始系列试验之前进行更严格的清洁程序。清洁程序的效果可以使用地毯的参考标样进行检查。

9.1.2 记录测试大气

在开始和结束每一组测试时，都要使用测量相对湿度的仪器（5.8）测量并记录试验室内的温度和湿度。

9.1.3 校验测量系统

在每一组试样的试验开始前，应首先对测量系统进行校验。在开始试验以前应首先测试地毯标准参考样（5.6）对系统进行校验。关于电压表、手电极和记录仪的校正程序，见附录 E。

注：建议增加一套标准试验用鞋单独保存专门用于检测地毯标准参考样。

9.1.4 除去试样和试验材料上的静电荷

9.1.4.1 使用 5.5 中所提及的电离源来清除残余的静电荷。将橡胶垫（5.2）放在金属底板（5.1）上，将试样自由悬挂，分别对橡胶垫和试样的前面和背面进行除静电处理。然后小心地将试样放到橡胶垫上，确保其不在橡胶垫上滑动，也不与金属底板接触。

9.1.4.2 操作员穿着试验用鞋站在试样上，在即将开始在试样上行走之前，操作员同地面或大地（0 电位）相接，清除操作员和试验用鞋上残余的静电荷。

9.2 试验

9.2.1 操作员应将试验用鞋放在试样上，然后将脚踏入鞋中。系紧鞋带，以确保操作员的脚保持与鞋的内底恒定地相接触。

9.2.2 在整个试验过程中，操作人员应始终保持身体面对同一方向，以每秒 2 步的速度在试样上行走。操作人员应以向前走和向后走的方式尽可能多地走遍整个试样，但应避免拖脚蹭走和原地转动。行走

时应使鞋底抬起到 50 mm～80 mm,并使鞋底始终保持与试样平行。操作人员应不要走近到离墙或室内其他物品 0.5 m 以内的地方。当峰值电压保持 1 min 不再上升时,只要有其中一种情况发生,就停止行走。

9.2.3 操作人员取下试验用鞋,擦净鞋底,重复进行 9.1.4、9.2.1 和 9.2.2 的程序,然后完成每一块试样行走 3 次的一组试验。

保存试验用过的试样,以使残留的电荷不会影响随后的试验。

每天测试的第一块试样应当是地毯参考样,以确保试验能够得出准确的结果。

10 结果的计算和表达

根据记录仪的图线来确定 5 个最大波谷的算术平均值,并将所有的结果用 kV 表示,精确至 0.1 kV。

注:本计算的常用偏差值在测量系统组合了减少记录图线上的波峰和波谷之间的电压差的阻尼时使用。当图表线迹达到最大值时,其图线的中间值由视觉来判断。这种做法要比确定“最大的波谷 ”得出略高的数值。

11 精确性的陈述

由 10 个实验室参与该项检测,对一系列地毯样品得出 60 个分析结果,试验表明按本标准评价的该类地毯的变异系数为 15%～25%,其平均值为 21%。

12 试验报告

试验报告应包括以下内容:

——说明本试验是依照本标准进行的;

——对每块试样的鉴别说明,包括进行的预处理的类型(如果有的话);

——准确的测试大气;

——进行试验的操作员;

——每次行走时的各次人体电压值;

——各次人体电压值的平均值;

——与本试验方法偏离的详细说明。

附　录　A
（规范性附录）
试验用鞋规格

A.1　概述

试验用鞋的尺寸应当是ISO 9407:1991Mondopoint尺寸中的270/100，试验用鞋露脚趾，有可调节后跟和前部脚背带。这些带子连接在内底的两侧，楔形后跟贴附在内底上，全鞋由一块整料做成的外底覆盖。

用一块不锈钢片嵌在鞋底靠前部的中央部位上，在其前部和后部用铝铆钉铆上，以使外底和操作员之间能够导电（见图A.1和图A.2）。所有的铆钉都应使外底或装在底部的钢片与上部的脚有良好的接触（见图A.1）。

单位为毫米

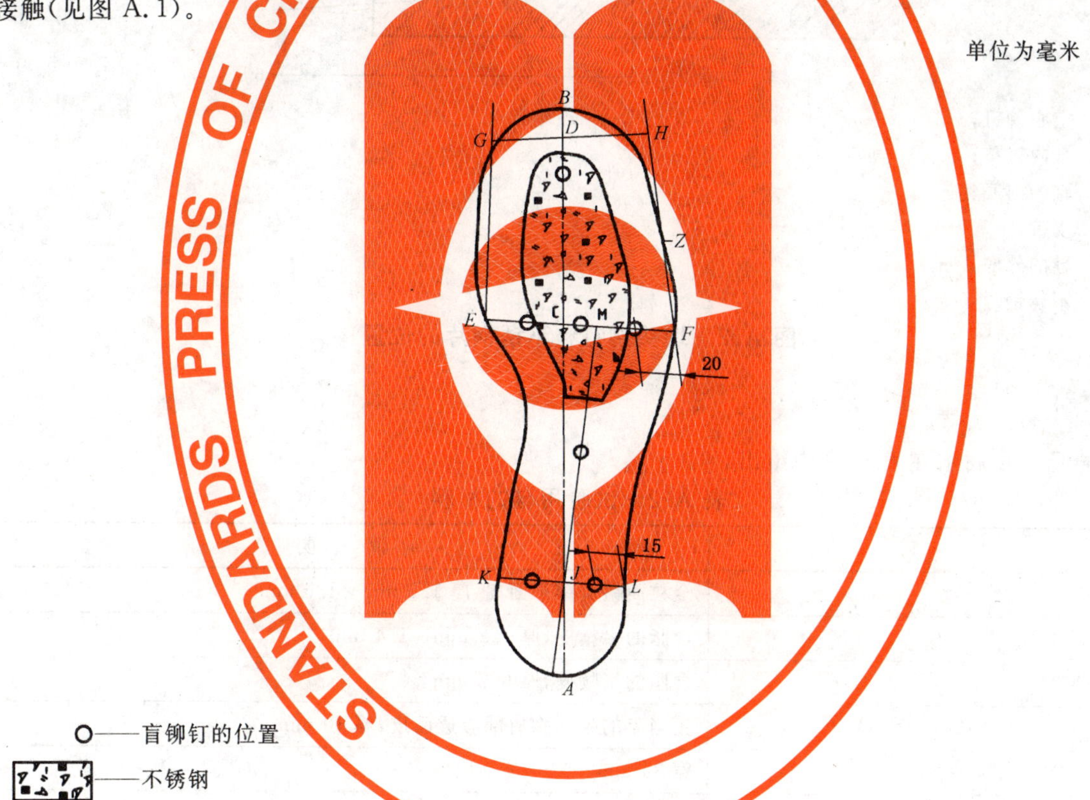

STANDARDS PRESS OF CHINA

图A.1　内底图型

表A.1　鞋的尺寸

线段标记	线段长度/mm	线段标记	线段长度/mm
AD 脚的长度	273	EF 接头宽度	94
BD 标定公差	15	HZ AD的五分之一	55
AB 鞋楦的长度	288	EM EF的60%	56
AC AB的62%	179	AJ AD的六分之一	46
BC AB的38%	109	KJ EF的三分之一	31
EC 接头的周长的六分之一	42	LJ EF的三分之一	31
FC 接头的周长的六分之一加上接头的六分之一的26%	52	KL 后跟宽度	63

A.2 鞋楦

在合适的鞋楦上制作试验用鞋。鞋楦的底部,又称为鞋内底模。鞋内底模应符合图 A.1 中鞋内底式样的技术要求。图 A.1 中还标示了不锈钢片和铝铆钉的位置。

鞋楦上部的制作应使这种鞋楦做出的鞋适用于这种特殊使用目的。

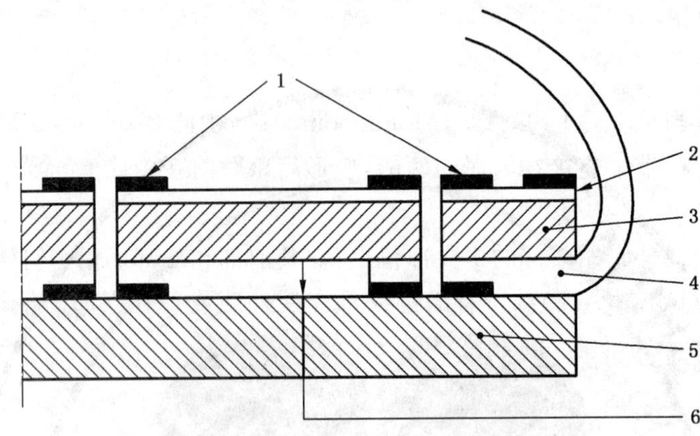

1——空心铆钉;
2——鞋内衬垫;
3——鞋的内底;
4——皮带;
5——鞋的外底;
6——不锈钢片。

图 A.2 埋头铆钉和不锈钢片的位置

A.3 材料

制鞋所需的材料在表 A.2 中给出。

表 A.2 试验用鞋的材料

材料	说明
鞋帮皮	全粒面铬黄鞣革面皮,厚 1.5 mm～1.6 mm
里衬皮	含脂的牛犊皮,厚 1.2 mm～1.4 mm
鞋内衬垫	含脂的牛犊皮,厚 0.7 mm
鞋内底皮	正当年的牛的胸肩部渗透面皮,厚 10 mm
捏合紧固带(Velco 粘扣型)	宽 30 mm
缝合线	
楔形后跟	R75/3 型
鞋外底	Microcal 橡胶,硬度约 60IRHD(见 GB/T 6031—1998) a) 后背皮(能够缝合以及胶粘接合); b) 标准的鞋底材料(见 5.3 及附录 B)。
用于如下目的的胶粘剂: ——里衬的贴附 ——鞋内衬垫 ——Velcro 带的贴附 ——楦鞋胶粘 ——楔形后跟贴附 ——鞋底的贴附	 胶接剂(橡胶胶粘剂) 聚乙酸乙烯酯乳液胶粘剂 胶接剂(橡胶胶粘剂) 聚氯丁橡胶 聚氯丁橡胶 聚氯丁橡胶

表 A.2（续）

材料	说明
铆钉	埋头铝铆钉，平头，直径 9 mm 的钉头 ——前部，直径 4 mm×长 7.4 mm，带有镀镉垫圈 直径 9 mm，孔径 4.2 mm，厚 0.6 mm ——后跟部，直径 4.8 mm×长 25.4 mm，带有镀镉垫圈 直径 12 mm，孔径 5.2 mm，厚 0.7 mm

A.4 结构程序

试验用鞋的上部由 4 条脚背带构成，这几条带子的位置应能将脚跟和脚背很好地包住。脚背带应利用固定在脚背带上的捏合紧固带(例如“Velcro 粘扣”)来紧固。这样，使得试验用鞋能够适用于各种大小的脚型。

先将捏合紧固带用胶粘在脚背带上，然后用单行针迹缝合固定。为避免起皱，应将上层皮革和里衬互相粘合一起，使其与鞋楦贴附得适当。最后，修剪背带和底部边缘，然后修整所有的边缘，使鞋帮得以完成。

将内底的侧边冲切成合适的尺寸并涂上颜色。在鞋楦上将鞋帮和内底粘在一起。然后，将楦下面的皮边和内底的底面磨粗，除去所有的皮屑，为将楔形鞋跟和外底粘附形成一个很好的基面。

注 1：为了使铝铆钉头能够有很好的接触性，铆钉头的上部和下部都不应粘有胶粘剂，重要的是，一方面要使脚和铝铆钉直接接触，另一方面还要使铝铆钉和鞋的外底或钢片也直接接触。

注 2：按以上规格制成的试验用鞋可以从以下地址买到；TNO Center for textiles，2 600JH，Delft，the Netherlands。这一信息仅为本标准的使用者提供方便，并不构成对该产品的认可。如果证明能够达到同样的试验结果，其同类产品也可以使用。

附 录 B
(规范性附录)
标准鞋底材料-Neolite(标准 XS-664P)

B.1 规格

标准的不导电,非充油的丁苯橡胶,含有填充剂(25%铝锰硅酸盐,10%木质纤维)。

配制添加剂:氧化锌、硬脂酸、石油基树脂、抗氧化剂、硫磺(硫化加工用)和少量颜料。

在每次实验时都要调整确切的配方以符合 Goodyear 公司 1950 年制定的参考文件的要求。

注:以上的限定规格承蒙 Goodyear 轮胎橡胶公司的允许而在这里刊载。标准的 XS-664Neolite 只能从 AATCC(见脚注 3)那里得到。

B.2 物理特性

物理特性,见表 B.1

表 B.1 物理特性

表面硬度	93~96 硬度计 A
相对密度	1.23±0.02
厚度	3.18 mm
垂直电阻	$>5\times10^{11}$ Ω·cm
NBS 磨损指数	35±4,(ASTMD 394:1959,方法 B)
断裂伸长度	375%±25%
数值校验温度	23 ℃±1.1 ℃

B.3 安装程序

应将橡胶底粘到鞋的底面上,粗糙面贴着鞋,光滑面做为鞋的磨损面。

注:即使是新鞋底,也应将其最外的薄层清除掉,然后再使用。因为这一薄层很可能粘有在生产过程中的一些残留物。

附 录 C
（规范性附录）
试验用鞋所产生电阻的测定方法-Neolite(标准 XS-664P)

当操作员穿着试验用鞋站在已经接地的没有杂质、杂物的金属底板上时，即可测量通过标准鞋的电阻值。图 C.1 标示了由以下部件组成的适用电路：

a） 直流电压 U，其电压为 100 V，±5%；

b） 安全电阻器 R_s，电阻值为 1 MΩ；

c） 电流测量仪，带有毫安、微安和毫微安的量程；

d） 开关。

注：当接入直流电压时，安全电阻器电路中的安培数接近于 0.1 mA。

将电流测量仪的量程调至毫安档，操作员（穿着试验用鞋）两只脚稳稳地站在金属底板上，用手握住通过安全电阻器与直流电压相连接的导电电极。合上开关后，等待 15 s，然后记录电流的读数。调节安培计的灵敏度。

按式(C.1)通过试验用鞋的电阻 R。

$$R = \frac{U}{I} - R_s \qquad \cdots\cdots(C.1)$$

式中：

R——试验用鞋的电阻；

U——直流电压；

I——电流测量仪的电流；

R_s——安全电阻器的电阻。

通常 $R \gg R_s$，在这种情况下：

$$R = \frac{U}{I} \qquad \cdots\cdots(C.2)$$

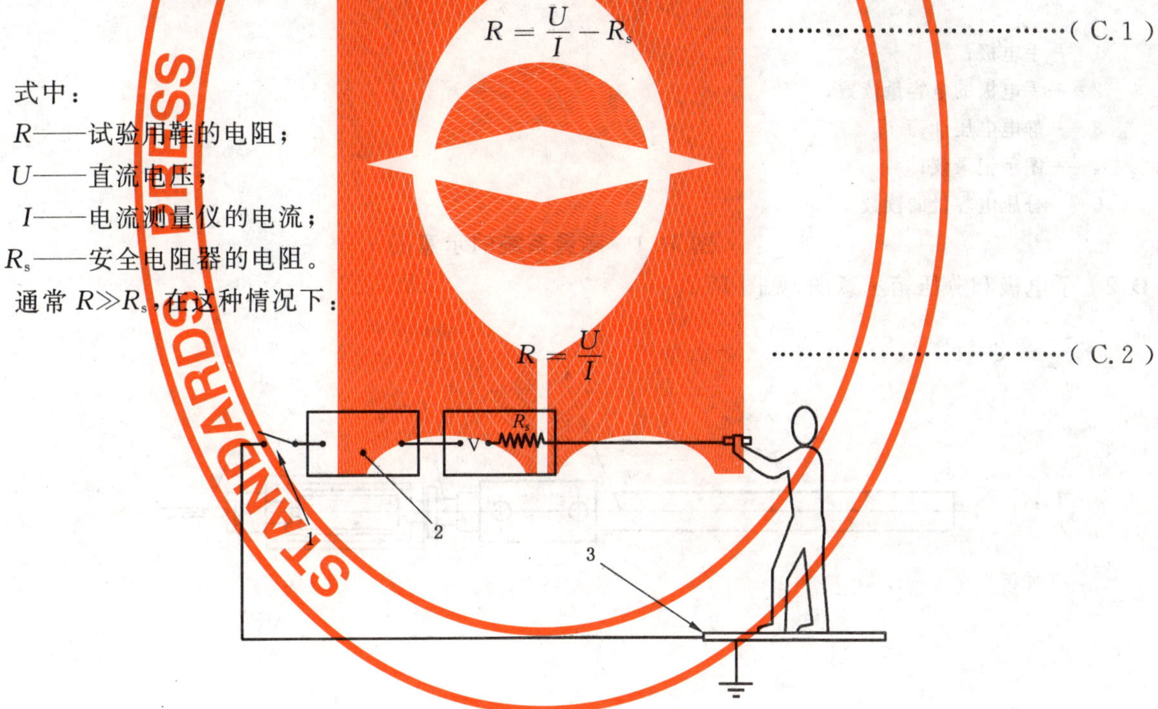

1——开关；

2——安培表；

3——金属板。

图 C.1 测量实验用鞋的电阻的线路

STANDARDS PRESS OF CHINA

附 录 D
(规范性附录)
通用的手电极及其应用

D.1 测量系统的示意图,见图 D.1。

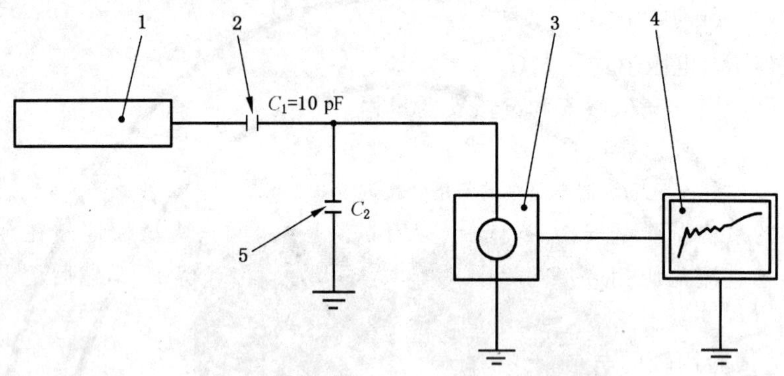

1——手电极;
2——手电极的电容量读数;
3——静电电压计;
4——图示记录仪;
5——分压电容量的读数。

图 D.1 测量系统的示意图

D.2 手电极和分压箱示意图,见图 D.2。

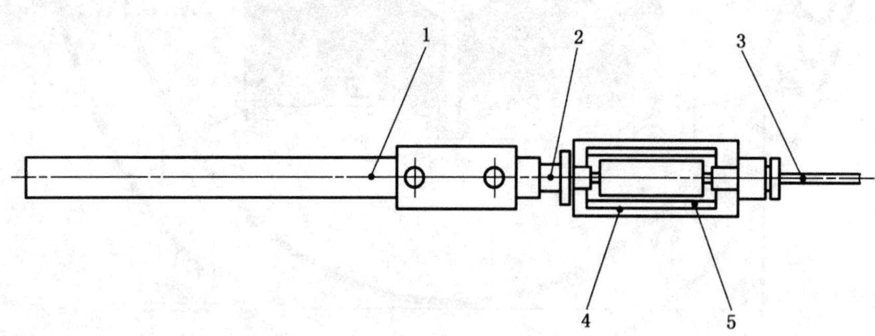

1——手电极;
2——BNC 接合器;
3——连接静电分压计的同轴电缆;
4——电压分压箱;
5——电容器 C_2,经过电压分压箱接地。

图 D.2 手电极和分压箱

D.3 手电极示意图，见图 D.3。

单位为毫米

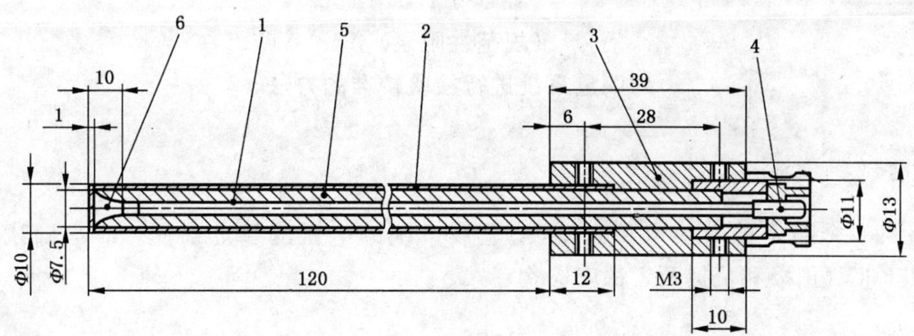

1——电缆芯；

2——金属管；

3——聚四氟乙烯套；

4——BNC(卡口)插头；

5——同轴电缆；

6——聚乙烯孔塞。

图 D.3 手电极示意图

附　录　E
（规范性附录）
对测量系统进行检验校准的方法

E.1　静态校准

将手电极与一个稳定的直流电源相接，检验该系统的电压测量准确性。应当确认的电压值是1 kV，2 kV 和 5 kV（正极和负极两者都应检验）。

E.2　动态校准

对测量系统进行动态校准，既可使用信号发生器，也可采用手动转换程序的方法。

E.2.1　信号发生器方法

将手电极接到输出电压为(1±0.01)kV，频率为 2 Hz 的信号发生器上，其上升和/或下降时间不超过 2 ms。正极和负极两者都应进行这项程序。电压图标记录上的任何过调量和欠调量都不应超过 0.1 kV。

E.2.2　手动转换方法

操作员一只手握住手电极站在橡胶垫(5.2)上，另一只手交替触摸稳压电源的输出端和大地接点。来自电源的输出调定在(1±0.01)kV，操作员触电和放电的速率为每秒 2 个循环周期。同时使用一个节拍器来提供手动转换的周期。这个程序在正极和负极上都要进行。在电压图标记录上的任何过调量和欠调量都不应超过 0.1 kV。

在这一程序中所使用的电源应装有适用的过电压保护电路。对操作员的附加保护还可以在电源的输出端上串联一个能够耐高压的 1 MΩ～10 MΩ 的电阻。

ICS 91.100.10
Q 11

中华人民共和国国家标准

GB/T 18046—2008
代替 GB/T 18046—2000

用于水泥和混凝土中的粒化高炉矿渣粉

Ground granulated blast furnace slag used for cement and concrete

2008-01-21 发布　　2008-07-01 实施

中华人民共和国国家质量监督检验检疫总局
中国国家标准化管理委员会　发布

前　言

本标准代替 GB/T 18046—2000《用于水泥和混凝土中的粒化高炉矿渣粉》。

与 GB/T 18046—2000 相比，本标准主要变化如下：

——增加了“组分与材料”一章(本版第 4 章)；

——矿渣粉的比表面积要求由“S75、S95、S105 矿渣粉比表面积均不小于 350 m^2/kg”改为“S75 级 ≥300 m^2/kg、S95 级≥400 m^2/kg、S105 级≥500 m^2/kg”(2000 版第 4 章，本版 5.1)；

——矿渣粉的流动度比由“S75 级不小于 95%；S95 级不小于 90%；S105 级不小于 85%”改为“S75 级、S95 级和 S105 级均≥95%”(2000 版第 4 章，本版 5.1)；

——氯离子含量由“不大于 0.02%”改为“不大于 0.06%”(2000 版第 4 章，本版 4.1)；

——烧失量试验方法条文中增加“由于矿渣在灼烧过程中硫化物的氧化引起烧失量测定误差，因此试验结果需校正。”(2000 版 5.1，本版 5.1)；

——检验规则中增加了检验项目要求(本版 7.2.2)；

——检验规则中增加了型式检验(本版 7.3)；

——交货与验收规则进行了补充规定(本版 7.5.1、7.5.2、7.5.3)；

——对比水泥由“符合 GB 175《通用硅酸盐水泥》规定的强度等级为 42.5 的硅酸盐水泥或普通硅酸盐水泥，且 7 d 抗压强度 35 MPa～45 MPa，28 d 抗压强度 50 MPa～60 MPa，比表面积 300 m^2/kg～400 m^2/kg，SO_3 含量(质量分数)2.3%～2.8%，碱含量(Na_2O＋0.658K_2O) 0.5%～0.9%。”(2000 版附录 A.3.1，本版附录 A.3.1)；

——增加“矿渣粉玻璃体含量”选择性指标及相应的试验方法(本版第 5 章和附录 C)。

本标准附录 A、附录 B、附录 C 为规范性附录。

本标准由中国建筑材料联合会提出。

本标准由全国水泥标准化技术委员会(SAC/TC 184)归口。

本标准主要起草单位：中国建筑材料科学研究总院、上海宝田新型建材有限公司、中冶集团建筑研究总院。

本标准参加起草单位：唐山唐龙新型建材有限公司、上海市建筑科学研究院(集团)有限公司、江苏沙钢集团有限公司、江苏永钢集团有限公司、江苏南京梅宝新型建材有限公司、云南瑞安建材投资有限公司、福建源鑫建材有限公司、建材工业技术情报研究所。

本标准主要起草人：颜碧兰、江丽珍、刘晨、王昕、朱桂林。

本标准于 2000 年 4 月 3 日首次发布，本次为第一次修订。

用于水泥和混凝土中的
粒化高炉矿渣粉

1 范围

本标准规定了粒化高炉矿渣粉的定义、组分与材料、技术要求、试验方法、检验规则、包装、标志、运输和贮存等。

本标准适用于作水泥混合材和混凝土掺合料的粒化高炉矿渣粉。

2 规范性引用文件

下列文件中的条款通过本标准的引用而成为本标准的条款。凡是注日期的引用文件，其随后所有的修改单(不包括勘误的内容)或修订版均不适用于本标准，然而，鼓励根据本标准达成协议的各方研究是否可使用这些文件的最新版本。凡是不注日期的引用文件，其最新版本适用于本标准。

GB 175 通用硅酸盐水泥

GB/T 176 水泥化学分析方法(GB/T 176—1996，eqv ISO 680:1990)

GB/T 203 用于水泥中粒化高炉矿渣

GB/T 208 水泥密度测定方法

GB/T 2419 水泥胶砂流动度测定方法

GB/T 5483 石膏和硬石膏(GB/T 5483—1996，neq ISO 1587:1975)

GB 6566 建筑材料放射性核素限量

GB/T 8074 水泥比表面积测定方法(勃氏法)

GB 9774 水泥包装袋

GB 12573 水泥取样方法

GB/T 17671 水泥胶砂强度检验方法(ISO 法)(GB/T 17671—1999，idt ISO 679:1989)

JC/T 420 水泥原材料中氯的化学分析方法

JC/T 667 水泥助磨剂

3 术语和定义

下列术语和定义适用于本标准。

粒化高炉矿渣粉 ground granulated blast furnace slag powder

以粒化高炉矿渣为主要原料，可掺加少量石膏磨制成一定细度的粉体，称作粒化高炉矿渣粉，简称矿渣粉。

4 组分与材料

4.1 矿渣

符合 GB/T 203 规定的粒化高炉矿渣。

4.2 石膏

符合 GB/T 5483 中规定的 G 类或 M 类二级(含)以上的石膏或混合石膏。

4.3 助磨剂

符合 JC/T 667 的规定，其加入量不应超过矿渣粉质量的 0.5%。

5 技术要求

矿渣粉应符合表1的技术指标规定。

表1 技术指标

项目			级别		
			S105	S95	S75
密度/(g/cm^3)		≥	2.8		
比表面积/(m^2/kg)		≥	500	400	300
活性指数/%	≥	7 d	95	75	55
		28 d	105	95	75
流动度比/%		≥	95		
含水量(质量分数)/%		≤	1.0		
三氧化硫(质量分数)/%		≤	4.0		
氯离子(质量分数)/%		≤	0.06		
烧失量(质量分数)/%		≤	3.0		
玻璃体含量(质量分数)/%		≥	85		
放射性			合格		

6 试验方法

6.1 烧失量

按GB/T 176进行，但灼烧时间为15 min～20 min。

矿渣粉在灼烧过程中由于硫化物的氧化引起的误差，可通过式(1)、式(2)进行校正：

$$w_{O_2} = 0.8 \times (w_{灼SO_3} - w_{未灼SO_3}) \quad \cdots\cdots(1)$$

式中：

w_{O_2}——矿渣粉灼烧过程中吸收空气中氧的质量分数，%；

$w_{灼SO_3}$——矿渣灼烧后测得的SO_3质量分数，%；

$w_{未灼SO_3}$——矿渣未经灼烧时的SO_3质量分数，%。

$$X_{校正} = X_{测} + w_{O_2} \quad \cdots\cdots(2)$$

式中：

$X_{校正}$——矿渣粉校正后的烧失量(质量分数)，%；

$X_{测}$——矿渣粉试验测得的烧失量(质量分数)，%。

6.2 三氧化硫

按GB/T 176进行。

6.3 氯离子

按JC/T 420进行。

6.4 密度

按GB/T 208进行。

6.5 比表面积

按GB/T 8074进行。

6.6 活性指数及流动度比

按附录A(规范性附录)进行。

6.7 含水量

按附录B(规范性附录)进行。

6.8 玻璃体含量

按附录C(规范性附录)进行。

6.9 放射性

按GB 6566进行,其中放射性试验样品为矿渣粉和硅酸盐水泥按质量比1:1混合制成。

7 检验规则

7.1 编号及取样

7.1.1 编号

矿渣粉出厂前按同级别进行编号和取样。每一编号为一个取样单位。矿渣粉出厂编号按矿渣粉单线年生产能力规定为:

60×10^4 t以上,不超过2 000 t为一编号;

30×10^4~60×10^4 t,不超过1 000 t为一编号;

10×10^4~30×10^4 t,不超过600 t为一编号;

10×10^4 t以下,不超过200 t为一编号。

当散装运输工具容量超过该厂规定出厂编号吨数时,允许该编号数量超过该厂规定出厂编号吨数。

7.1.2 取样方法

取样按GB 12573规定进行,取样应有代表性,可连续取样,也可以在20个以上部位取等量样品,总量至少20 kg。试样应混合均匀,按四分法缩取出比试验所需要量大一倍的试样。

7.2 出厂检验

7.2.1 经确认矿渣粉各项技术指标及包装符合要求时方可出厂。

7.2.2 出厂检验项目为密度、比表面积、活性指数、流动度比、含水量、三氧化硫等技术要求(如掺有石膏则出厂检验项目中还应增加烧失量)。

7.3 型式检验

7.3.1 型式检验项目为第5章表1全部技术要求。

7.3.2 有下列情况之一应进行型式检验:

——原料、工艺有较大改变,可能影响产品性能时;

——正常生产时,每年检验一次;

——产品长期停产后,恢复生产时;

——出厂检验结果与上次型式检验有较大差异时;

——国家质量监督机构提出型式检验要求时。

7.4 判定规则

7.4.1 检验结果符合本标准第5章中密度、比表面积、活性指数、流动度比、含水量、三氧化硫等技术要求的为合格品。

7.4.2 检验结果不符合本标准第5章中密度、比表面积、活性指数、流动度比、含水量、三氧化硫等技术要求的为不合格品。若其中任何一项不符合要求,应重新加倍取样,对不合格的项目进行复检,评定时以复检结果为准。

7.4.3 型式检验结果不符合本标准第5章表1中任一项要求的为型式检验不合格。若其中任何一项不符合要求,应重新加倍取样,对不合格的项目进行复检,评定时以复检结果为准。

7.4.4 检验报告

检验报告内容应包括出厂检验项目、石膏和助磨剂的品种和掺量及合同约定的其他技术要求。当用户需要时,生产厂应在矿渣粉发出之日起11 d内寄发除28 d活性指数以外的各项试验结果。28 d

STANDARDS PRESS OF CHINA

活性指数应在矿渣粉发出之日起 32 d 内补报。

7.5 交货与验收

7.5.1 交货时矿渣粉的质量验收可抽取实物试样以其检验结果为依据,也可以生产者同编号矿渣粉的检验报告为依据。采取何种方法验收由买卖双方商定,并在合同或协议中注明。卖方有告知买方验收方法的责任。当无书面合同或协议,或未在合同、协议中注明验收方法的,卖方应在发货票上注明"以本厂同编号矿渣粉的检验报告为验收依据"字样。

7.5.2 以抽取实物试样的检验结果为验收依据时,买卖双方应在发货前或交货地共同取样和签封。取样方法按 GB 12573 进行,取样数量为 10 kg,缩分为二等份。一份由卖方保存 40 d,一份由买方按本标准规定的项目和方法进行检验。

在 40 d 以内,买方检验认为产品质量不符合本标准要求,而卖方又有异议时,则双方应将卖方保存的另一份试样送省级或省级以上国家认可的建材产品质量监督检验机构进行仲裁检验。

7.5.3 以生产厂同编号矿渣粉的检验报告为验收依据时,在发货前或交货时买方(或委托卖方)在同编号矿渣粉中抽取试样,双方共同签封后保存三个月。

在三个月内,买方对矿渣粉质量有疑问时,则买卖双方应将共同签封的试样送省级或省级以上国家认可的建材产品质量监督检验机构进行仲裁检验。

8 包装、标志、运输与贮存

8.1 包装

矿渣粉可以袋装或散装。袋装每袋净含量 50 kg,且不得少于标志质量的 99%,随机抽取 20 袋,总量不得少于 1 000 kg(含包装袋),其他包装形式由供需双方协商确定。

矿渣粉包装袋应符合 GB 9774 的规定。

8.2 标志

包装袋上应清楚标明:生产厂名称、产品名称、级别、包装日期和编号。掺石膏的矿渣粉还应标有"掺石膏"的字样。散装时应提交与袋装标志相同内容的卡片。

8.3 运输与贮存

矿渣粉在运输与贮存时不得受潮和混入杂物。

附 录 A
（规范性附录）
矿渣粉活性指数及流动度比的测定

A.1 范围

本附录规定了粒化高炉矿渣粉活性指数及流动度比的检验方法。

A.2 方法原理

A.2.1 测定试验样品和对比样品的抗压强度，采用两种样品同龄期的抗压强度之比评价矿渣粉活性指数。

A.2.2 测定试验样品和对比样品的流动度，两者流动度之比评价矿渣粉流动度比。

A.3 样品

A.3.1 对比水泥

符合 GB 175 规定的强度等级为 42.5 的硅酸盐水泥或普通硅酸盐水泥，且 7 d 抗压强度 35 MPa～45 MPa，28 d 抗压强度 50 MPa～60 MPa，比表面积 300 m^2/kg～400 m^2/kg，SO_3 含量（质量分数）2.3%～2.8%，碱含量（$Na_2O+0.658K_2O$）（质量分数）0.5%～0.9%。

A.3.2 试验样品

由对比水泥和矿渣粉按质量比 1∶1 组成。

A.4 试验方法及计算

A.4.1 砂浆配比

对比胶砂和试验胶砂配比如表 A.1 所示。

表 A.1 胶砂配比

胶砂种类	对比水泥/g	矿渣粉/g	中国 ISO 标准砂/g	水/mL
对比胶砂	450	—	1 350	225
试验胶砂	225	225	1 350	225

A.4.2 砂浆搅拌程序

按 GB/T 17671 进行。

A.4.3 矿渣粉活性指数试验及计算

分别测定对比胶砂和试验胶砂的 7 d、28 d 抗压强度。

矿渣粉 7 d 活性指数按式（A.1）计算，计算结果保留至整数：

$$A_7=\frac{R_7\times 100}{R_{07}} \qquad \text{(A.1)}$$

式中：

A_7——矿渣粉 7 d 活性指数，%；

R_{07}——对比胶砂 7 d 抗压强度，单位为兆帕（MPa）；

R_7——试验胶砂 7 d 抗压强度，单位为兆帕（MPa）。

矿渣粉 28 d 活性指数按式（A.2）式计算，计算结果保留至整数：

$$A_{28}=\frac{R_{28}\times 100}{R_{028}} \qquad \text{(A.2)}$$

式中：

A_{28}——矿渣粉 28 d 活性指数，%；

R_{028}——对比胶砂 28 d 抗压强度，单位为兆帕(MPa)；

R_{28}——试验胶砂 28 d 抗压强度，单位为兆帕(MPa)。

A.4.4 矿渣粉的流动度比试验

按表 A.1 胶砂配比和 GB/T 2419 进行试验，分别测定对比胶砂和试验胶砂的流动度，矿渣粉的流动度比按式(A.3)计算，计算结果保留至整数。

$$F = \frac{L \times 100}{L_m} \qquad \cdots\cdots\cdots\cdots (A.3)$$

式中：

F——矿渣粉流动度比，%；

L_m——对比样品胶砂流动度，单位为毫米(mm)；

L——试验样品胶砂流动度，单位为毫米(mm)。

附 录 B
（规范性附录）
矿渣粉含水量的测定

B.1 范围

本附录规定了矿渣粉含水量测定方法。

B.2 原理

将矿渣粉放入规定温度的烘干箱内烘至恒重，以烘干前和烘干后的质量之差与烘干前的质量之比确定矿渣粉的含水量。

B.3 仪器

B.3.1 烘干箱

可控制温度不低于 110℃，最小分度值不大于 2℃。

B.3.2 天平

量程不小于 50 g，最小分度值不大于 0.01 g。

B.4 试验步骤

B.4.1 称取矿渣粉试样约 50 g，准确至 0.01 g，倒入蒸发皿中。

B.4.2 将烘干箱温度调整并控制在 105℃～110℃。

B.4.3 将矿渣粉试样放入烘干箱内烘干，取出后放在干燥器中冷却至室温后称量，准确至 0.01 g，至恒重。

B.5 结果计算

含水量按式(B.1)计算，计算结果保留至 0.1%：

$$w = \frac{(w_1 - w_0) \times 100}{w_1} \qquad \cdots\cdots\cdots\cdots (B.1)$$

式中：

w——矿渣粉含水量(质量分数)，%；

w_1——烘干前试样的质量，单位为克(g)；

w_0——烘干后试样的质量，单位为克(g)。

附 录 C
（规范性附录）
矿渣粉玻璃体含量的测定方法

C.1 原理

根据粒化高炉矿渣微粉X射线衍射图中玻璃体部分的面积与底线上面积之比为玻璃体含量。

C.2 仪器

C.2.1 X射线衍射仪（铜靶）

功率大于3kW，试验条件：管流≥40 mA，管压≥37.5 kV。

C.2.2 电子天平

量程不小于10 g，最小分度值不大于0.001 g。

C.2.3 电热干燥箱

温度控制范围(105±5)℃。

C.3 试验步骤

C.3.1 在烘箱中烘干矿渣粉样品1 h。用玛瑙研钵研磨，使其全部通过80 μm方孔筛。以每分种等于或小于1°(2θ)的扫描速度，扫描试样0.237 nm～0.404 nm晶面区间(2θ=22.0°～38.0°)。

C.3.2 衍射图谱曲线上1°(2θ)衍射角的线性距离不小于10 mm。0.404 nm～0.237 nm晶面间的空间(d-空间)最强衍射峰的高度应大于100 mm。

注：扫描范围扩大到10°～60°时，可搜索到杂质存在，通过杂质的主要峰值可以辨析其主要成分，并和玻璃体含量一起报告。

C.4 图谱处理

在0.237 nm～0.404 nm晶面间(2θ=22.0°～38.0°)的空间在峰底画一直线代表背底。计算中仅考虑线性底部上方空间区域的面积。

在0.237 nm至0.404 nm范围内，在衍射强度曲线的振荡中点画一曲线，尖锐衍射峰代表晶体部分，其余为玻璃体部分。在纸上把衍射峰轮廓和玻璃体区域剪下并分别称重，精确至0.001 g。

注：允许通过计算机软件直接测量相应的面积。

C.5 计算

按式(C.1)测定玻璃体含量，取整数。

$$w_{glass}=\frac{w_{gp}}{w_{gp}+w_{cp}}\times 100 \qquad \cdots\cdots\cdots\cdots(\text{C.1})$$

式中：

w_{glass}——矿渣粉玻璃体含量(质量分数)，%；

w_{gp}——代表样品中玻璃体的纸质量，单位为克(g)；

w_{cp}——代表样品中晶体部分的纸质量，单位为克(g)。

ICS 13.180
A 25

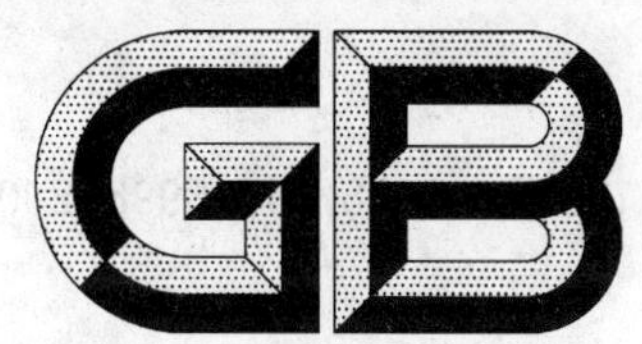

中华人民共和国国家标准

GB/T 18048—2008/ISO 8996:2004
代替 GB/T 18048—2000

热环境人类工效学 代谢率的测定

Ergonomics of the thermal environment—Determination of metabolic rate

(ISO 8996:2004,IDT)

2008-07-16 发布　　2009-01-01 实施

中华人民共和国国家质量监督检验检疫总局
中国国家标准化管理委员会 发布

前　言

本标准等同采用ISO 8996:2004《热环境人类工效学　代谢率的测定》(英文版)。

本标准是对GB/T 18048—2000《人类工效学　代谢热量的测定》的修订。

本标准与GB/T 18048—2000相比,主要技术内容变化如下:

——本标准首次将人体代谢率测量方法划分为4种,即筛分法、观察法、解析法和测量法。其中,观察法、解析法的技术内容在原标准基础上作了不同程度的更新和补充;双标水法和直接测热法为新增加内容。

——在附录B中增加了关于代谢率测量日志格式的内容。

本标准的附录A、附录B、附录C和附录D为资料性附录。

本标准由全国人类工效学标准化技术委员会提出并归口。

本标准起草单位:中国标准化研究院。

本标准主要起草人:刘太杰、肖惠、滑东红、张欣、冉令华。

本标准所代替标准的历次版本发布情况为:

——GB/T 18048—2000。

热环境人类工效学　代谢率的测定

1　范围

本标准规定了在工作气候环境下的各种代谢率测定方法。

本标准适用于工作行为评估，特定工作、体育运动的体能消耗估算，以及特定活动的总能耗估算等。

注：本标准使用的估算、表格及其他资料均建立在以下标准人的基础上：

——男性：30 岁，体重 70 kg，身高 1.75 m（体表面积为 1.8 m^2）；

——女性：30 岁，体重 60 kg，身高 1.70 m（体表面积为 1.6 m^2）。

如果用户所面对的是特殊人群，比如包括儿童、老年人或残疾人等群体，应做出适当的修正。

2　规范性引用文件

下列文件中的条款通过本标准的引用而成为本标准的条款。凡是注日期的引用文件，其随后所有的修改单（不包括勘误的内容）或修订版均不适用于本标准，然而，鼓励根据本标准达成协议的各方研究是否可使用这些文件的最新版本。凡是不注日期的引用文件，其最新版本适用于本标准。

ISO 9886　人类工效学　用生理学方法评价热紧张

ISO 15256　热环境人类工效学　热工作条件下预防热紧张及不适的风险评估策略

3　方法和准确度

3.1　总则

代谢率决定着人们暴露在热环境中的舒适度或疲劳度。特别是在比较热的气候下，肌肉活动所产生的大量代谢热加剧了热应激，大量的热量需要以汗液蒸发的方式散发。被称为“有用功”的肌肉活动的机械效率比较低，对于大多数的工业作业而言，所占比例很低（只有百分之几），因此通常忽略不计。因此，可以假定总能量消耗等于所产生的热量。本标准中假定代谢率等于热量生成速率。表 1 中列举了用于测定代谢率的多种方法。这些方法构建在 ISO 15265 中所述关于接触评定的基本原理之上。这里考虑划分为 4 级。

表 1　代谢率测定方法分级

级别	方法		精度	作业现场检查
第一级	筛分法	1A：按职业分类	粗略信息，很有可能出错	不必要，但需要技术设备和工作组织的信息
		1B：按活动分类		
第二级	观察法	2A：群组估算表	有较大可能出错，精度：±20%	有必要进行操作和工时研究
		2B：具体活动表		
第三级	解析法	特定条件下测量心率法	出错的可能性一般，精度：±10%	需研究确定典型时段
第四级	测量法	4A：测量耗氧量法	误差程度在测量或在操作与工时研究允许的范围内，精度：±5%	有必要进行操作和工时研究
		4B：双标水法		有必要进行作业现场检查，但必需评估休闲活动
		4C：直接测热法		不必要

STANDARDS PRESS OF CHINA

3.2 方法

3.2.1 第一级 筛分法

为了灵活表征特定职业或活动的工作负荷的平均值，介绍了两种简易的方法。

——方法1A是按照职业所作的分类；

——方法1B是按照活动的种类所做的分类。

两种方法都只是提供了一种估计，都存在相当程度的误差。这也在很大程度上限制了它们的准确度。在这一级，不需要进行作业现场调查。

3.2.2 第二级 观察法

面向对工作条件有充分了解而无需进行工效学培训的用户，介绍了两种一般在特定时间概括工作状况的方法。

——方法2A，将基础代谢率与不同姿势、工作类型以及特定工作速度下人体动作的代谢率（采用组群评价表）相加，得到代谢率。

——方法2B，利用不同活动的评估表来确定代谢率。

为了按时间轴记录活动并计算时间加权平均代谢率，本标准中描述了一种程序，对上述两种方法所取得的数据进行处理。误差可能比较高。为了确定一个周期内各种活动工况条件下的代谢率，有必要进行操作和工时研究。

3.2.3 第三级 解析法

该方法主要定位于接受过职业健康和热环境人类工效学培训的人群。通过记录一个典型周期内的心率测定代谢率。这种间接测量代谢率的方法的依据是，一定条件下耗氧量与心率具有相关性。

3.2.4 第四级 测量法

介绍了三种测量的方法，需要由专家具体实施。

——方法4A，在较短的周期内（10 min～20 min）进行耗氧量的测量。为了说明测量期的代表性，有必要进行详细操作和工时研究。

——方法4B，即所谓的双标水法，旨在表征更长时期内的平均代谢率。

——方法4C，直接测热法。

3.3 准确度

估算准确度的主要影响因素有以下几方面：

——个体差异；

——工作设备差异；

——工作速度差异；

——操作技术与技巧差异；

——性别差异和人体测量学特点；

——文化差异；

——使用估算表时，观测者及其培训水平的差异；

——使用第三级方法时，心率与摄氧量相关性的准确度，同时其他的紧张因素也会影响心率；

——在第四级方法中，测量本身的准确度（气体体积和氧气体积分数的测定）。

结果的准确性及其研究费用都从第一级到第四级逐步增加。第四级的测量中给出了最精确的数值，应尽可能采用最准确的方法。

4 第一级 筛分法

4.1 按职业估算代谢率用表

附录A的表A.1给出了不同职业的代谢率。所给数值是全部工作时间的平均值，但未考虑较长时间的休息暂停，例如，午餐时间。由于技术、工作内容、工作组织等的差异，数值可能出现明显变化。

4.2 代谢率种类的划分

利用附录 A 所给出的分类,可以大致估算代谢率。表 A.2 中将代谢率划分为 5 级:休息、低代谢率、中等代谢率、高代谢率、极高代谢率。对每一级均给出了代谢率平均值和取值范围以及许多实例。这些活动中包含短时间的休息暂停。表 A.2 中所给出的实例说明了这种分类方法。

5 第二级 观察法

5.1 根据工作要求估算代谢率

——涉及作业的身体各部位:双手、单臂、双臂、全身。

——身体各部分的工作负荷:轻度、中度、重度,这些由观测人员主观判断;身体姿势:坐、跪、蹲、站、弯腰站立;工作速度。

附录 B 中表 B.1 给出了标准人坐姿下相应肢体部分承受工作负荷时代谢率的平均值和取值范围。表 B.2 给出了非坐姿情况下的纠正值。

5.2 典型活动的代谢率

附录 B 表 B.3 中给出了典型活动的代谢率数值。这些数值是基于以往各实验室的测量基础上得到的。

5.3 一个工作周期的代谢率

为测定一个工作周期的全部代谢率,需要进行操作和工时研究,其中将对操作进行详细描述,如每个活动的持续时间、所行走的距离、所攀登的高度、搬运的重量、所作动作的数目等。

一个工作周期的时间加权代谢率按式(1)计算,通过测定每个活动的代谢率及其所持续的时间得出。

$$M = \frac{1}{T}\sum_{i=1}^{n} M_i t_i \qquad \cdots\cdots(1)$$

式中:

M——平均代谢率,单位为瓦每平方米(W/m^2);

M_i——单项活动代谢率,单位为瓦每平方米(W/m^2);

t_i——活动的持续时间,单位为分(min);

T——工作周期的持续时间,等于各部分持续时间之和,单位为分(min)。

可通过使用表 B.4 和表 B.5 中所给出的日志,使得一个工作日或特定时间的职业活动及其持续时间的记录得以简化。当活动发生变化时,就采用一种分类码进行记录。这种分类码来源于根据不同任务组成估算代谢率的表格。需要考虑的组成的数量将视活动的复杂程度而变化。估算程序如下:

a) 填写被研究者的姓名及其他详细资料;

b) 观察被研究者的操作(2 h～3 h);

c) 确定单个任务的组成,并根据表 B.1、表 B.2 或表 B.3 估算相应的代谢率;

d) 始终将发生变化的任务组成填入日志;

e) 计算各任务组成所耗费的总时长;

f) 将各任务组成所耗费的时间与对应的代谢率相乘;

g) 将上述乘积相加;

h) 将上述加和除以总观测时长。此类估算的表格已由表 B.4 和表 B.5 给出。

5.4 工作与休息时间长度的影响

附录 B 中所给出的表格不适用于工作时间短和休息时间较长的工作。因为在这种情况下,5.3 中所提供的方法将导致代谢率的估算值偏低,这就是西蒙森效应。工作时间和休息时间复合后有效性的限制在图 1 的曲线中得到了说明。例 1 显示 8 min 休息及 1 min 工作的工作节律。在这种情况下,5.3 中所描述的方法将导致代谢率的估算值偏低,并且附录 B 中的代谢率表不能使用。对于像例 2 中那样的工作—休息周期,上述表格可以使用并能够达到所标示的精度。

图 1 只适用于休息期间无工作负荷的情况。

西蒙森效应所导致的代谢率的提高取决于工作类型和所使用的肌肉群。由于问题的复杂性并且在本级估算方法上的相关性较低,这里不再详述。

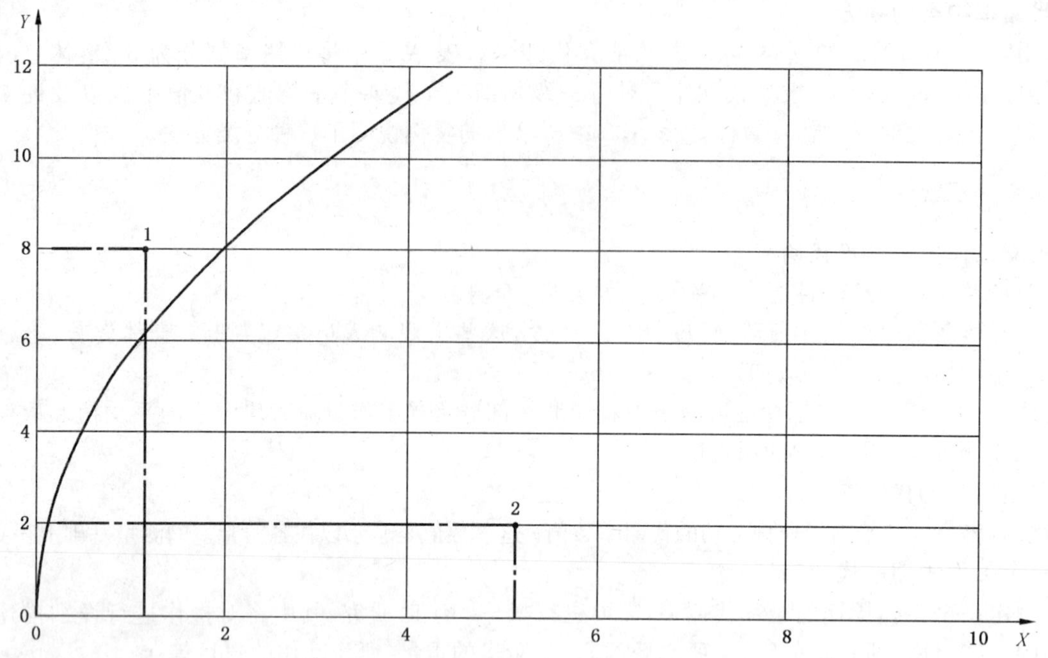

X——工作时间长度；　　1——例 1；

Y——休息暂停时间长度。　　2——例 2。

图 1　估算代谢率过程中工作和休息时间复合后有效性的限制曲线

5.5　内插法估值

当工作速度与附录 B 表中所给出的不同时，可在所给速度±25%范围内采用内插法对代谢率数值进行改动。

5.6　代谢率用表的使用要求

附录 A 和附录 B 中所公布的值已针对舒适热环境下的标准人进行了统一处理，以便与不同来源的数值进行比较。

由于第 3 章中所提及的因素的影响，由特定的人执行特定的工作时的代谢率，可能会在表中所给出的平均值一定的上下限内变化。然而，据估计：

——对于同一工作，在同一工作条件下，不同的人的代谢率可有不同，其偏差约为±5%；

——在实验室条件下，对于一个接受过此类活动培训的人，变化幅度约为 5%；

——在现场条件下，所测定的每一活动不是确切地在每一试验中都完全一致，其代谢率最高可能有 20%的变动。

考虑到误差的存在，在这一级的估算上，要将身高和性别的差异考虑在内还缺乏足够的依据。

对于步行、攀爬、提举重物等这类涉及全身运动的活动，可能有理由要考虑被测者的体重。

在高温条件下，由于心率增加和排汗，代谢率值最高可增加 5 W/m^2～10 W/m^2，但此修正尚未得到充分证实。

另一方面，在低温条件下，在战栗发生时观到的代谢率值最高可增加 200 W/m^2。穿厚重的衣服由于增加了被测者的体重并在一定程度上造成被测者行动不便，将导致代谢率的增加。

6　第三级　解析法

6.1　利用心率估算代谢率

特定时刻的心率可认为是式(2)中右边几部分心率值的总和：

$$HR = HR_0 + \Delta HR_M + \Delta HR_S + \Delta HR_T + \Delta HR_N + \Delta HR_E \quad \cdots\cdots (2)$$

式中：

HR_0——在中等热环境下处于休息状态测定的心率，单位为次每分钟；

ΔHR_M——在中等热环境条件下由于动态肌肉负荷引起的心率增加量，单位为次每分钟；

ΔHR_S——由静态肌肉工作造成的心率增加量，单位为次每分钟；

ΔHR_T——由于热应激造成的心率增加量，单位为次每分钟；

ΔHR_N——由于精神负荷造成的心率增加量，单位为次每分钟；

ΔHR_E——其他因素导致的心率变化，例如由呼吸效应、生理节律等引起的心率变化，单位为次每分钟。

在从事体力工作（没有热紧张和心理负荷）时，可以通过测量工作时的心率估算代谢率。如果考虑上述限制，此法可比第1类和第2类方法估算的更精确（见表1），也不像测耗氧量那么复杂，但耗氧量法可提供最准确的结果。

心率可连续记录，例如用遥测心率仪或用准确性较低的，通过数脉搏（见ISO 9886）也可得到。

平均心率HR，可在固定的时间间隔（例如1 min）内计算，或在不同工作周期中或整个工作班的时间内计算。

在有相当大的热负荷、静态肌肉工作、使用小肌肉群进行的动态工作或有精神负荷存在时，心率与代谢率关系的形式及斜率将发生改变。ISO 9886中给出了考虑热效应对心率测量的影响时的修正程序。

6.2 心率与代谢率的关系

可在中等热环境下的试验条件下，通过记录人体承受特定肌肉负荷时不同阶段的心率来确定心率与代谢率的关系。在肌肉的不同阶段，记录心率对应的耗氧量或所承担的体力工作。由于工作的种类（自行车功量计，台阶试验，踏步机）、负荷阶段的顺序以及时间都对两项参数（心率及代谢率）存在一定影响，因此要执行标准化程序。

通常，在以下范围内常表现为线性关系：

——120次/分钟以上，精神因素可以忽略不计；

——达到低于被试者最大心率20次/分钟，因为高于此值，心率将趋于极限。

在此范围内，心率与代谢率的相关性可写成：

$$HR = HR_0 + RM \times (M - M_0) \qquad (3)$$

式中：

M——代谢率，单位为瓦每平方米（W/m²）；

M_0——休息时的代谢率，单位为瓦每平方米（W/m²）；

RM——单位代谢率对应的心率增加值；

HR_0——在中度热环境下，休息时的心率；

根据这个关系式，可利用心率测量值导出代谢率的值。

通过试验从HR和M的实测值推导上述表达式时，估算精度约为10%。

忽略进一步的精度损失，可得到估算以下值的表达式。

最大工作负荷（MWC，单位为W/m²）作为年龄（用A表示，单位为岁）和体重（用W_b表示，单位为kg）的函数，可由式(4)、式(5)估算：

$$\text{男性：} MWC = (41.7 - 0.22A)W_b^{0.666} \qquad (4)$$

$$\text{女性：} MWC = (35.0 - 0.22A)W_b^{0.666} \qquad (5)$$

最大心率（HR_{max}）可由式(6)、式(7)估算：

$$HR_{max} = 205 - 0.62A \qquad (6)$$

$$RM = (HR_{max} - HR_0)/(MWC - M_0) \qquad (7)$$

$M_0 = 55\ W/m^2$。

附录C中表C.1直接给出了年龄在20～60岁、体重为50～90 kg的人群的心率和代谢率关系的推测。在这种情况下，估算精度进一步降低。

7 第四级 测量法

7.1 用耗氧量测定代谢率

7.1.1 部分法和整体法

代谢率的测定方法主要有以下两种：

——部分法，适用于轻微的和中等强度工作；

——完整法，用于短时间的高强度工作。

使用上述两种方法的合理性可从下列方法证明：

对于轻微的和中等强度的工作，摄氧量在短时间的工作之后即能达到稳定状态并等于需氧量。

对于高强度工作，需氧量超出了长期最大有氧代谢能力的上限，对于超高强度工作，则超过了最大有氧代谢能力。高强度工作期间，摄氧量不能满足需氧量要求。氧债在工作停止后才得以抵消。因此，测量应包括工作时间和后续的时间。整体法适用于耗氧率超过 60 L/h，相当于每分钟 1 升氧气。

图 2 给出了部分法的实施步骤。由于工作开始后 3 min～5 min 后耗氧率才能达到稳定状态，在不妨碍作业的前提下，呼出气的收集要在 5 min(初始阶段)后进行。工作再继续 5 min～10 min(主要阶段)。气体采集工作既可以是完全采集(例如采用道格拉斯袋)，也可以是定期采集(例如采用气体流量计)。工作停止时结束采集。

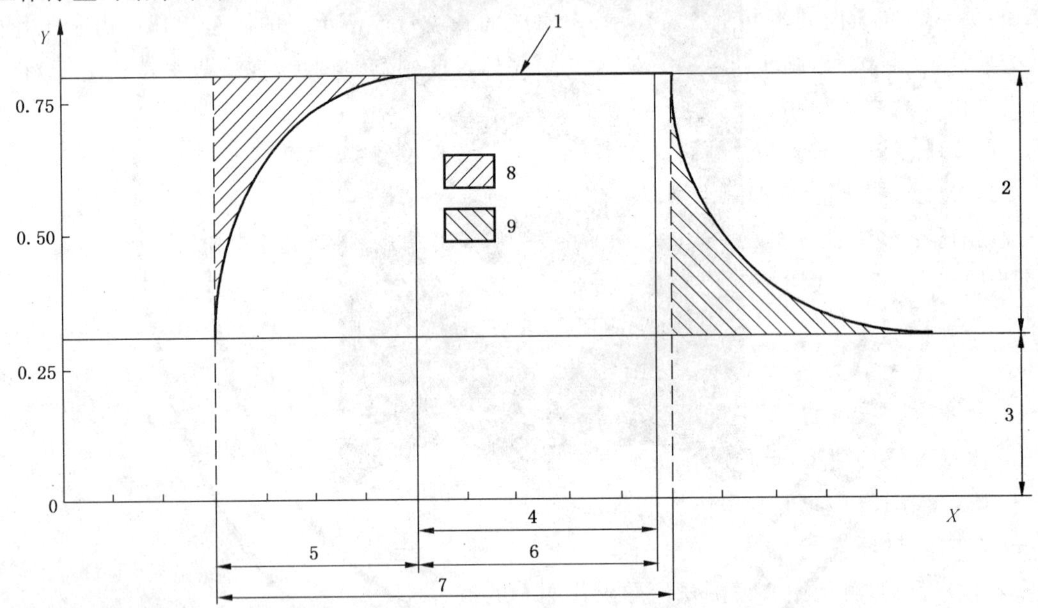

X——时间，min；

Y——摄氧率，L/min。

1——需氧量；

2——工作导致的代谢率增加量；

3——基础代谢率；

4——测量时间；

5——初始阶段；

6——主要阶段；

7——工作阶段；

8——亏氧量；

9——氧债补偿。

图 2 用部分法测定代谢率

用整体法(见图 3)，呼出气在工作开始后就立即收集，工作继续一定时间后，通常不多于 2 min～

3 min(主要阶段)。在工作结束时,让被试者坐下,测量继续进行直至恢复到休息的数值。在恢复阶段,工作中的氧债逐渐得到补偿。由于测量包括工作过程(主要阶段)和坐着过程(恢复阶段),所测代谢率数值应减去坐姿时的所需代谢率,以取得只与作业有关的代谢率。

有必要记录作业过程(操作与工时研究)和活动的重复率,以便进一步评价结果并与文献中的代谢率数据进行比较。附录 D 中给出了计算代谢率的实例。

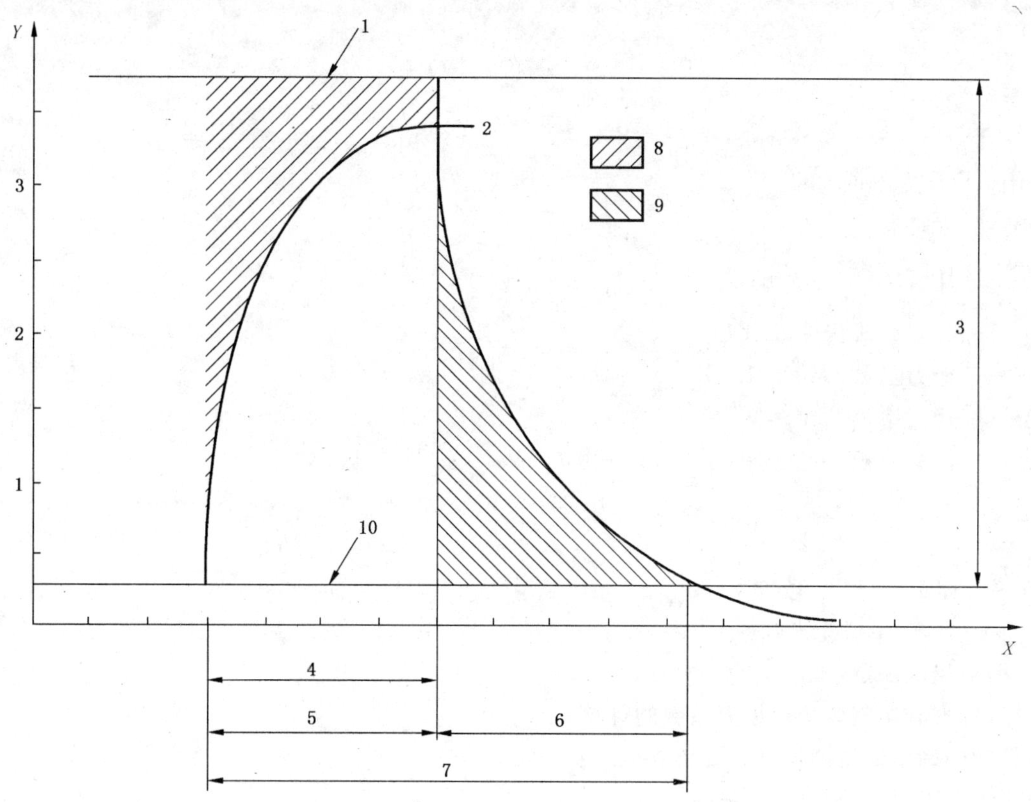

X——时间,min;
Y——摄氧率,L/min。
1——需氧量;
2——最大有氧代谢能力;
3——工作导致的代谢率增加;
4——工作阶段;
5——主要阶段;
6——恢复阶段;
7——测量阶段;
8——亏氧量;
9——氧债补偿;
10——基础代谢率。

图 3　用整体法测量代谢率

7.1.2　通过耗氧率测定代谢率

由于人体只能储存很少的氧,所以需要通过呼吸作用不断地从大气中摄取氧。如果不能直接供给氧,肌肉在无直接供氧的情况下只能工作很短的时间(无氧工作)。但是,相对于较长时间的工作,氧化代谢是其主要能量来源。通过测量耗氧率可以确定代谢率。从耗氧率到代谢率的换算中,要引用能量当量(EE)的概念。

能量当量取决于表征代谢作用类型的呼吸商(RQ)。测定代谢率时,采用取值为 0.85 的平均呼吸商,进而能量当量取值为 5.68 W·h/L(O_2)通常比较充分。在这种情况下,不要求测量 CO_2 的生成速率。可能出现的最大误差为±3.5%,但通常误差不超过 1%。

代谢率可由式(8)、式(9)、式(10)测定:

$$RQ = \frac{\dot{V}_{CO_2}}{\dot{V}_{O_2}} \quad \cdots\cdots(8)$$

$$EE = 5.88 \cdot (0.23RQ + 0.77) \quad \cdots\cdots(9)$$

$$M = EE \times \dot{V}_{O_2} \times \frac{1}{A_{Du}} \quad \cdots\cdots(10)$$

式中:

RQ——呼吸商;

$\dot{V}_{O_2}$——耗氧率,L(O_2)/h;

$\dot{V}_{CO_2}$——CO_2 生成速率,L(CO_2)/h;

EE——能力当量,W·h/L(O_2);

M——代谢率,W/m^2;

A_{Du}——体表面积,单位为平方米(m^2);由 Du Bois 公式(式 11)给出:

$$A_{Du} = 0.202 \times W_b^{0.425} \times H_b^{0.725} \quad \cdots\cdots(11)$$

式中:

W_b——体重,单位为千克(kg);

H_b——身高,单位为米(m)。

7.1.3 摄氧量的测定

7.1.3.1 标准状态气体体积换算系数的计算

摄氧量的确定需要测量以下资料或记录:

a) 个人资料:性别、体重、身高、年龄;

b) 测量方法;

c) 测量时间

——部分法:主要阶段;

——整体法:主要阶段和恢复阶段;

d) 大气压力;

e) 呼出气体积;

f) 呼出气温度;

g) 呼出气中 O_2 的体积分数,测定 RQ 时需要用;

h) 呼出气中 CO_2 所占百分数。

气体体积需按标准状态(STPD 状态,θ=0 ℃,p=101.3 kPa,干燥气体)来计算。由于所收集的气体都是饱和水蒸气(其饱和水蒸气压力是温度的函数),而测量温度为室温条件(ATPS 状态:大气温度与大气压力,水蒸气饱和),换算系数 f 可由式(12)利用水蒸气分压计算(见表 2):

$$f = \frac{273 \times (p - p_{H_2O})}{(273 + \theta) \times 101.3} \quad \cdots\cdots(12)$$

式中:

f——标准状态气体体积换算系数;

p——测量的大气压,单位为千帕(kPa);

p_{H_2O}——饱和水蒸气的分压(见表 2),单位为千帕(kPa);

θ——呼出气的温度(在气体流量计中或用道格拉斯袋时测量的大气温度),单位为摄氏度(℃)。

如果收集到的呼出气在环境中受热高于 37 ℃以上,需用 37℃的饱和水蒸气压 6.27 kPa。如果收集到的呼出气温度不高于 37 ℃,其饱和水蒸气压见表 2。

表 2　10 ℃～37 ℃范围内(间隔为 1 ℃)饱和水蒸气压力

单位为千帕

温度/℃	0	1	2	3	4	5	6	7	8	9
10	1.23	1.31	1.40	1.50	1.60	1.70	1.82	1.94	2.06	2.20
20	2.34	2.49	2.64	2.81	2.98	3.17	3.36	3.56	3.78	4.00
30	4.24	4.49	4.75	5.03	5.32	5.62	5.94	6.27	—	—

7.1.3.2　呼出气体积按标准状态($\theta=0$ ℃,$p=101.3$ kPa,干燥气体)计算

呼出气标准状态($\theta=0$ ℃,$p=101.3$ kPa,干燥气体)下的体积由式(13)计算:

$$V_{exSTPD} = V_{exATPS} \times f \qquad (13)$$

式中:

V_{exSTPD}——呼出气体积,单位为升(L)($\theta=0$ ℃,$p=101.3$ kPa,干燥气体状态下);

V_{exATPS}——呼出气体积,单位为升(L)(大气温度与大气压力,水蒸气饱和状态下);

f——标准状态气体体积换算系数。

7.1.3.3　呼出气体积流量的计算

呼出气体积流量由式(14)计算:

$$\dot{V}_{ex} = \frac{V_{exSTPD}}{t} \qquad (14)$$

式中:

$\dot{V}_{ex}$——单位时间呼出气体积,单位为升每小时(L/h);

t——采气时间,即部分法中的主要阶段及整体试验中的主要阶段和恢复阶段,单位为小时(h)。

7.1.3.4　耗氧速率的计算

耗氧速率由式(15)计算:

$$\dot{V}_{O_2} = \dot{V}_{ex} \times (0.209 - F_{O_2}) \qquad (15)$$

式中:

$\dot{V}_{O_2}$——耗氧量,单位为升每小时(L/h);

F_{O_2}——呼出气中氧的体积分数。

7.1.3.5　CO_2 生成速率的计算

CO_2 生成速率由式(16)计算:

$$\dot{V}_{CO_2} = \dot{V}_{ex} \times (F_{CO_2} - 0.000\,3) \qquad (16)$$

式中:

$\dot{V}_{CO_2}$——CO_2 的生成速率,单位为升每小时(L/h);

F_{CO_2}——呼出气中 CO_2 的体积分数。

7.1.3.6　呼出气体积的收缩效应

如 RQ 不等于 1,吸入与呼出气体积不相等,可利用式(17)、式(18)考虑收缩效应。

$$\dot{V}_{O_2} = \dot{V}_{ex}[0.265 \times (1 - F_{O_2} - F_{CO_2}) - F_{CO_2}] \qquad (17)$$

$$\dot{V}_{CO_2} = \dot{V}_{ex}[F_{CO_2} - (1 - F_{O_2} - F_{CO_2}) \times 0.380 \times 10^{-3}] \qquad (18)$$

7.1.4　代谢率的计算

7.1.4.1　部分法

利用式(5)可从摄氧量及能量当量确定代谢率。

STANDARDS PRESS OF CHINA

7.1.4.2 整体法

当使用整体法时，要进行下列计算，因为只有所确定的总代谢率及在恢复阶段活动的已知代谢率（如坐姿）才与工作本身代谢率有关。

首先从部分法得到代谢率，然后按式(19)进行转换：

$$M=\left(M_{\mathrm{P}}\times\frac{t_{\mathrm{m}}+t_{\mathrm{r}}}{t_{\mathrm{m}}}\right)-\left(M_{\mathrm{S}}\times\frac{t_{\mathrm{r}}}{t_{\mathrm{m}}}\right)\qquad\cdots\cdots(19)$$

式中：

M——纯劳动代谢率，单位为瓦每平方米（$\mathrm{W/m^2}$）；

M_{P}——部分法测得的代谢率，单位为瓦每平方米（$\mathrm{W/m^2}$）；

M_{S}——坐姿时的代谢率，单位为瓦每平方米（$\mathrm{W/m^2}$）；

t_{m}——主要阶段的时间，单位为分(min)；

t_{r}——恢复阶段的时间，单位为分(min)。

7.2 采用双标水法进行长时间测量

本条只叙述该方法的原理。

首先收集被试者的尿样本底，然后被试者饮下已精确定量的$^{2}H_2{}^{18}O$。氘(^{2}H)将示踪体内滞留的水，并且氘从体内的消失速率提供了一种测量水转化的手段。^{18}O将示踪水和碳酸氢盐，在体内碳酸酐酶的作用下，上述两者迅速达到平衡。^{18}O的消失速率提供了一个测量水和碳酸氢盐的联合转换率的手段。因此，碳酸氢盐的转化速率（即被试者体内的二氧化碳生成速率）可以通过这两个速率常数的差异来计算(k_{18}，k_2)。

通过经典的间接测热法的计算，二氧化碳的生成速率可换算成能量消耗速率。同位素初始稀释可用来测量^{2}H和^{18}O的空白样，这对计算体成分非常有用。

该方法需要测量至少两个同位素的生物半排期：对于儿童，最短测量时间大约是6天，对于普通成年人大概是12天，对于老年人则可能需要更长的时间。

对比全身测热法和摄入-平衡法，双标水法已经在众多研究中得到了交叉验证。对于稳定状况下的被试者，双标水法与其他的仪器测量法相比，记录结果无显著差异。该方法的整体精度视具体情况而定，约为±5%。

虽然双标水法测量技术上比较简单，但是还有许多复杂的细节使用者必须认真了解。

7.3 直接测热法原理

直接测热法测量的是热量从身体散发到环境中去的能量消耗速率。热传递的途径包括无蒸发热损失的传递方式（辐射、对流和传导）和水分蒸发。直接测热法通常是在一个密闭的空间内对整个身体进行的测量，但也曾利用有热交换的连体服进行测量。热交换中的非蒸发热部分，可利用绝热性不良的测量室壁的温度梯度进行被动测量（梯度层测热法），或从绝热性好的测量室中收集热量进行主动测量（吸热器测热法）。蒸发热会影响周围环境的湿度，需要单独测量。测量的方法是，收集测量室壁上的冷凝水并测定空气中隐性水分含量（不冷凝）或计算其相应的蒸发热。根据蒸发热和非蒸发热之和估算总热量损失。

附　录　A
（资料性附录）
利用第一级方法（筛分法）估算代谢率

本附录根据第1级的检查方法给出了用于简易地表征特定职业或活动平均工作负荷的数据。

这些估算数据由以下两种估算方法给出：

——方法A1：按照职业分类，估算值见表A.1；

——方法A2：按照活动分类，估算值见表A.2。

表A.1　各种职业人群的代谢率

职　　业		代谢率/(W/m²)
办公室工作	坐着从事的工作	55～70
	行政工作	70～100
	看门人	80～115
工匠	砌砖工	110～160
	木工	110～175
	玻璃工	90～125
	油漆工	100～130
	面包师	110～140
	屠宰工	105～140
	钟表修理师	55～70
采矿业	拖运操作员	70～85
	采煤工	110
	焦炉工	115～175
冶金行业	鼓风炉工	170～220
	电炉工	125～145
	用手操作的铸工	140～240
	用机器操作的铸工	105～165
	翻砂工	140～240
钢铁加工行业	打铁	90～200
	焊接	75～125
	车工、旋工	75～125
	钻机操作员	80～140
	精密机床操作员	70～110
印刷行业	手工排字工	70～95
	书籍装订工	75～100
农业	园艺师	115～190
	拖拉机司机	85～110

表 A.1(续)

职　　业		代谢率/(W/m²)
交通业	卡车司机	70～100
	公交车司机	75～125
	有轨电车司机	80～115
	起重机司机	65～145
其他职业	实验室助理	85～100
	轿车	85～100
	售货员	100～120
	秘书	70～85

表 A.2　各类活动的代谢率分类

类别	平均代谢率/(W/m²)		实　　例
0 休息	65 (55～70)	115 (100～125)	休息,自由坐姿
1 低代谢率	100 (70～130)	180 (125～235)	轻度手工作业(书写,打字、绘画、缝纫、记账);手臂作业(小的修理工作、检验、组装或分拣轻物件);臂和腿部作业(常规情况下驾驶车辆、操作脚下开关和踏板);站立作业[钻(小部件)、研磨(小部件)、绕线圈、绕小转子、操作低功率工具、有意识的步行(最大速度可达 2.5 km/h)]
2 中代谢率	165 (130～200)	295 (235～360)	持续的手臂作业(钉钉子、填料);腿臂作业(轨道外操作平台车、卡车或建筑设备);剧烈的躯臂作业、搬运重物;使用铲、大锤作业;锯、刨、凿硬木;手工收割、挖掘、以 5.5 km/h～7 km/h的速度步行。手工推拉重载的手推车或独轮车;切削铸件、安装水泥铸件。其他作业(使用汽锤、组装卡车、抹灰、间隔地使用比较重的材料,锄草、耕地、采摘水果与蔬菜、推拉轻型小推车或独轮车、以 2.5 km/h～5.5 km/h 的速度步行)
3 高代谢率	230 (200～260)	415 (360～465)	剧烈的躯臂作业、搬运重物;使用铲、大锤作业;锯、刨、凿硬木;手工收割、挖掘、以 5.5 km/h～7 km/h 的速度步行。手动推拉重载的手推车或独轮车;切削铸件、安装水泥铸件
4 超高代谢率	290 (>260)	520 (>465)	以最大步幅剧烈活动;用斧作业;猛烈的铲或挖;爬楼道、坡道或梯子;以超过 7 km/h 的速度小步幅快速行走
注:括号中的值为平均代谢率的取值范围。			

附 录 B
（资料性附录）
利用第二级方法（观察法）估算代谢率

根据第2级中的两种观察方法，本附录给出了通常情况下在特定时间内表征工作类型的数据。

——方法1：各种活动的代谢率由列表给出。

——方法2：将基础代谢率与人体特定姿势下的代谢率、特定工作类型下的代谢率以及与工作速度相关的身体动作的代谢率（采用组评价表）相加得到代谢率。

表B.1给出了就座状态下被测者肢体部位典型工作负荷的代谢率；表B.2给出了人体不同姿势的代谢率；表B.3给出了多种具体活动的代谢率；表B.4给出了活动记录日志表的样式；表B.5给出了日志结果汇总表的样式。这些表格可用于上述方法中代谢率的计算。

表B.1 就座状态下的被测者与工作负荷与身体部分有关的代谢率

身体部位	平均值及取值范围	负荷/(W/m²)		
		轻度	中度	重度
双手	平均值	70	85	95
	取值范围	<75	75～90	>90
单臂	平均值	90	110	130
	取值范围	<100	100～120	>120
双臂	平均值	120	140	160
	取值范围	<130	130～150	>150
躯体	平均值	180	245	335
	取值范围	<210	210～285	>285

表B.2 不同身体姿势的代谢率

身体姿势	代谢率/(W/m²)
坐	0
跪	10
蹲	10
站	15
弯腰站立	20

表B.3 具体活动的代谢率

活动	代谢率/(W/m²)
睡眠	40
躺卧	45
坐着休息	55
站立休息	70
在平整的硬路面上行走	

STANDARDS PRESS OF CHINA

表 B.3(续)

活动		代谢率/(W/m²)
1.不负重	2 km/h	110
	3 km/h	140
	4 km/h	165
	5 km/h	200
2.负重	10 kg, 4 km/h	185
	30 kg,4 km/h	250
步行登山,硬路面,平坦		
1.无负重	坡度 5°,4 km/h	180
	坡度 15°,3 km/h	210
	坡度 25°,3 km/h	300
2.负重 20 kg	坡度 15°,4 km/h	270
	坡度 25°,4 km/h	410
步行下山,无负重	坡度 5°,4 km/h	135
	坡度 15°	140
	坡度 25°	180
攀爬 70°的梯子,11.2 m/min		
无负重		290
负重 20 kg		360
平坦的硬路面上推或拉耳轴式自卸车,3.6 km/h,		
推力:12 kg		290
拉力:16 kg		375
推独轮车,路面平坦,4.5 km/h,橡胶轮胎,载重 100 kg		230
锉铁制品	42 次/min	100
	60 次/min	190
用斧子作业,双手,斧重 4.4 kg,15 次/min		290
木工工作	手工锯	220
	电锯	100
	手工刨	300
砌砖,5 块/min		170
拧螺钉		100
挖壕沟		290
坐着做的工作(如在办公室、家里、学校或实验室的活动)		70
站立着从事轻度活动(如购物、实验室活动、从事轻工业活动)		95
站立着从事中等程度的活动(如售货员、家务劳动、操作机器)		115
机械工具操作		

表 B.3（续）

活　　动	代谢率/(W/m^2)
轻度(调整、组装)	100
中度(装填)	140
重度	210
手工工具操作	
轻度(轻轻擦拭)	100
中度(擦拭)	160
重度(用力钻孔)	230

表 B.4　活动记录日志表

日期	
被试者	
工作地点	
气温/℃	
黑球温度/℃	
空气湿度(RH)/%	
风速/(m/s)	
着装	

表 B.5　日志结果汇总表

职业/工作任务________					日期__________	
类　　别		代谢率/(W/m^2)	乘	时间/min	等于	合计
1	任务 1	M_1	×		=	
2	任务 2	M_2	×		=	
			×		=	
i	任务 i	M	×		=	
			×		=	
n	任务 n		×		=	
	合计					
	时间加权代谢率					

附 录 C
（资料性附录）
利用第三级方法(解析法)估算代谢率

根据解析法,用典型周期内的心率估算代谢率见表C.1。

表C.1 根据被测者年龄、体重推算的代谢率与心率之间的关系

代谢率单位为瓦每平方米 心率单位为次每分钟

性别	年龄/岁	体重/kg				
		50	60	70	80	90
男性	20	2.9×HR−150	3.4×HR−181	3.8×HR−210	4.2×HR−237	4.5×HR−263
	30	2.8×HR−143	3.3×HR−173	3.7×HR−201	4.0×HR−228	4.4×HR−254
	40	2.7×HR−136	3.1×HR−165	3.5×HR−192	3.9×HR−218	4.3×HR−244
	50	2.6×HR−127	3.0×HR−155	3.4×HR−182	3.7×HR−207	4.1×HR−232
	60	2.5×HR−117	2.9×HR−145	3.2×HR−170	3.6×HR−195	3.9×HR−219
女性	20	3.7×HR−201	4.2×HR−238	4.7×HR−273	5.2×HR−307	5.6×HR−339
	30	3.6×HR−197	4.1×HR−233	4.6×HR−268	5.1×HR−301	5.5×HR−333
	40	3.5×HR−192	4.0×HR−228	4.5×HR−262	5.0×HR−295	5.4×HR−326
	50	3.4×HR−186	4.0×HR−222	4.4×HR−256	4.9×HR−288	5.3×HR−319
	60	3.4×HR−180	3.9×HR−215	4.5×HR−249	4.8×HR−280	5.2×HR−311
注:表中HR代表心率,HR乘以左侧数字再减去右侧数字即可计算出代谢率。						

附　录　D
（资料性附录）
利用第四级方法（测量法）估算代谢率（根据所测数据计算代谢率的实例）

D.1　用部分法计算代谢率

D.1.1　个人数据

性别：男；

年龄：35 岁；

身高：1.75 m；

体重：75 kg；

体表面积：1.90 m^2。

D.1.2　测量时间

初始阶段：0.05 h；

主要阶段：0.2 h。

D.1.3　大气压力

$p=100.8$ kPa。

D.1.4　测量的数值

D.1.4.1　气体流量计测量的数值

气体流量计校正系数：0.998；

呼出气温度：26.8 ℃；

气体流量计的终止读数：7 981.2 L；

气体流量计的初始读数：7 775.0 L；

通气量：206.2 L。

D.1.4.2　呼出气中氧与 CO_2 的体积分数

O_2 体积分数 F_{O_2}：16.2%；

CO_2 体积分数 F_{CO_2}：4.2%。

D.1.5　按标准状态（$\theta=0$ ℃，$p=101.3$ kPa，干燥气体）计算呼出气体积

呼出气体积用通气量及气体流量计的校正系数计算得到。

$$V_{exATPS}=206.2\times0.998=205.8\ \mathrm{L}$$

STPD 还原系数从式(12)计算得来：

$$f=\frac{273\times(100.8-3.52)}{(273+26.8)\times101.3}=0.874$$

$$V_{exSTPD}=V_{exATPS}\times f=205.8\times0.874=179.9$$

D.1.6　呼出气体积流量的计算

$$\dot{V}_{ex}=\frac{V_{exSTPD}}{t}=\frac{179.9}{0.2}=899.5$$

D.1.7　耗氧速率的计算

$$\dot{V}_{O_2}=\dot{V}_{ex}\times(0.209-F_{O_2})=899.5\times(0.209-0.162)=42.3$$

D.1.8　CO_2 生成速率的计算

$$\dot{V}_{CO_2}=\dot{V}_{ex}\times(F_{CO_2}-0.0003)=899.5\times(0.042-0.0003)=37.5$$

STANDARDS PRESS OF CHINA

D.1.9　对呼出气体积收缩效应的考虑

$$\begin{aligned}\dot{V}_{O_2} &= \dot{V}_{ex}[0.265(1-F_{O_2}-F_{CO_2})-F_{CO_2}]\\ &= 899.5\times[0.265\times(1-0.162-0.042)-0.162]\\ &= 44.0\end{aligned}$$

$$\begin{aligned}\dot{V}_{CO_2} &= \dot{V}_{ex}[F_{CO_2}-(1-F_{O_2}-F_{CO_2})0.380\times10^{-3}]\\ &= 899.5\times[0.042-0.000\ 38\times(1-0.162-0.042)]\\ &= 37.5(\mathrm{L\ CO_2/h})\end{aligned}$$

D.1.10　代谢率的计算

$$RQ=\frac{\dot{V}_{CO_2}}{\dot{V}_{O_2}}=\frac{37.5}{44.0}=0.852$$

$$EE=(0.23RQ+0.77)\times0.58=5.68(\mathrm{W\cdot h/L\ O_2})$$

$$M=EE\times\dot{V}_{O_2}\times\frac{1}{A_{Du}}=5.68\times\frac{44.0}{1.9}=131.5(\mathrm{W/m^2})$$

受所能达到的精度的限制，结果可四舍五入为 132 $\mathrm{W/m^2}$。

D.2　用整体法计算代谢率

呼出气体积缩小及利用 CO_2 生成计算 RQ，其对最终结果无重要影响，均可免去。

D.2.1　个人数据

与 D.1.1 相同。

D.2.2　测量时间

主要阶段：0.005 h(3 min)；

恢复阶段：0.15 h(9 min)；

采气阶段：0.2 h(12 min)。

D.2.3　大气压力

p=100.8 kPa。

D.2.4　测量数据

D.2.4.1　气体流量计测量的数值

气体流量计校正系数：0.998；

呼出气温度：26.8 ℃；

气体流量计的终止读数：5 877.5 L；

气体流量计的初始读数：5 707.0 L；

通气量：1 70.5 L。

D.2.5　呼出气中氧的体积分数

体积分数(F_{O_2})：15.5%。

D.2.5.1　标准状态(0 ℃，=101.3 kPa，干燥气体)计算呼出气体积

呼出气体积 V_{exATPS} 用通气量及气体流量计的校正系数计算得到。

$$V_{exATPS}=170.5\times0.998=170.2$$

标准状态气体体积换算系数与 D.1.5 相同。

$$V_{exSTPD}=V_{exATPS}\times f=170.2\times0.874=148.8$$

D.2.6　呼出气体积的计算

呼出气体积 V_{exATPS} 用通气量及气体流量的校正系数计算得到。

$$V_{exATPS}=170.5\times0.998=170.2$$

STPD还原系数与D.1.5相同。

$$V_{exSTPD}=V_{exATPS}\times f=170.2\times 0.874=148.8$$

D.2.7 呼出气体积流量的计算

$$\dot{V}_{ex}=\frac{V_{exSTPD}}{t}=\frac{148.8}{0.2}=744.0$$

D.2.8 耗氧速率的计算

$$\dot{V}_{O_2}=\dot{V}_{ex}\times(0.209-F_{O_2})=40.2(\mathrm{L\ O_2/h})$$

D.2.9 代谢率的计算

利用RQ=0.85,EE=5.68[W·h/L(O_2)],得到以下结果:

$$M=\mathrm{EE}\times\dot{V}_{O_2}\times\frac{1}{A_{Du}}=5.68\times 40.2\times\frac{1}{1.9}=120.2(\mathrm{W/m^2})$$

为了使代谢率与主要阶段相关,利用公式(19)进行转换,坐姿代谢率55 W/m^2。

$$M=120.2\times\frac{0.2}{0.05}-55\times\frac{0.15}{0.05}=318.8$$

受所能达到的精度的限制,可四舍五入为320 W/m^2。

ICS 11.220
B 41

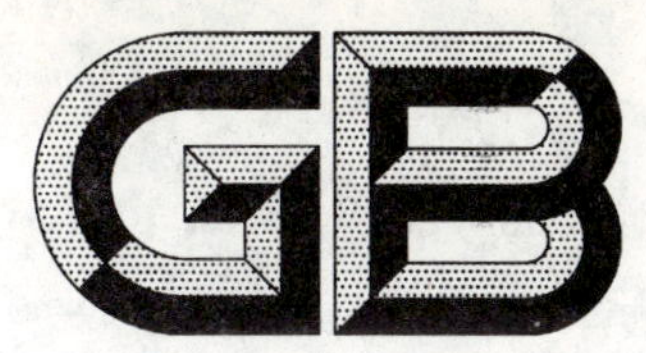

中华人民共和国国家标准

GB/T 18089—2008
代替 GB/T 18089—2000

蓝舌病病毒分离、鉴定及血清中和抗体检测技术

Isolation, identification and serum neutralization antibody test in Bluetongue virus

STANDARDS PRESS OF CHINA

2008-12-31 发布　　2009-05-01 实施

中华人民共和国国家质量监督检验检疫总局
中国国家标准化管理委员会　发布

前言

本标准代替 GB/T 18089—2000《蓝舌病微量血清中和试验及病毒分离和鉴定方法》。

本标准与 GB/T 18089—2000 相比主要变化如下：

——对标准名称进行了修改；

——删除了蓝舌病病毒鉴定中的病毒中和试验部分；

——增加了病毒鉴定中 RT-PCR 方法的鉴定。

本标准的附录 A 为规范性附录。

本标准由中华人民共和国农业部提出。

本标准由全国动物防疫标准化技术委员会归口。

本标准起草单位：中华人民共和国云南出入境检验检疫局、中华人民共和国深圳出入境检验检疫局。

本标准主要起草人：周晓黎、杨建明、艾军、花群义、杨晓花、张其艳、严树发、董俊、叶玲玲、徐维加。

本标准所代替标准的历次版本发布情况为：

——GB/T 18089—2000。

蓝舌病病毒分离、鉴定及血清中和抗体检测技术

1 范围

本标准规定了蓝舌病病毒分离、鉴定及血清中和抗体检测的技术。

本标准适用于蓝舌病病毒的分离、鉴定及动物感染蓝舌病病毒后血清中和抗体的检测。

2 符号和缩略语

下列符号和缩略语适用于本标准。

BHK_{21}——幼仓鼠肾细胞株；

BLP——乳糖蛋白胨缓冲肉汤；

BT——蓝舌病；

bp——碱基对；

CPE——致细胞病变作用；

C6/36——蚊子细胞株；

DEPC——焦碳酸二乙酯；

SPF——无特定病原体；

$TCID_{50}$——半数组织培养感染量；

Vero——非洲绿猴肾细胞株。

3 蓝舌病病毒分离

3.1 材料

10日龄～11日龄SPF鸡胚。

3.2 设备与器材

鸡胚开孔器、照蛋灯或照蛋箱、乳钵或组织捣碎器、倒置显微镜。

3.3 试验程序

3.3.1 样品

肝素抗凝血(每5 mL血液用10IU肝素)、脏器(脾、肝、肾、淋巴结)、精液、库蠓。用于病毒分离的样品应置冷藏容器中保存，在24 h内送到实验室，并立即进行处理。

3.3.2 血液样品制备

取肝素抗凝血5 mL，用磷酸盐缓冲液(PBS，配方见附录A)洗涤血样3次～4次，每次2 000 r/min离心10 min，弃上清液后加入倍量BLP(配方见附录A)，置冰浴中用超声波处理(40 μA、1 min)。经处理的样品当天使用，使用前置4 ℃保存，剩余样品置－70 ℃保存备用。

3.3.3 组织样品制备

无菌采集动物脾、淋巴结、肝、肾各5 g，剪碎后加入BLP10 mL(含青霉素2 000 IU/mL、链霉素2 000 μg/mL)，置乳钵中研磨，4 ℃冰箱中浸提4 h，取上清液5 mL用超声波裂解处理(100 μA、1 min～2 min)或冻融三次，3 000 r/min离心20 min，取上清液使用，使用前置4 ℃保存，剩余样品置－70 ℃保存备用。

3.3.4 精液样品制备

取精液样品0.5 mL，用BLP作1∶5稀释后，3 000 r/min离心20 min，弃上清液，再用BLP作

1∶5 稀释，充分混匀，置冰浴中用超声波处理（100 μA、1 min～2 min）或冻融三次，3 000 r/min 离心 20 min，取上清液使用，使用前置 4 ℃保存，剩余样品置－70 ℃保存备用。

3.3.5 库蠓样品制备

取 200 个～300 个库蠓盛于小试管中，加入含青霉素 2 000 IU/mL、链霉素 2 000 μg/mL 的 BLP 3 mL～5 mL，置冰浴中研磨虫体，3 000 r/min 离心 20 min，取上清液使用，使用前置 4 ℃保存，剩余样品置－70 ℃保存备用。

3.3.6 鸡胚静脉接种

3.3.6.1 选择 10 日龄～11 日龄发育良好的 SPF 鸡胚，在照蛋灯上标记静脉位置和开孔区，用开孔器开窗备用。

3.3.6.2 在无菌条件下，每份样品接种 5 个鸡胚，每个鸡胚静脉接种 0.1 mL，接种后用擦镜纸封口，置 33.5 ℃培养。

3.3.6.3 逐日观察并记录，24 h 内死亡的鸡胚为非特异性死亡，将 48 h 后死亡的鸡胚收置 4 ℃冰箱保存，于接种后第 6 天同未死亡鸡胚一起收毒。

3.3.7 收毒

在无菌条件下，用碘酒、酒精棉球对鸡胚气室处进行消毒，凿开蛋壳，按常规方法剪破壳膜、尿囊膜、羊膜后，取出胚体，置平皿中，在每个胚体上取若干组织块（有病变时，取病变组织），置组织捣碎器或乳钵中研磨后，按 1∶5 加入 BLP（含青霉素 2 000 IU/mL、链霉素 2 000 μg/mL），置 4 ℃冰箱浸提 4 h，当日使用，剩余样品置－70 ℃保存备用。

3.3.8 接种敏感细胞

3.3.8.1 按常规方法在 12 孔细胞培养板上制备 C6/36 细胞单层。

3.3.8.2 将收获的鸡胚上清液，接种细胞单层，每份病料接种两孔，每孔接种 0.1 mL，置 25 ℃培养，第 2 天换液后，培养 7 d。

3.3.8.3 按常规方法在 12 孔细胞培养板上制备 BHK_{21} 或 Vero 细胞单层。

3.3.8.4 第 7 天用吸管吹下被接种的 C6/36 细胞。

3.3.8.5 将吹下的 C6/36 细胞悬液接种于 BHK_{21} 或 Vero 细胞单层，37 ℃吸附 1 h 后，加入维持液置 37 ℃培养。24 h 后逐日观察细胞病变，连续观察 7 d。如盲传两代出现细胞病变，则应进行荧光抗体、PCR 试验进行鉴定；如无细胞病变，则判定为病毒分离阴性。

4 蓝舌病病毒鉴定

4.1 荧光抗体试验（直接法）

4.1.1 材料

荧光标记的蓝舌病病毒单克隆抗体。

4.1.2 设备与器材

倒置荧光显微镜、96 孔细胞培养板。

4.1.3 试验程序

4.1.3.1 将接种的 BHK_{21} 或 Vero 细胞培养物冻融一次，1 000 r/min 离心 10 min，取上清液接种于带有玻片的 24 孔组织培养板的 BHK_{21} 或 Vero 细胞单层。每份样品接种两孔，同时设阳性、阴性对照，37 ℃吸附 1 h 后加入维持液，置 37 ℃培养 72 h。

4.1.3.2 取出培养板中的玻片，用 0.01 mol/L PBS 漂洗一次，预冷丙酮固定 15 min。

4.1.3.3 每片滴加荧光标记的蓝舌病病毒单克隆抗体，使其覆盖于玻片，置暗湿盒中于 37 ℃作用 30 min。

4.1.3.4 用 0.01 mol/L PBS 洗片三次，再用蒸馏水洗片一次。

4.1.3.5 风干，用碳酸缓冲甘油（配方见附录 A）封片，荧光显微镜检查。

4.1.3.6 结果判定：阳性对照的细胞浆内呈现颗粒状的黄绿色荧光，阴性对照应无荧光或无特异性荧光时，被检病毒接种细胞的细胞浆内发现颗粒状的黄绿色荧光者即可判为阳性。

4.2 聚合酶链反应(RT-PCR)

4.2.1 试剂和材料

4.2.1.1 引物(25 pmol/μL)：扩增 NS1 蛋白编码基因 RNA6 保守序列，其引物序列和在 RNA6 基因中的位置如表 1 所示。

表 1

编　号	引　　物	在 RNA6 中的位置
1	5′-GTTCTCTAGTTGGCAACCACC-3′	10～30
2	5′- AAGCCAGACTGTTTCCCGAT-3′	283～264
3	5′-GCAGCATTTTGAGAGAGCGA-3′	170～189
4	5′-CCCGATCATACATTGCTTCCT-3′	270～250

4.2.1.2 Trizol。

4.2.1.3 AMV (13 U/μL)或 M-MuLV (200 U/μL)。

4.2.1.4 dNTPs(每种浓度均为 10 mmol/L)。

4.2.1.5 RNA 酶抑制剂(40 U/μL)。

4.2.1.6 *Taq* 酶(5 U/μL)。

4.2.1.7 RT-PCR 和 PCR 缓冲液。

4.2.1.8 氯化镁(25 mmol/L)。

4.2.1.9 电泳缓冲液(TBE)：配方见附录 A。

4.2.1.10 溴化乙锭溶液(10 mg/mL)：配方见附录 A。

4.2.1.11 DEPC 水：配方见附录 A。

4.2.1.12 琼脂糖。

4.2.1.13 DNA 分子质量标准。

4.2.1.14 随机引物(25 mmol/L)。

4.2.1.15 三氯甲烷、无水乙醇、异丙醇等均为分析纯。

4.2.2 主要仪器和设备

高速冷冻离心机、PCR 仪、凝胶电泳仪、水平电泳槽、凝胶管理系统、微量移液器。

4.2.3 试验程序

4.2.3.1 样品的采集与处理

不同样品参照 4.3.2～4.3.5 的处理方法。

4.2.3.2 对照样品制备

4.2.3.2.1 阳性样品：接种病毒的细胞培养物。

4.2.3.2.2 阴性样品：正常细胞培养物。

4.2.3.3 RNA 的提取

除本标准规定的方法外，也可采用其他等效的 RNA 提取方法，具体操作见有关试剂说明书。

4.2.3.3.1 取 250 μL 处理后的样品置 1.5 mL Eppendorf 管中，作好标记，加入 3 倍体积 Trizol，振荡混合 20 s，静置 5 min。

4.2.3.3.2 加入 200 μL 三氯甲烷，振荡混合 20 s，静置 5 min。

4.2.3.3.3 4 ℃ 12 000 r/min 离心 15 min，取上清置另一个标记好的 1.5 mL Eppendorf 管中，加入等体积异丙醇，－20 ℃静置 15 min。

4.2.3.3.4 4 ℃ 12 000 r/min 离心 15 min，轻轻弃上清，加 1 mL DEPC 水配制的 75%乙醇；4 ℃

STANDARDS PRESS OF CHINA

12 000 r/min 离心 15 min，小心弃去乙醇，倒置滤纸上，烘干，立即进行 cDNA 的合成或－20 ℃保存备用。

4.2.3.4 **cDNA 的合成**

以下所有操作应在冰盒上进行。

4.2.3.4.1 **RNA 的变性**

在沉淀核酸的 Eppendorf 管中依次加入：随机引物，2 μL；DEPC 水，12 μL。轻微振荡，瞬时离心；70 ℃作用 10 min，冰浴 2 min；3 000 r/min，离心 1 min。

4.2.3.4.2 **反转录**

在超净台内于 Eppendorf 管(4.2.3.4.1)中依次加入：5×反转录酶缓冲液，4 μL；dNTPs，1 μL；RNA 酶抑制剂，0.5 μL；AMV 反转录酶，0.5 μL。瞬时离心，42 ℃作用 1 h；70 ℃作用 15 min；冰浴 3 min，立即进行 PCR 扩增或－20 ℃保存备用。

4.2.3.5 **PCR 反应**

在一 PCR 管中，依次加入以下试剂：10×PCR 缓冲液，5 μL；氯化镁，3 μL；dNTPs，1 μL；*Taq* DNA 聚合酶，0.5 μL；引物 1，1 μL；引物 2，1 μL；cDNA，4 μL；ddH_2O，34.5 μL。

瞬时离心，置 PCR 仪内运行下列程序：95 ℃预变性 3 min；95 ℃ 30 s，55 ℃ 30 s，72 ℃ 30 s，运行 35 个循环；72 ℃，10 min；4 ℃，保存。

套式 PCR 扩增(Nested PCR 扩增)：

在一 PCR 管中，依次加入以下试剂：10×PCR 缓冲液，5 μL；氯化镁，3 μL；dNTPs，1 μL；*Taq* DNA 聚合酶，0.5 μL；引物 3，1 μL；引物 4，1 μL；第一次扩增产物，1.5 μL；ddH_2O，37 μL。

瞬时离心，置 PCR 仪内运行下列程序：95 ℃预变性 3 min；95 ℃ 30 s，55 ℃ 30 s，72 ℃ 30 s，运行 30 个循环；72 ℃，10 min；4 ℃，保存。

4.2.3.6 **PCR 产物的检测**

4.2.3.6.1 1.5%琼脂糖凝胶的制备见附录 A。

4.2.3.6.2 加载样品：取两次扩增产物各 10 μL 与载样缓冲液混合，分别加入凝胶孔中。恒压 5 V/cm～8V/cm，电泳 30 min～60 min；紫外检测仪下观察结果、照像。

4.2.3.7 **结果判定**

4.2.3.7.1 第一次 PCR 扩增后，阳性对照应出现一条 274 bp 的 DNA 条带。阴性对照和空白对照没有核酸条带。

4.2.3.7.2 第二次 PCR 扩增后，阳性对照应出现一条 101 bp 的 DNA 条带。阴性对照和空白对照没有核酸条带。

4.2.3.7.3 在阳性样品第一次 PCR 扩增或第二次 PCR 扩增出现目的核酸条带，而阴性对照和空白对照均成立的情况下，进行检测样品的判定。

4.2.3.7.4 待检样品第一次扩增经电泳出现 274 bp 的 DNA 条带，或第二次扩增经电泳能出现 101 bp 的 DNA 条带，均可判为阳性。

4.2.3.7.5 待检样品两次扩增经电泳均未出现 DNA 条带，判为阴性。或者出现的条带不是 274 bp 和 101 bp，为非特异性反应，需重复试验，两次试验均为非特异性反应时，判为阴性。

5 蓝舌病病毒血清中和抗体检测

5.1 试剂和材料

5.1.1 病毒：蓝舌病病毒 1～24 血清型国际标准毒株。

5.1.2 对照血清：蓝舌病标准阳性血清、阴性血清。

5.1.3 被检血清：采集绵羊等反刍动物血液所分离的血清，－20 ℃保存。

5.1.4 细胞：C6/36、BHK_{21} 或 Vero。

5.1.5 培养液：配方见附录 A。

5.1.6 维持液/稀释液：配方见附录 A。

5.2 设备与器材

二氧化碳培养箱、冰箱（－20 ℃保存血清，－70 ℃保存种毒）、倒置显微镜、96 孔细胞培养板、单头和多头微量移液器（20 μL～200 μL）。

5.3 试验程序

5.3.1 病毒繁殖

将蓝舌病病毒 1-24（BTV_{1-24}）型分别接种于 BHK_{21} 或 Vero 细胞单层，37 ℃吸附 1 h 后加入维持液，置 5%二氧化碳（CO_2）培养箱培养，逐日观察。待 CPE 达 75%以上，收获病毒悬液冻融或超声波处理，以 2 000 r/min 离心 20 min，分装成 1 mL/瓶，置－70 ℃保存备用。

5.3.2 毒价测定

将各型病毒在 96 孔板上作 10^0～10^{-10} 稀释，每个稀释度作 8 孔，每孔病毒悬液为 50 μL，加入细胞悬液 150 μL（每毫升 3×10^5 个细胞），每块板设 8 孔细胞对照。置 5% CO_2 培养箱 37 ℃培养，逐日观察并记录 CPE。按 Karber 方法计算出各血清型病毒的 $TCID_{50}$/50 μL。

5.3.3 灭能

蓝舌病标准阳性血清、阴性血清、被检血清经 56 ℃ 30 min 灭能。

5.3.4 对照

——细胞对照：设 4 孔正常细胞对照，即每孔加细胞悬液 100 μL（每毫升 3×10^5 个细胞）、稀释液 100 μL。

——阴性血清对照：设 4 孔阴性对照，每孔加阴性血清和 100 $TCID_{50}$/50 μL 病毒悬液各 50 μL，再加入细胞悬液 100 μL（每毫升 3×10^5 个细胞）。

——病毒回归对照：将各型病毒稀释成 1 000、100、10、1 $TCID_{50}$/50 μL，每个稀释度作 4 孔，每孔加入 50 μL 病毒悬液，再加入细胞悬液 100 μL（每毫升 3×10^5 个细胞），每孔补充稀释液 50 μL。

——阳性血清对照：将阳性血清分别作 1∶4、1∶8、1∶16 稀释，每个稀释度作 4 孔，每孔加各稀释度阳性血清和 100 $TCID_{50}$/50 μL 病毒悬液各 50 μL，再加入细胞悬液 100 μL（每毫升 3×10^5 个细胞）。

——血清毒性对照：每份被检血清应按稀释度各设一孔毒性对照，每孔各加各稀释度血清 50 μL、稀释液 50 μL 和 100 μL 细胞悬液。

5.3.5 中和试验

5.3.5.1 将每份被检血清作 1∶4、1∶8、1∶16 稀释，每个稀释度作 5 个孔，每孔加各稀释度血清 50 μL。

5.3.5.2 第 1 孔作为血清毒性对照，加入稀释液 50 μL 和细胞悬液 100 μL（每毫升 3×10^5 个细胞）。

5.3.5.3 第 2 孔～第 5 孔为正式试验孔，每孔加入病毒悬液 50 μL（100 $TCID_{50}$/50 μL），振荡 3 min～5 min，置 37 ℃中和 1 h；加细胞悬液 100 μL（每毫升 3×10^5 个细胞）。

5.3.5.4 置 37 ℃、5%CO_2 培养箱培养，24 h 后逐日观察 CPE 并进行记录，培养 7 d。

5.3.5.5 结果判定：当病毒回归 1 000、100、10 $TCID_{50}$/50 μL 全部出现 CPE，1 $TCID_{50}$/50 μL 出现 50%CPE，阳性、阴性、正常细胞、血清毒性对照全部成立时，才能进行判定，判定时间为 72 h～168 h。被检血清孔 50%出现保护，判为阳性，如低于 50%判为阴性。当某份血清的某一稀释度出现 50%保护时，该血清稀释度即为该份血清的中和抗体滴度。当中和抗体滴度≥1∶8 时判为阳性。

6 蓝舌病病毒感染检测综合判定标准

在检测中，蓝舌病病毒分离、鉴定与血清中和抗体试验应同时进行，任何一种方法为阳性，均可判定为蓝舌病阳性。

附 录 A
（规范性附录）
溶 液 配 制

A.1 0.01 mol/L PBS，pH7.2～pH7.4

磷酸氢二钠	1.19 g
磷酸二氢钠	0.22 g
氯化钠	8.50 g
蒸馏水	1 000 mL

A.2 乳糖蛋白胨缓冲液肉汤（BLP）

A.2.1 A液的配制

磷酸二氢钠（无水）	4.60 g
三蒸水	500 mL

A.2.2 B液的配制

磷酸氢二钠（无水）	9.40 g
三蒸水	1 000 mL

A.2.3 工作液的配制

A液	220 mL
B液	780 mL
蛋白胨	2.00 g
乳糖	100 g

1.034×10^{5} Pa 15 min 高压灭菌或抽滤除菌。

A.3 碳酸缓冲甘油

A.3.1 0.5 mol/L pH9.5 碳酸缓冲液的配制

碳酸氢钠	3.70 g
碳酸钠（无水）	0.60 g
蒸馏水	100 mL

A.3.2 甘油。

A.3.3 碳酸缓冲甘油的配制

1份碳酸缓冲液加9份甘油混合即成。

A.4 5×Tris-硼酸（TBE）电泳缓冲液

Tris	54.0 g
硼酸	27.5 g
0.5 mol/L EDTA（pH8.0）	20 mL
三蒸水定容至	1 000 mL

充分溶解，4 ℃保存。

A.5 10 mg/mL 溴化乙锭溶液

警告——本品为强致癌物，使用时需小心！

溴化乙锭	1 g
三蒸水	100 mL

置棕色瓶中，磁力搅拌数小时以确保其完全溶解，然后用铝箔包裹容器，保存于室温。

A.6 DEPC 水

于三蒸水中按 0.1%加入 DEPC，室温静置过夜，1.034×10^5 Pa 高压 20 min，冷却备用。

A.7 1.5%琼脂糖凝胶的制备

在 200 mL 三角烧瓶中加入：电泳级琼脂糖，1.5 g；0.5×TBE 缓冲液，100 mL。置微波炉中使之完全溶解后，加入 10 mg/mL 溴化乙锭溶液 5 μL 充分摇匀，备用；待琼脂糖冷却到 60 ℃左右，倒入制胶板并防止气泡产生，使琼脂糖厚度达 3 mm～5 mm；待凝胶完全凝固后去掉梳子和两端封口物，将凝胶托盘放入电泳槽，加入 0.5×TBE 电泳缓冲液使之高出凝胶 2 mm～3 mm。

A.8 营养液

199 培养基，加入含 10%无蓝舌病病毒抗体胎牛血清；抽滤除菌。

A.9 维持液

199 培养基，加入含 2%无蓝舌病病毒抗体胎牛血清；抽滤除菌。

A.10 细胞分散液

胰酶	2.5 g
乙二胺四乙酸二钠(EDTA)	0.2 g
无钙镁 PBS	1 000 mL

抽滤除菌。

STANDARDS PRESS OF CHINA

ICS 11.220
B 41

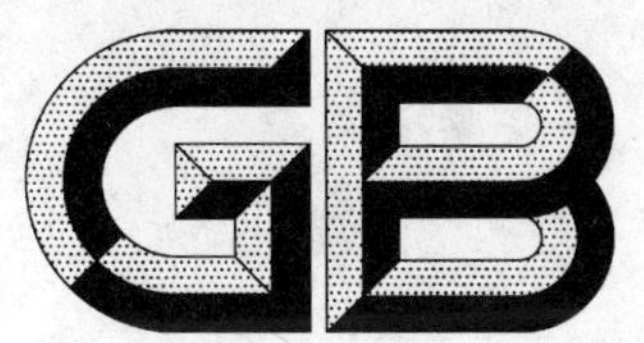

中华人民共和国国家标准

GB/T 18090—2008
代替 GB/T 18090—2000

猪繁殖与呼吸综合征诊断方法

Diagnostic methods of porcine reproductive and respiratory syndrome

2008-12-31 发布　　2009-05-01 实施

中华人民共和国国家质量监督检验检疫总局
中国国家标准化管理委员会　发布

前 言

本标准的修订参照了世界动物卫生组织(OIE)编写的《陆生动物诊断试验和疫苗手册(哺乳动物、禽与蜜蜂)》(第五版,2004)。其技术内容与OIE所推荐的基本一致。

本标准代替GB/T 18090—2000《猪繁殖和呼吸综合症诊断方法》。

本标准与GB/T 18090—2000相比主要变化如下:

——增加了临床诊断;

——免疫过氧化物酶单层试验作连续4倍稀释,结果的判定按照OIE编写的《陆生动物诊断试验和疫苗手册(哺乳动物、禽与蜜蜂)》(第五版,2004)的内容作了相应的修改;

——增加了反转录聚合酶链反应试验。

本标准的附录A、附录B是规范性附录,附录C是资料性附录。

本标准由中华人民共和国农业部提出。

本标准由全国动物防疫标准化技术委员会归口。

本标准起草单位:中华人民共和国辽宁出入境检验检疫局。

本标准主要起草人:孙颖杰、苏永生、胡传伟、吴斌、李叶、贾赟、肇惠君。

本标准所代替标准的历次版本发布情况为:

——GB/T 18090—2000。

猪繁殖与呼吸综合征诊断方法

1 范围

本标准规定了猪繁殖与呼吸综合征(PRRS)的诊断方法。

本标准适用于猪繁殖与呼吸综合征的诊断。

2 规范性引用文件

下列文件中的条款通过本标准的引用而成为本标准的条款。凡是注日期的引用文件,其随后所有的修改单(不包括勘误的内容)或修订版均不适用于本标准,然而,鼓励根据本标准达成协议的各方研究是否可使用这些文件的最新版本。凡是不注日期的引用文件,其最新版本适用于本标准。

GB/T 6682 分析实验室用水规格和试验方法(GB/T 6682—2008,ISO 3696:1987,MOD)

3 符号和缩略语

下列符号和缩略语适用于本标准。

bp——碱基对;

CPE——致细胞病变作用;

DEPC——焦碳酸二乙酯;

dNTP——脱氧核苷三磷酸;

EB——溴化乙锭;

HRP——辣根过氧化物酶;

IFA——间接免疫荧光试验;

IPMA——免疫过氧化物酶单层试验;

PBS——磷酸盐缓冲盐水;

PRRS——猪繁殖与呼吸综合征;

RNA——核糖核酸;

RT-PCR——反转录-聚合酶链反应;

Taq 酶——*Taq* DNA 聚合酶。

4 临床诊断

急性感染初期,猪群表现为食欲低下、发热、昏睡和精神不振等症状,个别猪可出现双耳、外阴、腹部、口部青紫发绀,一般持续 1 周～3 周;发病高峰的主要特征是母猪早产、流产以及木乃伊胎和弱仔增多;仔猪断奶前死亡率增加,高峰期一般持续 8 周～12 周;发病末期,母猪繁殖功能逐渐恢复,达到或接近病前水平。仔猪和育肥猪存在不同程度的呼吸系统症状,痊愈猪一般生长缓慢,体重较轻。若没有继发感染,除发病仔猪可见间质性肺炎等特征病变外,一般不表现肉眼可见病变。

有以上临床症状者,可以怀疑猪群有猪繁殖与呼吸综合征病毒(PRRSV)感染,确诊需要实验室检验。

STANDARDS PRESS OF CHINA

5 病毒的分离与鉴定

5.1 材料准备

5.1.1 器材

二氧化碳培养箱、普通冰箱及低温冰箱、倒置生物显微镜、恒温水浴箱、离心机及离心管、96 孔细胞培养板、微量移液器、组织研磨器、孔径 0.2 μm 的微孔滤器及滤膜。

5.1.2 试剂

RPMI 1640 细胞培养液、MEM 细胞培养液、犊牛血清、青霉素(10^4 IU/mL)与链霉素(10^4 μg/mL)溶液、7.5%碳酸氢钠溶液等。

5.1.3 细胞

猪原代肺泡巨噬细胞培养物(PAM)、MARC-145。PAM 由未感染过 PRRS 猪群中 6 周龄～8 周龄的猪获取,并经批次检验合格,制备和检验方法见附录 A。

5.1.4 样品

5.1.4.1 采样

无菌采取扁桃体、肺、淋巴结和脾等组织,血清或腹水置低温保存盒内立即送检。不能立即检测者,应放－20℃冰箱中,长期保存应置于－70 ℃冰箱中。

5.1.4.2 制备

血清和腹水可直接检测。肺、脾和扁桃体等组织可单独检测,也可混合后检测。各组织剪碎后研磨成糊状,加入 RPMI1640,制成 10%的组织悬液,以 3 000 r/min 离心 15 min,吸取上清液,加入青霉素 500 IU/mL、链霉素 500 μg/mL、庆大霉素 500 μg/mL 和两性霉素 B 200 μg/mL。怀疑有细菌污染的样品,也可用 0.2 μm 微孔滤膜过滤处理。

5.2 操作方法

5.2.1 制备细胞板

已建立的某些猴肾细胞系不能支持所有分离株特别是欧洲型病毒株的生长,因此病毒分离应首选 PAM 细胞,先将 PAM 细胞用 RPMI1640 稀释(含犊牛血清 5%,青霉素 100 IU/mL、链霉素 100 μg/mL、庆大霉素 50 μg/mL、两性霉素 B 10 μg/mL,pH7.2),稀释细胞终浓度为每毫升 1×10^6 个细胞。或将 MARC-145 用 MEM 稀释,使细胞终浓度为每毫升 5×10^4 个细胞。然后,每孔 100 μL 加入到 96 孔细胞培养板中。

5.2.2 稀释样品

在空白 96 孔细胞培养板中加入细胞培养液 RPMI1640,每孔 90 μL,在 A 排和 E 排各孔内分别加入样品,每孔 10 μL(样品 1∶10 稀释),将板轻轻摇动后,从 A 排和 E 排孔各取 10 μL 分别移入 B 排和 F 排孔内(样品 1∶100 稀释)。将板轻轻摇动后,从 B 排和 F 排孔各取 10 μL 分别移入 C 排和 G 排孔内(样品 1∶1 000 稀释),将板轻轻摇动后,从 C 排和 G 排孔各取 10 μL 分别移入 D 排和 H 排孔内(样品 1∶10 000 稀释)。每个培养板应设置空白对照。振动稀释板后加盖,置 4 ℃冰箱内保存备用。

5.2.3 接种样品

分别吸取上述稀释样品 50 μL 接种于 5.2.1 中对应的细胞孔(第一代)中,放入 37 ℃、5%二氧化碳培养箱中培养,每天观察 CPE,连续观察 2 d～5 d。

5.2.4 培养物盲传

一般在第一代培养 2 d 后,不论有无细胞病变,一律将每孔内细胞液取 25 μL,整板移入按照 5.2.1 方法制备的新细胞板对应的孔内。放入 37 ℃、5%二氧化碳培养箱中培养 2 d～5 d,每天观察 CPE。

5.3 结果判定

通常在接种 1 d～2 d 后可出现 CPE,主要呈现细胞圆缩、聚集、固缩,最后溶解脱落。初次接种样品和盲传后都出现 CPE,或盲传后出现 CPE 均认为阳性。仅仅初次接种样品出现 CPE,认为是由于病料毒性引起的假阳性。

在细胞培养物盲传结束后，不论是否出现 CPE，对所有的孔应采用免疫过氧化物酶单层试验(IPMA)或间接免疫荧光试验(IFA)进行终判；只要对 PRRSV 标准阳性血清呈现阳性反应，则被认定为 PRRSV 分离阳性。

6 免疫过氧化物酶单层试验(IPMA)

6.1 材料准备

6.1.1 器材

微量移液器、倒置显微镜等。

6.1.2 试剂

6.1.2.1 IPMA 诊断板的制备：见第 A.6 章。

6.1.2.2 标准阳性血清、标准阴性血清和兔抗猪 IgG HRP 结合物使用前按说明书规定用血清稀释液稀释至工作浓度。

6.1.2.3 洗涤液、血清稀释液和显色/底物溶液按照附录 B 配制。

6.1.3 样品

采集被检猪血液，分离血清，血清应新鲜、透明、不溶血、无污染，密装于灭菌小瓶内，4 ℃或－20 ℃冰箱保存或立即送检。试验前将被检血清统一编号。

6.2 操作方法

6.2.1 稀释血清样品：在空板的 A 排和 E 排各孔分别加入 180 μL 的血清稀释液，其余各孔加 120 μL。将 20 μL 被检血清和对照血清分别加入 A 排和 E 排各孔，缓慢摇动，从 A 排和 E 排各孔内取 40 μL 分别加入 B 排和 F 排，依次作 1∶40、1∶160、1∶640 稀释。

6.2.2 取上述板中稀释血清样品各 50 μL 加入 IPMA 诊断板的相应孔内，封板，37 ℃孵育 1 h，弃去液体，用 0.15 mol/mL 氯化钠(NaCl)＋0.5％吐温-80 洗板三次。

6.2.3 用 0.15 mol/L NaCl 和 0.5％吐温-80 稀释兔抗猪 IgG HRP 结合物至工作浓度，加入 50 μL 结合物稀释液于板中，封板后 37 ℃孵育 1 h，洗涤三次。

6.2.4 各孔中加入显色剂/底物(AEC)溶液 50 μL，在 18 ℃～22 ℃室温下作用至少 30 min，弃去液体，加入 50 μL 0.05 mol/L 乙酸钠溶液。

6.3 结果判定

将 IPMA 诊断板置于倒置显微镜下判读。在对照样品成立的前提下，被检血清标本板内各孔约 30％～50％的细胞质呈现深红色，判读为免疫过氧化物酶单层试验阳性，记作 IPMA(＋)；细胞质未被染色，判读为免疫过氧化物酶单层试验阴性，记作 IPMA(－)。血清非特异性反应使整孔细胞染色(与阳性对照比较)。血清滴度以 50％以上的孔染色的最高稀释度的倒数表示。血清滴度＜10 为阴性，10 或 40 为弱阳性，非特异性染色常在此范围内，血清滴度≥160 为阳性。

7 间接免疫荧光试验(IFA)

7.1 材料准备

7.1.1 器材

荧光显微镜、二氧化碳培养箱、恒温箱、保湿盒、微量移液器等。

7.1.2 试剂

7.1.2.1 IFA 诊断板的制备：见第 A.7 章。

7.1.2.2 兔抗猪 IgG 异硫氰酸荧光素(FITC)结合物、标准阳性血清和标准阴性血清。

7.1.3 样品

被检血清应新鲜、透明、不溶血、无污染，试验前用 PBS 作 20 倍稀释。

7.2 操作方法

7.2.1 在96孔板中每孔加入PBS 190 μL,再分别加入待检血清、阳性血清、阴性血清10 μL(1∶20稀释)。

7.2.2 96孔板IFA操作步骤

7.2.2.1 取96孔IFA诊断板,加入150 μL PBS,室温浸润5 min,弃去板中液体,并在吸水纸上轻轻拍干。

7.2.2.2 在96孔IFA诊断板的感染和非感染细胞孔内分别加入50 μL 7.2.1中稀释的血清,封板后,湿盒中37 ℃作用30 min,弃去板中血清,在吸水纸上轻轻拍干。每孔加入PBS 200 μL,洗板六次,弃去液体。

7.2.2.3 每孔加入工作浓度的兔抗猪IgG FITC结合物50 μL,在37 ℃湿盒中作用30 min。

7.2.2.4 弃去板中结合物,用PBS洗涤四次后,最后在吸水纸上轻轻拍干。用荧光显微镜观察。

7.3 结果判定

在对照血清成立的前提下进行,即标准阳性血清对照中感染细胞孔应出现典型的特异性荧光,而未感染细胞孔不出现荧光;标准阴性血清对照感染细胞孔和未感染细胞孔均不出现荧光。被检血清中未感染细胞孔不出现荧光,感染细胞孔出现绿色荧光,判为阳性;未感染细胞和感染细胞中都没有特异性绿色荧光,判为阴性。任何血清在1∶20稀释条件下出现可疑结果时应重新检测,或2周～3周后重新采样进行检测,重复检测仍为可疑,判为阳性。

8 间接酶联免疫吸附试验(间接ELISA)

8.1 材料准备

8.1.1 器材

96孔平底微量反应板、微量移液器、酶标测定仪、恒温箱、保湿盒等。

8.1.2 试剂

8.1.2.1 PRRSV抗原和正常细胞对照抗原、兔抗猪IgG HRP结合物(简称酶标抗体)、标准阳性血清和标准阴性血清。使用前按说明书规定用抗原稀释液稀释至工作浓度。

8.1.2.2 抗原稀释液、血清稀释液、洗涤液、封闭液、底物溶液、终止液等的配制,见附录B。

8.1.3 样品

被检血清应新鲜、透明、不溶血、无污染,试验前用血清稀释液作1∶20稀释。

8.2 操作方法

8.2.1 取96孔微量反应板,于奇数列加工作浓度的病毒抗原,偶数列加工作浓度的对照抗原,每孔100 μL,封板,置湿盒内37 ℃恒温箱中感作60 min,置4 ℃冰箱内过夜。

8.2.2 弃去板中包被液,加洗涤液洗板,每孔300 μL,洗涤三次,每次1 min。在吸水纸上轻轻拍干。

8.2.3 每孔加入封闭液100 μL,封板后置湿盒内37 ℃恒温箱中感作60 min。

8.2.4 洗涤,方法同8.2.2。

8.2.5 反应板编号后,对号加入已作稀释的被检血清、标准阳性血清和标准阴性血清。每份血清各加2个病毒抗原孔和2个对照抗原孔,孔位相邻。每孔加样量均为100 μL。封板,置保湿盒内于37 ℃恒温箱中感作30 min。

8.2.6 洗板,方法同8.2.2。

8.2.7 每孔加工作浓度的酶标抗体100 μL,封板,放保湿盒内置37 ℃恒温箱中感作30 min。

8.2.8 洗板,方法同8.2.2。

8.2.9 每孔加入新配制的底物溶液100 μL,封板,在37 ℃恒温箱中避光感作15 min。

8.2.10 每孔加终止液 100 μL 终止反应。

8.3 光密度(*OD*)值测定

在酶标测定仪上读取反应板各孔溶液的 *OD* 值,记入专用表格。

8.4 结果判定

8.4.1 有效性判定

阳性对照 *OD* 值与阴性对照 *OD* 值的差值应大于或等于 0.15 时,才可进行结果判定。否则,本次试验无效。

8.4.2 判定标准与解释

a) *S/P* 比值小于 0.3,判定为 PRRSV 抗体阴性,记作间接 ELISA(－);

b) *S/P* 比值大于或等于 0.3,小于 0.4,判定为可疑,记作间接 ELISA(±);

c) *S/P* 比值大于或等于 0.4,判定为 PRRSV 抗体阳性,记作间接 ELISA(＋)。

判定为可疑样品,可重复检测一次,如果检测结果仍为可疑,可判作阳性;也可以采用其他血清学检测方法进行检测。

注:间接 ELISA 试验也可采用经过验证的商品化检测试剂盒。

9 反转录-聚合酶链反应试验(RT-PCR)

9.1 仪器与器材

PCR 检测仪,高速台式冷冻离心机(离心速度 12 000 r/min 以上),台式离心机(离心速度 2 000 r/min),稳压稳流电泳仪和水平电泳槽,电泳凝胶成像系统(或紫外分析仪),混匀器,冰箱(2 ℃～8 ℃和－20 ℃两种),微量可调移液器(10 μL、100 μL、1 000 μL)及配套无 RNA 酶污染带滤芯吸头,Eppendorf 管。

9.2 试剂

除特别说明以外,本标准所用试剂均为分析纯,一级水、二级水符合 GB/T 6682 规定的要求;本标准所有试剂均用无 RNA 酶污染的容器(用 DEPC 水处理后高压灭菌)分装。

a) PBS:见 A.1.1;

b) 裂解液:Tri-reagent 或其他等效裂解液;

c) 三氯甲烷;

d) 异丙醇:－20 ℃预冷;

e) 75%乙醇:见 B.9.2;

f) DEPC 水:见 B.9.1;

g) M-MLV 反转录酶:10 U/μL;

h) 5×RT 缓冲液;

i) RNA 酶抑制剂:40 U/μL;

j) *Taq* 酶:10 U/μL;

k) 10×PCR 缓冲液(Mg^{2+} full);

l) dNTPs:含有 dATP、dTTP、dCTP、dGTP 各 10 mmol/L;

m) 甘油或矿物油;

n) 引物:检测 PRRSV 的引物对,参见附录 C,加 DEPC 水配制成 100 μmol/L 的储存液和 20 μmol/L 工作液;

o) 电泳缓冲液:0.5×TBE 缓冲液,见第 B.11 章;

p) 电泳加样缓冲液:见第 B.13 章。

9.3 采样

9.3.1 器械

下列采样工具应经(121±2)℃,15 min 高压灭菌并烘干:

棉拭子、剪刀、镊子、1.5 mL Eppendorf 管、研钵。

9.3.2 样品

肺、扁桃体、淋巴结和脾等组织样品;新鲜精液或冷冻精液;血清、血浆、全血或细胞培养物。

9.4 样品制备

9.4.1 组织

取待检样品 2.0 g 在研钵中充分研磨,加 PBS 混匀,冻融两次,4 ℃,以 3 000 r/min 离心 15 min,取上清液备用。

9.4.2 精液

冻融两次或超声波裂解,以 10 000 r/min 离心 10 min,取上清备用。

9.5 操作方法

9.5.1 样品总 **RNA** 的提取

9.5.1.1 取 n 个灭菌的 1.5 mL Eppendorf 管,其中 n 为被检样品、阳性对照与阴性对照的和,编号。每管加入 600 μL 细胞裂解液,分别加入被检样品、阴性对照、阳性对照各 200 μL,每加一份样品换用一个吸头,再各加入 200 μL 三氯甲烷,在混匀器上振荡混匀 5 s。于 4 ℃、以 12 000 r/min 离心 15 min。

9.5.1.2 取与 9.5.1.1 相同数量灭菌的 1.5 mL Eppendorf 管,加入 500 μL 异丙醇(−20 ℃预冷),做标记。吸取 9.5.1.1 各管中的上清液转移至相应的管中,上清液应至少吸取 500 μL(不能吸出中间层),颠倒混匀。

9.5.1.3 于 4 ℃、以 12 000 r/min 离心 15 min(Eppendorf 管开口保持朝离心机转轴方向放置),小心倒去上清,倒置于吸水纸上,沾干液体(不同样品应在吸水纸不同地方沾干);加入 600 μL 75%乙醇,颠倒洗涤。

9.5.1.4 于 4 ℃、以 12 000 r/min 离心 10 min(Eppendorf 管开口保持朝离心机转轴方向放置),小心倒去上清,倒置于吸水纸上,尽量沾干液体(不同样品应在吸水纸不同地方沾干)。

9.5.1.5 以 4 000 r/min 离心 10 s(Eppendorf 管开口保持朝离心机转轴方向放置),将管壁上的残余液体甩到管底部,小心倒去上清,用微量加样器将其吸干,一份样品换用一个吸头,吸头不要碰到有沉淀一面,室温干燥 3 min,不能过于干燥,以免 RNA 不溶。

9.5.1.6 加入 11 μL DEPC 水,轻轻混匀,溶解管壁上的 RNA,以 2 000 r/min 离心 5 s,冰上保存备用。提取的 RNA 应在 2 h 内进行 PCR 扩增;若需长期保存应放置于−70 ℃冰箱内。

9.5.2 **RT-PCR** 操作程序

9.5.2.1 反转录

反应液总量 20 μL。依次在 RT 反应管中加入以下反应物:

a) 模板:提取样品的总 RNA 5 μL;

b) 下游引物 P2:1 μL;

c) 5×RT 缓冲液:4 μL;

d) 10 mmol/L dNTP:2 μL;

e) RNA 酶抑制剂:1 μL;

f) M-MLV 反转录酶:1 μL;

g) DEPC 水:6 μL。

以 4 000 r/min 离心 20 s,放入 PCR 仪中,RT 条件:42 ℃、60 min,95 ℃、5 min。

9.5.2.2 **PCR** 扩增

PCR 反应体系见表 1。

表 1 检测 PRRSV 基因的 PCR 反应体系

次 序	组 分	50 μL 反应体系/μL
1	反转录产物	10.0
2	10×PCR 缓冲液	5.0
3	10 mmol/L dNTPs	1.0
4	10×氯化镁(25 mmol/L)	3.0
5	上游引物 P1(20 μmol/L)	1.0
6	下游引物 P2(20 μmol/L)	1.0
7	*Taq* 酶 (5 U/μL)	0.5
8	加 DEPC 水至	50
注：反应体系中各种试剂的量可根据具体情况进行适当的调整；没有热盖的 PCR 仪器需加入矿物油 40 μL。		

9.5.2.3 PCR 反应条件设置

各种试剂充分混合均匀后，以 4 000 r/min 离心 30 s，放入 PCR 仪中，设定 PCR 程序。反应条件为 95 ℃、5 min，95 ℃、1 min，51 ℃、1 min，72 ℃、1 min，35 个循环；72 ℃、10 min。试验检测结束后，根据琼脂糖凝胶电泳来判断试验结果。

9.6 结果分析和判定

9.6.1 1%琼脂糖凝胶的制备

称取 1 g 琼脂糖，加入到 100 mL 0.5×TBE 缓冲液中。加热融化后稍冷却到 40 ℃左右加 5 μL (10 mg/mL)溴化乙锭，混匀后倒入放置在水平台面上的凝胶盘中，胶板厚 5 mm 左右。依据样品数量选用合适型号的梳子。待凝胶冷却凝固后拔出梳子(胶中已形成加样孔)，放入水平电泳槽中，加 1×TBE 缓冲液淹没胶面。

9.6.2 加样

取 8 μL～10 μL PCR 扩增产物和 2 μL 加样缓冲液混匀后加入一个加样孔。每次电泳应加阳性对照和阴性对照的扩增产物。并且设立 DNA 标准分子质量 Marker 作分子质量大小对照。

9.6.3 电泳条件

电压 80 V～100 V，或电流 40 mA～50 mA，电泳时间 30 min～40 min。

9.6.4 结果观察和判定

a) 在紫外灯下观察核酸条带并判断结果；

b) PCR 后阳性对照孔会出现一条 372 bp 的 DNA 片段，阴性对照和空白对照没有核酸条带；

c) 待测样品电泳后在相应 372 bp DNA 位置上有条带者为 PRRSV 核酸检测结果阳性；

d) 无条带或条带的大小不是 372 bp 的为 PRRSV 核酸检测结果阴性。

必要时，可取 PCR 扩增产物进行序列测定，序列结果与已公开发表的 PRRSV 特异性片段序列(参见附录 C)进行比对，序列同源性在 95%以上，可判定待测样品 PRRSV 核酸检测结果阳性。

10 综合判定

PRRS 的诊断方法有多种。依据临床症状和病理变化只可作出初步诊断，确诊应依靠实验室检查。病毒的分离与鉴定多用于急性病例的确诊和新疫区的确定，RT-PCR 适用于该病病原的快速诊断。血清学方法主要用于检测 PRRSV 抗体。IPMA、IFA 和间接 ELISA 群体水平上进行血清学诊断较易操作、特异性强、敏感性高，但是对个体检测比较困难，有时出现非特异性反应，但是在 2 周～4 周后采血检测能够解决此问题。

当在临床上怀疑有PRRSV感染时,可根据实际情况,由上述几种方法中选用一种或两种方法进行确诊,对于未接种过PRRS疫苗,经任何一种方法检测呈现阳性结果时,都可最终判定为PRRSV感染猪。对接种过PRRS灭活疫苗并在疫苗免疫期内的猪或已超越疫苗免疫期的猪,当病毒分离鉴定试验为阳性结果时,可终判为PRRSV感染猪;当仅血清学试验呈阳性结果时,应结合病史和疫苗接种史进行综合判定,不可一律视为PRRSV感染猪。

附　录　A
（规范性附录）
猪肺泡巨噬细胞(PAM)制备、鉴定、保存以及 IPMA、IFA 诊断板的制备

A.1　试剂

A.1.1　磷酸盐缓冲盐水(PBS)

a)　原液甲

氯化钠(NaCl)	8.00 g
氯化钾(KCl)	0.20 g
磷酸氢二钠(Na_2HPO_4)	1.15 g
磷酸二氢钾(KH_2PO_4)	0.20 g

溶于 500 mL 一级水中，再加入 5 mL 0.4%酚红液，加一级水至 800 mL，56 kPa、20 min 灭菌备用。

b)　原液乙

氯化镁($MgCl_2 \cdot 6H_2O$)	0.1 g
一级水加至	100 mL

56 kPa、20 min 灭菌备用。

c)　原液丙

氯化钙($CaCl_2$)	0.1 g

溶于 100 mL 一级水中，56 kPa、20 min 灭菌备用。

d)　工作液

原液甲	8 份
原液乙	1 份
原液丙	1 份

充分混合后备用。必要时，可适量加入抗生素(青霉素 10^3 IU/mL、链霉素 10^3 μg/mL、庆大霉素 10^3 μg/mL)，不加制霉菌素。

A.1.2　细胞生长液

a)　含 10%犊牛血清的 RPMI1640 液(含青霉素 100 IU/mL、链霉素 100 μg/mL、庆大霉素 50 μg/mL)；

b)　含 10%犊牛血清的 MEM 液(含青霉素 100 IU/mL、链霉素 100 μg/mL、庆大霉素 50 μg/mL)。

A.1.3　细胞冻存液

取细胞生长液 8.0 mL，加入分析纯二甲基亚砜(DMSO)2.0 mL，混合均匀，不加制霉菌素。

A.2　PAM 的制备

取 6 周龄～8 周龄的 SPF 猪或被证实无 PRRSV 感染的健康猪，动脉放血致死后，立即无菌操作取出肺，切勿划破被膜。每次用约 200 mL PBS 从气管灌入肺，挤压灌洗 3 次～4 次，收集灌洗液，以 1 000 r/min 离心 10 min，弃上清液，沉淀物用 50 mL PBS 再悬浮和离心洗涤 2 次～3 次。最后的细胞泥用 50 mL 细胞生长液悬浮，进行细胞计数，用细胞生长液稀释使细胞浓度达 4×10^7 个/1.5 mL。所得新鲜巨噬细胞立即使用或定量分装后冻存。

STANDARDS PRESS OF CHINA

A.3 PAM 的冻存

取细胞浓度为 6×10^7 个/1.5 mL 的细胞悬液，加入等量细胞冻存液，缓慢滴加，边加边振摇。用细胞冻存管分装，每管 1.5 mL，放－70 ℃过夜，转入液氮中保存。液氮保存各批巨噬细胞，不可混合。

A.4 PAM 的批次试验

每批巨噬细胞应检验合格后再使用。方法是：在 96 孔细胞培养板上用已知滴度的标准病毒感染巨噬细胞，并用标准的阳性血清和阴性血清进行 IPMA 或 IFA 测定。只有能支持特定滴度（$TCID_{50}$）的标准病毒良好生长的巨噬细胞，方可用于试验。

A.5 PAM 的复苏

从液氮中取出冷冻细胞管，立即投入温水（37 ℃左右）中迅速解冻。将细胞移入 10 倍量的 RPMI1640 液（pH7.2）中，以 1 000 r/min 离心 10 min，弃去上清液，沉淀的细胞用细胞生长液悬浮，计数，稀释至要求的细胞浓度后，即可使用。

A.6 IPMA 诊断板的制备

a) 将长满单层的 PAM 细胞用消化液消化后，用 RPMI 1640 细胞生长液悬浮细胞，使细胞浓度达 10^5 个细胞每 100 μL，在 96 孔细胞培养板中每孔分别加入 100 μL，将细胞培养板放入 37 ℃、5%二氧化碳培养箱中，培养 18 h～24 h；
b) 用细胞营养液稀释 PRRSV 为 10^5 $TCID_{50}$/mL，每孔 50 μL，剩余 2 孔不加 PRRSV 作为对照孔。放入 37 ℃、5%二氧化碳培养箱中，培养 18 h～24 h；
c) 弃去培养液，用生理盐水洗涤细胞培养板，弃去液体，在吸水纸上轻轻拍干，37 ℃干燥 45 min，密封后储存于－20 ℃备用。加入冷的 4%多聚甲醛 PBS，室温固定 10 min。或用冰冷的无水乙醇 4 ℃固定 45 min，或冰冷的 80%丙酮固定 45 min。弃去上述固定液，用生理盐水洗涤一次。

A.7 IFA 诊断板的制备

96 孔 IFA 诊断板：在 96 孔细胞培养板的 2、4、6、8、10、12 列分别加入 50 μL 无血清的 MEM 细胞培养基；用细胞分散液消化 MARC-145，用含 8% FBS 的 MEM 液稀释成每毫升 10^5 个，加入到上述 96 孔细胞培养板中，每孔 150 μL；37 ℃、5%二氧化碳培养箱中培养至单层细胞备用；无血清的 MEM 培养基稀释 PRRS 标准毒，终浓度为 10^5 $TCID_{50}$/mL，分别加到上述 96 孔细胞培养板的 1、3、5、7、9、11 列各孔内，每孔 50 μL。置 37 ℃、5%二氧化碳培养箱中培养 48 h～72 h。弃去培养液，用 PBS 洗一次细胞，弃去 PBS 后，每孔加入丙酮 150 μL，置 4 ℃作用 30 min，弃去丙酮，室温干燥，密封于塑料袋内，－70 ℃冰箱中备用。

8 孔 IFA 诊断板：细胞分散液消化 MARC-145，用含 8% FBS 的 MEM 液稀释成每毫升 10^5 个，在 8 孔细胞培养板各孔中分别加入 500 μL 细胞悬液，置 37 ℃、5%二氧化碳培养箱中培养至单层；用不含血清的 MEM 培养基稀释 PRRS 标准毒，终浓度为 10^5 $TCID_{50}$/mL，取 50 μL 分别加到上述 8 孔细胞培养板中。置 37 ℃、5%二氧化碳培养箱中培养 18 h。弃去培养液，用 PBS 洗一次细胞，弃去 PBS 后，每孔加入丙酮 150 μL，室温固定 10 min～15 min，弃去丙酮，室温干燥。密封，－70 ℃冰箱中保存。

附 录 B
（规范性附录）
试剂的配制

B.1 PBS液（0.01 mol/L PBS，pH7.2）（用于IFA）

氯化钠（NaCl）	8 g
氯化钾（KCl）	0.2 g
碳酸氢钠（$NaHCO_3$）	1.15 g
磷酸二氢钾（KH_2PO_4）	0.2 g
二级水加至	1 000 mL

保存于4 ℃备用。

B.2 洗涤液（0.01 mol/L PBS-0.05%吐温-20，pH7.4）（用于间接ELISA）

磷酸二氢钾（KH_2PO_4）	0.2 g
磷酸氢二钠（$Na_2HPO_4 \cdot 12H_2O$）	2.9 g
氯化钠（NaCl）	8.0 g
氯化钾（KCl）	0.2 g
吐温-20	0.5 mL
二级水加至	1 000 mL

现用现配。

B.3 抗原稀释液（0.05 mol/L碳酸盐缓冲液，pH9.6）（用于间接ELISA）

碳酸钠（Na_2CO_3）	1.59 g
碳酸氢钠（$NaHCO_3$）	2.93 g
二级水加至	1 000 mL

4 ℃保存，一周内用完。

B.4 血清稀释液（用于IPMA和ELISA）

B.4.1 称取2.922 g NaCl置于100 mL瓶中，加入约80 mL的二级水，高温高压灭菌后冷却至室温，加入4 mL马血清，500 μL吐温-80，用灭菌水补到100 mL，调节pH值至7.2，4 ℃保存。用于IPMA。

B.4.2 含1%牍牛血清白蛋白或10%马血清的“A1”液。用于间接ELISA。

B.5 封闭液（用于间接ELISA）

含1%牍牛血清白蛋白或10%马血清的“A1”液。

B.6 显色/底物溶液（用于IPMA）

B.6.1 AEC贮存液

称取4 mg氨乙基咔唑（3-amino-9-ethyl-carbazole，AEC）溶于4 mL二甲基甲酰胺（N，N-dimethy-formamide）中，充分溶解后置4 ℃避光保存。

B.6.2 0.05 mol/L pH 5.0乙酸钠缓冲液

乙酸钠（CH_3COONa）	4.15 g

二级水加至　　1 000 mL

用冰乙酸调整至 pH 5.0。

B.6.3　乙酸盐缓冲液

冰乙酸(CH_3COOH)　　14.8 mL

乙酸钠溶液　　35.2 mL

二级水　　50 mL

用冰乙酸调整至 pH 5.0。

B.6.4　显色/底物溶液(AEC-H_2O_2)

乙酸盐缓冲液　　19 mL

AEC 贮存液　　1 mL

30%过氧化氢(H_2O_2)　　10 μL

充分混合后,用 5 μm 滤纸过滤,现用现配。

B.7　底物溶液(用于间接 ELISA)

B.7.1　0.1 mol/L 柠檬酸溶液

柠檬酸($C_6H_8O_7$)　　1.92 g

二级水加至　　100 mL

B.7.2　0.1 mol/L 磷酸氢二钠溶液

磷酸氢二钠($Na_2HPO_4 \cdot 12H_2O$)　　3.58 g

二级水加至　　100 mL

B.7.3　底物溶液(TMB-H_2O_2)

0.1 mol/L 柠檬酸溶液　　33.0 mL

0.1 mol/L 磷酸氢二钠溶液　　66.0 mL

四甲基联苯胺(TMB)　　40.0 mg

30%过氧化氢(H_2O_2)　　1.5 mL

充分混合后装于褐色玻璃瓶避光存放。现用现配。

B.8　终止液(用于间接 ELISA)

1 mol/L 氢氟酸(HF)溶液。

B.9　无 RNA 酶溶液的配制

配制溶液所用的三氯甲烷、无水乙醇、异丙醇等应采用未开封的新品,配置溶液所使用的一级水、容器、移液器吸嘴等应无 RNA 酶污染,操作过程中应戴一次性的塑料或乳胶手套,避免人体的 RNA 酶污染。

B.9.1　DEPC 水

一级水　　100 mL

DEPC　　100 μL

18 ℃～22 ℃室温下过夜,121 ℃、15 min 灭菌,或直接购买商品化的产品。

B.9.2　75%乙醇

DEPC 水　　25 mL

无水乙醇　　75 mL

用无水乙醇和 DEPC 水配制,−20 ℃预冷。

B.10 引物配制

根据附录C的序列合成引物，加DEPC水配制成25 μmol/L。

B.11 TBE电泳缓冲液（5×浓缩液）

Tris	54.0 g
硼酸	27.5 g
EDTA	2.9 g
一级水加至	1 000 mL

用5 mol/L的盐酸(HCl)调到pH8.0，正式试验时用一级水稀释成工作浓度的0.5×TBE缓冲液。

B.12 EB（核酸染色剂）

用一级水配制成10 mg/mL的浓缩液，用时每10 mL琼脂溶液中加1 μL。

B.13 加样缓冲液

每100 mL溶液中含：溴酚蓝0.25 g，蔗糖40 g。

附 录 C
（资料性附录）
猪繁殖与呼吸综合征病毒 RT-PCR 方法引物序列、PRRSV 特异性片段的序列

C.1 猪繁殖与呼吸综合征病毒 RT-PCR 方法引物序列

猪繁殖与呼吸综合征病毒 RT-PCR 方法的引物序列根据基因数据库(Genbank)中美洲株和欧洲株的病毒 RNA 中高度保守的开放阅读框 ORF7(N 基因)设计。引物的序列为：

上游引物 P1：5′-GCGGATCCATGCCAAATAACAAC-3′；

下游引物 P2：5′-AGCTCGAGTCATGCTGAGGGTGA-3′。

C.2 PRRSV 特异性片段的序列

1 atgccaaata acaacggcaa gcagcaaaag aaaaagaagg ggaatggcca gcctgtcaat

61 cagctgtgcc aaatgctggg taagatcatc gcccaacaaa accagtccag aggcaaggga

121 ccggggaaga aaaataggaa gaaaaacccg gagaagcccc atttccctct agcgactgaa

181 gatgacgtca ggcatcactt tacccctagt gagcggcaat tgtgtctgtc gtcgatccag

241 actgccttca atcagggcgc tggaacttgt accctgtcag attcagggag gataagttac

301 actgtggagt ttagtttgcc gacgcaacat actgtgcgtc tgatccgcgc cacagcatca

361 ccctcagcat ga

ICS 91.040.10
P 33

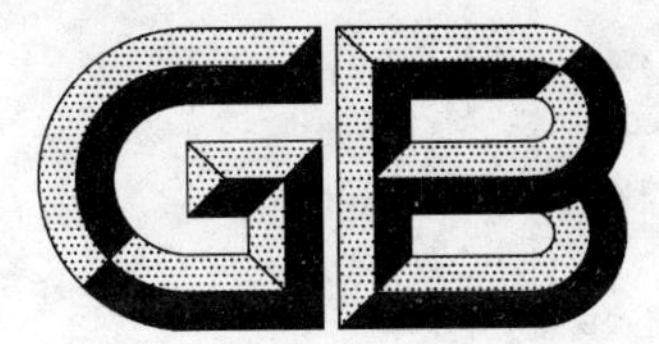

中华人民共和国国家标准

GB/T 18092—2008
代替 GB/T 18092—2000

免水冲卫生厕所

Water-free sanitary toilet

2008-12-11 发布 2009-08-01 实施

中华人民共和国国家质量监督检验检疫总局
中国国家标准化管理委员会 发布

前言

本标准代替 GB/T 18092—2000《免水冲卫生厕所》。

本标准与 GB/T 18092—2000 相比主要差异如下：

——按安装方式、工作原理、使用场所对免水冲卫生厕所进行了分类。

——归纳了免水冲卫生厕所一般技术要求和相关内容。

——增加了泡沫式大便器的技术要求和相关内容。

——增加了资料性附录内容。

本标准的附录 A、附录 B、附录 C、附录 D、附录 E 为资料性附录。

本标准由中华人民共和国住房和城乡建设部提出。

本标准由住房和城乡建设部城镇环境卫生标准技术归口单位归口。

本标准负责起草单位：北京紫光泰和通环保技术有限公司。

本标准参加起草单位：北京市环境卫生设计科学研究所、武汉市环境卫生科学研究设计院、华中科技大学。

本标准主要起草人：王树森、黄宪立、杨一新、刘国权、吴文伟、刘竞、冯其林、韩振华、陈朱蕾。

本标准于 2000 年 5 月首次发布。

免水冲卫生厕所

1 范围

本标准规定了免水冲卫生厕所(以下简称厕所)及大便器的术语和定义、分类与标记方法、性能要求、试验方法、检验规则、标志和说明书、运输、储存和安装。

本标准适用于免水冲卫生厕所及其长筒塑料袋打包式免水冲大便器和泡沫封堵式大便器的设计、制造和产品验收。

2 规范性引用文件

下列文件中的条款通过本标准的引用而成为本标准的条款。凡是注日期的引用文件,其随后所有的修改单(不包括勘误的内容)或修订版均不适用于本标准,然而,鼓励根据本标准达成协议的各方研究是否可使用这些文件的最新版本。凡不注日期的引用文件,其最新版本适用于本标准。

GB 6829—1995 剩余电流动作保护器的一般要求(eqv IEC 60755:1992)

GB/T 10001.1 标志用公共信息图形符号 第1部分:通用符号(GB/T 10001.1—2006,ISO 7001:1990,NEQ)

GB 13735 聚乙烯吹塑农用地面覆盖薄膜

GB/T 17217 城市公共厕所卫生标准

CJJ 14—2005 城市公共厕所设计标准

JC/T 764—2008 坐便器坐圈和盖

JGJ/T 16 民用建筑电气设计规范

JGJ 50 城市道路和建筑物无障碍设计规范

3 术语和定义

下列术语和定义适用于本标准。

3.1

免水冲卫生厕所 water-free sanitary toilet

采用打包式大便器或泡沫式大便器,能够达到相应卫生标准要求的厕所。

3.2

打包式大便器 packing closet

采用长筒塑料袋封装方式清理粪便的大便器。

3.3

泡沫式大便器 foaming closet

采用泡沫覆盖和机械方式封堵粪便臭味,并通过泡沫和液体在便器及顺流管道中下滑输送粪便的大便器。

3.4

密封机构 sealing component

将塑料袋密封使之不漏臭气的机构。

3.5

走袋行程 packing material displacement

指打包式大便器中的塑料袋每次使用所移动的长度。

STANDARDS PRESS OF CHINA

3.6

发泡剂 foaming agent

发泡水溶液中能够产生泡沫的溶剂。

3.7

发泡液 foaming liquid

发泡剂与水按一定比例配制的溶液。

3.8

发泡机构 foam provider

使发泡液发泡,并将泡沫输送到大便器便池的机构。

3.9

泡沫覆盖率 foam percentage of coverage

便器中泡沫覆盖面积与大便器上平面内口投影面积的百分比值。

3.10

泡沫掩盖度 foam nominal thickness

用泡沫厚度表达的泡沫掩盖粪便能力的度量。

4 分类与标记

4.1 厕所

4.1.1 厕所分类

a) 按安装方式分为:固定式、移动式。

固定式:厕所设置基础构造,不能整体移动,用 GN 表示。

移动式:厕所可整体移动,用 YN 表示。

b) 按大便器工作原理分为:打包式、泡沫式。

打包式:用 B 表示。

泡沫式:用 F 表示。

c) 厕所使用场所分为:通用型、特定型。

通用型:用 P 表示。

特定型:用 T 表示。

4.1.2 厕所标记

4.1.2.1 标记方式

厕所标记由 5 部分组成。

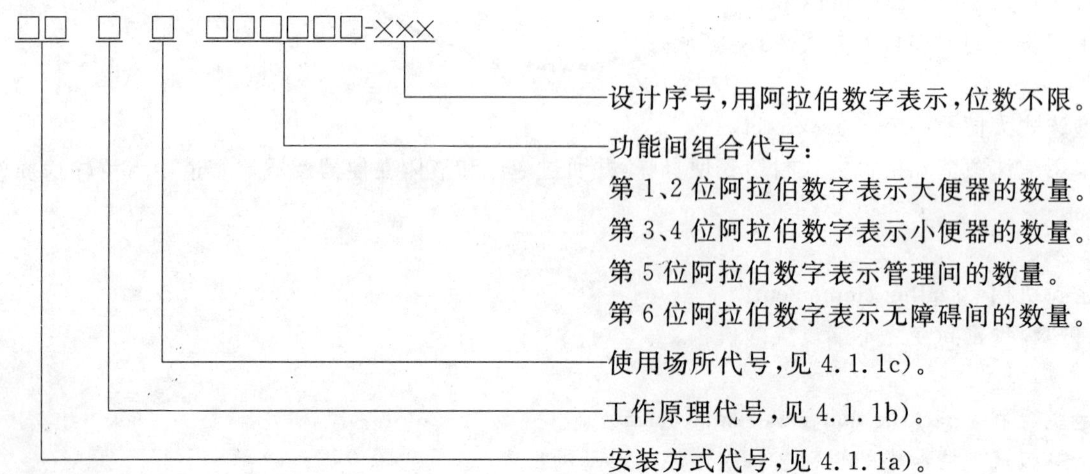

4.1.2.2 标记示例

示例 1：YNBT010000-1 表示移动式打包免水冲特定型单体大便间厕所，设计序号为 1。

示例 2：GNFP060411-2 表示固定式泡沫免水冲通用型厕所，有 6 大便器，4 小便器，1 管理间，1 无障碍间。设计序号为 2。

4.2 大便器

4.2.1 大便器分类

a) 用厕姿势分为：坐式、蹲式。

坐式：用 NZ 表示。

蹲式：用 ND 表示。

b) 按免水冲原理分为：长筒塑料袋打包式、泡沫封堵式。

长筒塑料袋打包式：用 B 表示。

泡沫封堵式：用 F 表示。

c) 适用场所分为：通用型、车船型、其他。

通用型：用 P 表示。

车船型：用 C 表示。

其他：用 Q 表示。

d) 按操作方式分为：电动、脚动、自动、其他。

电动 ：用 M 表示。

脚动 ：用 L 表示。

自动 ：用 A 表示。

其他 ：用 Q 表示。

4.2.2 大便器标记

4.2.2.1 标记方式

大便器标记由 3 部分组成。

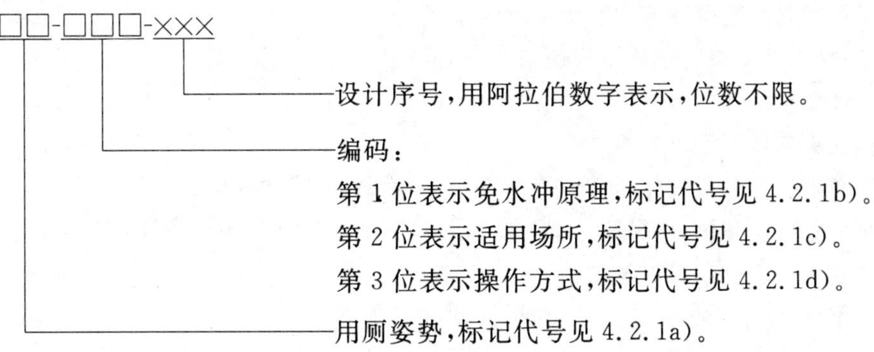

4.2.2.2 标记示例

示例 1：NZ-BCL-001 表示打包式车船脚动坐便器，设计序号为 001。

示例 2：ND-FPA-002 表示泡沫封堵式通用自动蹲便器，设计序号为 002。

5 通用、结构及设计要求

5.1 厕所

5.1.1 厕所通用要求

5.1.1.1 设计卫生指标应符合 GB/T 17217 一类厕所的有关规定。

5.1.1.2 设计和建造应符合 CJJ 14—2005 的有关规定。

5.1.1.3 厕所间的空间布置应合理，参见图 A.1、图 A.2、图 A.3。

5.1.1.4 每座厕所基本配套设施应为:大便器、灯具、换气扇、衣帽钩、面镜、手纸架、弃纸篓等。大便器应符合5.2的要求。灯具、换气扇、衣帽钩、面镜、手纸架、弃纸篓等应符合相关标准。

5.1.1.5 无障碍设施设计应符合JGJ 50的有关规定。

5.1.1.6 电器设备安装应符合JGJ/T 16的有关规定。

5.1.1.7 采用交流市电供电的厕所应安装漏电保护装置,其选型、接线应符合GB 6829—1995的要求。

5.1.1.8 洁具及控制系统应可靠、安全。

5.1.1.9 门锁应灵活可靠,应急时能从外面用专用工具打开。

5.1.1.10 墙面应选用阻燃、环保、易清洗材料,地面应采用防渗、防滑、易保洁的材料。

5.1.1.11 应具有收集粪便,封堵臭味不向厕所间扩散的功能。

5.1.1.12 应与收集、运输设备可靠衔接,方便清运。

5.1.1.13 根据使用地区的气候条件不同,宜考虑防冻、防风措施。

5.1.2 厕所结构要求

5.1.2.1 打包式大便器厕所结构要求

5.1.2.1.1 应具有能满足使用要求的收集装置,使用时收集口与厕所的连接能可靠地密封臭气。短时存放及运输时,收集器具能可靠密封和码放。

5.1.2.1.2 厕所间地板下部应有放置收集装置的空间,收集装置应有物量指示或报警装置。

5.1.2.2 泡沫式大便器厕所结构要求

5.1.2.2.1 移动厕所在地面以上设置的贮粪箱应有如下配套设施:

a) 设置粪便液位报警装置。

b) 设置直径不小于100 mm的排气管,排气管的出口应高于屋顶。

c) 粪便抽吸口的直径应与收集工具相配套。排空口直径应不小于100 mm,抽吸口和排空口应能可靠密封。

5.1.2.2.2 地面以下设置的贮粪池应有如下配套设施:

a) 厕所间、贮粪池应设置高于厕所屋顶的排气口。

b) 贮粪池在方便清掏的位置设粪便清掏口,清掏口应能可靠密封。

5.1.3 厕所设计要求

5.1.3.1 打包式大便器厕所设计要求

5.1.3.1.1 贮粪桶所在位置应能用常规清洁方法,清除污物,避免异味。

5.1.3.1.2 厕所地板应防渗,应平整,用常规清洁方法,能清除地板上的污物(如尿液等)。

5.1.3.2 泡沫式大便器厕所设计要求

5.1.3.2.1 冬季结冰地区的厕所管路、发泡机构应有加热保温措施,可能结冰的部位温度应保持在4 ℃以上。

5.1.3.2.2 泡沫厕所的粪便可直接排入排污管网,当无排污管网时应有收集贮存粪便的贮粪箱或贮粪池。

5.1.3.2.3 大便器及粪便顺流管道应确保粪便靠泡沫液及自重的作用顺利地进入贮粪池、排污管网或贮粪箱。

5.1.3.2.4 贮粪箱的容积根据厕所占地面积和有效空间合理设置,在冬季结冰地区应有保温防冻措施。

5.1.3.2.5 贮粪池设置于地下时,其贮粪容积可参照CJJ 14—2005的4.0.15规定计算,其清掏次数在冬季结冰地区,应按冬季最长的清掏周期确定。

5.1.3.2.6 厕所地板应防渗,应平整,用常规清洁方法,能清除地板上的污物(如尿液等)。

5.2 **大便器**

5.2.1 **大便器通用要求**

5.2.1.1 坐便器盖开启后应与水平面成不小于95°的夹角。

5.2.1.2 坐便器盖铰链开启灵活，并足以承受规定的冲击实验所施加的负荷。

5.2.1.3 便器盖的缓冲垫应选用邵氏A型硬度为66°±5°的普通橡胶或相宜的塑料制成。

5.2.1.4 坐圈和盖耐撞击性按JC/T 764—2008中的5.4.4的规定。

5.2.1.5 外罩、坐圈和盖抗燃性按JC/T 764—2008中的5.5.1的规定。

5.2.1.6 外罩、坐圈和盖抗沾污性按JC/T 764—2008中的5.5.2的规定。

5.2.2 **大便器的结构要求**

5.2.2.1 **打包式大便器结构要求**

5.2.2.1.1 打包式大便器结构型式有2种：

a) 打包式坐便器，参见图B.1、图B.2。

b) 打包式蹲便器，参见图B.3。

5.2.2.1.2 打包式大便器基本结构由机架、走袋机构、密封机构、储袋架、便池架、长筒塑料袋、无袋检测装置、贮粪容器等组成。

5.2.2.1.3 打包式坐便器除基本结构外，还应有坐圈、外罩、坐便器盖等。

5.2.2.1.4 打包式蹲便器除基本机构外，还应有可翻转的蹲便器踏板。

5.2.2.1.5 走袋机构和密封机构在装袋时，应有不小于30 mm的装袋间距。装袋后，密封机构能复位。

5.2.2.1.6 大便器的外罩、坐圈、坐便器盖、储袋架、便池架宜采用工程塑料制造。

5.2.2.2 **泡沫式大便器结构要求**

5.2.2.2.1 泡沫式大便器结构型式有4种：

a) 发泡系统相对蹲便器分立的泡沫式蹲便器，结构示意参见图C.1。

b) 发泡系统与蹲便器一体的泡沫式蹲便器，结构示意参见图C.2。

c) 发泡系统相对坐便器分立的泡沫式坐便器，结构示意参见图C.3。

d) 发泡系统与坐便器一体的泡沫式坐便器，结构示意参见图C.4。

5.2.2.2.2 泡沫式大便器基本结构由大便器便池、防止臭气返排机构、发泡机构、泡沫高度检测装置等组成。

5.2.2.2.3 泡沫式坐便器除基本结构外，还有坐圈、盖等。

5.2.2.2.4 泡沫式蹲便器除基本结构外，还有脚踏板。

5.2.2.2.5 坐圈、便器盖宜采用工程塑料制造。

5.2.2.2.6 大便器、泡沫箱、水箱宜采用陶瓷、耐腐蚀的金属材料或其他耐腐蚀材料。

5.2.3 **大便器设计要求**

5.2.3.1 **打包式大便器设计要求**

5.2.3.1.1 走袋间隙应均匀，走袋应顺畅，能防止异物进入储袋腔，受力状态合理。

5.2.3.1.2 打包式蹲便器在150 kg重物作用下，仍应有足够的走袋间隙。

5.2.3.2 **泡沫式大便器设计要求**

5.2.3.2.1 应有清洁厕具的冲水管路。

5.2.3.2.2 泡沫高度检测装置应防潮、防水，安装在不影响用厕、不影响保洁的位置，且不易损坏，便于维护。

5.2.3.2.3 防止臭气返排机构可以从厕具上面检修或更换。

STANDARDS PRESS OF CHINA

6 性能要求

6.1 厕所

6.1.1 成品厕所性能要求

成品厕所性能应符合表1的要求。

表1 成品厕所性能要求

编号	项目		性能要求	测试方法
6.1.1.1	外观质量		设备齐全,外观整洁,锁具可靠	7.1.1.1
6.1.1.2	便器及卫生设施		运行可靠、安全、卫生	7.1.1.2
6.1.1.3	电器漏电保护装置		选型合理;接线正确;动作灵敏	7.1.1.3
6.1.1.4	电绝缘	绝缘电阻	>1 MΩ	7.1.1.4
6.1.1.5		耐电压	500 V 连续 1 min 无击穿、烧焦	7.1.1.5
6.1.1.6	臭味强度		<1 级	7.1.1.6
6.1.1.7	移动厕所防雨性能		无漏雨、渗雨现象	7.1.1.7
6.1.1.8	移动厕所抗风能力		8 级	7.1.1.8

6.1.2 打包式大便器厕所性能要求

6.1.2.1 贮粪桶所在位置应能用常规清洁方法,清除污物,避免异味。

6.1.2.2 厕所地板应能防滑,用常规清洁方法应能清除地板上的尿液等污物。

6.1.2.3 打包式成品大便器物理性能应符合表2的要求。

6.1.2.4 打包式成品大便器使用性能应符合表3的要求。

6.1.2.5 打包式大便器包装粪便的塑料薄膜,应符合GB 13735的要求。

6.1.3 泡沫式大便器厕所性能要求

6.1.3.1 厕所地板应能防滑,用常规清洁方法应能清除地板上的尿液等污物。

6.1.3.2 泡沫式大便器物理性能应符合表2的要求。

6.1.3.3 泡沫式大便器物理性能应符合表3的要求。

6.1.3.4 发泡剂应无腐蚀、无毒(须经有资质的质量检验部门检验)。

6.2 大便器

6.2.1 大便器构件的物理性能要求

大便器构件的物理性能要求应符合表2的要求。

表2 大便器构件的物理性能要求

编号	构件名称	项目	性能要求	质量要求	试验方法
6.2.1.1	大便器	静载	150 kg	无可见损伤、变形	7.2.1.1
		动载	100 kg		
6.2.1.2	大便器盖	抗撞击	试后表面无裂纹、缺陷		7.2.1.2
6.2.1.3	外罩、坐圈、便器盖	抗燃性	抗燃	无引燃或逐渐发热现象	7.2.1.3
6.2.1.4		抗沾污性	抗沾污	表面不受试剂影响	7.2.1.4

6.2.2 打包式成品大便器使用性能要求

打包式成品大便器使用性能要求应符合表3的要求。

表 3 打包式成品大便器使用性能要求

编　号	项　　目	质　量　要　求	试验方法
6.2.2.1	外观质量	无明显色差和缺陷	7.2.2.1
6.2.2.2	打包功能	1. 能自动完成。 2. 停止在密封位置。 3. 运行可靠	7.2.2.2
6.2.2.3	走袋行程	符合设计要求	7.2.2.3
6.2.2.4	走袋速度	符合设计要求	7.2.2.4
6.2.2.5	密封性	密封间隙<0.03 mm	7.2.2.5
6.2.2.6	(走袋机构、密封机构在装袋时的)"打开"功能	1. 间隙≥30 mm。 2. 操作方便。 3. 运动灵活	7.2.2.6
6.2.2.7	走袋力	1. 走袋力:25 N～30 N。 2. 走袋力稳定	7.2.2.7
6.2.2.8	长筒塑料袋检验	不漏水	7.2.2.8
6.2.2.9	缺袋功能	1. 缺袋时,不能走袋。 2. 缺袋指示准确	7.2.2.9
6.2.2.10	走袋间隙	间隙应确保走袋顺畅	7.2.2.10

6.2.3 泡沫式成品大便器使用性能要求

泡沫式成品大便器使用性能要求应符合表 4 的要求。

表 4 泡沫式成品大便器使用性能要求

编　号	项　　目	质　量　要　求	试验方法
6.2.3.1	外观质量	无明显色差和缺陷	7.2.3.1
6.2.3.2	防止臭气返排机构	1. 开闭灵活、准确、可靠。 2. 粪便下滑顺畅	7.2.3.2
6.2.3.3	便池粪便下滑功能	下滑顺畅	
6.2.3.4	泡沫高度的控制	1. 自动控制泡沫高度。 2. 泡沫高度上限:坐便器坐圈面以下 100 mm 处。蹲便器脚踏平面以上 10 mm 处。 3. 泡沫高度下限:能掩盖住粪便的高度。 4. 下限<泡沫高度<上限	7.2.3.3 7.2.3.4
6.2.3.5	泡沫覆盖率	≥80%	7.2.3.5
6.2.3.6	泡沫掩盖度	≤30 mm	7.2.3.6
6.2.3.7	快速发泡能力	≤120 s	7.2.3.7
6.2.3.8	完全覆盖粪便能力	≤30 s	7.2.3.8
6.2.3.9	泡沫高度失常报警	准确、可靠	7.2.3.9

7 试验方法

7.1 厕所试验方法

7.1.1 成品厕所性能试验方法

7.1.1.1 外观质量

在不低于 200 lx 白炽灯光照明条件下，距试样 500 mm 处目测外观缺陷，2 000 mm 处目测色差。

7.1.1.2 便器及卫生设施

a) 试验前准备

试验按正常运行给设施提供条件，如送电、送水、打包厕具装长筒塑料袋、发泡厕具配制发泡液等。

b) 初步启动设施，观察运行情况并作记录。

c) 初步启动正常后，连续 72 h 运行，按设施的性能指标，检查设施的运行可靠情况、安全情况、卫生情况，并作详细记录。

d) 根据初步启动记录，连续 72 h 运行记录，作出性能评价。

7.1.1.3 电器漏电保护装置

漏电保护装置主要用于由于间接接触或直接接触引起的单相电击。根据 GB 6829—1995 中的相关方法试验。

7.1.1.4 绝缘电阻

试验用手摇兆欧表，规格为 500 V，500 MΩ，精度等级为 1.0 级。用手摇兆欧表测量厕所内带电部位(灯口、插座等)与不带电的金属件(门框、手把等)之间的绝缘电阻。

7.1.1.5 耐电压

试验装置输出电压应满足 0 V～1 000 V 连续可调。绝缘电阻试验后，试验装置在厕所内带电部位(灯口、插座等)与不带电的金属件(门框、手把等)之间，施加 500 V 交流电压 1 min，检查有无击穿、烧伤等现象。

7.1.1.6 臭味强度

按照 GB/T 17217 规定进行。

7.1.1.7 移动厕所防雨性能

应使用喷水枪，调节喷水嘴的压力为 0.2 MPa，保持喷射距离为 300 mm，沿厕所外围墙与墙、墙与顶面以及墙与房顶的连接部位喷水，检查有无渗漏现象。

7.1.1.8 移动厕所抗风能力

a) 试验条件

将厕所放置在水泥水平地面上。测出厕所的长、宽、高(A、B、C，其中 $A>B$)，以厕所抗风能力最弱的受力面为试验受力面，设试验面为 $A\times C$ 面。

b) 推力试验

顶端中间逐渐施加水平推力，当试验面底端离开地平面 10 mm 时测出水平推力值 F(抗颠覆推力极限值)见图 1。

抗风能力验算按公式(1)计算：

$$F \geqslant \frac{1}{2} A \times C \times \omega \qquad \cdots\cdots(1)$$

式中：

F——抗颠覆推力极限值，kN；

A——试验平面长度，m；

C——试验平面高度，m；

ω——蒲福风级 8 级标准风级换算风压，0.504 kN/m^2。

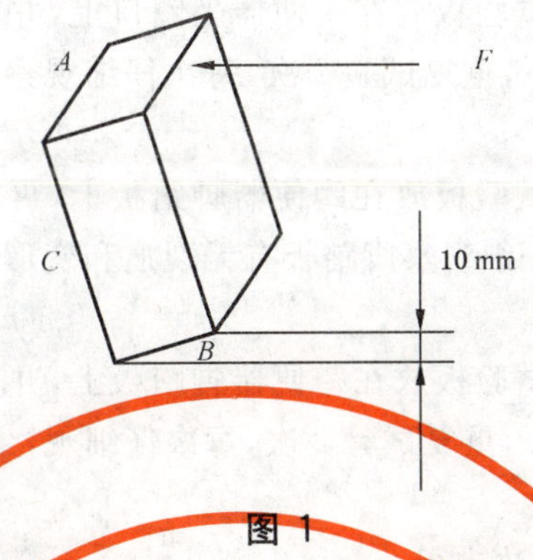

图 1

c) 判别

当抗倾覆推力极限值 F 满足(1)式时认为抗风能力足够;否则认为不够,应采取必要的抗风措施。

7.1.2 打包式大便器厕所性能试验方法

7.1.2.1 贮粪桶所在空间可清洁性

用铁锹、耙子、笤帚、拖把等常用清洁工具,在 2 min 时间内能使贮粪桶所在空间清洁,按 GB/T 1721 相关规定试验,使其臭味强度<1 级,则认为贮粪桶所在空间清洁性好,否则认为清洁性不好。

7.1.2.2 地板防渗性,地板可清洁性

a) 地板防渗性

在地板上放置 1 块 100 mm×100 mm 塑料革地板。同时把塑料革地板和塑料革周围地板泼上水,静置 20 min,对比地板和塑料革地板的吸水性。若两块地板吸水相当,则认为地板防渗特性满足要求;若地板吸水明显比塑料革地板多,则认为地板防渗性不满足要求。

b) 地板可清洁性

将 3 kg 水,1 kg 砂子,1 kg 粘土混合在一起搅拌均匀,构成污物模拟物,将模拟物撒在地板上不易清洁的地方。用笤帚清扫 1 次,再用拖把拖 1 遍,若模拟物被清除干净,则认为地板可清洁性好,否则认为可清洁性不好。

7.1.3 泡沫式大便器厕所试验方法

7.1.3.1 地板防渗性,地板可清洁性

a) 地板防渗性

在地板上放置 1 块 100 mm×100 mm 塑料革地板。同时把塑料革地板和塑料革周围地板泼上水,静置 20 min,对比地板和塑料革地板的吸水性。若两块地板吸水相当,则认为地板防渗特性满足要求;若地板吸水明显比塑料革地板多,则认为地板防渗性不满足要求。

b) 地板可清洁性

将 3 kg 水、1 kg 砂子、1 kg 粘土混合在一起搅拌均匀,构成污物模拟物,将模拟物撒在地板上不易清洁的地方。用笤帚清扫 1 次,再用拖把拖 1 遍,若模拟物被清除干净,则认为地板可清洁性好,否则认为可清洁性不好。

7.2 大便器试验方法

7.2.1 大便器构件物理性能试验方法

7.2.1.1 大便器静载、动载

a) 坐式大便器静载

参见图 D.2、图 D.4,把坐便器试验板放在坐便器坐圈口上,再将质量为 150 kg 的沙袋静压其上,静压 15 min 后取下沙袋和试验板,仔细观察坐圈有无裂痕和变形。

b) 坐式大便器动载

STANDARDS PRESS OF CHINA

参见图 D.2、图 D.4，把坐便器试验板放在坐便器坐圈口上，并在试验板正上方 500 mm 高处吊一重量为 100 kg 沙袋，让沙袋自由落下，重复试验 2 次，每次仔细观察坐圈有无裂痕和变形。

c) 蹲式大便器静载

参见图 D.3、图 D.5，把蹲便器试验板放在蹲便器脚踏板上，再将质量为 150 kg 的沙袋静压其上，静压 15 min 后取下沙袋和试验板，仔细观察脚踏板有无裂痕和变形。

d) 蹲式大便器动载

参见图 D.3、图 D.5，把蹲便器试验板放在蹲便器脚踏板上，并在试验板正上方 500 mm 高处吊一重量为 100 kg 沙袋，让沙袋自由落下，重复试验 2 次，每次仔细观察脚踏板有无裂痕和变形。

7.2.1.2 大便器盖抗撞击

按 JC/T 764—2008 中的 6.9 方法进行。

7.2.1.3 外罩、坐圈、便器盖抗燃性

按 JC/T 764—2008 中的 6.14 方法进行。

7.2.1.4 抗沾污性

按 JC/T 764—2008 中的 6.15 方法进行。

7.2.2 打包式成品大便器使用性能试验方法

7.2.2.1 外观质量

在不低于 200 lx 白炽灯光照明条件下，距试样 500 mm 处目测外观缺陷，2 000 mm 处目测色差。

7.2.2.2 打包功能

a) 模拟粪便的制备

将淀粉、锯末和适量水按一定比例揉合成形，做成尺寸约 ϕ30 mm～ϕ35 mm，长约 150 mm，湿重约 150 g～200 g 的模拟粪便。

b) 打包功能模拟试验

在装配完整的大便器中，放入模拟粪便，另加入 5 张 150 mm×100 mm 对折卫生纸或报纸。反复运转 3 次，每次观察有无卡袋、卷袋、脱袋、泄漏等现象，工作是否正常、可靠。

7.2.2.3 走袋行程

用钢卷尺和标记笔测量并记录长筒塑料袋自动移动长度，移动长度即为走袋行程。

7.2.2.4 走袋速度

在空袋条件下，反复操作运转 3 次，每次用秒表记录走袋时间。

走袋速度用公式(2)计算：

$$v = L/t \tag{2}$$

式中：

v——走袋速度，mm/s；

L——走袋行程，mm；

t——走袋时间，s。

7.2.2.5 密封性

密封机构的密封间隙不大于 0.03 mm，用塞尺检测。

7.2.2.6 装袋时的"打开"功能

打包式大便器用长筒塑料袋包装粪便，长筒塑料袋长度是有限的，当一段长筒塑料袋用完后需要再把一段装入走袋机构（现在的走袋机构和密封机构是联体的）。使走袋机构"打开"和"关闭"反复操作 5 次，测量打开间隙，观察机构操作的方便性，机构运动的灵活性。

7.2.2.7 走袋力

密封机构将 50 mm×0.3 mm×300 mm 的不锈钢带夹住，用 10 kg 的弹簧秤缓慢的拉动不锈钢片，测出不打滑时的最大值。

7.2.2.8 长筒塑料袋“不漏水”

取 2 m 长筒塑料袋，将一头扎紧抬高 400 mm，另一端抬高 400 mm 向筒型塑料袋内灌满水，停留 10 min，用卫生纸擦塑料袋外表面，无水迹判为合格。参见图 D.1。

7.2.2.9 缺袋功能

当打包厕具长筒塑料袋用完，厕具收集粪便盆腔没有了塑料袋便暴露出便池架，如果解便，就污染了厕具。因此打包式厕具要求缺袋时，应不能再走袋，并有缺袋报警信号（一般用声、光指示）。

连续 5 次使厕具由有袋到无袋，观察缺袋后是否不能再走袋，报警信号是否准确可靠。

7.2.2.10 走袋间隙

每一次用厕完毕，需要打包时，长筒塑料袋向下走一个行程，长筒塑料袋在厕具内运动时经过坐圈和外罩（长筒塑料袋覆盖坐圈的打包式坐便器）或坐圈和便池架（长筒塑料袋不覆盖坐圈的打包式坐便器）或脚踏板和储袋架所构成的一段间隙小的通道，这段间隙小的通道的间隙称为走袋间隙。要在厕具安装完毕后作走袋间隙试验，检查是否卡袋。

7.2.3 泡沫式成品大便器使用性能试验方法

7.2.3.1 外观质量

在不低于 200 lx 白炽灯光照明条件下，距试样 500 mm 处目测外观缺陷，2 000 mm 处目测色差。

7.2.3.2 防臭气返排机构

a) 用 7.2.2.2a)方法制备模拟粪便。

b) 放入模拟粪便观察防臭气返排机构开闭是否灵活、准确、可靠，模拟粪便下滑是否顺畅。

7.2.3.3 坐便器泡沫高度控制

在发泡机构自动控制泡沫高度状态下，启动发泡机构运行 30 min 测量泡沫高度最高点和最低点，并作记录，根据记录情况，确定泡沫高度是否控制在下限—上限的范围内。

7.2.3.4 蹲便器泡沫高度控制

在发泡机构自动控制泡沫高度状态下，启动发泡机构运行 30 min 测量泡沫高度最高点和最低点，并作记录，根据记录情况，确定泡沫高度是否控制在下限—上限的范围内。

7.2.3.5 泡沫覆盖率

泡沫覆盖率试验方法见图 E.1，覆盖率计算公式参见式(E.1)。

7.2.3.6 泡沫掩盖度

a) 用 7.2.2.2a)的方法制备模拟粪便。

b) 将模拟粪便置于便池中，启动发泡机构和泡沫高度检测装置，自动控制发泡，并向便池输送泡沫，连续观察泡沫覆盖模拟粪便的过程，直至看不到模拟粪便时停止向便池输送泡沫，及时测量模拟粪便表面最高点到掩盖模拟粪便泡沫的上表面距离(mm)，即为泡沫掩盖度。参见图 E.2。

7.2.3.7 快速发泡能力(s)

试验前将便池清空，启动自动发泡机构和泡沫高度检测装置，从启动到泡沫覆盖率达到 80%的时间，即为初始发泡时间(s)。

7.2.3.8 完全覆盖粪便能力(s)

a) 用 7.2.2.2a)的方法制备模拟粪便。

b) 将模拟粪便置于便池中，开始秒表计时，直至泡沫高度在自动控制下，将粪便完全覆盖，停止秒表计时。秒表显示的用 s 表示的时间值，即为“完全覆盖粪便能力”。

7.2.3.9 泡沫高度失常报警

泡沫发泡系统、泡沫高度检测装置和防臭气返排机构功能正常时，泡沫高度在上限—下限之间变化。如果不正常,泡沫高度就会超出以上范围。

通过一定时间的观察,若泡沫有时高、有时低,且都不超上限—下限范围,则认为泡沫高度是正常的。反之,则认为泡沫高度是失常的。失常时,在 1 min 内应有报警信号。

8 检验规则

8.1 厕所检验规则

8.1.1 检验分类

检验分为交收检验和型式检验。

8.1.1.1 交收检验

每座厕所交付使用前应进行检验,检验项目包括:外观质量,电器、漏电保护和便器的功能检验。

8.1.1.2 型式检验

在下列情况之一时应进行型式检验:

a) 主体典型结构属于首制。

b) 质量监督机构提出检验要求。

c) 供需双方发生质量纠纷。

d) 原材料、工艺或结构明显改变。

e) 累计生产 3 000 座。

检验项目包括:电绝缘、漏电保护、臭味强度、防雨性能、抗风能力和交收检验各项目。

8.1.2 判定规则

8.1.3 按 8.1.1.1 进行交收检验对不合格的产品允许修补,若修补后仍不合格,则判定该产品为不合格。

8.1.4 按 8.1.1.2 进行型式检验,若有不合格项目,应从该产品中再随机抽取一套,对不合格项目进行复检,若仍不合格则判定该产品为不合格。

8.2 大便器检验规则

8.2.1 检验分类

检验分交收检验和型式检验。

8.2.1.1 交收检验

每台大便器应进行出厂交收检验。

8.2.1.1.1 打包式大便器检验项目包括:外观质量、密封间隙、无袋报警、拉袋力等。

8.2.1.1.2 泡沫式大便器检验项目包括:外观质量、发泡能力、泡沫高度控制、防臭气返排装置等。

8.2.1.2 型式检验

在下列情况下进行型式检验:

a) 首制或定型产品。

b) 质量监督机构提出检验要求。

c) 供需双方发生质量纠纷。

d) 原材料、工艺或结构明显改变。

e) 累计生产 5 000 台时。

8.2.1.2.1 打包式大便器型式检验项目包括:除交收检验项目外,还检验走袋行程、打包功能、大便器的静载和动载,便器盖、坐圈的抗冲击、抗沾污及抗燃性等。

8.2.1.2.2 泡沫式大便器型式检验项目包括:除交收检验项目外,还检验模拟粪便下滑功能、泡沫掩盖度、耗水量、大便器的静载和动载,便器盖、坐圈的抗冲击、抗沾污及抗燃性等。

8.2.2 批的构成

以同种型号，一次实际的交货量为一批。批量过大时也可分成若干小批。

8.2.3 判定规则

8.2.3.1 打包式大便器的密封间隙应逐件通过检验。

8.2.3.2 泡沫式大便器的防臭气返排装置应逐件通过检验。

8.2.3.3 外观质量检验

采用二次抽样方案，AQL=4。不同批量所需的抽样量，合格或不合格批的判定应符合表 5 的规定。

表 5 外观质量检验方案

批量 N	一次			二次			
	样本大小 n_1	合格判定数 Ac_1	不合格判定数 Re_1	样本大小 n_2	累计样本大小 n_1+n_2	合格判定数 Ac_2	不合格判定数 Re_2
1～25	3	0	1				
26～90	5	0	1				
91～280	8	0	2	8	16	1	2
281～500	13	0	3	13	26	3	4
501～1 200	20	1	3	20	40	4	5

注 1：≤90 件的批量按一次抽样方案检验。

注 2：样本大小≥批量时，将该批量看作样本大小。

在批量产品中第一次随机抽取 n_1 件产品检查，d 为从批中抽取的样本中发现的不合格品数。当 $d_1 \leqslant Ac_1$ 时，则判定该批产品为合格；当 $d_1 \geqslant Re_1$ 时，则判定该批次产品为不合格。当 $Re_1 > d_1 > Ac_1$ 时，则再从这批产品中第二次随机抽取 n_2 件产品检查。依据 2 次检查的累计结果进行判定，当产品中累计不合格数为 $d_1+d_2 \leqslant Ac_2$，则仍判定该产品为合格；当累计值 $d_1+d_2 \geqslant Re_2$ 时，则判定该批产品为不合格。

8.2.3.4 型式检验

在一批产品中随机抽取 n_1 件产品做型式检验，当其中有一件不合格，则从该批产品中再随机抽取 n_2 件产品做该项复验；当仍有不合格，则判定该批产品为不合格。其检验规则打包式大便器应符合表 6 的规定，泡沫式大便器应符合表 7 的规定。

表 6 打包式大便器型式检验规则

专项型式检验	抽检样本 n_1	复检样本 n_2	对复检仍不合格批的处理
密封性	3	3	对不合格产品可调整再验
打包功能	3	3	
无袋报警功能	5	5	
走袋行程	5	5	
走袋力	5	5	
坐圈和便器盖抗冲击检验	1	1	相应部件报废整机重新组装
坐圈和便器盖阻燃检验	1	1	
坐圈和便器盖抗沾污性检验	1	1	
大便器静载检验	3	3	
大便器动载检验	3	3	

表 7　泡沫式大便器型式检验规则

专项型式检验	抽检样本 n_1	复检样本 n_2	对复检仍不合格批的处理
发泡能力	3	3	对不合格产品可调整再验
泡沫覆盖粪便能力	3	3	
使用功能	3	3	
泡沫高度控制	3	3	
坐圈和便器盖抗冲击检验	1	1	相应部件报废整机重新组装
坐圈和便器盖阻燃检验	1	1	
坐圈和便器盖抗沾污性检验	1	1	
大便器静载检验	3	3	
大便器动载检验	3	3	

9　标志和说明书

9.1　标志

9.1.1　在厕所的外表面明显位置应固定永久性标牌，其内容包括：产品名称、型号、商标、尺寸范围、生产厂名及出厂日期等。

9.1.2　在厕所外表面醒目位置应设置“男”、“女”、“无障碍”、“有人”、“无人”等标识、显示牌。

9.1.3　在厕所内墙壁适当位置也可设置“使用须知”、“请保持清洁卫生”、“请勿吸烟”及使用操作等提示性标牌。

9.1.4　在大便器外表面明显位置应有永久性商标。

9.1.5　所有标识、显示牌均应符合 GB/T 10001.1 有关规定。

9.2　说明书

9.2.1　说明书包括安装说明书和使用说明书。安装说明书内容包括：结构说明、安装图、安装方法、安装顺序和安装后的检验及有关注意事项。使用说明书内容包括：使用须知、管理方法、清理方法、故障处理等。

10　运输、储存和安装

10.1　移动厕所整体运输时不作包装，但须将门板、门锁用塑料薄膜或防水布包好，易损件应装箱随主体运输。

10.2　厕所散件运输时用木箱或纸箱包装，墙板的板面之间用纸或泡沫塑料隔层保护，电镀件、玻璃件的包装箱内应有填充保护。

10.3　成品大便器应用纸箱或木箱包装，箱内用泡沫塑料缓冲保护。每个箱体外均应标明外形尺寸、重量、防压、防雨、防倒置标记。箱内应有装箱单、说明书及产品合格证。

10.4　大便器应在室内或棚内存放，要求防雨、防晒、防潮、防火。存放时应按品种、规格码放整齐，堆码层数不超过三层。

附 录 A
（资料性附录）
厕所的空间布置

A.1 空间图例见图 A.1。

A.2 洁具、人体使用空间布置见图 A.2。

A.3 无障碍厕位布置见图 A.3。

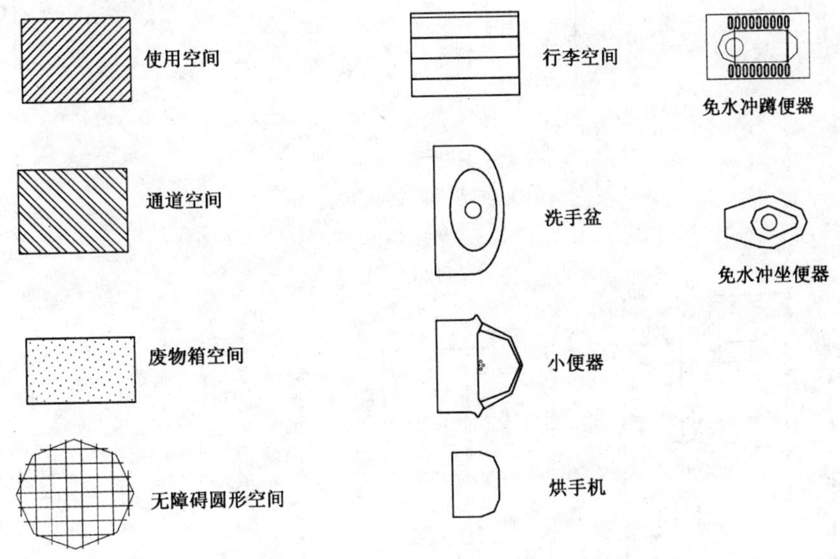

图 A.1 图例

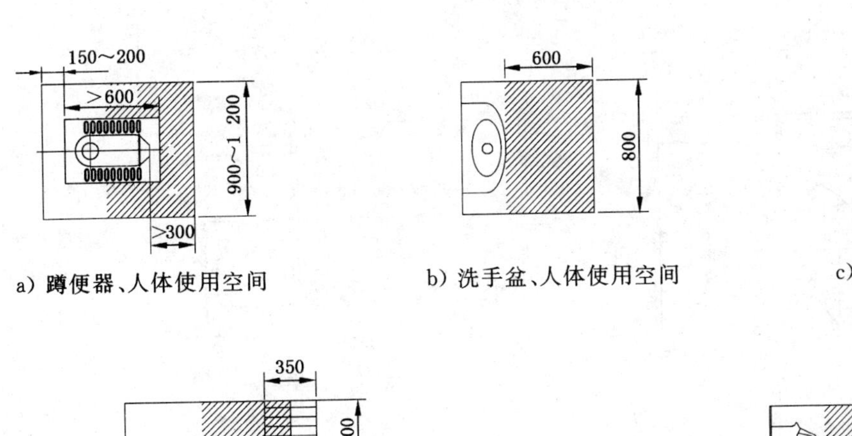

a) 蹲便器、人体使用空间　b) 洗手盆、人体使用空间　c) 烘手机、人体使用空间

d) 坐便器、人体使用空间　e) 小便器、人体使用空间

图 A.2 洁具、人体使用空间布置图

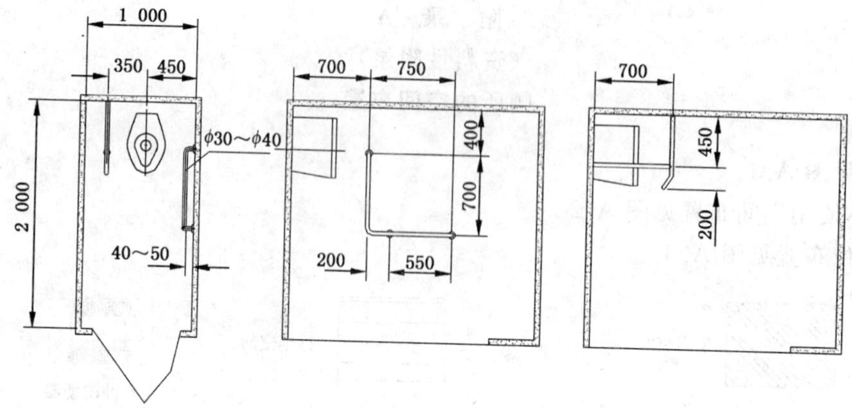

a）改建无障碍厕位

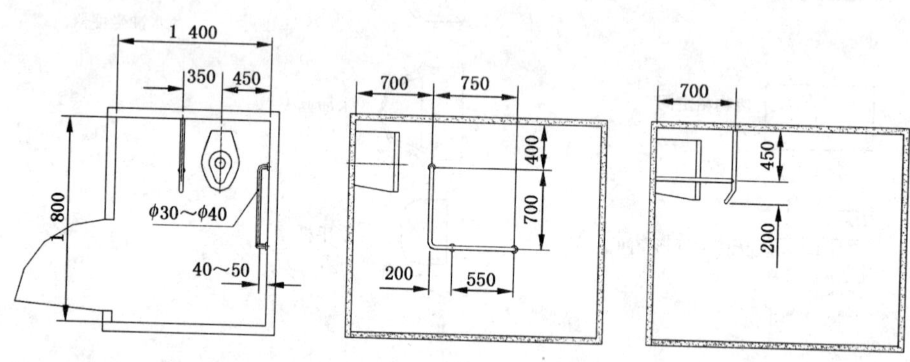

b）新建无障碍厕位

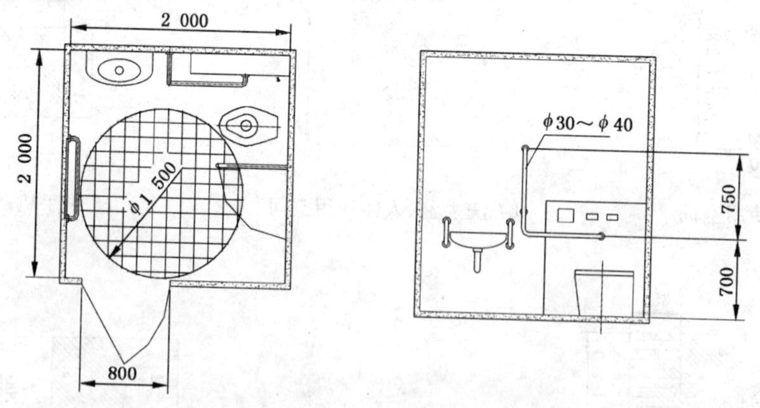

c）专用无障碍厕位

图 A.3　无障碍厕位的布置

附 录 B
（资料性附录）
打包式大便器结构示意图

B.1 长筒塑料袋覆盖坐圈的打包式坐便器结构示意图，见图 B.1。

B.2 长筒塑料袋不覆盖坐圈的打包式坐便器结构示意图，见图 B.2。

B.3 长筒塑料袋打包式蹲便器结构示意图，见图 B.3。

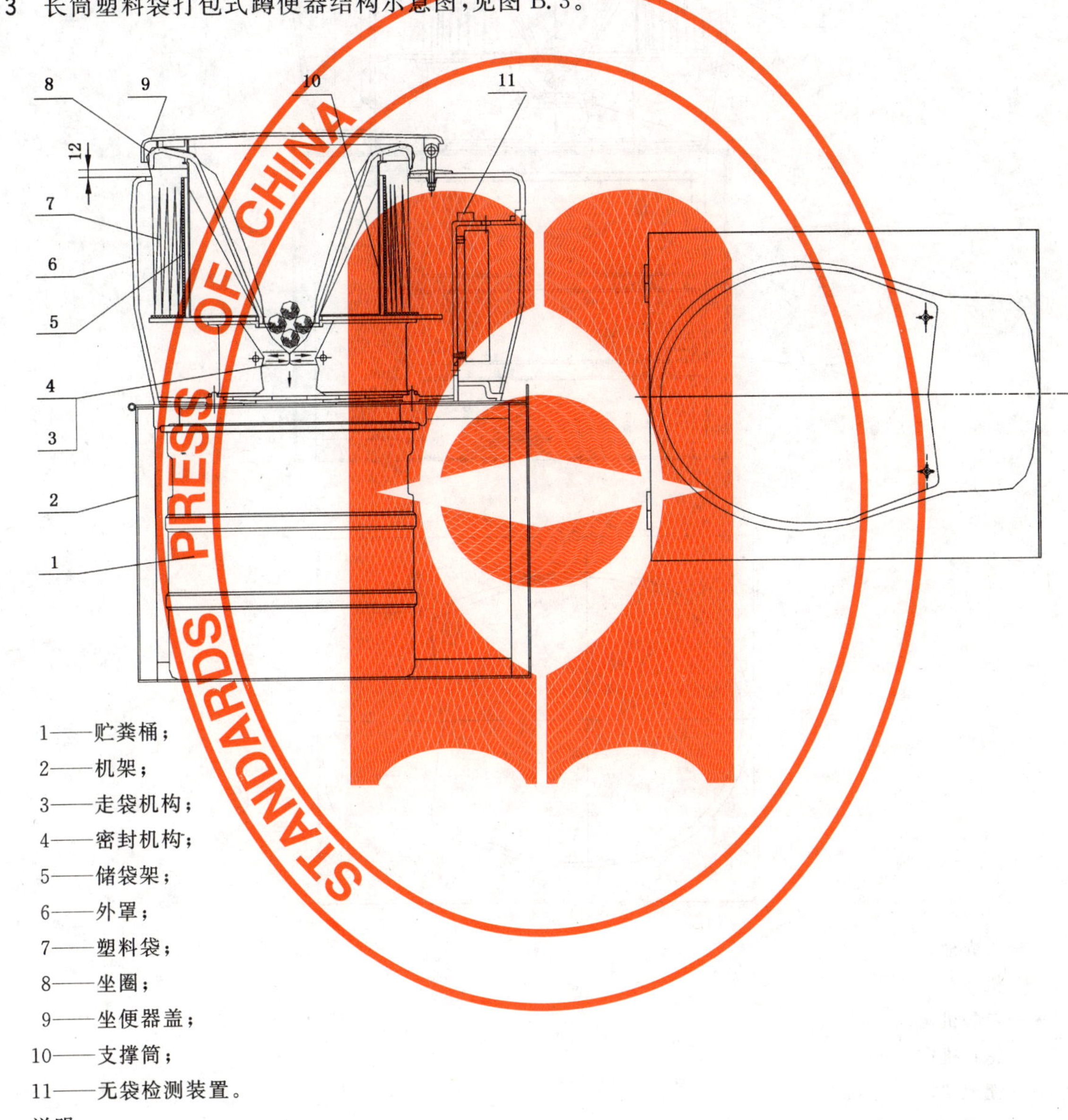

STANDARDS PRESS OF CHINA

1——贮粪桶；
2——机架；
3——走袋机构；
4——密封机构；
5——储袋架；
6——外罩；
7——塑料袋；
8——坐圈；
9——坐便器盖；
10——支撑筒；
11——无袋检测装置。

说明：

1. 装袋时，取下坐圈露出储袋腔。
2. 外罩上面与坐圈间留 15 mm 间隙走袋，塑料袋套住坐圈面后引向走袋机构。

图 B.1 长筒塑料袋覆盖坐圈的打包式坐便器结构示意图

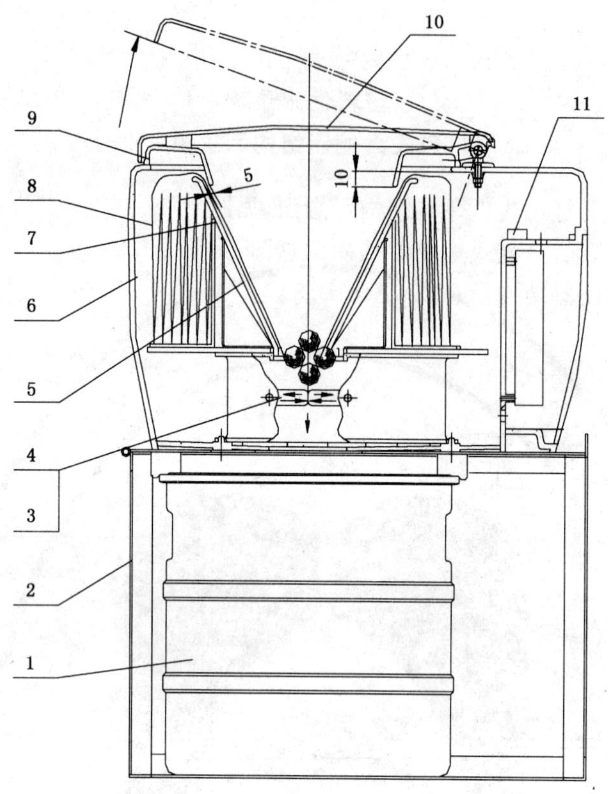

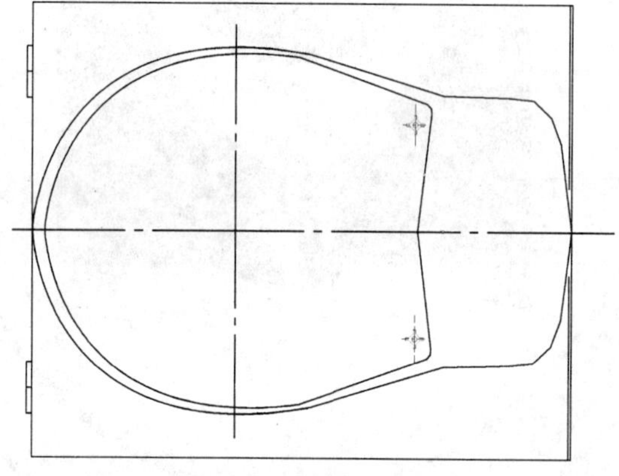

1——贮粪桶；
2——机架；
3——走袋机构；
4——密封机构；
5——便池架；
6——外罩；
7——储袋架；
8——塑料袋；
9——坐圈；
10——坐便器盖；
11——无袋检测装置。

图 B.2 长筒塑料袋不覆盖坐圈的打包式坐便器结构示意图

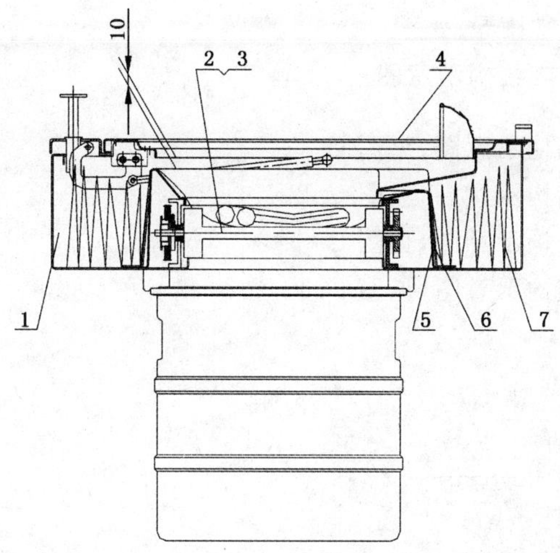

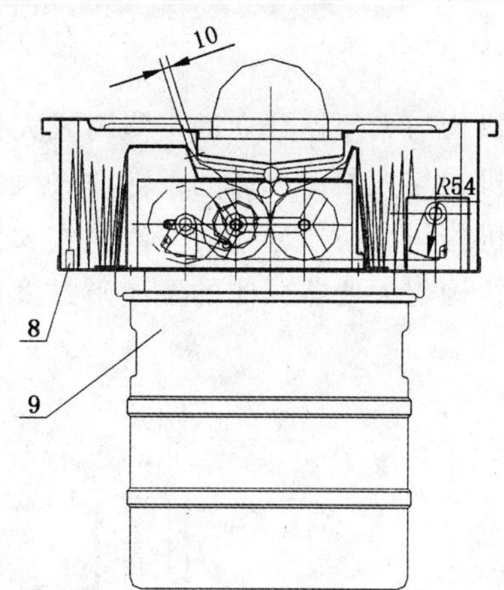

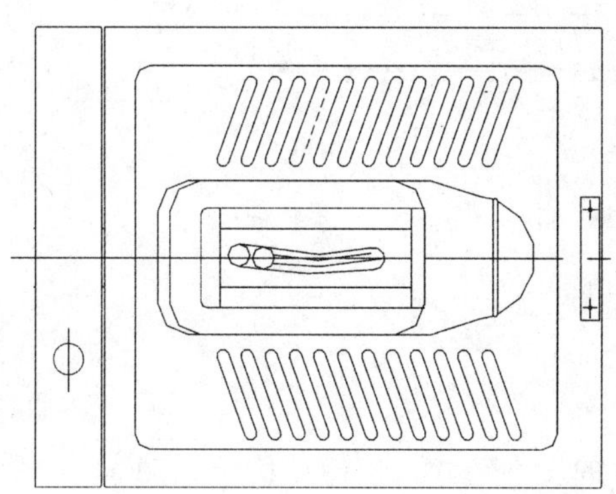

1——机架；
2——走袋机构；
3——密封机构；
4——脚踏板；
5——便池架；
6——储袋架；
7——长筒塑料袋；
8——无袋检测机构；
9——贮粪桶。

说明：

1. 脚踏板在装袋时旋转立起，露出储袋腔。
2. 便池架上口大于脚踏板上的便池口 10 mm，竖直距离为 10 mm。

图 B.3 长筒塑料袋打包式蹲便器结构示意图

附 录 C
（资料性附录）
泡沫式大便器结构示意图

C.1 发泡机构与大便器分立的发泡蹲式大便器结构示意图，见图C.1。

C.2 发泡机构与大便器一体的发泡蹲式大便器结构示意图，见图C.2。

C.3 发泡机构与大便器分立的发泡坐式大便器结构示意图，见图C.3。

C.4 发泡机构与大便器一体的发泡坐式大便器结构示意图，见图C.4。

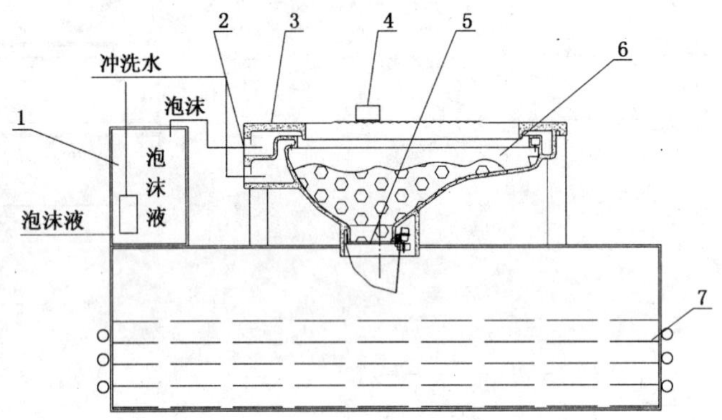

1——发泡机构；
2——输送泡沫通道；
3——脚踏板；
4——发泡高度检测装置；
5——防止臭气返排机构；
6——便池；
7——贮粪箱。

图C.1 发泡机构与大便器分立的发泡蹲式大便器结构示意图

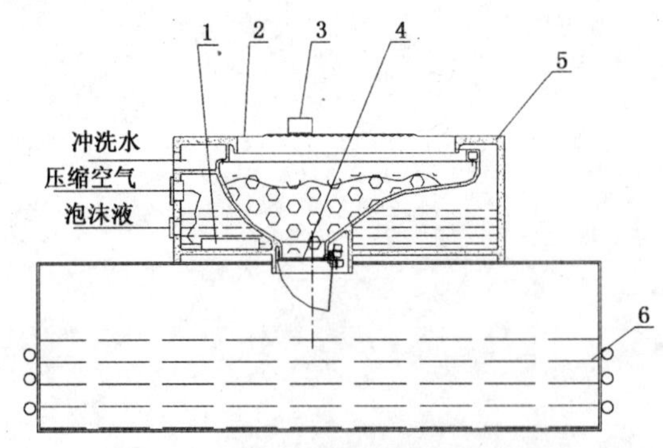

1——发泡机构；
2——脚踏板；
3——发泡高度检测装置；
4——防止臭气返排机构；
5——便池；
6——贮粪箱。

图C.2 发泡机构与大便器一体的发泡蹲式大便器结构示意图

STANDARDS PRESS OF CHINA

1——发泡机构；

2——泡沫高度检测装置；

3——坐圈；

4——坐便器盖；

5——便池；

6——防止臭气返排机构；

7——贮粪箱。

图 C.3 发泡机构与大便器分立的发泡坐式大便器结构示意图

1——发泡机构；

2——泡沫高度检测装置；

3——坐圈；

4——坐便器盖；

5——便池；

6——防止臭气返排机构；

7——贮粪箱。

图 C.4 发泡机构与大便器一体的发泡坐式大便器结构示意图

附 录 D
（资料性附录）
大便器部分试验示意图

D.1 长筒塑料袋“不漏水”试验方法示意图，见图 D.1。

D.2 坐便器试验板示意图，见图 D.2。

D.3 蹲便器试验板示意图，见图 D.3。

D.4 坐便器静、动载试验示意图，见图 D.4。

D.5 蹲便器静、动载试验示意图，见图 D.5。

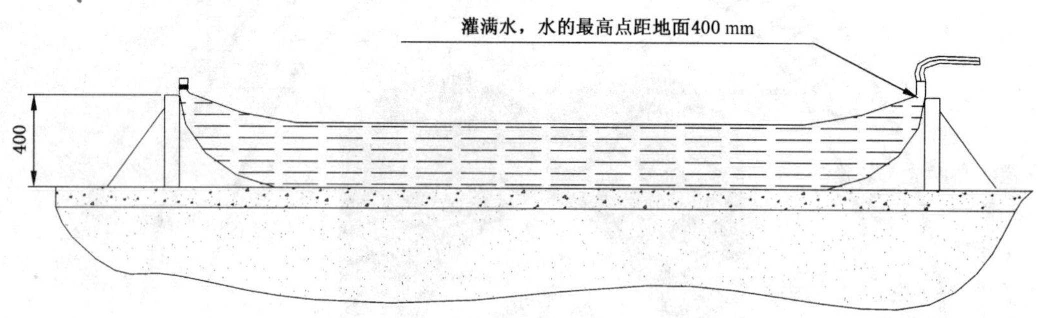

图 D.1 长筒塑料袋“不漏水”试验方法示意图

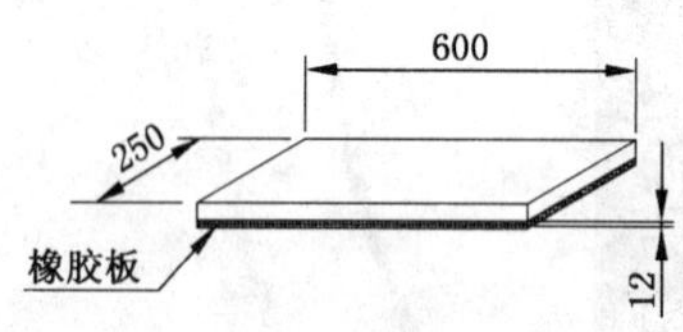

图 D.2 坐便器试验板示意图

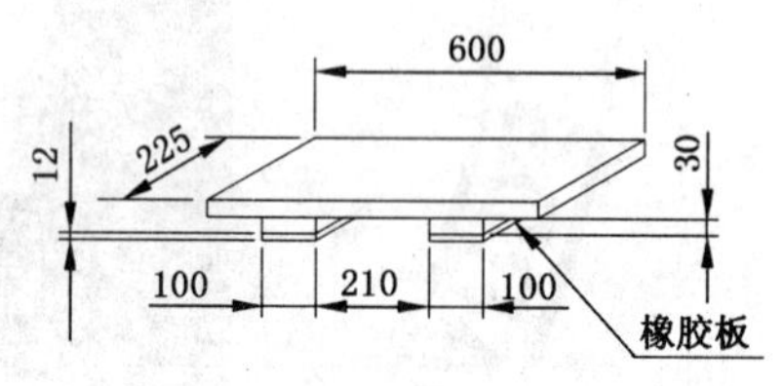

图 D.3 蹲便器试验板示意图

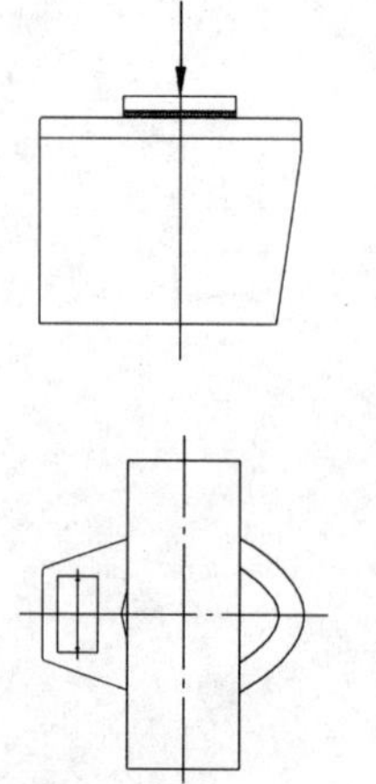

图 D.4 坐便器静、动载试验示意图

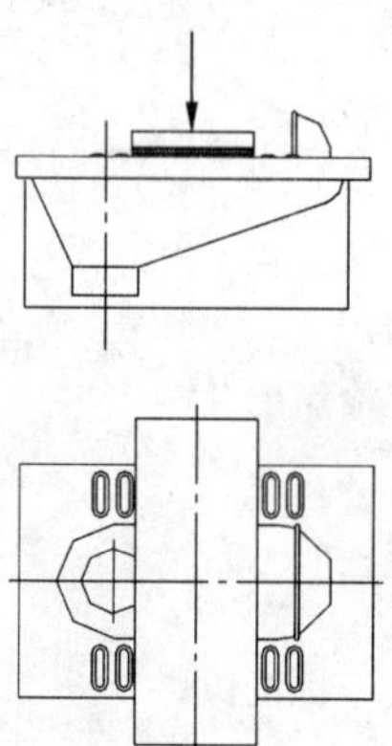

图 D.5 蹲便器静、动载试验示意图

附　录　E
（资料性附录）
泡沫覆盖率、掩盖度的试验示意图

E.1　泡沫覆盖率的试验示意图，见图 E.1。

E.2　泡沫掩盖度的试验示意图，见图 E.2。

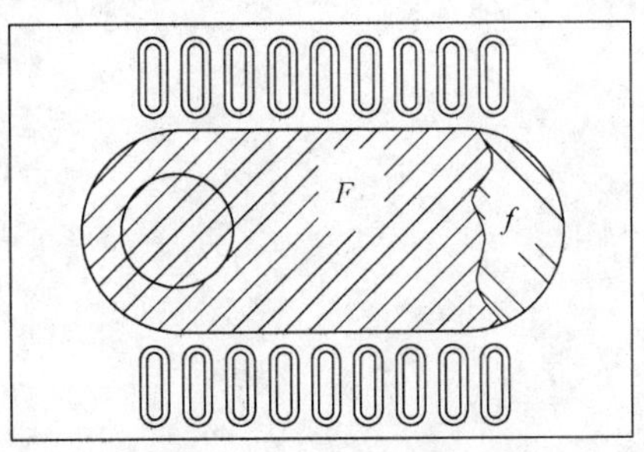

$$k = \frac{F}{F + f} \times 100 \qquad \cdots\cdots\cdots\cdots (\text{E.1})$$

k——泡沫覆盖率，%；

F——泡沫已覆盖面积；

f——泡沫未覆盖面积。

图 E.1　泡沫覆盖率的试验示意图

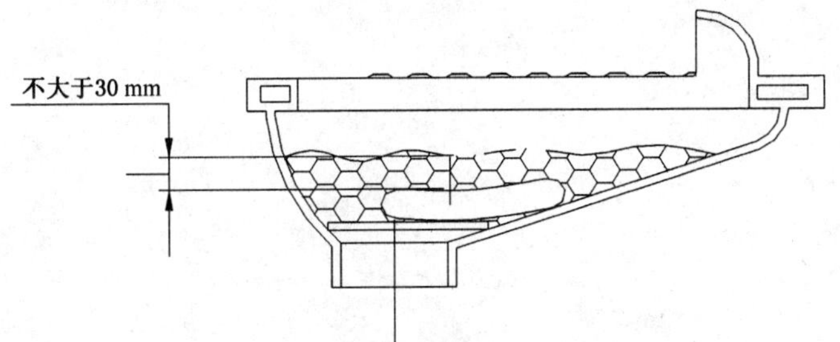

图 E.2　泡沫掩盖度的试验示意图

ICS 67.120.30
B 53

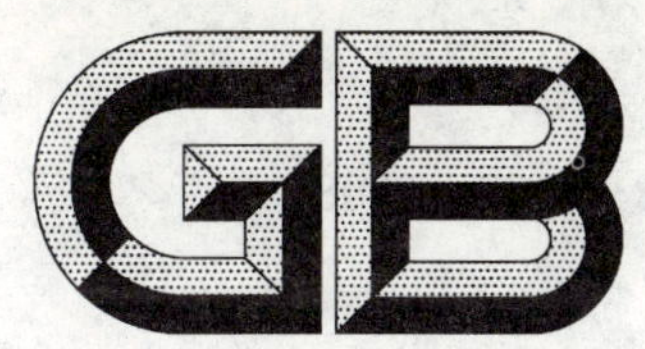

中华人民共和国国家标准

GB/T 18108—2008
代替 GB/T 18108—2000

鲜海水鱼

Fresh marine fish

2008-08-22 发布　　　　2008-12-01 实施

中华人民共和国国家质量监督检验检疫总局
中国国家标准化管理委员会　发布

前　言

本标准代替 GB/T 18108—2000《鲜海水鱼》。

本标准与 GB/T 18108—2000 相比主要变化如下：

——对“感官要求”的叙述进行了补充完善；

——将“蒸煮试验”纳入“感官要求”中；

——挥发性盐基氮指标删除了对板鳃鱼类的规定；

——增加了甲基汞、铅、镉、多氯联苯、土霉素、磺胺类(总量)、氟甲砜霉素的限量指标；

——删除了汞、六六六、滴滴涕的限量指标。

本标准由中华人民共和国农业部提出。

本标准由全国水产标准化技术委员会水产品加工分技术委员会归口。

本标准起草单位：中国水产科学研究院黄海水产研究所、中国水产科学研究院。

本标准主要起草人：王联珠、赵红萍、翟毓秀、冷凯良、刘天红。

本标准所代替标准的历次版本发布情况为：

——GB/T 18108—2000。

鲜 海 水 鱼

1 范围

本标准规定了鲜海水鱼的技术要求、试验方法、检验规则以及标签、包装、运输和贮存。

本标准适用于捕获后未经加工处理的鲜海水鱼、冰鲜海水鱼和仅去内脏而未作其他处理的鲜海水鱼。

2 规范性引用文件

下列文件中的条款通过本标准的引用而成为本标准的条款。凡是注日期的引用文件，其随后所有的修改单(不包括勘误的内容)或修订版均不适用于本标准，然而，鼓励根据本标准达成协议的各方研究是否可使用这些文件的最新版本。凡是不注日期的引用文件，其最新版本适用于本标准。

GB/T 5009.11 食品中总砷及无机砷的测定

GB/T 5009.12 食品中铅的测定

GB/T 5009.15 食品中镉的测定

GB/T 5009.17 食品中总汞及有机汞的测定

GB/T 5009.45—2003 水产品卫生标准的分析方法

GB/T 5009.190 食品中指示性多氯联苯含量的测定

SC/T 3015 水产品中土霉素、四环素、金霉素残留量的测定

SC/T 3016—2004 水产品抽样方法

SC/T 3032 水产品中挥发性盐基氮的测定

农业部 958 号公告-12-2007 水产品中磺胺类药物残留量的测定 液相色谱法

农业部 958 号公告-13-2007 水产品中氯霉素、甲砜霉素、氟甲砜霉素残留量的测定 气相色谱法

3 要求

3.1 感官要求

感官要求见表 1。

表 1 感官要求

项目	一 级	二 级	三 级
鱼体	鱼体硬直、完整，无破肚，具有鲜鱼固有色泽，色泽明亮，花纹清晰，有鳞鱼的鳞片紧贴鱼体无脱落	鱼体稍软，完整，无破肚，具鲜鱼固有色泽，色泽稍暗，花纹较清晰，有鳞鱼的鳞片略有脱落	鱼体较软，基本完整，允许中上层鱼稍有破肚，鱼体色泽较暗，花纹较清晰，有鳞鱼的鳞片局部脱落，与鱼体连接稍松弛
肌肉	肌肉组织紧密有弹性，切面有光泽，肌纤维清晰	肌肉组织较紧密，有弹性，肌纤维清晰	肌肉组织尚紧密，弹性较差，肌纤维较清晰
眼球	眼球饱满，角膜清晰明亮	眼球平坦，角膜较明亮	眼球略有凹陷，角膜稍混浊
鳃	鳃丝清晰，色鲜红，有少量粘液	鳃丝清晰，色暗红，有些粘液	鳃丝较清晰，色粉红到褐色，有粘液覆盖

表 1（续）

项目	一　　级	二　　级	三　　级
气味	具海水鱼特有腥味		允许鳃丝有轻微异味但无臭味、氨味
杂质	无外来杂质，去内脏鱼腹部无残留内脏		
蒸煮试验	具鲜鱼固有的鲜味，口感肌肉组织紧密有弹性，滋味鲜美	气味正常，口感肌肉组织稍松弛，滋味较鲜	气味较正常，口感肌肉组织较松弛，滋味稍鲜

3.2 安全指标

安全指标的规定见表 2。

表 2　安全指标

项　　目	指　　标		
	一级	二级	三级
挥发性盐基氮（VBN）/（mg/100 g）	≤15	≤20	≤30
组胺/（mg/100 g）	≤100（鲐鱼、秋刀鱼、竹荚鱼、金枪鱼等青皮红肉鱼类） ≤30（其他鱼类）		
无机砷/（mg/kg）	≤0.1		
甲基汞/（mg/kg）	≤1.0（鲨鱼、旗鱼、金枪鱼等肉食性鱼类） ≤0.5（其他鱼类）		
铅（以 Pb 计）/（mg/kg）	≤0.5		
镉（以 Cd 计）/（mg/kg）	≤0.1		
多氯联苯（PCBS）/（mg/kg） 其中： PCB138/（mg/kg） PCB153/（mg/kg）	≤2.0（以 PCB28、PCB52、PCB101、PCB118、PCB138、PCB153、PCB180 总和计） ≤0.5 ≤0.5		
土霉素/（μg/kg）	≤100（养殖鱼）		
磺胺类（总量）/（μg/kg）	≤100（养殖鱼）		
氟甲砜霉素/（μg/kg）	≤1 000（养殖鱼）		
注：其他农药、兽药应符合国家有关规定。			

4 试验方法

4.1 感官

4.1.1 常规检验

在光线充足，无异味的环境中，将试样置于白色搪瓷盘或不锈钢工作台上进行感官检验，按 3.1 要求逐项检验；气味评定时，撕开或用刀切开鱼体的若干处，靠近鼻子嗅气味后判定。

4.1.2 蒸煮试验

将鱼去内脏、用清水洗净后，切成约 3 cm×3 cm 的鱼块，称约 100 g 鱼块，备用；在容器中加入 500 mL 饮用水，将水烧开后，将鱼块放于容器中，加盖，煮 5 min 后，打开盖，闻气味，品尝鱼肉。

4.2 试样制备

4.2.1 当鱼体长小于 15 cm 时，取 5 尾～10 尾，清洗后，弃去鱼头、鱼鳞、鱼尾、鱼鳍、内脏，从头至尾在背上部至腹腔两侧横切鱼，得到整片鱼肉和鱼皮。

4.2.2 当鱼体长大于或等于 15 cm 时，取至少 3 尾鱼，清洗、去鳞、去内脏，从每尾鱼中切取 2.5 cm 厚的 3 个横截面鱼片（一片在胸鳍之后，一片在胸鳍和肛门之间，一片在肛门之后），剔去鱼骨。

4.2.3 将按 4.2.1 或 4.2.2 所取鱼肉绞碎混合均匀后备用；当不能立即进行检验时，可将试样存放于低于－18 ℃冰箱中备用。

4.3 安全指标

取按 4.2 处理后的样品，进行以下各项指标的检验。

4.3.1 挥发性盐基氮

按 SC/T 3032 的规定执行。

4.3.2 组胺

按 GB/T 5009.45—2003 中 4.4 的规定执行。

4.3.3 无机砷

按 GB/T 5009.11 的规定执行。

4.3.4 甲基汞

按 GB/T 5009.17 的规定执行。

4.3.5 铅

按 GB/T 5009.12 的规定执行。

4.3.6 镉

按 GB/T 5009.15 的规定执行。

4.3.7 多氯联苯

按 GB/T 5009.190 的规定进行。

4.3.8 土霉素

按 SC/T 3015 的规定执行。

4.3.9 磺胺类（总量）

按农业部 958 号公告-12-2007 的规定执行。

4.3.10 氟甲砜霉素

按农业部 958 号公告-13-2007 的规定执行。

5 检验规则

5.1 组批规则及抽样方法

5.1.1 组批规则

鲜鱼以来源及大小相同的产品为一检验批。

5.1.2 抽样方法

按 SC/T 3016—2004 的规定进行。

5.2 判定规则

5.2.1 感官检验所检项目全部符合 3.1 规定，结果的判定按 SC/T 3016—2004 表 1 的规定执行。

5.2.2 安全指标中若有一项检验结果不符合标准规定，则判本批产品不合格。

6 标志、包装、运输和贮存

6.1 标志

应有标志，标志内容包括鲜海水鱼的名称、等级、数量、产地（捕捞海区或养殖场名）、生产（捕捞）日期等。

6.2 包装

鲜海水鱼应盛放于坚固、洁净、无毒、无异味、便于冲洗的鱼箱或保温鱼箱中，装箱时应层鱼层冰，加封顶冰，保持鱼体温度在 0 ℃～4 ℃之间。

6.3 运输

运输工具应清洁、无毒、无异味，运输中保持鱼体温度在 0 ℃～4 ℃之间，防止日晒、虫害、有害物质的污染和其他损害。

6.4 贮存

鲜鱼应贮存于清洁库房，防止虫害和有害物质的污染及其他损害，贮存时保持鱼体温度在 0 ℃～4 ℃之间。

ICS 77.120.99
H 14

中华人民共和国国家标准

GB/T 18116.2—2008
代替 GB/T 18116.2—2000、GB/T 18116.3—2000

氧化钇铕化学分析方法 氧化铕量的测定

Chemical analysis methods of yttrium-europium oxides—Determination of europium oxides

2008-03-31 发布　　2008-09-01 实施

中华人民共和国国家质量监督检验检疫总局
中国国家标准化管理委员会　发布

前　言

本标准共分两个部分。第1部分GB/T 18116.1—2000《氧化钇铕化学分析方法　电感耦合等离子体原子发射光谱法测定氧化钇铕中氧化镧、氧化铈、氧化镨、氧化钕、氧化钐、氧化钆、氧化铽、氧化镝、氧化钬、氧化铒、氧化铥、氧化镱和氧化镥量》；第2部分GB/T 18116.2—2008《氧化钇铕化学分析方法　氧化铕量的测定》。

本部分为第2部分。本部分是对GB/T 18116.2—2000《氧化钇铕化学方法　电感耦合等离子体光谱法测定氧化钇铕中氧化铕量》和GB/T 18116.3—2000《氧化钇铕化学方法　荧光光度法测定氧化钇铕中氧化铕量》的整合修订，本部分与GB/T 18116.2—2000、GB/T 18116.3—2000相比主要变化如下：

——增加了精密度(重复性)条款；

——扩展了方法的测定范围；

——规范了标准文本的书写。

两个方法的分析范围有重叠部分时，以方法1作为仲裁方法。

本部分由国家发展和改革委员会稀土办公室提出。

本部分由全国稀土标准化技术委员会归口。

本部分方法1由上海跃龙新材料股份有限公司负责起草。

本部分方法1由江阴加华新材料资源有限公司、赣州有色冶金研究所参加起草。

本部分方法1主要起草人：张飞、赵峰、金杰、俞秉彦。

本部分方法1参加起草人：赵萍红、倪菊华、王寿虹、刘鸿、钟道国。

本部分方法2由江阴加华新材料资源有限公司负责起草。

本部分方法2由上海跃龙新材料股份有限公司、赣州有色冶金研究所参加起草。

本部分方法2主要起草人：姚京璧、刘文华。

本部分方法2参加起草人：张飞、金杰、杨峰、潘建忠。

本部分所代替标准的历次版本发布情况为：

——GB/T 18116.2—2000；

——GB/T 18116.3—2000。

氧化钇铕化学分析方法
氧化铕量的测定

电感耦合等离子体光谱法(方法 1)

1 范围

本方法规定了氧化钇铕中氧化铕量的测定方法。

本方法适用于氧化钇铕中氧化铕量的测定。测定范围(质量分数):2.00%～8.00%。

2 方法原理

试样以盐酸溶解,在稀盐酸介质中,直接以氩等离子体光源激发,进行光谱测定,以基体匹配法校正基体对测定的影响。

3 试剂

3.1 盐酸(1+1),优级纯。

3.2 盐酸(1+19),优级纯。

3.3 氩气((质量分数)>99.99%)。

3.4 氧化钇贮存溶液:称取 0.100 0 g 经 900℃灼烧 1 h 的氧化钇(REO(质量分数)>99.9%, Y_2O_3/REO(质量分数)>99.99%),置于 100 mL 烧杯中,加入 10 mL 盐酸(1+1),低温溶解后,移入 100 mL 容量瓶中,用水稀释至刻度,混匀。此溶液 1 mL 含 1 mg 氧化钇。

3.5 氧化铕贮存溶液:称取 0.100 0 g 经 900℃灼烧 1 h 的氧化铕(REO(质量分数)>99.9%, Eu_2O_3/REO(质量分数)>99.99%),置于 100 mL 烧杯中,加入 10 mL 盐酸(1+1),低温溶解后,移入 100 mL 容量瓶中,用水稀释至刻度,混匀。此溶液 1 mL 含 1 mg 氧化铕。再将此溶液用盐酸(3.2)稀释成 1 mL含 0.1 mg 氧化铕的标准溶液。

4 仪器

4.1 电感耦合等离子体光谱仪,分辨率<0.006 nm(200 nm 处)。

4.2 光源:氩等离子体光源。

5 试样

将试样于 900℃灼烧 1 h,置于干燥器中,冷却至室温,立即称量。

6 分析步骤

6.1 分析试液的制备

6.1.1 准确称取 0.100 0 g 试样(5)于 50 mL 烧杯中,用水湿润,加入 10 mL 盐酸(3.1),于低温溶解后冷却至室温,移入 100 mL 容量瓶中,用水稀释至刻度,混匀。

6.1.2 移取 10.00 mL 试液(6.1.1)于 100 mL 容量瓶中加入 9 mL 盐酸(3.1),用水稀释至刻度,混匀。待测。

6.2 标准溶液的配制

将稀土氧化物贮存溶液(3.4～3.5)按表 1 分别移入 100 mL 的容量瓶中,用盐酸(3.2)稀释至刻度,混匀,制得标样溶液。

STANDARDS PRESS OF CHINA

表 1

标准标号	Y_2O_3 质量浓度/(μg/mL)	Eu_2O_3 质量浓度/(μg/mL)
1	100	0
2	98	2
3	96	4
4	94	6
5	92	8
6	90	10

6.3 测定

6.3.1 测定条件：分析线 272.778 nm、381.966 nm；线性范围 2.00%～8.00%。

6.3.2 将分析试液(6.1)与标样溶液(6.2)同时进行氩等离子体光谱测定。

7 分析结果的计算

按式(1)计算待测元素氧化铕的质量分数 $w(Eu_2O_3)$，数值以%表示。

$$w(Eu_2O_3)=\frac{\rho\cdot V_0\cdot V_2\times 10^{-6}}{m_0\cdot V_1}\times 100 \qquad (1)$$

式中：

ρ——自工作曲线上查得被测元素氧化铕的质量浓度，单位为微克每毫升(μg/mL)；

V_0——试液总体积，单位为毫升(mL)；

m_0——试料的质量，单位为克(g)；

V_1——移取试液体积，单位为毫升(mL)；

V_2——测定试液体积，单位为毫升(mL)。

8 精密度

8.1 重复性

在重复性条件下获得的两次独立测试结果的测定值，在以下给出的平均值的范围内，这两个测试结果的绝对差值不超过重复性限(r)，超过重复性限(r)的情况不超过5%，重复性限(r)按表2数据采用线性内插法求得：

表 2

氧化铕(质量分数)/%	重复性限(r)/%
2.24	0.036
4.46	0.050
7.94	0.080
注：重复性限(r)为 $2.8\times S_r$，S_r 为重复性标准差。	

8.2 允许差

实验室之间分析结果的差值应不大于表3所列允许差。

表 3

氧化铕(质量分数)/%	允许相对差/%
2.00～4.00	5.0
4.00～8.00	2.5

9 质量保证与控制

每周用自制的控制标样(如有国家级或行业级标样时,应首先使用)校核一次本标准分析方法的有效性。当过程失控时,应找出原因,纠正错误,重新进行校核。

荧光光度法测定氧化钇铕中氧化铕量(方法 2)

10 范围

本方法规定了氧化钇铕中氧化铕量的测定方法。

本方法适用于氧化钇铕中氧化铕量的测定。测定范围(质量分数):2.00%～8.00%。

11 方法原理

试样以盐酸溶解,在稀盐酸介质中,三价铕离子在波长 395 nm 紫外光激发下产生荧光,于发射波长 593 nm 处测量其相对荧光强度。

12 试剂

12.1 氧化铕(REO 质量分数>99.9%,Eu_2O_3/REO 质量分数>99.99%)。

12.2 氧化钇(REO 质量分数>99.9%,Y_2O_3/REO 质量分数>99.99%)。

12.3 盐酸(1+1)。

13 仪器

荧光分光光度计,光栅单色器,波长范围分辨率(200 nm～800 nm)。

14 试样

将试样于 900℃灼烧 1 h,置于干燥器中,冷却至室温,立即称量。

15 分析步骤

15.1 测定次数

称取二份试料,进行平行测定,取其平均值。

15.2 分析试液的制备

称取 10.000 0 g 试样(14),置于 500 mL 烧杯中,加入 30 mL 水,在不断搅拌和低温加热下,缓慢加入 50 mL 盐酸(12.3),待剧烈反应平静后继续加热至溶解完全,冷却至室温,移入 100 mL 容量瓶中用水稀释至刻度,混匀。待用。

15.3 标准系列溶液的配制

按表 4 称取氧化铕(12.1)、氧化钇(12.2),置于 500 mL 烧杯中,加入 30 mL 水,在不断搅拌和低温加热下,缓慢加入 50 mL 盐酸(12.3),待剧烈反应平静后继续加热至溶解完全,冷却至室温,移入 100 mL容量瓶中用水稀释至刻度,混匀。分别配置成标准溶液。待用。

表 4

标液标号	氧化铕/g	氧化钇/g	氧化铕/(氧化钇+氧化铕)/%	标液标号	氧化铕/g	氧化钇/g	氧化铕/(氧化钇+氧化铕)/%
1	0.200 0	9.800 0	2.00	17	0.520 0	9.480 0	5.20
2	0.220 0	9.720 0	2.20	18	0.540 0	9.460 0	5.40
3	0.240 0	9.760 0	2.40	19	0.560 0	9.440 0	5.60
4	0.260 0	9.740 0	2.60	20	0.580 0	9.420 0	5.80
5	0.280 0	9.720 0	2.80	21	0.600 0	9.400 0	6.00
6	0.300 0	9.700 0	3.00	22	0.620 0	9.380 0	6.20
7	0.320 0	9.680 0	3.20	23	0.640 0	9.360 0	6.40
8	0.340 0	9.660 0	3.40	24	0.660 0	9.340 0	6.60
9	0.360 0	9.640 0	3.60	25	0.680 0	9.320 0	6.80
10	0.380 0	9.620 0	3.80	26	0.700 0	9.300 0	7.00
11	0.400 0	9.600 0	4.00	27	0.720 0	9.280 0	7.20
12	0.420 0	9.580 0	4.20	28	0.740 0	9.260 0	7.40
13	0.440 0	9.560 0	4.40	29	0.760 0	9.240 0	7.60
14	0.460 0	9.540 0	4.60	30	0.780 0	9.220 0	7.80
15	0.480 0	9.520 0	4.80	31	0.800 0	9.200 0	8.00
16	0.500 0	9.500 0	5.00	32	0.820 0	9.180 0	8.20

15.4 测定

15.4.1 根据氧化铕试样含量，按表 5 选择适当的标准溶液系列。

表 5

氧化铕(质量分数)/%	标准溶液系列范围(按表 4 序号)
2.00～4.00	1～12
>4.00～6.00	11～22
>6.00～8.00	21～32

15.4.2 按表 6 所列条件测量标准溶液、分析试液。以标准溶液的氧化铕量对氧化钇加氧化铕总量的质量分数为横坐标，其相对荧光强度位纵坐标绘制工作曲线。

表 6

激发波长	发射波长	激发单色器带宽	发射单色器带宽
395 nm	593 nm	20 nm	20 nm

16 分析结果的表述

按式(2)计算待测元素氧化铕的质量分数 $w(Eu_2O_3)$，数值以%表示。

$$w(Eu_2O_3) = \frac{\rho \cdot V \times 10^{-6}}{m} \times 100 \qquad \cdots\cdots(2)$$

式中：

ρ——自工作曲线上查得被测元素氧化铕的质量浓度，单位为微克每毫升(μg/mL)；

V——测定试液的体积，单位为毫升(mL)；

m——试料的质量，单位为克(g)。

17 精密度

17.1 重复性

在重复性条件下获得的两次独立测试结果的测定值，在以下给出的平均值范围内，这两个测试结果的绝对差值不超过重复性限(r)，超过重复性限(r)的情况不超过5%。重复性限(r)按表7数据采用线性内插法求得：

表7

氧化铕(质量分数)/%	重复性限(r)/%
2.24	0.037
4.42	0.055
7.94	0.070
注：重复性限(r)为$2.8\times S_r$，S_r为重复性标准差。	

17.2 允许差

实验室之间分析结果的差值应不大于表8所列允许差。

表8

氧化铕(质量分数)/%	允许相对差/%
2.00～4.00	5
>4.00～8.00	2.5

18 质量保证与控制

每周用自制的控制标样(如有国家级或行业级标样时，应首先使用)校核一次本标准分析方法的有效性。当过程失控时，应找出原因，纠正错误，重新进行校核。

STANDARDS PRESS OF CHINA

ICS 61.020
Y 76

中华人民共和国国家标准

GB/T 18132—2008
代替 GB/T 18132—2000

丝绸服装

Silk garments

2008-05-23 发布　　2008-12-01 实施

中华人民共和国国家质量监督检验检疫总局
中国国家标准化管理委员会　发布

前言

本标准代替 GB/T 18132—2000《丝绸服装》。

本标准与 GB/T 18132—2000 相比主要变化如下：

——补充了规范性引用文件(本标准的第 2 章)；

——增加了术语和定义(本标准的第 3 章)；

——增加了成品使用说明的要求(本标准的 4.1)；

——修改了 GB/T 18132—2000 中 4.2、4.3、4.5、4.6 的要求(本标准的 4.3、4.8、4.9、4.11)；

——增加外观、规格要求(本标准的 4.4～4.7、4.10)；

——修改了 GB/T 18132—2000 中 4.4 的理化性能要求(本标准的 4.12.1、4.12.4、4.12.5、4.12.9)；

——删除了 GB/T 18132—2000 中 4.4.4 的要求；

——增加了部分理化性能要求(本标准的 4.12.2、4.12.3、4.12.6、4.12.7、4.12.8、4.12.10、4.12.11、4.12.12)；

——修改了检验方法(本标准的第 5 章)；

——修改了检验分类(本标准的 6.1)；

——修改了等级划分规则(本标准的 6.2)；

——修改了抽样规定(本标准的 6.3)；

——修改了判定规则(本标准的 6.4)；

——增加了附录 A、附录 B。

本标准的附录 A、附录 B 为规范性附录。

本标准由中国纺织工业协会提出。

本标准由全国服装标准化技术委员会(SAC/TC 219)归口。

本标准由全国服装标准化技术委员会负责解释。

本标准主要起草单位：上海市服装研究所、杭州市质量技术监督检测院、万事利集团有限公司、杭州江宁丝绸制衣有限公司、浙江凯喜雅服饰有限公司、杭州丝绸服装进出口有限公司、浙江出入境检验检疫局。

本标准主要起草人：许鉴、顾红烽、张祖琴、高丽芳、江临峰、颜美玲、陈雍权、卞幸儿、周颖、彭华陵、王敏君、秦威、王宏明。

本标准于 2000 年首次发布，本次为第一次修订。

丝 绸 服 装

1 范围

本标准规定了丝绸服装的要求、检验(测试)方法、检验分类规则、标志、包装、运输及贮存等全部技术特征。

本标准适用于以蚕丝机织物为主要原料生产的丝绸服装。

2 规范性引用文件

下列文件中的条款通过本标准的引用而成为本标准的条款。凡是注日期的引用文件,其随后所有的修改单(不包括勘误的内容)或修订版均不适用于本标准,然而,鼓励根据本标准达成协议的各方研究是否可使用这些文件的最新版本。凡是不注日期的引用文件,其最新版本适用于本标准。

GB 250 评定变色用灰色样卡

GB 251 评定沾色用灰色样卡

GB/T 1335.1 服装号型 男子

GB/T 1335.2 服装号型 女子

GB/T 1335.3 服装号型 儿童

GB/T 2910 纺织品 二组分纤维混纺产品定量化学分析方法

GB/T 2911 纺织品 三组分纤维混纺产品定量化学分析方法

GB/T 2912.1 纺织品 甲醛的测定 第1部分:游离水解的甲醛(水萃取法)

GB/T 3917.2 纺织品 织物撕破性能 第2部分:舌形试样撕破强力的测定

GB/T 3920 纺织品 色牢度试验 耐摩擦色牢度

GB/T 3921 纺织品 色牢度试验 耐皂洗色牢度

GB/T 3922 纺织品耐汗渍色牢度试验方法

GB/T 3923.1 纺织品 织物拉伸性能 第1部分:断裂强力和断裂伸长率的测定 条样法

GB/T 4841.3 染料染色标准深度色卡 2/1、1/3、1/6、1/12、1/25

GB 5296.4 消费品使用说明 纺织品和服装使用说明

GB/T 5711 纺织品 色牢度试验 耐干洗色牢度

GB/T 5713 纺织品 色牢度试验 耐水色牢度

GB/T 7573 纺织品 水萃取液pH值的测定

GB/T 8170 数值修约规则

GB/T 8427—1998 纺织品 色牢度试验 耐人造光色牢度:氙弧

GB/T 8630 纺织品 洗涤和干燥后尺寸变化的测定

GB 9994 纺织材料公定回潮率

GB/T 14801 机织物和针织物纬斜和弓纬试验方法

GB/T 15551 桑蚕丝织物

GB/T 15557 服装术语

GB/T 17592 纺织品 禁用偶氮染料的测定

GB 18383 絮用纤维制品通用技术要求

GB 18401 国家纺织产品基本安全技术规范

GB/T 18886 纺织品 色牢度试验 耐唾液色牢度

GB/T 19981.2 纺织品 织物和服装的专业维护、干洗和湿洗 第2部分:使用四氯乙烯干洗和整烫时性能试验的程序

FZ/T 01026　四组分纤维混纺产品定量化学分析方法
FZ/T 01053　纺织品　纤维含量的标识
FZ/T 01057(所有部分)　纺织纤维鉴别试验方法
FZ/T 01095　纺织品　氨纶产品纤维含量的试验方法
FZ/T 80002　服装标志、包装、运输和贮存
FZ/T 80004　服装成品出厂检验规则

3　术语和定义

GB/T 15557 确立的以及下列术语和定义适用于本标准。

3.1

轻薄类产品　light-weight fabric

全部或部分采用纱组织、假纱(透孔)组织,表面呈现清晰纱孔的丝织物;或单位面积质量 43 g/m^2 及以下的平纹丝织物;或单位面积质量 67 g/m^2 及以下的缎纹丝织物。

3.2

烂花类产品　burnt-out fabric

利用原料耐酸、碱的不同性能,经烂花工艺,除去织物上的部分原料而形成各种立体花纹的丝织物。

3.3

婴幼儿用品　products for babies

年龄在 24 个月及以内的婴幼儿使用的纺织产品。

4　要求

4.1　使用说明

成品的使用说明按 GB 5296.4 和 GB 18401 的规定执行。

4.2　号型规格

4.2.1　号型设置按 GB/T 1335.1、GB/T 1335.2 和 GB/T 1335.3 的规定选用。

4.2.2　成品主要部位规格按 GB/T 1335.1、GB/T 1335.2 和 GB/T 1335.3 的有关规定自行设计。

4.3　原材料

4.3.1　面料和里料

按 GB/T 15551 等有关丝织物标准选用达到丝绸服装合格品质量要求的面料。选用的面料和里料的性能、色泽应相适宜,特殊设计除外。

4.3.2　辅料

4.3.2.1　衬布、装饰花边

采用与所用面料、里料的尺寸变化率、性能、色泽相适宜的衬布和装饰花边,其质量应符合丝绸服装标准的合格品要求。

4.3.2.2　缝线

采用适合于所用面料、里料、辅料的缝线,缝线的缩率应与面料相适宜,钉扣线应与扣的色泽相适宜,钉商标线应与商标底色相适宜,特殊设计除外。

4.3.2.3　钮扣、附件

采用适合于所用面料的钮扣(装饰扣除外)、拉链、饰品等附件,附件无残疵、无毛刺、缝钉牢固,经正常洗涤和熨烫后不变形、不变色、不锈蚀。

4.3.2.4　填充物絮片

应符合 GB 18383 标准要求。

4.4　经纬纱向

4.4.1　领面、后身、袖子的允斜程度不大于 3%,前身底边不倒翘。

4.4.2　裤、裙子的横向允斜程度不大于 3%,裤、裙子的直向允斜程度不大于 1.5%。

4.4.3 色织格子面料的纬斜不大于3%。

4.5 对条对格

4.5.1 面料有1.0 cm及以上明显条格的按表1要求。

表1

单位为厘米

部位名称	对条、对格要求	备注
左右前身	条料顺直、格料对横,互差不大于0.4。	遇格条大小不一时,以衣长二分之一上部为主。
袋与前身	条料对条,格料对格,互差不大于0.4。斜料贴袋左右对称,互差不大于0.5。(阴阳条格除外)	遇格条大小不一时,以袋前部为主。
领尖、驳头	条格对称,互差不大于0.2。	遇有阴阳条格,以明显条格为主。
袖子	条料顺直、格料对横,以袖山为准,两袖对称互差不大于1.0。	—
背缝、裙片拼接缝	条料对条、格料对横,互差不大于0.3。	—
摆缝	格料对横,袖窿10.0以下互差不大于0.4。	—
裤、裙侧缝	中裆线以下对横,互差不大于0.4。	以明显条格为主。
裤前中缝	条料顺直,允斜不大于1.0。	—
注:特殊设计除外。		

4.5.2 倒顺毛绒、阴阳格原料全身顺向一致,长毛原料全身上下顺向一致,特殊设计除外。

4.5.3 特殊图案面料以主图为准,全身顺向一致。

4.6 拼接

4.6.1 挂面在驳头下、最下扣眼以上允许一拼,但应避开扣眼位。领里可对称一拼(立领不允许)。裤、裙腰在后中缝处允许一拼。其他部位不允许拼接。

4.6.2 装饰性拼接除外。

4.7 色差

4.7.1 表面各部位的色差不低于4级,覆衬布所造成的色差不低于3—4级。

4.7.2 套装的上装与下装的色差不低于4级。

4.8 外观疵点

成品各部位的疵点允许存在程度按表2规定。成品各部位划分见图1。未列入表2的疵点按其形态,参照表2相似疵点规定。

表2

类别	程度	各部位允许存在程度		
		1号部位	2号部位	3号部位
线状疵	普通	不允许	2.0 cm及以下	3.0 cm及以下
	明显	不允许	不允许	2.0 cm及以下
柳状疵	普通	不允许	允许	允许
	明显	不允许	不允许	允许
块状织疵	普通	不允许	0.5 cm及以下	1.0 cm及以下
	明显	不允许	不允许	0.5 cm及以下
纬档	普通	不允许	允许	允许二处
	明显	不允许	不允许	允许
折皱印	普通	不允许	5 cm及以下	10 cm及以下
	明显	不允许	不允许	5 cm及以下

表 2（续）

类　　别	程度	各部位允许存在程度		
		1 号部位	2 号部位	3 号部位
油、锈、色斑疵	普通	不允许	0.2 cm 及以下	0.3 cm 及以下
	明显	不允许	不允许	不允许

注 1：疵点程度按《丝绸服装外观疵点样照》规定，其中不可熨平的死皱印按明显折皱印评定。

注 2：各部位只允许一处允许存在程度内的疵点。

注 3：疵点尺寸按疵点形态的最大方向量计。

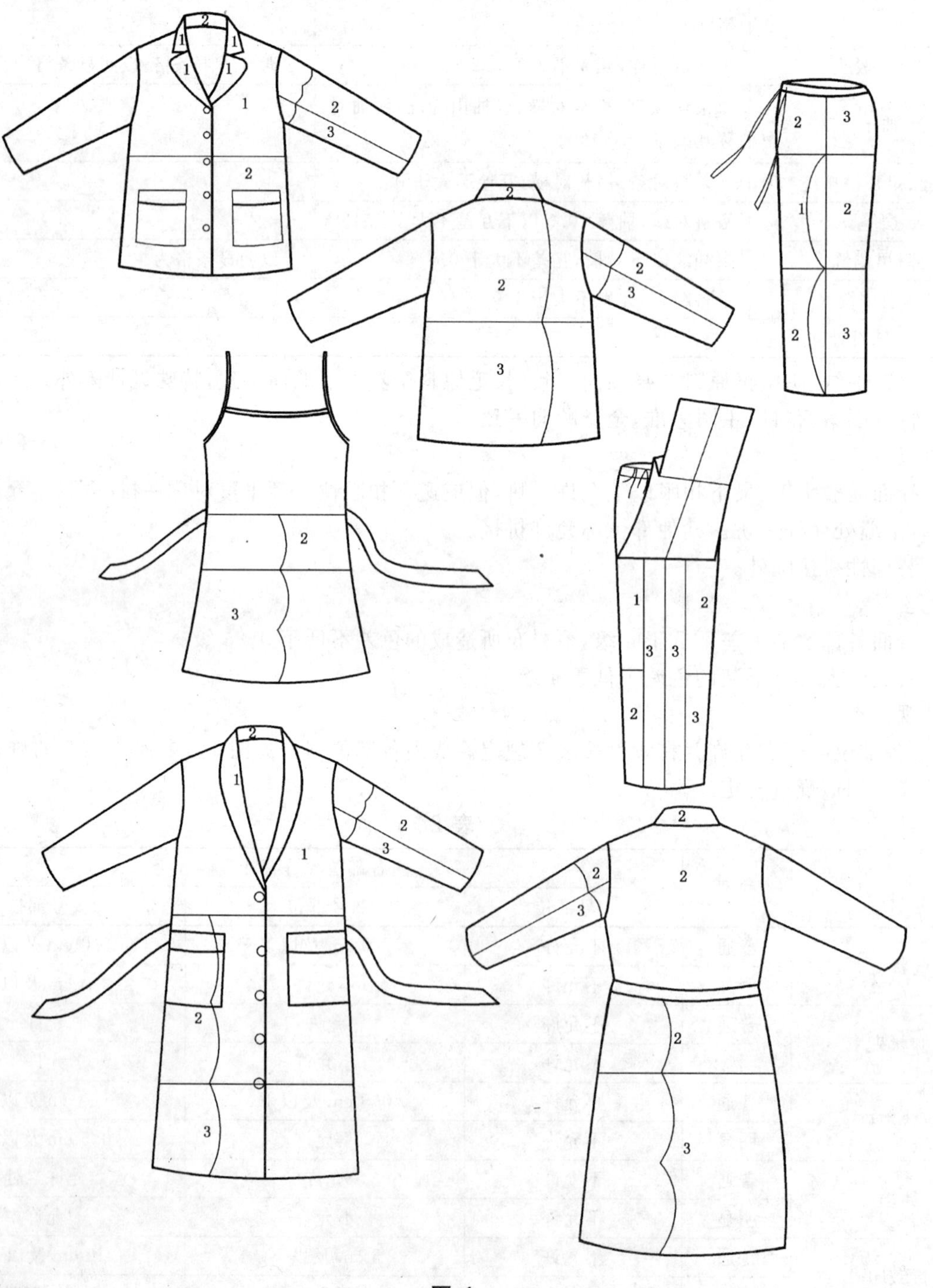

图 1

4.9 缝制

4.9.1 针距密度按表3规定，特殊设计除外。

表3

项目		针距密度	备注
明暗线		3 cm 不少于 12 针	—
包缝针		3 cm 不少于 9 针	—
手工针		3 cm 不少于 7 针	肩缝、袖窿、领子不少于 9 针
三角针		3 cm 不少于 5 针	以单面计算
锁眼	细线	1 cm 不少于 12 针	—
	粗线	1 cm 不少于 9 针	—
钉扣	细线	每眼不少于 8 根线	缠脚线高度与止口厚度相适应
	粗线	每眼不少于 6 根线	

4.9.2 各部位缝制平服，线路顺直、整齐、牢固，针迹均匀，上下线松紧要适宜，起止针处及袋口应回针缉牢。主要表面部位缝制皱缩按《丝绸服装缝制起皱五级样照》规定，不低于4级。

4.9.3 商标和耐久性标签内容清晰、正确，位置端正、平服。

4.9.4 领子平服、不反翘。

4.9.5 绱袖圆顺，前后基本一致。

4.9.6 所有外露缝份应全部包缝，特殊设计除外。

4.9.7 各部位缝份不小于 0.8 cm。

4.9.8 钉袋与袋盖方正、圆顺，前后高低一致，斜料左右对称。

4.9.9 拉链缉线整齐，拉链平服、顺直，左右高低一致。

4.9.10 锁眼定位准确，大小适宜，眼位不偏斜，锁眼针迹美观、整齐、平服。扣与扣眼对位，整齐牢固，扣脚高低适宜，线结不外露。

4.9.11 绣花部位平服、不漏印迹、不漏绣。装饰物缝钉牢固。

4.9.12 对称部位基本一致。

4.9.13 绗缝线迹顺直，厚薄均匀，不起皱。

4.9.14 领子部位不允许跳针，其余各部位 30 cm 内不得有两处单跳针或连续跳针，链式线迹不允许跳线。

4.10 规格允许偏差

成品主要部位规格允许偏差按表4规定。

表4

单位为厘米

部位名称		规格允许偏差
领大		±0.6
衣长		±1.0
胸围		±2.0
总肩宽		±0.8
长袖长	装袖	±0.8
	连肩袖	±1.2
短袖长		±0.6
腰围	装腰	±1.0
	松紧腰	±2.0
裤(裙)长		±1.5
连衣裙裙长、长袍长		±2.0
注：弹性面料产品的弹性方向负偏差增加一倍，顺纡绉、压绉等易变形产品的偏差增加一倍。		

STANDARDS PRESS OF CHINA

4.11 整烫

4.11.1 各部位熨烫平服、整洁，无烫黄、水渍及亮光。

4.11.2 覆粘合衬部位不允许有脱胶、渗胶及起皱。

4.12 理化性能

4.12.1 水洗尺寸变化率

成品经水洗干燥后的尺寸变化率按表5规定。

表5 %

部位	优等品	一等品	合格品	备注
领大	≥−1.0	≥−1.0	≥−1.5	只考核立领
胸围	≥−1.5	≥−2.0	≥−2.5	—
衣长	≥−1.5	≥−2.5	≥−3.5	—
腰围	≥−1.0	≥−1.5	≥−2.0	—
裤长、裙长	≥−1.5	≥−2.5	≥−3.5	—

注1：成品洗涤说明标注不可水洗产品不考核。

注2：顺纡绉、压绉等易变形产品不考核。

4.12.2 干洗尺寸变化率

成品干洗后的尺寸变化率按表6规定。

表6 %

部位	优等品	一等品	合格品	备注
领大	≥−1.0	≥−1.0	≥−1.5	只考核立领
胸围	≥−1.5	≥−1.5	≥−2.0	—
衣长	≥−1.0	≥−2.0	≥−2.5	—
腰围	≥−1.0	≥−1.5	≥−2.0	—
裤长、裙长	≥−1.5	≥−2.0	≥−3.0	—

注1：成品洗涤说明标注不可干洗产品不考核。

注2：顺纡绉、压绉等易变形产品不考核。

4.12.3 洗涤后外观质量

成品经洗涤(包括水洗、干洗)后不可出现破洞、明显扭曲和变形等外观变化，粘合、复合、喷涂、印花以及绣花部位面料不允许起泡和脱落，钮扣、饰品等附件不允许破损和脱落。镶拼产品互相沾色造成的成品表面色差不低于4级。

4.12.4 色牢度

4.12.4.1 里料的色牢度允许程度按表7规定。

表7 单位为级

项目		色牢度允许程度	备注
耐干洗	沾色	≥3	使用说明上标注不可干洗的产品不考核
耐洗	沾色	≥2—3	使用说明上标注不可水洗的产品不考核
耐干摩擦	沾色	≥3	婴幼儿用品≥4
耐水		≥3	婴幼儿用品≥3—4
耐汗渍		≥3	婴幼儿用品≥3—4
耐唾液		≥4	只考核婴幼儿用品

4.12.4.2 装饰物、绣花等附件耐洗色牢度和耐干洗色牢度沾色不小于3—4级。

4.12.4.3 面料的色牢度允许程度按表8规定。

表8

单位为级

项目		色牢度允许程度			备注
		优等品	一等品	合格品	
耐干洗	变色	≥4—5	≥4	≥3—4	使用说明上标注不可干洗的产品不考核
	沾色	≥4	≥3—4	≥3	
耐洗	变色	≥4	≥3—4	≥3—4	使用说明上标注不可水洗的产品不考核
	沾色	≥3—4	≥3	≥2—3	
耐干摩擦	沾色	≥4	≥3—4	≥3	婴幼儿用品≥4
耐湿摩擦	沾色	≥4	≥3—4	≥3	深色产品可降低半级
耐光	变色	≥ 4	≥3—4	≥3	浅色产品可降低半级
耐酸汗渍	变色	≥4	≥3		婴幼儿用品≥3—4
	沾色				
耐碱汗渍	变色	≥4	≥3		婴幼儿用品≥3—4
	沾色				
耐水	变色	≥4	≥3		婴幼儿用品≥3—4
	沾色				
耐唾液	变色	≥4			只考核婴幼儿用品
	沾色				
注：按GB/T 4841.3标准规定，颜色大于1/12染料染色标准深度色卡为深色，颜色不大于1/12染料染色标准深度为浅色。					

4.12.5 **纰裂**

成品主要部位的缝子纰裂程度不大于0.6 cm，试验结果出现滑脱判定为不合格。轻薄类和烂花类产品可不考核，但应在产品使用说明中明示相关注意事项警示用语。

4.12.6 **裤后裆缝接缝强力**

面料不小于140 N/(5.0 cm×10.0 cm)，里料不小于80 N/(5.0 cm×10.0 cm)。面、里料合拼缝制的样品取组合试样，按面料要求考核。臀围处宽松的裙裤不考核。

4.12.7 **撕破强力**

面料、里料的撕破强力不小于7 N，轻薄类和烂花类产品、绗缝产品不考核。

4.12.8 **原料的成分和含量**

成品所用原料的成分和含量标注要求和纤维含量允许偏差按FZ/T 01053规定。

4.12.9 **甲醛含量**

成品甲醛含量按表9规定。

表9

单位为毫克每千克

项目	婴幼儿用品	直接接触皮肤产品(B类)	非直接接触皮肤产品(C类)
甲醛含量	≤20	≤75	≤300

4.12.10 **pH 值**

成品 pH 值按表 10 规定。

表 10

项　　目	婴幼儿用品	直接接触皮肤产品(B类)	非直接接触皮肤产品(C类)
pH 值	4.0～7.5	4.0～7.5	4.0～9.0

4.12.11 **异味**

成品不允许有异味。

4.12.12 **可分解芳香胺染料**

成品可分解芳香胺染料按 GB 18401 规定。

5 检验(测试)方法

5.1 检验工具

5.1.1 钢卷尺。

5.1.2 评定变色用灰色样卡(GB 250)。

5.1.3 评定沾色用灰色样卡(GB 251)。

5.1.4 1/12 染料染色标准深度色卡(GB/T 4841.3)。

5.1.5 丝绸服装外观疵点样照(GSB 16-2179—2008)。

5.1.6 丝绸服装缝制起皱五级样照(GSB 16-2178—2008)。

5.2 成品规格测定

5.2.1 成品主要部位规格按 4.2.2 规定。

5.2.2 成品主要部位规格允许偏差按表 4 规定，测量方法按表 11 规定，测量部位见图 2。

表 11

序号	部位名称	测量方法
1	衣长	由前身肩缝最高点垂直量至底边，或由后领缝正中垂直量至底边。
2	胸围	扣好钮扣或合拢拉链或系好系带，前后身摊平，沿袖窿底缝横量，周围计算。
3	领大	领子摊平横量，立领量上口，其他领量下口，特殊领口按工艺设计。
4	袖长	圆袖由袖子最高点量至袖口边中间，连肩袖由后领中沿肩袖缝交叉点量至袖口边中间。
5	总肩宽	由肩袖缝的交叉点摊平横量，连肩袖不量。
6	裤长	由腰上沿侧缝摊平垂直量至裤脚口。
7	腰围	扣好裤、裙钩(扣)或合拢拉链，沿腰宽中间横量，周围计算。
8	裙长	由腰上沿侧缝摊平垂直量至裙子底边。
9	长袍长 连衣裙长	由前身肩缝(或吊带)最高点垂直量至袍(裙)底边，或由后领缝正中垂直量至袍(裙)底边。

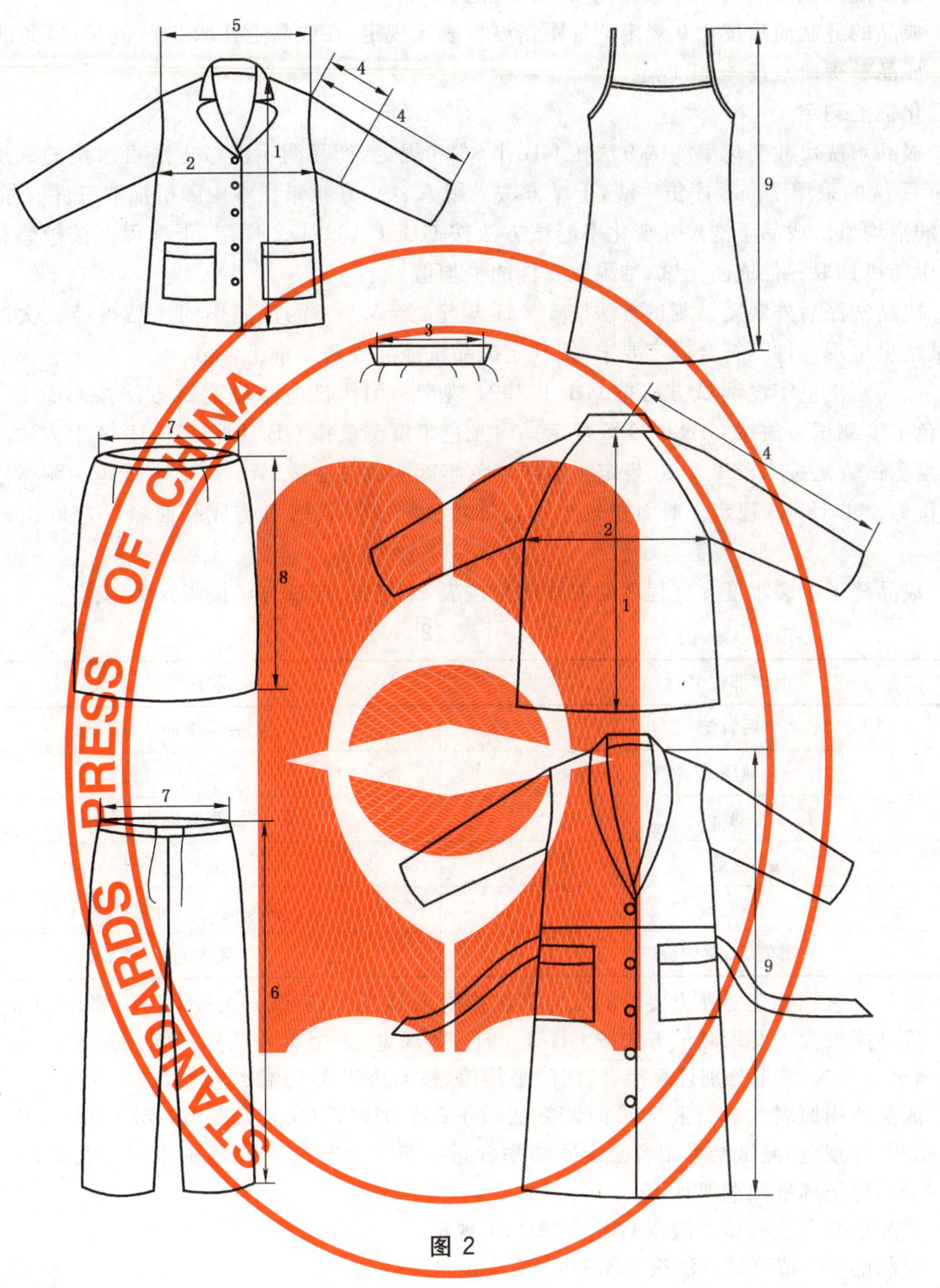

图 2

5.3 外观测定

5.3.1 成品的经纬纱向按 4.4 规定。纬斜测定按 GB/T 14801 规定，按式(1)计算纬斜率。

$$纬斜率(\%) = \frac{纬纱(条格)倾斜与水平最大距离}{衣片宽} \times 100 \qquad \cdots\cdots\cdots\cdots\cdots\cdots(1)$$

5.3.2 成品的对条对格按 4.5 规定。

5.3.3 成品的拼接按 4.6 规定。

5.3.4 成品色差测定时，样品被测部位应纱向一致，采用北空光照射，或用 600 lx 及以上等效光源。入射光与样品表面约成 45°角，检验人员的视线大致垂直于样品表面，距离约 60 cm 目测，与 GB 250 标准样卡对比评定色差等级。

5.3.5 成品的外观疵点允许存在程度按4.8规定。

5.3.6 成品的缝制质量按4.9规定。针距密度按表3规定,在成品上任取3cm测量(厚薄部位除外)。

5.3.7 成品整烫质量按4.11规定。

5.4 理化性能测定

5.4.1 成品水洗尺寸变化率测试方法按GB/T 8630规定,产品明示洗涤方法可水洗的采用洗涤程序7A,明示手洗的采用洗涤程序仿手洗,干燥方法采用A法。在批量样本中随机抽取三件成品测试,结果取三件的平均值。成品干洗尺寸变化率测试方法按GB/T 19981.2规定,干洗程序按敏感材料。在批量样本中随机抽取三件成品测试,结果取三件的平均值。

5.4.2 成品洗涤后外观质量测试方法按5.4.1规定,经5.4.1测试完毕的样品再经2次连续洗涤程序,测试结果出现一件不符合规定要求,则判定成品洗涤后外观质量不合格。

5.4.3 成品耐洗色牢度测试方法按GB/T 3921规定。耐干洗色牢度测试方法按GB/T 5711规定。耐摩擦色牢度测试方法按GB/T 3920规定。耐光色牢度测试按GB/T 8427—1998中方法3规定。耐水色牢度测试方法按GB/T 5713规定。耐汗渍色牢度测试方法按GB/T 3922规定。耐唾液色牢度测试方法按GB/T 18886规定。对面积较小的装饰物、绣花等附件,可与成品面料一起取组合试样进行试验。

5.4.4 成品缝子纰裂程度允许程度的取样部位按表12规定,测试方法按附录A规定。

表12

取样部位名称	取样部位规定
后背缝	后领中向下25 cm
袖窿缝	后袖窿处
袖缝	袖窿处向下10 cm
摆缝	袖窿底向下10 cm
裤侧缝	裤侧缝上三分之一为中心
裙侧缝、裙中缝	腰头向下20 cm

5.4.5 成品裤后裆缝接缝强力要求的取样部位按附录B规定,测试方法按GB/T 3923.1规定。

5.4.6 成品撕破强力要求测试方法按GB/T 3917.2规定,采用单舌试样,经、纬向各取三块试样。测试值精确至0.1 N,结果分别计算经、纬向的平均值,按GB/T 8170修约至整数。

5.4.7 成品所用原料的成分和含量测试方法按FZ/T 01057、GB/T 2910、GB/T 2911、FZ/T 01026、FZ/T 01095等规定,测试结果结合公定回潮率含量计算。含有GB 9994中未规定公定回潮率的新型纤维的产品,可按标准回潮率计算。

5.4.8 成品甲醛含量测试方法按GB/T 2912.1规定。

5.4.9 成品的pH值测试方法按GB/T 7573规定。

5.4.10 成品的异味测试方法按GB 18401规定。

5.4.11 成品可分解芳香胺染料测试方法按GB/T 17592规定。

5.4.12 本标准未提及的各项性能测试取样部位,可按测试项目在成品上任意选取有代表性的试样进行测试。

6 检验分类规则

6.1 检验分类

成品检验分为出厂检验、一般型式检验和型式检验。

6.1.1 出厂检验按第4章规定,4.12除外。成品出厂检验规则按FZ/T 80004规定。

6.1.2 一般型式检验按第4章规定,4.12.5、4.12.6和4.12.7除外。

6.1.3 型式检验按第4章规定(只在质量仲裁等情况下使用)。

6.2 质量等级和缺陷划分规则

6.2.1 质量等级划分

成品质量等级划分以缺陷是否存在及其轻重程度为依据。抽样样本中的单件产品以缺陷的数量及其轻重程度划分等级,批等级以抽样样本中单件产品的品等数量划分。

6.2.2 缺陷划分

单件产品不符合本标准规定的要求即构成缺陷。按照产品不符合标准要求和对产品性能、外观的影响程度,缺陷分成三类:

a) 严重缺陷:严重降低产品的使用性能,严重影响产品外观的缺陷,称为严重缺陷。

b) 重缺陷:不严重降低产品的使用性能,不严重影响产品外观,但较严重不符合标准要求的缺陷,称为重缺陷。

c) 轻缺陷:不符合标准要求,但对产品的使用性能和外观有较小影响的缺陷,称为轻缺陷。

6.2.3 质量缺陷判定依据

质量缺陷判定按表13规定。

表13

项目	序号	轻缺陷	重缺陷	严重缺陷
使用说明	1	商标不端正、不平服,明显歪斜;钉商标线与商标底色的色泽不相适宜。	使用说明内容不准确。	使用说明内容缺项。
外观及缝制质量	2	—	使用粘合衬部位渗胶。	使用粘合衬部位脱胶、起皱。
	3	熨烫不平服;有光亮。	轻微烫黄;变色。	变质,残破。
	4	表面有污渍;表面有长于1.5 cm的死线头三根及以上。	有明显污渍,面料大于2.0 cm^2,或里料大于4.0 cm^2;水花大于4.0 cm^2。	面料有严重污渍,污渍大于3.0 cm^2。
	5	各部位缝制不平服、松紧不适宜,皱缩低于样照4级且达到样照3级;包缝后缝份小于0.8 cm;毛、脱、漏小于1.0 cm。	皱缩低于样照3级一处;有明显拆痕;毛、脱、漏大于等于1.0 cm;表面部位布边针眼外露。	皱缩低于样照3级二处及以上;毛、脱、漏大于2.0 cm。
	6	30 cm内有两个单跳针。	领子部位有跳针;连续跳针或30 cm内有两个以上单跳针;四、五线包缝有跳针;锁眼缺线或断线。	链式针迹跳针。
	7	缉明线、滚条宽窄不一致;接线双轨大于1.0 cm。	起止针处没有回针。	—
	8	锁眼、钉扣、各个封结不牢固;眼位距离不均匀,互差大于0.4 cm,偏斜大于0.3 cm;扣与眼或四合扣上、下扣互差大于0.3 cm;纱线绽出。	眼位距离不均匀,互差大于0.6 cm;扣与眼或四合扣上、下扣互差大于0.6 cm。	—
	9	领子里、面松紧不适宜,表面不平服;领尖长短,驳口宽窄互差大于0.3 cm。	领子里、面松紧明显不适宜。	—

表 13（续）

项目	序号	轻 缺 陷	重 缺 陷	严 重 缺 陷
外观及缝制质量	10	领窝不平服、起皱；绱领子以肩缝对比偏差大于 0.6 cm。	领窝明显不平服、起皱；绱领子以肩缝对比偏差大于 1.0 cm。	—
	11	绱袖不圆顺，袖缝不顺直；两袖长短互差大于 0.8 cm（包括袖底十字缝）；两袖口大小互差大于 0.4 cm（双层）。	两袖长短互差大于 1.5 cm；两袖口大小互差大于 0.6 cm。	—
	12	前身止口、裤子门、里襟处门襟长于里襟 0.3 cm 及以上；里襟长于门襟；门、里襟止口处反吐；门襟不顺直。	上衣里襟长于门襟 0.8 cm 以上。	—
	13	肩缝不顺直、不平服；两肩宽窄不一致，互差大于 0.5 cm。	两肩互差大于 0.8 cm。	—
	14	口袋、袋盖不方正，不圆顺；袋盖及贴袋大小不适宜；开袋豁口即嵌线宽窄互差大于0.3 cm；袋位前后互差大于 0.7 cm；高低互差大于 0.5 cm。	袋口封角不严；袋口严重毛出；袋口不平服。	—
	15	装拉链不顺直，露牙不一致。	—	—
	16	两裤腿长短互差小于 0.5 cm；两裤口大小互差大于 0.3 cm（双层）。	裤脚明显歪斜。	—
	17	腰头明显不平服、不顺直；宽窄互差大于 0.3 cm；止口反吐；橡筋松紧不匀。	—	—
	18	省道不平服、不顺直；省道长短互差大于 0.5 cm；开叉不平服、不顺直、长短大于 0.8 cm。	—	—
	19	底边宽窄不一致；底边不顺直或不圆顺。	—	—
	20	绗缝线迹不平服、不顺直；厚薄不均匀。	绗缝起皱。	—
	21	绣面花型起皱，露印迹。		绣花漏绣。
规格偏差	22	规格偏差超过本标准 4.10 规定 50%以内。	规格偏差超过本标准 4.10 规定 50%及以上。	规格偏差超过本标准 4.10 规定 100%及以上。
辅料	23	线、衬等辅料的色泽与面料不相适应；钉扣线与扣的色泽不相适宜；装饰物不平服、不牢固。	缝纫线、滚条、镶边等辅料的性能与面料不相适宜；附件有毛刺。	钮扣、附件脱落；金属件锈蚀；装饰物残破、缺少。

表 13（续）

项目	序号	轻缺陷	重缺陷	严重缺陷
经纬斜	24	超过本标准 4.4 规定。	超过本标准 4.4 规定 50% 及以上，前身底边倒翘。	—
对条对格	25	超过本标准 4.5.1 规定。	超过本标准 4.5.1 规定 50%及以上。	—
图案	26	—	—	面料倒顺毛，全身顺向不一致；特殊图案顺向不一致。
拼接	27	—	—	不符合本标准 4.6 规定。
色差	28	低于本标准 4.7 规定半级。	低于本标准 4.7 规定半级以上。	—
疵点	29	3 号部位超过本标准规定。	2 号部位超过本标准规定。	1 号部位超过本标准规定。
针距	30	低于本标准规定 2 针及以内。	低于本标准规定 2 针以上。	—
注 1：以上各缺陷按序号逐项累计计算。 注 2：未涉及到的缺陷可根据缺陷划分规则，参照相似缺陷酌情判定。 注 3：凡属丢工、少序、错序，均为重缺陷。缺件为严重缺陷。 注 4：理化性能一项不合格，即为该检验批不合格。				

6.3 抽样规定

外观质量检验抽样数量按产品批量：

500 件(套)及以下抽验 10 件(套)。

500 件(套)以上至 1 000 件(套)[含 1 000 件(套)]抽验 20 件(套)。

1 000 件(套)以上抽验 30 件(套)。

理化性能检验抽样根据试验需要，一般不少于 4 件(套)。

6.4 判定规则

6.4.1 单件(样本)判定

优等品：严重缺陷数=0　重缺陷数=0　轻缺陷数≤4

一等品：严重缺陷数=0　重缺陷数=0　轻缺陷数≤7 或

　　　　严重缺陷数=0　重缺陷数≤1　轻缺陷数≤3

合格品：严重缺陷数=0　重缺陷数=0　轻缺陷数≤8 或

　　　　严重缺陷数=0　重缺陷数≤1　轻缺陷数≤6

6.4.2 批量判定

优等品批：外观检验样本中的优等品数≥90%，一等品和合格品数≤10%（不含不合格品），各项理化性能测试均达到优等品指标要求。

一等品批：外观检验样本中的一等品以上的产品数≥90%，合格品数≤10%（不含不合格品），各项理化性能测试均达到一等品指标要求。

合格品批：外观质量检验样本中的合格品以上的产品数≥90%，不合格品数≤10%（不含严重缺陷不合格品），各项理化性能测试均达到合格品指标要求。

当外观缝制质量判定和理化性能判定不一致时，执行低等级判定。

6.4.3 抽验中各批量判定数符合上述规定为等级品批出厂。

6.4.4 抽验中各批量判定数不符合本标准规定时，应进行第二次抽验，抽验数量应增加一倍；如仍不符合本标准规定，应全部整修或降等。

7 标志、包装、运输和贮存

成品的标志、包装、运输和贮存按 FZ/T 80002 执行。

附 录 A
（规范性附录）
缝子纰裂程度试验方法

A.1 原理

在垂直于织物接缝的方向上施加一定的负荷，接缝处脱开，测量其脱开的最大距离。

A.2 施加的负荷

面料负荷：52 g/m^2 以上织物为 67 N±1.5 N；52 g/m^2 及以下织物或 67 g/m^2 以上的缎类织物为 45 N±1 N。

里料负荷：70 N±1.5 N。

A.3 设备与材料

织物强力机上、下夹钳距离为 10.0 cm，下夹钳无载荷时下降速度为 5.0 cm/min，预加张力（重锤）为 2 N，夹钳对试样的有效夹持面积为 2.5 cm×2.5 cm。

A.4 试验环境

调湿和试验用标准大气，温度 20℃±2℃，相对湿度 60%～70%。

A.5 试样要求与准备

A.5.1 取样尺寸：5.0 cm×20.0 cm（包括夹持部位），其直向中心线应与缝迹垂直。

A.5.2 试样数量：从成品的每个取样部位（或缝制样）上各截取三块。

A.6 试验步骤

A.6.1 将强力机的两个夹钳分开至 10.0 cm，两个夹钳边缘应相互平行且垂直于移动方向。

A.6.2 将试样固定在夹钳中间（试样下端先挂上 2 N 的预加负荷钳，再拧紧下夹钳），使接缝与夹钳边缘相互平行。

A.6.3 以 5.0 cm/min 的速度逐渐增加其负荷，负荷达到 A.2 规定时，停止下夹钳的下降，然后在强力机上垂直量取其接缝脱开的最大距离，见图 A.1。若出现纱线从试样中滑脱，则测试结果记录为滑脱。

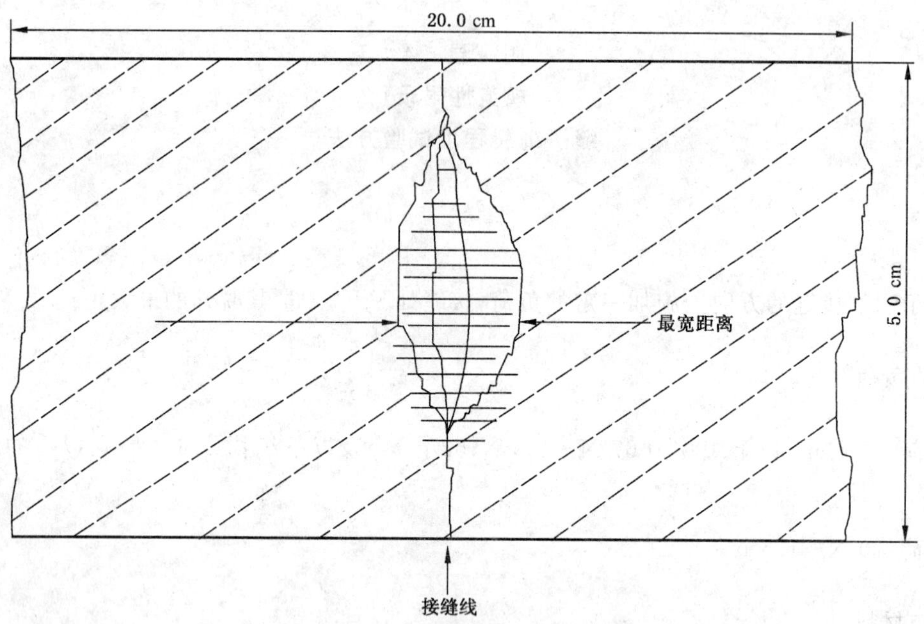

图 A.1 接缝脱开距离的测量

A.7 试验结果

计算三块试样缝口脱开程度的平均值,结果按 GB/T 8170 修约至 0.05 cm。若三块试样中仅有一块出现滑脱,则计算另两块试样的平均值,若三块试样中有两块或三块出现滑脱,则结果为滑脱。

附 录 B
（规范性附录）
裤后裆缝接缝强力试验取样部位示意图

图 B.1

ICS 29.020
K 04

中华人民共和国国家标准

GB/T 18135—2008
代替 GB/T 18135—2000

电气工程 CAD 制图规则

Electrotechnical engineering drawings rules of CAD

2008-06-18 发布　　2009-05-01 实施

中华人民共和国国家质量监督检验检疫总局
中国国家标准化管理委员会　发布

前言

本标准代替GB/T 18135—2000，和GB/T 18135—2000相比，有如下改动：

——参考GB/T 6988.1—2008，修改了绘制电气技术文件的相应要求；

——"定义"一章改为"术语和定义"，删去具体术语、定义；

——增加了电气制图中标识系统的规定：参照代号、端子代号、信号代号、文件代号等的标识要求；

——增加了图、表图、表格在CAD系统中的应用；

——对软件提出了选用要求。

本标准由全国电气信息结构、文件编制和图形符号标准化技术委员会提出并归口。

本标准负责起草单位：机械科学研究总院中机生产力促进中心。

本标准参加起草单位：中国航空综合技术研究所、国电华北电力设计院工程有限公司、北京机械工业自动化研究所、航天科工集团二院23所、中国电力企业联合会标准化中心、中国电子工业标准化研究所、中国航空工业规划设计研究院、航天科技集团五院502所、中冶京诚工程技术有限公司等。

本标准主要起草人：郭汀、沈兵、高惠民、高永梅、马健、李萍、李宪、于明、徐云驰、陈泽毅、张毅玲、曾幼云。

本标准所代替标准的历次版本发布情况为：

——GB/T 18135—2000。

电气工程 CAD 制图规则

1 范围

本标准规定了电气工程 CAD 制图的一般规则。

本标准适用于采用 CAD 技术编制电气简图(包括概略图、功能图、电路图、接线图等)、图(例如布置图)、表图、表格等电气技术文件。

2 规范性引用文件

下列文件中的条款通过本标准的引用而成为本标准的条款。凡是注日期的引用文件,其随后所有的修改单(不包括勘误的内容)或修订版均不适用于本标准,然而,鼓励根据本标准达成协议的各方研究是否可使用这些文件的最新版本。凡是不注日期的引用文件,其最新版本适用于本标准。

GB/T 1526—1989 信息处理 数据流程图、程序流程图、系统流程图、程序网络图和系统资源图的文件编制符号及约定

GB/T 1988—1998 信息技术 信息交换用七位编码字符集(eqv ISO/IEC 646:1991)

GB 3101~GB 3102(所有部分) 量和单位

GB/T 4728(所有部分) 电气简图用图形符号

GB/T 5094(所有部分) 工业系统、装置与设备以及工业产品 结构原则与参照代号

GB/T 6988.1—2008 电气技术用文件的编制 第1部分:规则

GB/T 13534—1992 电气颜色标志的代号

GB/T 14690 技术制图 比例

GB/T 14691—1993 技术制图字体

GB/T 14692—2008 技术制图 投影法

GB/T 15751—1995 技术产品文件计算机辅助设计与制图词汇

GB/T 16679 信号和连接线的代号

GB/T 16901.1—2008 技术文件用图形符号表示规则 第1部分:基本规则

GB/T 16901.2—2000 图形符号表示规则 产品技术文件用图形符号 第2部分:图形符号(包括基准符号库中的图形符号)的计算机电子文件格式规范及其交换要求(eqv IEC 81714-2:1998)

GB/T 17285—1998 电气设备电源额定值的标记 安全要求

GB/T 18594—2001 技术产品文件 字体 拉丁字母、数字和符号的 CAD 字体

GB/T 18656 工业系统、装置与设备以及工业产品 系统内端子的标识

GB/T 19679—2005 信息技术 用于电工技术文件起草和信息交换的编码图形字符集

GB/T 20063(所有部分) 简图用图形符号

GB/T 20939 技术产品及技术产品文件结构原则 字母代码 按项目用途和任务划分的主类和子类

GB/T 21654 顺序功能表图用 GRAFCET 规范语言

IEC 60027(所有部分) 电气技术用文字符号

IEC 60375:2003 有关电路和磁路的规定

IEC 61355:1997 工业系统、装置与设备 文件的分类和代号

IEC 82045-1:2001 文件管理 第1部分:总则和方法

IEC 82045-2:2004 文件管理 第2部分:元数据类型

ISO 128-30:2001　技术制图　第 30 部分:图样画法 视图

ISO 2594:1972　建筑物图　投影方法

ISO 3511-4:1985　过程检测控制功能和仪表　符号画法　第 4 部分　过程计算机

ISO 5457:1999　技术制图　图纸幅面和格式

3　术语和定义

GB/T 6988.1—2008 和 GB/T 15751—1995 界定的术语和定义适用于本标准。

4　CAD 制图软件

4.1　一般要求

电气工程 CAD 制图文件应符合电气技术用文件的编制规则,同时应遵守本标准的规定。

电气工程 CAD 制图软件应能确保制图简便、高效、技术先进,同时应具有较强的兼容性、扩展性和通用性,以及便于升级和维护等。

在采用 CAD 技术编制电气技术文件时,应确保其表达准确、完整、清晰、读图方便。

4.2　建立相应的数据库

为保持在所有文件之间,及整套装置或设备与其文件之间的一致性,应建立与电气工程 CAD 制图软件配套的设计数据(包括电气简图用图形符号)和文件的数据库。

数据库应便于扩展、修改、调用和管理。

电气简图用图形符号库的符号,应符合 GB/T 4728 的规定。符号的组合、派生和设计应符合该标准和相关标准的要求。

4.3　初始输入系统

当需要在计算机之间传递图样和设计数据时,CAD 初始输入系统应采用公认的标准数据格式和符号集。

4.4　选择和应用设计输入终端

在选择和应用设计输入终端时,应遵循:

——选用的设计输入终端,应在符号、字符和所需格式方面支持适用的工业标准;

——在数据库和相关图表方面,设计输入系统应支持标准化格式,以便设计数据能在不同系统间传递,或传送到其他系统作进一步处理;

——初始设计输入应按所需文件编制方法进行;

——数据的编排应允许补充和修改,而且不涉及大范围的改动。

5　制图一般规则

5.1　文件一致性准则

CAD 文件产生、存储、转换、阅读应遵循一致性准则,这些准则与相关标准是一致的。

5.2　图纸的尺寸

图纸的尺寸应符合 ISO 5457:1999 的 3.1。当主要采用示意图或简图的表达形式时推荐采用 A3 幅面。

ISO 5457:1999 第 3 章规定的加长尺寸不适用。

5.3　图纸的复制

纸质或类似媒体文件需复制或拍成微缩胶片时,可增加符合 ISO 5457:1999 的 4.3 规定的中心标记以方便复制或拍成微缩胶片。

5.4　页面的标识

文件可以包含一页或多页。为区分每页,如参考的目的,在文件标识符的基础上还需增加页面标识符。一个单独的文件页应由文件标识符和页面标识符共同标记。

注 1：IEC 61355:1997 中 7.2 规定的页码可用作相关文件代号的页面标识符。

如某文件的一页与多个文件标识符相关时，此页应根据不同的文件标识符给出不同的页面标识符。

5.5 页面布局

5.5.1 总则

页面可划分成：

一个或多个标识区和一个内容区。

一个文件的每页应至少有一个与内容区明确分开的标识区。

5.5.2 标识区

在标识区中所表达的信息应该包含与读者有关的文件元数据。元数据应该符合 IEC 82045-2:2004 的规定。

5.5.3 内容区

内容区应示出所关注的项目的信息，如模数、制图网格、参考网格等信息。

项目按比例图形表示时用最小单位 M 作为其模数，如参考网格，位置参考系统，制图网格和符号尺寸。

对纸质或类似媒体，最小单位 M 应从下列 mm 值中选择其一：

1.8(2.0)mm，2.5 mm，3.5 mm，5 mm，7 mm，10 mm，14 mm，20 mm。

不推荐使用小于 2.5mm 的模数。如果使用了 1.8(2.0)mm 的模数，应采取特别措施以保证文件的易读性。

注：GB/T 16901.2—2000 所规定的图形符号设计最小模数尺寸大小为 2.0 mm 而非 1.8 mm。

关于模数大小的缩放比例和更改的更多信息见 GB/T 16901.2—2000。

为了定位符号，线和文本文字，内容区和标识区可有一个 1 M 的网格。

用示意图和简图表示信息的纸质或其他类似媒体的文件应有符合 ISO 5457:1999 的参考网格。为便于参考，网格尺寸应为 10 M，16 M 或 20 M。

注 1：行和列的尺寸不需要相等，如每行可能是 20 M 而每个列是 16 M。

注 2：若 M 值为 2.5 mm，参考网格将会是 40 mm 或 50 mm。

内容区可用格的编号应从页的区域左上角开始。网格的行应用除 I 和 O 外的大写拉丁字母 A，B，C，…区分，网格的列用从 0 或 1 开始的连续的数字区分。

5.6 前后参照

前后参照可指一份文件、文件的一页或页的一个区域。具体规定参见 GB/T 6988.1—2008 中的5.8。

5.7 超级链接

超级链接可用于改善在不同组信息之间的导引，如文件的不同页、文件之间或外部的数据来源间的导引。

导引不应仅依赖于超级链接的功能。

超级链接也可用作文件间或构成文件的部分间的联接。但是当文件有版本控制的时候应特别注意，见 IEC 82045-1:2001 的 4.5。

5.8 文字的方向

文件中的文字应是水平或垂直方向，水平方向文字从左向右；垂直方向文字从下向上，见图 1。

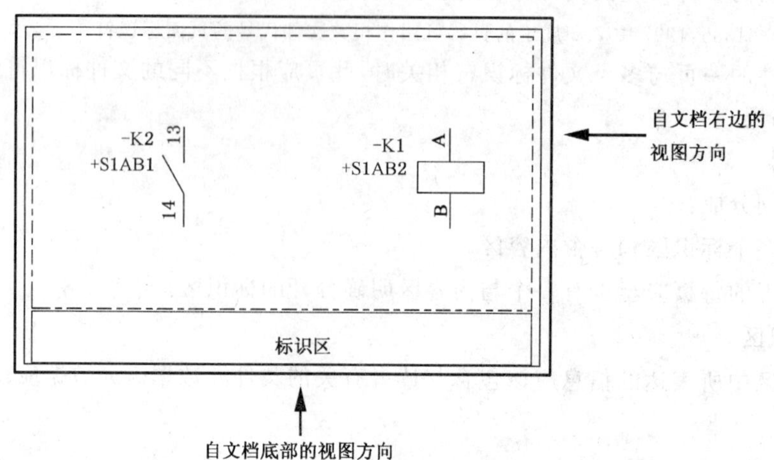

图 1 文件的视图方向

5.9 颜色、阴影和图案

彩色仅用于补充信息。不同色彩不能作为理解表达的唯一方式。

注：某些特定用途下色彩的使用参见 ISO 3864-1:2002，IEC 60204-1:1997，和 GB/T 4025—2003。

所用颜色的含义应在文件或其支持文件集内说明。

阴影和图案可用于区分不同的区域或表面。对于纸质或类似媒体的文件，颜色、阴影和(或)图案的使用应可用于黑白印刷。

5.10 线宽

图中可能的线宽根据 $0.1\times(\sqrt{2})^n\times M(n=0,1,2,3\cdots)$ 计算。

M 的值见 5.5.3。

注 1：如果 M 值为 2.5 mm，则线宽为 0.25 mm，0.35 mm，……

注 2：纸或类似媒体上可能的线宽是 0.18 mm(0.2 mm)、0.25 mm、0.35 mm、0.5 mm、0.7 mm 和 1.0 mm。

如果同一线型中二条或多条线使用了不同线宽，这些线宽的比至少是 2∶1。

注 3：GB/T 10609—1989 提供了缩微复制时可能影响线宽选择的规则。

5.11 字体

电气技术文件中的字体，应符合 GB/T 14691—1993 和 GB/T 18594—2001 的规定。

表示图形时，宜使用 GB/T 18594—2001 中的 CB 字型、直体(V)。符合 GB/T 18594—2001 的扁平和比例字体都可使用。此时还可使用下列的规则：

——字符间距应为零，见 GB/T 16901.2—2000 附录 E.2.7。当使用扁平字体时高宽比应为 0.81，符合 GB/T 16901.2—2000 的 6.7.2。

——文字高度根据 $(\sqrt{2})^n\times M(n=0,1,2,3\cdots)$ 计算。M 的值见 5.5.3。

注 1：例如若 M 值选择为 2.5 mm，文字高度会是 2.5 mm，3.5 mm，…

注 2：纸或类似介质上表示时可能的线宽是 1.8 mm，2.5 mm，3.5 mm，5.0 mm，7.0 mm 和 10.0 mm。

——GB/T 18594—2001 的 CB(S)类型的斜体字(即 *Italic*)可作为量的文字符号。

——如果使用超出 GB/T 18594—2001 中字型之一的其他字体，符号中的字体应与在 GB/T 18594—2001中规定的笔划风格相一致。

计划用于 CAx 系统之间交换的文件应遵循 GB/T 16901.2—2000 的规定。

5.12 量、单位、值和颜色代码

量，单位和值的文字符号，应根据 IEC 60027 或其他相关标准规定表示，如 GB 3101、GB 3102 的规定。

颜色代码的规定应符合 GB/T 13534—1992 的规定。

5.13 元素范围和序列的表示

元素上下限之间的范围应使用“水平省略符”…(三个点)表示。其他元素的表示方法详见 GB/T 6988.1—2008中的 5.16。

5.14 尺寸线

包括终结端和起点指示尺寸线应符合 GB/T 6988.1—2008 中 5.17 的规定。终端所选择的箭头没有特别的含义,在一份文件里只能使用一个类型的箭头。

5.15 指引线和基准线

指引线和基准线应符合 GB/T 6988.1—2008 中 5.18 的规定。

终点位于连接线上的指引线应在连接线处划斜线,见图 2。

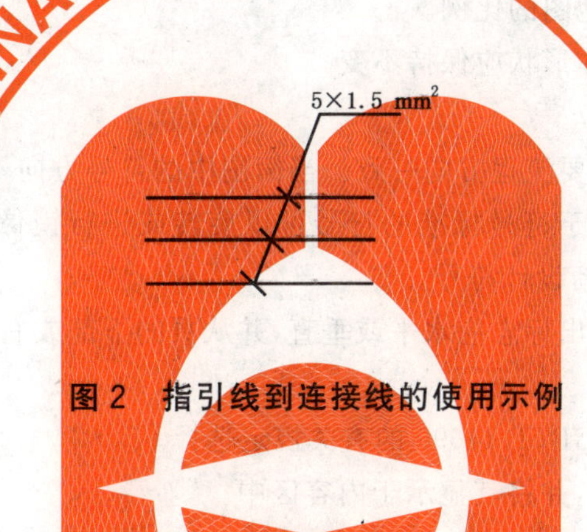

图 2 指引线到连接线的使用示例

5.16 符号

5.16.1 符号的选择

符号应符合有关标准,例如:

——GB/T 4728 用于电气项目的简图和安装图;

——GB/T 20063 用于非电气项目的简图;

——GB/T 1526—1989 用于基本流程图;

GB/T 16901.1—2008 也应考虑在内。

CAx 应用时所使用的符号除上述标准之外还应符合 GB/T 16901.2—2000 的规定。

当符号有其他形式时,应选择适合于所要表达要求的形式。

当没有适当的符号可用时,可使用 GB/T 4728 一般符号 S00059,S00060 或 S00061(见图 3),或使用按 GB/T 4728 和 GB/T 16901.1—2008 的规定创建的符号。

注:“S00059,S00060”等是 GB/T 4728 第 3 版的符号标识号,以下同。

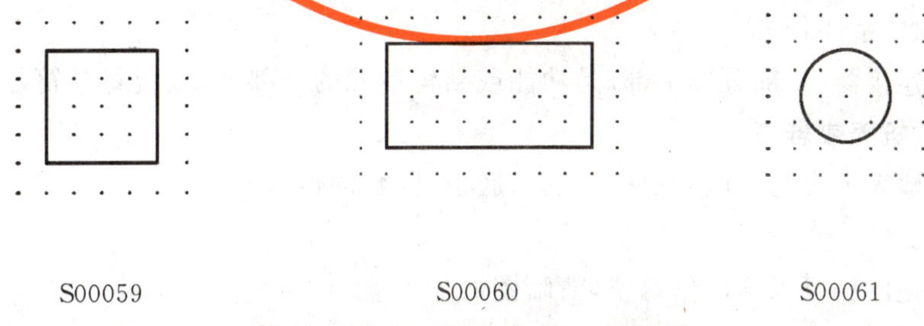

图 3 GB/T 4728 中的一般符号

符号可由 GB/T 4728 中的一般符号 S00059,S00060 或 S00061 之一组合下述符号构成:

——一般符号中可作为限定符号的符号;

——一般符号中描述性的文字。

5.16.2 符号尺寸

符号的含义由其形状和内容确定。符号的尺寸和线宽不影响其含义。

为显示符号的比例,GB/T 4728 中的符号是在以 M 为模数的网格上显示的。用于文件集的符号应该采用与模数 M 有关联的尺寸大小。

符号可放大、缩小或用限定符号代替 GB/T 4728 中的一般符号 S00059、S00060 或 S00061 之一,用于:

——增加输入或输出的数量;

——易于包含附加信息;

——强调特定的方面;

——便于一个符号作为限定符号的使用;

——适合示意图、平面图或地图的比例。

当放大或缩小时,符号的大体形状应保持不变。

5.16.3 符号的取向

符号应与简图中所选择的主要流程方向一致。当简图中的符号方向不同于符号标准中符号的方向时,如果符号含义不会改变,来源于符号标准的符号可以旋转或进行镜像。在某些情形下有必要根据 GB/T 16901.1—2008 的规定重新设计符号。

文字、图形或符号的输入/输出标志应水平或垂直,并从页的下部或右边读起。

5.17 比例

为了表达信息,比例应按照 GB/T 14690 的有关规定选择。

为表示相关信息可用比例尺,并将其显示于内容区中。

5.18 围框和机壳

5.18.1 围框

简图中,在功能或结构上属于同一单元的项目,可用 GB/T 4728 的边界线符号(S00064)有规则地封闭围成围框,见图 4。

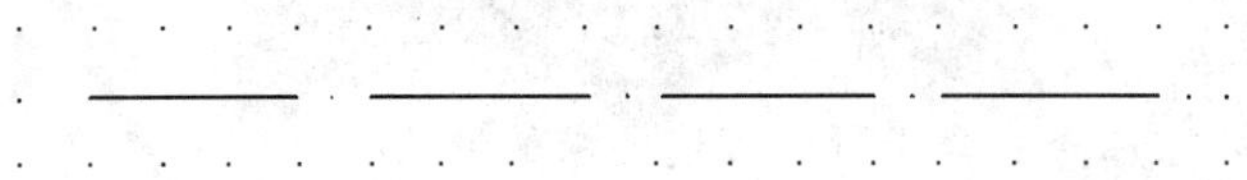

图 4 GB/T 4728 的边界线符号 S00064

当表示一个单元的围框内有不属于该单元的项目时,可采用 GB/T 4728 中的符号 S00064 将这些项目围在其中,并加文字注释。

如果端子板或连接器(一部分或全部)是功能或结构单元的一部分,则应将其符号围在围框内。

5.18.2 导电机框、机壳或屏蔽

简图中应清楚地表示出与导电的机框、机壳、底板、屏蔽的连接。

5.19 简化方法

简图中采用简化画法可以增加信息量,清晰图面。

5.19.1 端子

一个元件上的多个端子可采用一个端子表示,并应在该端子线上标记端子数目符号。端子代号可按原次序顺序标记,中间用逗号隔开;连续编号的代号可仅标出第一个和最后一个端子代号,中间用省略符号隔开。

两个或多个元件的多端子互连时，所有元件的端子代号均应按从左到右的顺序对应排列。

5.19.2 相同符号构成的符号组

数个相同符号构成的符号组可用一个符号表示，但该符号上要加上一条短斜线并标记所代表的符号数目。

对长方形的符号，可在方框内标记该符号代表的符号数目和乘号，并加方括号例如：[6×]。

5.19.3 重复表示法

器件中连接线未示出部分可在简图中省略。这时的符号不代表完整的器件，在符号中可补充功能标记。

5.19.4 围框内的连接器或端子板

在围框内作为一个单元的组成部分的连接器或端子板符号可省略。

5.19.5 一个单元内用围框表示的电路

如果一个单元内用围框表示的电路有更详细的说明，则围框内的电路可以简化。

5.20 示意图的表达

二维示意图中信息的表示应根据 ISO 128-30:2001 的规定，符合 GB/T 14692—2008 的正投影法。

二维示意图中的建筑物的信息，应按 ISO 2594:1972 中的规定执行。

5.21 说明性注释和标记

说明性信息可采用注释，注释应放在要说明的对象附近。或对置于内容区其他地方的说明应给出参照。若信息表示在多页上，具有共性的说明应置于第一页。

如果设备面板上有人—机控制功能的信息标识（如符合 GB/T 5465 的图形符号），则该信息标识也应标注在简图中相应的图形符号附近。

当一个支路中电流的参考方向、磁通量方向的指示、电压的参考极性和耦合电路的电压极性之间的响应需表示时，应按 IEC 60375:2003 规定的原则执行。

6 标识系统

6.1 参照代号

参照代号用于标识项目，它把不同种类的文件中项目信息和构成系统的产品关联起来。参照代号可以代表不同层次的产品，也可以代表产品的功能或位置。

6.1.1 信息结构

信息不一定只包括在编好的文件中，也可以被“分解”存入数据库。文件（包括图形）可一并存入数据库。参照代号可作为“导航工具”，作为检索项目信息的计算机代码。

参照代号应唯一地标识系统内所关注的项目。每个系统及每个组成项目，都可以从诸多途径（称为方面）进行观察。相关信息和结构，因所用的方面不同而可能大不相同。因此，每一方面均需有单独的结构。相应的结构称为：

——功能面结构（做什么）；

——产品面结构（如何构成的）；

——位置面结构（位于何处）。

6.1.2 参照代号的构成

表示参照代号的前缀符号的字符为：

= 表示项目的功能面；

- 表示项目的产品面；

+ 表示项目的位置面。

使用计算机工具编制电气技术文件时，应从 GB/T 1988—1998 的 G0 集或等效的国际标准中选取前缀符号。

前缀符号之后为以下三种代码的一种：

——字母代码

——字母代码加数字

——数字

6.1.3 参照代号的表达

6.1.3.1 文件中的参照代号应是水平或垂直方向，水平方向参照代号从左向右；垂直方向参照代号从下向上。当一个符号主要是用垂直端线表示时，与符号相关的参照代号应置于符号的左边；当一个符号主要是用水平线表示时，与符号相关的参照代号应置于符号的上边。

6.1.3.2 与连接线有关的参照代号，应清楚地关联到相关连接线，不应与连接线接触或交叉，应置于邻近连接线的位置，在水平连接线上面和垂直连接线左边，而且顺着连接线的方向。

如果不可能将参照代号置于邻近连接线的地方，它应置于内容区的其他地方，并有一条指引线或一条基准线到那条连接线。

6.1.3.3 与边界线相关的参照代号应置于边界线的上面左边缘，或边界线的左方和上面边缘。

6.1.3.4 如果显示在某一文件页的所有项目的参照代号有相同的公共起始部分，这公共的起始部分应该显示在左边，最好是在内容区的顶部，通过使用边界线与内容区的其他部分分开。

6.1.3.5 在某些情形下，某项目不是边界线内项目的组成部分时，边界线内的项目有必要显示出来。这时，简图中的该项目的参照代号要完全显示出来，且前加一字符“＞”(大于号)。

简图中所用参照代号的详细要求见 GB/T 5094。

6.1.4 双字母代码

当使用参照代号需要扩展第一位字母代码，需要增加子类时，根据 GB/T 20939 选取第二位字母。

6.2 端子标识

在一个系统内，端子的标识应该是唯一的。标识符应包含：

——唯一标识端子的端子代号；

——端子代号前为“:”(冒号)；

——冒号前为明确描述所关注项目的参照代号。

端子代号应置于水平线连接线之上和垂直连接线的左边，端子代号应顺着连接线的方向。

简图中端子标识的详细要求见 GB/T 18656。

6.3 信号代号

信号代号用来唯一地标识端子、节点等组点间简单功能的连接或电连接。

信号代号构成示意如下：

[i] ; [b] : [v] ([l])

其中：

[i] ——参照代号；

; ——参照代号分隔符；

[b] ——基本信号名；

: ——信号形态分隔符；

[v] ——信号形态识别符；

() ——信号电平分隔符；

[l] ——信号电平标记。

信号代号推荐采用的字符如下：

——大写字母 A～Z；

——数字 0~9;

——否定字符:上横线(¯)、逻辑非(?),或者,当必须使用七位字符时,则采用代字符(~);

——分隔符:下横线(_)或空格;

——参照代号分隔符:分号(;);

——信号形态分隔符:冒号(:);

——算术运算符:短划或减号(—)加号(+);

——布尔运算符:上圆点(°);

——特种字符:!“% & 》’(〔 * ,-/ < = > ?。

信号代号的信号名部分应限制在 24 个字符以内。

信号代号应清楚地与有关的连接线相关联且不与连接线接触或交叉,并置于邻近连接线的位置,在水平连接线上面和垂直连接线左边,顺着连接线的方向。如果不可能将信号代号置于邻近连接线的地方,它应置于内容区的其他位置,并有指引线或基准线与那条连接线相连。

信号和连接线代号的详细应用要求见 GB/T 16679。

6.4 文件代号

应用文件代号的详细要求见 IEC 61355:1997。

7 简图一般规则

7.1 总则

7.1.1 电路布局

强调主电路过程和(或)信号流向,图形符号和电路应从左至右,或从上至下布局;强调功能关系,功能相关项目的图形符号应彼此靠近,集中布置。同时应考虑如下要求:

——为强调信号流向,连接线应尽可能保持为直线;

——常用基础电路应采用标准模式;

——同等重要的或功能上相关的并联支路应对称布置;

——垂直(水平)分支电路中的平行相似项目应水平(垂直)对正布置;

——在强调信号流向和强调功能关系有矛盾时,对于在一个功能组内,以及规模较小或不太复杂的设备中,应优先考虑信号流向,对于一个系统和复杂设备应强调总的功能结构,优先考虑功能分组。

7.1.2 位置表示法

为便于寻找简图中的图形符号,或中断线位置,可采用如下位置表示法:

a) 图幅分区法;

b) 电路编号法,即电路的各支路用数字标识;

c) 表格法,即在简图外围列表,在表中重复标出项目代号,并与相应图形符号对正。

7.1.3 连接线

7.1.3.1 电气或功能互连

连接线应符合 GB/T 4728 中的符号 S00001。当两条线在特定的点连接的时候,交点应符合 GB/T 4728的符号 S00019、S00020、S01414 或 S01415,交叉连接线互连的表示应使用符号 S00022(见图 5)。

STANDARDS PRESS OF CHINA

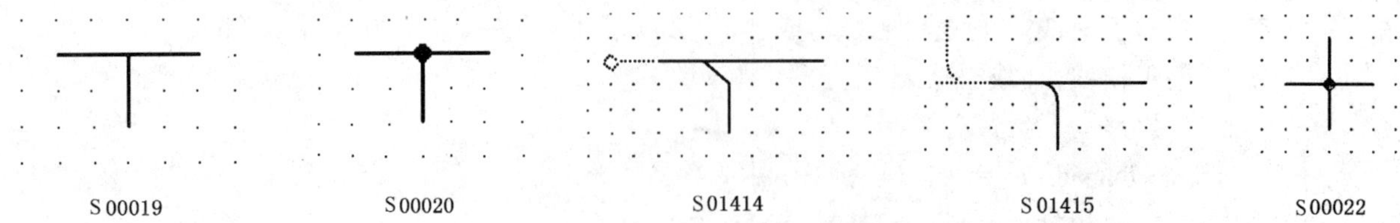

图5 GB/T 4728 中的连接及交叉连接符号

7.1.3.2 光纤互连

光纤互连应按照 GB/T 4728 的符号 S01318 表示。

7.1.3.3 机械连接

机械连接应按照 GB/T 4728 中的符号 S00144 或 S00147 表示。

7.1.3.4 连接线的安排和取向

连接线应水平或垂直取向，除使用斜线改善易读性的情况外。

连接线不应影响其他符号，见 GB/T 16901.2—2000 的 6.11.2。

7.1.3.5 与连接线关联的技术数据

与连接线关联的技术数据应与连接线的关系清楚，不与连接线接触或交叉，并应置于毗邻连接线处，在水平线上方和垂直线左侧。

如果标示技术数据时无法毗邻连接线，则应将技术数据置于内容区的其他位置并有一条指引线或一条基准线到那条连接线。

技术数据应与和连接线有关的任何参照代号或信号代号清楚地区分，见 GB/T 6988.1—2008 中 7.1.3.5的示例。

波形应包括并以通常在示波器上显示的方式表示，其细节应根据应用的需要尽可能详细。

直流和交流电路的电气额定值应符合 GB/T 17285—1998，宜采用缩写形式。

例：

——直流电压 110 V：DC 110 V

——交流三相三线系统 400 V：3 AC 400 V

——带有 N 和 PE 的三相四线系统 400/230 V：3/N/PE AC400/230 V 50 Hz

7.1.3.6 简化表示

多个平行的连接线可用一条线（即线束）以下述方法表示，见 GB/T 6988.1—2008 中 7.1.3.5 的示例：

——中断平行连接线，留一定间隔，其间隔之间划一根横线表示线束，横线两端各划一短垂线；

——用束表示的平行线的数目应通过加划与连接数目一样多的斜线（见 GB/T 4728 符号 S00002，或加划一条斜线后跟连接数目（见 GB/T 4728 符号 S00003）来表示。

线束两端的平行线的相序应清楚地表示出来。

7.1.4 项目的图形符号

图形符号可用来表示一个具体项目（例如一个具体元件），也可用来表示功能。

7.1.4.1 元件表示法

对于较简单的电路，可采用集中表示法和组合表示法。当电路比较复杂时，可采用以下表示法：

a） 半集中表示法。元件中，功能上有联系的各部分的符号，在简图中展开布置，采用虚线表示的连接符号将功能上有联系的各部分的符号连接起来，以清晰地表示电路布局。这种方法通常用于表示具有机械功能联系的元件。

b） 分开表示法。元件中，功能上有联系的各部分的符号，分散于图上的表示法，各部分采用元件的同一个项目代号表示为同一元件。必要时可示出从激励部分（驱动部分）到其他部分的位置参照。参照的信息可制成插图或插表，置于激励部分（驱动部分）附近，或单独置于其他处，并标明去向。

c） 重复表示法。元件中每个具有独立功能的组成部分在几处用集中表示法示出，而每一处只有部分连接。图中多次出现的同一端子都应标注端子代号，但连接只需在一处示出。重复的端子代号可加括号，或使用特殊的识别符。

d） 分立表示法。元件中具有独立功能的各组成部分之间，如不存在功能性连接或联系，则这些组成部分的符号可以分开示于图上。表示元件组成部分的每个符号上，应标注表示是同一元件的项目代号。

e） 几种表示法的结合使用。元件中功能上独立的组成部分的组合表示法和分立法表示法，可根据元件的具体情况，与集中表示法、半集中表示法、分开表示法和重复表示法之一结合使用。

7.1.4.2 组成部分可动的元件表示法

a） 工作位置或状态的绘制

——单一稳定状态的手动或机电元件应绘出非激励或断电状态；例如继电器、接触器、制动器、离合器；

——断路器和隔离开关绘制在断开（OFF）位置，对于具有两个或多个稳定状态的其他开关电路，可绘制在任何位置；

——标有断开（OFF）位置的多个稳定位置的手动控制开关绘制在断开（OFF）位置；

——按其他规定位置绘制。

b） 功能说明

对于功能复杂的手动控制开关，采用表图、符号、表格、代号、注释等说明其动作功能。

7.1.4.3 用触点符号表示半导体开关的方法

可以用触点符号表示无触点的半导体开关。触点位置按辅助电源接通时刻，即初始状态绘制。

7.1.4.4 触点符号的取向

为了与设定的动作方向一致，触点符号的取向应该是：当元件受激时，水平连接线的触点动作向上；垂直连接线的触点动作向右。

7.1.4.5 借助软件实现的功能

如果需要表明功能是借助软件实现的，则应使用 ISO 3511-4：1985 中的六角形符号作限定符号。

7.1.5 电源电路的表示法

简图中元件的供电连接可采用电源连接线，表格，注释等表示。

电源线可集中在简图的一侧、两侧、上、下部。电源线也可以中断。方框符号上的电源线通常与信号流成直角绘制。

7.1.6 电与非电组合电路的表示法

简图中，应表示电与非电组合电路的功能关系，如图 6。箭头一端的圆点表示电动机的运转方向和相应的电阻器滑动触点的运动方向相关联。

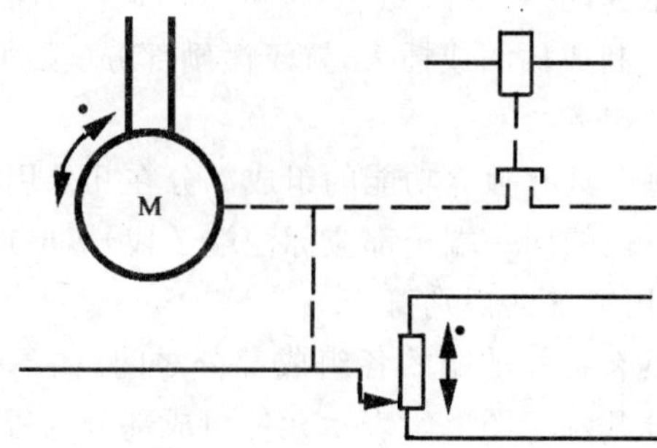

图6 机械功能与电气功能相关联的示例

7.1.7 二进制逻辑电路的表示法

当用二进制逻辑元件符号表示硬件时，需要确定采用以下两种方法之一表示逻辑状态和表示状态的物理量值(逻辑电平)之间的关系。

7.1.7.1 采用逻辑非符号

这种方法要求对图的全部或一部分采用单一逻辑约定：正逻辑约定或负逻辑约定。

7.1.7.2 采用逻辑极性符号

a) 单一逻辑约定

1) 正逻辑约定

对每个逻辑连接，物理量正得较多的值(H电平)与外部逻辑“1”状态相对应；正得值较少的值(L电平)与外部逻辑“0”状态相对应，并在图中标记如下符号：

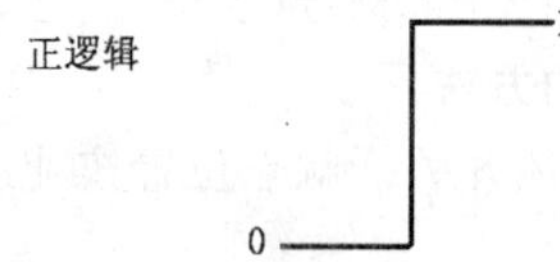

2) 负逻辑约定

对每个逻辑连接，物理量正得较少的值(L电平)与外部逻辑“1”状态相对应；正得较多的值(H电平)与外部逻辑“0”状态相对应。并在图中标记如下符号：

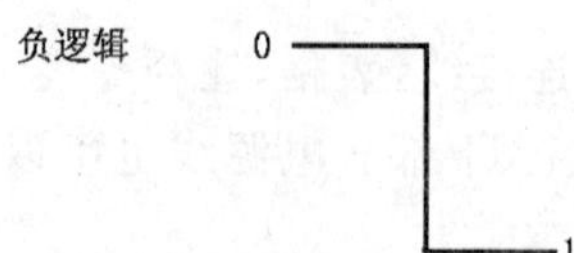

b) 逻辑极性表示法

每一个二进制逻辑元件的每一输入或输出端，其内部逻辑状态和(外部)逻辑电平之间的关系，应直接用逻辑极性指示符的有无来表示。具体地说，在输入或输出端有逻辑极性指示符，表示该端(外部)低电平与内部“1”状态相对应；无逻辑极性指示符，表示该端(外部)高电平与内部“1”状态相对应。(外部)逻辑电平与信号状态(真假)之间的关系只由GB/T 16679信号代号来规定。

c) 两类图形符号的应用

当在图中采用单一逻辑约定时，不得再采用逻辑极性指示符。

在单一逻辑约定功能图中，应尽量减少逻辑非的符号数值，以便于理解图的功能。

在电路图中，逻辑元件的输入端和馈送到该输入端的信号源上逻辑极性符号，或逻辑非符号应尽可能相同。

在逻辑电路中，可能产生逻辑符号失配，应在连接线上加失配符号(加一短垂线)。

7.1.8 电流方向、磁通方向、电压极性

支路中的电流基准方向、磁通方向、电压基准极性的标记以及耦合电路的电压极性之间的对应关系应符合 IEC 60375:2003。

7.1.9 常用基础电路的模式

常用基础电路应采用标准的固定的模式，包括：

——无源二端、四端网络；

——共基极、共发射极、共集电极 RC 耦合放大器；

——基本双稳态电路；

——基本桥式路。

7.1.10 简化方法

a） 相同支路的简化

电路中的两个或多个同样的支路，可用一个支路和 GB/T 4728 中的支路符号 S00023 加以简化。

b） 功能单元，功能组或结构单元的简化

功能单元，功能组或结构单元可采用端子功能图或方框符号表示。这时应在端子功能图或方框符号内给出详细信息的检索标记。

c） 重复电路的简化

重复布置的电路可以只详细绘制一次，其他电路采用适当的简化表示方法。此时应详细表示被简化电路中元件与详细电路中元件的对照关系。

7.1.11 补充信息

为了有助于对电路的理解和运用，可在图中增加如外部电路和文字说明等补充信息。

7.2 概略图

7.2.1 一般规定

概略图应表示出系统、分系统、成套装置、设备、软件等的概况，并示出各主要功能件之间和(或)各主要部件之间的主要关系。

概略图通过展示项目的主要成分和他们之间的关系来提供项目的总体印象，如收音机，发电厂或控制程序。关于项目的详细信息应在其他文件类型中表示。

概略图有如下特点：

a） 描述产品的主要组成而不是全部组成；

b） 描述产品的主要特征而不是全部特征；

c） 描述产品的某一方面，如从功能方面描述产品，从产品组成方面描述产品；

d） 描述产品的概略内容。

7.2.2 布局

概略图应按功能布局法绘制，图中可补充位置信息。

当位置信息对理解功能很重要时(如网路图)，可采用位置布局法。

概略图可以在功能或结构的不同层次上绘制。较高的层次描述总系统，较低的层次描述系统中的分系统。某一层次的概略图应包含检索描述较低层次文件的标记。

概略图用以表示项目的包括方框符号在内的图形符号的布局，应做到使信息、控制、能源和材料的流程清晰，易于区分辨认。必要时每个图形符号应标注参照代号。

概略图通常应强调所描述项目的一个方面，如功能方面、地形学方面、连接性方面。

STANDARDS PRESS OF CHINA

忽略结构所在位置的任何项目均可表示在同一个概略图中。

概略图中，多回路电路应用单线表示。

7.2.3 非电过程控制系统的概略图

概略图可包括非电气的组成部分。非电过程控制系统的概略图应以其过程的流程图为依据绘制。

7.3 功能图

7.3.1 一般规定

功能图表示项目成分间的功能的联系，描述了项目的功能面(忽略其使用)。

功能图的主要信号流应从左至右和从上向下。

功能图可包括符合 GB/T 21654 的步进和转换的表示。

7.3.2 等效电路图

等效电路图应符合 IEC 60375:2003 中电路和磁路的规定。

7.3.3 逻辑功能图

逻辑功能图中应采用正单逻辑约定。逻辑非的数目应尽量少，以便于理解。

7.4 电路图

7.4.1 一般规定

电路图表示项目的实现细节，即：构成元器件及其相互连接，而不考虑元器件的实际物理尺寸和形状。它应便于理解项目的功能。

电路图一般包括下列内容：

——图形符号；

——连接线；

——参照代号；

——端子代号；

——用于逻辑信号的电平约定；

——电路寻迹必须的信息(信号代号、位置检索)；

——了解项目功能必需的补充信息。

7.4.2 布局

简图应突出：

——过程或信号流方向，通过将符号排列整齐并使电路连线直通。

——功能关系，将功能相关元件放到一起进行符号分组。

7.4.3 元件表示方法

元件可用单个符号或几个符号的组合表示。

单个符号可用一处，或用于不同的位置(重复表示法)。

表示符号的组合可彼此相邻(集中表示法)或彼此分开(分开表示法)。

a) 符号的集中表示法

表示元器件符号的集中表示法，仅用于表示简单的非大型电路。

b) 符号的分开表示法

应用表示元器件符号的分开表示法，便于寻找电路路径，并实现布局清晰、无交叉电路。

为了指明符号之间的联系，应在每个符号旁示出元器件的参照代号。

为了便于理解和指引元器件在简图中的位置，还应：

——至少在文件的某个位置用所有符号集中表示法表示；

——用位于激励符号下面或右边的插图或表表示。

集中表示法、插图或表与分开表示的符号之间应作出交叉标记。

c） 符号的重复表示法

可用表示元器件符号的重复表示来实现布局清晰、无交叉电路。

应只在简图内符号的某一位置连接符号的连接节点。

符号每次出现应提供元器件的参照代号。应提供所有连接节点或端子线的端子代号。

可用只表示完整符号的部分、并指明只部分符号示出，来简化重复表示的符号。

7.4.4 可动的元器件表示方法

7.4.4.1 工作状态

除非简图或支持文件中另有规定，可动的元器件组成部分（如触点）符号应按 7.1.4.2 规定的位置或状态绘制，还应考虑：

——应急操作、待机、告警、测试等控制开关，应表示在设备正常工作时所处的位置，或其他规定的位置；

——由凸轮、变量（如位置、高度、速度、压力、温度等）控制的引导开关在简图中规定的位置。

7.4.4.2 功能说明

对于功能复杂的手动控制开关，如需要理解功能，应在简图中增加表图。

对于监控开关，图中应在邻近符号处有操作说明。该说明可包括表图和注释。

半导体开关应按其初始状态即辅助电源已合的时刻绘制。

7.4.5 电源电路的表示方法

表示电源连接线应按下面顺序自上而下或自左至右示出：

——对于交流电路：L1，L2，L3，N，PE；

——对于直流电流：L＋，M，L－，即：正到负极。

连接线应彼此相邻示出，或置于电路分支另一侧。

7.4.6 二进制逻辑元件的表示方法

应选择二进制逻辑符号使输入处的逻辑极性或逻辑非指示与反馈该输入的信号源处相同。

如果信号源端与目的地端的逻辑极性或逻辑非指示失配，应跨过连接线示出短垂直线。与连接相关的信号名应与连接线的有关部分相关，即与极性指示一致。

7.4.7 引出端数量很多的图形符号

如果表示器件的符号有大量的端子，不能用一页图示出符号，且如果不能用器件的其他方法表示时，应在适当的地方，按分开表示法的规则，在不同的页面示出符号的不同部分的分解符号。

7.4.8 线功能（线“与”、线“或”）

7.4.8.1 线“与”功能应用下列方法示出：

——靠近接点的“与”功能（&）限定符号；

——用“与”功能符号（GB/T 4728 中的符号 S01567）与 GB/T 19679—2005 的字符“开路输出符”（◇）一起作为指明线功能限定符号代替接点。

7.4.8.2 线“或”功能应用下列方法示出：

——靠近接点的“或”（≥1）功能限定符号；

——用“或”功能符号（GB/T 4728 中的符号 S01566）与 GB/T 19679—2005 的字符“开路输出符”（◇）一起作为指明线功能限定符号代替接点。

必要时，线功能中二进制逻辑元件的所有端子对或非逻辑极性必须用相同的限定符号。

7.5 接线图

7.5.1 一般规定

接线图提供下列信息：

a） 单元或组件的元器件之间的物理连接(内部)；

b） 不同单元或组件之间的物理连接(外部)；

c） 到一个单元的物理连接(外部)；

d） 其他信息：

——导线或电缆的类型信息(例如：型号、项目或零件号、材料、结构、尺寸、绝缘层颜色、额定电压、导线数量、其他技术数据)；

——参照代号；

——布局、行程、终止、附件、扭曲、屏蔽等的说明或方法；

——导体或电缆的长度。

7.5.2 器件、单元或组件的表示方法

器件、单元或组件的连接，应用正方形、矩形或圆形等简单的外形或简化图形表示法表示。也可采用 GB/T 4728 的图形符号。

表达器件、单元或组件的布置，应方便简图按预定目的的使用。

7.5.3 端子的表示方法

应示出每个端子的标识。

端子表示的顺序应便于表示简图的预定用途。

7.5.4 电缆及其组成线芯的表示方法

如果用单线表示多芯电缆，而且要示出其组成线芯连接到物理端子，表示电缆的连接线应在交叉线处终止，并且表示线芯的连接线应从该交叉线直至物理端子。电缆及其线芯应清楚地标识(例如：用其参照代号)。

7.5.5 导体的表示方法

导体应按 7.1.3 用连接线表示。

7.5.6 简化表示方法

可用下列简化表示方法：

——垂直(水平)排列每个单元、器件或组件的端子；

——垂直(水平)排列不同器件、单元或组件互相连接的端子；

——省略其外形的表示。

8 图

8.1 一般规定

图主要描述通常基于 2D 和/或 3D 模型的项目的拓扑或几何位置，并遵照相关标准的规则。

电气技术用布置图在基本文件基础上编制。

8.2 基本文件要求

基本文件，如：总平面图、建筑物图、尺寸图(对于机械单元)，应按比例绘制。

基本文件的内容是布置图的完整部分。

基本图应示出编制定位电气设备布置图的全部必要信息，例如：

——地理位置点；

——指北针；

——建筑物位置和轮廓、场地道路、附属设施、出入口及场地边界；

——平面图和局部视图中房间、小室、走廊、开口、窗户、门等的轮廓和构造详情；

——与建筑物有关的障碍物，例如：结构梁、支柱；

——地板或装饰板的负载容量及对切割、钻孔或焊接的任何限制；

——电梯、起重机、加热、冷却和通风系统等特殊安装的间隙；
——危险区域；
——接地点；
——所需的有用空间和出入口；
——设备布置；
——导体路径；
——出入口；
——绝缘条件；
——外壳防护要求(防水、防尘)。

8.3 布置图

布置图示出项目的相对或绝对位置和（或)尺寸。

项目用下列方法表示:形状或简化外形、主要尺寸、符合 GB/T 4728 的符号。

精确距离和（或)尺寸表格中可有必要的详细信息。

信息应与项目所(将)处环境的必要信息一起表示。

应包括项目和代号的标识信息。

若有必要,可在紧邻表示项目的符号或轮廓线旁示出项目的技术数据。

安装方法和（或)安装方向应在文件中表明。如果文件中某些项目要求不同的安装方法或安装方向,则可以用符合 GB/T 4728 的限定符号或邻近项目表示处的字母代码特别标明。采用的字母代码应在文件或支持文件集中说明。推荐的元器件安装标识字母是：

H＝horizontal 水平(元器件并排安装)

V＝vertical 垂直

F＝flush 齐平(嵌入式)

S＝surface 明装

B＝floor(bottom)地面

T＝ceiling(top)天花板

布置图可包括连接的表示方法。连接线应能清楚地与基本文件的线区别开,并遵照 7.1.3 给出的规则,可另外使用曲线。

连接线应示出连接到每条电路的元器件及其顺序。如果是表面安装或采用了输送管和管道时,应示出连接的实际路线。

可用单线表示方法表示多相电路。

可用简化表示法表示多条平行连接线。

9 表格

9.1 一般规定

表格中应清楚地区别每一行与其他行、每一列与其他列。

应清楚地指明每一列或行中表示的信息类型。这类标题行或标题列,应在每页提供。

9.2 参照代号的表示方法

要在表格中表示参照代号、信号代号、端子代号,适用下列规则：

——表列内的标识符,可通过示出表列标题内的共同起始部分、省略该列项目标识符表示的共同起始部分简化表示；
——行中标识符前不属于该行的共同起始部分时,应用字符“大于”(＞)置于标识符前；
——表格列中连续行的相同标识符可仅在第一个相关行表示。

9.3 接线表

接线表提供下列信息：

——单元或组件内的元器件之间的物理连接；

——不同单元或组件之间的物理连接(外部)；

——到一个单元的物理连接(外部)。

接线表中示出的接线点应标识(例如:用参照代号和端子代号)。连接的电缆和项目应清楚标识,如用其参照代号等。电缆线芯应用电缆制造者提供的线芯标识符标识,例如:线芯号码或颜色代码。

可以包括文件预定用途要求的附加信息,例如：

——导体或电缆的类型信息(例如:型号代号、项目或零件号、材料、结构、尺寸、绝缘层颜色、电压额定值、导体数量、其他技术数据)；

——导体、电缆数量或参照代号；

——布局、路径、终端、附件、绞合、屏蔽等的说明或方法；

——导体或电缆的长度。

接线表应用下列分类方法之一编制：

——对于端子,表示的接线顺序应按端子标识分类；

——对于接线,应按导线的标识表示接线顺序(例如:电缆和线芯标识符的参照代号分类)。

10 表图

10.1 一般规定

表图可用来提供理解元器件或系统功能的解释信息,常常附加在其他文件类上。表示的详细内容应清楚地与所解释的项目相关,例如,使用参照代号、信号代号、端子代号、描述文字、表示位置。

10.2 功能表图

对于用步和转换描述控制系统功能和行为的功能表图,其 GRAFCET 规范语言见 GB/T 21654。

10.3 顺序表图和时序表图

顺序表图应示出系统单元工作或状态的连续性。

时序表图应提供与时间相关的工作或功能顺序信息和/或彼此相关的不同工作或功能顺序。

参 考 文 献

GB/T 4025—2003 人—机界面标志标识的基本和安全规则 指示器和操作器的编码规则

GB/T 5465.2 电气设备用图形符号(GB/T 5465.2—2008,IEC 60417DB:2007,IDT)

GB/T 10609—1989 技术制图 缩微复制要求

IEC 60204-1:1997 工业机器的电气设备

ISO 3864-1:2002 图形符号 安全色和安全标志 P1:工作区域和公共场所安全标志和设计原则

ICS 13.340.10
C 73

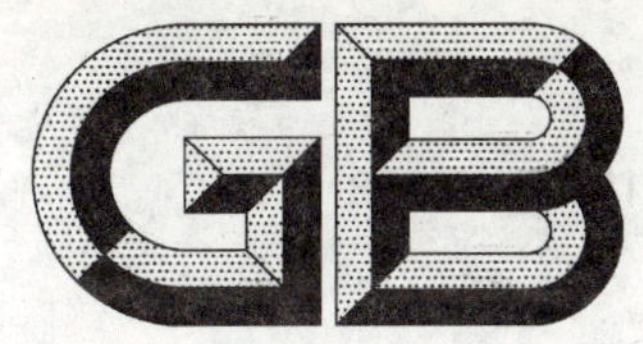

中华人民共和国国家标准

GB/T 18136—2008
代替 GB 18136—2000

交流高压静电防护服装及试验方法

AC high voltage electrostatic shielding clothing and test procedure

2008-09-24 发布　　　　2009-08-01 实施

中华人民共和国国家质量监督检验检疫总局
中国国家标准化管理委员会　发布

前　言

本标准代替 GB 18136—2000《高压静电防护服及试验方法》。

本标准与 GB 18136—2000 相比主要修改和增加了以下内容：

——本标准修改了适用范围，原标准适用于交流 10 kV～500 kV，修改为适用于 110(66) kV～750 kV；

——本标准增加了用于交流 750 kV 电压等级的静电防护服装的技术要求。

本标准由中国电力企业联合会提出。

本标准由全国带电作业标准化技术委员会归口并负责解释。

本标准主要起草单位：国网武汉高压研究院、长沙电业局。

本标准主要起草人：胡毅、邵瑰玮、柏克寒、张丽华、易辉、王力农、刘凯、徐莹。

本标准所代替标准的历次版本发布情况为：

——GB 18136—2000。

交流高压静电防护服装及试验方法

1 范围

本标准规定了交流高压静电防护服装的技术要求、试验方法及检验规则。

本标准适用于额定电压 110(66) kV～750 kV 的交流输电线路和变电站巡视及地电位作业人员所穿戴的交流高压静电防护服装。

按本标准制成的交流高压静电防护服装不得作为等电位屏蔽服装使用。

2 规范性引用文件

下列文件中的条款通过本标准的引用而成为本标准的条款。凡是注日期的引用文件，其随后所有的修改单(不包括勘误的内容)或修订版均不适用于本标准，然而，鼓励根据本标准达成协议的各方研究是否可使用这些文件的最新版本。凡是不注日期的引用文件，其最新版本适用于本标准。

GB/T 1335.1 服装号型 男子

GB/T 6568 带电作业用屏蔽服装(GB/T 6568—2008,IEC 60895:2002,MOD)

GB/T 14286 带电作业工具设备术语 (GB/T 14286—2008,IEC 60743:2001,MOD)

3 术语和定义

除 GB/T 14286 规定的术语外，下列术语和定义适用于本标准。

3.1

交流高压静电防护服装 A. C. high voltage electrostatic shielding clothing

用导电材料与纺织纤维混纺交织成布后做成的服装，以有效地保护线路和变电站巡视及地电位作业人员免受交流高压电场的影响。

整套交流高压静电防护服装包括：上衣、裤、帽、手套和鞋。

3.2

连接带 connection tape

采用符合 GB/T 6568 中技术指标的屏蔽衣料做成的布带(宽 15 mm 双层)，缝置在衣、裤、帽、手套上，以使各部形成电气连接。

4 技术要求

4.1 衣料

4.1.1 衣料电阻

衣料电阻不得大于 300 Ω。

4.1.2 衣料屏蔽效率

用于不同电压等级的交流高压静电防护服装屏蔽效率应满足表 1 要求。

表 1 用于不同电压等级交流高压静电防护服装的屏蔽效率

适用电压等级	屏蔽效率
500 kV 及以下	≥28 dB
750 kV	≥30 dB

4.1.3 断裂强度和断裂伸长率

衣料经向断裂强度不得小于 345 N,纬向断裂强度不得小于 300 N,经、纬向断裂伸长率不得小于10%。

4.1.4 透气性能

透过衣料的空气流量不得小于 35 L/(m^2·s)。

4.1.5 耐磨

在磨损试验后,交流高压静电防护服装的屏蔽效率应满足表 1 要求,衣料电阻值应满足 4.1.1 要求。

4.1.6 耐洗涤

在洗涤试验后,交流高压静电防护服装的屏蔽效率应满足表 1 要求。

4.2 成衣

包括衣、裤、帽、鞋和连接带。

4.2.1 屏蔽效果

全套成衣的屏蔽效果要求服装内体表的场强不得超过 15 kV/m。

4.2.2 鞋

鞋的电阻不得大于 500 Ω。

4.2.3 帽

帽、帽檐、外伸边沿或披肩均应用静电防护衣料制作,避免人体头部裸露部位产生不舒适感。

4.2.4 连接带

上衣的衣领、袖口及上衣与裤连接的两侧均应配制连接带。

裤与上衣连接的两侧及两裤脚均应配制连接带。

帽、手套均应配制一根连接带。

连接带与衣、裤、帽、手套的搭接长度不得小于 100 mm,宽度不得小于 15 mm,且连接带与被连接件的纵向缝制不得少于 3 道,并应均匀分布于连接带上。

5 试验方法

5.1 外观检查

衣服成品应逐件检查外型、连接带及连接头,必须确保其完好无损。

5.2 衣料电阻试验

5.2.1 主要设备

一个圆柱形四端环形电极,其四个圆环用厚度为 15 mm 的有机玻璃圆盘装配在一起,底面加工成同一水平面,并镀以 5 μm 厚的黄金。电极总柱高为 53 mm,有效测试面是一个内圆直径为 44 mm、外圆直径为 114 mm 的环形面。电极材料选用黄铜,自重 2.8 kg,附加质量 20 kg(电极尺寸详见图 1 a),电极附加重块尺寸见图 1 b)。

5.2.2 试样的准备

试样尺寸为 240 mm×240 mm,共计 3 块。试样中心点必须在布料的 45°对角线上,试样上不得有影响试验结果的严重疵点及整理剂浸轧不匀等。

试样可在大匹布料上剪取,也可在样品布上剪取。如在大匹布料上剪取时,必须在离开布端至少 2 m 以上处取样;如在样品布上剪取,须在距布边至少 50 mm 处剪取。

如试品是成衣,则在衣服不同部位测试,不必剪样。

试验应在温度为 23 ℃±2 ℃、相对湿度为 45%~55%的环境中进行。

单位为毫米

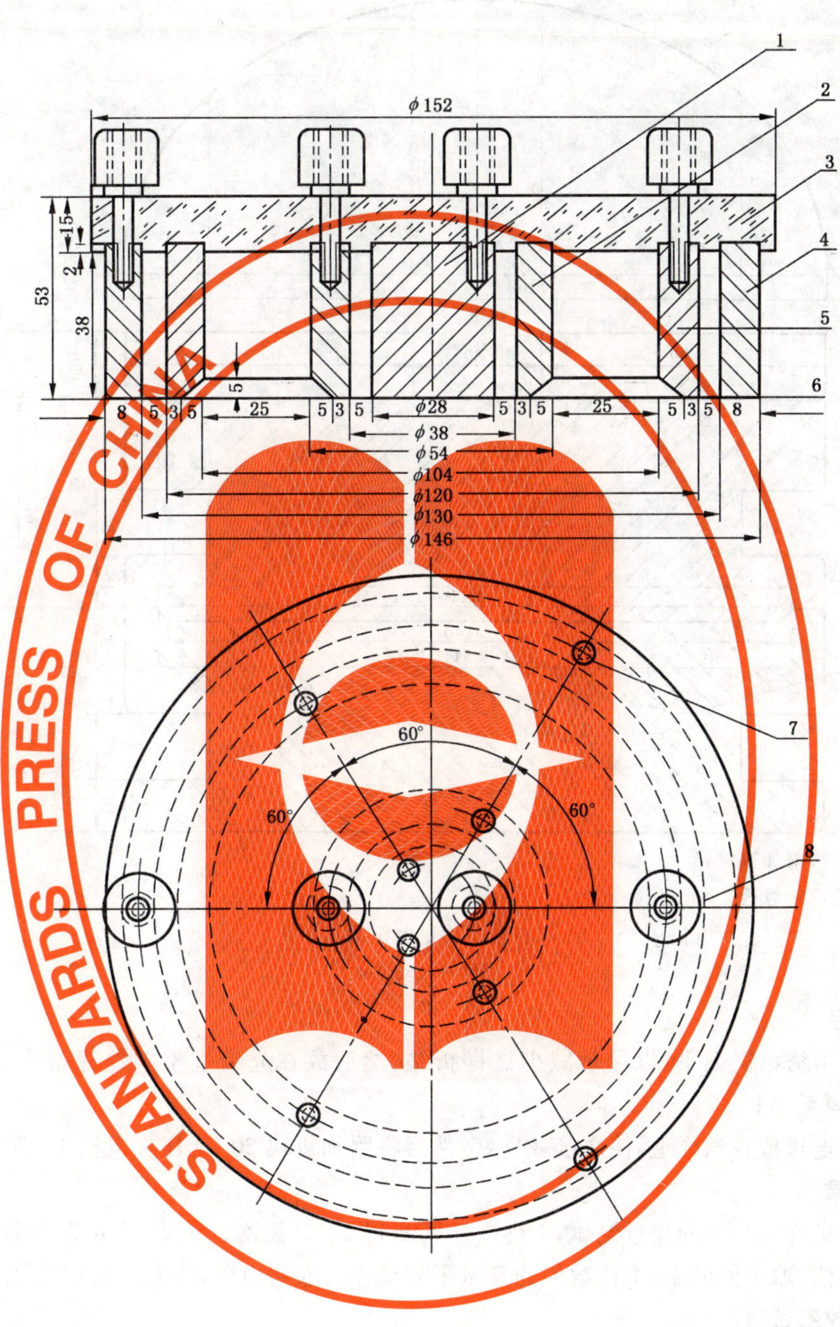

STANDARDS PRESS OF CHINA

1——中心圆柱形电极；

2,4,5——环形电极；

3——有机玻璃绝缘板；

6——与试样接触的水平表面；

7——定位螺丝；

8——接线柱。

a) 衣料电阻测量电极

图 1　衣料电阻测量

单位为毫米

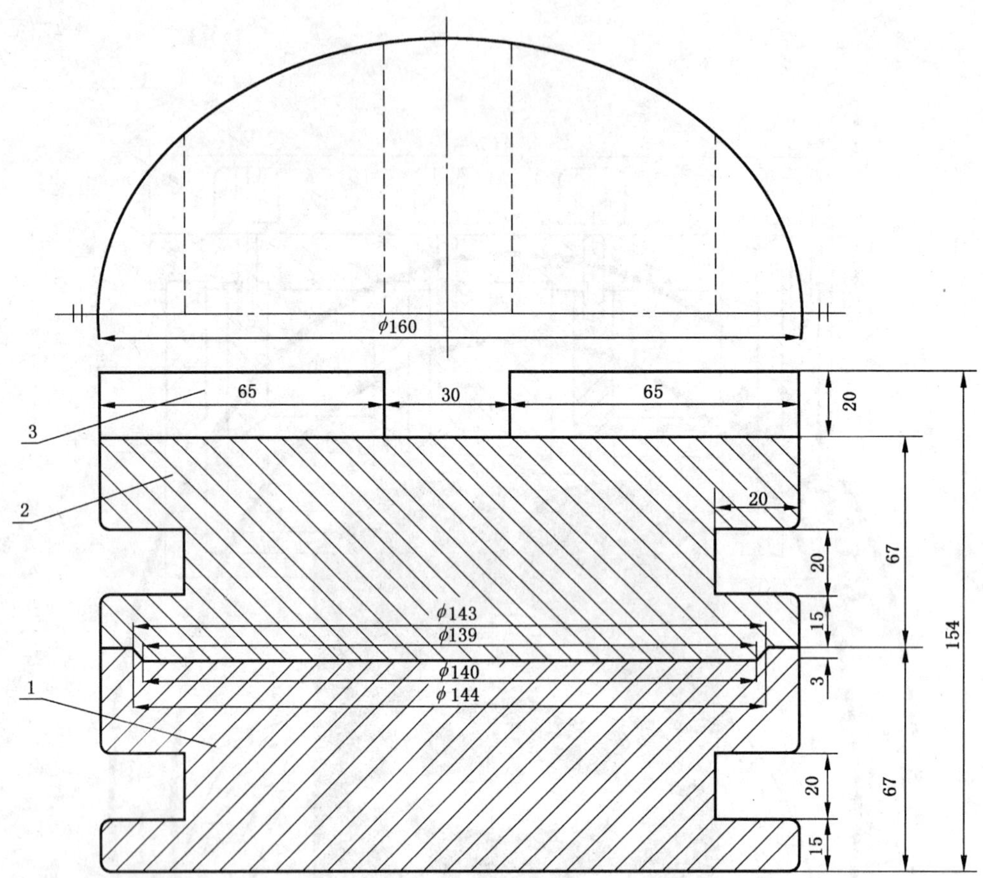

1,2——铸铁材料附加重块；

3——有机玻璃绝缘板。

b）衣料电阻测量电极附加重块

图 1（续）

5.2.3 试验程序

a） 将试样用绣花框绷平，以尽量减少试样折皱，然后放在光滑平整的绝缘板上，绝缘板上垫有5 mm厚毛毡；

b） 将测量电极放在试样上，使之接触良好，然后将附加重块20 kg压在电极上，测量电阻值。

5.2.4 试验结果

分别在每块试样5个不同位置测试，3块试样共测得15个数据。在15个试验数据中去掉最大读数值和最小读数值，取中间的13个读数值的算术平均值作为衣料电阻值，其值应满足4.1.1的要求。

5.3 衣料屏蔽效率试验

5.3.1 主要设备

主要设备包括：

a） 一台频率为50 Hz、电压有效值为600 V的正弦波电压发生器；

b） 一个按图1制造的黄铜电极，内装2 MΩ负载电阻，总质量为3 kg；

c） 一台输入阻抗大于10 MΩ的电压测量仪器（电压表或示波器）；

d） 一台量程为600 V的电压表；

e） 一块直径为400 mm、厚度为5 mm±0.5 mm的橡胶板，其表面硬度为肖氏级60度～65度；

f） 一块直径为300 mm并带有接线柱的黄铜板；

g） 一块直径为400 mm的圆形绝缘板。

试验电极装置结构详见图2。

单位为毫米

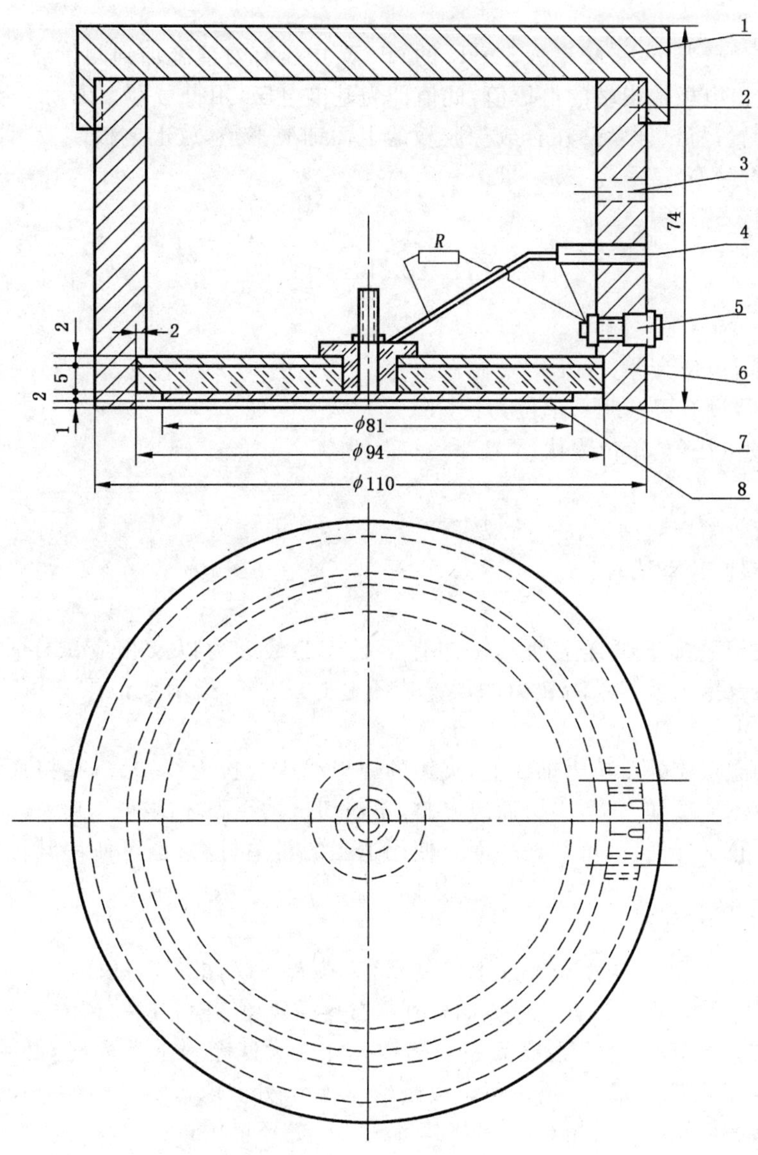

1——上盖；
2——屏蔽外壳；
3——固定电缆螺孔；
4——电缆连接测量仪表；
5——接地螺母；
6——屏蔽电极；
7——绝缘板；
8——接收电极；
R——负载电阻。

图2 屏蔽效率试验电极装置

5.3.2 试样的准备

试样尺寸为180 mm×180 mm，共计3块。

试样可在大匹布料上剪取，也可在样品布上剪取。如在大匹布料上剪取时，必须在离开布端至少2 m以上处取样；如在样品布上剪取，须在距布边至少50 mm处剪取。

试验前需将试样在温度为 23 ℃±2 ℃、相对湿度为 45%～55%的环境中放置 24 h 以上。

试验需在温度为 23 ℃±2 ℃及相对湿度为 45%～55%的环境中进行。

5.3.3 试验程序

a) 在没有试样的情况下，将频率为 50 Hz 的 600 V 电压有效值施加到测量设备的电极之间，在测量仪表上读出电极输出端的电压值，此值即为基准电压，用符号 U_{ref} 表示；

b) 拿起电极装置，将试样紧贴在合成橡胶板的上面铺展平整，放上电极装置，读出电极输出端的电压值，用符号 U 表示。

屏蔽效率按下列公式计算：

$$SE=20\lg\left(\frac{U_{ref}}{U}\right)$$

式中：

SE——屏蔽效率，单位为分贝(dB)。

U_{ref}——基准电压(没有屏蔽时)，单位为伏(V)。

U——屏蔽后的电压值，单位为伏(V)。

5.3.4 试验结果

每块试样的屏蔽效率均应满足表 1 的规定。

5.4 断裂强度和断裂伸长率试验

5.4.1 主要设备

一台具有指示或记录加于试样上使其拉伸直至脱离的最大力以及相应试样伸长率的等速伸长(CRE)试验仪。试验仪指示或记录断裂力的误差应不超过±1%，指示或记录夹钳间距的误差应不超过±1 mm。

仪器两夹钳的中心点应处于拉力轴线上，夹钳的钳口线应与拉力线垂直，夹持面应在同一平面上。夹钳应能握持试样而不使试样打滑，夹钳面应平整，不剪切试样或破坏试样。

如果夹钳不能防止试样滑移，可在夹持面上使用适当的衬垫材料；也可使用其他形式的夹持器，挟持宽度不小于 60 mm。

5.4.2 试样的准备

剪取并精确修整边纱，使试样宽 50 mm，长 200 mm。按有关双方协议，试样也可采用其他宽度，在这种情况下，应在试验报告中说明。试样长度方向分别与布料径向和纬向方向一致的各 3 块，共计 6 块。

试样可在大匹布料上剪取，也可在样品布上剪取。如在大匹布料上剪取时，必须在离开布端至少 2 m 以上处取样；如在样品布上剪取，须在距布边至少 50 mm 处剪取。

试验应在温度为 23 ℃±2 ℃、相对湿度为 45%～55%的环境中进行。

5.4.3 试验程序

a) 在夹钳中心位置夹持试样，并保证拉力中心线通过夹钳中点；

b) 给试样施加 10 N 的预张力，记录试样长度 L_0；

c) 开启试验仪，以 100 mm/min 的速度拉伸试样至断脱。记录断裂强力，断裂伸长 L_1，按下式计算断裂伸长率。

$$断裂伸长率=(L_1-L_0)/L_0\times100\%$$

5.4.4 试验结果

a) 各以径向及纬向的 3 块试样试验结果的算术平均值小数二位，按四舍五入法，保留小数一位，作为衣料径向及纬向断裂强度的指标；

b) 各以径向及纬向的 3 块试样断裂伸长率的算术平均值，作为衣料径向及纬向断裂伸长率，以百分数表示；

c) 试验结果需满足 4.1.3 要求。

5.4.5 试验注意事项

a) 在试验中，如果试样在钳口处滑移不对称或滑移量大于 2 mm 时，应重换试样试验；

b) 操作时，防止夹钳口内试样扭转歪斜。

5.5 透气性能试验

5.5.1 试样的准备

试样可不必开剪，直接在大匹布料上或整段样品布上或成衣上进行试验。

如需剪取试样，按5.2.2取样，试样尺寸随试验仪器类型而定，试样各边分别与织物的径向和纬向一致。所取试样不应折皱，也不能烫平。

试验需在温度为23 ℃±2 ℃、相对湿度为45%～55%的环境中进行。

5.5.2 试验程序

a) 将试样平放在透气仪的进气孔上，套上适当的夹圈并固紧试样；

b) 缓慢调节吸风电机的速度并逐渐抽真空，使试样两侧达到147 Pa固定压差，及时读取垂直压力计的液面高。如某些织物达不到上述压差时，可采用其他压差，但应在试验报告中注明使用的具体压差；

c) 根据垂直压力计的液面读数，从仪器提供的压差-流量表格中查出试样的透气量；

d) 在试样上随机选择10个位置重复a)项～c)项程序，一共进行10次透气性能试验。

5.5.3 试验结果

以试样10次透气性能试验的算术平均值作为检验衣料透气性能的指标，其值应满足4.1.4的要求。

5.6 耐磨试验

5.6.1 主要设备

一台圆盘式织物耐磨试验机，其工作盘直径为140 mm，砂轮磨擦轨迹宽24 mm，选用砂轮规格为150粒碳化硅砂轮。

5.6.2 试样的准备

试样尺寸为240 mm×240 mm，共计3块。

试样可在大匹布料上剪取，也可在样品布上剪取。如在大匹布料上剪取时，必须在离开布端至少2 m以上处取样；如在样品布上剪取，须在距布边至少50 mm处剪取。试样各边分别与布料径向和纬向方向一致。

试验需在温度为23 ℃±2 ℃、相对湿度为45%～55%的环境中进行。

5.6.3 试验程序

a) 修整砂轮，使砂轮露出新摩擦面，并用砂纸手磨砂轮棱角。砂轮每使用500转后，需要重复修整一次，以保证试验的正确性；

b) 将试样放在工作盘上固定，使试样平整舒展，并给试样表面施加2.5 N的压力；

c) 启动耐磨机，同时启动吸尘器，并用毛刷清扫砂轮，保持砂轮上无粉末吸附。当砂轮转数小于500时，观察试样表面变化，若出现以下情形之一则停止耐磨机，记录砂轮转数(该值即为试样的耐磨转数)，试验结束。

——出现网格状损坏面的面积大于或等于6 cm^2 时；

——现个别洞眼的面积大于或等于2 cm^2 时。

d) 当砂轮转数达到500转时，停止耐磨机，按5.2在试样5个不同位置测量电阻，按5.3测量衣料屏蔽效率。

5.6.4 试验结果

a) 每块试样耐磨转数不得小于500转；

b) 每块试样屏蔽效率应满足表1要求，电阻应满足4.1.1要求。

5.6.5 最大耐磨转数的确定

试验程序参照5.6.3，但须每隔200转停机一次，按5.2在试样5个不同位置测量电阻，按5.3测量试样屏蔽效率。

STANDARDS PRESS OF CHINA

最大耐磨转数根据以下原则确定：

a） 若试验过程中，试样表面变化出现5.6.3中c）项的任一情形，但此时试样的屏蔽效率和电阻仍分别满足表1和4.1.1要求，则试验中砂轮总转数即为试样的最大耐磨转数；

b） 否则，试样的最大耐磨转数等于试验中耐磨机上一次停机时的砂轮转数。

试验结果取3块试样的最大耐磨转数的算术平均值。

每块试样的最大耐磨转数与试验结果之间的差不得大于40%，否则取样重做。

5.7 耐洗涤试验

5.7.1 主要设备

a） 一台应具备以下技术条件的洗衣机：

——搅拌速度为300 r/min～500 r/min，每个方向交替旋转30 s；

——洗涤时间调节在0 min～15 min之间，最小调节时间为1 min；

——脱水速度正常情况下为940 r/min～1 450 r/min；

b） 不含有漂白剂的洗涤剂；

c） 等效负载。用单位面积质量约为110 g/m^2 的织好而未染色的聚脂-棉纱纤维布代替。

5.7.2 试样的准备

试样尺寸为260 mm×260 mm，共计3块。

试样可在大匹布料上剪取，也可在样品布上剪取。如在大匹布料上剪取时，必须在离开布端至少2 m以上处取样；如在样品布上剪取，须在距布边至少50 mm处剪取。试样各边分别与布料径向和纬向方向一致。剪取后，沿试样四周边缘缝进毛边。

5.7.3 试验程序

a） 将3块试样放入洗衣机内并加入一定量的等效负载，使干织物的总质量等于2 kg。往洗衣机内注入40 L±4 L水，使水温达到50 ℃～70 ℃，并把洗衣机操作在“正常”洗涤位置；加上足量的洗涤剂并搅拌成皂水，开动洗衣机洗涤2 min；

b） 放去皂液，开动洗衣机继续运转进行漂洗，共漂洗3次，每次2 min～3 min；

c） 将试样和等效负载一起放到脱水桶里进行脱水，时间为1 min～2 min；

d） 将试样和等效负载取出，一起放入烘干机里，烘干温度为65 ℃～70 ℃，直至烘干为止；

e） 重复以上程序10次；

f） 将试样展平放在环境温度为23 ℃±2 ℃、相对湿度为45%～55%的条件下存放4 h以上，然后按5.3做屏蔽效率试验。

5.7.4 试验结果

经10次“洗涤—烘干”过程后，屏蔽效率应满足表1规定。

5.8 成衣屏蔽效果试验

5.8.1 主要设备

a） 模拟线路。其杆塔、绝缘子、导线、金具等均按实际线路情况布置；

b） 场强表一块；

c） 模拟人；

d） 一台500 kV以上工频试验变压器及其配套设备。

本条款中以500 kV用交流高压静电防护服装成衣屏蔽效果试验为例进行说明，对于其他电压等级用的交流高压静电防护服装，其试验方法/布置可参照本条款。

经双方协商，也可采用其他等效试验方法/布置进行本项试验。

5.8.2 试验条件

试验需在温度为23 ℃±2 ℃、相对湿度为45%～55% 的环境中进行。

5.8.3 试验程序

a) 调整模拟导线距地面高度，使得在模拟导线上施加 317.5 kV 工频电压(有效值)时，离地 1 m 高处的未畸变场强达到 58 kV/m；

b) 切除电压，将模拟人放在模拟导线正下方，场强表探头置于服内帽子下头顶处；

c) 重新给模拟导线施加 317.5 kV 工频电压(有效值)，读取场强表读数，切除电压；

d) 将场强表分别置于服内模拟人胸部、背部，重复 b)项、c)项步骤。

5.8.4 试验结果

服内任一测点的场强读数均应满足 4.2.1 要求。

5.9 鞋子电阻试验

5.9.1 主要设备

a) 一块量程为 1 Ω～1 000 Ω 的电阻表，其误差小于或等于 1%；

b) 一块尺寸为 300 mm×200 mm 的黄铜平板电极和一个直径为 30 mm、高为 50 mm 带接线柱的圆柱形黄铜电极；

c) 直径为 4 mm 的钢珠适量。

5.9.2 试验程序

将鞋子平放在平板电极上，然后将圆柱形电极放在鞋里的底面上，并装上直径为 4 mm 的钢珠铺在电极周围，以将整个鞋底盖住并达到 20 mm 深(如图 3 所示)，用电阻表测量两电极之间的电阻。

对装有连接带的鞋子，将鞋子平放在平板电极上，其内装有直径为 4 mm 的钢珠达 20 mm 深，可在连接带与平板电极之间测量电阻。

5.9.3 试验结果

试验结果应满足 4.2.2 要求。

单位为毫米

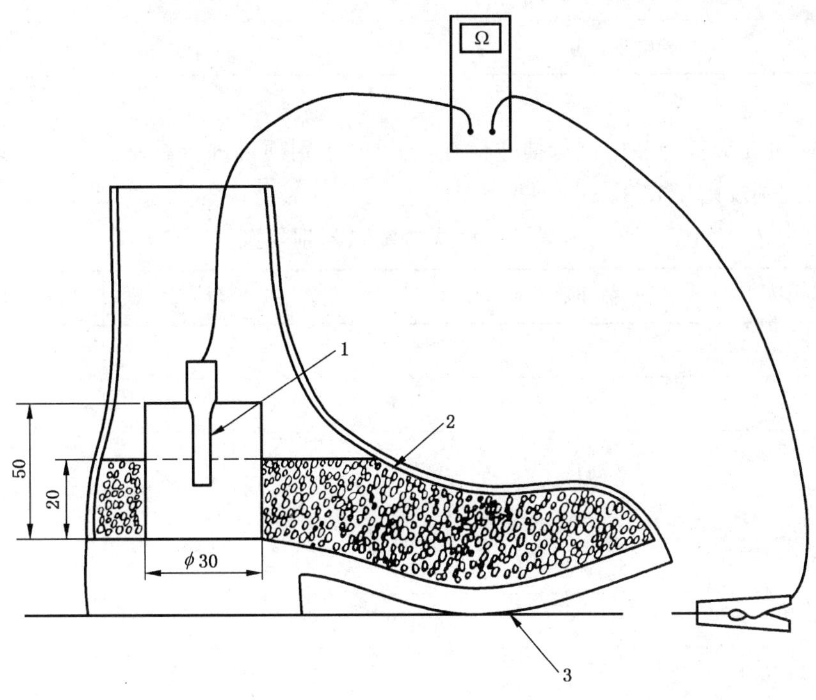

1——测试电极接线柱；

2——钢珠；

3——测试电极。

图 3 鞋子电阻测量示意图

6 检验规则

6.1 型式试验

制造厂家对定型前的产品必须按本标准规定的项目和试验方法进行型式试验。

如改变定型产品所使用的材料或改变制造工艺流程和织物结构应重新进行型式试验。

提供型式试验的样品必须是同一批次中随机抽取的三套静电防护服装和生产该批次静电防护服装用的布料 2 m。

若试品在表 2 中的任一试验项目中未通过试验则认为该批产品不合格。

型式试验在经国家认可、且试验设备经计量部门检验合格的单位进行。

表 2 试验项目

序号	本标准条号	试验项目	型式试验	抽样试验	例行试验	验收试验	预防性试验
1	5.1	外观检查	√	√	√	√	√
2	5.2	衣料电阻试验	√	√	—	√	√
3	5.3	衣料屏蔽效率试验	√	√	√	√	√
4	5.3	断裂强度和断裂伸长率试验	√	—	—	—	—
5	5.4	透气性能试验	√	√	—	—	—
6	5.5	耐磨试验	√	—	—	—	—
7	5.6	耐洗涤试验	√	√	—	—	—
8	5.8	成衣屏蔽效果试验	√	—	—	—	—
9	5.9	鞋电阻试验	√	√	√	√	√

6.2 抽样试验

如用户要求，可在交货产品中进行抽样检查，也可对个别项目进行重复试验。

抽样方案和判别规则见表 3。

表 3 抽样方案和判别规则

产品批量数	抽样数量	允许缺陷数量[a]	拒收数[b]
2～5	2	0	1
6～10	3	0	1
11～90	5	1	2
91～150	8	2	3
151～3 200	13	3	4
3 201～3 500	20	5	6

a 最大允许缺陷数目。

b 如果缺陷等于或者大于这个数目。

经双方同意，也可以进行本标准未作规定的其他补充试验。

6.3 例行试验

例行试验由生产厂家进行，如用户提出要求，亦可参加监督进行。

例行试验项目见表 2。

衣服成品应逐件检查外形、分流连接带必须确保其完好无损。

所有衣服成品均应有近 5 年内的型式试验报告，每件成衣须经出厂试验合格并附有产品合格证。产品合格证应包括试验结论、试验日期和试验人员代号。

生产厂必须确保产品的稳定性和交货产品与型式试验样品的一致性。厂家应向用户提供抽样试验的结果。

6.4 验收试验

验收试验是为购买者检验合同的一种试验。验收试验的项目可由用户与生产厂协商，试验可在用户试验室、生产厂试验室或第三方试验室进行。验收试验可以按照例行试验或抽样试验进行，试验项目见表 2。

6.5 预防性试验

预防性试验每年一次。在具备试验条件、且经计量部门检验合格的单位进行。

7 服装号型

7.1 上衣、裤号型

根据 GB/T 1335.1 的规定，上衣和裤子均选用 5.3B 系列。

选用上衣的号型有：165/93、170/96、175/99、180/102、185/105 等五种；选用裤的号型有：165/84、179/87、175/90、180/93、185/96 等五种。

7.2 帽号型

选用 57 mm、58 mm、59 mm、60 mm、61 mm 等五种号型。

7.3 鞋号型

选用 25 mm、26 mm、27 mm、28 mm 等四种号型，宽均选用Ⅲ型。

8 标志与包装

8.1 标志

8.1.1 对交流高压静电防护服装颜色不作规定。

8.1.2 凡符合本标准的交流高压静电防护服装，必须有下列标志：

a) 制造厂名；

b) 商标；

c) 号型；

d) 制造日期。

以上内容用一种红色圆形标志来显示，以区别带电作业等电位电工用的屏蔽服装。

圆形标志(见图 4)应牢固地缝制在交流高压静电防护服装的上衣、裤、帽、手套上。

圆形标志的尺寸参数(见图 5)为：

a) 圆形框条宽 5 mm；

b) 圆形外径为 50 mm，内径为 40 mm。

8.2 包装

交流高压静电防护服装的包装袋或包装箱应有产品名称、号型、数量、出厂日期和厂名等标志。

交流高压静电防护服装应包装在塑料袋内、然后装人硬质箱子中以免运输过程中长期受重压而损坏金属导电材料。

包装箱内必须附有合格证和使用说明书。

STANDARDS PRESS OF CHINA

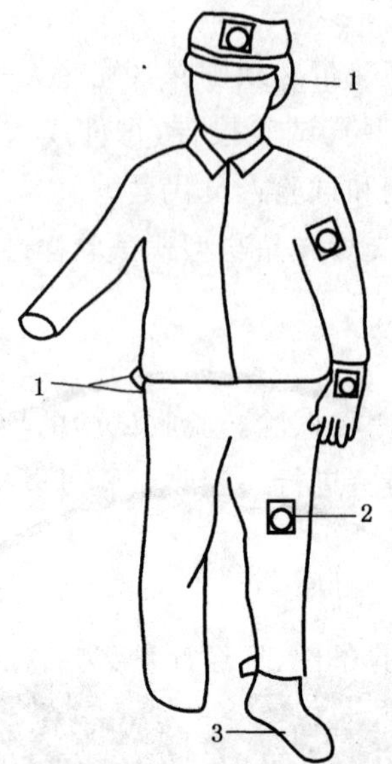

1——连接带；
2——标志；
3——导电鞋。

图 4 高压静电防护服装

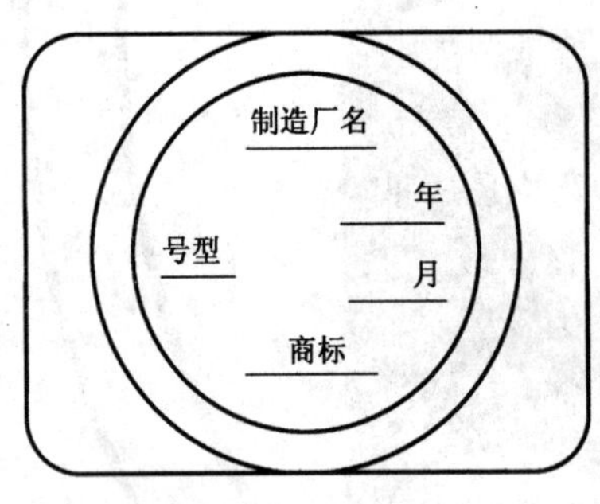

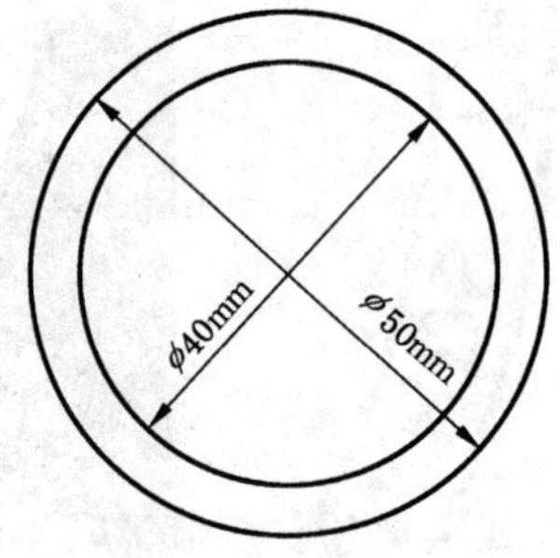

注：圆形、全部字均为大红色底布为浅蓝色。

图 5 标志

ICS 81.040.20
Q 33

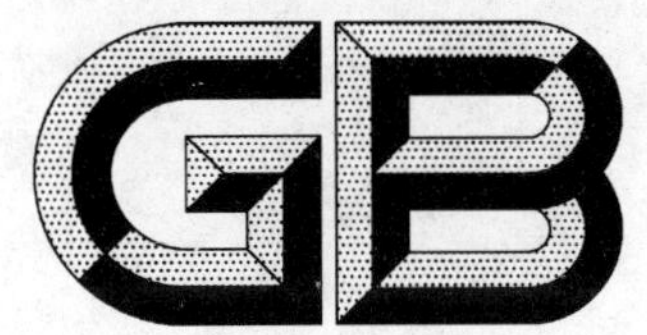

中华人民共和国国家标准

GB/T 18144—2008
代替 GB/T 18144—2000

玻璃应力测试方法

Test method for measurement of stress in glass

2008-10-15 发布　　2009-06-01 实施

中华人民共和国国家质量监督检验检疫总局
中国国家标准化管理委员会　发布

前言

本标准与美国材料试验协会标准 ASTM C1279-05《退火玻璃、半钢化玻璃、钢化玻璃的表面应力和边缘应力无损光弹测量试验方法》、ASTM C1048-04《热处理平板玻璃-HS类、FT类涂层和非涂层玻璃》和日本工业技术标准 JIS R3222-2003《半钢化玻璃》的一致性程度为非等效。

本标准代替 GB/T 18144—2000《玻璃应力测试方法》。

本标准与 GB/T 18144—2000 相比主要变化如下：

——范围中增加汽车前风窗用夹层玻璃、热弯玻璃，删减了退火玻璃；

——增加了含涂层的玻璃边缘应力测试的无损检测方法；

——将表面应力仪和边缘应力仪的仪器常数具体值不体现在标准文本中。

本标准由中国建筑材料联合会提出。

本标准由全国建筑用玻璃标准化技术委员会归口。

本标准起草单位：中国建筑材料检验认证中心。

本标准主要起草人：肖鹏军、王精精、陆凡。

本标准所代替标准的历次版本情况为：

——GB/T 18144—2000。

玻璃应力测试方法

1 范围

本标准规定了玻璃表面应力、玻璃边缘应力测试的有关定义和测试方法。本标准中表面应力测试方法适用于浮法玻璃制造的钢化玻璃、半钢化玻璃;边缘应力测试方法适用于钢化玻璃、半钢化玻璃、汽车前风窗用夹层玻璃、热弯玻璃。

化学钢化玻璃可参照使用本标准中表面应力测试方法。

本测试方法为无损测量的测试方法。

2 规范性引用文件

下列文件中的条款通过本标准的引用而成为本标准的条款。凡是注日期的引用文件,其随后所有的修改单(不包括勘误的内容)或修订版均不适用于本标准,然而,鼓励根据本标准达成协议的各方研究是否可使用这些文件的最新版本。凡是不注日期的引用文件,其最新版本适用于本标准。

JC/T 632　汽车安全玻璃术语

3 术语和定义

JC/T 632 确立的以及下列术语和定义适用于本标准。

3.1

起偏振片　polarizer

一种光学装置,自然光通过它以后,变成为有一定振动方向的平面偏振光,通常被放置于光源与被测试样之间。

3.2

检偏振片　analyzer

一种光学装置,自然光通过它以后,变成为有一定振动方向的平面偏振光,通常被放置于观察者与被测试样之间,也称分析镜。

4 测试方法

4.1 表面应力测试

4.1.1 测试原理

表面应力仪的测试原理是利用浮法玻璃表面锡扩散层的光波导效应来进行测量。从光源(白炽灯)发出的发散光经过狭缝,由高折射率柱面棱镜汇聚后变成平行光,通过调节光源位置,使一束平行光以临界角入射至玻璃与棱镜的交界面,由于玻璃表面存在应力,光线分解成为两个振动面相互垂直的矢量光,即 O 光和 E 光,O 光和 E 光在浮法玻璃的锡扩散层中传播速度不同,因此以不同的全反射角折射到棱镜。从棱镜射出的光经反光镜反射进入干涉滤光片,由望远物镜系统聚焦,再经过分析镜后在分划板成像而形成一个清晰的明暗台阶图像。通过测微目镜可以精确测量台阶的高度。

4.1.2 测试用试剂

折射油:折射率应高于玻璃的折射率,但不大于仪器棱镜的折射率。折射油不应对仪器有腐蚀作用。

4.1.3 测试装置

表面应力仪:由光源、柱面棱镜、望远物镜系统、测微目镜等构成,仪器的构造如图 1 所示。

STANDARDS PRESS OF CHINA

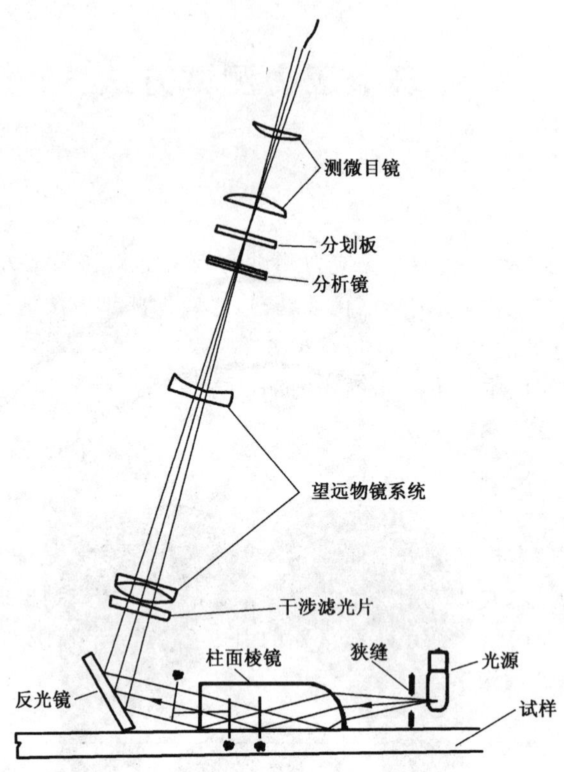

图 1 表面应力仪的光学系统

4.1.4 试样的制备和保存

以制品为试样。如果试样锡扩散层的表面有涂层(如幕墙玻璃、汽车后挡玻璃的釉面涂层)，应先用氢氟酸或砂布除去涂层,在除去涂层的部位作为试样的应力检测点。为了避免热应力的产生,试样的内、外温度应一致并与周围的环境温度相同。

4.1.5 表面应力测量点的确定

表面应力测量点由产品标准确定。

4.1.6 测试程序

a) 将被测试样的锡扩散层朝上水平平稳放置；

b) 将玻璃表面擦拭干净,在被测点滴上 1 滴～2 滴折射油；

c) 将仪器棱镜部位与被测点处可靠接触；

d) 调整光源的位置、狭缝位置以及反光镜角度,使视场内出现清晰的明暗台阶图像；

e) 由测微目镜读出台阶的高度 d,精确到 0.01 mm；

f) 压应力和拉应力由图 2 确定。

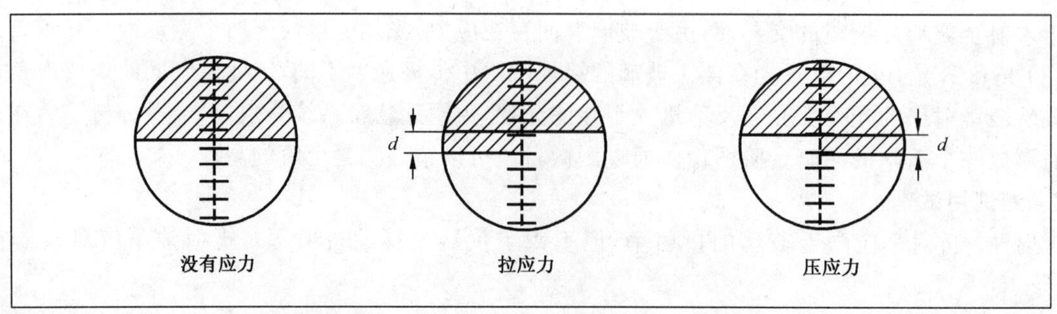

图 2 表面应力仪的视场中不同应力状态示意图

4.1.7 测试结果计算

表面应力的计算公式如式(1)：

$$\sigma = Kd \qquad \cdots\cdots(1)$$

式中：

σ——表面应力，MPa；

K——仪器常数，MPa/mm；

d——台阶高度，mm。

仪器常数的计算公式如式(2)：

$$K = \frac{1}{L} \cdot \cos(\sin^{-1}\frac{n}{N}) \cdot \frac{1}{C} \qquad \cdots\cdots(2)$$

式中：

L——仪器望远镜系统焦距，mm；

n——被测玻璃折射率；

N——仪器棱镜折射率；

C——玻璃的应力光学常数，MPa^{-1}。钠钙硅玻璃的应力光学常数取 2.6×10^{-6} MPa^{-1}。

4.1.8 测试报告

报告应包括如下内容：

a) 试样名称、规格、种类、厚度和编号；

b) 测量点的位置或编号；

c) 每个测量位置的台阶高度值和计算的应力值；

d) 测试单位、测试日期及测试人员、审核人员签字；

e) 仪器的型号及编号。

4.2 不含涂层的玻璃边缘应力测试

4.2.1 测试原理

将试样置入平面偏振光场中，旋转起偏振片及检偏振片，使两偏振轴保持正交并与试样主应力方向成45°角，试样的主应力方向与试样边部平行或垂直。将一块1/4波片置入靠近检偏振片左端光路中，并使其快、慢轴与偏振轴平行。通过转动检偏镜进行补偿，得到补偿角度。

4.2.2 测试装置

边缘应力仪：主要由光源、起偏振片、检偏振片、1/4波片等四部分构成。仪器的构造如图3所示。

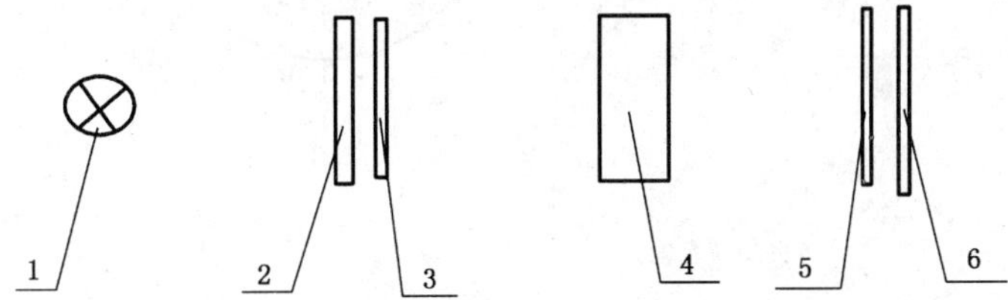

1——光源；

2——磨砂玻璃；

3——起偏振片；

4——被测玻璃；

5——1/4波片；

6——检偏振片。

图3 边缘应力仪的光学系统

4.2.3 试样

以制品为试样。为了避免热应力的产生，试样的内、外温度应一致并与周围的环境温度相同。

4.2.4 边缘应力测量点的确定

边缘应力测量点取每条边的中心位置。

4.2.5 测试程序

a) 接通仪器光源，使起偏振片和检偏振片相互垂直并处于初始位置，此时视场为均匀黑暗。

b) 在起偏振片和1/4波片之间放入被测试样。使试样主应力方向与偏振轴方向成45°角。此时在视场中可以看到试样边缘由于应力而产生的光干涉图，见图4a)。距边缘一定距离处有一条与边缘相平行的粗黑条纹，这是应力为零的区域。黑条纹下方区域的综合应力为压应力，黑条纹上方区域的综合应力为拉应力。拉应力或压应力方向也可由检偏振片补偿时的旋转方向来确定。检偏振片往"＋"号方向旋转表示所测应力为拉应力，反之，往"－"方向旋转表示所测应力为压应力。

c) 向"－"方向旋转检偏振片，使黑色零级条纹的中心线移动到试样的边缘，见图4b)。此时得到最大边缘压应力对应的转角θ。如果试样的边部经过磨边或倒角处理，无法直接得到θ，可以采取距离试样边部等间距处测量，得到转角，通过延长线的方法得到θ。(例如，磨边厚度距边部0.4 mm，则可以在距边部0.5 mm，1.0 mm，1.5 mm，2.0 mm，2.5 mm处测量，得到相应的角度，通过光滑曲线将各点连接并延长与θ轴相交于θ，见图5。)

d) 向"＋"方向旋转检偏振片，使黑色零级条纹远离边部，直至黑色零级条纹的上方狭长区域变为最暗为止，见图4c)。此时得到最大边缘张应力对转角θ。

e) 当试样边部出现多级条纹时，零级条纹为黑色，以后条纹颜色变化由红到紫，再变为黑，其颜色会重复出现，依次出现的紫色条纹级数依次为1级，2级，3级……。移动靠近测量点的高级紫色条纹到所需的测量点，得到转角θ'。如果彩色条纹有两条，紫色条纹的整级数应为2，见图4d)。此时角度θ的计算公式如式(3)：

$$\theta = n \times 180° + \theta' \quad \cdots\cdots(3)$$

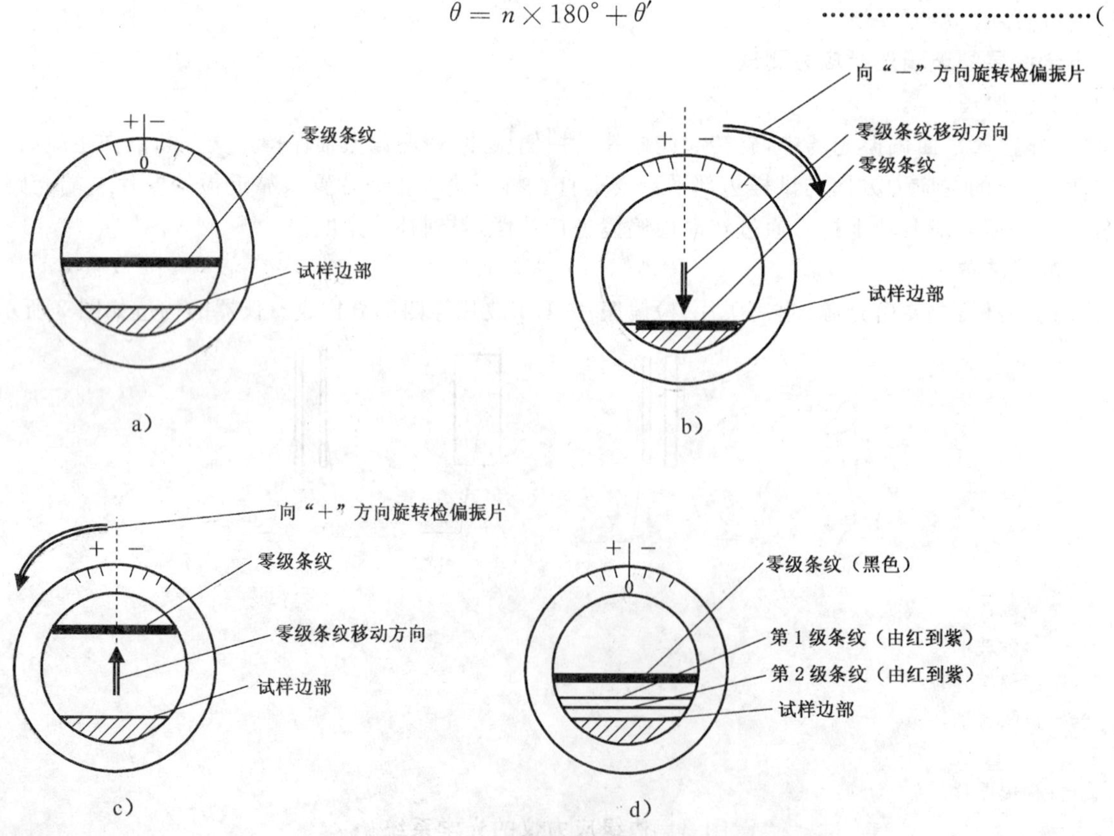

图4 边缘应力仪的视场中应力干涉图像

式中：

n——条纹整级数；

θ'——试样边部出现多级条纹时，测量点处对应的转角。

注：如条纹级数超过二级以上时，可增加干涉滤光片以便观察。

图5　延长线法求最大边缘压应力转角

4.2.6　**测试结果计算**

边缘应力的计算公式如式(4)：

$$\sigma = K\theta/t \qquad (4)$$

式中：

σ——试样测量点处的边缘应力，MPa；

K——仪器常数，MPa·mm/(°)；

θ——试样测量点处对应的转角，(°)；

t——试样测量点处的厚度，mm。

注：夹层玻璃测量点处的厚度应为试样总厚度减去胶片厚度。

仪器常数的计算公式如式(5)：

$$K = \frac{\lambda}{180°C} \qquad (5)$$

式中：

λ——光源的波长，nm；

C——被测玻璃光学应力常数，MPa^{-1}。

4.2.7　**测试报告**

报告应包括如下内容：

a)　试样名称、种类、厚度和编号；

b)　测量点的位置；

c)　每个测量位置的转角和被测点的厚度；

d)　计算的应力值；

e)　测试单位、测试日期及测试人员签字。

4.3　**含涂层的玻璃边缘应力测试**

4.3.1　**测试原理**

利用反射式光路，将聚光系统、起偏振片及接受反射光的检偏振片置于试样的同侧，使偏振光线射入玻璃后被其背面的涂层反射回来，再次通过被测玻璃试样。本试验方法的测试原理与4.2.1相同，不同之处仅在于偏振光线在玻璃的厚度方向上两次通过被测玻璃试样。

4.3.2 **测试装置**

反射式边缘应力仪:主要由聚光系统、起偏振片、检偏振片、1/4 波片等四部份构成,仪器的构造如图 6 所示。

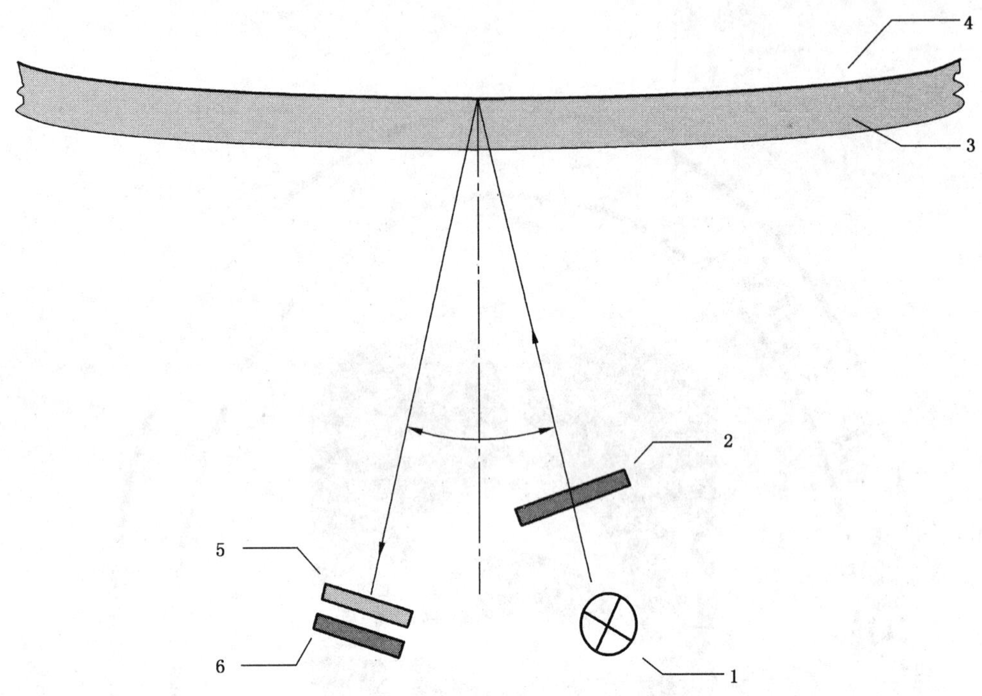

1——聚光系统;
2——起偏振片;
3——被测玻璃试样;
4——反射涂层;
5——1/4 波片;
6——检偏振片。

图 6 反射式边缘应力仪的光学系统

4.3.3 **试样**

以制品为试样,试样一侧的边部应含有涂层(如幕墙玻璃、汽车用安全玻璃的釉面)。为了避免热应力的产生,试样的内、外温度应一致并与周围的环境温度相同。

4.3.4 **边缘应力测量点的确定**

与 4.2.4 相同。

4.3.5 **测试程序**

测试程序如下:

a) 接通仪器电源,调整起偏振片与检偏振片的相对位置,使玻璃试样的入射光线与反射光线有适当的夹角,并将玻璃试样表面的光照直径调节到约 100 mm。

b) 调整起偏振片和检偏振片的光轴,使其相互垂直并与试样的主应力方向成 45°。

c) 同 4.2.5 c)~f)。

4.3.6 **测试结果计算**

边缘应力的计算依据式(5)和(6):

$$\sigma = K\theta/2t \qquad (6)$$

式中：

K，θ，t 的含义与式(4)和式(5)中的参数意义相同。

4.3.7 测试报告

同4.2.7。

ICS 59.060.10
W 30

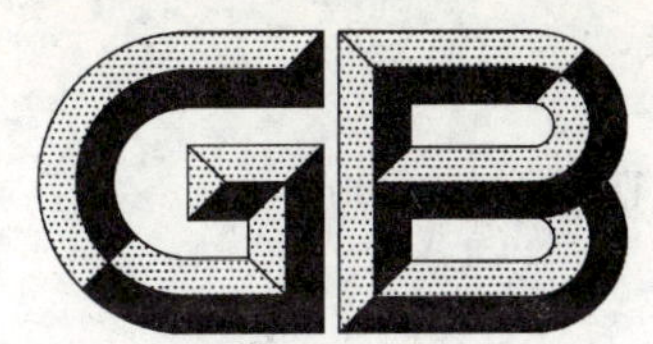

中华人民共和国国家标准

GB/T 18147.1—2008
代替 GB/T 18147.1—2000

大麻纤维试验方法 第1部分:含油率试验方法

Test method for hemp fibre—
Part 1:Test method for oil content of hemp fibre

2008-06-17 发布　　2008-09-01 实施

中华人民共和国国家质量监督检验检疫总局
中国国家标准化管理委员会　发布

前 言

GB/T 18147《大麻纤维试验方法》分为以下几个部分：

——第1部分：含油率试验方法；

——第2部分：残胶率试验方法；

——第3部分：长度试验方法；

——第4部分：细度试验方法；

——第5部分：断裂强度试验方法；

——第6部分：疵点试验方法。

本部分为 GB/T 18147 第1部分。

本部分代替 GB/T 18147.1—2000《大麻纤维试验方法　第1部分：含油率试验方法》。

本部分与 GB/T 18147.1—2000 相比主要变化如下：

——增加含油率的术语定义；

——将油脂浸抽器改为索氏萃取器；

——增加水浴锅、烘箱温控偏差(±1℃)；

——批样中每个试样质量改为 5.00 g±0.20 g；

——将试剂苯-乙醇或乙醚改为乙醚或石油醚-乙醇；

——将溶剂回流次数改为每小时不少于8次，提取时间改为 2.5 h。

本部分由中国纤维检验局提出并归口。

本部分主要起草单位：山东省纤维检验局、山西绿洲纺织有限责任公司。

本部分主要起草人：魏守文、孟凯、于丽华、迟刚、时春瑞。

本部分于2000年首次发布，本次为第一次修订。

大麻纤维试验方法
第1部分:含油率试验方法

1 范围

GB/T 18147的本部分规定了大麻纤维含油率的试验方法。

本部分适用于大麻精麻、大麻麻条、大麻落麻。

2 规范性引用文件

下列文件中的条款通过GB/T 18147的本部分的引用而成为本部分的条款。凡是注日期的引用文件,其随后所有的修改单(不包括勘误的内容)或修订版均不适用于本部分,然而,鼓励根据本部分达成协议的各方研究是否可使用这些文件的最新版本。凡是不注日期的引用文件,其最新版本适用于本部分。

GB/T 8170 数值修约规则

GB/T 18146.1 大麻纤维 第1部分:大麻精麻

GB/T 18146.2 大麻纤维 第2部分:大麻麻条

GB/T 18146.3 大麻纤维 第3部分:大麻落麻

3 术语和定义

下列术语和定义适用于GB/T 18147的本部分。

3.1

含油率 oil content

为大麻纤维所加的乳化液中油的质量对含油麻纤维干燥质量的百分率。

4 原理

用溶剂萃取出试样中所含有的油脂,分别称量去油后纤维和油脂的干燥质量,计算得到含油率。

5 仪器及试剂

a) 索氏萃取器;

b) 恒温水浴锅:温控偏差±1℃;

c) 烘箱:控温范围50℃~150℃,温控偏差±1℃;

d) 天平:感量0.01 g、0.1 mg;

e) 干燥器:ϕ180 mm、ϕ150 mm;

f) 称量瓶:ϕ40 mm×70 mm;

g) 石油醚:沸程60℃~90℃;

h) 乙醇:分析纯;

i) 乙醚:分析纯;

j) 镊子、剪刀等。

6 抽样

大麻精麻、大麻麻条、大麻落麻取样分别按GB/T 18146.1、GB/T 18146.2、GB/T 18146.3执行。

每份样品取三个试样，两个试样进行试验，一个作为备样，每个试样 5.00 g±0.20 g。

7 程序

7.1 洗净索氏萃取器的蒸馏瓶，在 105℃～110℃下烘至恒量，放入干燥器中冷却至室温，称量，记作 m_1。

7.2 将试样用滤纸包成圆柱形，然后放入萃取器中，注入 150 mL 乙醚或 150 mL 石油醚-乙醇（石油醚+乙醇=2+1）。试样长度应低于虹吸管顶部 10 mm。

7.3 调节水浴锅温度，使溶剂回流次数不少于每小时 8 次。从溶剂开始滴落起计时，提取 2.5 h。

7.4 取出试样，回收溶剂。

7.5 将试样放在通风橱内风干，然后转入称量瓶中，与含油蒸馏瓶一起放入烘箱，在 105℃～110℃下烘至恒量，移入干燥器中冷却至室温（约 25 min），分别称得试样去油后质量和含油蒸馏瓶质量，记作 m_0、m_2。

7.6 m_0、m_1、m_2用感量为 0.1 mg 的天平称量。

8 结果

8.1 试样含油率计算按下式：

$$p_0 = \frac{m_2 - m_1}{m_0 + m_2 - m_1} \times 100$$

式中：

p_0——含油率，%；

m_0——去油后试样烘干质量，单位为克（g）；

m_1——蒸馏瓶烘干质量，单位为克（g）；

m_2——含油蒸馏瓶烘干质量，单位为克（g）。

8.2 试验结果以两次试验的算术平均值表示；若两次平行试验结果差异大于 0.3%，则取备样进行第三次试验，试验结果取三次试验的算术平均值，按 GB/T 8170 修约至一位小数。

9 试验报告

大麻纤维含油率试验报告应包括样品名称、样品编号、执行标准、试验结果、试验日期、试验者。

ICS 59.060.10
W 30

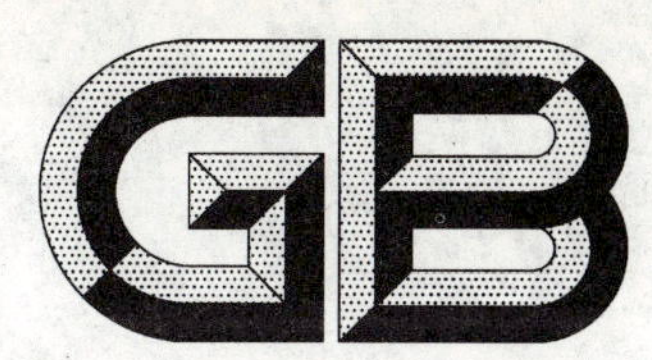

中华人民共和国国家标准

GB/T 18147.2—2008
代替 GB/T 18147.2—2000

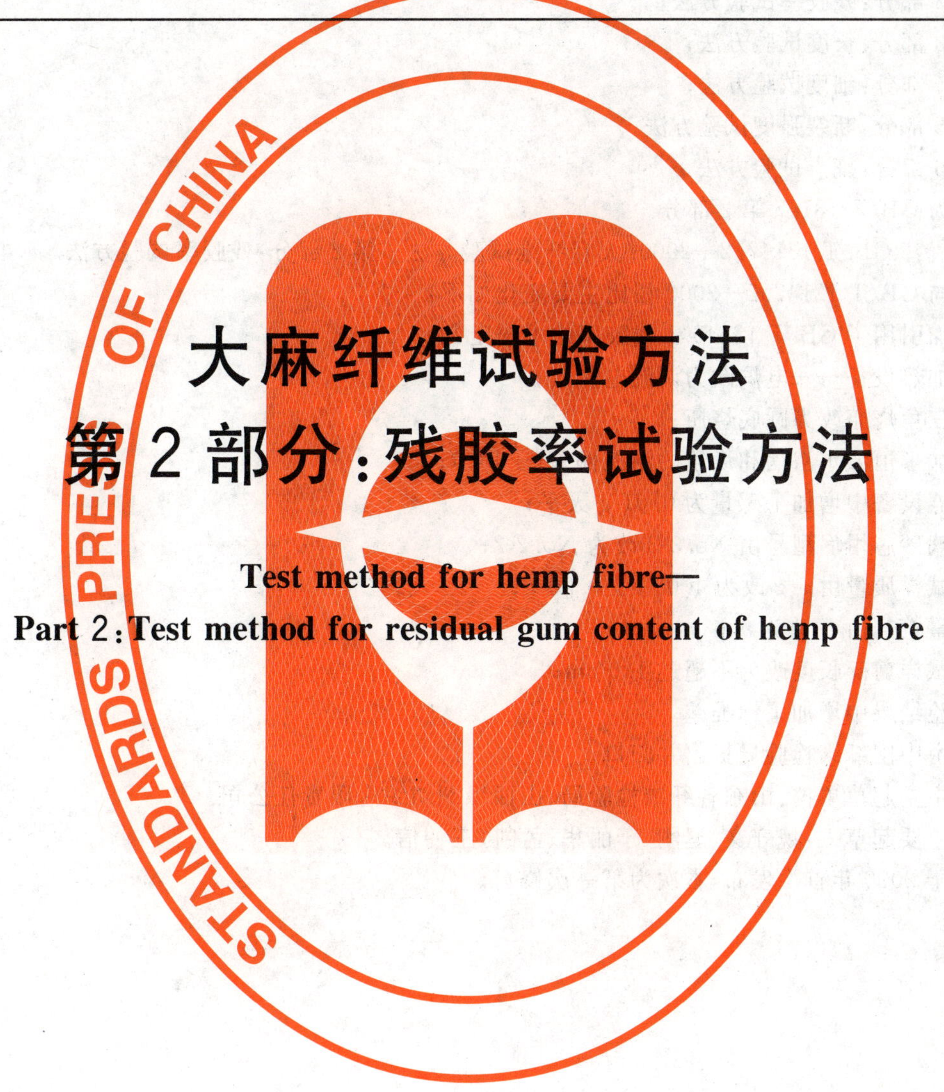

大麻纤维试验方法 第2部分:残胶率试验方法

Test method for hemp fibre—
Part 2:Test method for residual gum content of hemp fibre

2008-06-17 发布 2008-09-01 实施

中华人民共和国国家质量监督检验检疫总局
中国国家标准化管理委员会 发布

前 言

GB/T 18147《大麻纤维试验方法》分为以下几个部分：

——第1部分：含油率试验方法；

——第2部分：残胶率试验方法；

——第3部分：长度试验方法；

——第4部分：细度试验方法；

——第5部分：断裂强度试验方法；

——第6部分：疵点试验方法。

本部分为 GB/T 18147 第2部分。

本部分代替 GB/T 18147.2—2000《大麻纤维试验方法　第2部分：残胶率试验方法》。

本部分与 GB/T 18147.2—2000 相比主要变化如下：

——增加引用了 GB/T 18146.1 残胶率的术语定义；

——将加热设备——电炉改为调温电热套；

——将三角烧瓶改为圆底烧瓶；

——增加了恒温水浴锅和烘箱的温控偏差(±1℃)；

——仪器设备中增加了感量为 0.01 g 天平；

——玻璃砂芯坩埚型号由 No.3-3 改为 No.2-2；

——将试样质量由 5 g 改为 4.00 g±0.20 g；

——质量符号由 G 改为 m；

——将试样剪碎长度改为不超过 1.0 cm；

——试验结果中增加了标准差。

本部分由中国纤维检验局提出并归口。

本部分主要起草单位：山东省纤维检验局、山西绿洲纺织有限责任公司。

本部分主要起草人：魏守文、迟刚、于丽华、孟凯、王仲信。

本部分于2000年首次发布，本次为第一次修订。

大麻纤维试验方法
第2部分:残胶率试验方法

1 范围

GB/T 18147的本部分规定了大麻纤维残胶率的试验方法。

本部分适用于大麻精麻、大麻麻条、大麻落麻。

2 规范性引用文件

下列文件中的条款通过GB/T 18147的本部分的引用而成为本部分的条款。凡是注日期的引用文件,其随后所有的修改单(不包括勘误的内容)或修订版均不适用于本部分,然而,鼓励根据本部分达成协议的各方研究是否可使用这些文件的最新版本。凡是不注日期的引用文件,其最新版本适用于本部分。

GB/T 8170 数值修约规则

GB/T 18146.1 大麻纤维 第1部分:大麻精麻

GB/T 18146.2 大麻纤维 第2部分:大麻麻条

GB/T 18146.3 大麻纤维 第3部分:大麻落麻

GB/T 18147.1 大麻纤维试验方法 第1部分:含油率试验方法

3 术语和定义

GB/T 18146.1确立的以及下列术语和定义适用于GB/T 18147的本部分。

3.1

残胶率 residual gum content

去油大麻纤维中残留胶质的干量对去油大麻纤维干量的百分率。

4 原理

利用大麻纤维中各种组成成分对不同化学试剂反应的不同,逐次溶解果胶、半纤维素、纤维素,剩余木质素,求出残胶率。

5 仪器及试剂

5.1 仪器设备及工具

a) 索氏萃取器;

b) 恒温水浴锅:温控偏差±1℃;

c) 烘箱:控温范围50℃~150℃,控温偏差±1℃;

d) 调温电热套:500 mL,300 W;

e) 真空抽气泵:30 L/min;

f) 天平:感量0.01 g、0.1 mg;

g) 分样筛:120目。

5.2 玻璃器具

a) 圆底烧瓶:500 mL;

b) 球型冷凝管:250 mL;

c) 称量瓶:ϕ40 mm×70 mm;

d) 干燥器:ϕ180 mm、ϕ150 mm;

e) 量筒:250 mL;

f) 玻璃砂芯坩埚:No. 2-2;

g) 抽滤瓶:500 mL。

5.3 试剂

a) 氢氧化钠:分析纯;

b) 氯化钡:分析纯;

c) 硫酸:分析纯。

6 抽样

大麻精麻、大麻麻条、大麻落麻取样分别按 GB/T 18146.1、GB/T 18146.2、GB/T 18146.3 执行。每份样品取三个试样,每个试样 4.00 g±0.20 g。

7 程序

7.1 按 GB/T 18147.1 对试样进行去油处理,去油后试样与称量瓶的总烘干质量记作 m_1,去油后试样的烘干质量记作 m_0。也可直接采用测定含油率后的试样。

7.2 将试样放入圆底烧瓶,加入 150 mL 质量浓度为 20 g/L 的氢氧化钠溶液,装好球型冷凝管,煮沸 3 h。

7.3 取出试样在分样筛中用蒸馏水洗净后,放入 7.1 所用的称量瓶,在温度 105℃~110℃烘箱中烘至恒量,移入干燥器冷却至室温,称量,记作 m_2。

7.4 将试样剪碎(长度不超过 1.0 cm),放入圆底烧瓶,缓缓加入质量分数为 72%的硫酸溶液 30 mL。在室温下放置 24 h,然后用蒸馏水稀释至 300 mL;装好球型冷凝管煮沸 1 h,稍冷。

7.5 用蒸馏水在已知质量为 m_3 的玻璃砂芯坩埚中反复洗涤、抽滤,直至滤液中不含硫酸根离子为止(用 10%氯化钡溶液检验,无乳白色沉淀物)。

7.6 取下玻璃砂芯坩埚放入烘箱烘至恒量,移入干燥器中冷却至室温,称量,记作 m_4。

7.7 m_0、m_1、m_2、m_3、m_4 用感量为 0.1 mg 的天平称量。

8 结果

8.1 试样残胶率计算见式(1)~式(3)。

$$W = W_1 + W_2 \qquad \cdots\cdots(1)$$

$$W_1 = \frac{m_1 - m_2}{m_0} \times 100 \qquad \cdots\cdots(2)$$

$$W_2 = \frac{m_4 - m_3}{m_0} \times 100 \qquad \cdots\cdots(3)$$

式中:

W——试样的残胶率,%;

W_1——试样的果胶和半纤维素含量,%;

W_2——试样的木质素含量,%;

m_0——去油后试样烘干质量,单位为克(g);

m_1——去油后试样与称量瓶的总烘干质量,单位为克(g);

m_2——去油后试样再去除果胶和半纤维素后与称量瓶的总烘干质量,单位为克(g);

m_3——玻璃砂芯坩埚烘干质量，单位为克(g)；

m_4——试样的木质素与玻璃砂芯坩埚总烘干质量，单位为克(g)。

8.2 试验结果以三次平行试验的结果计算平均值及标准差，按 GB/T 8170 修约至一位小数。

9 试验报告

大麻纤维残胶率试验报告应包括样品名称、样品编号、执行标准、试验结果、试验日期、试验者。

ICS 31.260
N 33

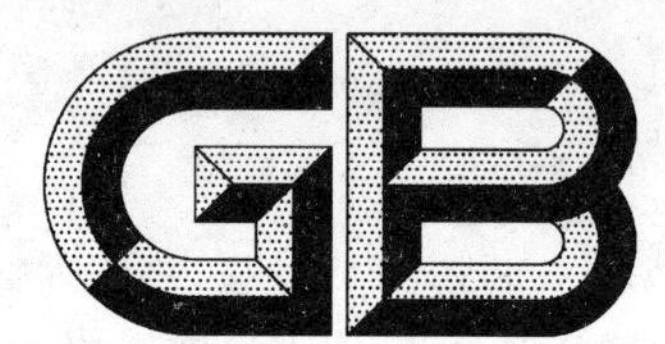

中华人民共和国国家标准

GB/T 18151—2008/IEC 60825-4:2006
代替 GB 18151—2000

激光防护屏

Laser guards

(IEC 60825-4:2006,Safety of laser products—Part 4:Laser guards,IDT)

2008-12-15 发布　　2009-10-01 实施

中华人民共和国国家质量监督检验检疫总局
中国国家标准化管理委员会　发布

前　言

本标准等同采用国际电工委员会 IEC 60825-4:2006《激光产品安全——第4部分:激光防护屏》,仅有编辑性修改。

本标准是对 GB 18151—2000 的修订。

本标准与 GB 18151—2000 相比,主要变化如下:

——由强制性标准改为推荐性标准;

——正文由3章增加到5章;

——附录由3个增加到6个;

——图示由9个增加到32个;

——增加了2个表格;

——取消了 IEC 前言;

——删除了1.3.18,因为该条款已包含在 GB 7247.1 中;

——纠正了一个错误:C.1 FEL 和 PEL 的区别:"最大值"应为"最小值";

——修正了 D.2 中两处不适当措辞:

- 激光束垂直照射样品表面,"垂直"改为"近似垂直";
- 样品受激光照射产生温度,"温度"改为"温升"。

本标准的附录 A、附录 B、附录 C、附录 D、附录 E 和附录 F 为资料性附录。

本标准由国家安全生产监督管理总局提出。

本标准由全国安全生产标准化技术委员会归口。

本标准起草单位:中国计量科学研究院。

本标准主要起草人:吕正、马冲。

本标准于2000年7月首次发布。

引 言

在低量值的辐照度或辐亮度照射下，为了屏蔽激光辐射而对防护屏的材料和厚度的选择主要取决于所需的光学衰减量。然而，在高量值的辐照度或辐亮度照射下，还要考虑激光辐射对消蚀防护屏材料的效果——典型的现象有熔融、氧化或烧蚀，此过程可导致激光辐射穿透原先不能透过的材料。

GB 7247.1 给出了激光防护屏的一般指导，包括人员通道、连锁装置和标签、大功率激光的保护罩等。

本标准仅涉及激光辐射的防护，而没有涉及材料加工期间二次辐射可能引起的危害。

根据本标准，激光防护屏同样能够防护眼睛免遭损伤，对这一功能的详细要求应参照其他相关标准。

在使用术语“辐照度”的地方，同样含有“辐射照射”的意思。

激光防护屏

1 范围

本标准详细说明了永久和临时(例如维修时)用来围封激光加工机工作区域的激光防护屏以及专用激光防护屏的要求。

本标准适用于包括目视透明屏及视窗、平板、激光帘和壁在内的一个防护屏的全部组件。对光路组件、快门和不完全围封加工区的激光产品防护罩的要求包含在 GB 7247.1 中。

本标准还指出了:

a) 如何评估和规范激光防护屏的防护性质;

b) 如何选择激光防护屏。

2 规范性引用文件

下列文件中的条款通过本标准的引用而成为本标准的条款。凡是注日期的引用文件,其随后所有的修改单(不包括勘误的内容)或修订版均不适用于本标准,然而,鼓励根据本标准达成协议的各方研究是否可使用这些文件的最新版本。凡是不注日期的引用文件,其最新版本适用于本标准。

GB 7247.1—2001 激光产品的安全 第1部分:设备分类、要求和用户指南(idt IEC 60825-1:1993)

GB/T 15706.1—2007 机械安全 基本概念与设计通则 第1部分:基本术语和方法(idt ISO 12100-1:2003)

GB/T 15706.2—2007 机械安全 基本概念与设计通则 第2部分:技术原则(idt ISO 12100-2:2003)

ISO 11553-1:2005 机械安全——激光加工机械——安全性要求

3 术语和定义

GB 7247.1—2001 确立的以及下列术语和定义适用于本标准。

3.1

主动式防护屏的防护时间 active guard protection time

在主动式激光防护屏前表面一给定激光照射下,在其后表面达到超过1类 AEL 激光辐射时,主动式防护屏发出终止信号的最短时间。

3.2

主动式防护屏终止信号 active guard termination signal

主动式防护屏在前表面受到过量激光照射时所发出的旨在自动终止激光辐射的信号。

3.3

主动式激光防护屏 active laser guard

作为安全控制系统的一个部分的激光防护屏。当其前表面受到超过1类 AEL 的激光辐射时,可产生一个信号来终止激光辐射。

3.4

可预计照射限 foreseeable exposure limit;FEL

在可预料的故障条件下估算的,在维修检查期内激光防护屏前表面所能受到的最大激光照射量。

3.5

前表面 front surface

激光防护屏曝露于激光辐射的表面。

STANDARDS PRESS OF CHINA

3.6

激光防护屏　laser guard

通过防止其后表面可能接触超过1类可达发射极限(AEL)的激光辐射来限制危险区范围的实物挡屏。

3.7

激光加工机　laser processing machine

采用激光对材料进行加工的机器。

3.8

激光终止时间　laser termination time

主动式防护屏发出终止信号到激光停止发射所占有的最长时间。

注：激光终止时间与主动式激光防护屏的响应时间无关，而与激光加工机，特别是激光安全快门的响应时间有关。

3.9

维修检查间隔时间　maintenance inspection interval

激光防护屏相继两次安全维修检查间隔的时间。

3.10

被动激光防护屏　passive laser guard

仅依靠其本身物理性质工作的激光挡屏。

3.11

加工区　process zone

激光束与被加工材料相互作用的区域。

3.12

专用激光防护屏　proprietary laser guard

制造商提供的具有特定防护照射限的被动式或主动式激光防护屏。

3.13

防护照射限　protective exposure limit;PEL

在激光防护屏后表面可接触到的激光辐射不超过1类AEL的条件下，其前表面所允许的最大激光辐照量。

注1：实际上，可能存在多于一次的激光最大辐照量。

注2：不同PEL可指定用于激光防护屏的不同部位，如果这些部位明显可辨的话(例如，激光防护屏上的观察窗口)。

3.14

后表面　rear surface

激光防护屏的背离相关激光束且通常允许使用人员接触的表面。

3.15

可预料的事件(或条件)　reasonably foreseeable

可能发生和不能漠视其发生的事件(或条件)。

3.16

安全维修检查　safety maintenance inspection

按制造商提供的说明书进行的记录在案的检查。

3.17

临时激光防护屏　temporary laser guard

在激光加工机的某些操作运行中，限制危险区范围的替代或补充的主动式或被动式激光防护屏。

4　激光加工机用防护屏

本章规定了激光加工机制造商提出的对激光防护屏的要求。

4.1 设计要求

激光防护屏应满足 GB/T 15706.2—2007 关于防护屏的一般要求。此外，应符合下列特定要求。

4.1.1 一般要求

激光防护屏在其预定位置，曝露于 FEL 以下的激光辐射时，处于防护屏后表面及其以外区域，应当不致发生各种有关危害。

注 1：有关危害的例子包括：高温、泄放有毒材料、着火、爆炸、静电。

注 2：见附录 B 中对 FEL 的估算。

4.1.2 激光防护屏的消耗部分

为了替换激光防护屏易受激光辐射损害的部分，应当提供备份。

注：例如更换受损害部件或更换整张屏。

4.2 性能要求

4.2.1 通则

激光防护屏在维修检查期间，当其前表面曝露于 FEL 激光辐射时，均应防止透过其后表面的激光辐射超过 1 类 AEL。对于自动激光加工机来讲，维修检查间隔时间应不超过 8 h。

上述要求在激光防护屏所指定的工作条件下和预期工作期限内均应满足。

注 1：上述要求包括减少激光辐射的透射和降低激光引发的损伤两个方面。

注 2：由于老化、紫外辐射照射、某些气体、温度、湿度和其他环境条件，某些材料可能丧失其防护性质。此外，在高强度激光照射下，即使该处没有可见性损伤（比如可逆的漂白效应），某些材料也会透射激光辐射。

4.2.2 主动式激光防护屏

a） 在可预计照射限（FEL）下，主动式防护屏的防护时间应超过激光辐射的终止时间。

b） 主动式防护屏发出一个终止信号即看得见或听得到的警告后激光将停止发射。在激光发射重新开始以前需要进行手动复位。

注：见附录 C 中 C.2，对术语的详释。

4.3 认证要求

当激光加工机的制造商选择制造激光防护屏时，制造商应当认证该防护屏遵守 4.1 的设计要求，并满足 4.2 给出的性能要求。

注：关于激光防护屏设计和选择的导则见附录 A。

4.3.1 性能认证

4.3.1.1 对整个激光防护屏或其结构材料的合适样品，应当在所核验的每个 FEL 下进行检测。

注 1：综合各种激光和防护屏材料的 FEL 分类表以及适用的检测步骤，将作为本标准今后修正件中的资料以附录形式发布。

注 2：关于 FEL 的估算见附录 B。

4.3.1.2 对于检测目的来说，FEL 照射应当达到：

a） 通过计算或测量辐照量，进而复现指定的辐照条件；

b） 如果没有量化的 FEL，可创造机器工作时需要的条件，并在此条件下产生 FEL。

激光防护屏或样品应该达到常规检查的要求并满足防护屏维修期内所允许的前表面的物理条件，以免发生激光防护屏的激光防护性能大幅度降低（例如破裂、划伤和表面污染）（见 4.4.2）。

4.4 用户须知

4.4.1 制造商应当给用户提供文件，详述防护屏的检查和测试方法、清洁、更换或修理损伤件，以及使用限制，并说明维修检查的间隔时间。

4.4.2 制造商应当提供文件指出，当主动式防护屏的安全控制系统产生任何一个动作后，在重新复位安全控制系统前，应调查引发安全控制系统动作的原因，检查造成损伤的原因，及采取必要的补救措施。

5 专用激光防护屏

本章列出了对专用激光防护屏的制造商所应满足的要求。

5.1 设计要求

专用激光防护屏按用户须知(见5.6)的规定使用,当其曝露于FEL以下的激光辐射时,在防护屏后表面不产生各种伴生的危害。

5.2 性能要求

当其前表面承受规定的PEL照射时,渗透到激光防护屏后表面的激光辐射应不超过1类AEL。此要求适用于主动式防护屏工作的整个时期。

在正常的工作条件下,防护屏应满足此要求直至到达其工作期限。

5.3 规格要求

PEL的全部规格应当包括以下内容:

a) 在规定照射面积的上限下,激光防护屏前表面上的辐照度或曝辐量(分别以 W/m^2 或 J/m^2 为单位)的大小及其随时间的变化;

b) 在上述条件下,总辐照的持续时间;

c) 该PEL所应用的波长;

d) 激光辐射的入射角和偏振性(如果相关的话);

e) 辐照面积的最小尺寸(例如,若主动式激光防护屏用分立传感元件,则直径小的激光束可能通过无探测器的防护屏);

f) 主动式激光防护屏的保护时间。

注1:术语详释见附录B.1。

注2:一般都说一个范围或一组值,而不是一个值。

注3:合适的图形表示(例如,其他参数不变条件下的辐照度与持续时间的关系)。

5.4 检测要求

5.4.1 概述

应当对整个激光防护屏或其合适样品进行检测。但不管用哪一种方式检测,激光防护屏或样品都应当复现或超过前表面所允许的最坏的物理条件,包括表面反射率下降和出现日常维修说明书范围内所允许的损伤(见5.6)。

前表面检测时的辐照应当按规定使用PEL,对用样品检测的情况下,应当按后面5.4.2的规定。

当前表面处于PEL照射条件时,在激光防护屏后表面测得的激光辐射不应超过1类AEL(检测应按GB 7247.1—2001中第8章的规定)。这一要求适用于PEL规定的辐照持续时间或规定的主动式防护屏的防护时间,防护时间应从一个主动式防护屏终止信号发出之时计算。

注:在所用材料对激光波长呈现不透明(例如金属)的情况下,透过后表面的辐射将仅是1类AEL。在这种情况下,从零到迅速超过1类AEL的透射时间将加快,所以不需要灵敏的辐射探测器。

5.4.2 样品检测

防护屏样品的检测应按照附录D指明的步骤和方法辐照防护屏材料的前表面。

5.5 标牌要求

5.5.1 所有标牌都要放在防护屏的后表面。

5.5.2 若防护屏对摆放的位置敏感时,则防护屏后表面应做明晰可辨的标记。

5.5.3 如果仅是防护屏的部分前表面为激光防护屏,则这部分面积应当使用醒目的彩色轮廓和文字,以便于识别激光防护屏的外部边界。

5.5.4 标牌上应当说明全部PEL规格。

5.5.5 根据ISO 11553-1:2005,制造商应当根据本标准的要求提供厂名、制造时间和地点。

5.6 用户须知

除了5.3所列规格外,专用激光防护屏的制造商还应给用户提供以下资料:

a) 激光防护屏的使用说明书;

b) 激光防护屏安放和连接的方式；

c) 激光防护屏的安装资料——对于主动式激光防护屏，应包括防护屏的接口和电源要求；

d) 维修要求，包括检查细节和检测步骤、清洁、损坏件的替换或修理；

e) 主动式防护屏安全控制系统发出任何一个动作后，在重新复位控制系统前必须调查引发安全控制系统产生动作的原因，检查造成损伤的原因，并采取必要的补救措施；

f) 5.5 的标牌及其位置，如果仅是防护屏的部分前表面是激光防护屏，则这一面积应当标识清楚以便区别；

g) 遵守本标准列出的使用和检测要求。

附 录 A
（资料性附录）
关于激光防护屏设计和选择的一般导则

A.1 激光防护屏的设计

A.1.1 被动式激光防护屏

被动式激光防护屏示例如下：

a） 基于热传导原理的金属嵌板，若要增强其性能可通过强制风冷或水冷，以便在可预料的故障发生时，使表面温度保持在其熔点以下。

b） 在激光波长下不透射的透明片，它在激光加工机正常工作情况下可承受弱激光照射而不受影响。

A.1.2 主动式激光防护屏

主动式激光防护屏示例如下：

a） 嵌有多个分立的热传感器以探测过热的防护屏。

注：热传感器之间的间隔应当根据激光束漂移的最小尺寸而定。

b） 密封嵌板内装有增压的液体或气体介质和压力传感器件的激光防护屏，该压力传感器件能探测防护屏前表面出现孔缝后的压力下降。

A.1.3 危险指示（被动式防护屏）

如果可能的话，应当在激光防护屏曝露于激光辐射时给出可见指示（例如在激光防护屏正反两面均涂一层合适的漆）。

A.1.4 电源（主动式防护屏）

如果主动式防护屏为实现本身的功能需要电源，则电源应与激光联锁，以便使激光器不能在无电源时工作。

A.2 激光防护屏的选择

简便的选择过程如下：

a） 为激光防护屏确定所选位置并估计在该位置的 FEL。附录 B 给出了对 FEL 值的估算导则。

b） 当故障发生时，应把 FEL 降到最低，这特别适合于具有自动监视功能的激光加工机，它能探测出故障发生并限制曝光时间。

另一些例子有：

——确证激光防护屏离开聚焦光学系统产生的焦点足够远；

——把激光防护屏的易受损伤部分（如视窗）安放在远离可能曝露于高辐照度的区域；

——移动激光防护屏远离激光加工区；

——对于临时性的激光防护屏，还需在必要的维修文件上增加：

- 一人或多人参与监督激光防护屏的前表面状态，以减少被动式防护屏的 FEL；
- 操作人员使用保持运行的控制器来监督激光防护屏的前表面状态，以减少被动式防护屏的辐照持续时间；
- 采用局部的临时性防护屏、光阱和光阑，以便吸收各种较强的漂移激光束；
- 危险区用漂移激光警告器，防护屏放在危险区外，以减少 FEL；

——使用临时性激光防护屏时，在机器设计中应添加光束控制功能装置，以便于机器工作时改善激光束的控制，例如：

- 可精密定位的夹持器，这是供给激光工作时附加的光束成形件（比如转镜）用的；

● 安装控制光束处在限定范围内的装置。

三种选择如下:其顺序与是否优先选择无关。

A.2.1 选择1:被动式激光防护屏

这是最简便的选择。

注:在使用波长可调的激光例如染料激光器时,防护屏的设计和质量控制更应重点考虑。在这种情况下,材料制造商应说明吸收体的密度或激光波长处的材料的光学透射衰减率,同一批材料样品首先应按4.3.1所述进行测试。

A.2.2 选择2:主动式激光防护屏

如果FEL不能降低到用一个普通的被动式激光防护屏就可以提供适当防护的水平,则应采用主动式激光防护屏。

A.2.3 选择3:专用激光防护屏

如果估算的FEL值低于激光防护屏制造商标注的PEL值,可使用专用激光防护屏。

附　录　B
（资料性附录）
可预计辐照限(FEL)的评估

B.1　概述

FEL 值可通过测量或计算加以确定(见下)。

标准 ISO 14121 对危险的估算提供了一般方法。危险估算时应该考虑机器正常运行时受到的累计辐照量。

应当从估算中辨识最需要的辐照度、辐照面积和辐照持续时间的组合情况。有时候必须识别几种 FEL。例如,一种情况是在较低的辐照度下使辐照时间尽可能长,而另一种情况是在较短的辐照时间下使辐照度尽可能高。

全部 FEL 特性包含下列信息:

a)　激光防护屏前表面上的最大辐照度(或辐照量)。

注:辐照度表示为总功率或总能量除以防护屏前表面面积,或特定面积。

b)　防护屏前表面的面积应该达到或超过辐照度所允许的强度量级下的辐照面积的上限。

注:对面积不设定限制对于防护散射激光来说是合适的。然而对于激光束的直接照射而言,设定受辐照面积的上限更是适宜的。

c)　辐照的瞬时特性,指连续激光或脉冲激光的辐射。若是后者,则必须明确脉冲激光的单脉冲持续时间和脉冲重复频率。

d)　辐照的总持续时间。

注:这个术语的详细描述见 B.4。

e)　辐射波长。

f)　入射角和辐射偏振(如果相关的话)。

注 1:对于利用干涉涂层反射外来激光辐射的激光防护屏来说,入射角的规定特别重要。

注 2:注意在布儒斯特角入射下,可能会发生“p”偏振辐射强烈地耦合进防护屏表面的情况。

g)　最小辐照面积(例如用带有分立传感元的主动式激光防护屏,可能发生束径较小的激光束透过而未被探测到的情况)的确定。

h)　主动式激光防护屏的防护时间。

B.2　激光辐射的反射

B.2.1　漫反射

假定一个具有 100%反射率的朗伯反射体:

$$E_A=\frac{P_0}{\pi}\cdot\frac{\cos\theta}{R^2}\cdot\cos\varphi \qquad \text{(B.1)}$$

式(B.1)中各参数的物理意义见图 B.1。

B.2.2　镜反射

镜反射的情况是很难概述的。

对于具有高斯分布、功率为 P_0、聚焦透镜处直径为 d_{63}、焦距为 f 的圆形对称激光束,距焦点垂直距离为 R 的平面上的最大辐照度(在高斯分布中心)为:

$$E_{AA'}=\frac{4P_0\rho}{\pi d_{63}^2}\cdot\left(\frac{f}{R}\right)^2 \qquad \text{(B.2)}$$

式中:ρ 为该平面的反射率。其他参数的物理意义见图 B.2。

注意：某些曲面可能增大反射的危害。

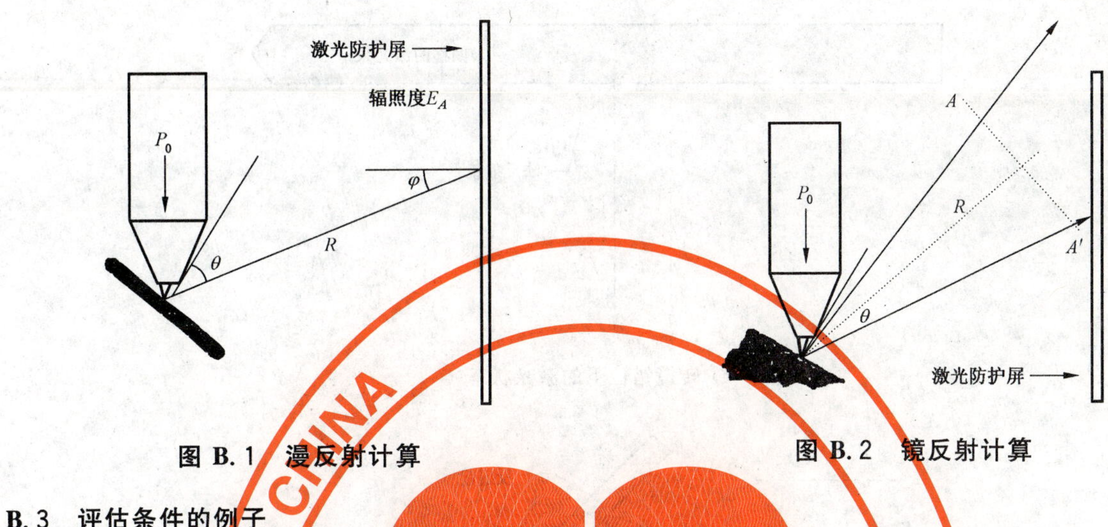

激光防护屏
辐照度E_A
P_0
φ
θ
R

图 B.1　漫反射计算

A
R
P_0
A'
θ
激光防护屏

图 B.2　镜反射计算

B.3　评估条件的例子

对于正常工作期间容易发生的各种 FEL，可借助常用的激光参数、工件材料、几何结构和工艺方法及其可预见的最坏组合（见图 B.3、图 B.4）进行估算（IEC/TR 60825-14 为用户提供了指导）。

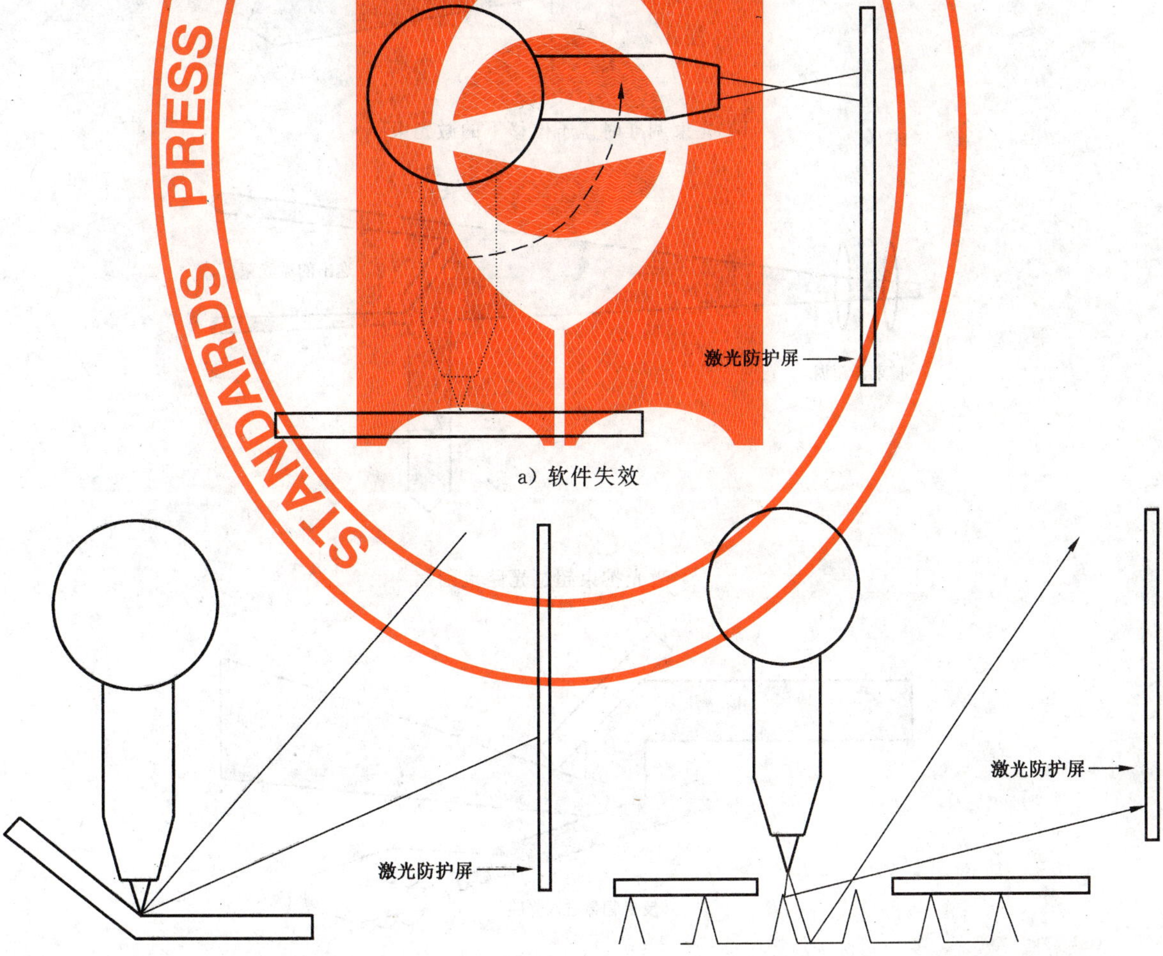

激光防护屏
激光防护屏
激光防护屏

a）软件失效

b）片状工件弯曲或固紧不合适

c）片状工件平行错位

图 B.3　可预见缺陷状态的几个例子

STANDARDS PRESS OF CHINA

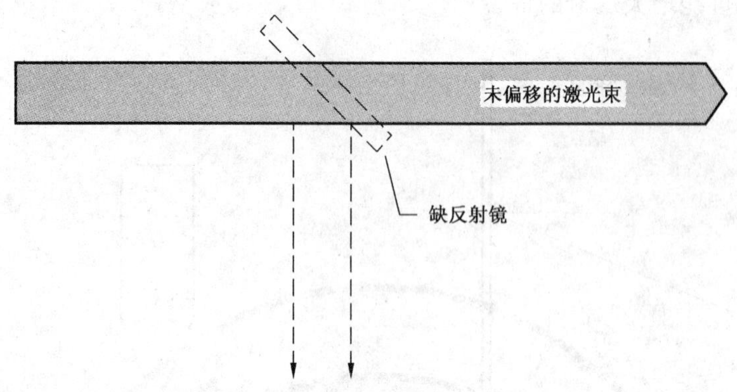

a）转镜错位下的激光状态

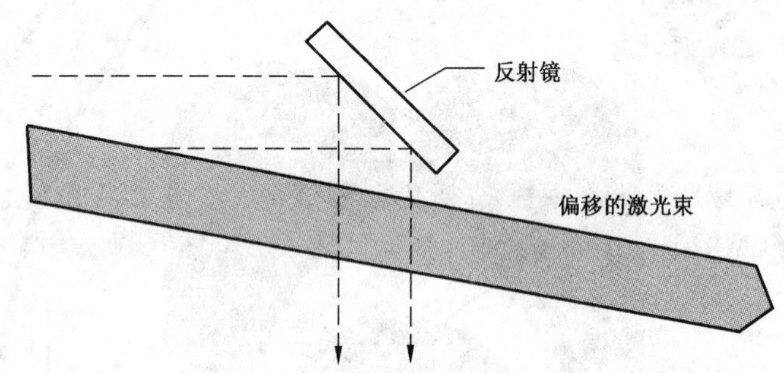

b）光束调准时镜子位移下的激光束

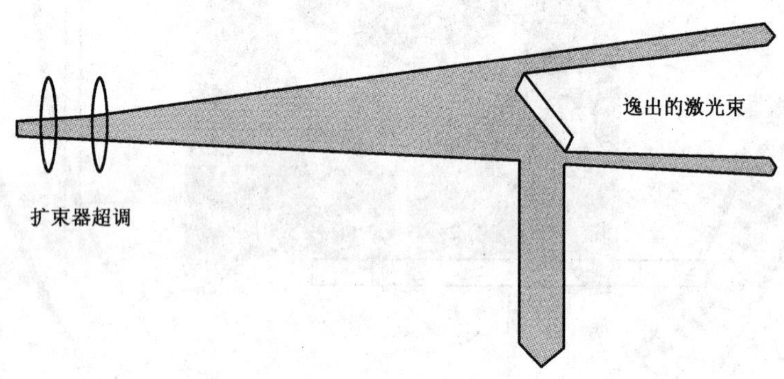

c）激光扩束超过光路范围

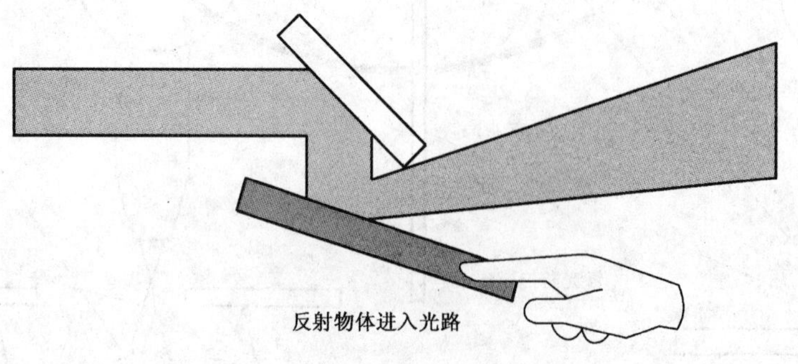

d）反射物体插入激光束

图 B.4　一个临时性的防护屏在工作状态下出现激光束漂移的 4 个例子

B.4 辐照持续时间

B.4.1 正常工作

激光防护屏在无故障工作时受到的照射可能包含每台机器每次重复运行的低量级反射、散射和透射的辐射。在这种情况下，按无故障工作估算的FEL将包括重复运行期间防护屏上辐照度的变化和在安全维修检查期外机器重复运行的最多次数(见图B.5)。

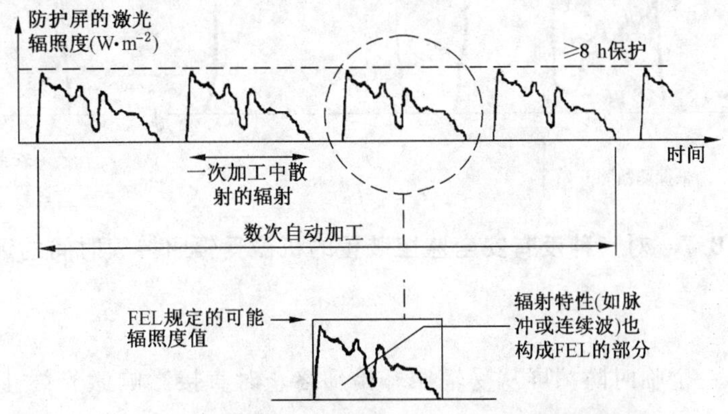

图 B.5 机器重复运转期间激光防护屏受辐照的图示说明

B.4.2 故障情况

某个机器监视装置中配备安全控制系统可以减少防护屏在机器故障状态下所承受的过量激光辐射照射时间。给出的两个图示例子见图B.6和图B.7。

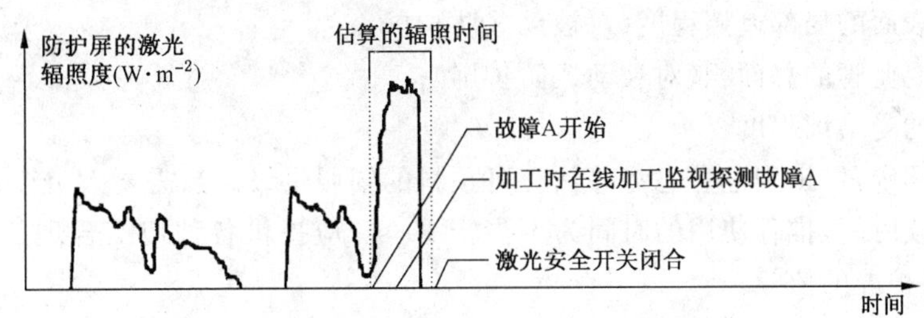

a) 关闭在线机器安全监控

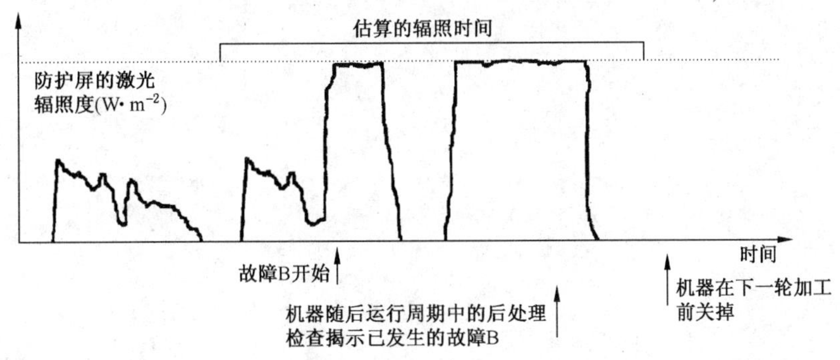

b) 关闭离线机器安全监控

图 B.6 评估辐照持续时间的2个例子

对于未被安全控制系统探测到的故障而言，估算的辐照持续时间应包括整个安全维修检查期。

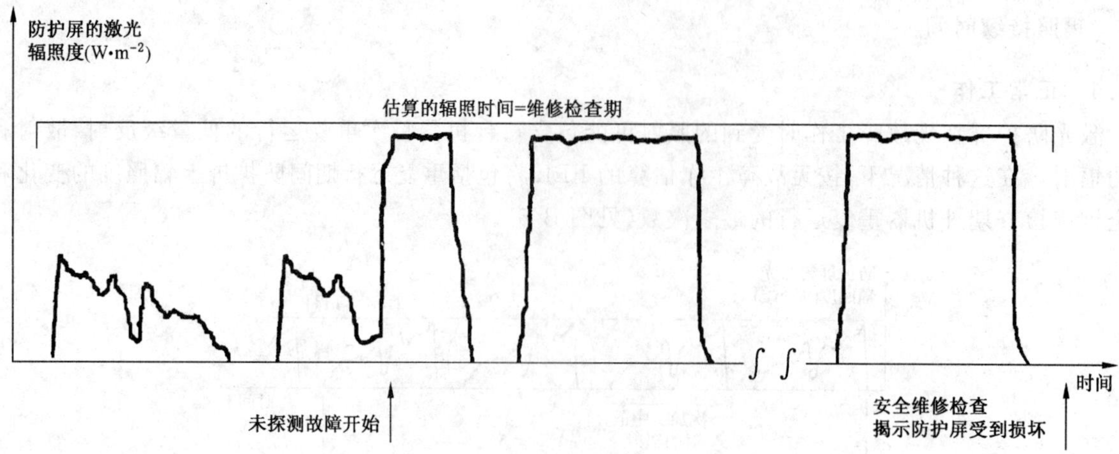

图 B.7　对一种没有安全监控装置的机器受辐照持续时间的评估

B.4.3　维修作业

在维修作业期间，一个临时防护屏从受辐照开始到终止时直接影响激光终止测量时间的各种因素包括：

——是否使用预置激光定时开关；

——故障状态下的控制程度；

——是否由人监管防护屏状态(对被动式防护屏)；

——提供保持防护屏正常工作的控制器；

——防护屏在受到超量激光照射时的预估受损程度(对被动式防护屏)；

——防护屏前表面的局部遮挡程度(对被动式防护屏)；

——防护屏需要监管的总面积(对被动式防护屏)；

——维护人员的受培训程度。

应当进行风险评定，以识别危害态势并估算可预料的辐照量级。当需要人员介入时，则必须限制临时防护屏的辐照持续时间，推荐使用的时间为不少于 10 s。应提供各种切实合理的工程和行政控制手段，以减少对临时保护屏的依赖。

附　录　C
（资料性附录）
术语定义的详释

C.1　FEL和PEL的区别

图C.1形象地说明了FEL和PEL的区别。

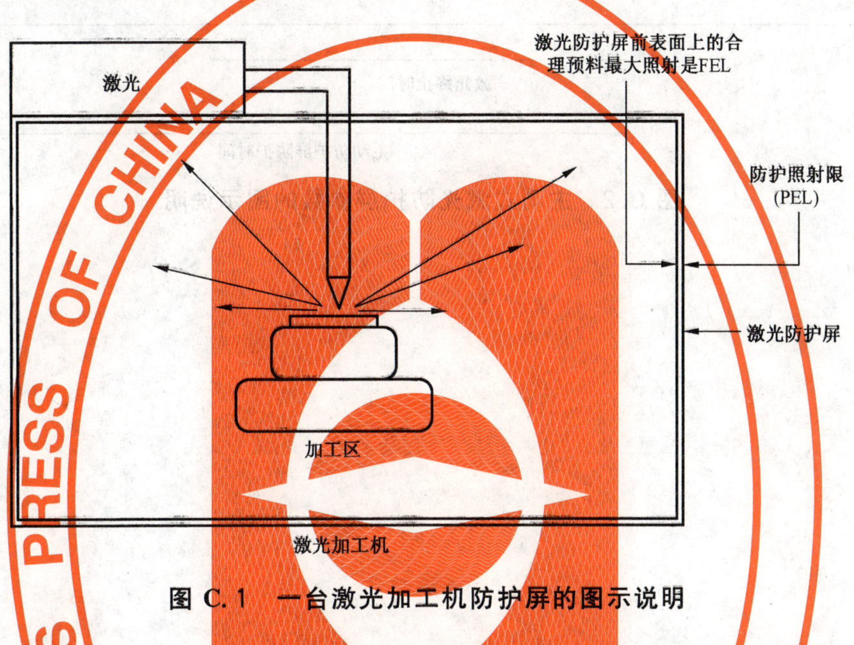

图C.1　一台激光加工机防护屏的图示说明

激光防护屏所在特定位置上的预计辐照限(FEL)，是激光加工机制造商在预料将引发故障的情况下估算的最大辐照量。FEL值定义为激光防护屏可用在该位置的防护辐照限(PEL)的最小值。

PEL则指激光防护屏防御入射激光辐射的能力。激光加工机制造商应通过试验来证实激光防护屏的适用性。这可以通过直接试验或测定防护屏的PEL，或购置指定PEL等级的专用防护屏来完成。

C.2　主动式防护屏的参数

主动式防护屏有两个主件：

a）一块在激光波长下高度衰减的实物隔板，对低量级的激光辐射（如漫散射辐射）起着被动式激光防护屏的作用；而对危险量级的激光辐射，它只能在短时间内起到防护作用。

b）一个装有传感器的安全控制系统，该器件直接或间接地（例如通过测量温度或探测激光辐射在激光防护屏某部分引起的某一其他效应）探测入射激光辐射的危害量级，然后发出终止激光发射的信号（例如通过断开安全联锁链，关闭激光电源或安全快门）。

激光防护屏在激光加工机正常运行期间，将频繁地承受低值激光的辐照。既然防护屏不怕这种辐射，则传感器将不反应。反之，仅当高量值的激光辐照达到威胁激光防护屏的完整性的阈值时，传感器才有响应。在入射激光辐射的照射超过阈值和主动式激光防护屏发出终止信号之间有一个时间延迟。与此类似，在主动式防护屏发出终止信号和激光终止辐射之间的时间差称为激光终止时间的时间延迟。

图C.2本质性地说明了本标准对安全性的要求。

STANDARDS PRESS OF CHINA

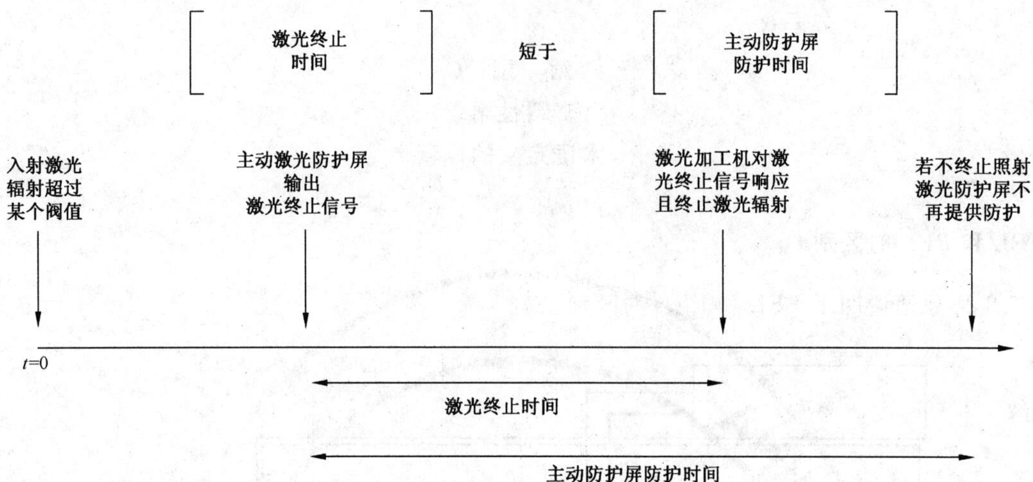

图 C.2　主动式激光防护屏参数的图示说明

附 录 D
（资料性附录）
专用激光防护屏试验

D.1 总则

必须指出，当使用较高功率的激光时，通过调节焦距来模拟低功率激光的方法是不合适的，由于激光束的质量和其他特性很可能是不同的或不能预期的。

此处介绍的试验证据仅适用于所使用的激光参数，所以这些试验结果仅适用于作为激光防护屏达到类似目的的指南。

防护辐照限（PEL，$W \cdot m^{-2}$）应仅适用于在试验中使用的防护屏上的光束直径。在防护屏上的最小光斑尺寸应由激光防护屏制造商特别说明，因为需防护的辐照度值将随着激光束直径的增大而减小。

D.2 试验条件

被辐照的一个样品表面其厚度和成分应具有代表性，且样品尺寸不小于在辐照处光束直径（$1/e^2$）的3倍，试验的辐照限（对连续激光为$W \cdot m^{-2}$，或对脉冲激光为$J \cdot m^{-2}$）也应由试验决定（因此保证考虑到了辐射热流）。如果有必要确保防护屏的结构和完整性，则结构上的连接元件也应包括在试验中。在非圆形光束的情况下，应对用于试验的光束几何形状作出说明。非圆形光束是指光束截面的长轴和短轴的尺寸之差大于10%的光束。

注意：用于试验的光束的几何形状之所以要求说明，是因为它将影响到样品中的热分布。

试验中若有必要使用样品夹具，则夹具覆盖样品边缘的尺寸从样品边缘算起不应超过3 mm；如果样品在试验中因为受激光束照射产生温升，则夹具和样品的接触处应该是热绝缘的（例如：用陶瓷等）。

激光束以近似垂直的角度照射样品（样品倾斜±3°以避免溯源反射）。激光束光轴应与距光束焦点$F1$处的样品中心重合，如图D.1所示，$F1$应不大于会聚透镜的3倍焦距（F）。

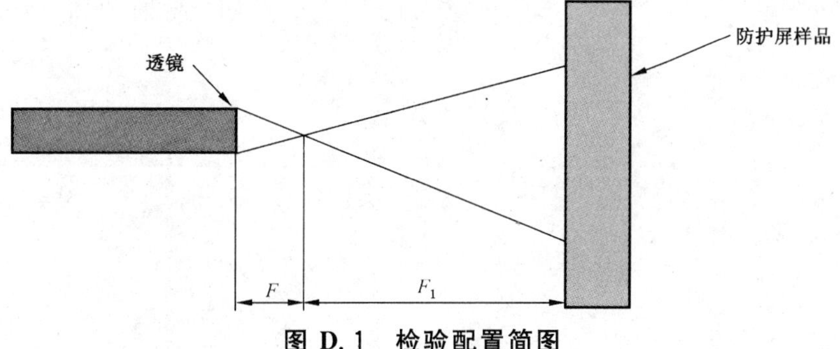

图 D.1 检验配置简图

对于被动式防护屏，在试验的辐照期间到达样品后表面的激光辐射将不应超过1类AEL。辐照的持续时间由专用防护屏的制造商设定。

注意：专用激光防护屏的维修检查间隔时间应由其制造商使用表D.1中定义的等级T_1、T_2或T_3进行详细说明。

表 D.1 激光防护屏的等级

试验等级	维修检查间隔时间/s	激光防护屏建议的使用方法
T_1	30 000	对自动机器的使用方法
T_2	100	对短周期的运行和间断性的检查
T_3	10	通过观察进行连续的检查

对于主动式防护屏应满足下列两个试验的要求：

a) 当超过规定辐照量的激光辐射照到激光防护屏的前表面时，主动式激光防护屏应输出激光终止信号(该信号将自动终止激光辐射)，所以当主动式激光防护屏系统内存在一个预料之内的故障时，将不会导致其安全功能的消失。若防护屏部件内部存在这个故障，则基于其安全功能，对下一个超量激光辐射到来时或到来前均应探测到这个故障并消除之。

b) 对任何的激光辐照到被动式以及主动式激光防护屏样品的前表面，且其辐照持续时间大于规定的主动式防护屏的防护时间(按照3.1的定义)时，则到达样品后表面的激光辐射不应超过1类AEL。

D.3 防护辐照限(PEL)

由制造商指定的防护辐照限(PEL)(见3.13的定义)应等于试验时的、满足上述条件的辐照限乘以一个校正因子0.7。

即：PEL＝0.7×试验时的辐照限。

附 录 E
（资料性附录）
激光防护屏放置和安装导则

E.1 概述

本附录提供了防护屏放置和安装的导则，以保护激光加工机加工区域周围的人员免遭激光辐射伤害。本附录的对象是制造商和用户。导则内容包括对单独的激光加工机的防护（见 ISO 11553-1:2005）和对安全组装的激光加工机附加性防护的要求（经常由用户安装）。针对于激光加工造成的综合性损伤（包括机械、电路、烟雾和二次辐射造成的损伤），应采用的相关防护本附录不作详细说明。

E.2 总则

E.2.1 引言

激光防护要求隔离激光导致的损伤外，还要求隔离激光加工的组合损伤。某些防护屏能够成为激光加工机的部件。附加防护能够用于促进工件安全地装载和卸载及用于维修。

E.2.2 防护屏的放置

在加工区域周围，对防护屏的位置和安装评估的关键事项包括：

a) 工件加工所要求的可接近程度；

b) 固定工件的方法（例如夹具和支架等紧固装置）；

c) 在加工后工件卸掉任何附着物（例如碎片）的方法。

E.2.3 防护屏的定位

决定激光防护屏定位准确的经验包括：

- 激光防护屏的安放位置至少离开会聚透镜焦距的 3 倍；
- 具有较低防护照射限（PELs）的激光防护屏，例如观察窗，不应该安放在直接光束或镜反射光束可到达的地方。

E.2.4 完整的围屏

一个完整的围屏指遵照 GB 7247.1—2001 中的 4.2.1 所指定的满足一个保护罩的全部要求，及包围嵌入的激光和总的加工区域，在围屏区域内人员不能接近危险的辐射。

E.2.5 不完整的围屏

一个不完整的围屏指不能提供一个完整的保护罩封闭激光和总的加工区域，以至人员可能接近危险的辐射。

如果辐照的量大到超出规定，则需要附加控制器件和增加控制措施（例如，可以把人员提升到机器顶部打开的防护屏上方的走道或平台）。

E.2.6 激光危害区域控制的等级

当人员必须在危险区域驻留时，兹推荐下列措施：

a) 安装一个固定的防护屏；

b) 安装一个可移动的防护屏；

c) 安装一个电动保护装置连接到机器的安全联锁链，安装围绕危险区域周边或上方的监视器或传感器（例如在防护屏周围设置光束传感器，在防护屏上方设置压力垫）；

d) 提供一个实物的围屏，并附上相关资料、使用指南、人员培训及检查方法；

e) 提供离加工区域某个距离的操作人员使用的工具，并提供人员防护装备（PPE）。

注意：措施 c）和 d）不提供对激光加工机发射的激光辐射的保护，因此仅需注意从机器开启后可控制边界的距离应超过“正常视觉损伤距离(DOHD)”。

E.2.7　人员防护装备

人员防护装备仅作为一种最后的手段，即工程和管理相结合的控制手段。这种人员防护装备应能接受一个管理控制来主导它的使用，但它不能提供一个足够合理的保护水平。仅当一个危险性评估显示若使用其他手段不能减少危险程度时，或者当使用其他手段不能确保提供足够合理的保护时，才使用这个装备。当工作在UVB和UVC两个紫外波段时，还要求穿戴紫外线防护服。

E.2.8　人员的介入

若机器的运行需要人员介入，则人员介入前应先进行对风险的评估和对可能产生的故障状态的持续时间关联程度的评估。在此条件下还需控制人员的进入，仅对被认可的人员(在激光安全和激光系统的检修方面接受过足够培训的人员)允许进入。隔离区域同样应被限制，及不对公众开放。观察人员和其他未经培训的人员应用围拦或用某些管理手段阻止其接近危险的辐射区域。

E.3　风险的评估

E.3.1　引言

人员受到激光材料加工中使用的典型类型的激光束的辐照后能够产生的中度至重度的伤害，这取决于激光波长、被辐照的细胞组织和受害者的反应。这种辐照发生的概率成为评估伤害风险的关键性因素，减轻伤害风险到可忍受的程度是一个反复的过程。对这个过程不存在以标准的方式出现在程序或文件中。尽管如此，涉及的步骤是广泛的，并可在ISO 14121中见到叙述。

E.3.2　一般考虑

应对风险进行评估，以便鉴别危害的后果。且评估一个激光防护屏在指定位置上可预见的受辐照程度，这种评估应考虑某些因素如下：

E.3.2.1　激光加工区域的特点

包括激光的功率和波长，光路的焦距，光束传播的自由度程度(例如运动轴线的数目)。

E.3.2.2　加工

机器应能够提供若干种加工方法，例如切割、钻孔、焊接、作记号。

注：被反射的激光功率明显有别于加工和材料被加工时使用的激光功率。

E.3.2.3　加工的控制

这个因素特别强调激光防护屏在故障状态下所能承受辐照的时间，包括确定可预计辐照限(例如加工周期)、观察加工过程(例如每一项目或每一时间周期除以项目的数目)、以及加工方法、自动加工控制应用的可行性。

E.3.2.4　手工操作

万一一个故障状态凸显时，操作人员的介入应考虑包括手工控制的需要和保障、加工监视的手段和效率(包括视窗或照相机的位置)、可行性和介入效率。

E.3.2.5　自动装置操作

自动装置动程顶端的碰撞保护，维修方式的一般保护，光束射到自动装置时限制自动装置顶端移动和方向的手段(例如软件、硬件和实物的限止)，特别是激光束对激光防护屏辐照最接近的通道。

E.3.2.6　工件

工件的几何形状、成分和表面光洁度，以及激光加工过程中工件如何能够影响反射的方向和强度。

E.3.2.7　筬位和固定装置

工件的夹持和定位，工件表面反射和焦点恰好落在工件表面时的反射情况。

E.3.2.8　装载和卸载

工件的装卸方法，这个过程可以是人工操作或者自动操作，单片或多片工件进出加工区域的方法(例如滑动、滚动或提升门)。

E.3.2.9 光束的传递

光束传递包括光学方法(镜子或光纤)和监视装置、光学元件的安置和移动。还包括光路中器件结构的完整性,光学器件的保养方法(例如用清洁而干燥的气体吹净,加上提供冷却),光束瞄准的保养方法,在线光束漂移的预防,离线光束漂移的监视,光路围屏的构造方法。

注意:应特别注意使用新型的激光束传递的设计,以及光束传递光路产生的辐照对外部机械力(例如振动)引起的光路瞄准偏移。同样应注意光学干扰或激光不正常的性能,特别是光斑。以及激光功率过高引起的光束传递性能的光学不确定性。

E.3.2.10 工作人员的位置

规定工作区域,特别是允许靠近机器的最短距离。包括工作人员头顶的位置(例如起重机操作人员或工人乘坐的升降机),邻近的台阶和梯子。

E.3.2.11 维修设备

包括维修位置(例如卸掉面板、键控装置)的方法和控制,以及联锁过载和紧急停止的装置。

E.3.2.12 防护特性

在正常条件下和可预见的不正常条件下,对 FEL 和 PEL 的评价应包括防护的每一个部件,包括固定的和可移动的壁和窗。

E.3.2.13 防护环境

环境因素能够影响防护效率,包括评价能够引起显著机械损伤的叉车及其他移动的物体,含尘的环境均能够对光学的性能和防护屏的防护性能产生不利影响。

E.4 风险评估的例子

E.4.1 部件的连续供给

a) 例子

激光处理单元安装在输送机械的传送带上方。

b) 定位

在正常的生产或保养期间,进出通道应被控制,仅允许被认可的和培训过的人员进入。

在维修期间,区域的进出通道同样被严格管理,不对其他未受过培训的人员开放。但输送机械周围的区域不设禁限,并可对观察员和其他未经培训的人员开放。

c) 关键问题

激光防护的布置应对连续供应的部件开放进出加工区域的通道。

d) 可能的解决方案

超量激光辐射的风险属高等级时:

——提供联锁的滑动防护屏,它可打开以允许部件的进入,并在激光加工之前关闭。

超量激光辐射的风险属中下等级时(下列的风险评估是可能的解决方案):

——在部件通过期间,用刷子实现局部防护密封以维持安全的围封。

——在开口处周围提供一个隧道以便禁止视线直达激光加工区,这可以用下列方法达到:

- 在部件进出口路径上利用一个曲折密封件以阻挡直接的目视;
- 使用一个联锁的挡板(例如光的挡屏或围屏),或一个为安全使用所认可的压力垫,以限制视察位置以便防止直接的目视。

E.4.2 平板式激光切割和标记

a) 例子

放在激光工作车间的平板切割台。

b) 定位

在正常的生产、保养和维修周期,需要控制通道,仅对认可人员放行并限制正在接受培训的人员进出。

c) 关键问题

为了在切割台上对片状工件进行装卸，需要人员靠近切割台进行操作。

d) 可能的解决方案

在过量激光辐射的危险属于高等级的区域，(例如在正常生产期间，由于反射产生的有害激光辐射)：

——提供完整无缺的周边防护以保护操作人员和其他人员。连锁的滑动保护屏打开以允许器件通过，并在激光加工前关闭。

在过量激光辐射的危险属于中下等级的区域(例如光束垂直地照射片状工件，并把此工件较紧地包围住)：

——提供非标准防护屏以保护激光操作人员；

——对限制进出区域内的所有人员提供人员防护设备(PPE)。

在所有情况下，确保对未经认可和未经培训的人员提供足够的控制，以防止他们误入危险区域受到辐照后造成某种伤害。

E.4.3 多轴加工机

a) 例子

在汽车生产线上自动操纵和遥控的激光焊接机。

b) 定位

在正常的生产或保养期间，通道是不控制的，该区域是不限止的，且对观察者或其他未经培训的人员开放。

在检修期间，通道将被控制，仅允许被批准的人员进入危险区域，不向其他未经培训的人员开放。

c) 关键问题

控制器的故障状态能导致激光束直接射向激光防护屏。

d) 可能的解决方案

在过量的激光辐射的危险属于高等级的区域内：

——对经风险性评估为脆弱的加工区域的部分面积提供增强性的防护。使用主动式防护屏就是一种选择。

在过量的激光辐射的危险属于中小等级的区域内：

——解决的措施包括：

- 对典型激光束的直接辐照，提供按照本标准规定的性能验证后的防护装置；
- 提供软件和硬件，限制光线进行旋转运动；
- 采取措施对激光束射到实物表面时产生的二次辐射的危险提供保护；
- 提供附加的传感器防止激光照射到工件以外；
- 如果激光聚焦头是稳定的话，提供激光发射的控制。

E.4.4 激光防护屏的监督区域

a) 例子

临时性激光防护屏在维修期间拒绝人员靠近，但允许维修操作人员进出。

b) 定位

在正常生产和维修期间，临时性激光防护屏不能作为正式的防护屏使用。

在维修期间，通道应被控制，只有经过激光安全培训的且被批准的人员方可进入该区域。该区域可用管理的手段(例如警告信号)禁止其他未经培训的人员进入。

c) 关键问题

光束的方向应被管理控制。

d) 可能的解决方案

在过量的激光辐射的风险属于高等级的区域,解决的措施包括:

——确保激光防护屏是不透明的,且对激光束有至少 100 s 的防护能力;

——在联锁区域外或在直接的管理控制下进入围屏;

——使用经过培训的人员去执行这种维修操作;

——在控制区域内所有人员要使用防激光的眼睛保护用品(和尽可能穿能保护皮肤的衣服)。

在过量的激光辐射的风险属于中下等级的区域(例如在激光防护屏的外围区域需要人员清扫卫生):

——如上所述,除了由围屏提供的保护时间短于 100 s 之外,维修工程师接近激光时应掌握快门控制,并对围屏的激光辐照提供一个清楚可见的指示(例如冒烟或强烈的褪色)。

E.5 风险评估帮助

本条款提供了在设计激光防护屏时,结合激光加工机进行风险评估时所应考虑的项目名单,这些项目将形成评估的部分文件记录。

注意:这个名单不是全部,它不包括应被考虑的全部方面。

E.5.1 设备

a) 激光

——型号;

——波长;

——连续的/脉冲的;

——脉冲持续时间;

——脉冲重复率;

——功率(或能量);

——光束输出的透镜焦距。

b) 加工机类型

——2 轴机器;

——3 轴机器;

——多于 3 轴的机器;

——自动装置;

——气体排出的适当装置;

——加工区域的封闭;

——1 类 AEL;

——其他。

E.5.2 加工机光束的传递

a) 光束传递路径的监控:

——用硬件控制;

——用软件控制。

b) 光束传递转镜的监控:

——用硬件控制;

——用软件控制。

c) 光束传递机械总成

——需要使用工具。

STANDARDS PRESS OF CHINA

——提供监控：
- 用硬件控制；
- 用软件控制。

——光束聚焦透镜控制总成。

d） 自由空间光束传递系统；

e） 光纤光束传递系统。

E.5.3 加工描述

a） 钎焊/铜焊；

b） 热处理；

c） 做标记；

d） 焊接；

e） 钻孔/切割；

f） 清洁处理；

g） 成型；

h） 快速成模。

E.5.4 加工机控制

a） 自动模式操作(即无操作人员介入)：

——完全防护下的操作。

b） 手动模式操作(即机器运转期间需操作人员介入)：

——完全防护下的操作。

c） 加工监视方法：

——在加工区域围屏中使用窗口；

——使用闭路电视(CCTV)监控；

——其他。

d） 若观察到一个错误时准备停止运转的方法：

——紧急停机；

——正常停机。

E.5.5 自动装置的基本描述(见 GB 11291)

a） 摆动范围：

——限制空间；

——最大空间；

——安全防护空间。

b） 限制运动范围的方法：

——硬件控制；

——软件控制。

c） 安全防护屏空间联锁方法：

——硬件控制；

——软件控制。

d） 碰撞的传感：

——硬件控制；

——软件控制。

e） 最终位置的控制：

——硬件控制；

——软件控制。

E.5.6 加工部分的类型

a) 几何形状的类型：

——平板；

——其他。

b) 材料的类型。

E.5.7 固定装置部分

a) 自动定位和嵌位：

——硬件控制；

——软件控制。

b) 手工定位和嵌位。

c) 激光束导致损伤的可能性：

——由于工具各部位的反射；

——由于工具高光洁度表面的反射。

E.5.8 材料流入加工区域

a) 部件的自动连续流动。

b) 手工推动的单一部件。

c) 加工区域部件的进出通道：

——滑动门；

——提升门；

——卷帘门；

——管道；

——其他。

d) 部件供给控制：

——硬件控制；

——软件控制；

——根据本标准的要求设计加工区域防护；

——根据本标准的要求试验加工区域围壁。

E.5.9 激光加工机的操作人员

a) 工作区域；

b) 机器内部；

c) 机器外部。

E.5.10 维修

a) 维修通道门的位置；

b) 对机器认可的方法(关键控制)；

c) 保持运转的控制。

附 录 F
（资料性附录）
评价激光防护屏适用性导则

F.1 危害的鉴别

F.1.1 安全性措施的选择

在总体层面对安全性措施进行选择时，应采用最有效的安全措施类型，以便满足它们在技术上的可行性，或者特殊应用的适应性。

在机器寿命的每一个相关阶段，对所有的危害进行考量时，风险评估技术将有助于选择安全性能最好的可能组合。

影响机器寿命状态的要素有：

- 安装；
- 试运转；
- 操作；
- 装配或加工的变化；
- 清洁处理；
- 调节；
- 保养；
- 检修。

可能存在自相矛盾的要求，这时应优先考虑可能产生最大风险的状态。例如特别强调保养、固定和调节状态，目标是使总的风险减到最小。

F.2 风险评估和完整性

F.2.1 总则

正如其他的机械装置一样，应鉴定所有的机械性危险。这些危险包括：

- 缠结；
- 摩擦和磨损；
- 切削；
- 切变；
- 戳伤和刺穿；
- 冲击；
- 压碎；
- 内部拉伸；
- 被压缩气体或高压流体系统损伤。

正如其他的机械一样，本标准中所指的非机械性危险同样存在，这些危险包括：

a) 通道：
——滑动、断开和下降；
——物体的下落和射出；
——阻塞和射出。

b) 装卸和提升。

c) 电气(包括静电)：

——电击；
——灼伤。

d) 化学：
——有毒的；
——有刺激性的；
——易燃的；
——有腐蚀性的；
——可能爆炸的。

e) 火灾和爆炸。

f) 噪声和振动。

g) 压力和真空。

h) 温度(高和低)。

i) 雾、烟和灰尘的吸入。

j) 窒息。

k) 离子和非离子辐射。

采用的各种安全防护屏，目的是消除人员受到非机械性危险的伤害，这需要结合鉴别机械性危险的安全防护，以便把总的风险水平降至最低。

F.2.2 防护屏的可靠性

风险越大，针对风险的保护需求也越高，安全措施的可靠性将随着由于措施失效而导致的损伤程度的增加而增加。这通常适用于安全防护和控制，也适用于联锁和防护屏的材料。

各种危险的鉴定识别应对可能的失效或各种失效的结合进行仔细的研究，它们可能会导致引起损伤的危险。在任何系统里一个失效就能对安全产生不利的影响，所以应对系统中的每一个部件依次进行检查。失效可能的类型及它们对系统的后果应作为一个整体来考虑。当存在较高风险的时候，对失效的模式和影响的临界性分析(FMECA)这样一个正式的分析方法应被使用。当安全依赖于操作程序时，同样必须考虑操作程序的可靠性。这应该包括后续程序中疏忽的和故意的失效。

防护屏应以最少的停机检修时间和最小的生产率降低为条件达到其安全功能。应该认识到生产压力或良好的意图可能会导致安全防护的失效。设计人员应基于避开或消除上述因素的原则来设计制造安全防护屏。无论是故意的还是意外的，困难总是可能存在的。

本附录仅考虑防护屏的特点，即保护免遭激光辐射的过度辐照。

一些特殊的危险应结合下列因素合并考虑：

- 机器类型；
- 激光辐射波长；
- 机器运转轴的数目；
- 光路的复杂性。

F.2.3 实际风险的评估方法

F.2.3.1 一般性风险的评估方法

这些方法在附录 E 中已概述过。

F.2.3.2 GB/T 16855.100 建议的风险评估

GB/T 16855.100—2005 涉及的这些部件为指定的机械控制系统提供安全功能。这些部件由硬件或软件组成，它们提供控制系统的安全功能，它们能够是分立或集成的控制系统部件，涉及一个控制系统安全的性能。就故障的发生而论，在该标准中分别确立了用作参考点的 5 个等级(B,1,2,3,4)。

按照 GB/T 16855.100—2005 的定义，对防护措施而言，上述等级的选择将依赖于机器和控制方法的范围。

当选择了一个等级和设计了一个有关安全的控制系统的部件时，设计人员将至少需要提供与安全相关的部件的下列资料：

- 被选择的等级；
- 功能特性；
- 在机械装置保护测量中安全相关控制所发挥的功能和作用；
- 安全相关控制的精度限制；
- 应考虑全部与安全相关的故障；
- 这些影响到安全的故障仅排除一个是不够的，应使用适当手段排除全部故障；
- 与可靠性相关的参数，例如环境条件；
- 使用的技术。

等级作为参考点的使用和随后的说明，本标准在设计加工期间允许被灵活使用。本标准提供了一个清晰的基础，在此基础上进行设计，与安全相关的控制系统(以及机械)部件的任何应用性的性能都要被评估。

本标准的正文描述了选择的过程，及基于安全措施连同安全功能的特性和故障的全盘考虑下进行设计。

GB/T 16855.100—2005 的附录 B 对选择等级包括风险的评估方法所提供的指导是特别有用的。

F.2.3.3 合理可行的低水平(ALARP)

本方法旨在借助于想出一种理念来进行设计，和执行意在把风险降到合理可行的低水平(ALARR)，主要的方法是使用好的习惯。在这个意义上，好的习惯对控制危险的这些程序而言是通用术语。好的习惯的写法有多种形式，好的习惯的范围和细节将反映危险和风险的本质，及反映生产活动和过程的复杂性，也反映了相关合法要求的本质。应识别制订文件的所属部门，包括由政府部门发出的指示，由标准制定机构(例如 CEN，CENELEC，ISO，IEC)发布的标准，和由工业/业务领域的团体(例如贸易同盟、专业的学会)推荐的指引。

F.3 一般设计

设计新的安全的机械装置，应该遵照 GB/T 15706.1—2007 和 GB/T 15706.2—2007 中规定的一般原理，也要参照与任何专门且特别的机器相关的标准。作为一个实用的导则，危险区域应予消除或有效地封闭；如果它们不能消除，则合适的安全防护作为设计的一部分被补充，或在较后阶段使其容易被补充。

在设计阶段应该做好安排，以便在运转、检查、调试和维修期间消除辐照任何危险区域的倾向。

设计人员应考虑机械装置使用的人机工程学，即他们应该考虑机器所要求的工作环境的所有方面，目标是对机器和操作人员在最佳性能期间提供激光安全保护。

表 F.1 ALARP 的应用

计划阶段	证明风险可尽量合理地减低的因素
办法或理念之间的选择	● 根据好的设计原理对风险进行评估和处理。 ● 证明担当责任者的设计安全原理应满足法定要求。 ● 证明选择的办法可导致最低的风险或虽然风险不是最低的，但可证明是正确的选择。 ● 比较最好习惯的选择，确定残留的风险对最好的现有设备的功能的影响是较小的；只要设备工作必然会存在风险，它也会影响有关的组件。 ● 如果认为需要，应满足业界的关注。
详细的设计	● 根据好的设计原理进行风险的评估和管理。 ● 风险被认为相伴于设备的寿命期间，也会影响到有关的组件。 ● 使用适当的标准、代码、好的习惯等，和任何被证实的偏差。 ● 可行的风险将降低措施的识别及其执行，除非被证明这种措施并非合理可行。

在需要考虑的方面包括对操作人员和附近的其他人员创造一个适宜的环境。在需要的地方提供热、冷、光和机械的援助以降低操作人员的体力，并把对热、光、激光辐射、噪声、灰尘、蒸汽和液体的发生控制到一个可接受的水平。

设计人员应该知道如何鉴别上述的危险，这些危险的大部分应通过合适的设计来加以避免。在不可能避免这些危险的地方，设计人员则应该考虑这些因素：即影响风险的大小和可能造成损伤的程度，可能影响辐照频率等因素，和由此带来的损伤概率。

控制应占有一定地位，以提供安全和容易的操作。在每一个控制和机械装置的其他部分之间，应留有足够的间隙，以便采用在 GB 5226.1 和 GB 18209.3 中讨论的方法。

对激光防护屏应给出特别的考虑如下：

- 必须存有间隙的困难状态；
- 阀门，套筒和刷子密封；
- 打开围屏顶部；
- 在平板部分和固定窗口间进行连接；
- 改善进出口（例如：门的上方，帘幕）；
- 围屏里面的气体：安全入口（烟气，过量或耗尽的氧气）；
- 围屏里的观察窗；
- 第二级（替换的）屏；
- 几何形状和一般的配置考虑；
- 与激光类型（波长）、光束控制的类型、光束传播等相关的设计。

F.4 安全防护屏的选择

在激光加工机正常运转期间不需要设置对危险区域的通道，因此安全防护能从下面选择：

- 固定密封的防护屏；
- 固定距离的防护屏；
- 可移动的防护屏。

在那些正常操作过程中必须进出的危险区域，例如：设置、加工修正、维修或维护、运转的安全防护可能不会完全有效。在这些情况下，应采用安全工作的强制性措施例如隔离，增设临时的安全防护屏也是必要的。这些措施的使用将需要规划和对全体有关人员的培训。

在那些对正常操作需要进出危险区域的地方，安全防护屏能从下列选择：

- 联锁的防护屏；
- 可调的防护屏；
- 临时的防护屏。

F.5 防护屏的设计和制造

F.5.1 对设计和制造固定的和可移动的防护屏的一般要求

在设计安全防护屏系统时，除了激光辐射的危害必须考虑外，其他涉及的机械的或其他的危险在选择防护屏的类型和制造方法时也应被考虑。在机器运转和机器寿命的其他状态中，这种防护屏应该提供对工作范围的最小干涉，以减少任何诱使安全防护屏失效的刺激。

防护屏应优先考虑适应机器的外形。在这个要求达不到的地方，例如维修或因为机器的形状，就应该考虑减少测量的次数以保护危险区域内必须驻留的人员。额外的安全措施对于保护在危险区域内的工作人员也是需要的，它们能够由安全防护屏或安全工作习惯来保证。

F.5.2 固定的密封防护屏

一个固定的防护屏必须保持封闭且安装在适宜的位置，防护屏不仅应防止人员接近危险区域或激光辐射，而且应该结构坚固，经受得住足够的加工压力和环境条件。

如果防护屏能被打开或移动，这必须借助于工具才可能办到，优先的固定方法应选用可栓住的类型。

当工件必须通过防护屏投料时，开口应足够大以满足工件进入运送通道的尺寸，不应允许工件被卡住。这些情况下的防护屏同样应该不要过度接近激光辐射，还应满足 GB 7247.1—2001 中给出的防止人员接近的要求。

F.5.3 固定距离的防护屏

一个固定距离的防护屏指的是：一个固定的防护屏，它不完全围封危险区域，但可依靠其实际尺寸和其对危险区域的距离而缩小通道。固定距离的防护屏的一个例子是包围一台机器的围屏。这种防护屏在设计时需极端小心，以便人员接近过度的激光辐射时能得到保护。一个顶部开口的激光加工机的防护屏能被认作是一个固定距离的防护屏，如果此防护屏足够地高以致能防止人员接近激光辐射。

F.5.4 可移动的且联锁的防护屏

一个联锁防护屏指的是，它能够移动或有可移动的部件，它的移动是与电源或机器控制相互联系的。

一个联锁防护屏应以如下方法与机器控制连接：

a) 联锁通过切断其电源或关闭光束快门来防止危险激光辐射的产生直到防护屏关闭。

b) 当会造成人体损伤的风险因素未被排除前，防护屏必须关闭。只当在这个风险因素被排除后，方允许有关人员进入防护屏。

联锁作用于屏幕的上升和下降。但为防止万一屏幕由于重力作用下落而造成伤害，故应提供一个合适的防下落装置。某些联锁防护屏能用电源驱动，在这种情况下，应采取适当步骤以避免由于防护屏移动产生的伤害。

联锁系统能够是机械的、电子的、液压的或气动的，或任何它们的结合。联锁本身运行的类型和模式与它涉及的加工方式有关。联锁系统应设计得能最大限度地减小失效的风险，其可靠性必须强调。

F.5.5 可调的防护屏

一个可调的防护屏是一个固定的或可移动的屏，它可整体调节，或者一部分或几部分联合调节。在一个特别的运转期间，调节依然是固定的，本质上应由一个经过合适培训的人员仔细地执行调节。一旦定位固定，安排的规律性维护对确保防护屏的调节元件依然处在原来位置上是必须的。防护屏应该设计得使调节部件不能容易地被拆下或误置。

F.5.6 临时性防护屏

当正常安装在激光加工机周围的永久性防护屏因检修需要而被移走时，应安置临时性的防护屏，并对激光辐射的危险提供全面的保护作用。

在临时性的防护屏上或邻近处应标明适当的警告记号，并增加任何附加的管理上的防护措施，以确保临时性防护屏的有效性。程序应到位以确保被置换或移去的永久性防护屏被放回原处。在激光加工机恢复到正常运转状态后，临时性防护屏应被移走。

F.6 防护屏的制造和材料

任何供选择的防护屏本身不应该存在危险。例如凹陷点或尖锐点，粗糙或锋利的边缘，或其他很可能会引起损伤的危险。

防护屏的安装应与强度和防护功能相适配。

电源驱动的防护屏在设计和制造上应该不产生任何一个危险点。

除了本标准外，GB/T 8196 也给出了对制造固定的和可移动的防护屏的总体要求。

F.6.1 材料

F.6.1.1 概述

在选择材料用于制造防护屏时，应考虑下列几点：

a) 其性能应能经受住激光加工机产生的任何可预见的危险力度，防护屏能满足功能的结合，例如防止接近通道和内含的危险，这些危险包括激光辐射、发射粒子、灰尘、烟气、噪声等，一个或多个这种危险就能支配防护屏材料的选择；

b) 对常规的维修，其重量和尺寸应满足移动和替换它的需要；

c) 其与材料的兼容性应予处理，这在食品加工或医药工业上特别重要，在这些行业中防护屏的材料不应成为污染源；

d) 在与潜在的污染源接触后，在加工操作或清洁，或在维护时使用杀菌物质期间产生潜在的污染后，其物理和机械性质依然能保持不变的能力。

F.6.1.2 固态片状金属

金属在强度和刚度上具有优势，并且能以固态片状的形式出现。后者对很少需要调节且无需观察加工区内的工作运行的防护屏是特别合适的。然而小心还是需要的。以确保：

- 对防护屏提供足够的通风，以防止加工区域内部过热；
- 防护屏不产生噪声或共振。

显示在图 F.1 到图 F.22 的数据将有助于选择合适的材料来经受可预见的最坏情况下的激光辐射的辐照。

F.6.1.3 玻璃

由于玻璃具有易裂断的倾向，所以不合适用作防护屏的材料。但是，当激光加工需要观察且材料很可能暴露在高温或腐蚀环境中，则能对激光辐射提供足够保护的一块安全玻璃是合适的(在材料内部激光辐射的内部吸收或防护屏材料表面合适的光学反射涂层)。确定这些材料适配性的方法将在本标准的其他地方给出。

F.6.1.4 塑料

片状的透明塑料可作为不透明材料的一部分用在激光防护屏上，特别在加工运转期间需进行观察的地方。

适用于防护目的的塑料材料包括聚碳酸酯，特别是染色的片状聚丙烯。本质上这些材料是根据对适用于激光加工机激光波长和激光功率的合适的光学防护性质进行选择的。

许多塑料的机械性质由于污染，由于不正确的冷却操作，由于连续地暴露于高温或紫外辐射而导致不利的变化。连续地暴露于高温(聚碳酸酯：135 ℃，片状聚丙烯：90 ℃)将会引起软化，结果降低了撞击强度和其他光学性质。

任意的除去表面材料能够降低在相应激光波长上材料的光学保护性质，所以应该考虑设置附加的能替换的机械保护层设备。

大多数塑料有能力保持静电，这能够引发易燃材料静电起火的风险，而且还能吸附灰尘，这些特性能通过使用抗静电的处理予以减轻。

F.6.1.5 其他材料

混凝土块的作用对某些防护屏的制造商而言能够是一种有效的材料，所以经常用作大的二氧化碳激光加工机的围屏。

F.6.2 支持

防护屏能被作为独立的支撑固定或固定于机械装置本身。固定物的数量和间距应合适，以确保防护屏的稳定性和刚性。

在需要的地方，防护屏周围应留有间隙，以便清洁和除去杂物等，提供这个间隙不会容许接近危险区域。

F.6.3 盖板

可拆卸的盖板能合并到防护屏中，以提供容易的进出通道或改善可见度。它们应处理成防护系统的一部分，根据加工的要求能够认为是固定的或联锁的防护屏。

STANDARDS PRESS OF CHINA

F.6.4 拟人测量的考虑

防护屏的设计和构造应以防止身体的任何部分到达危险区域为目的。设计人员应该考虑有关人员的身体特征，特别是他们穿过开口，或对用作防护屏的盖板和围屏绕行的能力。对人体测量(拟人数据)当今使用的最好的近似值见标准 ISO 15532-3。

F.7 其他安全装置

F.7.1 跳闸装置

一个跳闸装置是指，使工作中的机器停止，或假定一个其他的安全条件，为了防止当有人接近一个安全限以外的危险区域时发生伤害为目的的装置。当人员依然留在危险区域之内时，这个装置将要求机器在此条件下停止运行，除非提供其他手段满足这个功能。

当有人接近安全界限以外的危险区域时，一个跳闸装置应被设计成确保能使装置产生动作以便在人体遭受损伤前终止危险。

一个跳闸装置的设计应该是，当它产生作用以后能够靠自动或手动进行复位；这可借助于一个正常启动的执行装置来实现再启动。跳闸装置的运转应不会受任何外界影响而被削弱。

F.7.2 电子灵敏保护装置

电子灵敏保护装置有时指无形的围挡，其运转仿照跳闸装置的探测原理，当人员或人体的某部分进入危险区域时该保护装置就起作用。探测的手段能够是有源的光电型器件，探测对象是漫反射、无源的红外辐射、电容、电感、微波或可见的干涉。整套装置的有效性不仅取决于电子灵敏保护装置的完整性，而且取决于备用装置的电子和机械的完整性，以及取决于电子灵敏保护设备的探测装置相对于危险区域的位置。

F.7.3 控制系统(键，压力垫，光屏)

F.7.3.1 弹压键控系统

一般讲，一个弹压键控联锁装置是一个电动开关与一个机械键控操作锁对机器固定部分的防护。操作键安装在防护屏的可活动部分，为了打开防护屏，就要转动此键到“off”的位置，则就从锁住状态松开键，防护屏就能被打开。

某些弹压键系统是由压下式按键联锁系统组成的。在压下式按键联锁系统中，防护屏的锁定和开关合并成一个锁定，是作为对立的分离件合并进入一个信号单元。本系统最本质的特点是无论是防护屏的锁定，还是开关的锁定，均由可上下移动的按键被按下来实现。防护屏的锁定应如此安排，即仅当防护屏被关闭和锁定时，按钮才能被弹起。这就允许按钮从防护屏转移到开关锁定。当开关处在“on”位置时，开关的关闭即压下键后防护屏就不能被移走。

F.7.3.2 压力敏感垫

压力敏感垫和含有传感器的夹层，仅当一个人或物件对此垫或此夹层施加压力时才会产生响应。对它们应作周期性的维护和检查。因为根据它们的本质，压力灵敏垫具有一个潜在的能导致失效的危险。

压力敏感垫的大小应考虑到人员接近的速度、步幅和保护装置的全部响应时间，注意没有此垫或此层的作用，则防护屏的进出通道就不能有效使用。当一定数量的垫被共同使用时，在垫的内部特别是围绕它们的边缘，应检查全部表面的状况。压力敏感垫应用的操控见 IEC 62046，一个压力敏感垫能够适当地指出在机器内部人员的存在，如果需要的话，就停止机器运转。

F.7.3.3 光屏

大多数光屏的运转原理是探测一条或多条光束光路上的障碍，由这个系统操作的不能触摸的围挡是由一定数量的光束装置安排成一个屏幕形状所组成的。这个光屏同样可由一个扫描的光束或一定数量的固动光束所组成。光既可以是可见光也可以是不可见光。这些装置的设计和性能要求见 GB/T 19436.2 中的介绍。

F.8 联锁的考虑事项

F.8.1 联锁的功能

一个联锁对一个防护屏和适宜用防护屏的激光加工机控制系统之间提供了联系，联锁和带有联锁的防护屏的设计、安装和调整应按下列要求：

a) 无论是采用遮挡激光束，或是用光束衰减器的办法，或者是移走激光电源的办法来中断激光发射，联锁均能阻止激光发射直到防护屏被关闭；

b) 无论是由于防护屏依然被锁住而关闭直到来自危险区域的伤害风险被排除前，或开启防护屏时会引发的此类危险被排除前，防护屏均应关闭并禁止使用。

应确保安装的一个联锁装置的动作能保护且防止一个危险不产生另一个不同的危险。

F.8.2 联锁的介质

联锁中有 4 种最常遇到的介质：电动的、机械的、液压的和气动的。在控制系统中，电动的联锁使用最普遍。联锁的原理对所有介质的应用都是相同的。每一种都有优缺点，联锁介质的选择将依赖于激光加工机的类型和进出危险区域的方法。

某些联锁系统具有多种的控制渠道，例如双重控制系统，设计这些系统所采用的较好的方法是：把由于相同的原因(一般导致失效)在两种通道中引起的类似的失效率降至最小。

F.8.3 普遍的联锁方法

F.8.3.1 防护屏锁定电源的联锁

防护屏锁定电源的联锁，电源直接用一个单一器件进行截断，这一器件是如此安排的：

a) 当电源未被截断时，此器件实际上阻止保护屏被打开；

b) 当防护屏被打开时，此器件实际上使防护屏处在时刻截断电源的位置上。

F.8.3.2 联锁防护屏电源的联锁

利用联锁防护屏的电源联锁，电源直接被一个单一器件所截断。当防护屏发生移动时能自动引发此器件产生动作。防护屏和此器件应安排得使防护屏处于除关闭状态以外的任何位置时，随着防护屏被打开或依然处于截断状态时，电源均被截断。

F.8.3.3 具有交叉监视的双重控制系统的联锁

在用交叉监视对双重控制系统进行联锁时，存在两个分立的电源截断器件，每一个都能够截断电源。装置应安排成串联状态，以便任何一个误操作都将导致电源被截断，安装在防护屏上的这些系统将执行此项功能。

两个电源截断器件均应被监控，以便任何一种失效时，它们的控制系统或截断装置本身对控制系统讯号的响应将能被立刻探测到，从而防止激光加工机进入下一个运转周期。每一个电源截断器件的电路，包括它的运转器件，应保持彼此间的有效距离，以减少联锁系统对危险的失效作为普遍失效导致危险的概率。

F.8.3.4 没有交叉监视的双重控制系统的联锁

没有交叉监视的双重控制系统的联锁应遵守相同的原理作为以上描述的系统。但将失去自动监控两种电源截断器件的功能。

在缺乏自动监控的情况下，可能导致任何一个联锁通道对危险不响应。对仍然未被探测到的故障失效，会使系统对单控制系统的联锁系统失去其有效性。然而，对没有交叉监控的双重控制系统联锁的有效功能，重要的是应执行一个有规律的检验，以确保两个通道都能正确地工作。检验的次数将取决于被使用元器件的可靠性和联锁运转的条件。

F.8.3.5 单通道系统的联锁装置

单通道系统的联锁装置使用了一个联锁装置，它能借助一个控制系统通过操作一个单独的电源截断器件间接地截断电源。它没有一个高度的完整性，因此单个元器件在系统中失效导致整个系统失效的危险的相关概率较大。因此系统应使用最少数量的元器件来进行设计和安装以提高系统的可靠性。

系统应进行定期的检查和试验，任何老化的或损伤的元器件应进行掉换或修理。

F.8.4　联锁系统的失效

联锁系统的设计原则是把联锁系统作为一个整体，使失效的危险性减至最小。

如果电源供应经常失效，则应对依靠电源供应的元器件的功能进行检查，以便把电源失效对整个系统的危险减至最小。

F.8.4.1　失效类型

大多数失效的普通类型中，一个联锁系统可能会遭受：

a)　失效、中断或外界电源供应的变化；

b)　在电路系统中线路断开；

c)　机械失效，例如破裂或滞塞；

d)　由于电路故障引起的不正常工作，即馈电线路的承受度或辐射干扰；

e)　由于振动引起的不正常工作；

f)　由于动力供应的污染引起的不正常工作；

g)　接地故障，即某个导体对地的偶然连接会导致例如意外的启动或制动失效；

h)　其他单个元器件的失效导致特性变化或功能丧失；

i)　交叉连接失效引起，例如意外的启动或制动失效。

能够采取措施将联锁系统中单一失效的后果减至最小，这些措施可能包括使用附加的控制或监视器件。然而，由于多个未能探测到的失效，例如普通类型的失效或未能探测到的失效将导致系统进一步的失效，所以系统作为一个整体仍然能够失效。

普通引起的失效的典型原因见下：

a)　外部环境，例如由于灰尘、电网扰动、极端的温度、振动或辐射；

b)　在每一个通道中使用次等质量的一批元器件；

c)　由于局部失火或撞击引起的损伤。

F.8.5　联锁系统的安全

一个联锁系统的安全能通过避免导致其失效的动因和(或)克服较多的困难而得到改善。

安全防护系统的设计应对人员的介入作出周密考虑。

失效可能会变得更加困难的解决方法包括：

a)　使用编码的联锁器件或系统；

b)　在防护屏打开期间有物体堵塞或屏蔽联锁器件。

F.8.6　联锁系统的完整性

一个联锁系统的完整性将不仅取决于失效或失败的直接影响，而且取决于这些失效或失败是否会导致系统内其他元器件或互连性的损伤。因此，一个重要的措施是保护电路。

其他基本的判据对于改善一个联锁系统完整性的贡献包括：

a)　正确的安装；

b)　好的质量，高度完整性的元器件，保护经受住环境(包括可能的激光能量反射)和评价它们必须执行的责任；

c)　通过设计、制造和安装，使发生接地故障概率的极小化；

d)　危险失效的极小化；

e)　失败的极小化。

F.8.7　联锁系统的选择

对特殊应用而言联锁系统应被选择的考虑：

a)　接近危险区域的次数；

b) 损伤的概率和强度导致联锁系统失效；

c) 降低损伤的危险需要的办法。

F.8.8 电路的考虑

电子控制系统在方式上能够失效，从而导致危险的局面。故应对把这种局面发生的概率减至最小而给予特别的关注，GB 5226.1 给出了这方面的指导。

装置应按照制造商说明的适合于特殊安全应用的性能进行选择，应考虑下列有关性能的资料：

a) 对环境条件的耐受力；

b) 寿命估计；

c) 功能评价；

d) 可靠性。

用近程开关独自依靠金属的存在与否衡量它们的启动，对联锁的功能一般而言是不合适的，因为他们容易失效。然而，借助于仔细的设计，这些器件能被结合起来进入很难接近的或小的系统。必须特别小心以防止器件失效，合适的冗余装置的设置能有效防止普通因素引发的失效，从而进一步导致对危险的全面失控。

F.8.9 机械的考虑

F.8.9.1 联锁器件

虽然用机器电源或控制系统来连接防护屏移动的机械装置能采取各种形式，但一般将执行相同的功能。通常它们将被正确地安置，以便防护屏和机器的操作能够惟一地执行一个正确的安全程序。

F.8.9.2 机械联锁的方法

不同于电力、液压或气动系统，机械联锁有别于单一的控制系统。

单一控制系统联锁的基本元件是：

a) 由防护屏运转的激励器件；

b) 插入机械连接，即使有也很少；

c) 防止激光辐射的发射或防止电源对其他危险器件的影响。

减少插入的机械连接的数目能降低系统对危险失效的概率。

F.8.10 气动和液压考虑

F.8.10.1 联锁器件

用于连接防护屏运动的器件包括：

a) 凸轮操作阀；

b) 弹压键的阀门，弹压键控制的气动阀门；

c) 气动喷嘴探测阀门；

d) 气动或液压操作锁。

当阀门被选择好用于安全防护屏后，阀门的运行参数(压力、温度等)和可靠性应与环境和预计的任务相适应。

F.8.10.2 气动和液压的联锁方法

一般而言，联锁方法的应用早就被介绍过了。这些方法包括：

a) 单控制系统的联锁；

b) 具有或不具有交叉监控联锁的双重控制系统；

c) 电源联锁。

在控制阀和联锁之间的所有的管道、软管等应适合于流体和工作环境，应依据最大流量和压力进行正确的管材定径和定级。在必需的时候，应采取进一步的有效保护和安全安装。所以对管道器材应加以选择，以确保它们的完整性不影响联锁系统全部的完整性。

STANDARDS PRESS OF CHINA

F.9 环境的考虑

F.9.1 环境

一个安全防护屏的选择应考虑被使用地的环境。在恶劣的环境中防护屏应有能力经受住可能试验过的条件，其本身不应因环境恶劣而造成危险后果。

F.9.2 腐蚀

如果一个防护屏很可能被暴露在一个腐蚀的危险环境中，则应采取特殊的措施。可考虑使用抗腐蚀的材料或抗腐蚀的表面涂层。

F.9.3 卫生保健和防护屏设计

防护屏用在某些工业中，特别是食品和药品加工时，特别要考虑到防护屏不仅要安全使用而且能容易清洁，用作安全防护屏的材料应无毒、无吸收、防震、易清洁，并在材料加工或清洁或消毒时不受影响。

F.9.4 雾、烟和灰尘

在加工处产生危险的有害的蒸气，烟或灰尘若达到一定浓度，应提供容器或合适的萃取设备。暴露于蒸气、烟或灰尘中的浓度应遵守职业的暴露界限和职业的暴露标准，对健康有危害的物质要进行局部控制。

F.9.5 噪声

当设计安全外壳和防护屏时应考虑降低噪声，设计防护屏外壳时经常可能要适用于双重目的：防护联合的激光辐射危害和机械危害，降低噪声的发生。防护屏因为不好的设计或固定安装不妥而产生的噪声应予消除。

F.10 安装的考虑—环境因素—检修

F.10.1 照明

当考虑与激光加工机有关的照明时，下列影响相关人员安全的注意点是：

- 灯光的方向和强度；
- 背景和局部照明之间的反差；
- 光源的颜色；
- 反射、闪光和影子；
- 视窗的可见波长透射特性。

F.10.2 电缆和管道

使用的管道和电缆最好安置在加工区域外边。当无法做到时，则在可预见的故障状态下，提供足够强度和有抵抗激光辐照能力的盖子。

F.11 保养和检修的考虑

F.11.1 安全防护屏运行的保养

一旦安全防护屏投入使用，则它的保养对于其不间断地有效运行是必需的。

应该定期检查安全防护屏，以确保安全所必须的标准得以维持，安全防护屏的常规检查应成为所计划的保养程序的一个部分。

F.11.2 激光防护屏材料的性质

作为例证，图 F.1 到图 F.22 提供了对变化的激光光束功率和光束直径对各种金属板的烧穿时间为 10 s 或 100 s 的某些实验得出的界限：金属板垂直放置，前表面涂黑，激光光束是水平的。“烧穿时间”是指使用激光光束在其光路上去除材料（例如，熔融、汽化、烧蚀）所花的时间。采集的数据应仅作为一种参考，因为这种值是非常广泛地依赖于光束的参数（包括波长和光束剖面）和防护屏表面的条件。

激光防护屏的性能同样能够依赖于它的特殊设计以及应用；若要推荐一个激光防护屏设计的适用

性,可通过适当的性能试验来得到证实。

各种防护屏的某些例子由图 F.1～图 F.22 的简图显示。

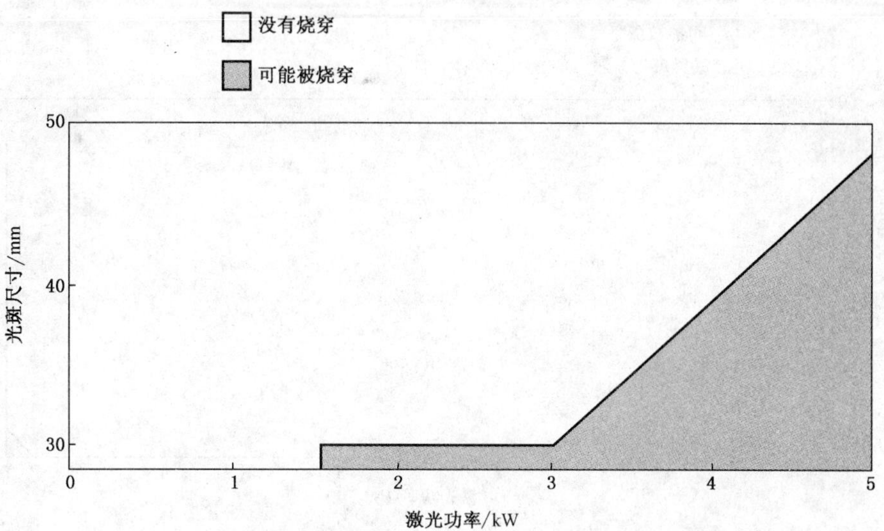

图 F.1　用连续型 CO_2 激光对 1 mm 厚的镀锌钢板做损伤实验以散焦激光束辐照 10 s 后呈现的抗损伤能力

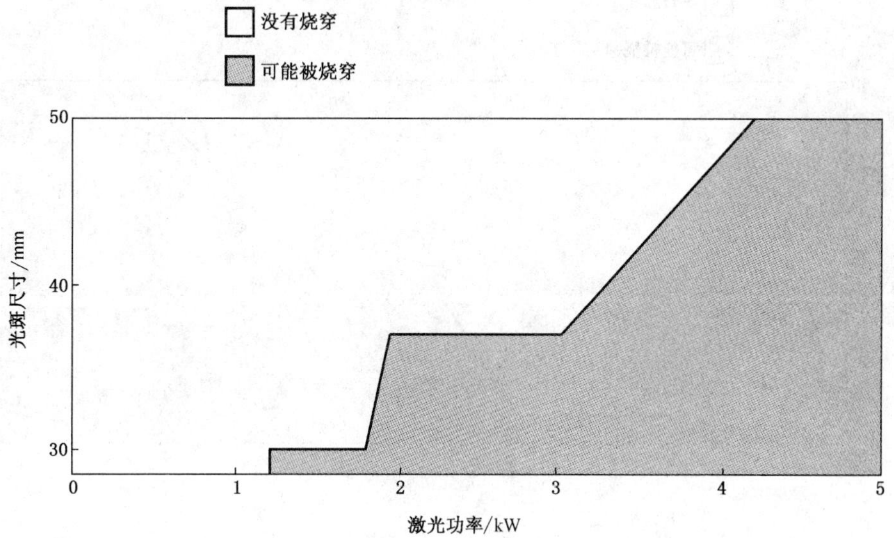

图 F.2　用连续型 CO_2 激光对 1 mm 厚的镀锌钢板做损伤实验以散焦激光束辐照 100 s 后呈现的抗损伤能力

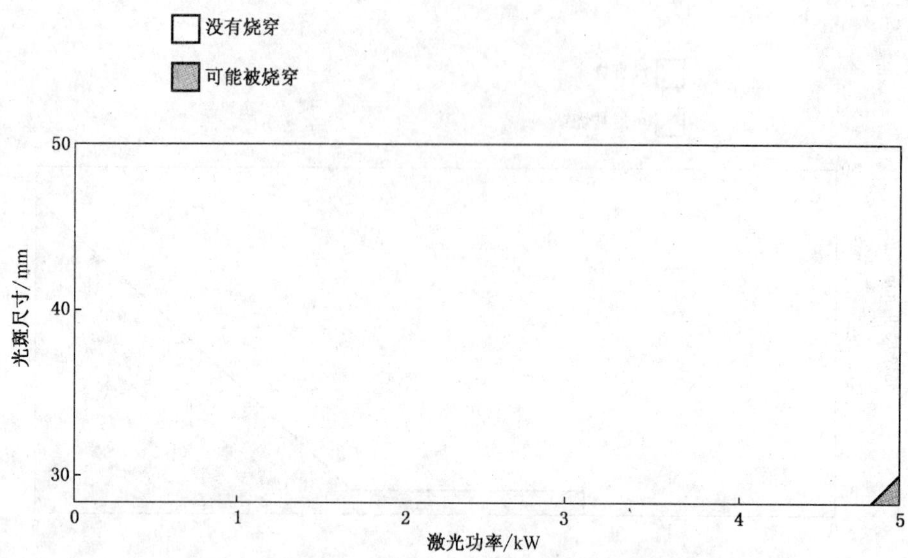

图 F.3 用连续型 CO_2 激光对 2 mm 厚的镀锌钢板做损伤实验以散焦激光束辐照 10 s 后呈现的抗损伤能力

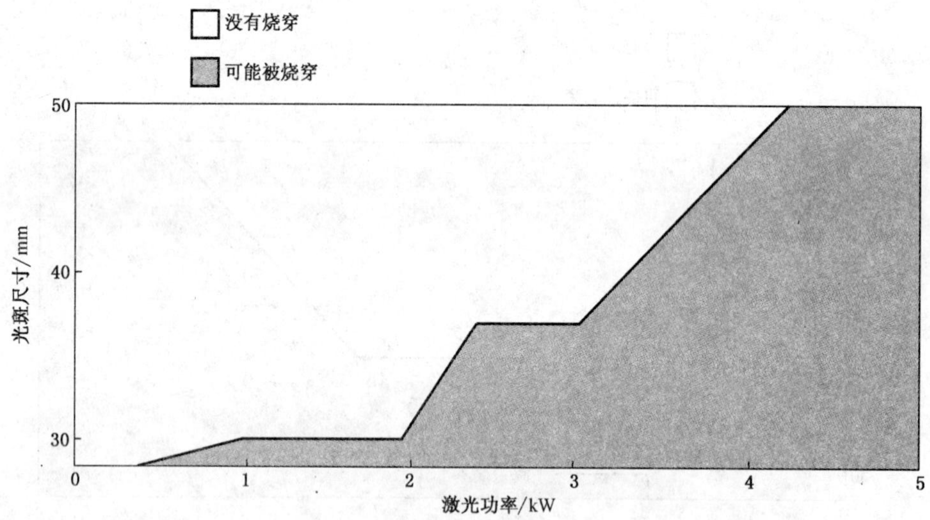

图 F.4 用连续型 CO_2 激光对 2 mm 厚的镀锌钢板做损伤实验以散焦激光束辐照 100 s 后呈现的抗损伤能力

图 F.5　用连续型 CO_2 激光对 3 mm 厚的镀锌钢板做损伤实验以散焦激光束辐照 10 s 后呈现的抗损伤能力

图 F.6　用连续型 CO_2 激光对 3 mm 厚的镀锌钢板做损伤实验以散焦激光束辐照 100 s 后呈现的抗损伤能力

STANDARDS PRESS OF CHINA

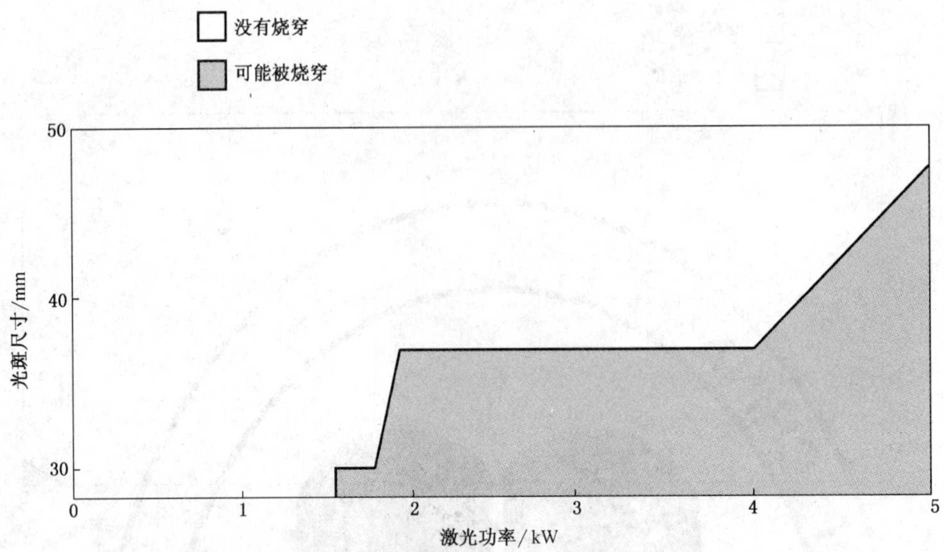

图 F.7 用连续型 CO_2 激光对 2 mm 厚的铝板做损伤实验以散焦激光束辐照 10 s 后呈现的抗损伤能力

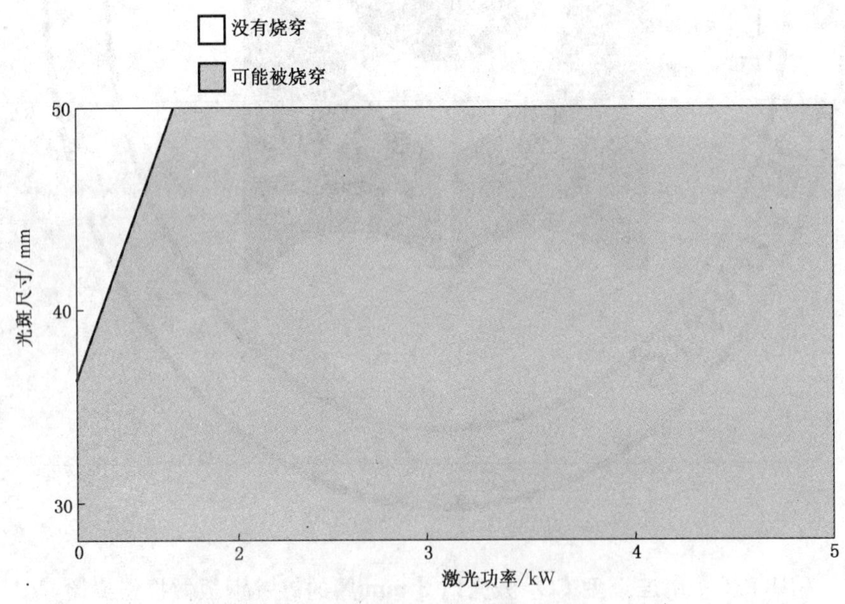

图 F.8 用连续型 CO_2 激光对 2 mm 厚的铝板做损伤实验以散焦激光束辐照 100 s 后呈现的抗损伤能力

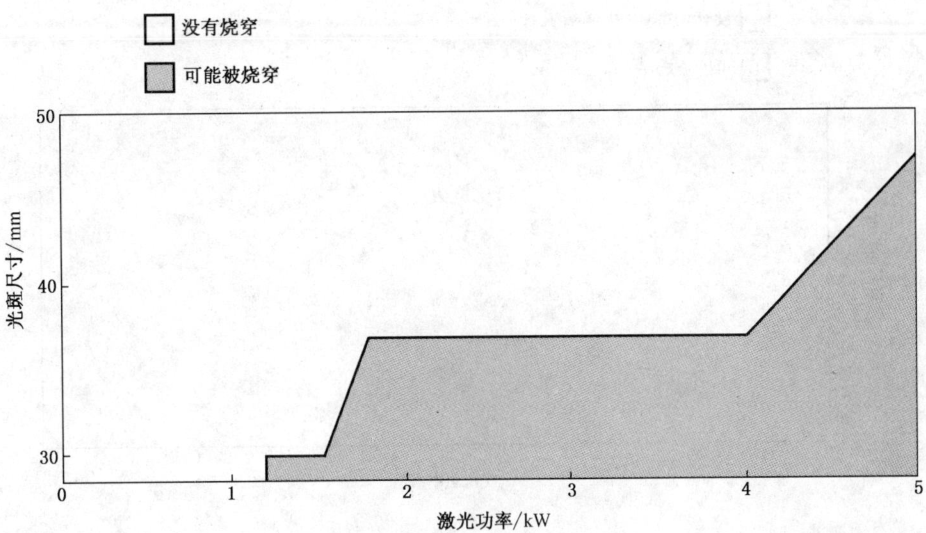

图 F.9　用连续型 CO_2 激光对 1 mm 厚的不锈钢板做损伤实验以散焦激光束辐照 10 s 后呈现的抗损伤能力

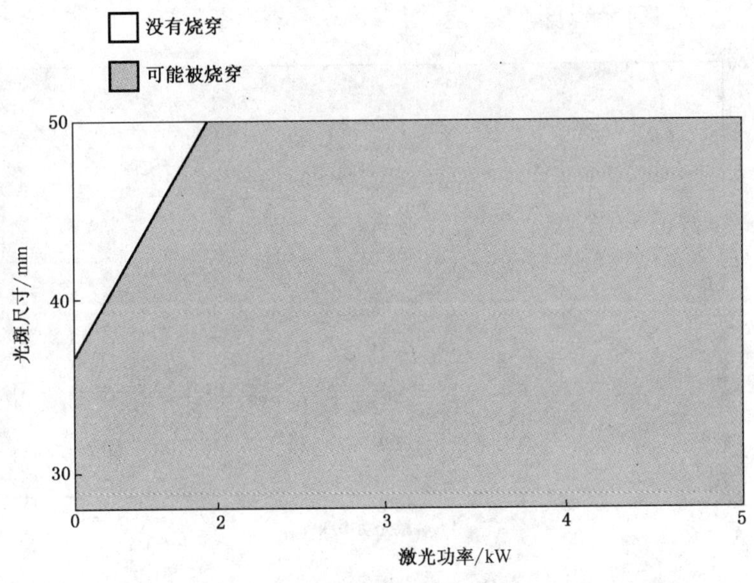

图 F.10　用连续型 CO_2 激光对 1 mm 厚的不锈钢板做损伤实验以散焦激光束辐照 100 s 后呈现的抗损伤能力

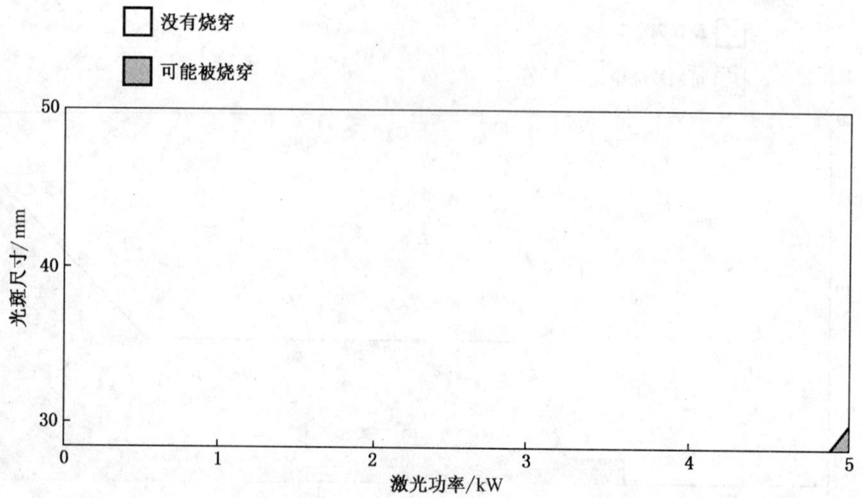

图 F.11 用连续型 CO_2 激光对 6 mm 厚的聚碳酸酯板做损伤实验以散焦激光束辐照 10 s 后呈现的抗损伤能力

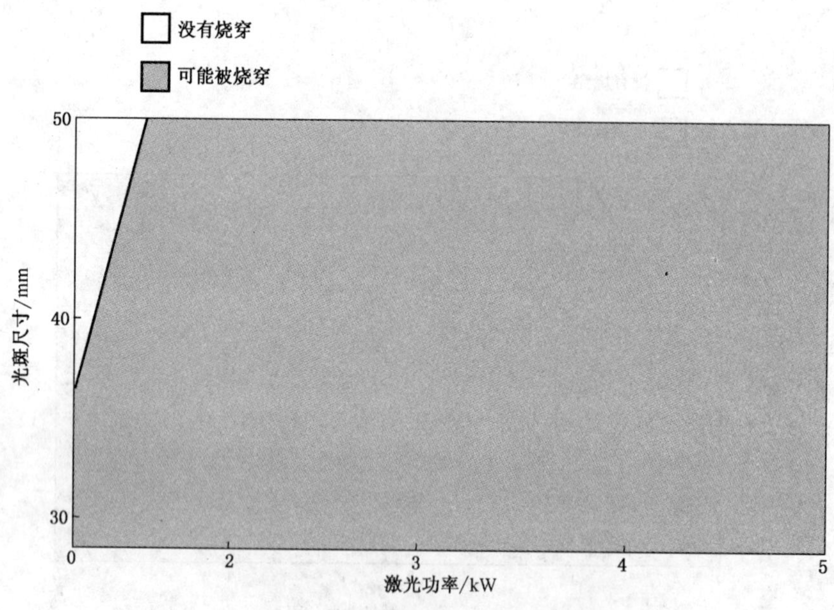

图 F.12 用连续型 CO_2 激光对 6 mm 厚的聚碳酸酯板做损伤实验以散焦激光束辐照 100 s 后呈现的抗损伤能力

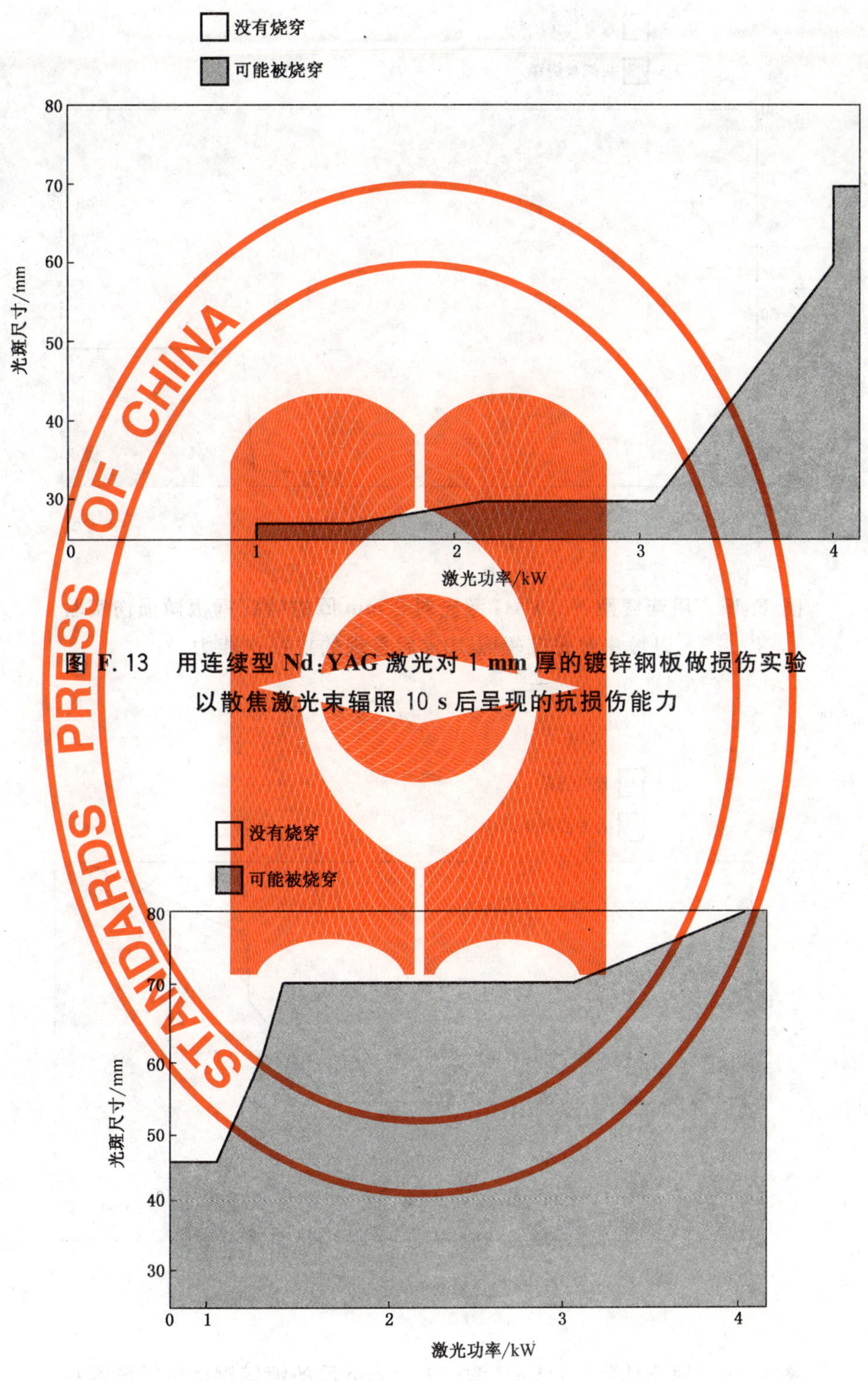

STANDARDS PRESS OF CHINA

图 F.13　用连续型 Nd:YAG 激光对 1 mm 厚的镀锌钢板做损伤实验以散焦激光束辐照 10 s 后呈现的抗损伤能力

图 F.14　用连续型 Nd:YAG 激光对 1 mm 厚的镀锌钢板做损伤实验以散焦激光束辐照 100 s 后呈现的抗损伤能力

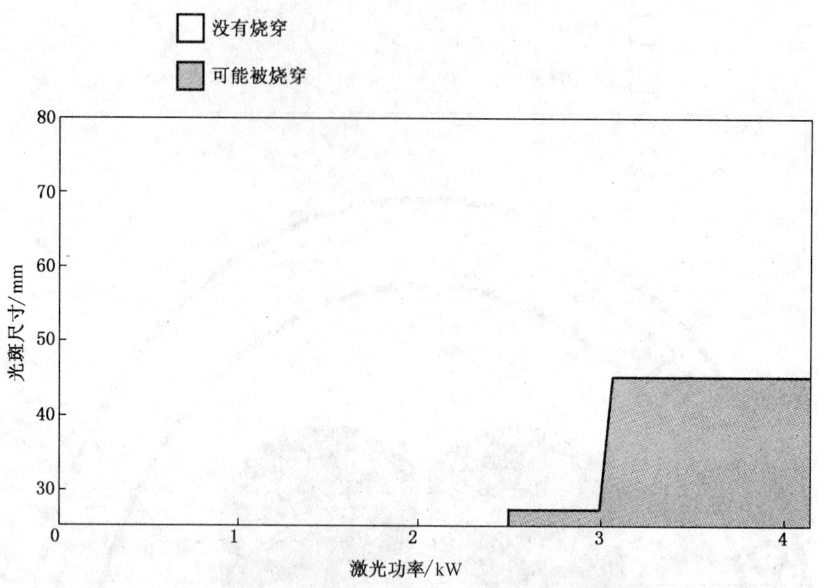

图 F.15 用连续型 Nd:YAG 激光对 2 mm 厚的镀锌钢板做损伤实验以散焦激光束辐照 10 s 后呈现的抗损伤能力

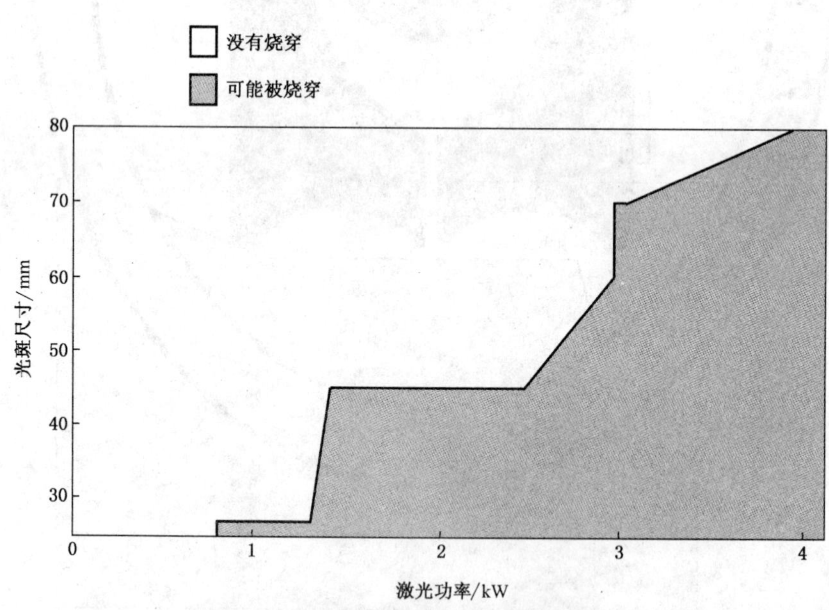

图 F.16 用连续型 Nd:YAG 激光对 2 mm 厚的镀锌钢板做损伤实验以散焦激光束辐照 100 s 后呈现的抗损伤能力

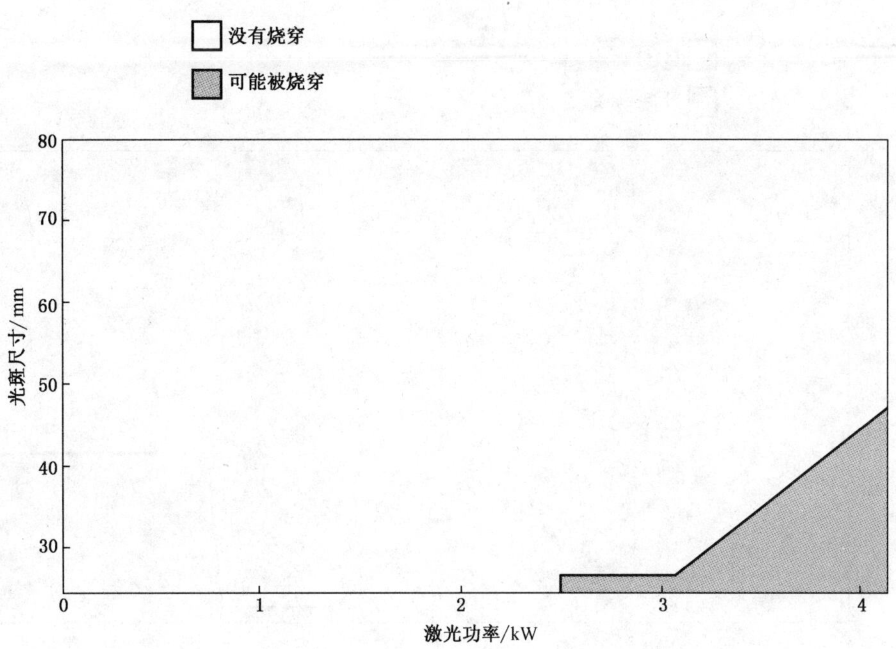

图 F.17　用连续型 Nd:YAG 激光对 3 mm 厚的镀锌钢板做损伤实验以散焦激光束辐照 10 s 后呈现的抗损伤能力

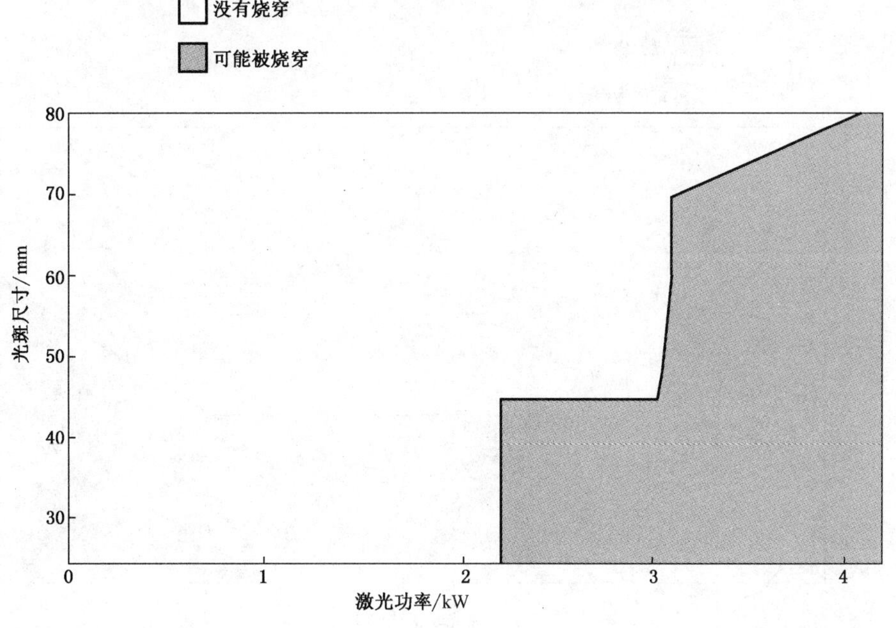

图 F.18　用连续型 Nd:YAG 激光对 3 mm 厚的镀锌钢板做损伤实验以散焦激光束辐照 100 s 后呈现的抗损伤能力

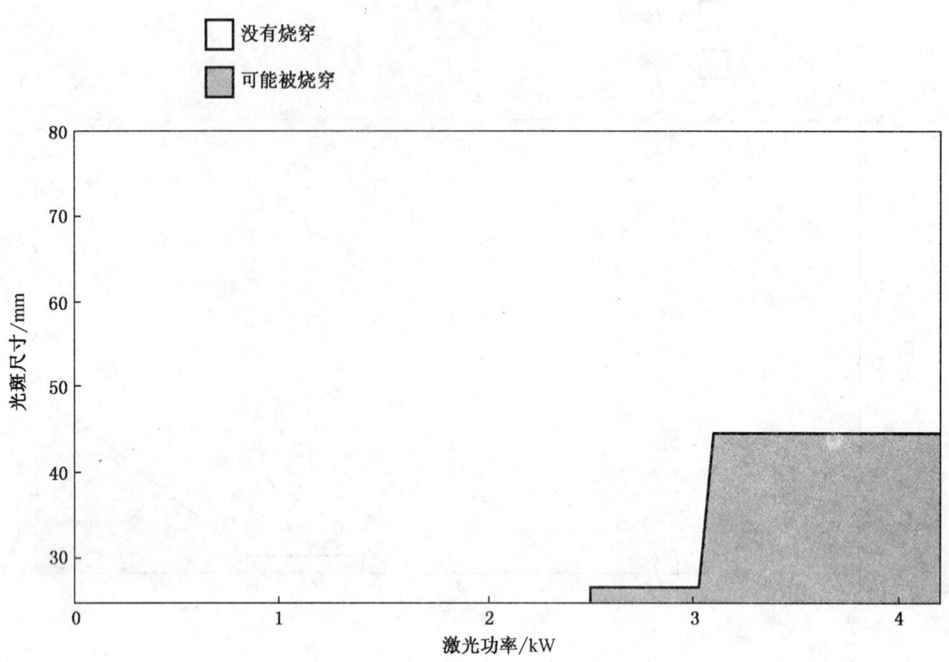

图 F.19 用连续型 Nd:YAG 激光对 2 mm 厚的铝板做损伤实验以散焦激光束辐照 10 s 后呈现的抗损伤能力

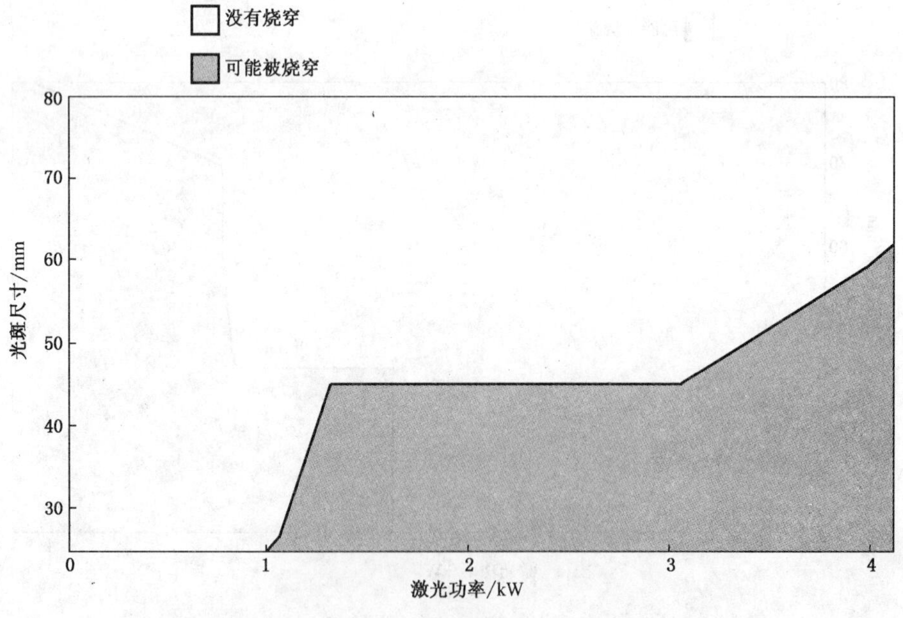

图 F.20 用连续型 Nd:YAG 激光对 2 mm 厚的铝板做损伤实验以散焦激光束辐照 100 s 后呈现的抗损伤能力

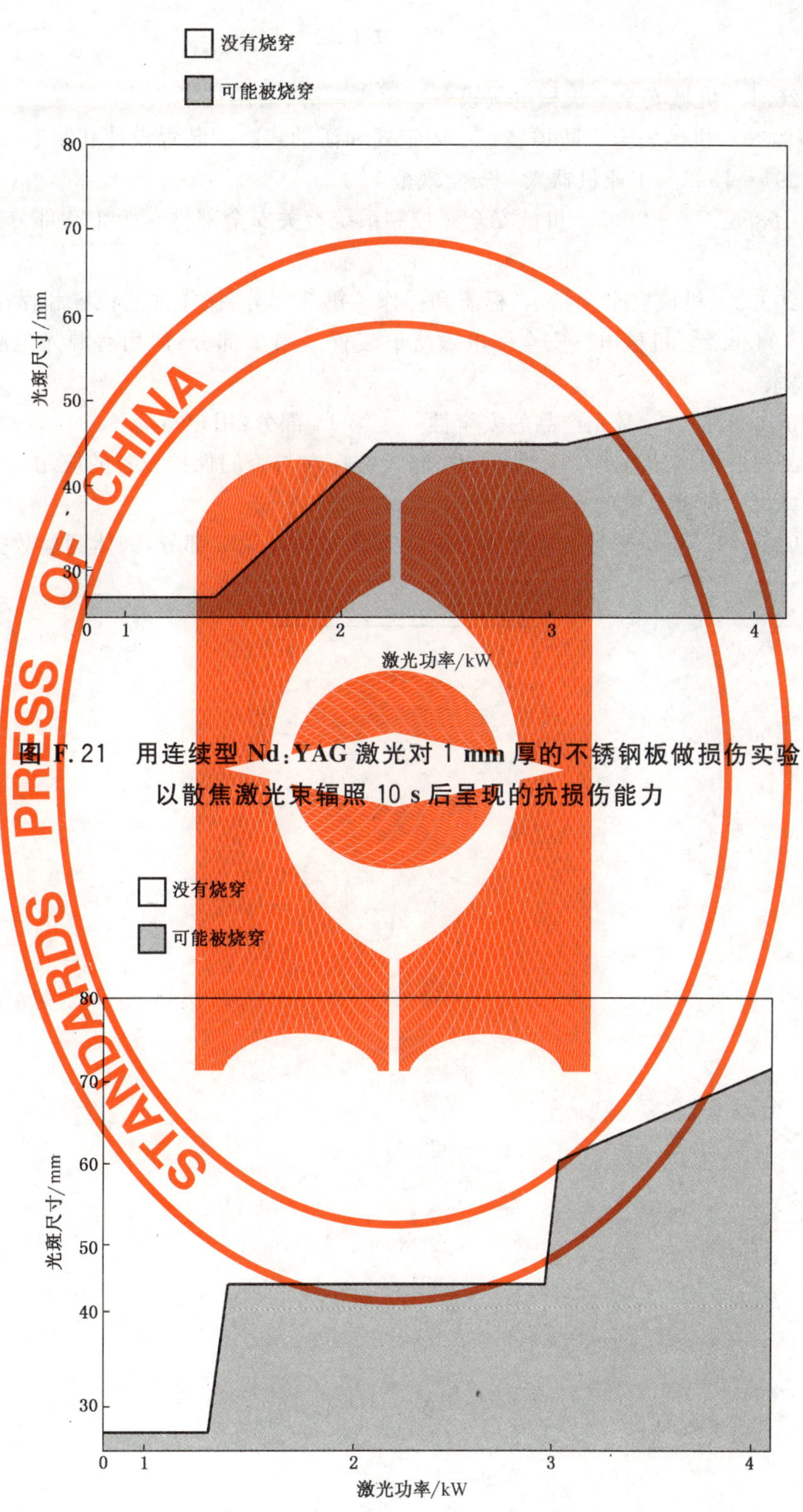

图 F.21　用连续型 Nd:YAG 激光对 1 mm 厚的不锈钢板做损伤实验以散焦激光束辐照 10 s 后呈现的抗损伤能力

图 F.22　用连续型 Nd:YAG 激光对 1 mm 厚的不锈钢板做损伤实验以散焦激光束辐照 100 s 后呈现的抗损伤能力

STANDARDS PRESS OF CHINA

参 考 文 献

[1] GB 5226.1 机械安全 机械电气设备 第1部分:通用技术条件

[2] GB/T 8196 机械安全 防护装置 固定式和活动式防护装置设计和制造一般要求

[3] GB 11291—1992 工业机器人 安全规范

[4] GB/T 16855.100—2005 机械安全 控制系统有关安全部件 第100部分:GB/T 16855.1的应用指南

[5] GB 18209.3 机械安全 指示、标志和操作 第3部分:操作件的位置和操作的要示

[6] GB/T 19436.2 机械电气安全 电敏防护装置 第2部分:使用有源光电防护器件(AOP-Ds)设备的特殊要求

[7] IEC/TR 60825-14 激光产品的安全性——第14部分:用户指南

[8] IEC 62046 机械装置的安全性——探测人员存在与否的保护设备的应用

[9] ISO 14121 机械装置的安全性——危险评估原则

[10] ISO 15532-3 机械装置的安全性——人体测量——第3部分:人体测量数据

ICS 97.200.40
Y 57

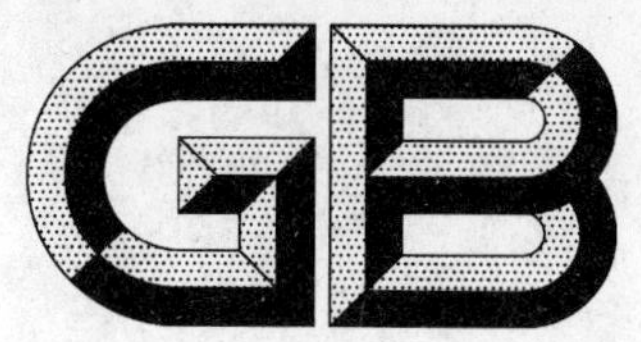

中华人民共和国国家标准

GB/T 18158—2008
代替 GB 18158—2000

转马类游艺机通用技术条件

Specifications of amusement rides merry go round category

2008-11-12 发布

2009-05-01 实施

中华人民共和国国家质量监督检验检疫总局
中国国家标准化管理委员会 发布

前　言

本标准代替GB 18158—2000《转马类游艺机通用技术条件》,本标准与GB 18158—2000《转马类游艺机通用技术条件》相比,主要变化如下:

——第1章"范围":明确了转马类游艺机的设计、制造、安装、改造、维修、试验、检验和使用管理。

——增加了以下章:第5章"传动系统"、第6章"电气与控制系统"、第7章"轨道、立轴和转动平台"、第8章"乘人部分"、第9章"安全设施"、第10章"制造与安装"。

——将原"技术要求"修改为第4章"基本设计规定";增加了设计要考虑的各种载荷;增加了设计计算:包括应力、刚度计算、疲劳强度等。

——第6章"电气与控制系统"主要增加和修改了以下内容:增加了对电气、控制系统和采用可编程控制器应遵循的要求;增加了对变压器的要求。

——第7章"轨道、立轴和转动平台"增加了轨道和立轴的构造要求。

——第8章"乘人部分"增加了脚踏装置的要求;增加了安全束缚装置的要求。

——第9章"安全设施"增加了安全标识的要求。

——第12章"检验规则"增加了两条产品重缺陷:无紧急事故按钮和按钮型式不符合要求。安全把手和安全带损坏、失效。

——增加了附录A(规范性附录)关于"主要部件"、"重要的轴、销轴"和"重要焊缝"的说明。

本标准的附录A为规范性附录。

本标准由全国索道、游艺机及游乐设施标准化技术委员会提出并归口。

本标准起草单位:全国索道、游艺机及游乐设施标准化技术委员会、中国特种设备检测研究院、广州长隆集团有限公司、中山市金马游艺机有限公司、辽宁省安全科学研究院。

本标准主要起草人:许松、肖原、蒋敏灵、刘喜旺、张勇、尤建阳、张晓宇、王启柘、曹玉婷、张洋。

本标准所代替标准的历次版本发布情况为:

——GB 18158—2000。

转马类游艺机通用技术条件

1 范围

本标准规定了转马类游艺机通用的技术条件和技术要求。

本标准适用于转马类游艺机的设计、制造、安装、改造、维修、试验、检验、使用管理。

2 规范性引用文件

下列文件中的条款通过本标准的引用而成为本标准的条款。凡是注日期的引用文件，其随后所有的修改单(不包括勘误的内容)或修订版均不适用于本标准，然而，鼓励根据本标准达成协议的各方研究是否可使用这些文件的最新版本。凡是不注日期的引用文件，其最新版本适用于本标准。

GB/T 1447 纤维增强塑料拉伸性能试验方法

GB/T 1449 纤维增强塑料弯曲性能试验方法

GB/T 1451 纤维增强塑料简支梁冲击韧性试验方法

GB 5226.1 机械安全 机械电气设备 第1部分：通用技术条件(GB 5226.1—2002,IEC 60204-1:2000,IDT)

GB 8408—2008 游乐设施安全规范

GB/T 15706(所有部分) 机械安全 基本概念与设计通则

GB 16754—1997 机械安全 急停 设计原则(GB 16754—1997,eqv ISO/IEC 13850:1995)

GB/T 16855.1 机械安全 控制系统有关安全部件 第1部分：设计通则(GB/T 16855.1—2005,ISO 13849-1:1999,MOD)

GB/T 20438(所有部分) 电气/电子/可编程电子安全相关系统的功能安全

GB 50017—2003 钢结构设计规范

GB 50231—1998 机械设备安装工程施工及验收规范

3 总则

3.1 转马类游艺机是指乘人部分绕垂直轴旋转及运动形式类似的游艺机。

3.2 转马类游艺机的设计、制造、安装、改造、维修、试验、检验、使用管理，应执行本标准和符合GB 8408—2008的规定。

3.3 转马类游艺机的设计、制造、安装、使用应保证人身安全。

3.4 本标准未提到的其他要求，均应按国家有关标准、规范和规定执行。

4 基本设计规定

4.1 基本要求

4.1.1 转马类游艺机的设计应有设计说明书、计算书、使用说明书及符合国家有关标准的全套施工图。

4.1.2 转马类游艺机的设计应规定其整机及主要部件设计使用寿命，整机使用寿命不小于23 000 h。

4.1.3 转马类游艺机的设计应符合GB 8408—2008和GB/T 15706(所有部分)的规定。

4.2 转马类游艺机的载荷应符合GB 8408—2008中4.2的规定。

4.2.1 载荷包括：永久载荷(用 G_k 表示)、变载荷(用 Q_k 表示)、并按GB 8408—2008中表1选择冲击系数。

4.3 人员活动区域均布活载荷的取值应符合GB 8408—2008中4.3的规定。

4.4 设计计算应符合 GB 8408—2008 中 4.5 的规定。

4.4.1 转马类游艺机的设计应根据具体结构作相应计算:应力计算、刚度计算、疲劳强度计算等。

4.4.2 重要的轴、销轴除做应力计算外,应根据载荷应力幅情况决定是否进行疲劳强度校核,两者都应满足 GB 8408—2008 中 4.5 给定的安全系数。对于难以拆卸的重要轴及销轴,应按无限寿命设计。

4.4.3 钢结构构件及其连接的设计指标应符合 GB 50017—2003 中 3.4 的规定。

4.4.4 钢结构构件及其连接的疲劳计算应符合 GB 50017—2003 第 6 章的规定。

4.4.5 移动式转马类游艺机应按 GB 8408—2008 中 4.5.5、4.5.6、4.5.7 作相应计算。

4.5 基础应符合 GB 8408—2008 中 8.8 的规定。

4.6 转马类游艺机应在显著位置上固定标牌,标牌内容至少应包括产品名称、产品型号、产品编号、制造日期和制造许可证编号等。

4.7 关于“主要部件”、“重要的轴、销轴”和“重要焊缝”的规定见附录 A。

5 传动系统

5.1 传动系统的设计,应保证运行安全,在系统出现失效的情况下,转马类游艺机应处于安全状态。

5.2 转马类游艺机应起动平稳,传动机构应运转正常。整机运行时不允许有异常的振动、冲击、发热、声响及卡滞现象。

5.3 机械传动部分应符合 GB 8408—2008 中 5.3.2、5.3.3、5.3.4、5.3.5、5.3.6、5.3.7 的规定,采用周边传动的驱动轮、支承轮对轨道表面压力应调整适当,驱动轮、支承轮运动轨迹相对轨道位置无明显偏移。

5.4 机械传动系统应平稳可靠,安装精度和测量方法应符合 GB 50231—1998 中的规定。

5.5 转马类游艺机的液压和气动系统,应符合 GB 8408—2008 中 5.4 的规定。

5.6 转马类游艺机制动装置应符合 GB 8408—2008 中 7.7.1、7.7.2、7.7.3、7.7.4、7.7.5 的规定,正常运行停机时间不应大于 60 s。

6 电气与控制系统

6.1 电气系统应符合 GB 5226.1 和 GB 8408—2008 中 6.1.1、6.1.2、6.1.3、6.1.5 的规定。

6.2 控制系统应符合 GB/T 16855.1 和 GB 8408—2008 中 6.2.1、6.2.2、6.2.3、6.2.4 的规定;采用电子电气可编程器件的控制系统应符合 GB/T 20438(所有部分)的规定。

6.3 安全防护应符合 GB 8408—2008 中 6.4.1、6.4.2、6.4.3、6.4.4、6.4.5 的规定。

6.3.1 转马类游艺机紧急停车、制动装置的设计应符合 GB 16754—1997 的规定。

6.4 电气安装应符合 GB 8408—2008 中 6.5 的规定。

6.4.1 座舱之间的电缆(线)连接应设有电器插头。

6.4.2 集电器应符合以下规定:

a) 集电器与滑接线应接触良好,并应满足电流容量的要求。滑接器座应灵活可靠,并有足够的补偿能力。滑接线应采用耐磨材料,接头处应平整,拉紧适度;

b) 外露的集电器和滑接线应有防雨设施。

6.5 接地系统应符合 GB 8408—2008 中 6.6 的规定。

6.6 轨道与导电轨之间的绝缘电阻应不小于 0.1 MΩ。

7 轨道、立轴和转动平台

7.1 轨道、立轴和转动平台的结构设计应满足 GB 50017—2003 第 8 章“构造要求”的规定。

7.2 轨道

7.2.1 周边传动的轨道表面应平整,轨道对接处间隙不大于 2 mm,其高低差不超过 1 mm。

7.2.2 曲线轨道应过渡平滑，运行过程中轨道不允许有异常晃动。

7.2.3 型钢和钢管轨道磨损允许值应符合 GB 8408—2008 中 9.3 表 15 的规定。

7.3 立轴的中心线对水平面的垂直度公差不大于 1/1 000。

7.4 转动平台

7.4.1 转动平台应有防滑措施。

7.4.2 转动平台与固定部分之间间隙应不大于 30 mm。

8 乘人部分

8.1 乘人部分框架应采用金属结构材料，座席宜采用橡胶、木质或玻璃钢等材料制造，座席尺寸应符合 GB 8408—2008 中 7.9.5 的规定。

8.2 乘人部分应设有把手或安全压杆和其他形式的安全束缚装置。安全束缚装置应符合 GB 8408—2008 中 7.6 的规定。骑乘式转马除设有把手外还应设置具有防滑功能的脚踏装置。

8.3 车轮及导向轮

8.3.1 车轮及导向轮应转动灵活、耐磨、耐热和具有足够的强度。

8.3.2 车轮及导向轮的磨损允许值应符合以下规定：

a) 车轮的磨损允许值应不大于原直径的 5%，且最大不超过 15 mm；

b) 导向轮的磨损允许值应不大于原直径的 5%，且最大不超过 10 mm；

c) 导向轮与轨道的间隙应能调整适当。

8.3.3 采用橡胶实心轮或尼龙轮，其材料力学性能应分别符合 GB 8408—2008 的相应规定。采用橡胶充气轮胎，充气压力应适度。

9 安全设施

9.1 危及乘客安全之处应有安全措施。

9.2 安全标志的设置应符合 GB 8408—2008 中 7.1.6 的规定。

9.3 安全栅栏、站台及操作室的设置应符合 GB 8408—2008 中 7.8 的规定。

9.4 安全距离应符合 GB 8408—2008 中 7.9.3 的规定。

9.5 多层转马的二层及以上平台应单独设置进出口，楼梯进出口应能与旋转平台进出口自动对齐。

10 制造与安装

10.1 一般规定应符合 GB 8408—2008 中 8.1 的规定。

10.2 金属材料应符合 GB 50017—2003 中 3.3 和 GB 8408—2008 中 8.2 的规定。

10.3 非金属材料应符合 GB 8408—2008 中 8.3.1、8.3.2、8.3.4、8.3.5、8.3.6 的规定。

10.4 重要零件加工应符合 GB 8408—2008 中 8.4 的规定。

10.5 结构件应符合 GB 8408—2008 中 8.5 的规定。

10.6 焊接应符合 GB 8408—2008 中 8.6 的规定。

10.7 螺栓及销轴连接应符合 GB 8408—2008 中 8.7 的规定。

10.8 基础应符合 GB 8408—2008 中 8.8 的规定。

10.9 装配应符合 GB 8408—2008 中 8.9 的规定。

10.10 涂装应符合 GB 8408—2008 中 8.12 的规定。

10.11 检验应符合 GB 8408—2008 中 8.13 的规定。

11 试验方法

11.1 一般要求

11.1.1 凡新产品、产品转厂制造及有重大改进的产品在出厂前应按本标准进行试验。

11.1.2 产品发放制造许可证、质量抽查、安全检查等应按本标准进行有关试验。根据不同的试验目的,试验项目可有所增减。

11.2 试验条件

11.2.1 在露天试验时风速应不大于 8 m/s。

11.2.2 环境温度应为 0 ℃～40 ℃,相对湿度宜不大于 85%。

11.2.3 试验载荷与其额定载荷值的误差应不超过±5%。

11.2.4 制造单位试验前应提供产品的检验数据、记录、图样等技术文件。

11.2.5 试验期间应根据使用说明书进行技术保养。

11.2.6 有特殊要求的转马可以增加试验项目。

11.3 试验仪器

11.3.1 根据试验要求选择相应精度的检测仪器和量具。

11.3.2 试验用的仪器和量具应经法定计量部门检定合格,在试验前后应进行检查校对,其偏差应符合规定要求。

11.4 转马的基础、立轴及支承结构和轨道、乘人部分、传动系统、外观和涂装等的测试,应符合本标准的要求。

11.5 玻璃钢的试验应按 GB /T 1447、GB/T 1449 和 GB/T 1451 的规定进行。

11.6 空载试验应按实际工况连续运行试验 8 h。

11.7 满载试验

11.7.1 按设计额定值进行加载。

11.7.2 按实际工况连续运行试验,每天不少于 8 h,连续累计运行试验不少于 80 h。

11.7.3 转马类游艺机平稳运转后,测连续转 3 圈所需时间来计算其转速。

11.7.4 测定转马类游艺机运转运动开始减速到完全停止所花时间,或测试按下停止按钮到转马类游艺机停止转动所需时间。

11.8 偏载试验应将 1/2 倍额定载荷,集中在座椅或车厢一边,按实际工况连续偏载试验 1 h,应无异常现象。

11.9 在空载、满载和偏载试验过程中运行均应正常,轨道、立轴、乘人部分、转动平台、传动系统、安全设施和电气控制系统均应符合本标准的要求。

11.10 各种试验中,零部件不应有永久变形及损坏现象。必要时应进行应力测试。

11.11 试验后对转马类游艺机有问题或有疑似问题的部位应进行拆检,并详细记录拆检情况,对发现的问题应及时研究,判明原因。记录可利用文字和拍照等方式。

11.12 各项试验结束后应编写有明确结论和符合有关规定的试验报告。

11.13 应力测试

11.13.1 测试工况见表 1。

表 1 测试工况

状态	加载情况	被测件	测试方法
静止	额定载荷	中心轴、旋转座舱立轴	静应力测定
运行			动应力测定

11.13.2 测试方法应符合以下规定：

a) 测试前应经额定载荷下的试运转；

b) 按表1所列工况测出各点的应变值；

c) 每种工况重复试验不少于3次。

11.13.3 应力值测试应符合以下规定：

a) 在自重作用下产生的应力，应由有关单位提供其计算值；

b) 各测点应力值，应为载荷作用下的测试应力值与自重作用下的计算应力值之和。

11.13.4 应力值的安全判据

$$安全系数=\frac{材料的破断强度}{测点最大应力}$$

各测点最大应力值，应符合GB 8408—2008中4.5.2表2给出的安全系数值。

12 检验规则

不符合标准规定的产品缺陷，分为重缺陷和轻缺陷，重缺陷见表2。每台样本有一项以上(含一项)重缺陷或五项以上(含五项)轻缺陷时为不合格品。

表2 产品重缺陷

标准条号	缺陷内容
5.2	起动时有不平稳现象，传动机构运转不正常。整机运行时有异常的振动、冲击、发热、声响及卡滞现象
11.10	各种运行试验中，零部件有永久变形及损坏现象
5.6	制动装置损坏、失效
6.1、6.2	控制系统不满足转马类游艺机运行工况和乘客安全
6.3	无紧急事故按钮和按钮型式不符合要求
6.5	接地电阻和绝缘电阻不符合要求
8.2	安全把手和安全带损坏、失效

STANDARDS PRESS OF CHINA

附 录 A
（规范性附录）
关于“主要部件”、“重要的轴、销轴”和“重要焊缝”的规定

A.1 “主要部件”是指重要的传动轴、车轮轴、乘人部分连接器销轴、轨道等。

A.2 “重要的轴、销轴”是指重要的传动轴、车轮轴、乘人部分连接器销轴等。

A.3 “重要焊缝”是指乘坐物支撑件焊缝、车轮轴连接焊缝、乘人部分连接器焊缝等。

ICS 97.200.40
Y 57

中华人民共和国国家标准

GB/T 18159—2008
代替 GB 18159—2000

滑行车类游艺机通用技术条件

Specifications of amusement rides coaster category

2008-11-12 发布　　2009-05-01 实施

中华人民共和国国家质量监督检验检疫总局
中国国家标准化管理委员会　发布

前　言

本标准代替 GB 18159—2000《滑行车类游艺机通用技术条件》。本标准与 GB 18159—2000 的主要变化为：

——第 1 章“范围”

明确了滑行车的设计、制造、安装、改造、维修、试验、检验和使用管理。

——增加了如下内容：

第 7 章“轨道与支撑立柱”；

第 8 章“车辆”；

第 9 章“安全设施”；

第 10 章“制造与安装”；

附录 A。

——将原“技术要求”修改为第 4 章“基本设计规定”；

增加了设计要考虑的各种载荷；

增加了设计计算：包括应力、刚度计算、疲劳强度等。

——第 11 章“试验方法”：

增加了加速度测试要求。

——将原“无损探伤”内容进行调整：将车速不小于 50 km/h 时，轨道对接焊缝应不低于 70％的射线探伤改为轨道对接焊缝应进行 100％超声波探伤，必要时进行射线探伤。并增加了桥架、车轮架、车辆连接器等焊接结构的探伤要求。

本标准的附录 A 为规范性附录。

本标准由全国索道、游艺机及游乐设施标准化技术委员会提出并归口。

本标准起草单位：全国索道、游艺机及游乐设施标准化技术委员会、中国特种设备检测研究院、广州长隆集团有限公司、华北冶金设备厂、江苏省特种设备安全监督检验研究院、北京九华游乐设备制造有限公司、安徽省特种设备检测院、北京世纪华侨城欢乐谷分公司。

本标准主要起草人：郑志涛、杨波、钱建军、武彦民、张新东、孙建熙、曾杰、蒋敏灵、郭蓓。

本标准所代替标准的历次版本发布情况为：

——GB 18159—2000。

滑行车类游艺机通用技术条件

1 范围

本标准规定了滑行车类游艺机的通用技术条件和技术要求。

本标准适用于滑行车类游艺机的设计、制造、安装、改造、维修、试验、检验和使用管理。

2 规范性引用文件

下列文件中的条款通过本标准的引用而成为本标准的条款。凡是注日期的引用文件,其随后所有的修改单(不包括勘误的内容)或修订版均不适用于本标准,然而,鼓励根据本标准达成协议的各方研究是否可使用这些文件的最新版本。凡是不注日期的引用文件,其最新版本适用于本标准。

GB/T 1032 三相异步电动机试验方法

GB/T 1447 纤维增强塑料拉伸性能试验方法

GB/T 1449 纤维增强塑料弯曲性能试验方法

GB/T 1451 纤维增强塑料简支梁冲击韧性试验方法

GB/T 3805—2008 特低电压(ELV)限值

GB/T 4025 人-机界面标志标识的基本和安全规则 指示器和操作器的编码规则

GB 4706.1—2005 家用和类似用途电器的安全 第1部分:通用要求(IEC 60335-1:2001,IDT)

GB 5226.1 机械安全 机械电气设备 第1部分:通用技术条件

GB 8408—2008 游乐设施安全规范

GB/T 15706(所有部分) 机械安全 基本概念与设计通则

GB 16754 机械安全 急停 设计原则

GB/T 16855.1 机械安全控制系统有关安全部件 第1部分:设计通则

GB 19212.1 电力变压器、电源、电抗器和类似产品的安全 第1部分:通用要求和试验(GB 19212.1—2008,IEC 61558-1:2005,IDT)

GB/T 20438(所有部分) 电气\电子\可编程电子安全相关系统的功能安全

GB 50005 木结构设计规范

GB 50017—2003 钢结构设计规范

GB 50065 交流电气装置接地设计规范

GB 50231 机械设备安装工程施工及验收规范

3 总则

3.1 滑行车类游艺机是指沿刚性轨道滑行,有惯性滑行特征的及运动形式类似的游艺机(包括在水中沿固定轨道运行的游乐设备)。

3.2 滑行车类游艺机的设计、制造、安装、改造、维修、试验、检验和使用管理,应执行本标准和GB 8408—2008的有关规定。

3.3 滑行车类游艺机设计、制造、安装和使用应保证人身安全。

3.4 本标准未提到的其他要求,均应按国家有关标准、规范和规定执行。

4 基本设计规定

4.1 基本要求

4.1.1 滑行车类游艺机的设计应有设计说明书、设计计算书、安全分析及符合国家有关标准的全套设计图样。

4.1.2 滑行车类游艺机的设计应规定其整机及主要部件设计使用寿命，整机使用寿命不小于23 000 h。

4.1.3 滑行车类游艺机的设计应符合 GB 8408—2008 及 GB/T 15706(所有部分)的规定。

4.2 滑行车类游艺机的载荷应符合 GB 8408—2008 中 4.2 的规定。

4.2.1 载荷一般包括：永久载荷(用 G_k 表示)、变载荷(用 Q_k 表示)，并按 GB 8408—2008 中表 1 选择冲击系数。设计计算时，不受加速度变化影响的载荷(永久载荷和活载荷除外)不乘以冲击系数。

4.2.2 载荷组合按 GB 8408—2008 中 4.2.4 的规定并结合滑行车类游艺机的实际工作状况选取。

4.3 人员活动区域均布活载荷的取值应符合 GB 8408—2008 中 4.3 的规定。

4.4 设计计算应符合 GB 8408—2008 中 4.5 的规定。

4.4.1 滑行车类游艺机设计时应计算或通过试验确定车体的质量、质心位置。

4.4.2 滑行车类游艺机应在轨道的展开图上标明速度值。

4.4.3 滑行车类游艺机轨道设计时应计算轨道管平面或轨的中心线的几何参数，当管或轨的中心线由空间点连接成的曲线时，应提供所有点的坐标值。

4.4.4 滑行车类游艺机的设计应根据具体结构和实际工况作相应计算：如应力计算、刚度计算、疲劳强度计算等。

4.4.5 滑行车类重要轴及关键焊缝(见附录 A)除进行应力计算外，还应进行疲劳强度验算，两者都应满足给定的安全系数。对于难以拆卸的重要轴，应按无限寿命设计。

4.4.6 钢结构构件及其连接的疲劳计算应符合 GB 50017—2003 第 6 章“疲劳计算”的规定。

4.4.7 钢结构构件及其连接的设计指标应符合 GB 50017—2003 第 3.4“设计指标”的规定。

4.4.8 车体、轨道及支撑立柱的焊接结构应采用可焊性好的钢材，普通碳素钢含碳量在 0.27%以下，低合金钢的碳当量应小于 0.4%，不宜采用异种钢焊接。

4.4.9 滑行车类游艺机设计的额定提升速度宜不大于 2 m/s，对提升速度大于 2 m/s 的设备应采取有效措施防止提升时产生的冲击。

4.4.10 滑行车类游艺机加速度允许值应符合 GB 8408—2008 中第 4.7 的规定。

4.5 滑行车类游艺机整机运行应正常，起动、制动应平稳可靠，不允许有爬行和异常的振动、冲击、发热和声响等现象。

4.6 滑行车类游艺机重要轴及关键焊缝(见附录 A)探伤检查应符合 GB 8408—2008 中 8.13.5 的要求。

4.7 各类易损件在正常运行情况下，其寿命应不低于 6 个月。

4.8 重要轴(见附录 A)的磨损及锈蚀允许值应符合 GB 8408—2008 中 9.3 表 17 的要求，超过允许值应及时更换。

4.9 在滑行车类游艺机显著位置处应固定铭牌和标明生产许可证标记和编号，铭牌内容至少应包括制造厂名、产品名称、产品型号或标记、设备主要技术参数、设备级别、制造日期或编号。

5 传动系统

5.1 传动系统的设计，应保证运行安全，在该系统失效的情况下，车辆应处于安全状态。滑行车类游艺机起动时不应有明显打滑现象，传动机构应运转正常。

5.2 机械传动部分应符合 GB 8408—2008 中 5.3.2、5.3.3、5.3.4、5.3.5、5.3.6、5.3.7 的规定。

5.3 采用齿轮及齿条传动时，应符合有关齿轮、齿条标准，应符合 GB 8408—2008 中 5.3.3 的规定。对齿轮啮合的接触斑点要求和测量方法按 GB 50231 中的规定。

5.4 采用皮带传动时，其装配要求符合 GB 50231 中的规定；皮带应张紧适度，不应有明显跑偏现象，导向装置应灵活可靠。

5.5 采用钢丝绳及链条传动时应张紧适度，应符合 GB 8408—2008 中 5.3.8 的规定；采用钢丝绳提升时应设有防止钢丝绳过卷和松弛的装置；钢丝绳的磨损允许值应符合 GB 8408—2008 中 9.4 的规定。

5.6 液压和气动系统应符合 GB 8408—2008 中 5.4 的规定。

6 电气与控制系统

6.1 电气系统应符合 GB 8408—2008 中 6.1 的规定和 GB 5226.1 规定。

6.2 控制系统应符合 GB 8408—2008 中 6.2 的规定和 GB/T 16855.1；采用电气电子可编程器件的控制系统应满足 GB/T 20438(所有部分)。

6.3 限速、限位装置的控制应符合 GB 8408—2008 中 6.3.1、6.3.2 的规定。

6.4 安全防护应符合 GB 8408—2008 中 6.4 的规定，其中紧急停车、制动装置的设计应按 GB 16754 的规定。

6.5 电气安装应符合 GB 8408—2008 中 6.5 的规定。

6.6 绝缘电阻、接地电阻与避雷装置应符合 GB 8408—2008 中 6.6 的规定。安全电压应符合 GB 3805—2008 中有关规定。测量方法按照 GB 4706.1—2005 附录 E、GB/T 1032 和 GB 50065 执行。

6.7 集电器

6.7.1 集电器与滑接线应接触良好，并应满足电流容量的要求。滑接器座应灵活可靠，并有足够的补偿能力。滑接线应采用耐磨材料，接头处应平整，拉紧适度。

6.7.2 外露的集电器应有防雨设施。

6.8 装饰照明

6.8.1 乘客易接触的装饰照明电压，应采用不大于 48 V 的安全电压。

6.8.2 乘客不易接触的装饰照明电压采用非安全电压时，应采用漏电断路保护装置。

6.9 控制元件应灵敏可靠、操作方便。操作按钮等均应有明确标志，信号灯、按钮等颜色标志应符合 GB/T 4025 中的规定。

6.10 用于车辆的电气连接宜采用具有防雨淋效果的电缆连接器，或增设防雨淋设施。

6.11 滑行车类游艺机采用的变压器应符合 GB 19212.1 规定。

7 轨道与支撑立柱

7.1 轨道和立柱的结构设计应满足 GB 50017—2003 中第 8 章的规定，采用木结构时还应满足 GB 50005 的规定。

7.2 高度大于 20 m 的滑行车的轨道及立柱应计算最大风载荷及地震载荷组合。

7.3 滑行车轨距的误差为－3 mm～5 mm。

7.4 轨道接口处高低差应不大于 1 mm。

7.5 不同曲率半径轨道间过渡应平滑，保证车辆的平顺性。

7.6 轨道支承间距应配置合理，支柱不应承受设计文件规定以外的任何外加载荷。

7.7 轨道不应有异常的晃动现象。

7.8 轨道磨损允许值应符合 GB 8408—2008 中 9.3(表 15)规定。

8 车辆

8.1 车辆框架应采用金属结构材料，座席应采用软质、木质或玻璃钢等材料制造。

8.2 车厢进出口外底板距站台高度应不大于 300 mm。车厢座席距脚踏板高度宜不大于 450 mm。

8.3 车厢应设有安全把手，骑乘式滑行车除设有安全把手外还应设有护腰垫及脚踏板。车厢的深度和坐席尺寸应符合 GB 8408—2008 中 7.9.5 的规定。

8.4 车轮装置应转动灵活,润滑、维修方便;车轮应耐磨、耐热并有足够的强度。

8.5 主车轮、侧轮和底轮的磨损允许值应符合 GB 8408—2008 中表 16 要求。与水接触的零部件应采取防水、防漏、防锈蚀措施。

8.6 速度大于 36 km/h 的滑行车类游艺机侧轮(或轮缘)与轨道间隙每侧宜不大于 5 mm。

8.7 采用橡胶充气轮,充气压力应适度。

9 安全设施

9.1 滑行车类游艺机应进行适宜的安全分析及安全评估。安全评估的内容及范围符合 GB 8408—2008 中 7.1.2 的规定。有危及乘客安全之处应有适当的安全措施。

9.2 安全标志的设置应符合 GB 8408—2008 中 7.1.6 的规定。

9.3 使用钢丝绳传动(或导向)的滑行车应符合 GB 8408—2008 中 7.2.3 的规定。

9.4 车辆连接器应结构合理,转动灵活,宜设有保险装置。

9.5 同一轨道上有两组或两组以上的单车或列车运行时,应设置防止相互碰撞的自动控制装置和缓冲装置。

9.6 沿斜坡或垂直方向上牵引的滑行车,应在提升段设有防止车辆逆行装置,止逆装置应动作可靠,在轨道沿途可能产生车辆意外停止或用于维修的区域应具有安全走道或疏导乘客措施。疏导乘客措施应满足在提升段任何位置安全疏导乘客的要求。

9.7 在提升段,当动力电源突然断电或设备发生故障而停车时,在动力电源恢复以后滑行车应能重新具备正常运行的能力,保证设备和人员的安全。

9.8 乘客安全束缚装置应符合 GB 8408—2008 中 7.6 的规定。

9.9 制动装置应符合 GB 8408—2008 中 7.7 的规定。

9.10 滑行车轨道距地面高度大于 15 m 时,应设避雷装置,其接地电阻不大于 30 Ω。

10 制造与安装

10.1 一般规定应符合 GB 8408—2008 中 8.1 的规定。

10.2 金属材料应符合 GB 8408—2008 中 8.2 和 GB 50017—2003 第 3.3 的规定。

10.3 非金属材料应符合 GB 8408—2008 中 8.3.1、8.3.2、8.3.4、8.3.5、8.3.6 的规定。

10.4 重要零件加工应符合 GB 8408—2008 中 8.4 的规定。

10.5 结构件应符合 GB 8408—2008 中 8.5 的规定。

10.6 焊接应符合 GB 8408—2008 中 8.6 的规定。

10.7 螺栓及销轴连接应符合 GB 8408—2008 中 8.7 的规定。

10.8 基础应符合 GB 8408—2008 中 8.8 的规定。

10.9 装配应符合 GB 8408—2008 中 8.9 的规定。

提升及传动系统应平稳可靠,不应产生异常的冲击振动,安装精度应符合有关标准。

电动机、减速机和联轴器应安装良好。联轴器两轴的同轴度和端面间隙应符合 GB 50231 中的有关规定。

10.10 涂装应符合 GB 8408—2008 中 8.12 的规定。

10.11 检验应符合 GB 8408—2008 中 8.13 的规定。

10.11.1 滑行车类游艺机的重要轴(见附录 A)等应进行 100%的超声波与磁粉(或渗透)探伤。

10.11.2 当滑行车类游艺机的车速不小于 50 km/h 时,轨道对接焊缝应进行 100%超声波与 100%的磁粉探伤,必要时进行射线探伤。

10.11.3 滑行车类游艺机关键焊缝(见附录 A)应进行 100%的磁粉探伤或渗透探伤。

10.11.4 超声波探伤、磁粉探伤、渗透探伤、射线探伤方法及质量评定应符合 GB 8408—2008 中

8.13.5 的规定。

10.12 应根据现场需要配备必要的救援设施，应符合 GB 8408—2008 中 9.2.2 规定。

10.13 安全栅栏、站台、阶梯及操作台的设置应符合 GB 8408—2008 中第 7.8 规定。

11 试验方法

11.1 凡新产品、产品转厂制造及有重大改进的产品，在出厂前应按本标准进行有关试验。

11.2 试验条件

11.2.1 露天试验时，风速应不大于 8 m/s。

11.2.2 试验时的环境温度一般在 0 ℃～40 ℃之间，环境相对湿度不大于 85%。

11.2.3 试验载荷与其额定载荷值的误差应不大于±5%。

11.3 试验仪器

11.3.1 根据试验要求选择相应精度的测试仪器及量具。

11.3.2 试验用的仪器及量具应经法定计量部门检定合格，在试验前后应进行检查校对。

11.4 安全装置测试应符合本标准的规定要求。

11.5 玻璃钢的试验应按 GB/T 1447、GB/T 1449 和 GB/T 1451 的规定进行。

11.6 空载试验

11.6.1 分别进行手动和自动试验，各试验 5 次以上。

11.6.2 按实际工况连续运行试验 8 h。

11.7 满载试验

11.7.1 按设计额定值进行加载。

11.7.2 按实际工况连续运行试验，每天不少于 8 h，连续累计运行试验不少于 80 h。

11.7.3 止逆试验

按设计额定值进行加载，将车辆(或首节车辆)提升接近提升段最高点，切断动力电源，车辆(组)应被可靠制停。重复试验次数不少于 3 次。

11.7.4 车速测定

滑行车类游艺机在额定载荷下，以最高车速运行，测量出滑行车通过最大速度点时的车速，测量应不少于 3 次，取其平均值。计算所得的车速应符合设计要求。

11.7.5 加速度测试

滑行车类游艺机在额定载荷下，连续测量 3 次运行加速度，取其平均值。测试的加速度值，应符合 GB 8408—2008 中 4.7 的要求，且加速度测试最大值与设计值误差应小于 15%。

11.8 在空载、偏载和满载过程中运行均应正常，车辆、轨道、立柱、提升和传动系统、液压和气动系统、电气系统及安全装置均应符合本标准的规定。

11.9 应力测试

11.9.1 测试工况见表 1

表 1 测试工况

状　　态	加载情况	被测结构	测试方法
静止	额定载荷	重要轴、轨道	静应力测定
满载运行			动应力测定

11.9.2 测试方法应符合以下规定：

a) 测试前应经额定载荷下的试运转；

b) 按表 2 所列工况测出各点的应变值；

c) 每种工况重复试验不少于 3 次。

11.9.3 应力值应符合以下规定：

a） 在自重作用下产生的应力，应由有关单位提供其计算值；

b） 各测点应力值，应为载荷作用下的测试应力值与自重作用下的计算应力值之和。

11.9.4 应力值的安全判据

$$安全系数=\frac{材料的破断强度}{测点最大应力}$$

各测点最大应力值，应符合GB 8408—2008中4.5.2表2给出的安全系数值。

11.10 试验后对有问题或有疑似问题的部位应进行拆检，并详细记录拆检情况，对发现的问题应及时研究，判明原因。记录可利用文字和拍照等方式。

11.11 各项试验结束后，编写有明确结论和符合有关规定的试验报告。

12 检验规则

不符合标准规定的产品缺陷，分为重缺陷和轻缺陷。产品重缺陷项目内容见表2。每台样机有一项以上（含一项）重缺陷或五项以上（含五项）轻缺陷时为不合格品。

表2 产品重缺陷项目

标准条号	缺陷项目内容
5.2	运转不正常，整机运行时有异常的振动、冲击、发热、声响及卡滞现象
10.11.1	未探伤或探伤不合格
11.8	各种运行试验中，零部件有永久变形及损坏现象
10.8	基础不均匀沉陷和开裂
6.6	接地电阻和绝缘电阻不符合要求
6.2	控制系统不能满足滑行车运行工况和乘客安全
9.6	无防止车辆逆行装置及疏导乘客的措施
9.8	车内无把手、安全带或安全杠
6.4	无紧急事故按钮或按钮型式不符合要求
9.5	同一轨道有两组以上车时无防止互相碰撞自动控制装置或装置失效
9.9	制动装置不可靠

附 录 A
（规范性附录）
关于“轮系”“重要零部件”“关键焊缝”“重要轴”的规定

A.1 轮系：指支撑车体的行走轮、侧导轮、底轮及相连接的轮、轴等相关受力结构件。

A.2 重要零部件：轮系、车辆连接器、与车架相连固定轮系的轴，及运行速度不小于 20 km/h 的桥架、止逆装置及提升装置固定销、轨道、支承立柱等运行中承受乘客荷载的运动部件的零件。

A.3 关键焊缝：速度不小于 20 km/h 的轨道对接焊缝、桥架、车轮架、车辆连接器等运行中承受乘客荷载的运动部件的焊接结构。

A.4 重要轴：轮系轴、车辆连接器轴、止逆装置及提升装置固定销、与车架相连固定轮系的轴等涉及人身和设备安全的轴。

ICS 97.200.40
Y 57

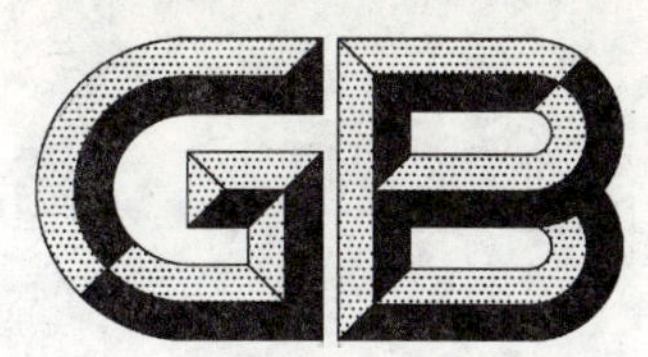

中华人民共和国国家标准

GB/T 18160—2008
代替 GB 18160—2000

陀螺类游艺机通用技术条件

Specifications of amusement rides space gyro category

2008-11-12 发布　　2009-05-01 实施

中华人民共和国国家质量监督检验检疫总局
中国国家标准化管理委员会　发布

前　言

本标准代替 GB 18160—2000《陀螺类游艺机通用技术条件》。

本标准与 GB 18160—2000 相比主要变化为：

——明确了陀螺类游艺机的设计、制造、安装、改造、维修、试验、检验和使用管理(见第 1 章)；

——修改了“技术要求”，增加了“基本设计规定的基本要求”的规定(见第 4 章)；

——增加了设计所要考虑的各种载荷和设计计算包括的内容(见 4.2)；

——增加了传动系统安全运行的设计要求(见第 5 章)；

——增加了限位、限速装置的控制要求(见 6.3)；

——增加了安全防护及制动装置设计规定(见 7.2、7.4)；

——增加了装饰照明的安全要求(见 6.8)；

——增加了在上、下乘客时座舱应有防摆动装置的要求(见 7.5.2)；

——删掉了“吊挂的乘人部分应有保险措施”的要求；

——增加了制造与安装的一般规定(见第 8 章)；

——增加了制造与安装的材料、加工、焊接、连接的要求(见 8.1～8.14)；

——增加了三条产品总缺陷(见第 10 章)：

1) 控制系统不满足运行工况或危及乘客安全；

2) 无紧急事故按钮或按钮型式不符合要求；

3) 乘人安全束缚装置不符合要求；

——增加了附录 A(规范性附录)关于“主要轴、销轴”、“重要焊缝”、“重要轴、销轴磨损及锈蚀允许值”的规定。

本标准自实施之日起，代替 GB 18160—2000。

本标准的附录 A 为规范性附录。

本标准由全国索道、游艺机及游乐设施标准化技术委员会提出并归口。

本标准起草单位：全国索道、游艺机及游乐设施标准化技术委员会、中国特种设备检测研究院、江苏省特种设备安全监督检验研究院、辽宁省安全技术科学研究院、温州南方游乐设备工程有限公司、保定昌龙游乐设备工程股份合作公司、西安金丰游乐设备有限公司。

本标准主要起草人：钱进、张晓宇、詹蕴鑫、常安俊、高岩、滕世其、权友昌、程忠潮。

本标准所代替标准的历次版本发布情况为：

——GB 18160—2000。

陀螺类游艺机通用技术条件

1 范围

本标准规定了陀螺类游艺机的通用技术条件和技术要求。

本标准适用于陀螺类游艺机的设计、制造、安装、改造、维修、试验、检验和使用管理。

2 规范性引用文件

下列文件中的条款通过本标准的引用而成为本标准的条款。凡是注日期的引用文件,其随后所有的修改单(不包括勘误的内容)或修订版均不适用于本标准,然而,鼓励根据本标准达成协议的各方研究是否可使用这些文件的最新版本。凡是不注日期的引用文件,其最新版本适用于本标准。

GB/T 3805 特低电压(ELV)限值

GB 5226.1 机械安全 机械电气设备 第1部分:通用技术条件

GB 7000.10—1999 固定式通用灯具安全要求

GB 7000.11—1999 可移式通用灯具安全要求

GB 8408—2008 游乐设施安全规范

GB 13028 隔离变压器和安全隔离变压器技术要求

GB/T 15706(所有部分) 机械安全 基本概念与设计通则

GB 16754—1997 机械安全 急停 设计原则

GB/T 16855.1 机械安全 控制系统有关安全部件 第1部分:设计通则

GB/T 20438(所有部分) 电气/电子/可编程电子安全相关系统的功能安全

GB 50017—2003 钢结构设计规范

3 总则

3.1 陀螺类游艺机是指乘人部分绕可变倾角的轴旋转及运动形式类似的游艺机(以下简称陀螺)。

3.2 陀螺的设计、制造、安装、改造、维修、试验、检验和使用管理,应执行本标准的规定。

3.3 陀螺的设计、制造、安装、使用应保证人身安全。

3.4 本标准未提到的其他要求,均应按国家有关标准、规范和规定执行。

4 基本设计规定

4.1 基本要求

4.1.1 陀螺的设计应有设计说明书、设计计算书、安全分析及符合国家有关标准的全套设计图样。

4.1.2 陀螺的设计应规定其整机及主要部件设计使用寿命,整机使用寿命不小于23 000 h。

4.1.3 陀螺的设计应符合GB 8408—2008和GB/T 15706(所有部分)的规定。

4.2 陀螺的载荷应符合GB 8408—2008中4.2的规定。

4.2.1 载荷一般包括:永久载荷(用 G_k 表示)、变载荷(用 Q_k 表示),并按GB 8408—2008中表1选择冲击系数。

4.2.2 载荷组合按GB 8408—2008中4.2.4的规定并结合实际工作状况选取。

4.3 人员活动区域均布活载荷的取值应符合GB 8408—2008中4.3的规定。

4.4 人员活动区域水平推力的取值应符合GB 8408—2008中4.4的规定。

4.5 陀螺的设计计算应符合GB 8408—2008中4.5的规定并结合实际工作状况确定。

4.5.1 重要的轴、销轴(见附录A)除做应力计算外,应根据载荷应力幅情况决定是否进行疲劳强度校核,两者都应满足GB 8408—2008中第4.5给定的安全系数。对于难以拆卸的重要轴及销轴,应按无限寿命设计。

4.5.2 钢结构构件及其连接的设计指标应符合GB 50017—2003中3.4的规定。

4.5.3 钢结构构件及其连接的疲劳计算应符合GB 50017—2003中第6章的规定。

4.6 加速度允许值应符合GB 8408—2008中4.7的规定。

4.7 陀螺在设计时,应充分考虑设备运行中发生故障时的乘客疏导措施。

5 传动系统

5.1 传动系统的设计,应保证运行安全,在系统出现失效的情况下,整机运行应处于安全状态。

5.2 传动系统的设计应保证平稳可靠。整机运行时不允许有异常的振动、冲击、发热、声响及卡滞现象。

5.3 机械传动系统的设计应符合GB 8408—2008中5.3的规定。

5.4 液压和气动系统的设计应符合GB 8408—2008中5.4的规定。

5.5 各种运行试验中,零部件不应有永久变形及损坏现象。必要时按9.11进行应力测试。

5.6 大臂在升降过程中不应有抖动现象,起动和停止时不应有明显的冲击振动。

6 电气与控制系统

6.1 电气系统应符合GB 8408—2008中6.1和GB 5226.1的规定。

6.2 控制系统应符合GB 8408—2008中6.2和GB/T 16855.1的规定;采用电气、电子、可编程器件的控制系统应满足GB/T 20438(所有部分)的要求。

6.3 限速、限位装置的控制应符合GB 8408—2008中6.3.1、6.3.2的规定。

6.4 安全防护应符合GB 8408—2008中6.4的规定,其中紧急停车、制动装置的设计应满足GB 16754—1997的有关要求。

6.5 电气安装应符合GB 8408—2008中6.5的规定。

6.6 电压等级、绝缘电阻、接地电阻与避雷装置应符合GB 8408—2008中6.6的规定。安全电压应符合GB/T 3805中有关规定。

6.7 集电器

6.7.1 集电器与滑接线应接触良好,并应满足电流容量的要求。滑接器座应灵活可靠,并有足够的补偿能力。滑接线应采用耐磨材料,接头处应平整,拉紧适度。

6.7.2 外露的集电器应有防雨设施。

6.8 装饰照明

6.8.1 乘客易接触的装饰照明电压,应采用不大于48 V的安全电压。

6.8.2 乘客不易接触的装饰照明电压采用非安全电压时,应采用漏电断路保护装置。

6.8.3 照明灯具应符合GB 7000.10—1999和GB 7000.11—1999有关规定。

6.9 陀螺类游艺机采用的变压器应符合GB 13028的有关规定。

7 安全要求及安全设施

7.1 安全分析、安全评估和安全控制应符合GB 8408—2008中7.1的规定。

7.2 安全保险措施

7.2.1 在空中运行的乘人部分,整体结构应牢固可靠,其重要零部件宜采取保险措施。

7.2.2 当动力电源突然断电或设备发生故障危及乘人安全时,应有疏导乘人的措施。

7.3 限位装置

7.3.1 大臂升降油缸行程的终点，应设置限位装置。

7.3.2 大臂升降装置的极限位置，必要时应设缓冲装置。

7.3.3 配有平衡重的陀螺，乘人部分在最高点有可能出现静止状态时(死点)，应有防止或处理该状态的措施。

7.4 乘人安全束缚装置应符合 GB 8408—2008 中 7.6 的规定。

7.5 制动装置

7.5.1 当动力电源切断后，停机过程时间较长或要求定位准确的陀螺，应设制动装置。

7.5.2 整机停稳后，乘人部分的座舱在上、下乘客时，不应发生明显摆动现象，可能发生明显摆动的应采用常闭式制动或移动站台等装置。

7.5.3 陀螺视其运动形式、速度及其结构的不同，可采用不同的制动方式和制动器结构(如机械、电动、液压、气动以及手动等)。制动器构件应有足够的强度，必要时停车制动器应验算疲劳强度。制动器的制动行程应可调节。

7.5.4 制动器制动应平稳可靠，不应使乘人感受明显的冲击或使设备结构有明显的振动、摇晃。制动加速度绝对值一般不大于 5.0 m/s^2。必要时可增设减速制动器。

7.6 对安全栅栏、站台及操作室的安全要求应符合 GB 8408—2008 中 7.8 的规定。

7.7 其他安全要求应符合 GB 8408—2008 中 7.9 的规定。

8 制造与安装

8.1 一般规定应符合 GB 8408—2008 中 8.1 的规定。

8.2 金属材料应符合 GB 8408—2008 中 8.2 和 GB 50017—2003 中 3.3 的规定。

8.3 非金属材料应符合 GB 8408—2008 中 8.3.1、8.3.2、8.3.4、8.3.5、8.3.6 的规定。

8.4 重要零件加工应符合 GB 8408—2008 中 8.4 的规定。

8.5 结构件应符合 GB 8408—2008 中 8.5 的规定。

8.6 焊接应符合 GB 8408—2008 中 8.6 的规定。

8.7 螺栓及销轴连接应符合 GB 8408—2008 中 8.7 的规定。

8.8 基础应符合 GB 8408—2008 中 8.8 的规定。

8.9 装配应符合 GB 8408—2008 中 8.9 的规定。

8.10 涂装应符合 GB 8408—2008 中 8.12 的规定。

8.11 检验应符合 GB 8408—2008 中 8.13 的规定。

8.12 有运行轨道的陀螺，轨道要求平整，对接处间隙不大于 1 mm。

8.13 吊挂座舱的转盘桁架外端面应在同一平面内，其任一对最大偏差不大于 40 mm。

8.14 在陀螺的显著位置应固定铭牌，其内容至少包括制造、安装厂名，制造、安装许可证编号，设备名称、型号规格、出厂编号，设备类型、级别，主要技术参数和制造、安装日期。

9 试验方法

9.1 凡新产品、产品转厂制造及有重大改进的产品，在出厂前应按本标准进行有关试验。

9.2 试验条件

9.2.1 在露天试验时，风速应不大于 8 m/s。

9.2.2 环境温度应为 0 ℃～40 ℃，相对湿度宜不大于 85％。

9.2.3 试验载荷与其额定载荷值的误差应不超过±5％。

9.3 试验仪器

9.3.1 根据试验要求，选择相应精度的检测仪器和量具。

9.3.2 试验用的仪器和量具要求经法定计量部门检定合格，在试验前后要求进行检查校对，其偏差应在规定的范围之内。

9.4 按实际工况空载连续运行试验 8 h。

9.5 满载试验

9.5.1 按设计额定值进行加载。

9.5.2 按实际工况连续运行试验，每天不少于 8 h，连续累计运行试验不少于 80 h。

9.6 偏载试验按设计最大偏载量(无特别指明按 1/2 倍额定满载量)，集中在旋转体(转盘)的一侧，按实际工况试验 3 个工作循环，应无异常现象。

9.7 陀螺整机运转应正常，启、制动应平稳，不允许有爬行和异常的振动、冲击、发热和声响等现象。

9.8 在空载、满载和偏载试验过程中运行均应正常，金属结构、传动系统、安全设施和电气控制系统均应符合本标准规定的要求。

9.9 试验后对有问题的部位应进行拆检，并详细记录拆检情况，对发现的问题应及时研究，判明原因。记录可利用文字和拍照等方式。

9.10 各项试验结束后应编写有明确结论和符合有关规定的试验报告。

9.11 应力测试

9.11.1 测试工况见表 1。

表 1 测试工况

状　态	加载情况	被测件	测试方法
静止	偏载	根据试验情况确定	静应力测定
静止	额定载荷		
实际运行工况	偏载	根据试验情况确定	动应力测定
实际运行工况	额定载荷		

9.11.2 测试方法

应力测试方法应符合下列规定：

a) 测试前应经额定载荷下的试运转；

b) 按表 1 所列工况测出各点的应变值；

c) 每种工况重复试验不少于 3 次。

9.11.3 应力值

应力计算应符合下列规定：

a) 在自重作用下产生的应力，应由有关单位提供其计算值；

b) 各测点应力值，应为载荷作用下的测试应力值与自重作用下的计算应力值之和。

9.11.4 应力值的安全判据

$$\text{安全系数}=\frac{\text{材料的破断强度}}{\text{测点最大应力}}$$

各测点最大应力值，应符合 GB 8408—2008 中 4.5.2 表 2 给出的安全系数值。

10 检验规则

不符合标准规定的产品缺陷，分为重缺陷和轻缺陷，重缺陷见表 2。每台样本有一项以上(含一项)重缺陷或五项以上(含五项)轻缺陷时为不合格品。

表 2　产品重缺陷项目

标准条款	缺陷内容
5.5	各种运行试验中,零部件有永久变形及损坏现象
6.2	控制系统不满足运行工况或危及乘客安全
6.4	无紧急事故按钮或按钮型式不符合要求
6.6	接地电阻或绝缘电阻不符合要求
7.3.1	限位装置不符合要求
7.4	乘人安全束缚装置不符合要求
8.8	基础有不均匀沉陷、开裂和松动
8.11	重要零部件探伤不符合要求
9.7	整机运行时有明显异常现象

附 录 A
（规范性附录）
关于“主要轴、销轴”、“重要焊缝”、“重要轴、销轴磨损及锈蚀允许值”的规定

A.1 “重要的轴、销轴”是指大臂销轴、支撑油（气）缸上下销轴、座舱支撑（吊挂）轴、肩式压杠轴等。

A.2 “重要焊缝”是指大臂根部支撑座焊缝、升降油（气）缸上下支撑座焊缝、大臂与回转体下支撑连接处焊缝、悬臂结构根部焊缝、乘坐物支撑（吊挂）件焊缝等。

A.3 重要的轴、销轴磨损及锈蚀允许值应符合 GB 8408—2008 中表 17 的规定。

ICS 97.200.40
Y 57

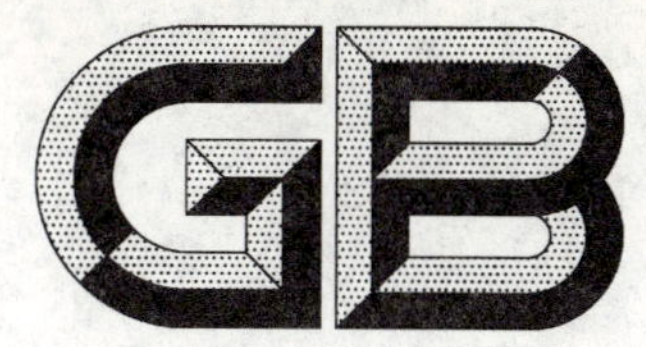

中华人民共和国国家标准

GB/T 18161—2008
代替 GB 18161—2000

飞行塔类游艺机通用技术条件

Specifications of amusement rides fly tower category

2008-11-12 发布　　2009-05-01 实施

中华人民共和国国家质量监督检验检疫总局
中国国家标准化管理委员会　发布

前 言

本标准代替 GB 18161—2000《飞行塔类游艺机通用技术条件》。

本标准与 GB 18161—2000 相比，主要变化如下：

——第 1 章“范围”明确了飞行塔类游艺机的设计、制造、安装、改造、维修、试验、检验和使用管理；

——增加了第 3 章“总则”，对飞行塔类常用名词术语集中进行了解释；

——第 4 章“基本设计规定”增加了鼓励采用新产品开发的标准支持的内容；增加了设计要考虑的各种载荷和载荷组合；增加了工况条件选择及设计准则；增加了对高大设备的设计要求；增加了对加速度的要求；

——第 6 章“电气与控制系统”主要增加和修改了以下内容：6.5～6.12 增加了对避雷装置的要求；增加了对照明灯具的要求；增加了对升降系统限位控制装置的要求；修改了对电气安装的要求；修改了对装饰照明电压的要求；

——第 7 章“安全要求与安全设施”增加了安全标识的要求；增加了紧急疏导措施的要求；增加了对安全钳、限速器的要求；

——第 8 章“制造与安装”增加了对安装过程的控制要求；

——第 10 章“检验与试验”增加了对检验的要求。

本标准由全国索道、游艺机及游乐设施标准化技术委员会提出并归口。

本标准起草单位：全国索道、游艺机及游乐设施标准化技术委员会、中国特种设备检测研究院。

本标准主要起草人：刘培广 、杨金勇、柴彬、陈米龙、王银兰。

本标准所代替标准的历次版本发布情况为：

——GB 18161—2000。

飞行塔类游艺机通用技术条件

1 范围

本标准规定了飞行塔类游艺机的通用技术条件和技术要求。

本标准适用于飞行塔类游艺机的设计、制造、安装、改造、维修、试验、检验和使用管理。

2 规范性引用文件

下列文件中的条款通过本标准的引用而成为本标准的条款。凡是注日期的引用文件,其随后所有的修改单(不包括勘误的内容)或修订版均不适用于本标准,然而,鼓励根据本标准达成协议的各方研究是否可使用这些文件的最新版本。凡是不注日期的引用文件,其最新版本适用于本标准。

GB/T 1032 三相异步电动机试验方法

GB/T 1447—2005 纤维增强塑料拉伸性能试验方法(ISO 527-4:1997,Test conditions for isotropic and orthotropic fiber-reinforced plastics composites,NEQ)

GB/T 1449—2005 纤维增强塑料弯曲性能试验方法(ISO 14125:1998,Fibre-reinforced plastic composites—Determination of flexural properties,NEQ)

GB/T 1451—2005 纤维增强塑料简支梁冲击韧性试验方法

GB/T 3805—2008 特低电压(ELV)限值

GB 4706.1—2005 家用和类似用途电器的安全 第1部分:通用要求(IEC 60335-1:2004(Ed4.1),IDT)

GB 5226.1 机械安全 机械电气设备 第1部分:通用技术条件(GB/T 5226.1—2002,IEC 60204-1:2000,IDT)

GB 7000.10 固定式灯具安全要求(GB 7000.10—1999,idt IEC 60598-2-1:1979)

GB 7000.11 可移式通用灯具安全要求(GB 7000.11—1999,idt IEC 60598-2-4:1997)

GB 8408—2008 游乐设施安全规范

GB 13028—1991 隔离变压器和安全隔离变压器技术要求

GB/T 15706(所有部分) 机械安全 基本概念与设计通则

GB 16754 机械安全 急停 设计原则(GB 16754—1999,eqv ISO/IEC 13850:1995)

GB/T 16855.1 机械安全 控制系统有关安全部件 第1部分:设计通则

GB/T 20050—2006 游乐设施检验验收

GB/T 20438(所有部分) 电气\电子\可编程电子安全相关系统的功能安全

GB 50009—2001 建筑结构荷载规范

GB 50017—2003 钢结构设计规范

GB 50065 交流电气装置接地设计规范

3 总则

3.1 飞行塔类游艺机是指乘人部分用挠性件吊挂,边升降边绕垂直轴回转及运动形式类似的游艺机。

3.2 飞行塔类游艺机的设计、制造、安装、改造、维修、试验、检验和使用管理,应执行本标准和GB 8408—2008的有关规定。

3.3 飞行塔类游艺机设计、制造、安装和使用应保证人身安全。

3.4 本标准未提到的其他要求,均应按国家有关标准、规范和规定执行。

4 基本设计规定

4.1 基本要求

4.1.1 飞行塔类游艺机的设计应有设计说明书、设计计算书、使用说明书及符合国家有关标准的全套施工图。

4.1.2 飞行塔类游艺机的设计应规定其整机及主要部件设计使用寿命，整机使用寿命不小于 23 000 h。

4.1.3 飞行塔类游艺机的设计应符合 GB 8408—2008 及 GB/T 15706(所有部分)的规定。

4.2 飞行塔类游艺机的载荷应符合 GB 8408—2008 中 4.2 的规定。

4.2.1 载荷一般包括：永久载荷(用 G_k 表示)、变载荷(用 Q_k 表示)，并按 GB 8408—2008 中表 1 选择冲击系数。

4.2.2 载荷组合按 GB 8408—2008 中 4.2.4 的规定并结合飞行塔类游艺机的实际工作状况选取。

4.2.3 飞行塔类游艺机的设计，设备运行条件应分别考虑空载、偏载、满载情况，其中偏载量由设计确定，但不应低于满载量的 20%。偏载要考虑对整体结构最不利的受力情况。乘人部分为联排座椅形式的游艺机，除了要考虑偏载对整体结构的影响，还要考虑联排座椅一端受载时对导轨或吊挂结构件的偏载影响。

4.2.4 飞行塔类游艺机永久载荷主要指乘客约束物和乘人部分载荷，非卷绕的吊挂装置如吊挂钢丝绳、吊挂圆环链等也作为永久载荷考虑。飞行塔类游艺机可变载荷主要指乘客，卷绕的吊挂装置如卷绕钢丝绳也作为可变载荷考虑。

4.2.5 飞行塔类游艺机的强度和刚度分析应考虑，由于受力可能导致结构构件产生塑性变形的极限工况。载荷计算及载荷组合应符合 GB 8408—2008 和 GB 50009—2003，结构设计符合 GB 50017—2003 的规定，安全系数应满足 GB 8408—2008 的规定。

4.3 人员活动区域均布活载荷的取值应符合 GB 8408—2008 中 4.3 的规定。

4.4 人员活动区域水平推力的取值应符合 GB 8408—2008 中 4.4 的规定。

4.5 飞行塔类游艺机的设计计算应符合 GB 8408—2008 中 4.5 的规定并结合实际工作状况确定。

4.5.1 重要的轴、销轴除做应力计算外，应根据载荷应力幅情况决定是否进行疲劳强度校核，两者都应满足 GB 8408—2008 中 4.5 给定的安全系数。对于难以拆卸的重要轴及销轴，应按无限寿命设计。

4.5.2 钢结构构件及其连接的设计指标应符合 GB 50017—2003 第 3.4“设计指标”的规定。

4.5.3 钢结构构件及其连接的疲劳计算应符合 GB 50017—2003 第 6 章“疲劳计算”的规定。

4.6 加速度允许值应符合 GB 8408—2008 中 4.7 的规定。

4.7 飞行塔类游艺机在设计时，应充分考虑设备运行中发生故障时的乘客疏导措施。

4.8 高度大于 20 m 的飞行塔类游艺机应考虑风载荷对结构稳定性和地基的影响，应计算结构的刚度、稳定性和防止倾覆安全系数，其防止倾覆安全系数应符合 GB 8408—2008 表 4 的规定。

4.9 材料选用

4.9.1 金属材料应符合 GB 8408—2008 中第 8.2 和 GB 50017—2003 第 3.3 的规定，承载交变载荷结构的材料不宜采用铸造件。对冲击较大的飞行塔类游艺机所选的材料应有冲击性能合格保证。

4.9.2 非金属材料应符合 GB 8408—2008 中 8.3.1、8.3.2、8.3.4、8.3.5、8.3.6 的规定。

4.9.3 重要受力部位的销轴，其材料应符合 GB 8408—2008 第 4.1.5 的规定。

4.9.4 在用户未特别提出时，室外工作的飞行塔类游艺机的结构工作环境温度，可取为安装使用地点的年最低日平均温度。

4.10 乘客约束物的设计、制造、安装应充分考虑人体工程学，应与设备的运动特点相适应，应充分有效约束乘客。座椅应符合 GB 8408—2008 第 7.9.3 规定。座舱在上下游客时应处于稳定状态。

4.11 配套设施

4.11.1 飞行塔类游艺机的配套设施包括操作室、安全栅栏、出入口、阶梯及站台等固定设施，还包括通讯器材、风速计等仪器仪表。

4.11.2 飞行塔类游艺机的配套固定设施设计应符合 GB 8408—2008 第 7.8 要求。

4.12 飞行塔类游艺机应设计便于维护人员工作的检修通道，必要时检修通道中应设有照明设备、维修护栏等装置。

5 传动系统

5.1 传动系统的设计应符合 GB 8408—2008 中 5.1、5.2、5.3、5.4 的规定，应保证运行安全，在系统出现失效的情况下，整机运行应处于安全状态。

5.2 提交用户的使用维护说明书应注明液压(气动)传动系统易损件明细表和更换周期，且最短寿命不应低于 6 个月。

5.3 重要的控制元件标定后应做好标记，以防止操作人员随意调整参数改变系统性能。

5.4 需要手动开启的元件应按装在便于操作的位置。

5.5 整机运行时不允许有异常的振动、冲击、发热、声响及卡滞现象。

5.6 各种运行试验中，零部件不应有永久变形及损坏现象。必要时应进行应力测试。

5.7 飞行塔类游艺机吊挂钢丝绳和链条应符合 GB 8408—2008 第 5.3.8 要求，吊挂钢丝绳端部固定应符合 GB 8408—2008 第 8.11 要求。

6 电气与控制系统

6.1 电气系统应符合 GB 8408—2008 中 6.1 和 GB 5226.1 的规定。

6.2 控制系统应符合 GB 8408—2008 中 6.2 和 GB/T 16855.1 的规定；采用电气、电子、可编程器件的控制系统应满足 GB/T 20438(所有部分)的规定。

6.3 限速、限位装置的控制应符合 GB 8408—2008 中 6.3.1、6.3.2 的规定。

6.4 安全防护应符合 GB 8408—2008 中 6.4 的规定，其中紧急停车、制动装置的设计应满足 GB 16754 的有关要求。

6.5 电气安装应符合 GB 8408—2008 中 6.5 的规定。

6.6 电压等级、绝缘电阻、接地电阻与避雷装置应符合 GB 8408—2008 中 6.6 的规定。安全电压应符合 GB/T 3805 中有关规定。测量方法按照 GB 4706.1—2005 附录 E、GB/T 1032 和 GB 50065 执行。

6.7 集电器

6.7.1 集电器与滑接线应接触良好，并应满足电流容量的要求。滑接器座应灵活可靠，并有足够的补偿能力。滑接线应采用耐磨材料，接头处应平整，拉紧适度。

6.7.2 外露的集电器应有防雨设施。

6.8 装饰照明

6.8.1 乘客容易接触的装饰照明电压，应采用不大于 48 V 的安全电压。

6.8.2 乘客不容易接触的装饰照明电压采用非安全电压时，应采用漏电断路保护装置。

6.8.3 照明灯具应符合 GB 7000.10 和 GB 7000.11 规定。

6.9 飞行塔类游艺机采用的变压器应符合 GB 13028 的规定。

6.10 采用自动控制或联锁控制时，应符合 GB 8408—2008 中第 6.2.2 和 6.2.3 的规定。

6.11 吊舱升降限位控制装置应符合 GB 8408—2008 中第 6.3.2 的规定。

6.12 对吊舱升降系统的限位或限速装置，宜双重设置。

7 安全要求及安全设施

7.1 飞行塔类游艺机的安全分析、安全评估按 GB 8408—2008 第 7 章要求执行。

7.2 飞行塔类游艺机的设计应制定乘客紧急疏导措施。

STANDARDS PRESS OF CHINA

7.3 飞行塔类游艺机的安全设施应符合 GB 8408—2008 中第 7 章的规定。

7.4 钢丝绳的安全保护措施应符合 GB 8408—2008 第 7.2.2、7.2.3 的要求。

7.5 落地式飞行塔类游艺机的吊舱着地支脚处应设置缓冲装置。

7.6 飞行塔类游艺机升降系统应设置上行和下行极限位置的限位装置。

8 制造与安装

8.1 飞行塔类游艺机的制造与安装按照 GB 8408—2008 第 8 章的规定执行。

8.2 飞行塔类游艺机回转支承面与水平面的倾斜度公差应不大于 1/1 000。中心支承轴的中心线对水平面的垂直度公差应不大于 1/1 000。

8.3 导轨与塔身的联结应牢固，所有导轨应平直，各接头处不应错位，运行中不应有卡塞现象。

8.4 轨道在接头处的轨面高低差不大于 1 mm，间隙不大于 2 mm，横向错位不大于 1 mm。

8.5 导轮与导轨径向间隙，单轨应不大于 5 mm，双轨应不大于 10 mm。

8.6 飞行塔类游艺机的外观和涂装应符合 GB 8408—2008 第 8.12 的规定。

8.7 在飞行塔类游艺机显著位置处应固定铭牌和标明生产许可证标记和编号，铭牌内容至少应包括制造厂名、产品名称、产品型号或标记、设备主要技术参数、设备级别、制造日期或编号。

9 试验方法

9.1 凡新产品、产品转厂生产及有重大改进的产品，在出厂前应按本标准进行有关试验。

9.2 试验条件

9.2.1 试验时风速不大于 8 m/s。

9.2.2 试验时的环境温度一般在 −10 ℃～35 ℃之间。环境相对湿度不大于 85%。

9.2.3 试验载荷与其额定值的误差不大于±5%。

9.3 试验仪器

9.3.1 根据试验要求，选择相应精度的测试仪器及量具。

9.3.2 用于试验的仪器、仪表和其他测量工具，应经法定计量部门检定合格，在试验前后应进行检查校对。转换元件在试验前后应进行标定，其偏差应在规定的范围之内。

9.4 外壳玻璃钢的试验应按 GB/T 1447、GB/T 1449 和 GB/T 1451 的规定进行。

9.5 空载试验

9.5.1 分别进行手动和自动试验，各试验 3 次以上。

9.5.2 按实际工况连续运行试验 8 h。

9.6 满载试验、偏载试验

9.6.1 满载时各吊舱按额定载荷均布加载。

9.6.2 按实际工况连续运行试验，每天不少于 8 h，连续累计运行试验不少于 80 h。

9.7 偏载试验按 4.2.3 的规定。

9.8 应力测试

9.8.1 测试工况

见表 1。

表 1 测试工况

状态	加载情况	被测件	测试方法
静止	额定载荷	主轴、吊挂销轴、滑轮轴	静应力测定
运行			动应力测定

9.8.2 测试方法

应力测试方法应符合下列规定：

a) 测试前应经额定载荷下的试运转；

b) 按表1所列工况测出各点的应变值；

c) 每种工况重复试验不少于3次。

9.8.3 应力值

应力值计算应符合下列规定：

a) 在自重作用下产生的应力，应由有关单位提供其计算值；

b) 各测点应力值，应为载荷作用下的测试应力值与自重作用下的计算应力值之和。

9.8.4 应力值的安全判据

$$\text{安全系数}=\frac{\text{材料的破断强度}}{\text{测点最大应力}}$$

各测点最大应力值，应符合GB 8408—2008中4.5.2表2给出的安全系数值。

10 检验

10.1 原材料检验应符合GB 8408—2008中第8.13.1的规定。

10.2 标准产品及外协件检验应符合GB 8408—2008中第8.13.2规定和GB/T 20050—2006中第5.5的规定。

10.3 无损检验

10.3.1 飞行塔主轴和吊舱吊挂轴应进行100%的超声波与磁粉(或渗透)探伤。

10.3.2 吊舱挂耳的焊缝应进行100%的磁粉探伤或渗透探伤。

10.3.3 无损探伤方法及质量评定应符合GB 8408—2008中第8.13.5规定。

10.4 安装检验应符合GB/T 20050—2006中的第8章的规定。

10.5 与检验有关其他项目应符合GB/T 20050—2006的规定。

11 使用与维护

11.1 飞行塔类游乐设施的基本要求应符合GB 8408—2008中9.1的规定。

11.2 紧急事故处理及救援应符合GB 8408—2008中9.2的规定。

11.3 飞行塔类游乐设施的导向轨道、轮、轴的维修检验要求应符合GB 8408—2008中9.3的规定。

11.4 传动和提升用钢丝绳的使用应符合GB 8408—2008中9.4的规定。

12 检验规则

不符合标准规定的产品缺陷，分为重缺陷和轻缺陷，重缺陷见表2，每台样本有一项以上(含一项)重缺陷或5项以上(含5项)轻缺陷时，为不合格品。

表2 重缺陷项目

标准条号	缺陷内容
5.5	整机运行时不允许有异常的振动、冲击、发热、声响及卡滞现象
5.6	零部件产生永久变形及损坏现象
7.2	无乘客紧急疏导措施
7.3	安全设施不符合要求
6.3 7.6	未设置升降系统限位装置或限位装置的设置不符合要求

表 2（续）

标准条号	缺 陷 内 容
8.1	基础产生不均匀沉陷和开裂
10.3.1	重要的轴、销轴未探伤，或探伤不合格
10.3.2	重要焊缝未探伤，或探伤不合格
6.6	接地电阻和绝缘电阻不符合要求

ICS 97.200.40
Y 57

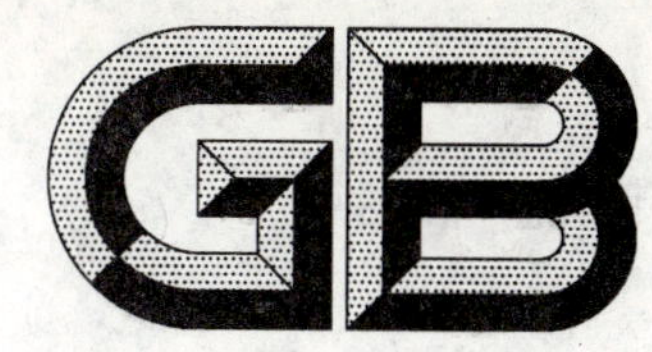

中华人民共和国国家标准

GB/T 18162—2008
代替 GB 18162—2000

赛车类游艺机通用技术条件

Specifications of amusement rids fairy racing category

2008-11-12 发布　　2009-05-01 实施

中华人民共和国国家质量监督检验检疫总局
中国国家标准化管理委员会　发布

前　言

本标准替代 GB 18162—2000《赛车类游艺机通用技术条件》，本标准与 GB 18162—2000《赛车类游艺机通用技术条件》相比，主要变化如下：

——第 1 章“范围”增加了赛车的设计、制造、安装、改造、维修、试验、检验和使用管理；

——将原第 3 章“技术要求”修订为第 4 章“基本设计规定”增加了设计要考虑的各种载荷；增加了设计计算：包括应力、刚度计算、疲劳强度等；

——第 10 章“安全装置”主要增加安全标志的设置规定；

——第 11 章“电气”，主要增加了电气系统要求；增加了蓄电池的使用标准；

——第 12 章“制造与安装”，主要增加了制造与安装的要求；

——第 13 章“试验方法”，主要增加了超载运行试验；

——第 14 章“检验规则”，主要增加了三条产品重缺陷：赛车的驱动和传动部分无覆盖；安全带不符合要求；汽油机油箱密封不好，有渗漏现象；

——增加了附录 A（规范性附录）关于“重要的轴、销轴”和“重要焊缝”的规定。

本标准的附录 A 为规范性附录。

本标准由全国索道、游艺机及游乐设施标准化技术委员会提出并归口。

本标准负责起草单位：国家质量监督检验检疫总局、中国特种设备检测研究院、全国索道、游艺机及游乐设施标准化技术委员会。

本标准参加起草单位：桂林市质量技术监督局、浙江省质量技术监督局。

本标准主要起草人：鄂立军、董照龙、廖建秋、赵欣刚。

本标准所代替标准的历次版本发布情况为：

——GB 18162—2000。

赛车类游艺机通用技术条件

1 范围

本标准规定了赛车类游艺机通用技术条件和技术要求。

本标准适用于赛车类游艺机的设计、制造、安装、改造、维修、试验、检验和使用管理(以下简称赛车)。

2 规范性引用文件

下列文件中的条款通过本标准的引用而成为本标准的条款。凡是注日期的引用文件,其随后所有的修改单(不包括勘误的内容)或修订版均不适用于本标准,然而,鼓励根据本标准达成协议的各方研究是否可使用这些文件的最新版本。凡是不注日期的引用文件,其最新版本适用于本标准。

GB/T 699 优质碳素结构钢

GB/T 983 不锈钢焊条

GB/T 985 气焊、手工电弧焊及气体保护焊焊缝坡口的基本形式与尺寸

GB/T 1447 纤维增强塑料拉伸性能试验方法(GB/T 1447—2005,ISO 527-4:1997,Test conditions for isotropic and orthotropic fiber-reinforced plastics composites,NEQ)

GB/T 1449 纤维增强塑料弯曲性能试验方法(GB/T 1449—2005,ISO 14125:1998,Fibra-reinforced plastic composites—Determination of flexural properties,NEQ)

GB/T 1451 纤维增强塑料简支梁冲击韧性试验方法

GB/T 3077 合金结构钢

GB/T 5117 碳钢焊条

GB/T 5118 低合金钢焊条

GB/T 7403.1 牵引用铅酸蓄电池(GB/T 7403.1—2008,IEC 60254-1:2005,Lead-acid traction batteries—Part 1:General requirements and methods of test,MOD)

GB 8408—2008 游乐设施安全规范

GB 14621 摩托车和轻便摩托车排气污染物排放限值及测量方法(怠速法)

GB 50231 机械设备安装工程施工及验收通用规范

3 总则

3.1 本标准是指沿地面指定线路运行及运动形式类似的游艺机(内燃机或电力驱动)。

3.2 赛车的设计、制造、改造、维修、安装、试验、检验和使用管理,应执行本标准并符合 GB 8408—2008 的规定。

3.3 本标准未提到的其他要求,均应按国家有关标准、规范和规定执行。

4 基本设计规定

4.1 基本要求

4.1.1 赛车的设计应有设计说明书、设计计算书及符合国家有关标准的全套设计图样。

4.1.2 赛车的设计应规定其整机及主要部件设计使用寿命,整机使用寿命不小于 23 000 h。

4.1.3 赛车的设计应符合 GB 8408—2008 的规定。

4.1.4 赛车主要部件包括车架、行走轮系、转向机构、制动机构、安全装置和驱动机构等。

4.1.5 每辆车应在显著位置上固定标牌,标牌内容至少应包括产品名称、产品型号、产品编号、制造日

期和制造许可证编号等。

4.2 赛车的载荷应符合 GB 8408—2008 中 4.2 的规定。

4.2.1 载荷包括:永久载荷(用 G_k 表示)、变载荷(用 Q_k 表示)、碰撞力并按 GB 8408—2008 中表 1 选择冲击系数。

4.2.2 载荷组合按 GB 8408—2008 中 4.2.4 的规定并结合实际工作状况选取。

4.3 人员活动区域均布活载荷的取值应符合 GB 8408—2008 中 4.3 的规定。

4.4 设计计算应符合 GB 8408—2008 中 4.5 的规定。

4.4.1 赛车的设计应根据具体结构作相应计算:应力计算、刚度计算、疲劳强度计算等。

4.4.2 重要的轴、销轴及焊缝除做应力计算外,宜做疲劳强度验算,两者都应满足给定的安全系数,对于难以拆卸的重要轴及销轴,应按无限寿命设计。

4.5 赛车主要参数

4.5.1 速度应不大于 20 km/h。

4.5.2 转弯半径应不大于 3.5 m。

4.5.3 爬坡度应不小于 7°。

4.5.4 活载荷应符合 GB 8408—2008 中 4.2.2.1 的规定。

4.6 玻璃钢件

4.6.1 不应有浸渍不良、气泡、切割面分层、厚度不均等缺陷。

4.6.2 表面不应有裂纹、破损、明显修补痕迹、布纹显露、皱纹、凸凹不平、色调不一致等缺陷,转角处过渡应圆滑。

4.6.3 内表面应整洁,不应有玻璃布头显露。

4.6.4 树脂含量控制在 50%～60%,胶衣层厚度为 0.25 mm～0.5 mm。

4.6.5 玻璃钢件边缘平整圆滑、无分层。

4.6.6 玻璃钢件与受力件连接时应预埋金属件。金属预埋件应作除油、除锈、清洗和打毛处理。

4.6.7 玻璃钢件力学性能应符合表 1 规定。

表 1 玻璃钢件力学性能

项 目	指 标
抗拉强度/MPa	≥78
抗弯强度/MPa	≥147
弹性模/MPa	$\geqslant 7.3\times10^3$
冲击韧度/J·cm^{-2}	≥11.7

4.7 重要的轴和销轴,宜采用力学性能不低于 45 号钢的材料,调质处理后的硬度应符合 GB/T 699、GB/T 3077 的规定。配合面的表面粗糙度 Ra 值应不大于 1.6 μm。

4.8 螺栓和销轴连接

4.8.1 零部件采用螺栓连接时,应采取防止松动措施。

4.8.2 零部件采用销轴连接时,应采取防止脱落措施。

4.9 焊接连接

4.9.1 手工焊接用的焊条,应符合 GB/T 5117、GB/T 5118 和 GB/T 983 的规定。选择焊条的型号应与主体构件材料及焊缝所受载荷的类型相适应。

4.9.2 焊接接头的基本形式与尺寸应符合 GB/T 985 的规定。

4.9.3 焊缝不应有漏焊、烧穿、裂纹、气孔、夹渣、未焊透和严重咬边等缺陷。所有焊渣、熔瘤等均应清除干净。

4.10 重要的轴、销轴及重要焊缝在制造过程中应进行探伤检查。

4.11 各类易损件,在正常运转情况下,寿命宜不低于6个月。

4.12 橡胶材料力学性能应符合表2规定。

表2 橡胶材料力学性能

项目	指标
扯断强度/MPa	≥12
扯断伸长率/%	≥400
磨耗减量/$cm^3(1.61\ km)^{-1}$	≤0.9
橡胶与铁芯附着强度/MPa	≥1.30
硬度/邵尔A度(推荐值)	70~85

5 车道

5.1 车道要求平整坚实,不应有凹凸不平现象。

5.2 允许超车行驶的道路,路面宽度不小于5 m,路面坡度不大于5%,道路转弯半径(内径)不小于5 m。

5.3 不允许超车行驶的道路,路面宽度不小于3 m,路面坡度不大于5%,道路转弯半径(内径)不小于5 m。

5.4 道路内不应有障碍物,也不应插入支线,道路两侧应设置缓冲拦挡物。

5.5 路基有可能积水时应设排水沟。

6 车辆

6.1 每辆车应标出定员人数,严禁超载运行。

6.2 车辆的框架应采用金属材料,座席应采用软质材料、木材或玻璃钢等制造。

6.3 车辆座席的净宽度单人应不小于400 mm,双人不小于700 mm,座席靠背高度应不小于300 mm。

6.4 车轮装置应转动灵活。

6.5 凡乘客可能触及之处,均不允许有外露的锐边、尖角、毛刺和危险突出物等。

7 传动系统

7.1 汽油机应有合格证书。

7.2 减速器及磨擦离合器应平稳可靠。

7.3 消声器工作状态应良好。排气污染物的排放标准及测量按GB 14621要求执行。

7.4 传动齿轮应符合有关齿轮标准,并无异常偏啮合及偏磨损。对齿轮啮合的接触斑点要求和测量方法按GB 50231的规定执行。

7.5 皮带和滚子链传动应拉紧适度,其装配要求应符合GB 50231的有关规定。皮带表面局部无破损、老化、断裂,带连接部无伤痕、剥离。有裂痕出现应及时更换。

7.6 传动系统的设计,应保证运行安全,在系统出现失效的情况下,赛车应处于安全状态。

7.7 赛车起动时不应有明显打滑现象,传动机构应运转正常。整机运行时不允许有爬行和异常的振动、冲击、发热、声响及卡滞现象。

7.8 机械传动部分应符合GB 8408—2008中5.3.2、5.3.3、5.3.4、5.3.5、5.3.6、5.3.7的规定。

7.9 各种运行试验中,零部件不应有永久变形及损坏现象。必要时应进行应力测试。

8 操作和控制

8.1 操作手轮应轻便省力,不应有卡滞现象。

8.2 转向机构应灵活可靠。

9 覆盖物与防冲装置

9.1 赛车的驱动和传动部分及车轮应有覆盖。

9.2 车辆应设缓冲装置，并突出车体不小于 100 mm。

9.3 同一车场车辆的前后缓冲装置应在同一高度上。

10 安全装置

10.1 安全标志的设置应符合 GB 8408—2008 中第 7.1.6 的规定。

10.2 赛车应每人配备安全带。

10.3 赛车如有危及乘客安全之处应有安全措施。

10.4 加速和制动装置应有明显标志。

10.5 制动装置应安全可靠。最大速度时制动距离小于 7 m。

10.6 汽油机油箱密封良好，不应有渗漏现象。

10.7 应设有后制动装置。

10.8 安全栅栏、站台设置应符合 GB 8408—2008 中 7.8.1、7.8.2、7.8.3、7.8.4 的规定。

11 电气

11.1 电气系统应符合 GB 8408—2008 中 6.1.1、6.1.2、6.1.5 的规定。

11.2 控制系统应符合 GB 8408—2008 中 6.2.1 的规定。

11.3 安全防护应符合 GB 8408—2008 中 6.4.4、6.4.5 的规定。

11.4 电气安装应符合 GB 8408—2008 中 6.5.1、6.5.2 的规定。

11.5 蓄电池

11.5.1 蓄电池应固定牢固。不应因碰撞而移动。

11.5.2 蓄电池应密封良好，不允许有漏液、渗液现象；技术性能应符合 GB/T 7403.1 的规定。

11.5.3 在额定载荷下，蓄电池按实际工况连续工作时间宜不小于 4 h。

11.5.4 每辆车上应设有短路保护装置。

12 制造与安装

12.1 一般规定应符合 GB 8408—2008 中 8.1.1、8.1.2、8.1.3、8.1.5、8.1.6、8.1.7 的规定。

12.2 金属材料应符合 GB 8408—2008 中 8.2.1、8.2.2、8.2.3、8.2.4、8.2.5、8.2.6 的规定。

12.3 非金属材料应符合 GB 8408—2008 中 8.3.1、8.3.2、8.3.4、8.3.5、8.3.6 的规定。

12.4 重要零件加工应符合 GB 8408—2008 中 8.4.1、8.4.2 的规定。

12.5 重要的轴和销轴宜进行调质处理，硬度应符合 GB/T 699 和 GB/T 3077 的规定。

12.6 结构件应符合 GB 8408—2008 中 8.5.1、8.5.3 的规定。

12.7 焊接应符合 GB 8408—2008 中 8.6.1、8.6.2、8.6.3、8.6.4、8.6.6、8.6.8 的规定。

12.8 螺栓及销轴连接应符合 GB 8408—2008 中 8.7.1、8.7.3、8.7.4、8.7.5、8.7.6 的规定。

12.9 基础应符合 GB 8408—2008 中 8.8.1、8.8.2、8.8.4、8.8.6、8.8.7、8.8.8、8.8.9 的规定。

12.10 装配应符合 GB 8408—2008 中 8.9.1、8.9.2、8.9.3、8.9.4、8.9.5、8.9.6、8.9.7 的规定。

12.11 涂装应符合 GB 8408—2008 中 8.12.1、8.12.2、8.12.3 的规定。

12.12 检验应符合 GB 8408—2008 中 8.13.1、8.13.2、8.13.3、8.13.4、8.13.6、8.13.7、8.13.8 的规定。

13 试验方法

13.1 凡新产品、产品转厂制造及有重大改进的产品在出厂前应按本标准进行有关试验。

13.2 试验条件

13.2.1 在露天试验时风速应不大于 8 m/s。

13.2.2 环境温度应为 0 ℃～40 ℃，相对湿度宜不大于 85%。

13.2.3 试验载荷与其额定载荷值的误差应不超过±5%。

13.2.4 制造单位应提供产品的检验数据、记录、图样和技术文件。

13.2.5 试验期间应根据使用说明书进行技术保养。

13.2.6 有特殊要求的赛车可以增加试验项目。

13.3 试验仪器

13.3.1 根据试验要求选择相应精度的检测仪器和量具。

13.3.2 试验用的仪器和量具应经法定计量部门检定合格，在试验前后应进行检查校对，其偏差应符合规定要求。

13.4 赛车的道路、车辆、传动系统、外观和涂装等应符合本标准的规定要求。

13.5 外壳玻璃钢的试验应按 GB/T 1447、GB/T 1449 和 GB/T 1451 的规定进行。

13.6 满载试验

13.6.1 按设计额定值进行加载。

13.6.2 按实际工况连续运行试验，每天不少于 8 h，连续累计运行试验不少于 80 h。

13.6.3 车速测定

赛车在额定载荷下，沿直线以最高车速运行，测量出通过不小于 10 m 的距离所需时间，测量应不少于 3 次，取其平均值。计算所得的车速应符合本标准的规定要求。

13.7 超载试验

赛车加载至 120% 额定载荷，运行不少于 5 min 后检查，应符合本标准的规定要求。

13.8 在满载和超载试验过程中运行均应正常，机械传动系统和电气系统均应符合本标准的规定要求。试验后对赛车有问题或有疑似问题的部位应进行拆检，并详细记录拆检情况，对发现的问题应及时研究，判明原因。记录可利用文字和拍照等方式。

13.9 各项试验结束后应编写有明确结论和符合有关规定的试验报告。

14 检验规则

不符合标准规定的产品缺陷，分为重缺陷和轻缺陷，重缺陷见表 3。每台样本有一项以上(含一项)重缺陷或 5 项以上(含 5 项)轻缺陷时为不合格品。

表 3 产品重缺陷

标准条号	缺 陷 内 容
7.7	运行不正常
8	手轮有卡滞现象，转向不灵活
9.1	赛车的驱动和传动部分无覆盖
9.2	无缓冲装置
10.2	安全带不符合要求
10.5	制动不可靠，制动距离不符合要求
10.6	汽油机油箱密封不好，有渗漏现象

附　录　A
（规范性附录）
关于“重要的轴、销轴”和“重要焊缝”的规定

A.1　“重要的轴、销轴”是指重要的传动轴、车轮轴、乘人部分连接器销轴等。

A.2　“重要焊缝”是指车轮轴连接焊缝。

ICS 97.200.40
Y 57

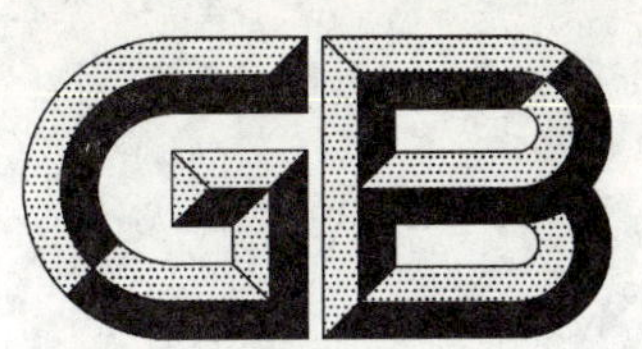

中华人民共和国国家标准

GB/T 18163—2008
代替 GB 18163—2000

STANDARDS PRESS OF CHINA

自控飞机类游艺机通用技术条件

Specification of amusement rides astro fighter category

2008-11-12 发布　　　　2009-05-01 实施

中华人民共和国国家质量监督检验检疫总局
中国国家标准化管理委员会　发布

前　言

本标准代替 GB 18163—2000《自控飞机类游艺机通用技术条件》。

本标准与 GB 18163—2000 相比，主要变化如下：

——明确了自控飞机类游艺机的设计、制造、安装、改造、维修、检验和使用管理(见第 1 章)；

——增加了安全分析和安全评估(见 3.1)；

——增加了设计载荷和应力计算的要求(见 3.2、3.5)；

——增加了对运行加速度允许值的限定规则(见 3.6)；

——修改了检验规则中重缺陷的项目(见表 2)；

——增加附录 A(规范性附录)重要轴和重要焊缝。

本标准的附录 A 为规范性附录。

本标准由全国索道、游艺机及游乐设施标准化技术委员会提出并归口。

本标准起草单位：全国索道、游艺机及游乐设施标准化技术委员会。

本标准主要起草人：刘志学、沈勇、王启柘、王洲。

本标准所代替标准的历次版本发布情况为：

——GB 18163—2000。

自控飞机类游艺机通用技术条件

1 范围

本标准规定了自控飞机类通用技术条件和技术要求。

本标准适用于自控飞机类游艺机的设计、制造、安装、改造、维修、检验和使用管理。

本标准适用于乘人部分固定在刚性支臂上，绕中心线转动并做升降运动的游乐设施，以及结构及运动形式与其类似的游乐设施。

2 规范性引用文件

下列文件中的条款通过本标准的引用而成为本标准的条款。凡是注日期的引用文件，其随后所有的修改单(不包括勘误的内容)或修订版均不适用于本标准，然而，鼓励根据本标准达成协议的各方研究是否可使用这些文件的最新版本。凡是不注日期的引用文件，其最新版本适用于本标准。

GB 8408—2008　游乐设施安全规范

3 基本设计规定

3.1　自控飞机类设计时应进行安全分析和安全评估，其内容至少应对下列几方面进行安全分析和评估：

——启动和停止的平稳性；

——升降臂超极限位置造成的危险；

——乘坐物平衡拉杆出现故障造成的危险；

——升降油(气)缸的冲击震动；

——油管爆裂所造成的危险；

——液(气)压站噪声对周围环境的影响；

——设置在乘坐物内的电器元件及导线的安全性能；

——当停电或机械故障时，停留在空中乘人的疏散措施。

3.2　设计载荷应符合 GB 8408—2008 中 4.2 的规定。

3.3　自控飞机类设计计算应符合 GB 8408—2008 中 4.5 的规定。

3.4　进行强度计算时其载荷(永久载荷及活载荷)需乘以冲击系数 K，其值按 GB 8408—2008 表 1 选取。

3.5　应力计算

3.5.1　直接涉及到人身安全的重要轴、重要焊缝(见附录 A)应进行应力计算，必要时还应进行疲劳计算。其安全系数应满足 3.5.2 和 GB 8408—2008 中表 3 的规定。

3.5.2　零部件及焊缝承受的最大应力，与材料极限应力的比值为安全系数，得出的安全系数 n，应满足表 1 的要求。

$$n=\frac{\sigma_b}{\sigma_{max}}\geqslant[n]$$

式中：

σ_b——材料的极限应力；

σ_{max}——设计计算最大应力；

$[n]$——许用安全系数。

表 1 安全系数 n

名　　称	安全系数 n
重要的轴、销轴及重要焊缝	≥5
一般构件	≥3.5（脆性材料≥8）
注："名称"一栏的说明见 GB 8408—2008 附录 B。	

3.6 设计速度、加速度的允许值应符合 GB 8408—2008 中 4.6、4.7 的规定。

3.7 凡乘人身体的某个部位，可伸到座舱以外时，应设有防止乘人在运行中与周围障碍物相碰撞的安全装置，或留出不小于 500 mm 的安全距离。当全程或局部运行速度不大于 1 m/s 处时，其安全距离可适当减少，但不应小于 300 mm。从座席面至上方障碍物的距离不小于 1 400 mm。专供儿童乘坐的不小于 1 100 mm。

3.8 座席尺寸应符合 GB 8408—2008 中 7.9.5 的规定。

3.9 安全栅栏、站台操作室的设计应符合 GB 8408—2008 中 7.8 的规定。

4 技术要求

4.1 机械传动

4.1.1 机械传动部分应符合 GB 8408—2008 中 5.3 的规定。

4.1.2 启动运行应平稳无异常声响。

4.1.3 乘人装置支承臂应设限位装置，两端销轴处宜采用滚动轴承，当采用滑动轴承时，应能保证良好的润滑。

4.2 液压及气动传动

4.2.1 液压及气动传动应符合 GB 8408—2008 中 5.4 的规定。

4.2.2 液压及气动传动的回转接头应转动灵活、密封可靠、维修方便。

4.2.3 液压系统的压力应调整适当，乘坐物支承臂启动和停止时，不应有明显的冲击震动。

4.2.4 液压及空气压缩机站设置位置应适当，并便于维修。

4.3 电气

4.3.1 电气系统、控制系统应符合 GB 8408—2008 中 6.1、6.2 的规定。

4.3.2 限速限位控制及安全防护应符合 GB 8408—2008 中 6.3、6.4 的规定。

4.3.3 电气安装、接地与避雷应符合 GB 8408—2008 中 6.5、6.6 的规定。

5 制造与安装

5.1 制造

5.1.1 制造的一般规定应符合 GB 8408—2008 中 8.1 的规定。

5.1.2 金属材料及标准件、非金属材料应符合 GB 8408—2008 中 8.2、8.3 的规定。

5.1.3 重要零部件(见附录 A)及钢结构件加工应符合 GB 8408—2008 中 8.4、8.5 的规定。

5.1.4 焊接、螺栓及销轴连接应符合 GB 8408—2008 中 8.6、8.7 的规定。

5.1.5 设备基础应符合 GB 8408—2008 中 8.8 的规定。

5.1.6 涂装应符合 GB 8408—2008 中 8.12 的规定。

5.1.7 对检验的要求应符合 GB 8408—2008 中 8.13 的规定。

5.2 安装

5.2.1 装配应符合 GB 8408—2008 中 8.9 的规定。

5.2.2 安装精度

5.2.2.1 安装精度应符合 GB 8408—2008 中 8.10 的规定。

5.2.2.2 回转支承面与水平面的倾斜度公差不大于 1/1 000。

5.2.2.3 中间立柱与水平面的垂直度公差不大于 1/1 000。

5.2.2.4 乘坐物支承臂中心线对支承臂根部销轴中心线垂直度公差不大于 1/1 000。

5.2.3 钢丝绳端部安装应符合 GB 8408—2008 中 8.11 的规定。

6 安全装置

6.1 座舱内应设置安全带、把手、扶手等安全装置。安全带应符合 GB 8408—2008 中 7.6.7 的要求。

6.2 设施运行时有可能导致乘人被甩出去的危险时，应设置相应型式的安全压杠。安全压杠应符合 GB 8408—2008 中 7.6.8 的要求。

6.3 乘人部分有震动、跳动运动的自控飞机类，应设置缓冲装置；升降大臂连接部位应牢固可靠。

6.4 当动力电源突然断电或设备发生故障时，应有使空中乘人装置降到地面的措施。

6.5 保持乘人装置水平的牵引装置应有保险措施。与乘人部分连接处应牢固可靠，不应直接固定在玻璃钢上。

6.6 安全要求、保险措施、限位装置、乘人束缚装置、制动装置应符合 GB 8408—2008 中 7.1、7.2、7.5、7.6、7.7 的规定。

6.7 安全栅栏站台及操作室应分别符合 GB 8408—2008 中 7.8、7.9 的规定。

7 检验

7.1 一般要求

7.1.1 新产品、产品转厂生产及有重大改变的产品，应按本标准进行有关检验。

7.1.2 产品质量监督，应按本标准进行有关检验。根据不同情况检验项目可有增减。

7.1.3 生产单位应提供产品检验报告和有关记录、图样及技术文件。

7.2 检验条件

7.2.1 检验时风速不大于 15 m/s。

7.2.2 检验时的环境温度一般在−10 ℃～35 ℃之间。环境相对湿度不大于 85%。

7.2.3 试验载荷与其额定值的误差应在±5%范围内。

7.3 检验仪器及量具

7.3.1 根据检验要求，选择相应精度的试验仪器及量具。

7.3.2 用于试验的仪器及量具，应经法定计量部门检定合格并在有效期内，方可使用。

7.4 空载运行试验

7.4.1 分别进行手动和自动试验各不少于 3 次。

7.4.2 按实际工况连续试验 8 h。

7.5 满载运行试验

7.5.1 按额定载荷均布加载。

7.5.2 按实际工况连续运行试验，每天不少于 8 h，连续累计运行试验不少于 80 h。

7.6 偏载运行试验

7.6.1 将 1/2 倍额定载荷集中加在半周范围内的乘坐物上。

7.6.2 按实际工况连续试验 3 次。

7.7 所有检验和试验项目均应符合本标准和 GB 8408—2008 的要求。

7.8 应力测试

7.8.1 对直接涉及到人身安全的乘坐物支承臂、支承臂销轴、升降油(气)缸支承轴、乘坐物吊挂轴及平衡拉杆等，必要时应做应力测试。

STANDARDS PRESS OF CHINA

7.8.2 测试方法

应力测试方法应符合下列规定：

a) 测试前应经额定载荷下的试运转；

b) 应力测试应在静止和运行两种状态下进行；

c) 测出被测件各点的应变值；

d) 每种工况重复测试不少于3次。

7.8.3 应力值

应力值计算应符合下列规定：

a) 自重产生的应力由有关单位提供其计算值；

b) 各测点应力值，应为载荷作用下的测试应力值与自重产生的计算应力值之和。

7.8.4 应力值的安全判据

$$安全系数\ n = \frac{材料破断强度}{测点最大应力}$$

$$安全系数\ n \geqslant 5$$

7.9 无损探伤

7.9.1 直接涉及到人身安全的重要轴、销轴(见附录A)，应进行100%的超声波与磁粉(或渗透)探伤检验。

7.9.2 直接涉及到人身安全的重要焊缝(见附录A)，应进行100%的磁粉(或渗透)探伤检验。

7.9.3 探伤检验方法及质量评定按GB 8408—2008规定执行。

8 检验规则

不符合标准规定的产品缺陷，分为重缺陷和轻缺陷，重缺陷见表2，每台样本有一项以上(含一项)重缺陷或5项以上(含5项)轻缺陷时，为不合格品。

表2 重缺陷项目

标准条号	缺陷内容
4.1.1	零部件产生永久变形和损坏现象
4.1.2	运行不正常，有异常声响
7.9.1	重要的轴、销轴未进行探伤检验
7.9.2	重要焊缝未进行探伤检验
5.1.5	基础产生不均匀沉陷和开裂
6.1	未设置安全带或安全带不符合要求
6.2	未设置安全压杠或安全压杠不符合要求
4.3.3	接地电阻和绝缘电阻不符合要求

附　录　A
（规范性附录）
重要轴和重要焊缝

A.1　重要轴：乘坐物支承臂两端销轴、平衡拉杆两端销轴、支承臂升降油（气）缸上下销轴、主传动轴、乘坐物自转支承轴等。

A.2　重要焊缝：支承臂两端销轴支承板焊缝、支承臂升降油（气）缸上下销轴支承板焊缝、平衡拉杆接头焊缝、与乘坐物自转支承轴连接的焊缝等。

ICS 97.200.40
Y 57

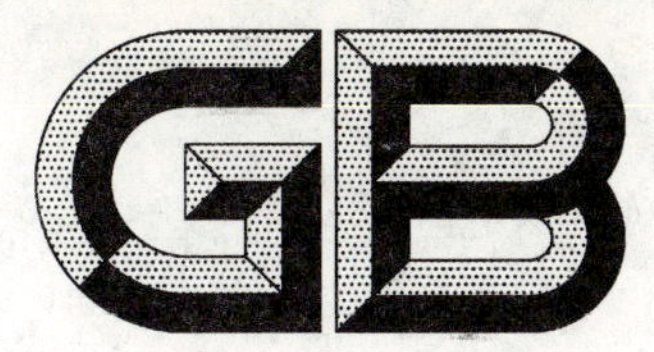

中华人民共和国国家标准

GB/T 18164—2008
代替 GB 18164—2000

观览车类游艺机通用技术条件

Specification of amusement rides wonder wheel category

2008-11-12 发布 2009-05-01 实施

中华人民共和国国家质量监督检验检疫总局
中国国家标准化管理委员会 发布

前　言

本标准代替 GB 18164—2000《观览车通用技术条件》。

本标准与 GB 18164—2000 相比，主要变化如下：

——增加观览车典型结构的特殊要求，将观览车类似运动形式的游乐设施分类为 A、B、C、D、E、F、G 7 种形式(见第 10 章)；

——删除了前版的第 3 章中 3.1.2～3.1.8 和 3.1.10～3.1.18 等 17 项(部分与 GB 8408—2000 有重复的内容)；

——修改了如下内容，主要有立柱改为支承柱(见 10.1.2)，主轴改为转盘支承轴(见 10.1.3)，转盘径向圆和端面圆跳动改为转盘上吊厢吊挂轴分布圆的径向圆和端面圆的跳动(见 10.1.4.1)，机械传动系统改为机械传动(见 10.1.6)，钢丝绳传动改为钢丝绳摩擦传动等(见 10.1.7)；

——增加了观览车类支承轴等重要轴设计按无限寿命计算(见 4.6)；吊厢门外开时，转盘上吊厢两支承臂间最小距离应保证最大开门宽度时与支承臂不相碰撞(见 10.1.4.2)；钢丝绳编结强度的要求等(见 10.1.7.4)；

——增加了附录 A 典型结构简介、附录 B 典型结构示意图和附录 C 吊厢最大空间示意图。

本标准的附录 A、附录 B 和附录 C 为规范性附录。

本标准由全国索道、游艺机及游乐设施标准化技术委员会提出并归口。

本标准起草单位：全国索道、游艺机及游乐设施标准化技术委员会、中国特种设备检测研究院。

本标准主要起草人：米学津、秦平彦、刘志学、张晓宇、邓金镛、王幼飞、林泽钊、邢友新、王启柘、曹玉婷、张洋。

本标准所代替标准的历次版本发布情况为：

——GB 18164—2000。

观览车类游艺机通用技术条件

1 范围

本标准规定了观览车类游艺机通用技术条件和技术要求。

本标准适用于观览车类游艺机的设计、制造、安装、改造、维修、试验和使用管理。

2 规范性引用文件

下列文件中的条款通过本标准的引用而成为本标准的条款。凡是注日期的引用文件，其随后所有的修改单(不包括勘误的内容)或修订版均不适用于本标准，然而，鼓励根据本标准达成协议的各方研究是否可使用这些文件的最新版本。凡是不注日期的引用文件，其最新版本适用于本标准。

GB/T 1184—1996 形状和位置公差 未注公差值(eqv ISO 2768-2:1989)

GB/T 1804—2000 一般公差 未注公差的线性和角度尺寸的公差(eqv 2768-1:1989)

GB 8408—2008 游乐设施安全规范

GB 50017 钢结构设计规范

3 总则

3.1 观览车类游艺机是乘人部分围绕水平轴转动及主体运动形式类似的游艺机。

3.2 观览车类游艺机的设计、制造、安装、改造、维修、试验和使用管理，应执行 GB 8408—2008 和本标准的有关规定。

3.3 本标准未提到的其他要求，均应按国家有关标准规范和规定执行。

4 基本设计规定

4.1 观览车类游艺机的设计应有设计说明书、设计计算书、安全分析及符合国家有关标准的全套设计图样。

4.2 观览车类游艺机的设计计算载荷、载荷组合、冲击系数、安全系数等应符合 GB 8408—2008 中第 4 章的规定。

4.3 观览车类游艺机的计算，必要时应考虑因温度变化导致应力变化引起的载荷。

4.4 观览车类游艺机钢结构构件应符合 GB 50017 的有关规定。

4.5 观览车类游艺机的设计应计算正确、结构合理，能保证乘人安全。

4.6 观览车类游艺机各典型结构的支承轴及不易拆装的重要轴的设计按无限寿命计算。

4.7 观览车类游艺机应规定其整机及主要部件设计寿命，整机使用寿命不小于 23 000 h。

5 传动系统

5.1 传动系统的设计应符合 GB 8408—2008 中 5.1、5.2 的规定。

5.2 机械传动部分的设计应符合 GB 8408—2008 中 5.3 的有关规定。

5.3 液压和气动系统的设计应符合 GB 8408—2008 中 5.4 的有关规定。

5.4 传动系统应保证平稳可靠。整机运行时不应有异常的振动、冲击、发热、声响及卡滞现象。

6 电气系统

6.1 电气系统应符合 GB 8408—2008 中 6.1 的有关规定。

6.1.1 当观览车类游艺机突然停电不能运行时，应设有使乘客回至低位的措施。

6.1.2 设有备用电源的观览车类游艺机，备用电源容量应满足设备顺利疏散乘客的要求。

6.2 集电器

6.2.1 根据结构和功能要求，可采用轴向或端面滑环的结构型式。滑环应选用导电性能良好的材料。

6.2.2 电刷和滑环应接触良好，并满足电流容量要求。

6.2.3 外露的集电器应采取防雨措施。

6.3 当大型观览车类游艺机的控制及通讯采用无线传输系统时，应考虑采取抗电磁干扰的措施。

7 控制系统

7.1 控制系统应符合 GB 8408—2008 中 6.2 的规定。

7.2 控制系统的安全防护应符合 GB 8408—2008 中 6.4 的规定。

7.3 观览车类游艺机应设有正、反向运转或摆动的控制，采用自动控制或联锁控制时，应使每个运动能单独控制。

8 安全要求及安全措施

8.1 观览车类游艺机的安全分析、安全评估和安全控制应符合 GB 8408—2008 中 7.1 的要求。

8.2 观览车类游艺机的安全保险措施应符合 GB 8408—2008 中 7.2 和 7.9 的规定。

8.3 观览车类游艺机应设有减速制动装置，制动装置应按 GB 8408—2008 中 7.7.1～7.7.5 的要求。

8.4 观览车类游艺机应按 GB 8408—2008 中 6.6.3 和 7.9.7 的规定装设避雷装置和风速计。结构高度大于 45 m 的观览车类游艺机应设置航空障碍警示灯。

8.5 高空座舱的门窗玻璃应具有足够的强度（要求以成人质量在座舱内最大回转空间落下后，以玻璃不破碎的强度为准）（见附录 C）。

8.6 观览车类游艺机各典型结构主体支承轴轴心线与水平面的平行度偏差应不大于 1/1 000，倾斜度偏差应不大于两支承中心距离设计值的 1/1 500。

8.7 观览车类游艺机转盘支承轴、吊厢轴及其他典型结构功能相似的支承轴等重要轴应进行超声波与磁粉（或渗透）探伤，探伤结果的评定按 GB 8408—2008 中 8.13.5 的规定。

8.8 观览车类游艺机转盘支承轴、吊厢轴及其他典型结构功能相似的支承轴等重要轴的磨损和锈蚀允许值应符合 GB 8408—2008 中表 17 的规定。

8.9 焊接结构的支承轴、吊厢框架、压杠、摆臂连接法兰等重要焊缝应进行磁粉（或渗透）探伤，探伤结果的评定符合 GB 8408—2008 中 8.13.5 的规定。

8.10 重要轴、销轴、重要焊缝及一般构件的范围应符合 GB 8408—2008 中附录 B 的规定，其许用安全系数应符合 GB 8408—2008 中表 2 的规定。

8.11 对于采用升降站台或移动装置的观览车类游艺机，设备运行时应有可靠的防止站台误动作的措施，并采用联锁控制系统。

8.12 观览车类游艺机的基础应符合 GB 8408—2008 中 8.8 和 9.1.1 的规定。

9 试验方法

9.1 一般要求

9.1.1 凡新产品、产品转厂生产及有重大改动的产品，应按 GB 8408—2008 中 8.1.5 和 8.13.6 的规定进行试验。正式产品应按 GB 8408—2008 中 8.1.6 的规定进行检验。

9.1.2 根据结构形式、运行方式和试验目的的不同，试验项目可有所增减。

9.2 试验条件

9.2.1 试验时风速不大于 8 m/s。

9.2.2 除特殊要求外，试验时的环境温度一般在−10 ℃～35 ℃之间。环境相对湿度不大于85%。

9.2.3 试验载荷与其额定值的误差不大于±5%。

9.2.4 生产单位应提供产品的检验数据、记录、图样和技术文件，检测部门确认后方能进行本标准规定的各项试验。

9.3 试验仪器与量具

9.3.1 根据试验要求，选择相应精度的测试仪器及量具。

9.3.2 用于测试的仪器、仪表和其他测量工具，应经法定计量部门检定合格，在测试前后应进行校对。

9.4 试验报告

各种试验和测试结束后，应编写有明确要求、检测结果和与相关标准及规定要求对比考核结果、明确结论的试验报告。

10 典型结构的特殊要求

10.1 基本型观览车(A型)

10.1.1 设计计算

10.1.1.1 观览车的偏载工况的计算，按最大设计风速为15 m/s的情况下，计算永久载荷及连续吊厢数为总数的1/4及3/4满载运行情况。

10.1.1.2 直径不小于80 m超大型观览车，整机构件的活载荷计算应适当考虑裹冰载荷。

10.1.1.3 观览车在安装过程中，必要时应考虑进行相关的安装验算(如由于结构件未完全组装到位，或安装辅助支撑，或起吊有额外的载荷等)。

10.1.2 支承柱

10.1.2.1 采用立柱结构的支承柱，立柱中心线与水平面的垂直度偏差不大于设计值的1/1 000。

10.1.2.2 两立柱上转盘支承轴轴承或回转支承中心的距离与其设计值的偏差不大于1/1 000。

10.1.2.3 转盘支承轴轴承的轴心线与水平面不平行度偏差不大于1/1 000。

10.1.2.4 转盘支承轴轴承的轴心线倾斜度不大于两端轴承或回转支承中心线距离的1/1 500。

10.1.3 转盘支承轴

转盘支承轴采用焊接结构时应选用可焊性好的材料，焊后应进行消除应力处理。

10.1.4 转盘

10.1.4.1 转盘上吊厢吊挂轴分布圆的径向圆跳动和端面圆跳动偏差不大于分布圆直径的1/1 500。

10.1.4.2 当吊厢为外开门时，转盘上吊厢两支撑臂间最小距离，应保证开门最大宽度，门与支撑臂不允许干涉(见附录C图C.3)。

10.1.4.3 吊厢在转盘上的分布间隔，应保证吊厢外廓最大回转半径不大于相邻两吊厢回转中心直线距离的1/2(见附录C图C.4)。

10.1.4.4 转盘轮辐采用部分或全部缆索结构时，缆索应调节适度，上半圆位置的缆索不应有弯曲、垂曲等明显松弛的现象。

10.1.4.5 大型观览车转盘应设有防止停运时因风载荷而产生转动的装置和限制横向移动的装置。

10.1.4.6 采用回转式吊厢，保持吊厢内地面处于水平状态的机构应可靠。最大倾斜度不大于2.5°。

10.1.4.7 转盘运行过程中，应无明显下滑现象。

10.1.5 吊厢

10.1.5.1 吊厢框架应采用金属材料。

10.1.5.2 吊厢门窗应加拦挡物，乘客头部不允许伸出窗外。非封闭式吊厢，应设防止乘客在运行中与周围障碍物相干涉的安全装置或留出不小于500 mm的安全距离。

10.1.5.3 吊厢座席尺寸和非封闭式吊厢深度，应符合GB 8408—2008中7.9.5的规定。吊厢进出口不应高出踏台300 mm。

STANDARDS PRESS OF CHINA

10.1.5.4 凡乘客可触及之处，均不允许有外露锐边、尖角、毛刺等危险突出物。

10.1.5.5 大型观览车吊厢应设有吊厢与地面联络的系统，封闭式吊厢宜设空调装置。并应设有通气孔。

10.1.5.6 吊厢宜采用阻燃材料，应考虑防火措施。

10.1.5.7 吊厢悬挂轴轴承应保持润滑良好、转动灵活。

10.1.5.8 吊厢门及其固定和锁紧装置的结构应能够抵抗乘客从舱内向外施加的推力，其推力应按不小于1 kN/m计算。并符合GB 8408—2008中7.2.4的规定。

10.1.6 机械传动

10.1.6.1 采用销齿轮传动时，销齿轮径向圆和端面圆跳动公差不应大于销柱齿轮节圆直径的1/2 000。

10.1.6.2 摩擦轮驱动系统应考虑驱动轮压紧缓冲装置。大型观览车宜采用随动系统压紧装置。采用充气轮胎时，其轮胎对转盘轮缘的驱动压力应调整适度。

10.1.6.3 驱动轮采用橡胶材料时，其力学性能应符合GB 8408—2008中表8的规定。

10.1.7 钢丝绳摩擦传动

10.1.7.1 钢丝绳摩擦传动应符合GB 8408—2008中5.3.8.1，和5.3.8.7的规定。

10.1.7.2 采用钢丝绳摩擦驱动时，驱动轮直径与钢丝绳直径之比应不小于30倍。导向轮直径应符合GB 8408—2008中5.3.8.8的规定。

10.1.7.3 钢丝绳应设有张紧装置，钢丝绳张紧应适度并保持足够的预紧力。

10.1.7.4 摩擦传动封闭钢丝绳应编接，编接长度不应小于钢丝绳直径的20倍，并不短于0.5 m，接头抗拉强度不低于钢丝绳抗拉强度的90%。接头直径与钢丝绳直径相近，不应有明显的松涨和加粗。

10.1.8 安全保险措施

10.1.8.1 吊厢采用自动推拉门时，要设置锁紧信号反馈系统。当故障失电或断电时，工作人员可从外部打开吊厢门。

10.1.8.2 转盘直径超过40 m时，悬挂式吊厢应设防止吊厢摆动的阻尼装置，吊厢最大摆角应不大于±15°。

10.1.9 偏载试验

10.1.9.1 空载运转，对吊厢连续加入额定载荷，至设计规定的吊厢数为止，运转不应有明显打滑、下冲现象。

10.1.9.2 正常情况下，偏载试验只进行一次。

10.1.10 应力测试

10.1.10.1 测试工况见表1。

表1 测试工况

状　态	加载情况	被　测　件	试验方法
每个吊厢加额定载荷，加载过程中	额定载荷	转盘支承轴、吊厢挂轴	动应力测定
满载运行			动应力测定
满载静止			静应力测定
注：吊厢挂轴按对称位置取不少于4根进行应力测试。			

10.1.10.2 测试方法

应力测试方法应符合下列规定：

a) 测试前应经额定载荷下的试运转；

b) 按表1所列工况测出各点的应变值；

c) 每种工况重复测试不少于3次。

10.1.10.3 应力值

应力值计算应符合下列规定：

a) 在自重作用下产生的应力，应由有关单位提供其计算值；

b) 各测点应力值，应为载荷作用下的测试值与自重作用下的计算应力值之和；

c) 根据各测点应力值计算的安全系数，应符合 GB 8408—2008 中 4.5.2 表 2 给出的安全系数。

10.2 其他典型结构

10.2.1 其他典型结构包括 B、C、D、E、F、G 型等(各型式结构见附录 A，示意图见附录 B)。

10.2.2 典型结构中的 B、C、D、E、F、G 型的束缚装置，应符合 GB 8408—2008 中 7.6 的规定。

10.2.3 典型结构中的 B、C、D、E、F、G 型，必要时也应进行应力测试，测试工况及测试点根据设计要求提出。测试方法、应力计算、安全系数等同基本型。

10.2.4 典型结构中的 B、C、D、E 型，吊厢回转臂换向时不应有明显的撞击。

10.2.5 典型结构中 B、C、E、F 型的结构设计，应符合 GB 8408—2008 中 7.5.1 的规定。

10.2.6 典型结构中 D、E、G 型，当采用无固定基础时，应符合 GB 8408—2008 中 8.8.9 的要求。运行时，不允许设备有离地或移位现象。

10.2.7 典型结构中 D、E 型，停止运行或失电时应设有防止空摆次数过多的措施。

10.2.8 典型结构中的 C 型，当载人装置可正、反转动时，不应有卡滞现象。

10.2.9 典型结构中的 D 型

10.2.9.1 D 型应符合 GB 8408—2008 中 6.3.2 的规定。

10.2.9.2 摆臂斜支撑安装倾角应相等且对称，运行中应无明显振动现象。

10.2.9.3 支承轴与基准水平面倾斜度偏差不大于被测长度的 1/1 000。

10.2.9.4 摆臂采用多台电机驱动时，各电机应载荷均衡、工作平稳。

10.2.9.5 按照 GB 8408—2008 中 6.3.2 的要求设置限位装置和极限位置控制装置，极限位置控制装置应灵敏可靠，正常运转时处于冗余状态。

10.2.9.6 结构为 D 型式的，转盘自转应平稳、灵活，不应有抖动、爬行、卡滞、跳动现象。

10.2.9.7 载客装置单侧摆角不小于 90°时，安全压杠应与控制系统联锁。

10.2.9.8 乘客承受的最大组合加速度应符合 GB 8408—2008 中图 5 的所示的允许值范围。

10.2.10 典型结构中的 E 型

10.2.10.1 E 型应设防止超速装置，超速装置应符合 GB 8408—2008 中 6.3.1 的规定。

10.2.10.2 典型结构中的 E 型，满载运行时，立柱不允许有明显的晃动，载人装置不允许有明显的抖动。

10.2.10.3 摆臂的上、下轴孔中心线距离尺寸应保持一致，线性尺寸偏差值应不低于 GB/T 1804—2000 中规定的 m 级(中等级)，摆臂上、下轴孔中心线平行度、垂直度应不低于 GB 1184—1996 中 10 级精度要求。

10.2.10.4 载人平台与摆臂连接轴中心线平行度应不低于 GB 1184—1996 中 10 级精度要求，两轴中心线距离尺寸应与对应的立柱主轴中心线距离尺寸一致，线性尺寸偏差值应不低于 GB/T 1804—2000 中规定的 m 级(中等级)。当采用四个连接点时，平台两端的每一对连接轴应同心。

10.2.10.5 立柱上的支承轴(两轴或四轴)应在同一水平面上，偏差应小于被测值 1/1 000。支撑轴轴心线平行度、垂直度应不低于 GB 1184—1996 中 11 级精度要求。四轴时，位于同一轴心线的两个半轴的同轴度应不低于 GB 1184—1996 中 10 级精度要求。

10.2.11 典型结构 F 型

10.2.11.1 圆环内圆滚道的径向圆跳动误差不大于内圆直径的 5/1 000，滚道表面平整、没有明显的凹凸缺陷。

10.2.11.2 载人装置的驱动轮与滚道接触良好、压紧力适当、运行平稳，应设有压紧力自补偿装置。

10.2.11.3 驱动臂支承轴轴心线应与滚道圆平面垂直，驱动臂中心线与回转轴轴心线垂直度偏差不大于1/1 000。

10.2.11.4 在乘客上下时，载人装置不应沿滚道摆动。

10.2.12 典型结构G型

在乘客上下时，G型设施的载人装置不允许有摆动。

附 录 A
（规范性附录）
典 型 结 构

A.1 根据运动形式和结构特点纳入观览车类的游乐设施包括如下几种：

A 型（基本型，观览车）、B 型、C 型、D 型、E 型、F 型、G 型等。

A.2 各类运动形式和结构特点概要

A 型：支承架上端装有支承轴，它装有大转盘旋转，转盘上装有多个吊厢（见图 B.1）或回转舱（见图 B.2）随转盘一起旋转。

B 型：垂直立柱上端装有支承轴，它两轴端分别装有回转臂，回转臂一端为载人装置，另一端为平衡重，两回转臂可作相向旋转运动。

C 型：垂直立柱上端装有支承轴，支承轴一端伸出装有回转臂，回转臂一端为载人装置，一端为平衡重。回转臂可正反向旋转，载人装置与回转臂固定或可左右摆动。

D 型：四根倾斜柱组成的支撑架上装有支承轴，摆动吊臂绕悬吊支承轴来回摆动，吊臂下端装有载人装置，载人装置可正反向旋转或与吊臂固定随臂摆动。

E 型：载人装置与回转臂一端连接，随回转臂绕支承轴作平移运动，可作正反向转动。回转臂可双臂或四臂，对应支撑立柱为双柱或四柱。回转臂另一端装有平衡重。

F 型：垂直立柱上端装有支承轴，支承轴两端伸出分别装有回转臂，回转臂一端为载人装置，另一端为平衡重。载人装置沿固定环形内滑道驱动回转臂旋转，可正反方向旋转。载人装置与回转臂固定或可绕其转动。

G 型：两垂直平面内的支承架内侧装有支承轴（半轴或通轴），支承轴上各装有一回转臂，两回转臂一端与载人装置连接，另一端为平衡重。载人装置可随同回转臂正反方向旋转，同时可自由摆动。当一回转臂装有摆动关节时，两个臂可相向转动，载人装置随之上下左右扭动。

STANDARDS PRESS OF CHINA

附 录 B
（规范性附录）
典型结构示意图

B.1 A 型示意图见图 B.1 和图 B.2。

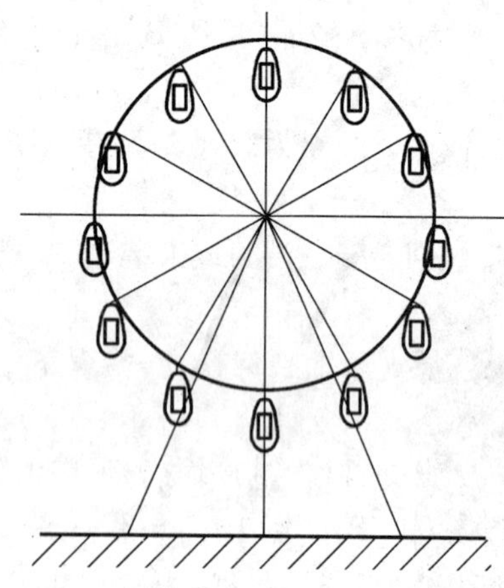

图 B.1 吊厢型

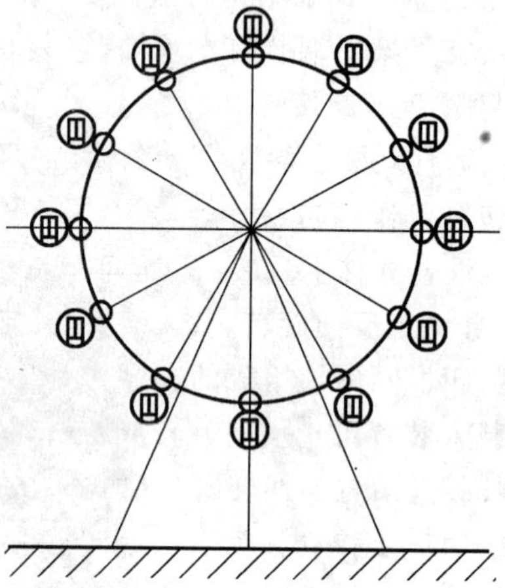

图 B.2 回转舱型

B.2 B 型示意图见图 B.3；C 型示意图见图 B.4 和图 B.5。

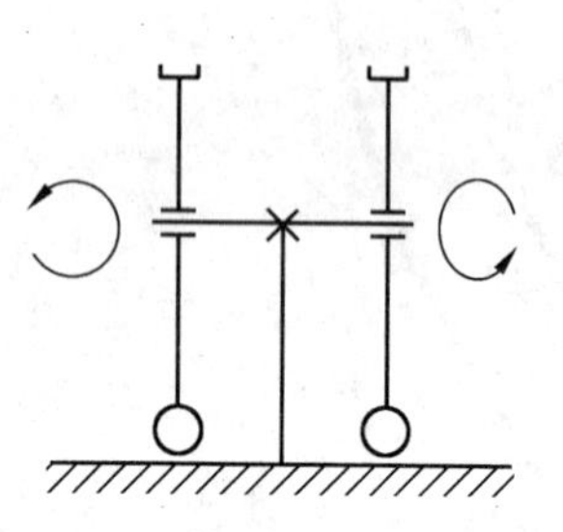

图 B.3

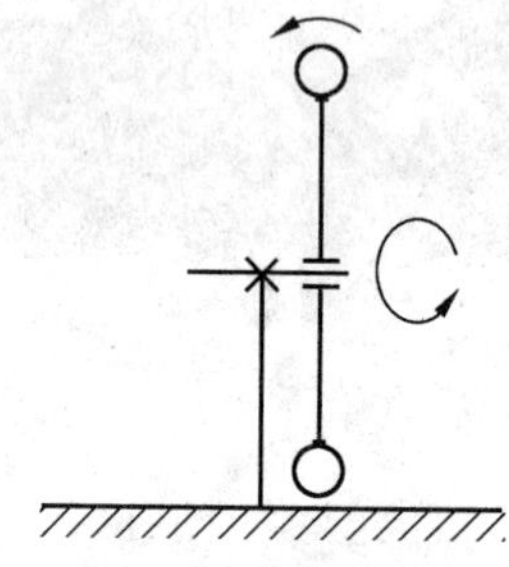

图 B.4

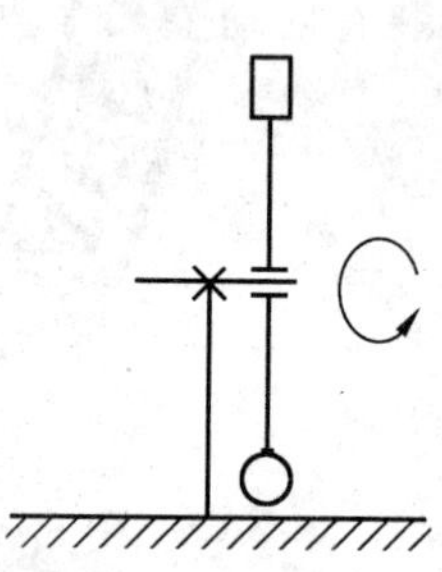

图 B.5

B.3 D 型示意图见图 B.6 和图 B.7；E 型示意图见图 B.8。

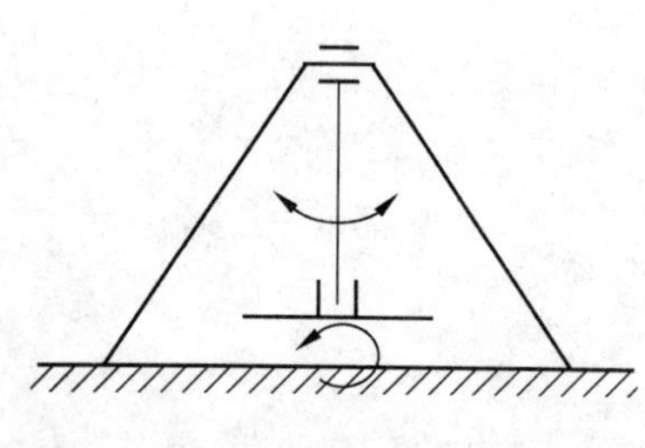

图 B.6

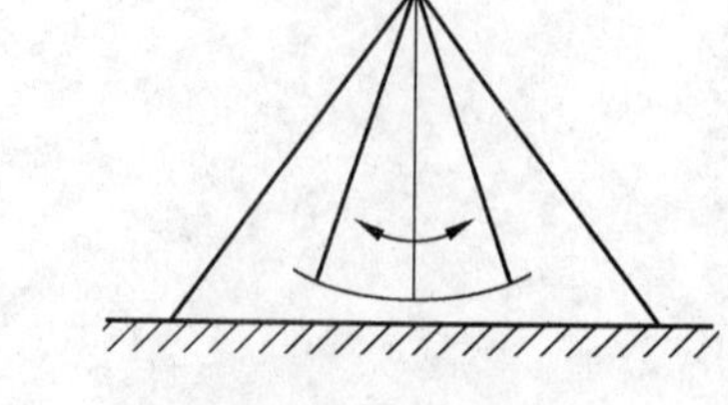

图 B.7

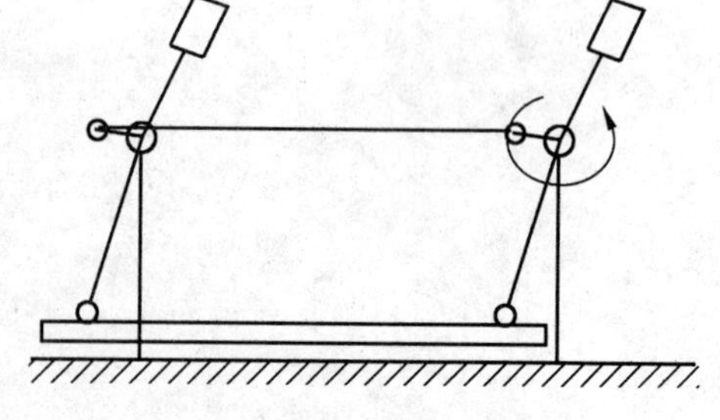

图 B.8

B.4 F 型示意图见图 B.9;G 型示意图见图 B.10 和图 B.11。

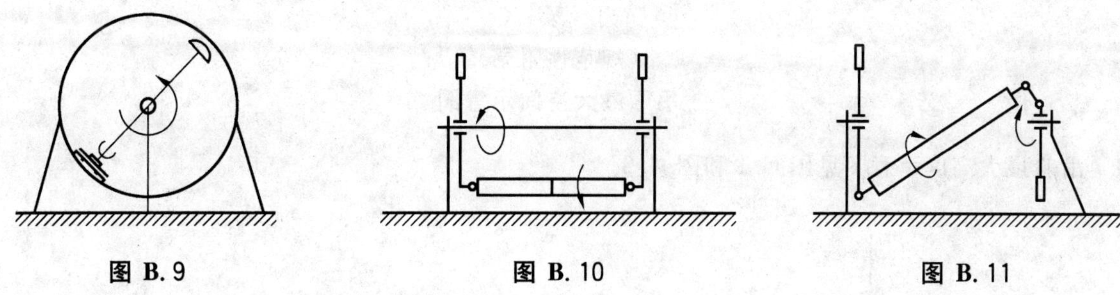

图 B.9　　图 B.10　　图 B.11

附　录　C
（规范性附录）
吊厢最大空间示意图

C.1　吊舱最大高度示意图见图C.1和图C.2。

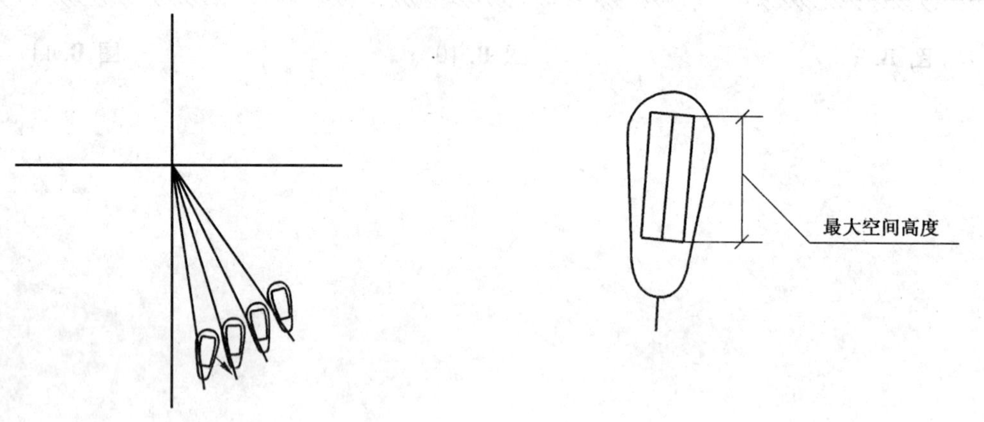

图 C.1　　　　图 C.2

C.2　回转式吊厢放大示意图见图C.3和图C.4。

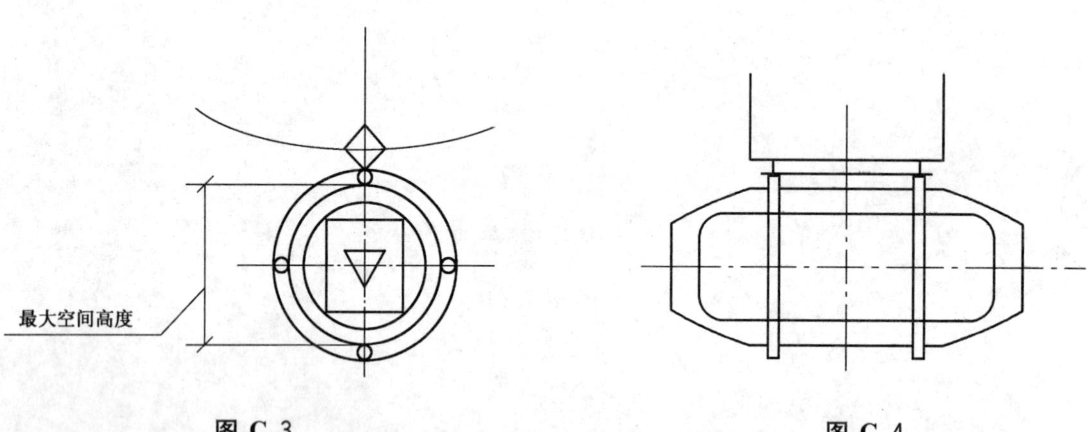

图 C.3　　　　图 C.4

C.3　开门最大宽度时应留有的距离 L 示意图见图C.5。

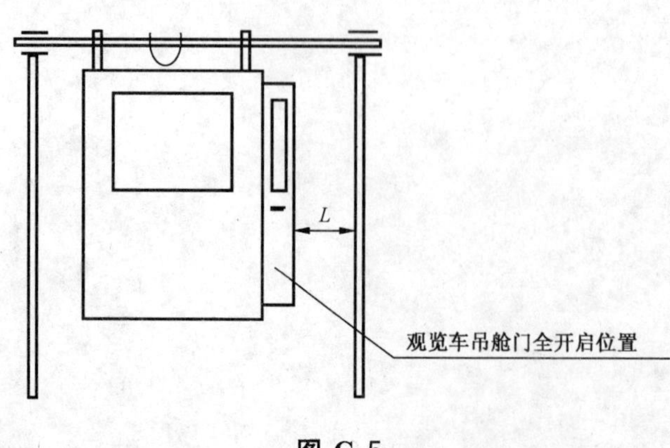

图 C.5

C.4 座舱翻转时应留有距离 L 示意图见图 C.6。

图 C.6 回转式吊厢放大示意图

STANDARDS PRESS OF CHINA

ICS 97.200.40
Y 57

中华人民共和国国家标准

GB/T 18165—2008
代替 GB 18165—2000

小火车类游艺机通用技术条件

Specifications of amusement rides fairy train category

2008-11-12 发布　　2009-05-01 实施

中华人民共和国国家质量监督检验检疫总局
中国国家标准化管理委员会　发布

前 言

本标准代替 GB 18165—2000《小火车类游艺机通用技术条件》。

本标准与 GB 18165—2000 相比，主要变化如下：

——在第 1 章“范围”中，明确了小火车的设计、制造、安装、改造、维修、试验、检验和使用管理；

——增加了第 5 章“传动系统”；第 6 章“电气”；第 7 章“路基和轨道”；第 8 章“车辆”；第 9 章“安全设施”；第 10 章“制造与安装”；第 11 章“使用与管理”以及附录 A；

——第 4 章中增加了设计要考虑的各种载荷和设计计算，包括应力、刚度计算、疲劳强度等；

——第 6 章“电气”中增加了轨道用电整流变压器的要求；

——第 8 章“车辆”中增加了脚踏板的要求；

——第 9 章“安全设施”中增加了安全标识的要求；

——第 11 章“使用与管理”中增加了紧急事故处理要求；

——第 12 章“试验方法”中去掉了电气参数测量；

——第 13 章“检验规则”中增加了两条产品重缺陷：无紧急事故按钮和按钮型式不符合要求；安全把手和脚踏板损坏、失效；

——增加了附录 A（规范性附录）关于“主要部件”、“重要的轴、销轴”和“重要焊缝”的规定。

本标准的附录 A 为规范性附录。

本标准由全国索道、游艺机及游乐设施标准化技术委员会提出并归口。

本标准起草单位：全国索道、游艺机及游乐设施标准化技术委员会、中国特种设备检测研究院、西安曲江欢乐世界有限公司。

本标准主要起草人：王洲、肖原、付恒生、张华、梁朝虎、曹玉婷、张洋等。

本标准所代替标准的历次版本发布情况为：

——GB 18165—2000。

小火车类游艺机通用技术条件

1 范围

本标准规定了小火车类游乐设施通用技术条件和技术要求。

本标准适用于小火车类游艺机的设计、制造、安装、改造、维修、试验、检验和使用管理(以下简称小火车)。

2 规范性引用文件

下列文件中的条款通过本标准的引用而成为本标准的条款。凡是注日期的引用文件,其随后所有的修改单(不包括勘误的内容)或修订版均不适用于本标准,然而,鼓励根据本标准达成协议的各方研究是否可使用这些文件的最新版本。凡是不注日期的引用文件,其最新版本适用于本标准。

GB/T 699 优质碳素结构钢

GB/T 1447 纤维增强塑料拉伸性能试验方法

GB/T 1449 纤维增强塑料弯曲性能试验方法

GB/T 1451 纤维增强塑料简支梁韧性试验方法

GB/T 3077 合金结构钢

GB/T 7403.1 牵引用铅酸蓄电池 第1部分:技术条件(GB/T 7403.1—2008,IEC 60254-1:2005,Lead-acid traction batteries—Part 1:General requirements and methods of test,MOD)

GB 8408—2008 游乐设施安全规范

3 总则

3.1 小火车是指沿地面轨道运行,适用于电力、内燃机及其他动力驱动及运动形式类似的游艺机。

3.2 小火车的设计、制造、安装、改造、维修、试验、检验和使用管理,应执行本标准并符合 GB 8408—2008 的规定。

3.3 小火车的设计、制造、安装、使用应保证人身安全。

3.4 本标准未提到的其他要求,均应按国家有关标准、规范和规定执行。

4 基本设计规定

4.1 基本要求

4.1.1 小火车的设计应有设计说明书、设计计算书、安全分析及符合国家有关标准的全套设计图样。

4.1.2 小火车的设计应规定其整机及主要部件设计使用寿命,整机使用寿命不小于 23 000 h。

4.1.3 小火车的设计应符合 GB 8408—2008 的规定。

4.2 小火车的载荷应符合 GB 8408—2008 中 4.2 的规定。

4.2.1 载荷一般包括:永久载荷(用 G_k 表示)、变载荷(用 Q_k 表示),并按 GB 8408—2008 中表 1 选择冲击系数。

4.2.2 载荷组合按 GB 8408—2008 中 4.2.4 的规定并结合实际工作状况选取。

4.3 人员活动区域均布活载荷的取值应符合 GB 8408—2008 中 4.3 的规定。

4.4 人员活动区域水平推力的取值应符合 GB 8408—2008 中 4.3 的规定。

STANDARDS PRESS OF CHINA

4.5 设计计算应符合 GB 8408—2008 中 4.5 的规定。

4.5.1 小火车的设计应根据具体结构作相应计算:应力计算、刚度计算、疲劳强度计算等。

4.5.2 重要的轴、销轴及焊缝除做应力计算外,宜做疲劳强度验算,两者都应满足给定的安全系数。对于难以拆卸的重要轴及销轴,应按无限寿命设计。

4.6 小火车速度应不大于 10 km/h。

5 传动系统

5.1 传动系统的设计,应保证运行安全,在系统出现失效的情况下,小火车应处于安全状态。

5.2 小火车起动、运行过程中不应有明显打滑现象,传动机构应运转正常。整机运行时不允许有异常的振动、冲击、发热、声响及卡滞现象。

5.3 机械传动部分应符合 GB 8408—2008 中 5.3.1、5.3.2、5.3.3、5.3.4、5.3.5、5.3.6、5.3.7 的规定。

5.4 各种运行试验中,零部件不应有永久变形及损坏现象。

6 电气

6.1 电气系统应符合 GB 8408—2008 中 6.1 的规定。

6.2 控制系统应符合 GB 8408—2008 中 6.2 的规定。

6.3 安全防护应符合 GB 8408—2008 中 6.4.1、6.4.2、6.4.3、6.4.4、6.4.5、6.4.6 的规定。

6.4 轨道用电的整流变压器的初、次级绕组间应采用相当于双重绝缘或加强绝缘水平的绝缘隔离,变压器初、次级绕组间绝缘电阻应不小于 7 MΩ。变压器绕组对金属外壳间绝缘电阻应不小于 2 MΩ。

6.5 电气安装应符合 GB 8408—2008 中 6.5.1、6.5.2、6.5.3 的规定。

6.5.1 车辆之间的电缆(线)连接应设有电器插头。

6.5.2 集电器

集电器的技术要求:

a) 集电器与滑接线应接触良好,并应满足电流容量的要求。滑接器座应灵活可靠,并有足够的补偿能力。滑接线应采用耐磨材料,接头处应平整,拉紧适度;

b) 外露的集电器应有防雨设施。

6.6 接地系统应符合 GB 8408—2008 中 6.6.1、6.6.2、6.6.4 的规定。

6.7 路轨与导电轨之间的绝缘电阻应不小于 0.1 MΩ。

6.8 以蓄电池为动力的小火车:

6.8.1 蓄电池应固定牢固。

6.8.2 蓄电池应密封良好,不应有漏液、渗液现象,其性能应符合 GB/T 4703.1 的规定。

6.8.3 在额定载荷下,蓄电池容量按实际工况连续工作时间宜不小于 4 h。

6.8.4 每辆小火车上应设有短路保护装置。

7 路基和轨道

7.1 路基应填筑平整坚实、稳固。

7.2 路基有可能积水时应设排水沟。

7.3 轨距不小于 600 mm 的小火车,路基顶宽宜不小于轨距的 3 倍,道床顶宽应超出轨枕不小于 200 mm。

7.4 轨枕间距应配置合理。

7.5 轨道曲率半径应因地制宜,合理选用,各转弯处应圆滑过渡,使小火车运行顺利。

7.6 轨道接口处高低差应不大于1 mm。

7.7 轨距的允许误差应为(−3 mm～5 mm),其误差变化率应不大于5‰。

7.8 轨距应优先选用300、460、520、600、762、900 mm。

8 车辆

8.1 每列车车头显著位置上应固定标牌,标牌内容至少应包括产品名称、产品型号、产品编号、制造日期和制造许可证编号等,车厢显著位置应有编号。

8.2 每辆车应标出定员人数,严禁超载运行。

8.3 车辆框架应采用金属结构材料,座席应采用软质、木质或玻璃钢等材料制造。

8.4 凡乘客可触及之处,不允许有外露的锐边、尖角、毛刺和危险突出物等。

8.5 座席宽度每人应不小于400 mm,专供儿童乘坐的每人应不小于250 mm,座席深度应不小于550 mm,座席靠背高度应不小于300 mm。

8.6 车厢进出口外底板应高出站台(100～300) mm。车厢座席距脚踏板高度应不大于450 mm。

8.7 车厢应设有安全把手。

8.8 车厢进出口处应设有拦挡物。

8.9 在额定载荷和额定速度下,惯性停车距离大于15 m时,应设有制动装置,制动装置应符合GB 8408—2008中7.7.5的规定,制动距离应小于15 m。

8.10 车轮装置应转动灵活,润滑、维修方便;车轮应耐磨、耐热并有足够的强度。

8.11 侧轮(或轮缘)与轨道间隙每侧应不大于5 mm。

8.12 车辆连接器应安全可靠,转动灵活。

8.13 以内燃机为动力的小火车:

8.13.1 油箱应密封可靠,不应有渗漏现象。

8.13.2 消声器的工作状态应良好。

8.13.3 减速器及摩擦离合器应平稳可靠。

9 安全设施

9.1 安全标志的设置应符合GB 8408—2008中7.1.6的规定。

9.2 安全栅栏、站台及操作室的设置应符合GB 8408—2008中7.8.1、7.8.2、7.8.3、7.8.4、7.8.5的规定。

9.3 安全距离应符合GB 8408—2008中7.9.3的规定。

10 制造与安装

10.1 一般规定应符合GB 8408—2008中8.1.1、8.1.2、8.1.3、8.1.5、8.1.6、8.1.7的规定。

10.2 金属材料应符合GB 8408—2008中8.2.1、8.2.2、8.2.3、8.2.4、8.2.5、8.2.6的规定。

10.3 非金属材料应符合GB 8408—2008中8.3.1、8.3.2、8.3.4、8.3.5、8.3.6的规定。

10.4 重要零件(见附录A)加工应符合GB 8408—2008中8.4.1、8.4.2的规定。

10.5 重要的轴和销轴宜进行调质处理,硬度应符合GB/T 699和GB/T 3077的规定。

10.6 结构件应符合GB 8408—2008中8.5.1、8.5.3的规定。

10.7 焊接应符合GB 8408—2008中8.6.1、8.6.2、8.6.3、8.6.4、8.6.6、8.6.8的规定。

10.8 螺栓及销轴连接应符合GB 8408—2008中8.7.1、8.7.3、8.7.4、8.7.5、8.7.6的规定。

10.9 基础应符合 GB 8408—2008 中 8.8.1、8.8.2、8.8.4、8.8.6、8.8.7、8.8.8、8.8.9 的规定。

10.10 装配应符合 GB 8408—2008 中 8.9.1、8.9.2、8.9.3、8.9.4、8.9.5、8.9.6、8.9.7 的规定。

10.11 涂装应符合 GB 8408—2008 中 8.12.1、8.12.2、8.12.3 的规定。

10.12 检验应符合 GB 8408—2008 中 8.13.1、8.13.2、8.13.3、8.13.4、8.13.6、8.13.7、8.13.8 的规定。

11 使用与管理

11.1 基本要求应符合 GB 8408—2008 中 9.1.2、9.1.3、9.1.4、9.1.5、9.1.6、9.1.7、9.1.8、9.1.9、9.1.10 的规定。

11.2 紧急事故处理及救援应符合 GB 8408—2008 中 9.2.1、9.2.2、9.2.3 的规定。

12 试验方法

12.1 一般要求

12.1.1 凡新产品、产品转厂制造及有重大改进的产品在出厂前应按本标准进行有关试验。

12.1.2 产品发放制造许可证、质量抽查、安全检查等应按本标准进行有关试验。根据不同的试验目的,试验项目可有所增减。

12.2 试验条件:

12.2.1 在露天试验时风速应不大于 8 m/s。

12.2.2 环境温度应为(0～40)℃,相对湿度宜不大于 85%。

12.2.3 试验载荷与其额定载荷值的误差应不超过±5%。

12.2.4 制造单位试验前应提供产品的检验数据、记录、图样等技术文件。

12.2.5 试验期间应根据使用说明书进行技术保养。

12.2.6 有特殊要求的小火车可以增加试验项目。

12.3 试验仪器:

12.3.1 根据试验要求选择相应精度的检测仪器和量具。

12.3.2 试验用的仪器和量具应经法定计量部门检定合格,在试验前后应进行检查校对,其偏差应符合规定要求。

12.4 小火车的路基和轨道、车辆、传动系统、外观和涂装等应符合本标准的规定要求。

12.5 空载试验:按实际工况连续运行试验 8 h。

12.6 外壳玻璃钢的试验应按 GB/T 1447、GB/T 1449 和 GB/T 1451 的规定进行。

12.7 满载试验:

12.7.1 按设计额定值进行加载。

12.7.2 按实际工况连续运行试验,每天不少于 8 h,连续运行累计时间不少于 80 h。

12.7.3 车速测定:

小火车在额定载荷下,沿直线以最高车速运行,测量出通过不小于 10 m 的距离所需时间,测量应不少于 3 次,取其平均值。计算所得的车速应符合本标准的规定要求。

12.8 在空载、满载试验过程中运行均应正常,机械传动系统和电气系统均应符合本标准的规定要求。

12.9 试验后对小火车有问题或有疑似问题的部位应进行拆检,并详细记录拆检情况,对发现的问题应及时研究,判明原因。记录可利用文字和拍照等方式。

12.10 各项试验结束后应编写有明确结论和符合有关规定的试验报告。

13 检验规则

13.1 不符合标准规定的产品缺陷，分为重缺陷和轻缺陷，重缺陷见表1。每台样本有一项以上（含一项）重缺陷或5项以上（含5项）轻缺陷时为不合格品。

表1 产品重缺陷

标准条号	缺陷内容
5.2	起动时有明显打滑现象，传动机构运转不正常。整机运行时有异常的振动、冲击、发热、声响及卡滞现象
5.4	各种运行试验中，零部件有永久变形及损坏现象
6.2	控制系统不满足小火车运行工况和乘客安全
6.3	无紧急事故按钮和按钮型式不符合要求
6.6、6.7	接地电阻或绝缘电阻不符合要求
8.6、8.7	安全把手和脚踏板损坏、失效
8.9	制动装置损坏、失效

附 录 A
（规范性附录）
关于“主要部件”、“重要的轴、销轴”和“重要焊缝”的规定

A.1 “主要部件”是指重要的传动轴、车轮轴、车辆连接器销轴、轨道等。

A.2 “重要的轴、销轴”是指重要的传动轴、车轮轴、车辆连接器销轴等。

A.3 “重要焊缝”是指乘坐物支撑件焊缝、车轮轴连接焊缝、车辆连接器焊缝等。

ICS 97.200.40
Y 57

中华人民共和国国家标准

GB/T 18166—2008
代替 GB 18166—2000

架空游览车类游艺机通用技术条件

Specifications of amusement rides monorail category

2008-11-12 发布 2009-05-01 实施

中华人民共和国国家质量监督检验检疫总局
中国国家标准化管理委员会 发布

前 言

本标准代替 GB 18166—2000《架空游览车类游艺机通用技术条件》，本标准与 GB 18166—2000 相比，主要变化如下：

——第 1 章“范围”增加了架空游览车的设计、制造、改造、检验和安装。

——增加了以下条款：第 5 章“传动系统”、第 6 章“电气、控制系统”、第 7 章“轨道和立柱”、第 8 章“车辆”、第 9 章“安全设施”、第 10 章“制造与安装”。

——将原“技术要求”修改为第 4 章“基本设计规定”；增加了设计要考虑的各种载荷；增加了设计计算：包括应力、刚度计算、疲劳强度等。

——第 6 章“电气、控制系统”主要增加和修改了以下内容：增加了对电气、控制系统和采用可编程控制器时应遵循的要求；增加了对变压器的要求。

——第 7 章“轨道和立柱”增加了轨道和立柱的构造要求，增加了对温度应力的控制要求。

——第 8 章“车辆”增加了脚踏板的要求。

——第 9 章“安全设施”增加了安全标识的要求。

——第 11 章“试验方法”删掉了电气参数测量。

——第 12 章“检验规则”增加了三条产品重缺陷：无紧急事故按钮和按钮型式不符合要求；安全把手和脚踏板损坏、失效；无紧急救援措施。

——增加了附录 A(规范性附录)关于“主要部件”、“重要的轴、销轴”和“重要焊缝”的规定。

本标准附录 A 为规范性附录。

本标准由全国索道、游艺机及游乐设施标准化技术委员会提出并归口。

本标准起草单位：全国索道、游艺机及游乐设施标准化技术委员会，中国特种设备检测研究院，北京市特种设备检测中心，桂林市特种设备监督检验所，中山市金马游艺机有限公司，重庆市特种设备质量安全检测中心。

本标准主要起草人：肖原、聂玉同、周建兴、刘健、张勇、刘喜旺、易水洪。

本标准所代替标准的历次版本发布情况为：

——GB 18166—2000。

架空游览车类游艺机通用技术条件

1 范围

本标准规定了架空游览车类游艺机的通用技术条件和技术要求。

本标准适用于架空游览车类游艺机的设计、制造、安装、改造、维修、试验、检验和使用管理。

2 规范性引用文件

下列文件中的条款通过本标准的引用而成为本标准的条款。凡是注日期的引用文件,其随后所有的修改单(不包括勘误的内容)或修订版均不适用于本标准,然而,鼓励根据本标准达成协议的各方研究是否可使用这些文件的最新版本。凡是不注日期的引用文件,其最新版本适用于本标准。

GB/T 1447 纤维增强塑料拉伸性能试验方法

GB/T 1449 纤维增强塑料弯曲性能试验方法

GB/T 1451 纤维增强塑料简支梁冲击韧性试验方法

GB 5226.1 机械安全 机械电气设备 第1部分:通用技术条件(GB 5226.1—2002,IEC 60204-1:2000,IDT)

GB/T 7403.1 牵引用铅酸蓄电池(GB/T 7403.1—2008,IEC 60254-1:2005,Lead-acid traction batteries—Part 1:General requirements and methods of test,MOD)

GB 8408—2008 游乐设施安全规范

GB/T 15706(所有部分) 机械安全 基本概念与设计通则

GB 16754 机械安全 急停设计原则(GB 16754—1997,eqv ISO/IEC 13850:1995)

GB/T 16855.1 机械安全 控制系统有关安全部件 第1部分:设计通则(GB/T 16855.1—2005,ISO 13849-1:1999,MOD)

GB 19212.1 电力变压器、电源装置和类似产品的安全 第1部分:通用要求和试验(GB 19212.1—2003,IEC 61558-1:1998,MOD)

GB/T 20438(所有部分) 电气/电子/可编程电子安全相关系统的功能安全

GB 50017—2003 钢结构设计规范

GB 50231 机械设备安装工程施工及验收规范

GB 50256 电气装置安装工程 起重机电气装置施工及验收规范

3 总则

3.1 架空游览车类游艺机是指沿架空轨道运行,采用人力、内燃机和电力驱动及运动形式类似的游艺机(以下简称架空游览车)。

3.2 架空游览车的设计、制造、安装、改造、维修、试验和使用管理,应执行本标准并符合GB 8408—2008的规定。

3.3 架空游览车的设计、制造、安装、使用应保证人身安全。

3.4 本标准未提到的其他要求,均应按国家有关标准、规范和规定执行。

4 基本设计规定

4.1 基本要求

4.1.1 架空游览车的设计应有设计说明书、设计计算书、安全分析及符合国家有关标准的全套设计

STANDARDS PRESS OF CHINA

图样。

4.1.2 架空游览车的设计应规定其整机及主要部件设计使用寿命，整机使用寿命不小于 23 000 h。

4.1.3 架空游览车的设计应符合 GB 8408—2008 和 GB/T 15706(所有部分)的规定。

4.2 架空游览车的载荷应符合 GB 8408—2008 中 4.2 的规定。

4.2.1 载荷一般包括：永久载荷(用 G_k 表示)、变载荷(用 Q_k 表示)、并按 GB 8408—2008 中表 1 选择冲击系数。

4.2.2 载荷组合按 GB 8408—2008 中 4.2.4 的规定并结合实际工作状况选取。

4.3 人员活动区域均布活载荷的取值应符合 GB 8408—2008 中 4.3 的规定。

4.4 架空游览车的设计计算应符合 GB 8408—2008 中 4.5 的规定。

4.4.1 架空游览车的设计应根据具体结构作相应计算：应力计算、刚度计算、疲劳强度计算等。

4.4.2 重要的轴、销轴除做应力计算外，应根据载荷应力幅情况决定是否进行疲劳强度校核，两者都应满足 GB 8408—2008 中 4.5 给定的安全系数。对于难以拆卸的重要轴及销轴，应按无限寿命设计。

4.4.3 钢结构构件及其连接的设计指标应符合 GB 50017—2003 中 3.4 的规定。

4.4.4 钢结构构件及其连接的疲劳计算应符合 GB 50017—2003 中第 6 章的规定。

4.5 架空游览车在设计时，应充分考虑设备运行中发生故障时的乘客疏导措施。

4.6 关于“主要部件”、“重要的轴、销轴”和“重要焊缝”的规定见附录 A。

5 传动系统

5.1 传动系统的设计，应保证运行安全，在系统出现失效的情况下，架空游览车应处于安全状态。

5.2 架空游览车起动、运行过程中不应有明显打滑现象，传动机构应运转正常。整机运行时不允许有异常的振动、冲击、发热、声响及卡滞现象。

5.3 机械传动部分应符合 GB 8408—2008 中 5.3 的规定。

5.4 机械传动系统应平稳可靠，安装精度和测量方法应符合 GB 50231 中的规定。

6 电气与控制系统

6.1 电气系统应符合 GB 8408—2008 中 6.1 和 GB 5226.1 的规定。

6.2 控制系统应符合 GB 8408—2008 中 6.2 和 GB/T 16855.1 的规定；采用电气电子可编程器件的控制系统应满足 GB/T 20438(所有部分)的要求。

6.3 非封闭轨道限位装置的设置应符合 GB 8408—2008 中 6.3.2 的规定。

6.4 安全防护应符合 GB 8408—2008 中 6.4 的规定。

6.4.1 架空游览车采用的变压器应符合 GB 19212.1 的规定。

6.4.2 紧急停车、制动装置的设计应满足 GB 16754 的要求。

6.5 电气安装应符合 GB 8408—2008 中 6.5 的规定。

6.5.1 车辆之间的电缆(线)连接宜设有电器插头。

6.5.2 滑接线和滑接器应符合 GB 50256 的规定。

6.6 接地系统应符合 GB 8408—2008 中 6.6.1、6.6.2、6.6.4 的规定；轨道与导电轨之间的绝缘电阻应不小于 0.1 MΩ。

6.7 电动架空游览车上应设有短路保护装置。

6.8 以蓄电池为动力的架空游览车

6.8.1 蓄电池应固定牢固。

6.8.2 蓄电池应密封良好，不应有漏液、渗液现象；铅酸蓄电池技术性能应符合 GB/T 7403.1 的规定。

6.8.3 在额定载荷下，按实际工况蓄电池连续工作时间宜不小于 4 h。

6.9 装饰照明

6.9.1 乘客容易接触的装饰照明电压，应采用不大于 48 V 的安全电压。

6.9.2 乘客不容易接触的装饰照明电压采用非安全电压时，应采用漏电断路保护装置。

7 轨道和立柱

7.1 轨道和立柱的结构设计应满足 GB 50017—2003 中第 8 章的规定。

7.2 架空游览车轨道立柱间距应配置合理，不同曲率半径轨道间应过渡平滑，使车辆顺利运行，运行过程中轨道和立柱不允许有异常晃动；轨道设计应考虑环境温度变化对应力的影响，应力引起的变形应能释放。

7.3 型钢和钢管轨道磨损允许值应符合 GB 8408—2008 中 9.3 表 15 的规定。

7.4 在站台内应设置便于车辆维修的设施。

7.5 单轨轨道两侧面对水平面的垂直度公差不大于被测高度的 5/1 000。轨道宽度允许误差应不大于被测轨道的 1/100，且最大不超过 5 mm；双轨轨距的允许误差为－3 mm～5 mm。

8 车辆

8.1 每列车应在显著位置上固定标牌，标牌内容至少应包括产品名称、产品型号、产品编号、制造日期和制造许可证编号等，车厢应在显著位置上标有编号和定员人数。

8.2 车辆框架应采用金属材料，座席宜采用橡胶、木质或玻璃钢等材料制造，座席尺寸应符合 GB 8408—2008 中 7.9.5 的规定。

8.3 车厢应设有安全把手，车厢门窗、进出口处应设有拦挡物。骑乘式架空游览车除设有安全把手外还应设有脚踏板。

8.4 车轮

8.4.1 主车轮、侧轮和底轮应转动灵活、耐磨、耐热和具有足够的强度。

8.4.2 车轮的磨损允许值应符合以下规定：

a) 主车轮的磨损允许值应不大于原直径的 5%，且最大不超过 15 mm；

b) 侧轮、底轮的磨损允许值应不大于原直径的 5%，且最大不超过 10 mm；

c) 侧轮与轨道侧面的间隙、底轮与轨道的间隙应调整适当。

8.4.3 采用橡胶实心轮或尼龙轮，其材料力学性能应分别符合 GB 8408—2008 的规定。采用橡胶充气轮，充气压力应适度。

8.5 架空脚踏车脚踏应符合以下规定：

a) 脚蹬的脚踏面应安装可靠，脚踏面应有防滑措施；

b) 脚蹬的上、下表面都应有脚踏面，并能灵活翻转。

8.6 以内燃机为动力架空游览车应符合以下规定：

a) 油箱密封应可靠，不应有渗油；

b) 减速器、离合器、消声器工作状态良好。

9 安全设施

9.1 架空游览车应进行适宜的安全分析及安全评估，安全评估的内容及范围应符合 GB 8408—2008 中 7.1.2 的规定。有危及乘客安全之处应有适当的安全措施。

9.2 安全标志的设置应符合 GB 8408—2008 中 7.1.6 的规定。

9.3 安全栅栏、站台及操作室的设置应符合 GB 8408—2008 中 7.8 的规定。

9.4 安全距离应符合 GB 8408—2008 中 7.9.3 的规定。

9.5 车辆防碰撞及缓冲器装置应符合 GB 8408—2008 中 7.3.1 规定。

9.6 当架空游览车出现故障停止运行时，应设有疏导乘客的安全措施；采用电力驱动的架空游览车，应设有备用电源；全封闭式列车车厢，应设有空调、通气孔，并设有灭火器和紧急情况下击碎车窗，便于乘客脱离等救援器具。

9.7 当架空游览车轨道有坡度时，应设有运行速度的控制装置。

9.8 车辆应设置防倾翻装置。车辆连接器应结构合理，性能可靠；必要时应设有保险装置。

9.9 架空游览车制动装置应符合 GB 8408—2008 中 7.7 的规定，制动装置操作机构应有明显标志。

10 制造与安装

10.1 一般规定应符合 GB 8408—2008 中 8.1 的规定。

10.2 金属材料应符合 GB 50017—2003 中 3.3 和 GB 8408—2008 中 8.2 的规定。

10.3 非金属材料应符合 GB 8408—2008 中 8.3.1、8.3.2、8.3.4～8.3.6 的规定。

10.4 重要零件加工应符合 GB 8408—2008 中 8.4 的规定。

10.5 结构件应符合 GB 8408—2008 中 8.5 的规定。

10.6 焊接应符合 GB 8408—2008 中 8.6 的规定。

10.7 螺栓及销轴连接应符合 GB 8408—2008 中 8.7 的规定。

10.8 基础应符合 GB 8408—2008 中 8.8 的规定。

10.9 装配应符合 GB 8408—2008 中 8.9 的规定。

10.10 涂装应符合 GB 8408—2008 中 8.12 的规定。

10.11 检验应符合 GB 8408—2008 中 8.13 的规定。

11 试验方法

11.1 一般要求

11.1.1 凡新产品、产品转厂制造及有重大改进的产品，在出厂前应按本标准进行有关试验。

11.1.2 产品发放制造许可证、质量抽查、安全检查等应按本标准进行有关试验。根据不同的试验目的，试验项目可有所增减。

11.2 试验条件

11.2.1 在露天试验时风速应不大于 8 m/s。

11.2.2 环境温度应为 0 ℃～40 ℃，相对湿度宜不大于 85%。

11.2.3 试验载荷与其额定载荷值的误差应不超过±5%。

11.3 试验仪器

11.3.1 根据试验要求选择相应精度的检测仪器和量具。

11.3.2 试验用的仪器和量具应经法定计量部门检定合格，在试验前后应进行检查校对，其偏差应符合规定要求。

11.4 按实际工况空载连续运行试验 8 h。

11.5 外壳玻璃钢的试验应按 GB/T 1447、GB/T 1449 和 GB/T 1451 的规定进行。

11.6 满载试验

11.6.1 按设计额定值进行加载。

11.6.2 按实际工况连续运行试验，每天不小于 8 h，连续运行累计时间不少于 80 h。

11.6.3 架空游览车在额定载荷下，沿直线以最高车速运行，测量出通过不小于 10 m 的距离所需时间，重复测量 3 次，取其平均值。计算所得的车速不大于 40 km/h。

11.6.4 架空游览车沿水平直线轨道，以额定载荷最大运行速度，从开始制动，直至停止所经过的距离。重复测试 3 次，取其平均值，应符合 GB 8408—2008 中 7.7.6 的规定。

11.6.5 碰撞试验应符合以下规定(设有防止碰撞的自动控制装置的架空游览车不做此项试验)：

a) 同一轨道有两辆以上(含两辆)同时运行的架空游览车应进行碰撞试验；

b) 试验方法：后面一辆车达到最大运行速度时，碰撞前面一辆车，连续3次，碰撞后车辆金属结构不应破损和变形，并能正常运行。在站台内试验。

11.6.6 按设计最大偏载量（无特别指明按1/2倍额定载荷量），集中在座椅或车厢一边，按实际工况连续偏载运行1 h，应无异常现象。

11.7 空载、满载和偏载试验过程中应运行正常，车辆、轨道、立柱、传动系统、安全设施和电气控制系统均应符合本标准的规定。

11.8 各种运行试验中，零部件不应有永久变形及损坏现象。

11.9 应力测试

11.9.1 测试工况见表1。

表1 测试工况

状 态	加载情况	被测件	测试方法
静 止	额定载荷	车轮轴、轨道、单轨脚踏车稳定支腿	静应力测定
运 行			动应力测定

11.9.2 测试方法符合以下规定：

a) 测试前应经额定载荷下的试运转；

b) 按表1所列工况测出各点的应变值；

c) 每种工况重复试验不少于3次。

11.9.3 应力值测试符合以下规定：

a) 在自重作用下产生的应力，应由有关单位提供其计算值；

b) 各测点应力值，应为载荷作用下的测试应力值与自重作用下的计算应力值之和。

11.9.4 应力值的安全判据

$$安全系数 = \frac{材料的破断强度}{测点最大应力}$$

各测点最大应力值，应符合GB 8408—2008中4.5.2表2给出的安全系数值。

11.10 各项试验结束后，应编写有明确结论和符合有关规定的试验报告。

12 检验规则

不符合标准规定的产品缺陷，分为重缺陷和轻缺陷，重缺陷见表2，每台样本有一项以上（含一项）重缺陷或5项以上（含5项）轻缺陷时，为不合格品。

表2 重缺陷项目

标准条号	缺陷内容
5.2	起动、运行时有明显打滑现象，传动机构运转不正常。整机运行时有异常的振动、冲击、发热、声响及卡滞现象
11.8	各种运行试验中，零部件有永久变形及损坏现象
9.10	制动装置损坏、失效
6.2	控制系统不满足架空游览车运行工况和乘客安全
6.4	无紧急事故按钮和按钮型式不符合要求
6.3	非封闭轨道未设置限位装置或限位装置不符合要求
6.6	接地电阻和绝缘电阻不符合要求
8.3、8.5	安全把手和脚踏板损坏、失效
9.6	无紧急救援措施

STANDARDS PRESS OF CHINA

附 录 A
（规范性附录）
关于“主要部件”、“重要的轴、销轴”和“重要焊缝”的规定

A.1 “主要部件”是指重要的传动轴、车轮轴、载人体连接器销轴、轨道等。

A.2 “重要的轴、销轴”是指重要的传动轴、车轮轴、乘人部分连接器销轴等。

A.3 “重要焊缝”是指乘坐物支撑件焊缝、车轮轴连接焊缝、乘人部分连接器焊缝等。

ICS 97.200.40
Y 57

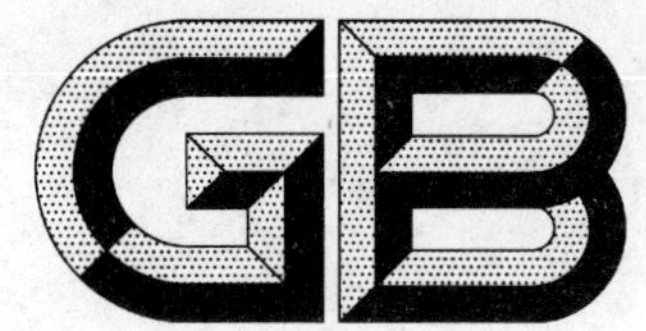

中华人民共和国国家标准

GB/T 18167—2008
代替 GB 18167—2000

光电打靶类游艺机通用技术条件

Specification of amusement rides shooting category

2008-11-12 发布　　2009-05-01 实施

中华人民共和国国家质量监督检验检疫总局
中国国家标准化管理委员会　发布

前言

本标准代替 GB 18167—2000《光电打靶类游艺机通用技术条件》。

本标准与 GB 18167—2000 相比，主要变化如下：

——在第 1 章“范围”中，明确了光电打靶类游艺机的设计、制造、安装、改造、维修、试验、检验和使用管理；

——增加了第 5 章“传动系统”；第 6 章“电气与控制系统”；第 7 章“制造与安装”；

——将原“技术要求”修改为第 4 章“基本设计规定”，增加了设计计算及对程序的设计要求；

——在第 6 章“电气与控制系统”中主要增加和修改对供电系统的要求；

——在第 9 章“检验规则”中调整了部分产品重缺陷内容。

本标准由全国索道、游艺机及游乐设施标准化技术委员会提出并归口。

本标准起草单位：全国索道、游艺机及游乐设施标准化技术委员会，中国特种设备检测研究院。

本标准主要起草人：张晓宇、张勇、王启柘、曹玉婷、张洋等。

本标准所代替标准的历次版本发布情况为：

——GB 18167—2000。

光电打靶类游艺机通用技术条件

1 范围

本标准规定了光电打靶类游艺机的技术条件和技术要求。

本标准适用于光电打靶类游艺机的设计、制造、安装、改造、维修、试验、检验和使用管理(以下简称光电打靶)。

2 规范性引用文件

下列文件中的条款通过本标准的引用而成为本标准的条款。凡是注日期的引用文件,其随后所有的修改单(不包括勘误的内容)或修订版均不适用于本标准,然而,鼓励根据本标准达成协议的各方研究是否可使用这些文件的最新版本。凡是不注明日期的引用文件,其最新版本适用于本标准。

GB/T 2828.1 计数抽样检验程序 第1部分:按接收质量限(AQL)检索的逐批检验抽样计划(GB/T 2828.1—2003,ISO 2859-1:1999,IDT)

GB 8408—2008 游乐设施安全规范

JB/T 5000.12—1998 重型机械通用技术条件 涂装

3 总则

3.1 光电打靶是指有信号、音响、灯光、数字显示、与机械动作、靶标、射击相互配合及形式类似的游艺机。

3.2 光电打靶的设计、制造、安装、改造、维修、试验、检验和使用管理,应执行 GB 8408—2008 和本标准的有关规定。

3.3 光电打靶的设计、制造、安装、使用应保证人身安全。

3.4 本标准未提到的其他要求,均应按国家有关标准规范和规定执行。

4 基本设计规定

4.1 光电打靶的设计应有设计说明书、设计计算书、安全分析及符合国家有关标准的全套设计图样。

4.2 光电打靶的设计应计算正确、结构合理,能保证游客安全。

4.3 光电打靶的设计程序、素材及画面应趣味、健康、合理,严禁带有恐怖、暴力、赌博、色情等违反国家有关规定的设计内容。

4.4 标准机电设备应选型合理,并应有合格证;非标准机电设备应经质量部门检验后使用。

4.5 光电打靶应规定其整机及主要部件设计寿命,整机使用寿命不小于23 000 h。

5 传动系统

5.1 传动系统的设计应符合 GB 8408—2008 中 5.1、5.2 的规定。

5.2 机械传动部分的设计应符合 GB 8408—2008 中 5.3 的有关规定。

5.3 液压和气动系统的设计应符合 GB 8408—2008 中 5.4 的有关规定。

5.4 传动系统的设计应保证平稳可靠。整机运行时不允许有异常的振动、冲击、发热、声响及卡滞现象。

6 电气与控制系统

6.1 电气系统应符合 GB 8408—2008 中 6.1 的有关规定。

STANDARDS PRESS OF CHINA

6.1.1 当光电打靶配电系统采用三相电源供电时，接地型式应符合 GB 8408—2008 中 6.6.1 的有关规定。

6.1.2 当光电打靶电源进线采用单相市电电源供电时，应采用黄、绿双色线与市电电源地线可靠接地，接地电阻应符合 GB 8408—2008 中 6.6.2 的有关规定。

6.2 集电器

6.2.1 根据结构和功能要求，可采用轴向或端面滑环的结构型式。滑环应选用导电性能良好的材料。

6.2.2 电刷和滑环应接触良好，并满足电流容量要求。

6.2.3 外露的集电器应采取防雨措施。

6.3 控制系统应符合 GB 8408—2008 中 6.2 的规定。

6.4 控制系统的安全防护应符合 GB 8408—2008 中 6.4.5 的规定。

6.5 操作按钮应符合 GB 8408—2008 中 6.5.2 的规定。

7 制造与安装

7.1 光电打靶的制造与安装应符合 GB 8408—2008 中第 8 章的有关规定。

7.2 箱体(外壳)

7.2.1 外形应规整，连接紧密，表面光滑，无扭曲变形。

7.2.2 外壳用木质结构时，应采用厚度不小于 10 mm 的板材。

7.2.3 装饰物应固定牢固。

7.2.4 台式机应设置便于操作的调平机构。

7.2.5 外壳为全封闭时，应有检修门或孔。

7.3 得奖系统

7.3.1 得奖后应有显示信号，取奖口应有标志。

7.3.2 自动给奖应准确可靠，奖品应顺利到位，不应有卡阻现象。

7.4 投币器

7.4.1 适用于多台集中管理的游艺机应设投币器。

7.4.2 投币口应有标志。

7.4.3 投币器应采用专用币。币在流道内不应有卡阻现象。

7.4.4 投币器应便于拆装检修。

7.5 手轮(操纵杆)和手轮轴

7.5.1 手轮(操纵杆)形状应美观适用，其大小应与整机相适应。

7.5.2 手轮(操纵杆)与轴装配应牢固可靠。

7.5.3 手轮(操纵杆)的安装位置应便于操作。

7.5.4 手轮轴应转动灵活无卡阻现象。

7.6 安装在非金属结构上的轴承，应固定牢固。

7.7 被操纵物(如守门将中的接球斗、曲棍球中的尼龙人等)应有与工作条件相适应的强度、刚度和硬度。

7.8 薄板成型件应规整，不应有裂纹、折皱和飞边、毛刺。

7.9 承受力的尼龙、橡胶、胶木等制品，根据工作条件应具备相应的强度、硬度和耐磨性。

7.10 计数计时器

7.10.1 计数计时器的设置位置要适当，大小应与整机相适应。

7.10.2 计数计时显示应清晰、准确；电子数字显示不应有缺少笔画的现象。

7.11 装饰灯应进行固定，外露导线应覆盖。

7.12 球及其他物体的送出机构应灵活，送出应及时、准确。

7.13 打击物和被打击物(如打田鼠的锤子和鼠头)应能承受所施加的力,不应有断裂破损等现象。

7.14 射击棚和靶标

7.14.1 射击棚应固定牢固,布置应美观协调。

7.14.2 靶标布置应疏密合理,尺寸大小适当。

7.14.3 靶标的动作机构应可靠,便于观察和维修。

7.15 光电枪和受光器

7.15.1 扣光电枪扳机后,应能正常发射。

7.15.2 光电枪重量应适度。

7.15.3 光电枪在击发频次不超过 2 s/次时,应能射出光束。

7.15.4 光电枪射出光点直径不大于射击距离的 1/100,不小于射击距离的 1/200。

7.15.5 光电枪射出光束的光斑中心对受光器中心的偏移量不大于射击距离的 1/200。

7.15.6 受光器应能识别其他瞬间强光干扰信号,不会产生误动作。

7.15.7 受光器在光束入射角不大于 60°时,应能正常工作。

7.15.8 击中受光器后,靶标应有动作、声音或显示。

7.15.9 受光器标志应明显醒目。

7.16 外观造型和涂装

7.16.1 各种装饰物造型应美观,色彩鲜艳。

7.16.2 人物、动物造型新颖形象。

7.16.3 粘贴的图案装饰条等,应平整不应有翘曲。

7.16.4 人员可能接触的外露透明板面,应采用不易破碎的材料。

7.16.5 电镀件表面应平整、光亮、均匀。不应有起层、气泡、明显擦痕和露底等缺陷。

7.16.6 涂装

装饰物造型的涂装应符合下列要求:

a) 涂装前应清除锈蚀及其他污物,手工除锈质量应达到 JB/T 5000.12—1998 中 St2 级;
b) 敞开的金属构件内表面应涂厚度为(60~80)μm 的防锈漆;金属件外露表面应喷涂油漆或喷塑处理,漆层厚度应为(100~150)μm,塑层厚度应为(200~500)μm;
c) 玻璃钢表面应经过处理,方能喷涂;
d) 喷涂层不应有明显的流挂、起皱、脱落、裂纹和漏涂等缺陷。

8 试验方法

8.1 一般要求

8.1.1 凡新产品、产品转厂生产及有重大改动的产品,应按 GB 8408—2008 中 8.1.5 规定进行试验。正式产品应按 GB 8408—2008 中 8.1.6 的规定进行检验。

8.1.2 根据结构形式、运行方式和试验目的的不同,试验项目可有所增减。

8.2 试验条件

8.2.1 除特殊要求外,试验时的环境温度一般在 5 ℃~35 ℃之间。环境相对湿度不大于 85%。

8.2.2 生产单位应提供产品的检验数据、记录、图样和技术文件,检测部门确认后方能进行本标准规定的各项试验。

8.3 试验仪器和量具

8.3.1 根据试验要求,选择相应精度的测试仪器及量具。

8.3.2 用于测试的仪器、仪表和其他测量工具,应经法定计量部门检定合格,在测试前后应进行校对。

8.4 运行试验

8.4.1 产品安装调试好后应进行运行试验。

8.4.2 按实际工况连续运行试验，每天不少于 8 h，连续累计运行试验不少于 80 h。

8.4.3 所有检验项目应符合本标准第 3 章的规定。

8.5 试验报告

各种试验和测试结束后，应编写有明确要求、检测结果和与相关标准及规定要求对比考核结果、明确结论的试验报告。

9 检验规则

9.1 光电打靶应从检查批中随机抽样。

9.2 产品检验采用 GB/T 2828.1 一次抽样方案，合格质量水平（AQL）为 4.0，一般检查水平为Ⅱ。

9.3 批量抽取样本大小及检验判据应符合表 1 的规定。若样本不合格品数小于或等于合格判定数 Ac，则该批量为合格；若样本不合格品数大于或等于不合格判定数 Re，则该批量为不合格。

表 1 批量取样大小及检验判据

批量	样本大小	样本中不合格品数量	
		合格判定数 Ac	不合格判定数 Re
2～8	2	0	1
9～15	3		
16～25	5		
26～50	8	1	2
51～90	13		
91～150	20	2	3

9.4 对不合格的批量应逐台检验，合格品可以出厂；不合格品经返工后应达到合格品的要求，否则应报废。

9.5 不符合标准规定的产品缺陷，分为重缺陷和轻缺陷，重缺陷见表 2。每台样本有一项以上（含一项）重缺陷或 5 项以上（含 5 项）轻缺陷时为不合格品。

表 2 产品重缺陷

标准条号	缺陷内容
7.3.2	自动给奖有卡阻现象
7.10.2	计数计时显示不正确
7.15.1	不能正常发射
7.15.8	无动作或无显示
6.4	安全电压不符合要求
6.1.2	接地电阻不符合要求

ICS 97.200.40
Y 57

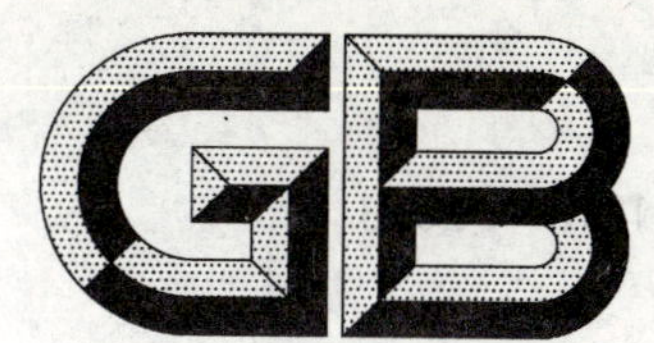

中华人民共和国国家标准

GB/T 18168—2008
代替 GB 18168—2000

水上游乐设施通用技术条件

Specifications of water amusement equipment category

2008-11-12 发布 2009-05-01 实施

中华人民共和国国家质量监督检验检疫总局
中国国家标准化管理委员会 发布

前 言

本标准代替 GB 18168—2000《水上游乐设施通用技术条件》。

本标准与 GB 18168—2000 相比，主要变化如下：

——明确了水上游乐设施的设计、制造、安装、改造、维修、试验、检验和使用管理(见第 1 章)；

——增加了峡谷漂流内容(见 4.7)；

——增加了 GB/T 20306—2006 游乐设施术语中没有包括的水上游乐设施术语(见第 3 章)；

——增加了水滑梯类型，并将原标准封闭滑道直径改为不小于 ϕ 800 mm(见 4.4.3)；

——增加了互动戏水设施内容(见 4.5)；

——增加了造波的种类及要求(见 4.6)。

本标准的附录 A 为资料性附录。

本标准由全国索道、游艺机及游乐设施标准化技术委员会提出并归口。

本标准起草单位：全国索道、游艺机及游乐设施标准化技术委员会，中国特种设备检测研究院，卓诚实业有限公司，中国船舶重工集团公司第七〇二研究所，广州海山娱乐科技有限公司，泰隆游乐实业有限公司，长隆集团广州开心水上乐园，温州南方游乐设备制造总厂，中山市金马游艺机有限公司，广州番禺潮流水上乐园建造有限公司。

本标准主要起草人：钟信孚、邢友新、金承仪、卢红兵、李庆恒、蒋敏灵、刘月才、万宇红、杨志林、林泽钊、邓金镛、欧阳丁山。

本标准所代替标准的历次版本发布情况为：

——GB 18168—2000。

水上游乐设施通用技术条件

1 范围

本标准规定了水上游乐设施的通用技术条件和技术要求。

本标准适用于各种类型的水滑梯、游乐池、峡谷漂流、游船等水上游乐设施的设计、制造、安装、改造、维修、试验、检验和使用管理。

本标准不适用于6人以上乘坐并有专人操作的船类。

2 规范性引用文件

下列文件中的条款通过本标准的引用而成为本标准的条款。凡是注日期的引用文件,其随后所有的修改单(不包括勘误的内容)或修订版均不适用于本标准,然而,鼓励根据本标准达成协议的各方研究是否可使用这些文件的最新版本。凡是不注日期的引用文件,其最新版本适用于本标准。

GB/T 153—1995 针叶树锯材

GB/T 1447—2005 纤维增强塑料拉伸性能试验方法

GB/T 1449—2005 纤维增强塑料弯曲性能试验方法

GB/T 1451—2005 纤维增强塑料简支梁冲击韧性试验方法

GB/T 1462—2005 纤维增强塑料吸水性试验方法(ASTM P570:1980, NEQ)

GB/T 2577—2005 玻璃纤维增强塑料树脂含量试验方法

GB/T 2828.1 计数抽样检验程序 第1部分:按接收质量限(AQL)检索的逐批检验抽样计划(GB/T 2828.1—2003,ISO 2859-1:1999,IDT)

GB 2894 安全标志

GB 3096 城市区域环境噪声标准

GB/T 7403.1 牵引用铅酸蓄电池 第1部分:技术条件(GB/T 7403.1—2008,IEC 60254-1:2005,Leadacid traction batteries—Part 1:General requirements and methods of test,MOD)

GB 8408—2008 游乐设施安全规范

GB 9667 游泳场所卫生标准

GB 10000 中国成年人人体尺寸

CECS14 游泳池和水上游乐池给水排水设计规程

3 术语和定义

下列术语和定义适用于本标准。

3.1

水上游乐设施 water amusement equipment

借助水域、水流或其他载体,为达到娱乐目的而建造的游乐设施。如游乐池、水滑梯、造浪机、峡谷漂流和游船等。

3.2

水滑梯系统 water slide system

由结构支撑、出发平台、水滑梯、供水系统和截留区(或落水池)、运载工具组成,供乘员以水为润滑介质,依自身重力沿滑梯内表面滑行的游乐设施。

3.2.1

起始端 starting position

乘员进入水滑梯的区域。

3.2.2

滑行区 slide proper

乘员沿特定的滑梯表面滑行的区域。

3.2.3

结束端 final part

水滑梯末端，倾斜度小于5%，供乘员准备停止滑行的部分。

3.2.4

截留区 catch unit

水滑梯末端供乘员停止的一部分。

3.2.5

溅落区 splashdown area

供乘员从滑道末端滑出落入缓冲、停止滑行的专用水域。

3.2.6

滑梯平均倾斜率 slide average inclination

计算公式

$$X = H/L \times 100\%$$

式中：

H——水滑梯起始端与结束端之间的高度，单位为米(m)；

L——水滑梯的实际长度，不包括结束端，单位为米(m)。

3.2.7

直线滑梯 straight slide

滑道纵向中心线的水平投影为直线的滑梯。

3.2.8

曲线滑梯 curve slide

滑道纵向中心线的水平投影为曲线的滑梯。

3.2.9

封闭式滑梯 tube

滑梯横截面为封闭曲线的滑梯。

3.2.10

敞开式滑梯 open waterslide

滑梯横截面为不封闭曲线的滑梯。

3.2.11

身体滑梯 body waterslide

不使用运载工具，乘员以身体接触滑道表面滑行的滑梯。

3.2.12

浮圈滑梯 inner tube waterslide

乘员使用浮圈滑行的滑梯。

3.2.13

乘垫滑梯 mat sliding waterslide

乘员使用垫板滑行的滑梯。

3.2.14

特殊类型的滑梯 special waterslide

除直线滑梯和曲线滑梯以外的其他滑梯。如越坡、浪摆、旋涡等滑梯。

3.2.15

互动戏水设施 interactive aquatic play structur

由多种戏水设施、水滑梯组合而成的水上游乐设施。

3.3

造波池 waving pools

由造波设备强制产生波浪的水池。

3.3.1

造波 wave making

使特定水域产生供乘员娱乐的波浪。

3.3.2

波高 wave height

波峰至波谷之间的高度。

3.3.3

造波设备 waving equipments

适用于水上乐园造波池，冲浪池及相关特种训练池的各类造波设备，它们的型式有空气式造波、推板式(活塞式)造波、冲箱式造波、真空蓄能式造波及水泵蓄能式造波等。

3.3.4

泳池波 game wave

适用于大众游玩的，波高小于 1.2 m 的波浪。

3.3.5

大波 wave in a greater degree

适用于冲浪表演及乘员享受冲浪娱乐的，波高大于 1.5 m 的波浪。

3.4

池沿 pool edge

游乐池周围高出水面具有一定宽度的区域。

3.5

峡谷漂流 whitewater rafting

漂流筏由提升装置提高到一定高度，乘客乘坐漂流筏在特定水循环系统驱动下沿特定人工水道运行的整套设施。

3.6

游船 pleasure boats

供游客娱乐游览用的各种船的总称。

3.6.1

双体船 catamaran

船体由左右两个片体构成的船。

3.6.2

游船总长 L_{OA} total length of pleasure boats

平行于静态载重水线，从艏柱最前端到艉板后端的距离。

3.6.3

船宽 B beam

船体两侧外表面之间的最大宽度，不包括护舷材和其他突出物。

3.6.4

航速 *v* ship velocity

本标准中未做特殊说明均指满载持续最大航行速度,m/s。

3.6.5

舷外挂机 outboard motor

挂于船艉,由动力机、螺旋桨、轴或舵组成的小型推进装置。

3.6.6

船体静载荷强度试验 hull strength loading test

船体结构按要求在静载荷条件下抵抗内、外作用的能力试验。

3.6.7

船体水密性试验 water proof test

按要求进行的船体结构抵抗渗漏能力的试验。

3.6.8

游船稳性试验 stability test

按要求进行的游船抵抗外力(或移动重量)而恢复其原平衡位置的性能试验。

4 技术要求

4.1 基本要求

4.1.1 水上游乐设施的设计、制造、安装、改造、维修、试验、检验和使用管理,应执行本标准和GB 8408—2008的规定。

4.1.2 水上游乐设施的设计应有设计说明书、计算书、安全分析及符合国家有关标准的全套设计图样。

4.1.3 水上游乐设施的材料应采用防锈材料或采取防锈措施。

4.1.4 水上游乐设施的材料和辅助设施不能污染水质和环境。

4.1.5 水滑梯使用的乘载工具,如浮圈、乘垫等,不应伤害乘员并能自由漂浮在水面。

4.1.6 水上游乐设施应配备足够的救生人员和救生设备。在水面宽阔不易观察到的设施应设置高位监护哨。救生人员着装应统一并易于识别,并应配置相应的联络器材、通讯设备和救生工具。

4.1.7 标准机电产品应选型合理;非标准机电产品应满足设计要求。二者都应有产品合格证。

4.1.8 在水上游乐设施显著位置应固定铭牌,铭牌的内容至少应包括制造厂名、产品型号或标记、制造许可证编号、级别等级、制造日期或出厂编号以及产品的主要性能参数等。

4.1.9 无损检测应按照GB 8408—2008中8.1.4、8.6.5、8.13.5的要求执行,并应符合设计文件的规定。

4.1.10 应在设备或者设施的适当部位设置醒目的游客须知和警示标志。

4.1.11 凡乘员可触及之处,不允许有外露的锐边、尖角、毛刺和危险突出物等。

4.1.12 水上游乐设施产生的噪声对区域环境的影响,应符合GB 3096的规定。

4.1.13 水上游乐设施的造型、装饰物和油漆图案应美观大方、鲜明醒目;不应有影响外观的碰伤、龟裂和粗糙不平;金属外露件不应有锈蚀现象;电镀件表面应平滑、光亮、均匀,不应有起层、起泡、明显擦伤和露底等缺陷。

4.2 设计基本规定

4.2.1 水上游乐设施的设计、制造、安装和使用应保证人身安全。

4.2.2 设计载荷应符合GB 8408—2008规定。滑梯水载荷是滑道内流动水重量的两倍,一般按0.2 kN/m取值。应计算每条滑道的出水口水流速度及水流量。

4.2.3 乘员滑行载荷及乘员滑行最大加速度参见附录A。

4.2.4 重要支撑构件应进行稳定性计算。

4.2.5 水上游乐设施相关的水处理循环系统设计应符合 CECS14 的要求。

4.3 游乐池

4.3.1 分类

游乐池的分类：

a) 按照使用功能分为造波池、滑梯落水池、流水池、漂流河、按摩池、休闲池、竞技池等；

b) 按照乘员年龄分为成人池、儿童池、幼儿池等。

4.3.2 水深

按使用功能，水池深度为：

a) 造波池水深不大于 1.8 m，且池底坡度不大于 8%；

b) 滑梯落水池水深一般为 0.8 m～0.9 m；

c) 特殊形式滑梯落水池水深为 1.5 m～4 m；

d) 流水池水深不大于 1.2 m；

e) 幼儿池水深不大于 0.3 m；儿童池水深不大于 0.6 m；

f) 碰碰船水池深不大于 1.5 m；

g) 一般游船水池深不大于 2.5 m。

4.3.3 流水池

4.3.3.1 流水池池水表面流速应小于 1 m/s。

4.3.3.2 流水池池宽宜大于 2.5 m。

4.3.3.3 推流装置不应对游客造成伤害。

4.3.4 其他要求

4.3.4.1 游乐池的客容量、池壁以及池底应符合 GB 8408—2008 中 7.10.4 的规定。

4.3.4.2 游乐池的水质应符合 GB 9667 的规定。

4.3.4.3 游乐池的边沿应采取防止周边雨水、污水等流入池内的措施。

4.3.4.4 各类游乐池应分别设置，不应混用，若水域应相连时应设置隔离装置。

4.3.4.5 水面上的各种游艇、游船等应限制在不同的水域运行，不应混杂在一起。

4.3.4.6 游乐池周围及池内水深变化地点，应设置醒目的水深标志。

4.3.4.7 水循环系统的取水口应避免设置在游客活动水域，并应设置固定的、非专业人员不可以移动的安全格栅。若因无法避让设置在游客可触及的池壁时，安全格栅应设置成球冠形状，过水面积要大于取水管的通径，格栅间隙应确保游客的手脚等不易进入且在取水格栅上部水线以上位置标示“危险、切勿靠近”的警示标志。

4.3.4.8 应按照游乐池的客容量的总和设置足够的更衣室、淋浴室、厕所及保管箱等。

4.3.4.9 应设置的淋浴消毒装置和池长不小于 2 m、宽度与走道宽度相同、深 0.2 m 的浸脚消毒池。便后应经淋浴消毒，通过浸脚池后入池。

4.3.4.10 室内外游乐池均应有充足的照明。室内采光系数为 1/5～1/4，造波池、儿童池、幼儿池当夜间人工照明时，其水面的照度不低于 75 lx，其他池不低于 50 lx。室外照明灯具应采用防水灯具。室内池应有换气设备，并保证每小时换气 3 次。

4.4 水滑梯

4.4.1 水滑梯材料及厚度

4.4.1.1 水滑梯应采用玻璃钢、不锈钢等表面光滑的材料制作。采用玻璃钢材料时，应采用无碱玻璃纤维，玻璃钢件的力学性能应符合 GB 8408—2008 中 8.3.4 的规定。采用其他材料时，水滑梯应有足够的强度和刚度，必要时应进行应力试验。

4.4.1.2 水滑梯应具有良好的耐腐蚀性、耐水性和抗老化性。

4.4.1.3 玻璃钢水滑梯厚度应不小于 6 mm，法兰厚度应不小于 8 mm，不锈钢滑梯厚度不小于 3 mm。

儿童专用玻璃钢滑梯厚度不小于 4 mm。

4.4.2 水滑梯立柱、支架、平台及梯步

4.4.2.1 水滑梯立柱、支架应满足水滑梯运行和安装定位的要求，水滑梯起滑平台应满足乘员集散和管理的需要。

4.4.2.2 水滑梯立柱、支架及平台为钢结构时，应有适应当地气候环境的防锈保护措施。凡乘员可触及处的水滑梯及钢平台立柱底部加强肋不应露出地面，不可避免时应采取适当的防护措施。

4.4.2.3 钢平台安全栅栏应符合 GB 8408—2008 中 7.8.1～7.8.3 的规定。当平台高度等于或大于 10 m 时，护栏高度应不低于 1 200 mm。

4.4.2.4 平台梯步宽度应不小于 1 m，自行搬运滑行工具的梯步宽度应不少于 1.2 m，儿童使用的梯步宽度不少于 0.7 m。梯步台阶应符合 GB 8408—2008 中 7.8.4 的规定。台阶面转角半径不应小于 3 m。梯高一般不大于 5 m，当高度大于 5 m 时应设平台，分段设梯。

4.4.2.5 平台及梯步台阶面应作防滑、漏水处理。

4.4.2.6 身体滑梯起滑入口处设置离平台面高度为 1.1 m 的横杆，以促使乘员按规定姿势下滑。

4.4.3 水滑梯剖面及尺寸

4.4.3.1 弯曲底滑梯

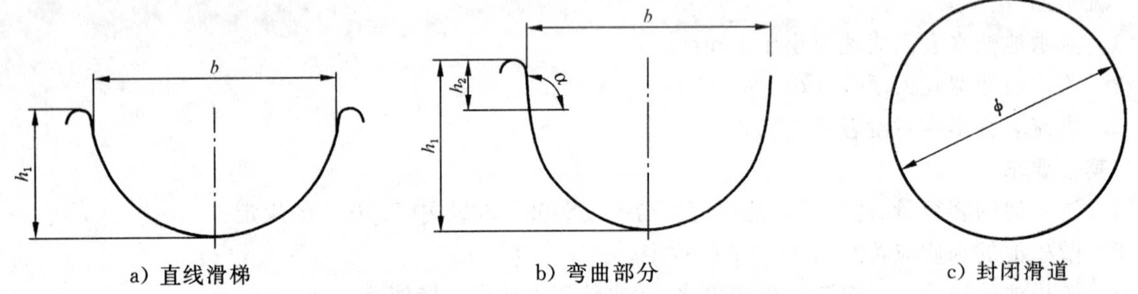

$b \geqslant 800$ mm; $h_1 \geqslant 600$ mm; $h_2 \geqslant 200$ mm; $\phi \geqslant 800$ mm; $\alpha \leqslant 95°$

图 1 弯曲底滑梯

4.4.3.2 平底平直滑梯

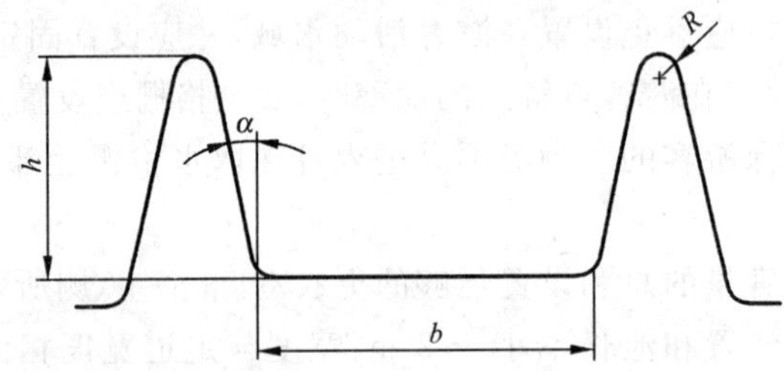

600 mm $\leqslant b \leqslant$ 700 mm; $h \geqslant 400$ mm; $R \leqslant 40$ mm; $\alpha \leqslant 12°$。

图 2 平底平直滑梯

4.4.3.3 平直组合滑梯

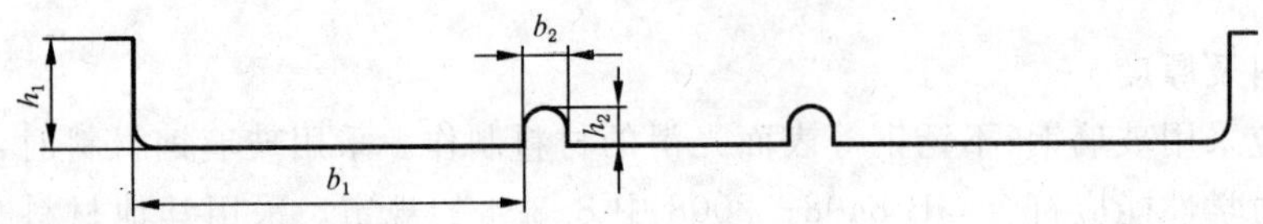

600 mm $\leqslant b_1 \leqslant$ 1 800 mm; $h_1 \geqslant 500$; $b_2 \geqslant 200$ mm; $h_2 \geqslant 200$ mm

图 3 平直组合滑梯

4.4.3.4 宽滑梯

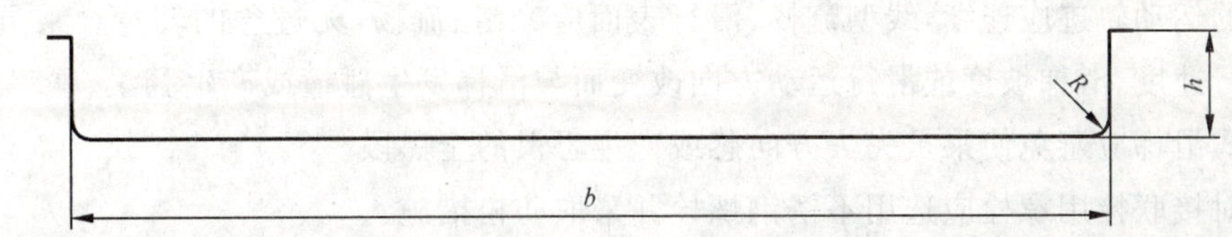

$b \geqslant 2\ 000$ mm；$h \geqslant 500$ mm；$R \geqslant 50$ mm。

图 4 宽滑梯

4.4.3.5 儿童滑梯

单位为毫米

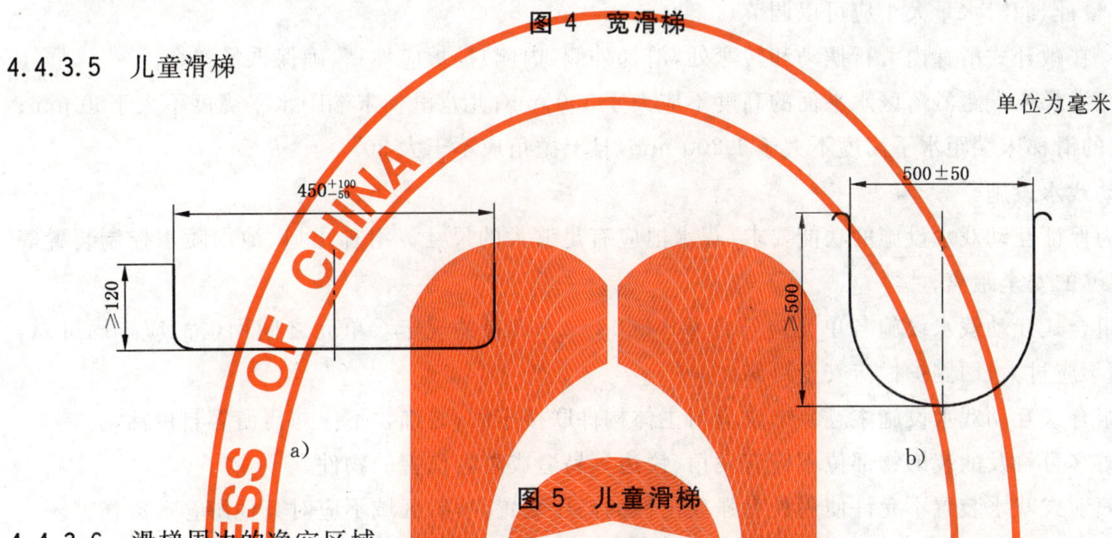

图 5 儿童滑梯

4.4.3.6 滑梯周边的净空区域

固定物体或结构不要放置在滑梯净空区域内。不可避免的物体应放置在 X 线以外 650 mm 到 850 mm 之间，并设置表面光滑、形状规则、边缘圆角最小半径 100 mm 的防护装置。滑梯周边的净空区域尺寸应符合图 6 所示：

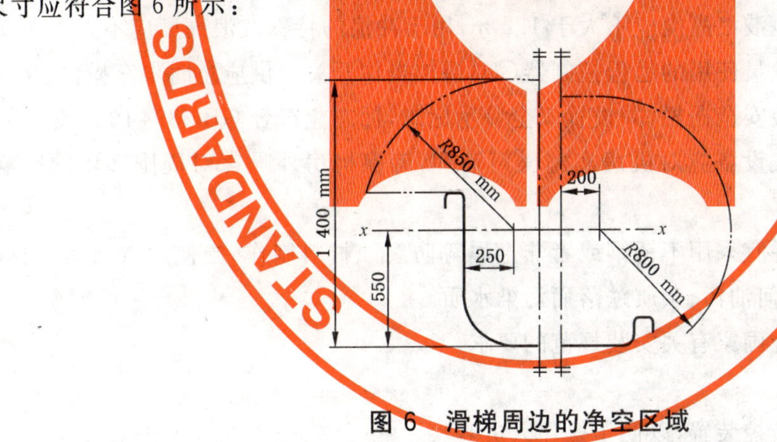

图 6 滑梯周边的净空区域

4.4.3.7 其他类型剖面的滑梯应符合 GB 8408—2008 或本标准相关规定。

4.4.4 滑梯落水区

滑梯及落水区的设计，应包括如下工况：

a) 滑梯末端长度延伸作为乘客停止滑行的截留区，其延伸段长度应保证不同体重的乘员在截流区内完全停止滑行。

b) 身体滑梯专用落水池，外侧滑梯侧边到水池壁水平距离不应小于 1.5 m。浮圈滑梯滑道侧边到水池侧壁水平距离不应小于 2 m。水池应有足够长度让乘员在池壁前减速停止。

c) 滑梯专用落水池在设计、施工、使用时不应让离开相邻滑梯的乘员相互接触。

4.4.5 滑梯安全基本要求

4.4.5.1 滑梯对接缝沿滑行方向不应有逆向阶差；顺向阶差应小于 2 mm；接缝处滑梯边沿圆角顺向

STANDARDS PRESS OF CHINA

阶差应不大于 3 mm,接缝处不允许漏水。

4.4.5.2 滑梯的运动轨迹应连续,线型流畅,滑行表面应光滑、流畅,无过急的转弯。乘员在滑梯内滑行时,不应因滑行速度、滑梯坡度或滑行运动方向改变而与滑梯发生碰撞或产生翻滚、跌落现象。

4.4.5.3 封闭式滑梯应避免使乘员失去方向感或产生恐惧的全黑段。

4.4.5.4 滑梯对接联接用螺栓应选用不锈钢螺栓并采取防松措施。

4.4.5.5 滑梯内滑行体运动的表面应有足够的润滑水,保证乘员或辅助乘坐物安全、顺畅运行。设备宜设置流量计,润滑水量大小应可以调节。

4.4.5.6 在敞开式滑梯内滑行摆动和转弯处,滑梯外侧(内侧)护板应加高,确保乘员安全。

4.4.5.7 滑梯末端距溅落区水平面的高度不应大于 200 mm;儿童滑梯末端距水平高度不大于50 mm;上抛入水的滑梯末端距水平高度不大于 1 200 mm,且上抛角应不于大 30°。

4.5 互动戏水设施

4.5.1 为保证互动戏水设施的功能要求,戏水池应有足够大的尺寸。滑梯出口、池内喷水控制装置等应留出足够的安全距离。

4.5.2 组合式互动戏水设施各单元应符合 GB 8408—2008 有关规定。单元之间网(桥)应牢固可靠,吊桥摆幅不应过大,两侧护栏应安全可靠。

4.5.3 组合式互动戏水设施主题装饰物应与主体构件联接牢固,装饰物不应妨碍游客自由活动。

4.5.4 游客可触及的装饰物部位不应有尖角、锐边等易造成游客伤害的物件。

4.5.5 喷射式戏水装置不允许使用具有强攻击性的高压装置,喷射区域不应对其他游客造成伤害。

4.5.6 摇摆式戏水设施的摆幅不应使乘客产生剧烈的晃动和摆动,且应防止乘员夹困。

4.5.7 组合式互动戏水设施内应配备安全监护人员。

4.6 造波设备

4.6.1 用于大众游玩的造波池波浪高度应不大于 1.2 m,用于冲浪的特殊波浪高度应不大于 3.0 m。

4.6.2 造波设备应配有供救生员使用的远程控制器(如:遥控操作开关),供应急时停车操作。

4.6.3 造波池的出波口应安装安全栅栏,并设置安全警示标志,标志应符合 GB 2894 的有关要求。

4.6.4 空气和真空蓄能式造波设备应对机房实施噪声治理,确保机房外噪声对周围环境的影响符合 GB 3096 的规定。

4.6.5 造波设备接触水的部件宜采用不锈钢或者非金属等防腐蚀材料制作,当使用普通碳钢材料时,须经防腐处理。设备不应有任何油污、杂质跌落而污染水质。

4.6.6 造波设备的安装应符合国家有关安装规范的要求。

4.7 峡谷漂流

4.7.1 峡谷漂流应设置视频监控装置,以便于操作人员观察。

4.7.2 泵站等蓄水深度较深的位置,应与运行水道有效隔离。水泵进出水口应增加间隔不超过 100 mm 的防护栅栏。

4.7.3 采用皮带提升时,皮带张紧应调解适度,无明显打滑现象;采用双皮带或双提升链结构时两皮带间或两链条间应同步;提升装置的坡度应合理;提升装置应设有疏导乘客设施。

4.7.4 漂流设施的水量应保持在设计要求范围之内。漂流筏运行时的水深应符合安全要求,筏体不应有碰刮水槽底部或水底装置等现象发生。在站台附近的水道内壁明显处,应设有水位刻度尺。

4.7.5 漂流水道设计坡度应合理,转弯半径应适宜;漂流水道内壁应光滑平顺,不应有尖角、突变等影响漂流筏运行或乘客安全的缺陷;水道上方和两侧不应有影响乘客人身安全的凸起和障碍;水道底部造浪装置等的固定应可靠;水道设计应考虑温度变化时对水道结构的影响。水循环系统设计应合理。

4.7.6 漂流筏的筏体应结实耐用，腔体内空宜采用致密性发泡材料填充。筏胎采用充气胎时，应无明显漏气现象；充气胎应在正常工况和异常局部破损情况下不致漂流筏倾覆，充气胎内腔为气室时，气室数量应不少于6个，或采用致密性发泡材料气胎芯部结构。

4.7.7 漂流筏踏脚平面和出入口应设有防滑措施。

4.7.8 漂流筏的运行速度应适中，筏体运行时与水道间应无影响人员乘坐安全的过度冲击碰撞；筏体运行速度在进入提升、进站等处应与提升、停船装置相匹配；筏体在漂流过程中不应有倾覆、相碰撞的可能。

4.7.9 峡谷漂流的电气控制系统应符合GB 8408—2008中6.2规定，发船间隔应设自动控制功能，在电气系统其他部分需要保护断开时，水泵的停止应延时。

4.8 游船

4.8.1 基本安全技术要求

4.8.1.1 游船应有足够的强度，在超载25%的情况下，钢制和木制设施或船只长度方向 L 和宽度方向 B 的变形量不应超过0.25%；玻璃钢制设施或船只长度方向 L 和船宽 B 的0.35%，卸去载荷后，不应有永久变形。

4.8.1.2 在玻璃钢外壳体在敷制时，应在外壳体延伸部分同时敷制或在与船壳施工条件相同情况下单独制作试验样板，其大小为300 mm×300 mm，其物理及机械性能应满足表1的要求。

表1 船壳样板物理机械性能

项　　目	玻璃布	玻璃毡
玻璃含量/%	≥45	≥28
抗拉强度/MPa(kgf/cm^2)	≥150(≥1.5×10^3)	≥86(≥8.6×10^2)
抗弯强度/MPa(kgf/cm^2)	≥170(≥1.7×10^3)	≥140(≥1.4×10^3)

4.8.2 适用范围：

a) 本部分适用带动力的太阳能船、电动船、舷外挂机船、碰碰船以及无动力的琵琶艇、水上自行车、漂流筏；

b) 船上运动部件及机械设备，应能保证船横倾10°、纵倾5°的情况下正常工作。

4.8.3 材料要求：

a) 钢质船的壳板、龙骨等材料应采用普通碳素钢，其座板均应采用木材或玻璃钢制造，木材应符合GB/T 153—1995二级材的要求；

b) 玻璃钢船其玻璃钢性能及要求应符合GB 8408—2008中8.3.4的规定；

c) 木质船的龙骨等受力构件应采用栎木或水曲柳，船壳板、座板等应采用杉木或松木制造。

4.8.3.1 各类游船在构造上应有足够的稳性，静浮状态横倾不大于3°、纵倾不大于5°。

4.8.3.2 船体若有开口，要保证开口处水密性，且不许有水从开口处回流到穿体内部，船体不应渗漏。对贯穿船体附件在安装时要做到水密气密，保证无液体渗入船体。

4.8.3.3 各类游船应有承受碰撞的保护装置。船的吊环装置安全可靠。

4.8.3.4 各类无动力船的操纵杆、脚踏曲柄回转应轻便灵活，不允许有卡滞现象。其回转力、方向操纵拉力均不大于30 N。

4.8.3.5 各类带动力的船方向操纵拉力均不大于30 N，满载吃水最大航速时，从一舷满舵到另一舷满舵所需时间不超过20 s。

4.8.3.6 各类游船应设有扶手，座位牢固。扶手应采取防锈措施。

4.8.3.7 游船航行速度 v 不小于≥3.7 m/s时，船上应配备相应的救生设备。

4.8.3.8 游船的基本尺寸允许偏差规定见图 7。

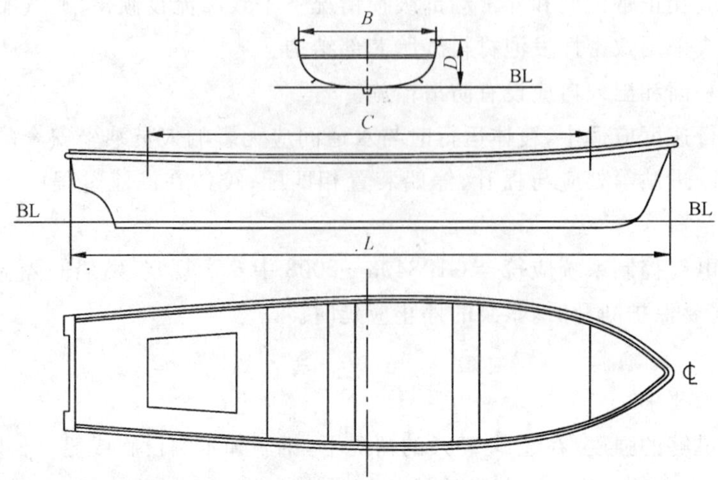

船长 $L\pm0.5\%$；船宽 $B\pm1.0\%$；型深 $D\pm1.0\%$

图 7 游船的基本尺寸允许偏差

4.8.4 机动船(包括电池船、挂机船)

机动船制造和运行应符合下列安全要求：

a) 所选发动机应能易于启动和可靠地运转,并应牢固地安装在具有足够刚性的地方；

b) 螺旋桨轴线至船舶空载水线面的距离应大于 $0.7d$(d 系指螺旋桨直径)；

c) 轴系通过船壳板和水密舱壁板时,应保证水密；

d) 快艇的最大航行速度应小于 25 km/h；

e) 需燃油的机动船,燃油箱应通风,且保证整个油路无渗漏；

f) 碰碰船的最大航行速度应小于 10 km/h；

g) 碰碰船浮圈的充气压力不大于 0.3 MPa；

h) 前操机要确保方向机、软轴线、拉杆及控制航向的挂机或舵可靠联接,且运转自如。

4.8.5 船用蓄电池应密封好。在额定载荷下,蓄电池连续工作时间应不少于 4 h,摆放蓄电池的位置应通风,船用蓄电池技术性能符合 GB/T 7403.1 的规定。

4.8.6 电池船主电路应设有短路保护装置,船上工作电压不应超过 50 V。

4.8.7 机动船动力部分的传动装置,应采用遮挡物与乘客严格分开。

5 试验方法

5.1 一般要求

5.1.1 水滑梯、造波设施、峡谷漂流设施、游船等新产品定型前应按照本标准的要求进行型式试验。

5.1.2 所有的游乐设施在交付使用前应进行运行试验。

5.2 试验条件

5.2.1 无特殊条件,试验的环境温度一般为 15 ℃～30 ℃,相对湿度不大于 90%,风速不大于 8 m/s。

5.2.2 试验载荷与其额定值的误差不超过±5%。

5.2.3 生产制造单位应提供产品的检验数据、记录、图样和技术文件,检验部门确认合格后方能进行本标准规定的各项试验。

5.2.4 模拟人体沙袋外形尺寸应符合 GB 10000 中成人人体尺寸数据(26～35)岁年龄组 90%～95% 的规定。

5.2.5 产品应经过检验合格。

5.3 试验仪器和计量器具

5.3.1 根据试验要求，选择相应精度的测试仪器和量具。

5.3.2 试验用的仪器、仪表和其他测量工具，应经过法定计量部门检定合格。

5.4 水滑梯的试验

5.4.1 水滑梯的试验应符合 4.1、4.4 的规定。

5.4.2 玻璃钢水滑梯的应力试验应符合 4.4.1.1、4.4.1.3 的规定。

5.4.3 滑行试验首先采用模拟人体沙袋试滑，滑行次数不少于 10 次；当模拟试验合格后方可进行人体试滑，按照乘员适用范围将试验人员按照体重、身高混合编成若干组别进行试验以满足设计要求。

5.5 峡谷漂流试验方法

5.5.1 按实际工况空载连续运行试验 8 h。

5.5.2 满载试验：

5.5.2.1 按设计额定值进行加载。

5.5.2.2 按实际工况连续运行试验，每天不少于 8 h，连续累计运行试验不少于 80 h。

5.5.3 偏载试验按设计最大偏载量(无特别指明按 1/2 倍额定满载量)，集中漂流筏的一侧，按实际工况试验 3 个工作循环，应无异常现象。

5.5.4 整机运转应正常，启、制动应平稳，不允许有爬行和异常的振动、冲击、发热和声响等想象。

5.5.5 在空载、满载和偏载试验过程中运行均应正常。金属结构、传动系统、安全设施和电气控制系统均应符合本标准规定的要求。

5.5.6 各项试验结束后应编写有明确结论和符合有关规定的试验报告。

5.6 游船试验方法

游船均应进行下列试验：

a) 安全试验；

b) 船体静载荷强度试验；

c) 水密性试验；

d) 稳性试验。

5.6.1 游船的安全试验方法

游船的安全试验按下列要求进行：

a) 试验应在静水或受流水影响较小的水域中进行；

b) 按实际工况加入额定载荷，干舷不应小于 150 mm。碰碰船船沿至水面的距离不应小于 300 mm。

5.6.2 船体静载荷强度试验方法

船体静载荷强度试验按下列要求进行(不包括碰碰船)：

a) 将空船放入水中，测量船长和船宽；

b) 船内均布试验载荷，载荷按式(1)计算

$$W = 0.25G_1 + 1.25(G_2 + G_3) \qquad \cdots\cdots(1)$$

式中：

W——试验载荷，单位为千克(kg)；

G_1——空船重量，单位为千克(kg)；

G_2——属具重量(机动船包括机器设备重量)，单位为千克(kg)；

G_3——全额定乘员重量，单位为千克(kg)；

c) 加载 5 min 后，测量船长和船宽，其变形量和其他应符合 4.8.1.1 的规定；

d) 将全部载荷卸去，游船不应有永久变形，但允许有不大于 1 mm 的测量误差。

5.6.3 船体水密性试验方法

船体水密性试验按下列要求进行：

a) 水密性试验应在强度试验后进行，且试验前船内应保持清洁，不应涂漆；

b) 船上载足相当于全部核定乘员及属具重量的压载物，静浮于水面 2 h，钢质、玻璃钢船不应有渗漏现象，木质船浸入船内的水不应达到内龙骨的下边缘；

c) 船用玻璃钢积层板（包括船体、座席等）试验按 GB/T 1447—2005、GB/T 1449—2005、GB/T 1451—2005、GB/T 1462—2005 及 GB/T 2577—2005 执行；

d) 水密性试验不合格的船，允许消除缺陷后再试，直至合格为止。

5.6.4 稳性试验方法

稳性试验按下列要求进行：

a) 试验应在静水中或受水流影响较小的水域进行，试验时尽量避免波浪和水流影响，船应正浮不应有横倾；

b) 试验应在满载情况下进行，可以用压载物代替载荷，压载物重心离座板上表面 300 mm；

c) 分别测量船的左、右干舷值，并将其平均，得该船的干舷值；

d) 倾斜力矩所采用的移动重量，取满载的 4%，将其分为两组，分别置于船中部两舷处使船发生左倾和右倾各一次；

e) 在船中部设置测锤一只，测锤有效长度为 2 m，在测锤下设水平标尺，用以读取船左倾和右倾时测锤的偏侧距离以测定倾角值；也可采用精确的倾斜仪直接测量；

f) 根据测得的倾角值按式(2)或式(3)计算初稳性 GM，其值应不小于按式(4)计算所得之值；

$$GM = \frac{WS}{2D}\left(\frac{1}{\tan\theta_{左}} + \frac{1}{\tan\theta_{右}}\right) \quad \cdots\cdots(2)$$

式中：

GM——初稳性高度，单位为米(m)；

W——移动重量，单位为千克(kg)；

S——移动距离，单位为米(m)；

D——排水量，单位为千克(kg)；

$\theta_{左}$——向左倾斜的横倾角；

$\theta_{右}$——向右倾斜的横倾角。

$$GM = \frac{WS}{D}\left(\frac{1}{L_{左}} + \frac{1}{L_{右}}\right) \quad \cdots\cdots(3)$$

式中：

GM——初稳性高度，单位为米(m)；

W——移动重量，单位为千克(kg)；

S——移动距离，单位为米(m)；

D——排水量，单位为千克(kg)；

$L_{左}$——向左倾的测锤摆距，单位为米(m)；

$L_{右}$——向右倾的测锤摆距，单位为米(m)；

$$GM = 0.05B^2 - 0.05B + 0.20 \quad \cdots\cdots(4)$$

式中：

GM——初稳性高度，单位为米(m)；

B——船的型宽，单位为米(m)；

机动船(除碰碰船外)稳性在满足上述要求的同时，还应满足式(5)的要求；

$$\frac{G(B-0.2)}{4D \cdot GM} \leqslant K\frac{F}{B} \quad \cdots\cdots(5)$$

式中：

G——全部核定成员重量，单位为千克(kg)；

D——排水量，单位为千克(kg)；

GM——试验所得初稳性高度,单位为米(m);

F——干舷值,单位为米(m);

B——船的型宽,单位为米(m);

K——系数,$K=1$。

5.6.5 机动船应按下列方法和要求进行动力装置可靠性试验及速度测定。

机动船动力装置可靠性试验及速度测定:

a) 试验应在宽敞的水域并在满载状态下进行;

b) 发动机在全负荷下连续运转 4 h,整个过程发动机运转应正常、可靠、固定牢固,同时检查轴系运转情况,观察冷却、润滑系统的工作情况;

c) 发动机由全负荷至停车,试验应不少于 5 次;

d) 速度测定时尽可能在风平浪静的水域中进行。水域深度不小于 2 m。测速标杆之间的距离建议不小于 100 m。

5.6.6 电池船工作时间的测定:

蓄电池充足电,在额定载荷下连续工作。当电压降至额定值的 85%时,其工作时间应符合 4.8.5 的规定。

5.6.7 拆检要求

对设备有问题部位应进行拆检,并详细记录拆检情况,对发现的问题应及时研究,判明原因。记录可利用文字和拍照等方式。

5.6.8 试验报告

试验报告至少应包括以下内容:

——有关试验的情况(名称、人员、地点及试验条件);

——试验依据标准的条款;

——具体采用的试验方法;

——结果,包括有关的计算内容;

——与试验步骤的差异;

——试验日期。

6 检验规则

6.1 检验

检验分制造过程中检验,安装及试验检验。

6.1.1 制造过程中检验

6.1.1.1 水滑梯、峡谷漂流、互动戏水设施、造浪机以及相应配套电气箱柜等产品均按本标准的规定进行全数检验。

6.1.1.2 游船、碰碰船等游乐设施,生产批量日产量小于 10 台时,按 GB/T 2828.1 规定一次抽样方案进行检验,其合格质量水平(AQL)为 4.0,一般检查水平为Ⅱ。

6.1.1.3 批量抽取样本大小及其检验判据应符合表 2 的规定,若样本不合格数小于或等于合格判定数 Ac,则该批量为合格;若样本不合格品数大于或等于不合格判定数 Re,则该批量为不合格。

表 2 抽样检验判据

<table>
<tr><th rowspan="2">批　量</th><th rowspan="2">样本大小</th><th colspan="2">样本中的不合格品数</th></tr>
<tr><th>合格判定数 Ac</th><th>不合格判定数 Re</th></tr>
<tr><td>10～15</td><td>3</td><td rowspan="2">0</td><td rowspan="2">1</td></tr>
<tr><td>16～25</td><td>5</td></tr>
<tr><td>26～50</td><td>8</td><td>1</td><td>2</td></tr>
</table>

6.1.1.4 检验不合格的产品不允许出厂和进行安装。

6.1.2 安装及试验检验

6.1.2.1 安装检验

水上游乐设施安装检验应符合下列要求：

a) 基础应符合本 GB 8408—2008 中 8.8 的规定。滑梯立柱、平台、梯步应符合 4.4.2 的规定。乘员可触及处的安全区域应符合 4.4.3.6 规定，表面防腐、防锈应符合 4.1.3 的规定；

b) 设施电气系统，接地防雷应符合 GB 8408—2008 中 6.5 及 6.6 规定；

c) 游乐池河道应符合 4.3 的规定；

d) 滑梯安全空间，滑梯出口及入水池应符合 4.4 规定。

6.1.2.2 试验检验

水上游乐设施试验检验应符合下列要求：

a) 滑梯试验滑行安全应符合 5.4 的规定；

b) 造波应符合 4.6 的规定，峡谷漂流及漂流筏应符合 4.7 的规定；

c) 游乐园水质及过滤系统应符合 4.2.5 的规定，标识与警戒应符合 4.1.10 和 4.3.4.7 的规定；

d) 游乐园辅助设施：消毒池、采光与照度、医疗救护、安全监护应符合 GB 8408—2008 中 7.1.6 的规定。

6.2 判定规则

6.2.1 不符合标准规定的设施缺陷分为严重缺陷和一般缺陷。影响乘员安全的缺陷为严重缺陷，其余缺陷为一般缺陷。严重缺陷见表 3。每台设施有一项（含一项）严重缺陷或有 3 项一般缺陷（含 3 项）为不合格。

6.2.2 对不合格批的产品应逐台检验，合格允许通过。

6.2.3 不合格产品经返修后，应达到合格，否则应报废。

表 3 产品严重缺陷项目

标准条款	缺陷内容
4.1.11	池壁有尖角，池底无防滑措施，预埋件外露
4.3.4.7、4.1.10	标识不符合要求
4.4.4	乘员入水池距水池边距离小
4.4.5	乘员滑行时安全性不够
4.6.3	造波池安全栅栏不符合要求
4.7.1、4.7.8	提升装置坡度不够，无停止时防止船倒滑或皮带送转无河道全程监视系统；提升段未设乘客疏导措施
4.8.3.1、4.8.3.2、4.8.3.7	船稳定性不够，船体漏水，船速过快
GB 8408—2008 中 6.6.2、6.6.4	绝缘电阻、接地电阻不符合规定
4.3.4.7	取水口的设置安全
4.7.9	发船段未进行自动控制联锁

附 录 A
（资料性附录）
乘员滑行载荷与乘员最大加速度

A.1 乘员滑行载荷

乘员在滑梯滑行时的载荷计算可参考表 A.1 数据估算，必要时应进行测试。

表 A.1 乘员滑行载荷

序号	滑梯下滑角/(°)	计算速度/(m/s)	滑行载荷/(kN/m)	载荷长度/m
1	≥35	—	0.8	—
2	6.3～10.2	3.5	0.8	5.0
3	≤7.4	7	1.5	1.0
4	7.4～11.3	12	1.5	1.0
5	≥11.3	14	1.5	1.0

A.2 乘员滑行时最大加速度

乘员滑行时最大滑行加速度控制参考表 A.2。

表 A.2 最大滑行加速度

持续时间/s	最大滑行加速度
<0.1	≤$4g$
≥0.1	≤$2.6g$

STANDARDS PRESS OF CHINA

ICS 97.200.40
Y 57

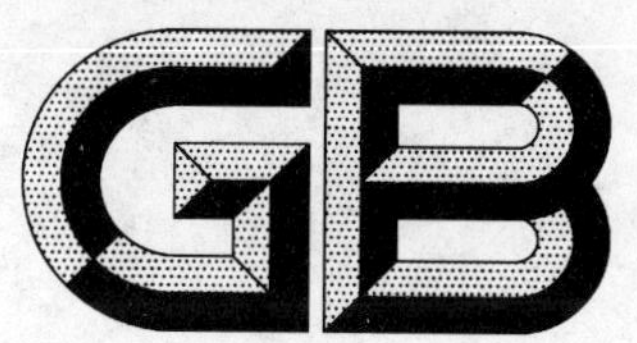

中华人民共和国国家标准

GB/T 18169—2008
代替 GB 18169—2000

碰碰车类游艺机通用技术条件

Specifications of amusement rides bumter car category

2008-11-12 发布　　2009-05-01 实施

中华人民共和国国家质量监督检验检疫总局
中国国家标准化管理委员会　发布

前　言

本标准代替 GB 18169—2000《碰碰车类游艺机通用技术条件》。

本标准与 GB 18169—2000 相比，主要变化如下：

——第 1 章“范围”明确了本标准适用于碰碰车的设计、制造、安装、改造、维修、试验、检验和使用管理；

——增加了第 5 章“传动系统”、第 6 章“电气与控制系统”、第 7 章“车场”、第 8 章“车辆”、第 9 章“安全设施”、第 10 章“制造与安装”、附录 A 以及附录 B；

——第 4 章中增加了设计要考虑的各种载荷和设计计算应考虑的应力、刚度计算、疲劳强度等；

——第 6 章中主要增加了由乘客操作的电器开关，车场用电源变压器的要求；删掉了下极板焊接要求；

——第 8 章中增加了安全带和安全压杠的要求；

——第 9 章中增加了安全标识的要求；

——第 12 章“检验规则”中增加了两条产品重缺陷：无紧急事故按钮和按钮型式不符合要求。安全带或安全压杠损坏、失效。

本标准的附录 A 为资料性附录，附录 B 为规范性附录。

本标准由全国索道、游艺机及游乐设施标准化技术委员会提出并归口。

本标准起草单位：全国索道、游艺机及游乐设施标准化技术委员会，中国特种设备检测研究院，中山市金马游艺机有限公司，中山市康乐游艺机有限公司，山东省特种设备检验研究院。

本标准主要起草人：王银兰、王洲、陈若蒙、刘喜旺、陈红军、梁祖尧、张勇、庞昂。

本标准所代替标准的历次版本发布情况为：

——GB 18169—2000。

碰碰车类游艺机通用技术条件

1 范围

本标准规定了碰碰车类游艺机的通用技术条件和技术要求。

本标准适用于碰碰车类游艺机的设计、制造、安装、改造、维修、试验、检验和使用管理(以下简称碰碰车)。

2 规范性引用文件

下列文件中的条款通过本标准的引用而成为本标准的条款。凡是注日期的引用文件,其随后所有的修改单(不包括勘误的内容)或修订版均不适用于本标准,然而,鼓励根据本标准达成协议的各方研究是否可使用这些文件的最新版本。凡是不注日期的引用文件,其最新版本适用于本标准。

GB/T 528 硫化橡胶或热塑性橡胶拉伸应力应变性能的测定(GB/T 528—1998,eqv ISO 37:1994)

GB/T 529 硫化橡胶或热塑性橡胶撕裂强度的测定(裤形、直角形和新月式)(GB/T 529—1999,eqv ISO 34-1:1994)

GB/T 531 橡胶袖珍硬度计压入硬度试验方法(GB/T 531—1999,idt ISO 7619:1986)

GB/T 532 硫化橡胶或热塑性橡胶与织物粘合强度的测定(GB/T 532—1997,idt ISO 36:1993)

GB/T 699 优质碳素结构钢

GB/T 1447 纤维增强塑料拉伸性能试验方法

GB/T 1449 纤维增强塑料弯曲性能试验方法

GB/T 1451—1983 玻璃纤维增强塑料简支梁冲击韧性试验方法

GB/T 1689 硫化橡胶耐磨性能的测定(用阿克隆磨耗机)

GB/T 2828.1 计数抽样检验程序 第1部分:按接收质量限(AQL)检索的逐批检验抽样计划(GB/T 2828.1—2003,ISO 2859-1:1999,IDT)

GB/T 3077 合金结构钢

GB 4706.1—2005 家用和类似用途电器的安全 第1部分:通用要求(IEC 60335-1:2004(Ed4.1),IDT)

GB/T 7403.1 牵引用铅酸蓄电池 第1部分:技术条件(GB/T 7403.1—2008,IEC 60254-1:2005,Lead-acid traction batteries—Part 1:General requirements and methods of test,MOD)

GB 8408—2008 游乐设施安全规范

GB 11211 硫化橡胶与金属粘合强度的测定 拉伸法(GB 11211—1989,eqv ISO 814:1986)

3 总则

3.1 碰碰车是指在固定的车场内运行,用电力、内燃机及人力动力驱动,车体可相互碰撞的游艺机。

3.2 碰碰车的设计、制造、安装、改造、维修、试验、检验和使用管理应执行本标准并符合 GB 8408—2008 的规定。

3.3 碰碰车的设计、制造、安装、使用应保证人身安全。

3.4 本标准未提到的其他要求,均应按国家有关标准、规范和规定执行。

STANDARDS PRESS OF CHINA

4 基本设计规定

4.1 基本要求

4.1.1 碰碰车的设计应有设计说明书、设计计算书、安全分析及符合国家有关标准的全套设计图样。

4.1.2 碰碰车的设计应规定其整机及主要部件设计使用寿命,整机使用寿命不小于 23 000 h。

4.1.3 碰碰车的设计应符合 GB 8408—2008 的规定。

4.2 碰碰车的载荷应符合 GB 8408—2008 中 4.2 的规定。

4.2.1 载荷一般包括:永久载荷(用 G_k 表示)、变载荷(用 Q_k 表示)、碰撞力,并按 GB 8408—2008 中表 1 选择冲击系数。

4.2.2 载荷组合按 GB 8408—2008 中 4.2.4 的规定并结合实际工作状况选取。

4.3 人员活动区域均布活载荷的取值应符合 GB 8408—2008 中 4.3 的规定。

4.4 碰碰车的设计计算应符合 GB 8408—2008 中 4.5 的规定。

4.4.1 碰碰车的设计应根据具体结构作相应计算:应力计算、刚度计算、疲劳强度计算等。

4.4.2 重要的轴、销轴及焊缝除做应力计算外,宜做疲劳强度验算,两者都应满足给定的安全系数。对于难以拆卸的重要轴及销轴,应按无限寿命设计。

4.5 碰碰车运行速度应不大于 10 km/h。

5 传动系统

5.1 传动系统的设计,应保证运行安全,在系统出现失效的情况下,碰碰车应处于安全状态。

5.2 碰碰车起动、运行过程中不应有明显打滑现象,传动机构应运转正常。整机运行时不允许有异常的振动、冲击、发热、声响及卡滞现象。

5.3 机械传动部分应符合 GB 8408—2008 中 5.3.1、5:3.2、5.3.3、5.3.4、5.3.5、5.3.6、5.3.7 的规定。

5.4 各种运行试验中,零部件不应有永久变形及损坏现象。

6 电气与控制系统

6.1 电气系统应符合 GB 8408—2008 中 6.1 的规定。

6.2 控制系统应符合 GB 8408—2008 中 6.2 的规定。

6.3 电气安装应符合 GB 8408—2008 中 6.5 的规定。

6.4 乘客易接触的装饰照明电压,应采用不大于 48 V 的安全电压。

6.5 安全防护

6.5.1 操作台上应设置紧急事故按钮,按钮型式应采用凸起手动复位式。

6.5.2 起动前应设必要的音响等信号装置。

6.5.3 由乘客操作的电器开关(包括脚踏开关)应优先采用不大于 50V 的安全电压;如电压难以满足上述要求,其乘客操作的开关手柄(包括脚踏开关)等类似结构,应符合 GB 4706.1—2005 中的 8.1.1、8.1.4、8.1.5、8.2 的规定。

6.5.4 电源变压器的初、次级绕组间应采用相当于双重绝缘或加强绝缘水平的绝缘隔离,变压器初、次级绕组间绝缘电阻应不小于 7 MΩ。变压器绕组对金属外壳间绝缘电阻应不小于 2 MΩ。

6.6 接地系统应符合 GB 8408—2008 中 6.6.1、6.6.2、6.6.4 的规定。

6.7 上下电极板直流馈电碰碰车

6.7.1 导电杆上部的摩电弓(参见附录 A)与上电极板(网)应接触良好,摩电弓座应灵活可靠;并应满足电流容量。

6.7.2 每辆碰碰车上应设有短路保护装置。

6.7.3 上下电极板间高度应不低于 2.7 m。

6.7.4 上电极板应安装牢固、平整;采用镀锌钢板时其厚度应不小于 0.5 mm,采用镀锌钢板网时其厚度应不小于 2 mm。

6.7.5 电极板面积与供电系统安全连接的节点平均数量应不小于 1 个/100 m^2。

6.7.6 下电极板应安装平整,焊缝应打磨平滑,拼接处的高低差应不大于 2 mm,拼接处的间隙应不大于 3 mm。钢板厚度宜不小于 4 mm,每块面积宜不小于 2 m^2。

6.8 地板馈电碰碰车

6.8.1 馈电电压应采用不大于 50 V 的安全电压。

6.8.2 滑接器与电极板应接触良好,滑接器座灵活可靠;并应满足电流容量的要求。

6.8.3 每辆碰碰车上应设有短路保护装置。

6.8.4 地板应拼接紧密、平整,拼接处的高低差应不大于 2 mm。

6.9 以蓄电池为动力碰碰车

6.9.1 蓄电池应固定牢固,不能因碰撞而移动。

6.9.2 蓄电池应密封良好,不允许有漏液、渗液现象;技术性能应符合 GB/T 7403.1 的规定。

6.9.3 在额定载荷下,蓄电池容量按实际工况连续工作时间宜不小于 4h。

6.9.4 每辆碰碰车上应设有短路保护装置。

7 车场

7.1 车场应平整坚实,不应有凹凸不平现象。

7.2 车场四周应设置缓冲拦挡物,拦挡物上边缘应高于车辆缓冲轮胎上边缘,拦挡物下边缘应低于车辆缓冲轮胎下边缘。

7.3 车场最小面积:小于 10 辆车(含 10 辆)车场,每辆车所占面积应不小于 20 m^2;超出 10 辆部分,每辆所占面积应不小于 15 m^2。

7.4 车场应有可靠的防雨措施。

8 车辆

8.1 每辆车应在显著位置上固定标牌,标牌内容至少应包括产品名称、产品型号、产品编号、制造日期和制造许可证编号等。

8.2 每辆车应标出定员人数。

8.3 车辆框架宜采用金属结构材料,座席应采用软质、木质或玻璃钢等材料制造。

8.4 凡乘客可触及之处,不允许有外露的锐边、尖角、毛刺和危险突出物等。

8.5 座席宽度每人应不小于 350 mm,专供儿童乘坐的每人应不小于 250 mm;座席深度应不小于 550 mm;运行速度(4～10)km/h,座席靠背高度应不小于 500 mm;运行速度小于 4 km/h,座席靠背高度应不小于 350 mm。

8.6 应设有安全带或安全压杠。

8.6.1 安全带宜采用尼龙编织带等适于露天使用的高强度带子,带宽应不小于 30 mm,安全带破断拉力不小于 6 000 N。安全带与车体的联接应可靠,并应承受可预见的乘客各种动作产生的力。

8.6.2 安全压杠应具有足够的强度和锁紧力。

8.6.3 锁定和释放机构可采用手动或自动控制方式。自动控制装置失效时,应能够用手动开启。

8.6.4 安全压杠行程应可调节,压杠在压紧状态时端部的游动量不大于 35 mm。安全压杠压紧过程动作应缓慢,施加给乘人的最大压力:成人不大于150 N,儿童不大于80 N。

8.7 车轮装置应转动灵活,润滑、维修方便;车轮应耐磨、耐热并有足够的强度。

8.8 碰碰车受阻不能运行时,电机应具备足够的抗过载能力,不允许烧坏电动机。

8.9 减速器及摩擦离合器应平稳可靠。

8.10 碰碰车车架四周应设缓冲胎,运行速度不大于10 km/h,缓冲胎应突出车体和装饰不小于70 mm;运行速度不大于4 km/h,缓冲胎应突出车体和装饰不小于40 mm。

8.11 同一车场车辆的缓冲胎应在同一高度上。

8.12 操纵手轮应轻便省力,满载时作用在转盘上的最大切向力应不大于40 N。

8.13 转向机构应灵活、可靠,不应有卡滞现象。

8.14 车辆应能前进、后退、左转、右转。

8.15 以内燃机为动力的碰碰车:

8.15.1 油箱应密封可靠,不应有渗漏现象。

8.15.2 消声器的工作状态应良好。

8.15.3 加速机构应有明显标志。

9 安全设施

9.1 安全标志的设置应符合GB 8408—2008中7.1.6的规定。

9.2 安全栅栏、站台及操作室的设置应符合GB 8408—2008中7.8.1、7.8.2、7.8.3、7.8.4、7.8.5的规定。

10 制造与安装

10.1 一般规定应符合GB 8408—2008中8.1.1、8.1.2、8.1.3、8.1.5、8.1.6、8.1.7的规定。

10.2 金属材料应符合GB 8408—2008中8.2.1、8.2.2、8.2.3、8.2.4、8.2.5、8.2.6的规定。

10.3 非金属材料应符合GB 8408—2008中8.3.1、8.3.2、8.3.4、8.3.5、8.3.6的规定。

10.4 重要零件(见附录B)加工应符合GB 8408—2008中8.4.1、8.4.2的规定。

10.5 重要的轴和销轴宜进行调质处理,硬度应符合GB/T 699和GB/T 3077的规定。

10.6 结构件应符合GB 8408—2008中8.5.1、8.5.3的规定。

10.7 焊接应符合GB 8408—2008中8.6.1、8.6.2、8.6.3、8.6.4、8.6.6、8.6.8的规定。

10.8 螺栓及销轴连接应符合GB 8408—2008中8.7.1、8.7.3、8.7.4、8.7.5、8.7.6的规定。

10.9 基础应符合GB 8408—2008中8.8.1、8.8.2、8.8.4、8.8.6、8.8.7、8.8.8、8.8.9的规定。

10.10 装配应符合GB 8408—2008中8.9.1、8.9.2、8.9.3、8.9.4、8.9.5、8.9.6、8.9.7的规定。

10.11 涂装应符合GB 8408—2008中8.12.1、8.12.2、8.12.3的规定。

10.12 检验应符合GB 8408—2008中8.13.1、8.13.2、8.13.3、8.13.4、8.13.6、8.13.7、8.13.8的规定。

11 试验方法

11.1 一般要求

11.1.1 凡新产品、产品转厂制造及有重大改进的产品,在出厂前应按本标准进行有关试验。

11.1.2 产品发放制造许可证、质量抽查、安全检查等应按本标准进行有关试验。根据不同的试验目的,试验项目可有所增减。

11.2 试验条件

11.2.1 在露天试验时风速应不大于8 m/s。

11.2.2 环境温度应为(0~40)℃,相对湿度宜不大于85%。

11.2.3 试验载荷与其额定载荷值的误差应不超过±5%。

11.2.4 制造单位试验前应提供产品的检验数据、记录、图样等技术文件。

11.2.5 试验期间应根据使用说明书进行技术保养。

11.2.6 有特殊要求的碰碰车可以增加试验项目。

11.3 试验仪器

11.3.1 根据试验要求选择相应精度的检测仪器和量具。

11.3.2 试验用的仪器和量具应经法定计量部门检定合格,在试验前后应进行检查校对,其偏差应符合规定要求。

11.4 碰碰车的基础、车场、车辆、传动系统、外观和涂装等应符合本标准的规定要求。

11.5 橡胶轮的试验应按 GB/T 528、GB/T 531 和 GB/T 1689 的规定进行;铁芯与胶轮的扯离强度应按 GB/T 11211 的规定进行。

11.6 缓冲轮胎的试验应按 GB/T 528、GB/T 529、GB/T 532 和 GB/T 1689 的规定进行。

11.7 外壳玻璃钢的试验应按 GB/T 1447、GB/T 1449 和 GB/T 1451 的规定进行。

11.8 满载试验

11.8.1 按设计额定值进行加载。

11.8.2 按实际工况连续运行试验,每天不少于 8 h,连续运行累计时间不少于 80 h。

11.8.3 操纵手轮的切向力的测量应符合本标准的规定要求。

11.8.4 车速测定

碰碰车在额定载荷下,沿直线以最高车速运行,测量出通过不小于 5 m 的距离所需时间,测量应不少于 3 次,取其平均值。计算所得的车速应符合本标准的规定要求。

11.8.5 碰碰车的电极触头与电极板应接触良好,在运行中不应有停顿现象。

11.8.6 以蓄电池为动力的碰碰车工作时间的测定:

将蓄电池充足电,在额定载荷下连续运行,当蓄电池输出电压降到额定值的 85%时,其运行时间应符合本标准的规定要求。

11.8.7 碰撞试验

两辆同型号的碰碰车以额定载荷、最高车速、缓冲轮胎规定气压状态下连续碰撞不少于 20 次,零部件不应有破损和变形,且整机不应发生故障,仍能正常行驶。

11.9 在满载和超载试验过程中运行均应正常,机械传动系统和电气系统均应符合本标准的规定要求。

11.10 电气参数测量

11.10.1 上下电极板直流馈电碰碰车、地板馈电碰碰车在满载运行试验中电动机电流应不大于电动机额定电流。

11.10.2 以蓄电池为动力碰碰车在满载运行试验中蓄电池电压应不小于 85%U_e。电动机电流应不大于电动机额定电流。

11.11 各项试验结束后应编写有明确结论和符合有关规定的试验报告。

12 检验规则

12.1 碰碰车应从检查批次中随机抽样。

12.2 产品抽样按 GB/T 2828.1 要求一次抽样方法,其合格质量水平(AQL)为 4.0,一般检查水平为Ⅱ级。

12.3 批量抽取样本大小及其检验判据应符合表 1 的规定。若样本不合格品数小于或等于合格判定数 Ac,则该批量为合格;若样本不合格品数大于或等于不合格判定数 Re,则该批量为不合格。

表 1 批量取样大小及检验判据

批　　量	样本大小	样本中不合格品数量	
		合格判定数 Ac	不合格判定数 Re
2～8	2	0	1
9～15	3		
16～25	5		
26～50	8	1	2
51～90	13		
91～150	20	2	3

12.4　对不合格的批量应逐台检验，合格品可以出厂；不合格品经返工后应达到合格品的要求，否则应报废。

12.5　不符合标准规定的产品缺陷，分为重缺陷和轻缺陷，重缺陷见表 2。每台样本有一项以上（含一项）重缺陷或 5 项以上（含 5 项）轻缺陷时为不合格品。

表 2 产品重缺陷

标准条号	缺陷内容
5.2	起动时有明显打滑现象，传动机构运转不正常。整机运行时有异常的振动、冲击、发热、声响及卡滞现象
5.4	各种运行试验中，零部件有永久变形及损坏现象
6.5.1	无紧急事故按钮和按钮型式不符合要求
6.5.4、6.6	接地电阻或绝缘电阻不符合要求
8.6.1	安全带或安全压杠损坏、失效
8.8	碰碰车受阻时烧坏电动机

附 录 A
（资料性附录）
摩电弓与集电器

A.1 摩电弓应配备导电性能良好的电刷，电刷应在弹簧的作用下紧靠上极板，弹簧作用力至少 10 N（如图 A.1 所示）。

A.2 集电器应采用导电性能良好的材料，几何半径的大小宜适度，应转动灵活，并能向电极板施加不少于 10 N 的恒定接触压力（如图 A.2 所示）。

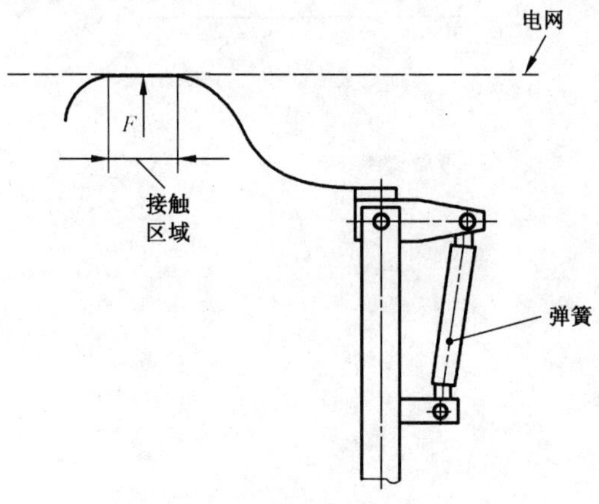

说明：
F——接触力。

图 A.1 典型摩电弓例子

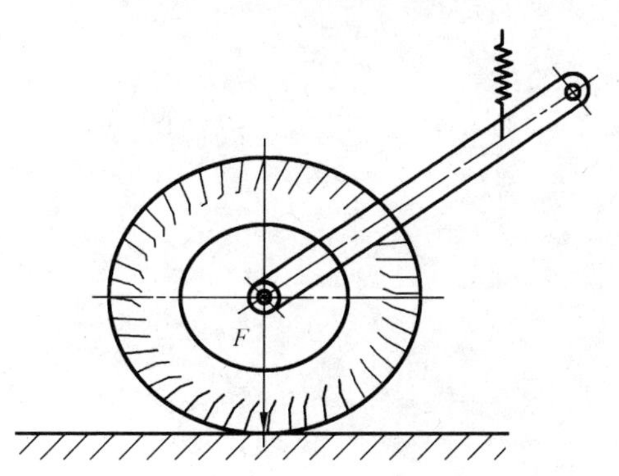

说明：
F——接触力。

图 A.2 典型集电器例子

附　录　B
（规范性附录）
关于“主要部件”、“重要的轴、销轴”和“重要焊缝”的规定

B.1　“主要部件”是指车架、车轮轴等。

B.2　“重要的轴、销轴”是指重要的传动轴、车轮轴等。

B.3　“重要焊缝”是指乘坐物支撑件焊缝、车轮轴连接焊缝等。